代數符號

符號	符號說明	符號使用範例	符號使用範例說明
$\equiv$	$A \equiv B$, 表示 A 藉由 B 來作定義	$f(x) \equiv x^2$	$f(x)$藉由x^2來作定義
$:=$	$A := B$, 表示 A 藉由 B 來作定義	$f(x) := x^3$	$f(x)$藉由x^3來作定義
∞	無窮大	$\lim\limits_{n \to \infty} n^2 = \infty$	當n趨近於無窮大時, n^2也趨近於無窮大
$\lfloor x \rfloor$	不大於x的最大整數	$\lfloor 2.3 \rfloor = 2$, $\lfloor -2.3 \rfloor = -3$	不大於 2.3 的最大整數 $= 2$, 不大於 -2.3 的最大整數 $= -3$
$[x]$	不大於x的最大整數	$[2.7] = 2$, $[-2.7] = -3$	不大於 2.7 的最大整數 $= 2$ 不大於 -2.7 的最大整數 $= -3$
$\sum$	數列的總和(Sigma)	$\sum\limits_{n=1}^{10} n = 55$	$1 + 2 + \cdots + 10 = 55$
$\prod$	數列的連乘(Pi)	$\prod\limits_{n=1}^{5} n = 120$	$1 \times 2 \ldots \times 5 = 120$
e	$e := \sum\limits_{n=0}^{\infty} \dfrac{1}{n!}$, (Euler's number)	$e^2 \cdot e^3 = e^5$	根據指數律$e^2 \cdot e^3 = e^5$
π	$\pi = 3.1415926 \ldots$ (圓周率,Pi, 圓的周長與直徑的比)	$\sin\dfrac{\pi}{2} = 1$	當θ角等於$\dfrac{\pi}{2}$時,$\sin$ 函數等於 1

排列組合符號

符號	符號說明	符號使用範例	符號使用範例說明
$!$	階乘 $n! = 1 \times 2 \times \ldots \times n$	$3!$	$3! = 1 \times 2 \times 3 = 6$
P_k^n	$P_k^n = \dfrac{n!}{(n-k)!}$	$P_2^5 = \dfrac{5!}{3!}$	$P_2^5 = \dfrac{5!}{3!} = 5 \times 4 = 20$
C_k^n	$C_k^n = \dfrac{n!}{k!\,(n-k)!}$	$C_2^5 = \dfrac{5!}{3!\,2!}$	$C_2^5 = \dfrac{5!}{3!\,2!} = 10$

集合符號

符號	符號說明	符號使用範例	符號使用範例說明
{ }	集合	$\{1,2,3,5\}$	集合裡有元素 1,2,3,5
$\cup$	聯集	$\{1,3\} \cup \{2,5\} = \{1,2,3,5\}$	$\{1,3\}$與$\{2,5\}$做聯集等於$\{1,2,3,5\}$
$\cap$	交集	$\{1,3,5\} \cap \{1,2,5,7\} = \{1,5\}$	$\{1,3,5\}$與$\{1,2,5,7\}$取交集等於 $\{1,2,3,5\}$
$\subset$	子集合	$\{1,5\} \subset \{1,3,5\}$	$\{1,5\}$為$\{1,3,5\}$的子集合
$\not\subset$	非子集合	$\{1,3,5\} \not\subset \{1,5\}$	$\{1,3,5\}$並不是$\{1,5\}$的子集合
$\subseteq$	子集合或 等於	$\{1,5\} \subseteq \{1,3,5\}$, $\{1,5\} \subseteq \{1,5\}$, $\{1,3,5\} \nsubseteq \{1,5\}$	$\{1,5\}$為$\{1,3,5\}$的子集合, 因為$\{1,5\} = \{1,5\}$,所以$\{1,5\} \subseteq \{1,5\}$, $\{1,3,5\}$並不是$\{1,5\}$的子集合,
A^c	A集合的補集	$\sqrt{3} \in Q^c$	$\sqrt{3}$無法表示成分數,因此為無理數
$A \backslash B$	A集合拿掉 $A \cap B$的元素	$\{1,3,5\} \backslash \{5,7\} = \{1,3\}$	兩集合的交集為$\{5\}$,因此$\{1,3,5\}$拿掉 $\{5\}$等於$\{1,3\}$
$\in$	屬於	$a \in \{a,b,c\}$	a元素屬於集合$\{a,b,c\}$
$\notin$	不屬於	$d \notin \{a,b,c\}$	d元素不屬於集合$\{a,b,c\}$
N	正整數	$N = \{1,2,3,\ldots\}$, $3 \in N$	根據定義正整數集合 $= \{1,2,3,\ldots\}$, 3屬於正整數集合
Z	整數	$Z = \{\ldots,-2,-1,0,1,2,\ldots\}$, $-2 \in Z$	根據定義 $Z = \{\ldots,-2,-1,0,1,2,\ldots\}$, -2屬於整數集合
Q	有理數	$Q = \left\{\dfrac{m}{n} : m \in Z, n \in Z \backslash \{0\}\right\}$, $-\dfrac{4}{3} \in Q$	有理數集合包含所有分數型態的數, $-\dfrac{4}{3}$為有理數
Q^c	無理數	$\sqrt{3} \in Q^c$	$\sqrt{3}$無法表示成分數,因此為無理數
R	實數	$R = Q \cup Q^c$, $-\dfrac{4}{3} \in R, \sqrt{3} \in R$	實數為有理數與無理數兩集合聯集, $-\dfrac{4}{3}$為實數,$\sqrt{3}$為實數

邏輯符號

符號	符號說明	符號使用範例	符號使用範例說明
$\vee$	或	$x \in A \vee x \in B \Rightarrow x \in A \cup B$	如果x屬於A或B則x屬於$A \cup B$
$\wedge$	且	$x < 1 \wedge x > 0 \Rightarrow 0 < x < 1$	如果x小於1且x大於0則$0 < x < 1$
$\Rightarrow$	Implies	$x < 1 \Rightarrow x < 2$	如果x小於1則x小於2
$\Leftrightarrow$	若且唯若	$\lvert x \rvert < 1 \Leftrightarrow -1 < x < 1$	如果$\lvert x \rvert$小於1則$-1 < x < 1$,反之,如果$-1 < x < 1$則$\lvert x \rvert$小於1
$\because$	因為	$\because x < 1 \; \therefore x < 2$	因為$x < 1$所以$x < 2$
$\therefore$	所以	$\because x < 1 \; \therefore x < 2$	因為$x < 1$所以$x < 2$
$\forall$	對每一個	$\forall x \in Q, \exists m \in Z, n \in Z \backslash \{0\}$ $s.t. x = \dfrac{m}{n}$	根據有理數的定義,對每一個有理數x,存在$m \in Z, n \in Z \backslash \{0\}$使得$x = \dfrac{m}{n}$
$\exists$	存在	$\forall x \in Q, \exists m \in Z, n \in Z \backslash \{0\}$ $s.t. x = \dfrac{m}{n}$	根據有理數的定義,對每一個有理數x,存在$m \in Z, n \in Z \backslash \{0\}$使得$x = \dfrac{m}{n}$

微積分符號

符號	符號說明	符號使用範例	符號使用範例說明
$\lim\limits_{x \to c} f(x) = L$	$\forall \varepsilon > 0, \exists \delta > 0$ such that $0 < \lvert x - c \rvert < \delta$ $\Rightarrow \lvert f(x) - L \rvert < \varepsilon$	$\lim\limits_{x \to 2} x^2 = 4$	當x趨近於2時,x^2的極限值等於4
ε	epsilon	$\forall \varepsilon > 0$	對任意$\varepsilon > 0$而言
δ	delta	$\forall \varepsilon > 0,$ $\exists \delta > 0 \; s.t...$	對任意$\varepsilon > 0$而言,存在$\delta > 0$使得$....$
e	$e := \sum\limits_{n=0}^{\infty} \dfrac{1}{n!}$, (Euler's number)	$\lim\limits_{x \to \infty}\left(1 + \dfrac{1}{x}\right)^x = e$	可藉由羅比達法則證明
$f'(x)$	微分與導數(derivative)	$(x^2)' = 2x$	x^2的微分等於$2x$
$\dfrac{\partial f(x,y)}{\partial x}$	偏導數(partial derivative)	$\dfrac{\partial}{\partial x}(x^2 y) = 2xy$	$x^2 y$的偏導數等於$2xy$

$\int$	積分(integral)	$\int 2x\,dx = x^2$	$2x$的不定積分為x^2
$\iint$	雙重積分(double integral)	求 $\iint_R ye^{xy}dA =?$	求ye^{xy}在區域R的雙重積分
$\iiint$	三重積分(triple integral)	求 $\iiint_V x^2 dV =?$	求x^2在區域V的三重積分
$\oint$	封閉線積分(closed contour / line integral)	求 $\oint y^3 dx + x^3\,dy =?$, $C: x^2 + y^2 = r^2$	求$\vec{F} = (y^3, x^3)$在圓$(半徑r)$的封閉線積分
$\oiint$	封閉曲面積分(closed surface integral)	求 $\oiint_S \vec{F} \cdot \vec{n}dA =?$, $\vec{F} = (x, y, z)$	求向量場$\vec{F} = (x, y, z)$流出 S 的通量 $=?$

第五章　　定積分

　　與定積分有關的積分類型包含: 瑕積分、多重積分、線積分、面積分...等, 無論是何種類型, 過程中或最終皆須計算定積分的值; 此外, 微積分第二基本定理是定積分與不定積分之間最重要的橋樑, 也是連結所有不同積分最重要的定理; 微積分第二基本定理告訴我們計算定積分時, 相當於先求出不定積分接著於積分的上下界取值; 瑕積分相當於求出定積分後再取極限值, 多重積分則是藉由 Fubini's Theorem 將重積分轉為計算多次定積分, 線積分是相當於計算單變數的定積分, 曲面積分則是藉由投影的手法將曲面積分轉為重積分, 再計算多次定積分的概念

　　定積分不只侷限於字面上與積分有關的章節, 下一章於判斷無窮級數收斂或發散時所用到的積分檢驗法(Integral Test), 告訴我們可以藉由此檢驗法, 將判斷無窮級數收斂或發散的問題, 轉成判斷瑕積分收斂或發散的問題; 使用 Comparison Test 或 Limit Comparison Test 判斷無窮級數收斂發散時, 也常搭配積分檢驗法(Integral Test)使用; 整體而言, 除了第七章偏微分的應用之外, 其餘與定積分的關聯性皆很高

　　為了介紹定積分的定義, 接下來將先介紹上黎曼和、下黎曼和以及黎曼和; 接著使用黎曼和結合極限的概念, 定義什麼是黎曼可積分(Riemann Integrable)與其基本性質, 第一個性質告訴我們, 對於兩個可黎曼積分的函數而言, 任意線性組合的定積分等於分別求出各自的定積分在作線性組合, 此外, 之後用來判斷瑕積分收斂發散的 Comparison Test 或 Limit Comparison Test 則用到了第二個性質; 了解黎曼可積分之後再了解黎曼可積分的充要條件, 兩個充要條件分別為函數需滿足黎曼條件以及上黎曼積分等於下黎曼積分; 這時候讀者可能仍然無法具體說出哪些函數是黎曼可積分, 而這部份可藉由連續函數為黎曼可積分函數的定理來幫忙回答這問題; 一般來說, 判斷函數是否為黎曼可積分並不會從定義下手而是說明函數為連續函數, 反之, 於某區間不連續的函數仍有可能為黎曼可積分, 因此, 在推論的過程當中, 若出現"因為函數不連續所以不是黎曼可積分"則為錯誤的論述

　　知道哪些函數為黎曼可積分之後, 介紹微積分第一基本定理與微積分第二基本定理, 當中, 微積分第二基本定理告訴我們, 在求定積分時, 只需先求出被積分函數的反導函數, 接著在上下界取值則等於定積分的值, 簡單來說, 在前一章不定積分的每個範例當中, 所有算出來的反導函數, 只需在上下界取值則為其定積分的值

　　求黎曼和時, 通常藉由定義將問題轉為定積分求值的問題, 當被積分函數較為複雜時, 可能也須藉由變數代換法或分部積分法求值; 當定積分的上下界為函數時, Leibniz 微分公式提供先積分再微分的一般式, 考試類型包含: 對定積分求微分式、分子分母出現積分式且同時趨近於零時、分子分母出現積分式且同時趨近於無窮大時、求積分式的極值、求積分式的反函數導數值…等, 這部分的考題也常搭配羅比達法則一塊使用

　　接著討論瑕積分, 瑕積分求值的問題相當於計算定積分後取極限的問題, 因此瑕積分求值的方法, 涵蓋求定積分與求極限各種可能方法的所有組合; 此外, 在判斷瑕積分是否收斂時, 會藉由 Comparison Test 與 Quotient Test 這兩個檢驗法來說明, 倘若被積分函數較為複雜時, 也需要搭配變數代換法與分部積分法一併使用; 下一章判斷正項級數是否收斂或判斷交錯級數是否為絕對收斂時, 所使用的積分檢驗法、比較法(Comparison Test)、極限比較法(Limit Comparison Test), 相當於把問題轉為判斷瑕積分是否收斂的問題; 此外, 在求冪級數的收斂區間是否有包含端點時, 也常使用積分檢驗法, 即藉由判斷所對應的瑕積分是否收斂來說明收斂區間是否有包含端點, 因此讀者需要有迅速且精確判斷瑕積分是否收斂的能力, 之後在處理無窮級數是否收斂以及求冪級數的收斂區間的時候才較為輕鬆

　　最後介紹積分的幾何應用, 包含求面積、求體積、求弧長與表面積, 當中求面積又分為: 給顯函數求面積、給隱函數求面積、給參數式求面積以及給極座標求面積

5.1　定積分的定義

【定義】閉區間$[a, b]$的分割(Partition)

假設 $P = \{x_0, x_1, x_2, \cdots, x_n\}$ 且 P 滿足 $a = x_0 < x_1 < x_2 < \cdots < x_n = b$

則P為區間$[a, b]$的一個分割 且 $\|P\| := \max_{1 \le i \le n} \Delta x_i$

【定義】上黎曼和

假設 P 為區間$[a, b]$的分割, 函數$f(x)$的上黎曼和定義為 $U(P, f) = \sum_{i=1}^{n} \Delta x_i \sup_{t \in [x_{i-1}, x_i]} f(t)$

【定義】下黎曼和

假設 P 為區間 $[a,b]$ 的分割，函數 $f(x)$ 的下黎曼和定義為 $L(P,f) = \sum_{i=1}^{n} \Delta x_i \inf_{t \in [x_{i-1}, x_i]} f(t)$

底下的引理告訴我們，當分割越來越細時，上黎曼和會越來越小，下黎曼和會越來越大

【引理】

Assume P_2 為 P_1 的 refinement then $L(P_1, f) \leq L(P_2, f)$ and $U(P_2, f) \leq U(P_1, f)$

Proof:

Claim: $U(P_2, f) \leq U(P_1, f)$

Let P_2 contain only one more point than P_1 and denote it by a.

Assume a is in the jth subinterval of P_1, then

$$U(P_2, f) = \sum_{\substack{i=1 \\ i \neq j}}^{n} \Delta x_i \sup_{t \in [x_{i-1}, x_i]} f(t) + (a - x_{j-1}) \sup_{t \in [x_{j-1}, a]} f(t) + (x_j - a) \sup_{t \in [a, x_j]} f(t)$$

$\because \sup\limits_{t \in [x_{j-1}, a]} f(t) \leq \sup\limits_{t \in [x_{j-1}, x_j]} f(t)$ 且 $\sup\limits_{t \in [a, x_j]} f(t) \leq \sup\limits_{t \in [x_{j-1}, x_j]} f(t)$ $\quad \therefore U(P_2, f) \leq U(P_1, f)$

Claim: $L(P_1, f) \leq L(P_2, f)$

Let P_2 contain only one more point than P_1 and denote it by a.

Assume a is in the jth subinterval of P_1, then

$$L(P_2, f) = \sum_{\substack{i=1 \\ i \neq j}}^{n} \Delta x_i \inf_{t \in [x_{i-1}, x_i]} f(t) + (a - x_{j-1}) \inf_{t \in [x_{j-1}, a]} f(t) + (x_j - a) \inf_{t \in [a, x_j]} f(t)$$

$\because \inf\limits_{t \in [x_{j-1}, a]} f(t) \geq \inf\limits_{t \in [x_{j-1}, x_j]} f(t)$ 且 $\inf\limits_{t \in [a, x_j]} f(t) \geq \inf\limits_{t \in [x_{j-1}, x_j]} f(t)$ $\quad \therefore L(P_2, f) \geq L(P_1, f)$

【定義】 黎曼和

假設 P 為區間 $[a,b]$ 的分割，函數 $f(x)$ 的黎曼和定義為 $R(P, f, s) := \sum_{i=1}^{n} \Delta x_i f(s_i)$,

where $x_{i-1} \leq s_i \leq x_i, 1 \leq i \leq n$

【定義】 黎曼可積分(Riemann Integrable)

(i)函數 $f(x)$ 於 $[a,b]$ 黎曼可積分(Riemann Integrable)

$\Leftrightarrow \exists\, I \in R$ satisfying the property: $\forall \varepsilon > 0, \exists$ Partition P_ε of $[a, b]$

s. t. $\forall$ Partition P finer than P_ε and $\forall s_i$ in $[x_{i-1}, x_i]$, we have $|R(P, f, s) - I| < \varepsilon$.

(ii)此外，當 I 存在時，$\displaystyle\int_a^b f(x)dx := I$ 且稱 $\displaystyle\int_a^b f(x)dx$ 存在

5.2 定積分的基本性質

求定積分的過程中時常用到第一個基本性質，此外，之後用來判斷瑕積分收斂發散的 Comparison Test 或 Limit Comparison Test 則用到了第二個性質：

假設 $f(x)$ 和 $g(x)$ 於 $[a, b]$ 黎曼可積分

(i) $\displaystyle\int_a^b \alpha f(x) + \beta g(x)dx = \alpha \int_a^b f(x)dx + \beta \int_a^b g(x)dx, \forall\, \alpha, \beta \in R$

(ii) $f(x) \leq g(x)\ \forall x \in [a, b] \Rightarrow \displaystyle\int_a^b f(x)dx \leq \int_a^b g(x)dx$

<u>Proof:</u>

(i)

Let $h(x) = \alpha f(x) + \beta g(x)$ then $\forall$ partition P of $[a, b]$,

$$R(P, h, s) = \sum_{i=1}^{n} h(s_i)\Delta x_i = \sum_{i=1}^{n} \big(\alpha f(s_i) + \beta g(s_i)\big)\Delta x_i$$

$$= \alpha \sum_{i=1}^{n} f(s_i)\Delta x_i + \beta \sum_{i=1}^{n} g(s_i)\Delta x_i = \alpha R(P, f, s) + \beta R(P, g, s),$$

Let $\varepsilon > 0$,

Choose P_ε^1 of $[a, b]$ s. t. $\left|\displaystyle\int_a^b f(x)dx - R(P, f, s)\right| < \dfrac{\varepsilon}{2|\alpha|}$, $\forall P$ is finer than P_ε^1

Choose P_ε^2 of $[a, b]$ s. t. $\left|\displaystyle\int_a^b g(x)dx - R(P, g, s)\right| < \dfrac{\varepsilon}{2|\beta|}$, $\forall P$ is finer than P_ε^2

Choose $P_\varepsilon^3 = P_\varepsilon^1 \cup P_\varepsilon^2$ then $\forall P$ is finer than P_ε^3, we have

$$\left| R(P, h, s) - \alpha \int_a^b f(x)dx - \beta \int_a^b f(x)dx \right|$$

$$= \left| \alpha R(P, f, s) + \beta R(P, g, s) - \alpha \int_a^b f(x)dx - \beta \int_a^b f(x)dx \right|$$

$$< |\alpha| \left| \int_a^b f(x)dx - R(P,f,s) \right| + |\beta| \left| \int_a^b g(x)dx - R(P,g,s) \right| < \varepsilon$$

$$\Rightarrow \int_a^b \alpha f(x) + \beta g(x)dx = \alpha \int_a^b f(x)dx + \beta \int_a^b g(x)dx , \forall\, \alpha, \beta \in R$$

(ii)

Let P be any partition of $[a,b]$

then $R(P,f,s) = \displaystyle\sum_{i=1}^{n} f(s_i)\Delta x_i \le \sum_{i=1}^{n} g(s_i)\Delta x_i = R(P,g,s)$

$\because f(x)$ 和 $g(x)$ 於 $[a,b]$ 黎曼可積分,

Let $\varepsilon > 0$ and choose partition P_ε of $[a,b]$ s. t. $\forall P$ is finer than P_ε

$$\therefore \left| \int_a^b f(x)dx - R(P,f,s) \right| < \frac{\varepsilon}{2} \text{ and } \left| \int_a^b g(x)dx - R(P,g,s) \right| < \frac{\varepsilon}{2}$$

$$\therefore \int_a^b f(x)dx < R(P,f,s) + \frac{\varepsilon}{2} \le R(P,g,s) + \frac{\varepsilon}{2} < \int_a^b g(x)dx + \varepsilon$$

$$\therefore f(x) \le g(x)\ \forall x \in [a,b] \Rightarrow \int_a^b f(x)dx \le \int_a^b g(x)dx$$

為了說明黎曼可積分的充要條件，先介紹黎曼條件、上黎曼積分以及下黎曼積分

【定義】黎曼條件

函數 $f(x)$ 於 $[a,b]$ 滿足黎曼條件

$\Leftrightarrow \forall \varepsilon > 0, \exists$ partition P_ε of $[a,b]$ 使得若 P is finer than P_ε 則 $0 \le U(P,f) - L(P,f) < \varepsilon$

【定義】上黎曼積分

$$(U) \int_a^b f(x)dx = \inf\{U(P,f): \forall \text{ Partition } P \text{ of } [a,b]\}$$

【定義】下黎曼積分

$$(L) \int_a^b f(x)dx = \sup\{L(P,f): \forall \text{ Partition } P \text{ of } [a,b]\}$$

【定理】黎曼可積分的充要條件

$f(x)$ 於 $[a,b]$ 黎曼可積分 $\Leftrightarrow$ 函數 $f(x)$ 於 $[a,b]$ 滿足黎曼條件

$$\Leftrightarrow (U)\int_a^b f(x)dx = (L)\int_a^b f(x)dx$$

<u>Proof:</u>

(i) Claim: $f(x)$ 於 $[a,b]$ 黎曼可積分 $\Rightarrow$ $f(x)$ 於 $[a,b]$ 滿足黎曼條件

Let $\varepsilon > 0$, choose partition P_ε of $[a,b]$ s.t. $\forall s_i$ and t_i in $[x_{i-1}, x_i]$, we have

$$\left|\sum_{i=1}^n f(s_i)\Delta x_i - \int_a^b f(x)dx\right| < \frac{\varepsilon}{3} \text{ and } \left|\sum_{i=1}^n f(t_i)\Delta x_i - \int_a^b f(x)dx\right| < \frac{\varepsilon}{3}$$

$$\therefore \left|\sum_{i=1}^n \Delta x_i \cdot (f(s_i) - f(t_i))\right| < \frac{2\varepsilon}{3}$$

$$\because \sup_{t\in[x_{i-1},x_i]} f(t) - \inf_{t\in[x_{i-1},x_i]} f(t) = \sup_{s,t\in[x_{i-1},x_i]} f(s) - f(t)$$

$$\therefore \text{ let } \varepsilon' = \frac{\varepsilon}{3(b-a)}, \text{ choose } s_i^* \text{ and } t_i^* \text{ in } [x_{i-1}, x_i] \text{ s.t.}$$

$$\sup_{t\in[x_{i-1},x_i]} f(t) - \inf_{t\in[x_{i-1},x_i]} f(t) - \varepsilon' < f(s_i^*) - f(t_i^*)$$

$$\therefore U(P,f) - L(P,f) = \sum_{i=1}^n \left(\sup_{t\in[x_{i-1},x_i]} f(t) - \inf_{t\in[x_{i-1},x_i]} f(t)\right)\Delta x_i$$

$$< \sum_{i=1}^n \left(f(s_i^*) - f(t_i^*)\right)\Delta x_i + \sum_{i=1}^n \varepsilon' \Delta x_i < \varepsilon$$

(ii) Claim: $f(x)$ 於 $[a,b]$ 滿足黎曼條件 $\Rightarrow (U)\int_a^b f(x)dx = (L)\int_a^b f(x)dx$

Let $\varepsilon > 0$, choose Partition P_ε of $[a,b]$ s.t. P is finer than $P_\varepsilon \Rightarrow U(P,f) < L(P,f) + \varepsilon$

$$\therefore (U)\int_a^b f(x)dx \leq U(P,f) < L(P,f) + \varepsilon \leq (L)\int_a^b f(x)dx + \varepsilon$$

$$\therefore (U)\int_a^b f(x)dx \leq (L)\int_a^b f(x)dx$$

$$\because (U)\int_a^b f(x)dx \geq (L)\int_a^b f(x)dx \quad \therefore (U)\int_a^b f(x)dx = (L)\int_a^b f(x)dx$$

(iii) Claim: $(U)\int_a^b f(x)dx = (L)\int_a^b f(x)dx \Rightarrow f(x)$ 於 $[a,b]$ 黎曼可積分

Let $\varepsilon > 0$ and $A = (U)\int_a^b f(x)dx = (L)\int_a^b f(x)dx$

Choose P_ε^1 of $[a,b]$ s.t. $(L)\int_a^b f(x)dx - \varepsilon < L(P,f),\ \ \forall P$ is finer than P_ε^1

Choose P_ε^2 of $[a,b]$ s.t. $(U)\int_a^b f(x)dx + \varepsilon > U(P,f),\ \ \forall P$ is finer than P_ε^2

Choose $P_\varepsilon = P_\varepsilon^1 \cup P_\varepsilon^2$ then $\forall P$ is finer than P_ε, we have

$(L)\int_a^b f(x)dx - \varepsilon < L(P,f) \le R(P,f,s) \le U(P,f) < (U)\int_a^b f(x)dx + \varepsilon$

Let $A = (U)\int_a^b f(x)dx = (L)\int_a^b f(x)dx.$ Then $|R(P,f,\xi) - A| < \varepsilon,\ \ \forall P$ is finer than P_ε

【推論】

假設 $f(x)$ 於 $[a,b]$ 黎曼可積分則 $\int_a^b f(x)dx = \lim_{\|P\| \to 0} R(P,f,\xi)$

底下的定理說明於任意閉區間連續的函數皆為黎曼可積分，判斷函數是否為黎曼可積分通常不會從定義下手而是說明函數為連續函數，至於有哪些函數是連續函數，請回顧第一章關於連續函數的章節；反之，於某區間不連續的函數仍有可能為黎曼可積分，因此，在推論的過程當中，若出現"因為函數不連續所以不是黎曼可積分"則為錯誤的論述

【定理】黎曼可積分的充分條件

假設 $f(x)$ 於 $[a,b]$ 為連續函數則 $f(x)$ 於 $[a,b]$ 黎曼可積分

Proof:

Claim: $\forall \varepsilon > 0,\ \exists$ partition P_ε of $[a,b]$ s.t. $\forall \|P\| < \|P_\varepsilon\| < \delta \Rightarrow U(P,f) - L(P,f) < \varepsilon$

$\because f(x)$ is continuous on $[a,b]$ $\quad \therefore f(x)$ is uniformly continuous on $[a,b].$

Let $\varepsilon > 0,\ $ choose $\delta > 0$ s.t. $|x - y| < \delta \Rightarrow |f(x) - f(y)| < \dfrac{\varepsilon}{b-a}$

Choose partition P_ε of $[a,b]$ s.t. $\|P_\varepsilon\| < \delta,\ $ then $\forall P$ is finer than P_ε

we have $\sup\limits_{t \in [x_{i-1}, x_i]} f(t) - \inf\limits_{t \in [x_{i-1}, x_i]} f(t) = \sup\limits_{s,t \in [x_{i-1}, x_i]} f(s) - f(t) < \dfrac{\varepsilon}{b-a}$

$\therefore U(P,f) - L(P,f) = \sum_{i=1}^n \left(\sup\limits_{t \in [x_{i-1}, x_i]} f(t) - \inf\limits_{t \in [x_{i-1}, x_i]} f(t) \right) \Delta x_i < \dfrac{\varepsilon}{b-a} \cdot (b-a) = \varepsilon$

底下提供一個不連續的函數但卻是黎曼可積分

範例說明：

$$f(x) = \begin{cases} 0, & 0 \le x < 1/2 \\ 1, & \dfrac{1}{2} \le x \le 1 \end{cases} \quad \text{is intergrable on } [0,1].$$

Proof:

Let $0 < \varepsilon < \dfrac{1}{2}$ and choose $P_\varepsilon = \left\{0, \dfrac{1-\varepsilon}{2}, \dfrac{1+\varepsilon}{2}, 1\right\}$. Then P is a partion of $[0,1]$.

$$U(P_\varepsilon, f) - L(P_\varepsilon, f) = \sum_{i=1}^{3} \Delta x_i \sup_{t \in [x_{i-1}, x_i]} f(t) - \sum_{i=1}^{3} \Delta x_i \inf_{t \in [x_{i-1}, x_i]} f(t)$$

$$= 0 + \varepsilon + \frac{1-\varepsilon}{2} - \left(0 + 0 + \frac{1-\varepsilon}{2}\right) = \varepsilon$$

$\therefore U(P, f) - L(P, f) < U(P_\varepsilon, f) - L(P_\varepsilon, f) < \varepsilon, \forall$ Partition P finer than P_ε

$\therefore f(x)$ is intergrable on $[0,1]$

底下展示一個不是黎曼可積分的函數

範例說明：

$$f(x) = \begin{cases} 0, & x \in Q \\ 1, & x \in Q^c \end{cases} \quad \text{is not intergrable on } [0,1].$$

Proof:

Let $\varepsilon > 0$ and let P_ε be any partion of $[0,1]$. We have

$$U(P_\varepsilon, f) - L(P_\varepsilon, f) = \sum_{i=1}^{n} \Delta x_i \sup_{t \in [x_{i-1}, x_i]} f(t) - \sum_{i=1}^{n} \Delta x_i \inf_{t \in [x_{i-1}, x_i]} f(t)$$

$$= \sum_{i=1}^{n} \Delta x_i \cdot 1 - \sum_{i=1}^{n} \Delta x_i \cdot 0 = 1$$

$\therefore f(x)$ is not intergrable on $[0,1]$

5.3 定積分的考試類型與微積分基本定理

定積分的考試類型可分為定積分的計算、求黎曼和以及 Leibniz 微分公式的應用。關於定積分的計算，考試類型又可分為：使用變數代換、使用分部積分法、有理式的定積分、無理式的定積分、使用半角代換法；計算方法與不定積分相同，只是多了最後一步取值的動作，定積分的求法是結合微積分第二基本定理與不定積分，因此,底下先介紹微積分基本定理

【定理】第一積分均值定理

Assume $f(x)$ 於 $[a,b]$ 區間連續 then $\exists c \in [a,b]$ s.t. $\displaystyle\int_a^b f(t)dt = f(c)(b-a)$

Proof:

Let P be any partition of $[a,b]$.

Then $(b-a)\displaystyle\inf_{x\in[a,b]} f(x) \le L(P,f) \le U(P,f) \le (b-a)\sup_{x\in[a,b]} f(x)$

$\therefore (b-a)\displaystyle\inf_{x\in[a,b]} f(x) \le \int_a^b f(t)dt \le (b-a)\sup_{x\in[a,b]} f(x)$

$\because f(x)$ 於 $[a,b]$ 區間連續　$\therefore \exists c \in [a,b]$ s.t. $\displaystyle\int_a^b f(t)dt = f(c)(b-a)$

【定理】微積分第一基本定理

假設 $f(x)$ 於 $[a,b]$ 區間連續且 $F(x) = \displaystyle\int_a^x f(t)dt,\ \forall x \in [a,b]$

$\Rightarrow F'(x) = f(x), \forall x \in (a,b)$

Proof:

Let $x, y \in (a,b)$ and $x < y$, by First Mean-Value Theorem for integral

$\exists c \in (x,y)$ s.t. $F(y) - F(x) = \displaystyle\int_x^y f(t)dt = f(c)(y-x)$

$\therefore F'(x^+) = \displaystyle\lim_{y\to x^+} \frac{F(y)-F(x)}{y-x} = \lim_{y\to x^+} \frac{f(c)(y-x)}{y-x} = f(x)$

Assume $x > y$, by the same way, we have

$\exists c \in (y,x)$ s.t. $F(y) - F(x) = \displaystyle\int_x^y f(t)dt = f(c)(y-x)$

$$F'(x^-) = \lim_{y \to x^-} \frac{F(y) - F(x)}{y - x} = \lim_{y \to x^-} \frac{f(c)(y - x)}{y - x} = f(x)$$

【定理】 微積分第二基本定理

假設 $f(x)$ 於 (a, b) 區間連續且 $F'(x) = f(x)$, $\forall x \in (a, b)$

$$\Rightarrow \int_a^b f(t)dt = F(b) - F(a)$$

<u>Proof:</u>

$\because \forall$ partition $P = \{x_0, x_1, x_2, \cdots, x_n\}$ of $[a, b]$, $\exists t_i \in [x_i, x_{i+1}]$ s.t.

$$F(b) - F(a) = \sum_{i=0}^{n} F(x_i) - F(x_{i-1}) = \sum_{i=0}^{n} F'(t_i)\Delta x_i = \sum_{i=0}^{n} f(t_i)\Delta x_i$$

Let $\varepsilon > 0$, choose P_ε s.t. $\forall P$ is finer than P_ε

$$\Rightarrow \left| \sum_{i=0}^{n} f(s_i)\Delta x_i - \int_a^b f(t)dt \right| < \varepsilon, \text{where } \forall s_i \in [x_i, x_{i+1}]$$

$$\therefore \left| F(b) - F(a) - \int_a^b f(t)dt \right| = \left| \sum_{i=0}^{n} f(t_i)\Delta x_i - \int_a^b f(t)dt \right| < \varepsilon$$

5.3.1　定積分的計算

5.3.1.1　使用變數代換法

與不定積分相同，當被積分函數較為複雜，嘗試用變數代換，將原函數化為較乾淨且能積分的樣貌，例如當函數式帶有 $\sqrt{f(x)}$，先嘗試令 $u = f(x)$, 接著觀察是否能化為較簡潔能夠積分的函數式

題型 1.　變數代換法

$$求 \int_a^b f(g(x))g'(x)\,dx = ?$$

解題流程:

令 $u = g(x)$ 則 $du = g'(x)dx$ $\therefore \int_a^b f(g(x))g'(x)\,dx = \int_{g(a)}^{g(b)} f(u)du$, 求 $\int_{g(a)}^{g(b)} f(u)du = ?$

題型 2.　根號裡沒有根號

求 $\int_a^b h\left(\alpha f(x) \pm \beta g(x)\sqrt[n]{cx + d}\right) dx = ?$, $\forall \alpha, \beta \in R, c, d > 0$

解題流程:

Step1.

令 $u = \sqrt[n]{cx + d}$ 則 $u^n = cx + d$, $x = \dfrac{u^n - d}{c}$ 且 $\dfrac{nu^{n-1}}{c}du = dx$

Step2.

藉由變數代換法 $\int_a^b h\left(\alpha f(x) \pm \beta g(x)\sqrt[n]{cx + d}\right) dx$

$$= \int_{(ca+d)^{\frac{1}{n}}}^{(cb+d)^{\frac{1}{n}}} \frac{nu^{n-1}h\left(\alpha f(\dfrac{u^n - d}{c}) \pm \beta g(\dfrac{u^n - d}{c})u\right)}{c}du$$

Step3.

$$\text{求} \int_{(ca+d)^{\frac{1}{n}}}^{(cb+d)^{\frac{1}{n}}} \frac{nu^{n-1}h\left(\alpha f(\dfrac{u^n - d}{c}) \pm \beta g(\dfrac{u^n - d}{c})u\right)}{c}du = ?$$

<u>範例說明:</u>

(I)如果 $h(x) = \dfrac{1}{x}$ 則求 $\displaystyle\int_{(ca+d)^{\frac{1}{n}}}^{(cb+d)^{\frac{1}{n}}} \frac{nu^{n-1}}{c\left(\alpha f(\dfrac{u^n - d}{c}) \pm \beta g(\dfrac{u^n - d}{c})u\right)}du = ?$

(II)如果 $h(x) = x$ 則求 $\displaystyle\int_{(ca+d)^{\frac{1}{n}}}^{(cb+d)^{\frac{1}{n}}} \frac{nu^{n-1}\left(\alpha f(\dfrac{u^n - d}{c}) \pm \beta g(\dfrac{u^n - d}{c})u\right)}{c}du = ?$

<u>補充說明:</u>

由上式觀察出, 如果$f(x)$、$g(x)$為常數, 則被積分函數會是多項式函數, 如果$f(x)$、$g(x)$為多項式函數,則被積分函數是有理函數式, 可利用比較係數法拆成數個分式相加再積分, 詳細作法請參照此章的有理式積分

題型 3.　根號裡有根號

$$求 \int_a^b \frac{1}{\sqrt[n]{\alpha + \gamma \cdot \sqrt[n]{\beta + cx}}}\, dx = ?, \quad \forall \alpha, \beta, c, \gamma > 0$$

解題流程:

Step1.

$$令\, u = \alpha + \gamma \cdot \sqrt[n]{\beta + cx} \;\; 則\; \frac{\gamma c}{n}(\beta + cx)^{\frac{1-n}{n}}\, dx = du \Rightarrow dx = \frac{n(\frac{u-\alpha}{\gamma})^{n-1}}{\gamma c}\, du$$

Step2.

$$\therefore \int_a^b \frac{1}{\sqrt[n]{\alpha + \gamma \cdot \sqrt[n]{\beta + cx}}}\, dx = \int_{\alpha + \gamma\sqrt[n]{\beta + ca}}^{\alpha + \gamma\sqrt[n]{\beta + cb}} \frac{n(u-\alpha)^{n-1}}{c\gamma^n \sqrt[n]{u}}\, du$$

$$求 \int_{\alpha + \gamma\sqrt[n]{\beta + ca}}^{\alpha + \gamma\sqrt[n]{\beta + cb}} \frac{n(u-\alpha)^{n-1}}{c\gamma^n \sqrt[n]{u}}\, du = ?$$

題型 4.

$$求 \int_a^b \frac{1}{\alpha x^2 + \beta x + \gamma}\, dx = ?, \quad 其中\; \beta^2 - 4\alpha\gamma < 0 \;\text{and}\; \alpha > 0$$

解題流程:

$$\because \frac{1}{\alpha x^2 + \beta x + \gamma} = \frac{1}{\alpha\left(x + \frac{\beta}{2\alpha}\right)^2 + \gamma - \frac{\beta^2}{4\alpha}} = \frac{1}{\gamma - \frac{\beta^2}{4\alpha}} \cdot \frac{1}{\alpha\left(\dfrac{x + \frac{\beta}{2\alpha}}{\sqrt{\gamma - \frac{\beta^2}{4\alpha}}}\right)^2 + 1}$$

$$= \frac{1}{\gamma - \frac{\beta^2}{4\alpha}} \cdot \frac{1}{\left(\dfrac{\sqrt{\alpha}\, x + \frac{\beta}{2\sqrt{\alpha}}}{\sqrt{\gamma - \frac{\beta^2}{4\alpha}}}\right)^2 + 1}$$

$$令\ t = \frac{\sqrt{\alpha}x + \frac{\beta}{2\sqrt{\alpha}}}{\sqrt{\gamma - \frac{\beta^2}{4\alpha}}}\ \ 則\ dt = \frac{\sqrt{\alpha}}{\sqrt{\gamma - \frac{\beta^2}{4\alpha}}}dx,\ \ 令\ a' = \frac{\sqrt{\alpha}a + \frac{\beta}{2\sqrt{\alpha}}}{\sqrt{\gamma - \frac{\beta^2}{4\alpha}}}\ \ and\ \ b' = \frac{\sqrt{\alpha}b + \frac{\beta}{2\sqrt{\alpha}}}{\sqrt{\gamma - \frac{\beta^2}{4\alpha}}}$$

藉由變數代換法

$$則 \int_a^b \frac{1}{\alpha x^2 + \beta x + \gamma}dx = \frac{1}{\gamma - \frac{\beta^2}{4\alpha}}\int_a^b \frac{1}{\left(\dfrac{\sqrt{\alpha}x + \frac{\beta}{2\sqrt{\alpha}}}{\sqrt{\gamma - \frac{\beta^2}{4\alpha}}}\right)^2 + 1}dx$$

$$= \frac{1}{\gamma - \frac{\beta^2}{4\alpha}} \cdot \frac{\sqrt{\gamma - \frac{\beta^2}{4\alpha}}}{\sqrt{\alpha}}\int_{a'}^{b'} \frac{1}{t^2 + 1}dt = \frac{1}{\sqrt{\gamma - \frac{\beta^2}{4\alpha}}\sqrt{\alpha}}\tan^{-1} t \Big|_{a'}^{b'}$$

範例 1.

$$求 \int_a^b x\sqrt{x + 4}\,dx =?,\ \ \forall a, b > -4$$

【解】

令 $u = x + 4$ 則 $du = dx$, 藉由變數代換法

$$則 \int x\sqrt{x + 4}\,dx = \int (u - 4)\sqrt{u}\,du = \int u^{\frac{3}{2}} - 4u^{\frac{1}{2}}\,du = \frac{2u^{\frac{5}{2}}}{5} - \frac{8u^{\frac{3}{2}}}{3} + c$$

$$= \frac{2(x + 4)^{\frac{5}{2}}}{5} - \frac{8(x + 4)^{\frac{3}{2}}}{3} + c$$

$$令\ a, b > -4\ 則 \int_a^b x\sqrt{x + 4}\,dx = \left(\frac{2(x + 4)^{\frac{5}{2}}}{5} - \frac{8(x + 4)^{\frac{3}{2}}}{3} \right)\Bigg|_a^b$$

$$= \frac{2(b + 4)^{\frac{5}{2}}}{5} - \frac{8(b + 4)^{\frac{3}{2}}}{3} - \left(\frac{2(a + 4)^{\frac{5}{2}}}{5} - \frac{8(a + 4)^{\frac{3}{2}}}{3} \right)$$

範例 2.

$$\RequireMathJax \int_a^b \frac{1}{\sqrt{x}(1+x)}\,dx = ?, \quad \forall a, b > 0$$

【解】

令 $u = \sqrt{x}$ 則 $du = \dfrac{x^{-\frac{1}{2}}}{2}\,dx \Rightarrow 2u\,du = dx$, 藉由變數代換法

則 $\displaystyle\int \frac{dx}{\sqrt{x}(1+x)} = \int \frac{2u\,du}{u(1+u^2)} = 2\int \frac{du}{1+u^2} = 2\tan^{-1}u + c = 2\tan^{-1}\sqrt{x} + c$

令 $a, b > 0$ 則 $\displaystyle\int_a^b \frac{1}{\sqrt{x}(1+x)}\,dx = 2\left(\tan^{-1}\sqrt{b} - \tan^{-1}\sqrt{a}\right)$

範例 3.

$$\int_a^b x\sqrt{1-x}\,dx = ?, \quad \forall a, b < 1$$

【解】

令 $u = \sqrt{1-x}$ 則 $du = -\dfrac{(1-x)^{-\frac{1}{2}}}{2}\,dx \Rightarrow -2u\,du = dx$, 藉由變數代換法

則 $\displaystyle\int x\sqrt{1-x}\,dx = \int (1-u^2)u(-2u)\,du = 2\int u^4 - u^2\,du = 2\left(\frac{u^5}{5} - \frac{u^3}{3}\right) + c$

$= \dfrac{2(1-x)^{\frac{5}{2}}}{5} - \dfrac{2(1-x)^{\frac{3}{2}}}{3} + c$

令 $a, b < 1$ 則 $\displaystyle\int_a^b x\sqrt{1-x}\,dx = \frac{2(1-b)^{\frac{5}{2}}}{5} - \frac{2(1-b)^{\frac{3}{2}}}{3} - \left(\frac{2(1-a)^{\frac{5}{2}}}{5} - \frac{2(1-a)^{\frac{3}{2}}}{3}\right)$

範例 4.

$$\int_a^b x^2\sqrt{x-1}\,dx = ?, \quad \forall a, b > 1$$

【解】

令 $u = \sqrt{x-1}$ 則 $du = \dfrac{(x-1)^{-\frac{1}{2}}}{2}\,dx \Rightarrow 2u\,du = dx$, 藉由變數代換法

則 $\displaystyle\int x^2\sqrt{x-1}\,dx = \int (u^2+1)^2 2u^2\,du = 2\int u^6 + 2u^4 + u^2\,du$

$$= 2\left(\frac{u^7}{7} + \frac{2u^5}{5} + \frac{u^3}{3}\right) + c = \frac{2(x-1)^{\frac{7}{2}}}{7} + \frac{4(x-1)^{\frac{5}{2}}}{5} + \frac{2(x-1)^{\frac{3}{2}}}{3} + c$$

令 $a, b > 1$ 則 $\int_a^b x^2\sqrt{x-1}\,dx$

$$= \frac{2(b-1)^{\frac{7}{2}}}{7} + \frac{4(b-1)^{\frac{5}{2}}}{5} + \frac{2(b-1)^{\frac{3}{2}}}{3} - \left(\frac{2(a-1)^{\frac{7}{2}}}{7} + \frac{4(a-1)^{\frac{5}{2}}}{5} + \frac{2(a-1)^{\frac{3}{2}}}{3}\right)$$

範例 5.

$$求 \int_a^b \frac{x+1}{\sqrt{x^2+2x+3}}\,dx =?, \quad \forall a,b \in R$$

【解】

令 $u = x^2 + 2x + 3$ 則 $du = 2x + 2\,dx \Rightarrow \dfrac{du}{2} = (x+1)dx$, 藉由變數代換法

則 $\displaystyle\int \frac{x+1}{\sqrt{x^2+2x+3}}\,dx = \int \frac{1}{2\sqrt{u}}\,du = u^{\frac{1}{2}} + c = (x^2+2x+3)^{\frac{1}{2}} + c$

令 $a, b \in R$ 則 $\displaystyle\int_a^b \frac{x+1}{\sqrt{x^2+2x+3}}\,dx = (b^2+2b+3)^{\frac{1}{2}} - (a^2+2a+3)^{\frac{1}{2}}$

範例 6.

$$求 \int_a^b \sqrt{x}\sqrt{1+x\sqrt{x}}\,dx =?, \quad \forall a,b > 0$$

【解】

令 $u = 1 + x\sqrt{x}$ 則 $du = \dfrac{3}{2}x^{\frac{1}{2}}\,dx$, 藉由變數代換法

則 $\displaystyle\int \sqrt{x}\sqrt{1+x\sqrt{x}}\,dx = \frac{2}{3}\int \sqrt{u}\,du = \frac{4u^{\frac{3}{2}}}{9} + c = \frac{4(1+x\sqrt{x})^{\frac{3}{2}}}{9} + c$

令 $a, b > 0$ 則 $\displaystyle\int_a^b \sqrt{x}\sqrt{1+x\sqrt{x}}\,dx = \frac{4(1+b\sqrt{b})^{\frac{3}{2}}}{9} - \frac{4(1+a\sqrt{a})^{\frac{3}{2}}}{9}$

範例 7.

$$求 \int_a^b \frac{(x-x^3)^{\frac{1}{3}}}{x^4} dx =?, \quad \forall a,b \neq 0$$

【解】

$$\because \frac{(x-x^3)^{\frac{1}{3}}}{x^4} = \frac{\frac{1}{x}(x-x^3)^{\frac{1}{3}}}{x^3} = \frac{\left(\frac{1}{x^2}-1\right)^{\frac{1}{3}}}{x^3}$$

令 $u = \dfrac{1}{x^2} - 1$ 則 $du = -2x^{-3}\,dx \Rightarrow \dfrac{-du}{2} = x^{-3}\,dx$, 藉由變數代換法

$$則 \int \frac{(x-x^3)^{\frac{1}{3}}dx}{x^4} = \int \frac{\left(\frac{1}{x^2}-1\right)^{\frac{1}{3}}dx}{x^3} = -\int \frac{u^{\frac{1}{3}}du}{2} = -\frac{3u^{\frac{4}{3}}}{8} + c = -\frac{3\left(\frac{1}{x^2}-1\right)^{\frac{4}{3}}}{8} + c$$

$$令\ a,b \neq 0\ 則 \int_a^b \frac{(x-x^3)^{\frac{1}{3}}}{x^4} dx = -\frac{3\left(\frac{1}{b^2}-1\right)^{\frac{4}{3}}}{8} + \frac{3\left(\frac{1}{a^2}-1\right)^{\frac{4}{3}}}{8}$$

範例 8.

$$求 \int_a^b \frac{1}{x - x^{\frac{1}{3}}} dx =?, \quad \forall a,b > 1$$

【解】

令 $u = x^{\frac{1}{3}}$ 則 $du = \dfrac{1}{3}x^{-\frac{2}{3}}\,dx \Rightarrow 3u^2 du = dx$, 藉由變數代換法

$$則 \int \frac{dx}{x - x^{\frac{1}{3}}} = \int \frac{3u^2 du}{u^3 - u} = 3 \int \frac{u\,du}{u^2 - 1} = \frac{3}{2}\ln|u^2 - 1| + c = \frac{3}{2}\ln\left|x^{\frac{2}{3}} - 1\right| + c$$

$$令\ a,b > 1\ 則 \int_a^b \frac{1}{x - x^{\frac{1}{3}}} dx = \frac{3}{2}\ln\frac{b^{\frac{2}{3}} - 1}{a^{\frac{2}{3}} - 1}$$

範例 9.

$$求 \int_a^b \frac{x^3}{\sqrt{x^2 + 2}} dx =?, \quad \forall a,b \in R$$

【解】

令 $u = x^2 + 2$ 則 $du = 2xdx$ 且 $x^2 = u - 2$, 藉由變數代換法

則 $\displaystyle\int \frac{x^3}{\sqrt{x^2+2}}dx = \int \frac{u-2}{2\sqrt{u}}du = \frac{1}{2}\int \left(\sqrt{u} - 2u^{-\frac{1}{2}}\right)du = \frac{1}{2}\left(\frac{2}{3}u^{\frac{3}{2}} - 4u^{\frac{1}{2}} + c\right)$

$= \dfrac{1}{3}(x^2+2)^{\frac{3}{2}} - 2(x^2+2)^{\frac{1}{2}} + c$

令 $a, b \in R$ 則 $\displaystyle\int_a^b \frac{x^3 dx}{\sqrt{x^2+2}} = \frac{(b^2+2)^{\frac{3}{2}} - (a^2+2)^{\frac{3}{2}}}{3} - 2\left((b^2+2)^{\frac{1}{2}} - (a^2+2)^{\frac{1}{2}}\right)$

範例 10.

$$\text{求} \int_a^b \frac{\sqrt{1+\sqrt{x}}}{\sqrt{x}}dx = ?, \quad \forall a, b > 0$$

【解】

令 $u = 1 + \sqrt{x}$ 則 $du = \dfrac{1}{2}x^{-\frac{1}{2}}dx$, 藉由變數代換法

則 $\displaystyle\int \frac{\sqrt{1+\sqrt{x}}}{\sqrt{x}}dx = 2\int \sqrt{u}\,du = \frac{4}{3}u^{\frac{3}{2}} + c = \frac{4}{3}(1+\sqrt{x})^{\frac{3}{2}} + c$

令 $a, b > 0$ 則 $\displaystyle\int_a^b \frac{\sqrt{1+\sqrt{x}}}{\sqrt{x}}dx = \frac{4}{3}\left((1+\sqrt{b})^{\frac{3}{2}} - (1+\sqrt{a})^{\frac{3}{2}}\right)$

範例 11.

$$\text{求} \int_a^b \frac{\sqrt{1-\sqrt{x}}}{\sqrt{x}}dx = ?, \quad \forall\, 0 < a, b < 1$$

【解】

令 $u = 1 - \sqrt{x}$ 則 $du = \dfrac{-1}{2}x^{-\frac{1}{2}}dx$, 藉由變數代換法

則 $\displaystyle\int \frac{\sqrt{1-\sqrt{x}}}{\sqrt{x}}dx = -2\int \sqrt{u}\,du = -\frac{4}{3}u^{\frac{3}{2}} + c = -\frac{4}{3}(1-\sqrt{x})^{\frac{3}{2}} + c$

令 $0 < a, b < 1$ 則 $\displaystyle\int_a^b \frac{\sqrt{1-\sqrt{x}}}{\sqrt{x}}dx = -\frac{4}{3}\left((1-\sqrt{b})^{\frac{3}{2}} - (1-\sqrt{a})^{\frac{3}{2}}\right)$

範例 12.

$$求 \int_a^b \frac{1}{x - \sqrt{x}} dx =?, \quad \forall a, b > 1$$

【解】

令 $u = \sqrt{x}$ 則 $du = \frac{1}{2} x^{-\frac{1}{2}} dx \Rightarrow 2udu = dx$, 藉由變數代換法

則 $\int \frac{1}{x - \sqrt{x}} dx = \int \frac{2u}{u^2 - u} dx = \int \frac{2}{u - 1} dx = 2\ln|u - 1| + c = 2\ln|\sqrt{x} - 1| + c$

令 $a, b > 1$ 則 $\int_a^b \frac{1}{x - \sqrt{x}} dx = 2\ln \frac{\sqrt{b} - 1}{\sqrt{a} - 1}$

範例 13.

$$求 \int_a^b \frac{x}{\sqrt{9 - x^4}} dx =?, \quad \forall -\sqrt{3} < a, b < \sqrt{3}$$

【解】

令 $u = x^2$ 則 $du = 2xdx$, 藉由變數代換法

則 $\int \frac{x}{\sqrt{9 - x^4}} dx = \int \frac{du}{2\sqrt{9 - u^2}} = \int \frac{du}{6\sqrt{1 - \left(\frac{u}{3}\right)^2}} = \frac{1}{2} \sin^{-1} \frac{u}{3} + c = \frac{1}{2} \sin^{-1} \frac{x^2}{3} + c$

令 $-\sqrt{3} < a, b < \sqrt{3}$ 則 $\int_a^b \frac{x}{\sqrt{9 - x^4}} dx = \frac{1}{2} \left(\sin^{-1} \frac{b^2}{3} - \sin^{-1} \frac{a^2}{3} \right)$

範例 14.

$$求 \int_a^b \frac{x^3}{1 + x^8} dx =?, \quad \forall a, b \in R$$

【解】

令 $u = x^4$ 則 $du = 4x^3 dx$, 藉由變數代換法

則 $\int \frac{x^3}{1 + x^8} dx = \frac{1}{4} \int \frac{du}{1 + u^2} = \frac{1}{4} \tan^{-1} u + c = \frac{1}{4} \tan^{-1} x^4 + c$

令 $a, b \in R$ 則 $\int_a^b \frac{x^3}{1 + x^8} dx = \frac{1}{4} (\tan^{-1} b^4 - \tan^{-1} a^4)$

範例 15.

$$\text{求} \int_a^b (1 + \sqrt{x})^k dx = ?, \quad \forall k \in N, \ a, b > 0$$

【解】

令 $u = 1 + \sqrt{x}$ 則 $du = \dfrac{1}{2} x^{-\frac{1}{2}} dx$, 藉由變數代換法

令 $k \in N$ 則 $\displaystyle\int (1 + \sqrt{x})^k dx = \int 2(u - 1)u^k dx = 2\left(\dfrac{u^{k+2}}{k+2} - \dfrac{u^{k+1}}{k+1}\right) + c$

$$= \dfrac{2(1 + \sqrt{x})^{k+2}}{k+2} - \dfrac{2(1 + \sqrt{x})^{k+1}}{k+1} + c$$

令 $a, b > 0$ 則 $\displaystyle\int_a^b (1 + \sqrt{x})^k dx$

$$= \dfrac{2(1 + \sqrt{b})^{k+2}}{k+2} - \dfrac{2(1 + \sqrt{b})^{k+1}}{k+1} - \left(\dfrac{2(1 + \sqrt{a})^{k+2}}{k+2} - \dfrac{2(1 + \sqrt{a})^{k+1}}{k+1}\right)$$

範例 16.

$$\text{求} \int_a^b \dfrac{1}{\sqrt{x} + \sqrt[3]{x}} dx = ?, \quad \forall a, b > 0$$

【解】

令 $u = x^{\frac{1}{6}}$ 則 $du = \dfrac{1}{6} x^{-\frac{5}{6}} dx \Rightarrow 6u^5 du = dx$, 藉由變數代換法

則 $\displaystyle\int \dfrac{1}{\sqrt{x} + \sqrt[3]{x}} dx = \int \dfrac{6u^5}{u^3 + u^2} du = \int \dfrac{6u^3}{u + 1} du$

$$= 6 \int \dfrac{u^2(u + 1) - u(u + 1) + (u + 1) - 1}{u + 1} du = 6 \int u^2 - u + 1 - \dfrac{1}{u + 1} du$$

$$= 6\left(\dfrac{u^3}{3} - \dfrac{u^2}{2} + u - \ln|u + 1|\right) + c = 2x^{\frac{1}{2}} - 3x^{\frac{1}{3}} + 6x^{\frac{1}{6}} - 6\ln\left|x^{\frac{1}{6}} + 1\right| + c$$

令 $a, b > 0$ 則 $\displaystyle\int_a^b \dfrac{1}{\sqrt{x} + \sqrt[3]{x}} dx$

$$= 2b^{\frac{1}{2}} - 3b^{\frac{1}{3}} + 6b^{\frac{1}{6}} - 6\ln\left(b^{\frac{1}{6}} + 1\right) - \left(2a^{\frac{1}{2}} - 3a^{\frac{1}{3}} + 6a^{\frac{1}{6}} - 6\ln\left(a^{\frac{1}{6}} + 1\right)\right)$$

範例 17.

$$求 \int_a^b \frac{\sqrt{x}}{\sqrt[3]{x}+1}\,dx = ?, \quad \forall a, b > 0$$

【解】

令 $u = x^{\frac{1}{6}}$ 則 $du = \frac{1}{6}x^{-\frac{5}{6}}dx \Rightarrow 6u^5 du = dx$, 藉由變數代換法

則 $\displaystyle\int \frac{\sqrt{x}}{1+\sqrt[3]{x}}\,dx = \int \frac{6u^8\,du}{1+u^2}$

$$= 6\int \frac{u^6(u^2+1) - u^4(u^2+1) + u^2(u^2+1) - (u^2+1) + 1}{u^2+1}\,du$$

$$= 6\int u^6 - u^4 + u^2 - 1 + \frac{1}{u^2+1}\,du = 6\left(\frac{u^7}{7} - \frac{u^5}{5} + \frac{u^3}{3} - u + \tan^{-1}u\right) + c$$

$$= \frac{6x^{\frac{7}{6}}}{7} - \frac{6x^{\frac{5}{6}}}{5} + 2x^{\frac{1}{2}} - 6x^{\frac{1}{6}} + 6\tan^{-1}x^{\frac{1}{6}} + c$$

令 $a, b > 0$ 則 $\displaystyle\int_a^b \frac{\sqrt{x}}{\sqrt[3]{x}+1}\,dx$

$$= \frac{6b^{\frac{7}{6}}}{7} - \frac{6b^{\frac{5}{6}}}{5} + 2b^{\frac{1}{2}} - 6b^{\frac{1}{6}} + 6\tan^{-1}b^{\frac{1}{6}} - \left(\frac{6a^{\frac{7}{6}}}{7} - \frac{6a^{\frac{5}{6}}}{5} + 2a^{\frac{1}{2}} - 6a^{\frac{1}{6}} + 6\tan^{-1}a^{\frac{1}{6}}\right)$$

範例 18.

$$求 \int_\alpha^\beta \frac{1}{x\sqrt{a+bx}}\,dx = ?, \quad \forall\, a, b, \alpha, \beta > 0$$

【解】

令 $u = \sqrt{a+bx}$ 則 $du = \frac{b}{2}(a+bx)^{-\frac{1}{2}}dx$, 藉由變數代換法

$\because u^2 = a + bx \qquad \therefore \frac{1}{x} = \frac{b}{u^2-a}$

$$\therefore \int \frac{1}{x\sqrt{a+bx}}\,dx = \frac{2}{b}\int \frac{b}{u^2-a}\,du = \int \frac{2}{u^2-a}\,du = \int \frac{2}{(u-\sqrt{a})(u+\sqrt{a})}\,du$$

$$= \int \frac{1}{\sqrt{a}}\left(\frac{1}{u-\sqrt{a}} - \frac{1}{u+\sqrt{a}}\right)du = \frac{1}{\sqrt{a}}(\ln|u-\sqrt{a}| - \ln|u+\sqrt{a}|) + c$$

$$= \frac{1}{\sqrt{a}}(\ln|\sqrt{a+bx} - \sqrt{a}| - \ln|\sqrt{a+bx} + \sqrt{a}|) + c$$

$$\text{令}\, a, b, \alpha, \beta > 0 \ \text{則}\ \int_{\alpha}^{\beta} \frac{dx}{x\sqrt{a+bx}} = \frac{\ln\dfrac{\sqrt{a+b\beta}-\sqrt{a}}{\sqrt{a+b\alpha}-\sqrt{a}} - \ln\dfrac{\sqrt{a+b\beta}+\sqrt{a}}{\sqrt{a+b\alpha}+\sqrt{a}}}{\sqrt{a}}$$

範例 19.

$$\text{求}\ \int_{a}^{b} \frac{1}{\sqrt{1+\sqrt{x}}}\, dx = ?, \quad \forall a, b > 0$$

【解】

令 $u = 1 + \sqrt{x}$ 則 $du = \dfrac{1}{2}x^{-\frac{1}{2}}dx$, 藉由變數代換法

則 $\displaystyle\int \frac{1}{\sqrt{1+\sqrt{x}}}\, dx = 2\int \frac{u-1}{\sqrt{u}}\, du = 2\int u^{\frac{1}{2}} - u^{-\frac{1}{2}}\, du = 2\left(\frac{2}{3}u^{\frac{3}{2}} - 2u^{\frac{1}{2}}\right) + c$

$= \dfrac{4}{3}(1+\sqrt{x})^{\frac{3}{2}} - 4(1+\sqrt{x})^{\frac{1}{2}} + c$

令 $a, b > 0$ 則 $\displaystyle\int_{a}^{b} \frac{1}{\sqrt{1+\sqrt{x}}}\, dx = \frac{4}{3}\left((1+\sqrt{b})^{\frac{3}{2}} - (1+\sqrt{a})^{\frac{3}{2}}\right) - 4\left((1+\sqrt{b})^{\frac{1}{2}} - (1+\sqrt{a})^{\frac{1}{2}}\right)$

範例 20.

$$\text{求}\ \int_{a}^{b} \frac{1}{\sqrt{1+x^{\frac{1}{3}}}}\, dx = ?, \quad \forall a, b > 0$$

【解】

令 $u = 1 + x^{\frac{1}{3}}$ 則 $du = \dfrac{1}{3}x^{-\frac{2}{3}}dx$, 藉由變數代換法

則 $\displaystyle\int \frac{1}{\sqrt{1+x^{\frac{1}{3}}}}\, dx = 3\int \frac{(u-1)^2}{\sqrt{u}}\, du = 3\int u^{\frac{3}{2}} - 2u^{\frac{1}{2}} + u^{-\frac{1}{2}}\, du$

$= 3\left(\dfrac{2}{5}u^{\frac{5}{2}} - \dfrac{4}{3}u^{\frac{3}{2}} + 2u^{\frac{1}{2}}\right) + c = 3\left(\dfrac{2}{5}\left(1+x^{\frac{1}{3}}\right)^{\frac{5}{2}} - \dfrac{4}{3}\left(1+x^{\frac{1}{3}}\right)^{\frac{3}{2}} + 2\left(1+x^{\frac{1}{3}}\right)^{\frac{1}{2}}\right) + c$

$= \dfrac{6}{5}\left(1+x^{\frac{1}{3}}\right)^{\frac{5}{2}} - 4\left(1+x^{\frac{1}{3}}\right)^{\frac{3}{2}} + 6\left(1+x^{\frac{1}{3}}\right)^{\frac{1}{2}} + c$

令 $a, b > 0$ 則

$$\int_a^b \frac{1}{\sqrt{1+x^{\frac{1}{3}}}}\,dx = \frac{6\left(\left(1+b^{\frac{1}{3}}\right)^{\frac{5}{2}} - \left(1+a^{\frac{1}{3}}\right)^{\frac{5}{2}}\right)}{5} - 4\left(\left(1+b^{\frac{1}{3}}\right)^{\frac{3}{2}} - \left(1+a^{\frac{1}{3}}\right)^{\frac{3}{2}}\right)$$

$$+6\left(\left(1+b^{\frac{1}{3}}\right)^{\frac{1}{2}} - \left(1+a^{\frac{1}{3}}\right)^{\frac{1}{2}}\right)$$

範例 21.

$$求 \int_a^b \frac{1}{\sqrt{1-\sqrt{x}}}\,dx =?, \quad \forall\, 0 < a,b < 1$$

【解】

令 $u = 1 - \sqrt{x}$ 則 $du = \frac{-1}{2}x^{-\frac{1}{2}}dx$, 藉由變數代換法

則 $\int \frac{1}{\sqrt{1-\sqrt{x}}}\,dx = 2\int \frac{u-1}{\sqrt{u}}\,du = 2\int u^{\frac{1}{2}} - u^{-\frac{1}{2}}\,du = 2\left(\frac{2}{3}u^{\frac{3}{2}} - 2u^{\frac{1}{2}}\right)$

$= \frac{4}{3}(1-\sqrt{x})^{\frac{3}{2}} - 4\sqrt{1-\sqrt{x}} + c$

令 $0 < a,b < 1$ 則 $\int_a^b \frac{1}{\sqrt{1-\sqrt{x}}}\,dx$

$= \frac{4}{3}\left((1-\sqrt{b})^{\frac{3}{2}} - (1-\sqrt{a})^{\frac{3}{2}}\right) - 4\left(\sqrt{1-\sqrt{b}} - \sqrt{1-\sqrt{a}}\right)$

範例 22.

$$求 \int_a^b \frac{1}{\sqrt{2+\sqrt{1+\sqrt{x}}}}\,dx =?, \quad \forall\, a,b > 0$$

【解】

令 $u = 2 + \sqrt{1+\sqrt{x}}$ 則 $du = \frac{1}{2}(1+\sqrt{x})^{-\frac{1}{2}}\left(\frac{1}{2}x^{-\frac{1}{2}}\right)dx$, 藉由變數代換法

$\because (1+\sqrt{x})^{\frac{1}{2}} = u-2$ 且 $x^{\frac{1}{2}} = (u-2)^2 - 1 = u^2 - 4u + 3$

$\therefore dx = 4(u-2)(u^2 - 4u + 3\,)du \Rightarrow dx = 4(u^3 - 6u^2 + 11u - 6)du$

$$\therefore \int \frac{1}{\sqrt{2+\sqrt{1+\sqrt{x}}}}\,dx = 4\int \frac{u^3 - 6u^2 + 11u - 6}{\sqrt{u}}\,du$$

$$= 4\int u^{\frac{5}{2}} - 6u^{\frac{3}{2}} + 11u^{\frac{1}{2}} - 6u^{-\frac{1}{2}}\,du = 4\left(\frac{2}{7}u^{\frac{7}{2}} - \frac{12}{5}u^{\frac{5}{2}} + \frac{22}{3}u^{\frac{3}{2}} - 12u^{\frac{1}{2}}\right) + c$$

$$= 4\left(\frac{2}{7}\left(2+\sqrt{1+\sqrt{x}}\right)^{\frac{7}{2}} - \frac{12}{5}\left(2+\sqrt{1+\sqrt{x}}\right)^{\frac{5}{2}} + \frac{22}{3}\left(2+\sqrt{1+\sqrt{x}}\right)^{\frac{3}{2}}\right.$$

$$\left. - 12\left(2+\sqrt{1+\sqrt{x}}\right)^{\frac{1}{2}}\right) + c$$

令 $a, b > 0$

則 $\displaystyle\int_a^b \frac{1}{\sqrt{2+\sqrt{1+\sqrt{x}}}}\,dx$

$$= \frac{8}{7}\left(\left(2+\sqrt{1+\sqrt{b}}\right)^{\frac{7}{2}} - \left(2+\sqrt{1+\sqrt{a}}\right)^{\frac{7}{2}}\right) - \frac{48}{5}\left(\left(2+\sqrt{1+\sqrt{b}}\right)^{\frac{5}{2}} - \left(2+\sqrt{1+\sqrt{a}}\right)^{\frac{5}{2}}\right)$$

$$+ \frac{88}{3}\left(\left(2+\sqrt{1+\sqrt{b}}\right)^{\frac{3}{2}} - \left(2+\sqrt{1+\sqrt{a}}\right)^{\frac{3}{2}}\right) - 48\left(\left(2+\sqrt{1+\sqrt{b}}\right)^{\frac{1}{2}} - \left(2+\sqrt{1+\sqrt{a}}\right)^{\frac{1}{2}}\right)$$

範例 23.

$$\text{求} \int_a^b \tan x\,dx = ?, \quad \forall -\frac{\pi}{2} < a, b < \frac{\pi}{2}$$

【解】

$$\because \int \tan x\,dx = \int \frac{\sin x}{\cos x}\,dx$$

令 $u = \cos x$ 則 $du = -\sin x\,dx$，藉由變數代換法

$$\text{則} \int \tan x\,dx = \int \frac{\sin x}{\cos x}\,dx = -\int \frac{du}{u} = -\ln|u| + c = -\ln|\cos x| + c$$

$$\text{令} -\frac{\pi}{2} < a, b < \frac{\pi}{2} \quad \text{則} \int_a^b \tan x\,dx = -\ln\frac{\cos b}{\cos a}$$

範例 24.

$$\text{求} \int_a^b \cot x \, dx =?, \quad \forall\, 0 < a, b < \pi$$

【解】

$$\because \int \cot x \, dx = \int \frac{\cos x}{\sin x} dx$$

令 $u = \sin x$ 則 $du = \cos x \, dx$，藉由變數代換法

$$\text{則} \int \cot x \, dx = \int \frac{\cos x}{\sin x} dx = \int \frac{du}{u} = \ln|u| + c = \ln|\sin x| + c$$

令 $0 < a, b < \pi$ 則 $\int_a^b \cot x \, dx = \ln\dfrac{\sin b}{\sin a}$

範例 25.

$$\text{求} \int_a^b \sec x \, dx =?, \quad \forall\, 0 < a, b < \frac{\pi}{2}$$

【解】

$$\because (\sec x)' = \tan x \sec x \ \text{且} \ (\tan x)' = \sec^2 x \quad \therefore (\tan x + \sec x)' = (\tan x + \sec x)\sec x$$

令 $u = \tan x + \sec x$ 則 $du = (\tan x + \sec x)\sec x \, dx$，藉由變數代換法

$$\text{則} \int \sec x \, dx = \int \frac{(\tan x + \sec x)\sec x}{\tan x + \sec x} dx = \int \frac{du}{u} = \ln|u| = \ln|\tan x + \sec x| + c$$

令 $0 < a, b < \dfrac{\pi}{2}$ 則 $\int_a^b \sec x \, dx = \ln\dfrac{\tan b + \sec b}{\tan a + \sec a}$

範例 26.

$$\text{求} \int_a^b \csc x \, dx =?, \quad \forall\, 0 < a, b < \frac{\pi}{2}$$

【解】

$$\because (\csc x)' = -\cot x \csc x \ \text{且} \ (\cot x)' = -\csc^2 x \quad \therefore (\cot x + \csc x)' = -(\cot x + \csc x)\csc x$$

令 $u = \cot x + \csc x$ 則 $du = -(\cot x + \csc x)\csc x \, dx$，藉由變數代換法

$$\text{則} \int \csc x \, dx = \int \frac{(\cot x + \csc x)\csc x}{\cot x + \csc x} dx = -\int \frac{du}{u} = -\ln|u| = -\ln|\cot x + \csc x| + c$$

令 $0 < a, b < \dfrac{\pi}{2}$ 則 $\int_a^b \csc x \, dx = -\ln\dfrac{\cot b + \csc b}{\cot a + \csc a}$

範例 27.

$$求 \int_a^b \sin^3 x \, dx =?, \quad \forall \, a,b \in R$$

【解】

$$\because \int \sin^3 x \, dx = \int \sin x \sin^2 x \, dx = \int \sin x \, (1 - \cos^2 x) \, dx$$

令 $u = \cos x$ 則 $du = -\sin x \, dx$, 藉由變數代換法

$$則 \int \sin x \, (1 - \cos^2 x) \, dx = \int -(1 - u^2) \, du = -u + \frac{u^3}{3} + c = -\cos x + \frac{1}{3}\cos^3 x + c$$

$$令 \, a,b \in R \, 則 \int_a^b \sin^3 x \, dx = -\cos b + \cos a + \frac{1}{3}(\cos^3 b - \cos^3 a)$$

範例 28.

$$求 \int_a^b \cos^3 x \, dx =?, \quad \forall \, a,b \in R$$

【解】

$$\because \int \cos^3 x \, dx = \int \cos x \cos^2 x \, dx = \int \cos x \, (1 - \sin^2 x) \, dx$$

$$= \int (1 - u^2) \, du = u - \frac{u^3}{3} + c = \sin x - \frac{1}{3}\sin^3 x + c$$

$$令 \, a,b \in R \, 則 \int_a^b \cos^3 x \, dx = \sin b - \frac{1}{3}\sin^3 b - \left(\sin a - \frac{1}{3}\sin^3 a\right)$$

範例 29.

$$求 \int_a^b \tan^3 x \, dx =?, \quad \forall \, -\frac{\pi}{2} < a,b < \frac{\pi}{2}$$

【解】

$$\because \int \tan^3 x \, dx = \int \frac{\tan^2 x \tan x \sec x}{\sec x} \, dx = \int \frac{(\sec^2 x - 1) \tan x \sec x}{\sec x} \, dx$$

令 $u = \sec x$ 則 $du = \tan x \sec x \, dx$, 藉由變數代換法

$$則 \int \tan^3 x \, dx = \int \frac{(\sec^2 x - 1) \tan x \sec x}{\sec x} \, dx = \int u - \frac{1}{u} \, du = \frac{u^2}{2} - \ln|u| + c$$

$$= \frac{\sec^2 x}{2} - \ln|\sec x| + c$$

令 $-\frac{\pi}{2} < a, b < \frac{\pi}{2}$ 則 $\int_a^b \tan^3 x \, dx = \frac{\sec^2 b}{2} - \ln \sec b - \left(\frac{\sec^2 a}{2} - \ln \sec a \right)$

範例 30.

$$求 \int_a^b \cot^3 x \, dx = ?, \quad \forall 0 < a, b < \pi$$

【解】

$$\because \int \cot^3 x \, dx = \int \frac{\cot^2 x \cot x \csc x}{\csc x} dx = \int \frac{(\csc^2 x - 1) \cot x \csc x}{\csc x} dx$$

令 $u = \csc x$ 則 $du = -\cot x \csc x \, dx$, 藉由變數代換法

$$則 \int \cot^3 x \, dx = \int \frac{(\csc^2 x - 1) \cot x \csc x}{\csc x} dx = -\int u - \frac{1}{u} du = -\frac{u^2}{2} + \ln|u| + c$$

$$= -\frac{\csc^2 x}{2} + \ln|\csc x| + c$$

令 $0 < a, b < \pi$ 則 $\int_a^b \cot^3 x \, dx = -\frac{\csc^2 b}{2} + \ln \csc b + \frac{\csc^2 a}{2} - \ln \csc a$

範例 31.

$$求 \int_a^b \sin^4 x \, dx = ?, \quad \forall a, b \in R$$

【解】

$$\int \sin^4 x \, dx = \int (\sin^2 x)^2 dx = \int \left(\frac{1 - \cos 2x}{2} \right)^2 dx = \int \frac{1 - 2\cos 2x + \cos^2 2x}{4} dx$$

$$= \int \frac{1 - 2\cos 2x + \frac{1 + \cos 4x}{2}}{4} dx = \frac{1}{4} \int \frac{3}{2} - 2\cos 2x + \frac{\cos 4x}{2} dx$$

$$= \frac{1}{4} \left(\frac{3x}{2} - \sin 2x + \frac{1}{8} \sin 4x \right) + c$$

令 $a, b \in R$ 則 $\int_a^b \sin^4 x \, dx = \dfrac{\frac{3b}{2} - \sin 2b + \frac{1}{8}\sin 4b - \left(\frac{3a}{2} - \sin 2a + \frac{1}{8}\sin 4a \right)}{4}$

範例 32.

$$求 \int_a^b \cos^4 x \, dx =?, \quad \forall \, a, b \in R$$

【解】

$$\int \cos^4 x \, dx = \int (\cos^2 x)^2 dx = \int \left(\frac{1 + \cos 2x}{2}\right)^2 dx = \int \frac{1 + 2\cos 2x + \cos^2 2x}{4} dx$$

$$= \int \frac{1 + 2\cos 2x + \dfrac{1 + \cos 4x}{2}}{4} dx = \frac{1}{4} \int \frac{3}{2} + 2\cos 2x + \frac{\cos 4x}{2} dx$$

$$= \frac{1}{4}\left(\frac{3x}{2} + \sin 2x + \frac{1}{8}\sin 4x\right) + c$$

$$令 \, a, b \in R \, 則 \int_a^b \cos^4 x \, dx = \frac{\dfrac{3b}{2} + \sin 2b + \dfrac{1}{8}\sin 4b - \left(\dfrac{3a}{2} + \sin 2a + \dfrac{1}{8}\sin 4a\right)}{4}$$

範例 33.

$$求 \int_a^b \sin^5 x \, dx =?, \quad \forall \, a, b \in R$$

【解】

$$\because \int \sin^5 x \, dx = \int \sin^4 x (\sin x) \, dx = \int (1 - \cos^2 x)^2 \sin x \, dx$$

令 $u = \cos x$ 則 $du = -\sin x \, dx$, 藉由變數代換法

$$則 \int (1 - \cos^2 x)^2 \sin x \, dx = -\int (1 - u^2)^2 du = -\int u^4 - 2u^2 + 1 \, du$$

$$= -\left(\frac{u^5}{5} - \frac{2}{3}u^3 + u\right) + c = -\left(\frac{\cos^5 x}{5} - \frac{2}{3}\cos^3 x + \cos x\right) + c$$

$$令 \, a, b \in R \, 則 \int_a^b \sin^5 x \, dx$$

$$= -\left(\frac{\cos^5 b}{5} - \frac{2}{3}\cos^3 b + \cos b - \left(\frac{\cos^5 a}{5} - \frac{2}{3}\cos^3 a + \cos a\right)\right)$$

範例 34.

$$求 \int_a^b \cos^5 x \, dx = ?, \quad \forall \, a, b \in R$$

【解】

$$\because \int \cos^5 x \, dx = \int \cos^4 x (\cos x) \, dx = \int (1 - \sin^2 x)^2 \cos x \, dx$$

令 $u = \sin x$ 則 $du = \cos x \, dx$, 藉由變數代換法

$$則 \int (1 - \sin^2 x)^2 \cos x \, dx = \int (1 - u^2)^2 du = \int u^4 - 2u^2 + 1 \, du$$

$$= \frac{u^5}{5} - \frac{2}{3} u^3 + u + c = \frac{\sin^5 x}{5} - \frac{2}{3} \sin^3 x + \sin x + c$$

$$令 \, a, b \in R \, 則 \int_a^b \cos^5 x \, dx = \frac{\sin^5 b}{5} - \frac{2}{3} \sin^3 b + \sin b - \left(\frac{\sin^5 a}{5} - \frac{2}{3} \sin^3 a + \sin a \right)$$

範例 35.

$$求 \int_0^\pi \sqrt{\cos^6 x} \, dx = ?$$

【解】

$$\because \int_0^\pi \sqrt{\cos^6 x} \, dx = \int_0^\pi |\cos x|^3 \, dx = \int_0^{\frac{\pi}{2}} \cos^3 x \, dx - \int_{\frac{\pi}{2}}^\pi \cos^3 x \, dx$$

$$= \int_0^{\frac{\pi}{2}} (1 - \sin^2 x) \cos x \, dx - \int_{\frac{\pi}{2}}^\pi (1 - \sin^2 x) \cos x \, dx$$

令 $t = \sin x$ 則 $dt = \cos x dx$, 藉由變數代換法

$$則 \int_0^{\frac{\pi}{2}} (1 - \sin^2 x) \cos x \, dx = \int_0^1 1 - t^2 \, dt = 1 - \frac{1}{3} = \frac{2}{3}$$

$$\int_{\frac{\pi}{2}}^\pi (1 - \sin^2 x) \cos x \, dx = \int_1^0 1 - t^2 \, dt = -1 - \left(\frac{-1}{3} \right) = \frac{-2}{3}$$

$$\therefore \int_0^\pi \sqrt{\cos^6 x} \, dx = \int_0^{\frac{\pi}{2}} (1 - \sin^2 x) \cos x \, dx - \int_{\frac{\pi}{2}}^\pi (1 - \sin^2 x) \cos x \, dx = \frac{4}{3}$$

範例 36.

$$求 \int_0^\pi \cos^3 x \ dx = ?$$

【解】

$$\because \int_0^\pi \cos^3 x \ dx = \int_0^\pi \cos^2 x \cdot \cos x \, dx = \int_0^\pi (1 - \sin^2 x) \cdot \cos x \, dx$$

$$= \int_0^{\frac{\pi}{2}} (1 - \sin^2 x) \cdot \cos x \, dx + \int_{\frac{\pi}{2}}^\pi (1 - \sin^2 x) \cdot \cos x \, dx$$

令 $u = \sin x$ 則 $du = \cos x \, dx$, 藉由變數代換法

$$則 \int_0^{\frac{\pi}{2}} (1 - \sin^2 x) \cdot \cos x \, dx + \int_{\frac{\pi}{2}}^\pi (1 - \sin^2 x) \cdot \cos x \, dx$$

$$= \int_0^1 (1 - u^2) \, du + \int_1^0 (1 - u^2) \, du = 0$$

範例 37.

$$求 \int_1^8 \frac{dx}{x + 2\sqrt[3]{x}} = ?$$

【解】

令 $x = u^3$ 則 $dx = 3u^2 \, du$, 藉由變數代換法

$$則 \int_1^8 \frac{dx}{x + 2\sqrt[3]{x}} = \int_1^2 \frac{3u^2}{u^3 + 2u} \, du = 3 \int_1^2 \frac{u}{u^2 + 2} \, du = \frac{3}{2} \cdot \ln(u^2 + 2)|_1^2 = \frac{3}{2} \ln 2$$

範例 38.

$$求 \int_1^{k^3} \frac{dx}{x + 2\sqrt[3]{x}} = ?, \ \forall \, k > 1$$

【解】

令 $k > 1$, 令 $x = u^3$ 則 $dx = 3u^2 \, du$, 藉由變數代換法

$$\int_1^{k^3} \frac{dx}{x + 2\sqrt[3]{x}} = \int_1^k \frac{3u^2}{u^3 + 2u} \, du = 3 \int_1^k \frac{u}{u^2 + 2} \, du = \frac{3}{2} \cdot \ln(u^2 + 2)|_1^k = \frac{3}{2} \ln \frac{k^2 + 2}{3}$$

範例 39.

$$求 \int_3^4 (x+2)(x-3)^3 dx =?$$

【解】

$$令\ t = x - 3\ 則\ \int_3^4 (x+2)(x-3)^3 dx = \int_0^1 (t+5)t^3 dt = \left(\frac{t^5}{5} + \frac{5t^4}{4}\right)\Big|_0^1 = \frac{29}{20}$$

範例 40.

$$求 \int_4^9 \frac{dx}{x - \sqrt{x}} =?$$

【解】

令 $x = t^2$ 則 $dx = 2t\,dt$, 藉由變數代換法

$$則 \int_4^9 \frac{dx}{x - \sqrt{x}} = \int_2^3 \frac{2t\,dt}{t^2 - t} = 2\int_2^3 \frac{dt}{t-1} = 2\ln(t-1)\big|_2^3 = 2\ln 2$$

範例 41.

$$求 \int_0^3 x\sqrt{1+x}\, dx =?$$

【解】

$$令\ 1 + x = t\ 則\ \int_0^3 x\sqrt{1+x}\, dx = \int_1^4 (t-1)\sqrt{t}\, dt = \left(\frac{2}{5} t^{\frac{5}{2}} - \frac{2}{3} t^{\frac{3}{2}}\right)\Big|_1^4 = \frac{116}{15}$$

範例 42.

$$求 \int_{-1}^1 \frac{dx}{\sqrt{x^2 + 2x + 5}} =?$$

【解】

$$\because x^2 + 2x + 5 = (x+1)^2 + 4$$

$$令\ x + 1 = t\ 則\ \int_{-1}^1 \frac{dx}{\sqrt{x^2 + 2x + 5}} = \int_{-1}^1 \frac{dx}{\sqrt{(x+1)^2 + 4}} = \int_0^2 \frac{dt}{\sqrt{t^2 + 4}}$$

令 $t = 2\tan\theta$ 則 $dt = 2\sec^2\theta\, d\theta$, 藉由變數代換法

$$\therefore \int_0^2 \frac{dt}{\sqrt{t^2 + 4}} = \int_0^{\frac{\pi}{4}} \frac{2\sec^2\theta\, d\theta}{\sqrt{4\tan^2\theta + 4}} = \int_0^{\frac{\pi}{4}} \sec\theta\, d\theta = \ln|\tan\theta + \sec\theta|\big|_0^{\frac{\pi}{4}} = \ln(1 + \sqrt{2})$$

範例 43.

$$求 \int_0^{\frac{\sqrt{3}}{2}} \frac{2x^3}{\sqrt{1-x^2}} \, dx = ?$$

【解】

令 $1 - x^2 = t$ 則 $-2x\,dx = dt$, 藉由變數代換法

$$則 \int_0^{\frac{\sqrt{3}}{2}} \frac{2x^3\,dx}{\sqrt{1-x^2}} = 2\int_0^{\frac{\sqrt{3}}{2}} \frac{\left(\frac{x^2}{-2}\right)(-2x)\,dx}{\sqrt{1-x^2}} = 2\int_1^{\frac{1}{4}} \frac{\frac{1-t}{-2}\,dt}{\sqrt{t}} = -\left(2t^{\frac{1}{2}} - \frac{2}{3}t^{\frac{3}{2}}\right)\Big|_1^{\frac{1}{4}} = \frac{5}{12}$$

範例 44.

$$求 \int_{-1}^{3} \left[x + \frac{1}{4}\right] dx = ?$$

【解】

令 $u = x + \dfrac{1}{4}$ 則 $du = dx$, 藉由變數代換法

$$則 \int_{-1}^{3}\left[x+\frac{1}{4}\right]dx = \int_{\frac{-3}{4}}^{\frac{13}{4}}[u]\,du = \int_{\frac{-3}{4}}^{0}[u]\,du + \int_0^1 [u]\,du + \int_1^2 [u]\,du + \int_2^3 [u]\,du + \int_3^{\frac{13}{4}}[u]\,du$$

$$= \int_{\frac{-3}{4}}^{0} -1\,du + \int_0^1 0\,du + \int_1^2 1\,du + \int_2^3 2\,du + \int_3^{\frac{13}{4}} 3\,du = \frac{-3}{4} + 1 + 2 + \frac{3}{4} = 3$$

範例 45.

$$求 \int_1^3 \frac{1}{[2x]}\,dx = ?$$

【解】

令 $u = 2x$ 則 $du = 2dx$, 藉由變數代換法

$$\therefore \int_1^3 \frac{1}{[2x]}\,dx = \frac{1}{2}\int_2^6 \frac{1}{[u]}\,du = \frac{1}{2}\left(\int_2^3 \frac{1}{[u]}\,du + \int_3^4 \frac{1}{[u]}\,du + \int_4^5 \frac{1}{[u]}\,du + \int_5^6 \frac{1}{[u]}\,du\right)$$

$$= \frac{1}{2}\left(\int_2^3 \frac{1}{2}\,du + \int_3^4 \frac{1}{3}\,du + \int_4^5 \frac{1}{4}\,du + \int_5^6 \frac{1}{5}\,du\right) = \frac{1}{2}\left(\frac{1}{2} + \frac{1}{3} + \frac{1}{4} + \frac{1}{5}\right) = \frac{77}{120}$$

範例 46.

$$求 \int_a^b \sin mx \sin nx \, dx =?, \quad \forall\, a,b \in R$$

【解】

(1) 當 $m = n$,

$$\int \sin mx \sin nx \, dx = \int \sin mx \sin mx \, dx = \int \sin^2 mx \, dx = \int \frac{1 - \cos 2mx}{2} \, dx$$

$$= \frac{x}{2} - \frac{\sin 2mx}{4m} + c$$

令 $a, b \in R$ 則 $\displaystyle\int_a^b \sin mx \sin nx \, dx = \frac{b}{2} - \frac{\sin 2mb}{4m} - \left(\frac{a}{2} - \frac{\sin 2ma}{4m} \right)$

(2) 當 $m \neq n$,

$$\int \sin mx \sin nx \, dx = \frac{1}{2} \int \cos(m-n)x - \cos(m+n)x \, dx$$

$$= \frac{1}{2} \left(\frac{\sin(m-n)x}{m-n} - \frac{\sin(m+n)x}{m+n} \right) + c$$

令 $a, b \in R$ 則 $\displaystyle\int_a^b \sin mx \sin nx \, dx$

$$= \frac{1}{2} \left(\frac{\sin(m-n)b}{m-n} - \frac{\sin(m+n)b}{m+n} - \left(\frac{\sin(m-n)a}{m-n} - \frac{\sin(m+n)a}{m+n} \right) \right)$$

範例 47.

$$求 \int_a^b \sin mx \cos nx \, dx =?, \quad \forall\, a,b \in R$$

【解】

(1) 當 $m = n$,

$$\int \sin mx \cos nx \, dx = \int \sin mx \cos mx \, dx = \frac{1}{2} \int \sin 2mx \, dx = \frac{-\cos 2mx}{4m} + c$$

令 $a, b \in R$ 則 $\displaystyle\int_a^b \sin mx \cos nx \, dx = \frac{-\cos 2mb}{4m} + \frac{\cos 2ma}{4m}$

(2) 當 $m \neq n$,

$$\int \sin mx \cos nx \, dx = \frac{1}{2} \int \sin(m+n)x + \sin(m-n)x \, dx$$

$$= \frac{1}{2}\left(-\frac{\cos(m+n)x}{m+n} - \frac{\cos(m-n)x}{m-n}\right) + c$$

令 $a, b \in R$ 則 $\displaystyle\int_a^b \sin mx \cos nx \, dx$

$$= \frac{1}{2}\left(-\frac{\cos(m+n)b}{m+n} - \frac{\cos(m-n)b}{m-n} + \frac{\cos(m+n)a}{m+n} + \frac{\cos(m-n)a}{m-n}\right)$$

範例 48.

$$求 \int_a^b \cos mx \cos nx \, dx = ?, \quad \forall\, a, b \in R$$

【解】

(1) 當 $m = n$,

$$\int \cos mx \cos nx \, dx = \int \cos mx \cos mx \, dx = \int \cos^2 mx \, dx = \int \frac{1 + \cos 2mx}{2} \, dx$$

$$= \frac{x}{2} + \frac{\sin 2mx}{4m} + c$$

令 $a, b \in R$ 則 $\displaystyle\int_a^b \cos mx \cos nx \, dx = \frac{b}{2} + \frac{\sin 2mb}{4m} - \left(\frac{a}{2} + \frac{\sin 2ma}{4m}\right)$

(2) 當 $m \neq n$,

$$\int \sin mx \sin nx \, dx = \frac{1}{2}\int \cos(m-n)x + \cos(m+n)x \, dx$$

$$= \frac{1}{2}\left(\frac{\sin(m-n)x}{m-n} + \frac{\sin(m+n)x}{m+n}\right) + c$$

令 $a, b \in R$ 則 $\displaystyle\int_a^b \cos mx \cos nx \, dx$

$$= \frac{1}{2}\left(\frac{\sin(m-n)b}{m-n} + \frac{\sin(m+n)b}{m+n} - \left(\frac{\sin(m-n)a}{m-n} + \frac{\sin(m+n)a}{m+n}\right)\right)$$

範例 49.

$$求 \int_a^b \frac{\tan^{-1} x}{1 + x^2} \, dx = ?, \quad \forall a, b \in R$$

【解】

令 $u = \tan^{-1} x$ 則 $du = \dfrac{dx}{1+x^2}$，藉由變數代換法

則 $\displaystyle\int \frac{\tan^{-1} x}{1+x^2} dx = \int u\,du = \frac{u^2}{2} + c = \frac{(\tan^{-1} x)^2}{2} + c$

令 $a, b \in R$ 則 $\displaystyle\int_a^b \frac{\tan^{-1} x}{1+x^2} dx = \frac{(\tan^{-1} b)^2}{2} - \frac{(\tan^{-1} a)^2}{2}$

範例 50.

$$\displaystyle 求 \int_a^b \frac{1}{x(\ln x)^2} = ?, \quad \forall a, b > 0$$

【解】

令 $u = \ln x$ 則 $du = \dfrac{dx}{x}$，藉由變數代換法

則 $\displaystyle\int \frac{1}{x(\ln x)^2} dx = \int u^{-2} du = -u^{-1} + c = -\frac{1}{\ln x} + c$

令 $a, b > 0$ 則 $\displaystyle\int_a^b \frac{1}{x(\ln x)^2} = \frac{1}{\ln a} - \frac{1}{\ln b}$

範例 51.

$$\displaystyle 求 \int_a^b \frac{e^{\sqrt{x}}}{\sqrt{x}} dx = ?, \quad \forall a, b > 0$$

【解】

令 $u = \sqrt{x}$ 則 $du = \dfrac{dx}{2\sqrt{x}}$，藉由變數代換法則 $\displaystyle\int \frac{e^{\sqrt{x}}}{\sqrt{x}} dx = 2 \int e^u du = 2e^u + c = 2e^{\sqrt{x}} + c$

令 $a, b > 0$ 則 $\displaystyle\int_a^b \frac{e^{\sqrt{x}}}{\sqrt{x}} dx = 2\left(e^{\sqrt{b}} - e^{\sqrt{a}}\right)$

範例 52.

$$\displaystyle 求 \int_a^b \frac{(\sin^{-1} x)^2}{\sqrt{1-x^2}} dx = ?, \quad \forall 0 < a, b < 1$$

【解】

令 $u = \sin^{-1} x$ 則 $du = \dfrac{dx}{\sqrt{1-x^2}}$，藉由變數代換法

則 $\displaystyle\int \frac{(\sin^{-1} x)^2}{\sqrt{1-x^2}}\,dx = \int u^2\,du + c = \frac{u^3}{3} + c = \frac{(\sin^{-1} x)^3}{3} + c$

令 $0 < a, b < 1$ 則 $\displaystyle\int_a^b \frac{(\sin^{-1} x)^2}{\sqrt{1-x^2}}\,dx = \frac{(\sin^{-1} b)^3}{3} - \frac{(\sin^{-1} a)^3}{3}$

範例 53.

$$\text{求} \int_a^b \frac{e^{\sqrt[3]{x}}}{\sqrt[3]{x^2}}\,dx = ?, \quad \forall a, b \in R$$

【解】

令 $u = x^{\frac{1}{3}}$ 則 $du = \dfrac{x^{\frac{-2}{3}}}{3}\,dx,$ 藉由變數代換法

則 $\displaystyle\int \frac{e^{\sqrt[3]{x}}}{\sqrt[3]{x^2}}\,dx = \int x^{\frac{-2}{3}} e^{x^{\frac{1}{3}}}\,dx = 3\int e^u\,du = 3e^u + c = 3e^{x^{\frac{1}{3}}} + c$

令 $a, b \in R$ 則 $\displaystyle\int_a^b \frac{e^{\sqrt[3]{x}}}{\sqrt[3]{x^2}}\,dx = 3\left(e^{b^{\frac{1}{3}}} - e^{a^{\frac{1}{3}}}\right)$

範例 54.

$$\text{求} \int_a^b \frac{e^{2x}}{\sqrt{1-e^{4x}}}\,dx = ?, \quad \forall a, b < 0$$

【解】

令 $t = e^{2x}$ 則 $dt = 2e^{2x}\,dx,$ 藉由變數代換法

則 $\displaystyle\int \frac{e^{2x}}{\sqrt{1-e^{4x}}}\,dx = \frac{1}{2}\int \frac{1}{\sqrt{1-t^2}}\,dt = \frac{1}{2}\sin^{-1} t + c = \frac{1}{2}\sin^{-1} e^{2x} + c$

令 $a, b < 0$ 則 $\displaystyle\int_a^b \frac{e^{2x}}{\sqrt{1-e^{4x}}}\,dx = \frac{1}{2}(\sin^{-1} e^{2b} - \sin^{-1} e^{2a})$

範例 55.

$$\text{求} \int_a^b \frac{1}{x^2 + 2x + 5}\,dx = ?, \quad \forall a, b \in R$$

【解】

$\because \displaystyle\int \frac{1}{x^2 + 2x + 5}\,dx = \int \frac{1}{(x+1)^2 + 4}\,dx = \frac{1}{4}\int \frac{1}{\left(\dfrac{x+1}{2}\right)^2 + 1}\,dx$

令 $t = \dfrac{x+1}{2}$ 則 $dt = \dfrac{dx}{2}$，藉由變數代換法

則 $\dfrac{1}{4}\displaystyle\int \dfrac{1}{\left(\frac{x+1}{2}\right)^2 + 1}\,dx = \dfrac{1}{2}\displaystyle\int \dfrac{1}{t^2+1}\,dt = \dfrac{1}{2}\tan^{-1} t + c = \dfrac{1}{2}\tan^{-1}\left(\dfrac{x+1}{2}\right) + c$

令 $a,b \in R$ 則 $\displaystyle\int_a^b \dfrac{1}{x^2+2x+5}\,dx = \dfrac{1}{2}\left(\tan^{-1}\left(\dfrac{b+1}{2}\right) - \tan^{-1}\left(\dfrac{a+1}{2}\right)\right)$

範例 56.

$$\text{求} \int_a^b \dfrac{1}{1+e^x}\,dx = ?, \quad \forall a,b \in R$$

【解】

令 $t = 1 + e^x$ 則 $dt = e^x\,dx \Rightarrow dx = \dfrac{dt}{t-1}$，藉由變數代換法

則 $\displaystyle\int \dfrac{1}{1+e^x}\,dx = \int \dfrac{1}{t(t-1)}\,dt = \int \dfrac{1}{t-1} - \dfrac{1}{t}\,dt = \ln\dfrac{t-1}{t} + c = \ln\dfrac{e^x}{1+e^x} + c$

令 $a,b \in R$ 則 $\displaystyle\int_a^b \dfrac{1}{1+e^x}\,dx = \ln\dfrac{e^b}{1+e^b} - \ln\dfrac{e^a}{1+e^a}$

範例 57.

$$\text{求} \int_a^b \dfrac{\tan^{-1}\sqrt{x}}{\sqrt{x}(1+x)}\,dx = ?, \quad \forall a,b > 0$$

【解】

令 $u = \sqrt{x}$ 則 $du = \dfrac{1}{2}x^{-\frac{1}{2}}dx \Rightarrow dx = 2u\,du$，藉由變數代換法

則 $\displaystyle\int \dfrac{\tan^{-1}\sqrt{x}}{\sqrt{x}(1+x)}\,dx = \int \dfrac{(\tan^{-1} u)2u}{u(1+u^2)}\,du = 2\int \dfrac{\tan^{-1} u}{1+u^2}\,du$

令 $t = \tan^{-1} u$ 則 $dt = \dfrac{du}{1+u^2}$，藉由變數代換法

則 $2\displaystyle\int \dfrac{\tan^{-1} u}{1+u^2}\,du = 2\int t\,dt = t^2 + c = (\tan^{-1} u)^2 + c = \left(\tan^{-1}\sqrt{x}\right)^2 + c$

令 $a,b > 0$ 則 $\displaystyle\int_a^b \dfrac{\tan^{-1}\sqrt{x}}{\sqrt{x}(1+x)}\,dx = \left(\tan^{-1}\sqrt{b}\right)^2 - \left(\tan^{-1}\sqrt{a}\right)^2$

範例 58.

$$求 \int_a^b \frac{1}{x(1+x^3)} dx =?, \quad \forall a, b > 0$$

【解】

令 $t = x^3$ 則 $dt = 3x^2 dx$, 藉由變數代換法

則 $\int \frac{1}{x(1+x^3)} dx = \frac{1}{3} \int \frac{x^2}{x^3(1+x^3)} dx = \frac{1}{3} \int \frac{1}{t(1+t)} dt = \frac{1}{3} \int \frac{1}{t} - \frac{1}{t+1} dt$

$= \frac{1}{3} \ln \frac{t}{t+1} + c = \frac{1}{3} \ln \frac{x^3}{x^3+1} + c$

令 $a, b > 0$ 則 $\int_a^b \frac{1}{x(1+x^3)} dx = \frac{1}{3} \left(\ln \frac{b^3}{b^3+1} - \ln \frac{a^3}{a^3+1} \right)$

範例 59.

$$求 \int_a^b \frac{1}{x(1+x^2)} dx =?, \quad \forall a, b \in R$$

【解】

令 $t = x^2$ 則 $dt = 2x dx$, 藉由變數代換法

則 $\int \frac{dx}{x(1+x^2)} = \int \frac{x dx}{x^2(1+x^2)} = \int \frac{dt}{2t(1+t)} = \frac{\ln\left(\frac{t}{t+1}\right)}{2} + c = \frac{\ln\left(\frac{x^2}{x^2+1}\right)}{2} + c$

令 $a, b \in R$ 則 $\int_a^b \frac{1}{x(1+x^2)} dx = \frac{1}{2} \left(\ln \frac{b^2}{b^2+1} - \ln \frac{a^2}{a^2+1} \right)$

範例 60.

$$求 \int_a^b \frac{1}{\sqrt{1+e^x}} dx =?, \quad \forall a, b \in R$$

【解】

令 $t = \sqrt{1+e^x}$ 則 $dt = \frac{e^x}{2\sqrt{1+e^x}} dx$, 藉由變數代換法

則 $\int \frac{1}{\sqrt{1+e^x}} dx = \int \frac{e^x}{e^x\sqrt{1+e^x}} dx = 2 \int \frac{1}{t^2-1} dt = \int \frac{1}{t-1} - \frac{1}{t+1} dt$

$= \ln \frac{t-1}{t+1} + c = \ln \frac{\sqrt{1+e^x}-1}{\sqrt{1+e^x}+1} + c$

令 $a, b \in R$ 則 $\displaystyle\int_a^b \frac{1}{\sqrt{1+e^x}} dx = \ln\frac{\sqrt{1+e^b}-1}{\sqrt{1+e^b}+1} - \ln\frac{\sqrt{1+e^a}-1}{\sqrt{1+e^a}+1}$

範例 61.

$$\text{求} \int_a^b \frac{1}{x\sqrt{x^6-1}} dx = ?, \quad \forall a, b > 1$$

【解】

令 $u = \sqrt{x^6-1}$ 則 $du = 3x^5(x^6-1)^{-\frac{1}{2}} dx$ 且 $u^2 = x^6 - 1$, 藉由變數代換法

則 $\displaystyle\int \frac{1}{x\sqrt{x^6-1}} dx = \int \frac{x^5}{x^6\sqrt{x^6-1}} dx = \frac{1}{3}\int \frac{1}{u^2+1} du = \frac{1}{3}\tan^{-1} u + c$

$= \dfrac{1}{3}\tan^{-1}\left(\sqrt{x^6-1}\right) + c$

令 $a, b > 1$ 則 $\displaystyle\int_a^b \frac{1}{x\sqrt{x^6-1}} dx = \frac{1}{3}\left(\tan^{-1}\left(\sqrt{b^6-1}\right) - \tan^{-1}\left(\sqrt{a^6-1}\right)\right)$

範例 62.

$$\text{求} \int_a^b \frac{1}{x\sqrt{3x^2-2x-1}} dx = ?, \quad \forall a, b > 1$$

【解】

$\because \displaystyle\int \frac{1}{x\sqrt{3x^2-2x-1}} dx = \int \frac{1}{x^2\sqrt{3-\dfrac{2}{x}-\dfrac{1}{x^2}}} dx$

令 $u = \dfrac{1}{x}$ 則 $du = -x^{-2} dx$, 藉由變數代換法

則 $\displaystyle\int \frac{1}{x^2\sqrt{3-\dfrac{2}{x}-\dfrac{1}{x^2}}} dx = -\int \frac{1}{\sqrt{3-2u-u^2}} du = -\int \frac{1}{\sqrt{4-(u+1)^2}} du$

$= -\dfrac{1}{2}\displaystyle\int \frac{1}{\sqrt{1-\left(\dfrac{u+1}{2}\right)^2}} du = -\sin^{-1}\left(\frac{u+1}{2}\right) + c = -\sin^{-1}\left(\frac{\dfrac{1}{x}+1}{2}\right) + c$

令 $a, b > 1$ 則 $\displaystyle\int_a^b \frac{1}{x\sqrt{3x^2 - 2x - 1}} dx = \sin^{-1}\left(\frac{\frac{1}{a}+1}{2}\right) - \sin^{-1}\left(\frac{\frac{1}{b}+1}{2}\right)$

5.3.1.2 使用分部積分法

$$\int_a^b u(x)v'(x)dx = u(x)v(x)\big|_{x=a}^{x=b} - \int_a^b u'(x)v(x)dx$$

與不定積分相同, $u(x)$代表的是微分之後較容易計算積分, $v'(x)$代表是其積分式較容易積分; 也可能與變數代換法合併解題, 先做變數代換再做分部積分, 也可能先做分部積分, 再做變數代換

考試類型:
題型 1.
求 $\displaystyle\int_a^b x^n \cdot e^{\alpha x} dx =?$
解題流程:
Step1.

令$u = x^n,\ dv = e^{\alpha x}dx$ 則 $du = nx^{n-1}dx,\ v = \dfrac{e^{\alpha x}}{\alpha}$
Step2.

藉由分部積分法則 $\displaystyle\int_a^b x^n \cdot e^{\alpha x}dx = x^n \cdot \frac{e^{\alpha x}}{\alpha}\bigg|_{x=a}^{x=b} - \frac{n}{\alpha}\int_a^b x^{n-1} \cdot e^{\alpha x}dx$

補充說明:
與不定積分相同, 多數題型為藉由分部積分法對x^n作降冪動作重複做n次, 則能求得定積分值

題型 2.
求 $\displaystyle\int_a^b x^n \cdot \sin \alpha x\, dx =?$
解題流程:
Step1.

令 $u = x^n$, $dv = \sin \alpha x \, dx$ 則 $du = nx^{n-1}dx$, $v = -\dfrac{\cos \alpha x}{\alpha}$

藉由分部積分法則 $\displaystyle\int_a^b x^n \sin \alpha x \, dx = -\dfrac{x^n \cos \alpha x}{\alpha}\bigg|_{x=a}^{x=b} + \dfrac{n}{\alpha}\int_a^b x^{n-1}\cos \alpha x \, dx$

Step2.

令 $u = x^{n-1}$, $dv = \cos \alpha x \, dx$ 則 $du = (n-1)x^{n-2}dx$, $v = \dfrac{\sin \alpha x}{\alpha}$

藉由分部積分法則 $\displaystyle\int_a^b x^{n-1}\cos \alpha x \, dx = \dfrac{x^{n-1}\sin \alpha x}{\alpha}\bigg|_{x=a}^{x=b} - \dfrac{n-1}{\alpha}\int_a^b x^{n-2}\sin \alpha x \, dx$

Step3.

$$\int_a^b x^n \cdot \sin \alpha x \, dx = -\dfrac{x^n \cos \alpha x}{\alpha}\bigg|_{x=a}^{x=b} + \dfrac{n}{\alpha}\left(x^{n-1}\cdot\dfrac{\sin \alpha x}{\alpha}\bigg|_{x=a}^{x=b} - \dfrac{n-1}{\alpha}\int_a^b x^{n-2}\cdot\sin \alpha x \, dx \right)$$

題型 3.

求 $\displaystyle\int_a^b x^n \cdot \cos \alpha x \, dx =?$

解題流程:

Step1.

令 $u = x^n$, $dv = \cos \alpha x \, dx$ 則 $du = nx^{n-1}dx$, $v = \dfrac{\sin \alpha x}{\alpha}$

藉由分部積分法則 $\displaystyle\int_a^b x^n \cos \alpha x \, dx = \dfrac{x^n \sin \alpha x}{\alpha}\bigg|_{x=a}^{x=b} - \dfrac{n}{\alpha}\int_a^b x^{n-1}\sin \alpha x \, dx$

Step2.

令 $u = x^{n-1}$, $dv = \sin \alpha x \, dx$ 則 $du = (n-1)x^{n-2}dx$, $v = -\dfrac{\cos \alpha x}{\alpha}$

藉由分部積分法則

$$\int_a^b x^{n-1}\sin \alpha x \, dx = -\dfrac{x^{n-1}\cos \alpha x}{\alpha}\bigg|_{x=a}^{x=b} + \dfrac{n-1}{\alpha}\int_a^b x^{n-2}\cos \alpha x \, dx$$

Step3.

$$\int_a^b x^n \cdot \cos \alpha x \, dx = \dfrac{x^n \sin \alpha x}{\alpha}\bigg|_{x=a}^{x=b} - \dfrac{n}{\alpha}\left(-x^{n-1}\cdot\dfrac{\cos \alpha x}{\alpha}\bigg|_{x=a}^{x=b} + \dfrac{n-1}{\alpha}\int_a^b x^{n-2}\cdot\cos \alpha x \, dx \right)$$

題型 4.

求 $\displaystyle\int_a^b x^n \cdot \ln^m x \, dx =?$

解題流程：

令 $u = \ln^m x,\ \ dv = x^n dx$　則　$du = \dfrac{m\ln^{m-1}x\,dx}{x},\ \ v = \dfrac{x^{n+1}}{n+1}$

藉由分部積分法則 $\displaystyle\int_a^b x^n \ln^m x \, dx = \left.\dfrac{x^{n+1}\ln^m x}{n+1}\right|_{x=a}^{x=b} - \dfrac{m}{n+1}\int_a^b x^n \ln^{m-1}x \, dx$

題型 5.

求 $\displaystyle\int_a^b x^n \cdot \sin^{-1} x \, dx =?$

解題流程：

Step1.

令 $u = \sin^{-1} x,\ \ dv = x^n dx$　則　$du = \dfrac{1}{\sqrt{1-x^2}}\,dx,\ \ v = \dfrac{x^{n+1}}{n+1}$

藉由分部積分法則 $\displaystyle\int_a^b x^n \sin^{-1} x \, dx = \left.\dfrac{x^{n+1}\sin^{-1} x}{n+1}\right|_{x=a}^{x=b} - \dfrac{1}{n+1}\int_a^b \dfrac{x^{n+1}}{\sqrt{1-x^2}}\,dx$

Step2.

令 $x = \cos\theta,\ \ dx = -\sin\theta \, d\theta,$　藉由變數代換法

則 $\displaystyle\int_a^b \dfrac{x^{n+1}}{\sqrt{1-x^2}}\,dx = -\int_{\cos^{-1}a}^{\cos^{-1}b} \dfrac{\sin\theta \cos^n\theta}{\sqrt{1-\cos^2\theta}}\,d\theta = -\int_{\cos^{-1}a}^{\cos^{-1}b} \cos^n\theta \, d\theta$

Step3.

$\displaystyle\therefore \int_a^b x^n \cdot \sin^{-1} x \, dx = \left.\dfrac{x^{n+1}\sin^{-1} x}{n+1}\right|_{x=a}^{x=b} + \dfrac{1}{n+1}\left(\int_{\cos^{-1}a}^{\cos^{-1}b} \cos^n\theta \, d\theta\right) =?$

Step4.

$\displaystyle\int_{\cos^{-1}a}^{\cos^{-1}b} \cos^n\theta \, d\theta = \left.\dfrac{\sin\theta}{n}\cos^{n-1}\theta\right|_{\cos^{-1}a}^{\cos^{-1}b} + \dfrac{n-1}{n}\int_{\cos^{-1}a}^{\cos^{-1}b} \cos^{n-2}\theta \, d\theta$

<u>補充說明：</u>

相當於將問題轉換成求 $\displaystyle\int_{\cos^{-1}a}^{\cos^{-1}b} \cos^n\theta\, d\theta =?$

題型 6.

求 $\displaystyle\int_a^b x^n\cdot\tan^{-1}x\, dx =?$

解題流程:

Step1.

令 $u=\tan^{-1}x,\ \ dv=x^n dx$ 則 $\ du=\dfrac{1}{1+x^2}dx,\ \ v=\dfrac{x^{n+1}}{n+1}$

藉由分部積分法則 $\displaystyle\int_a^b x^n\tan^{-1}x\, dx = \left.\dfrac{x^{n+1}\tan^{-1}x}{n+1}\right|_{x=a}^{x=b} - \dfrac{1}{n+1}\int_a^b \dfrac{x^{n+1}}{1+x^2}dx$

Step2.

令 $x=\tan\theta\ \ $ 則 $\ dx=\sec^2\theta\, d\theta,$ 藉由變數代換法

$$\int_a^b \dfrac{x^{n+1}}{1+x^2}dx = \int_{\tan^{-1}a}^{\tan^{-1}b} \dfrac{\tan^{n+1}\theta}{1+\tan^2\theta}\cdot\sec^2\theta\, d\theta = \int_{\tan^{-1}a}^{\tan^{-1}b} \tan^{n+1}\theta\, d\theta$$

Step3.

$$\therefore \int_a^b x^n\cdot\tan^{-1}x\, dx = \left.\dfrac{x^{n+1}\tan^{-1}x}{n+1}\right|_{x=a}^{x=b} - \dfrac{1}{n+1}\int_{\tan^{-1}a}^{\tan^{-1}b} \tan^{n+1}\theta\, d\theta$$

Step4.

$$\int_{\tan^{-1}a}^{\tan^{-1}b} \tan^{n+1}\theta\, d\theta = \left.\dfrac{1}{n}\tan^n\theta\right|_{\tan^{-1}a}^{\tan^{-1}b} - \int_{\tan^{-1}a}^{\tan^{-1}b} \tan^{n-1}\theta\, d\theta$$

<u>補充說明:</u>

相當於將問題轉換成求 $\displaystyle\int_{\tan^{-1}a}^{\tan^{-1}b} \tan^{n+1}\theta\, d\theta =?$

題型 7.

求 $\displaystyle\int_a^b \ln P_n(x)\, dx = ?$

解題流程:

Step1.

令 $u = \ln P_n(x)$, $\ dv = dx$ 則 $du = \dfrac{P_n'(x)}{P_n(x)}dx$, $\ v = x$

藉由分部積分法則 $\displaystyle\int_a^b \ln P_n(x)\,dx = x\ln P_n(x)\big|_a^b - \int_a^b \dfrac{xP_n'(x)}{P_n(x)}\,dx$, 求 $\displaystyle\int_a^b \dfrac{xP_n'(x)}{P_n(x)}\,dx =?$

範例 1.

$$求\int_a^b \ln x\,dx =?, \quad \forall\, a,b > 0$$

【解】

令 $u = \ln x$, $\ dv = dx$ 則 $du = \dfrac{dx}{x}$, $\ v = x$, 藉由分部積分法

則 $\displaystyle\int \ln x\,dx = x\ln x - \int x\dfrac{dx}{x} = x\ln x - x + c$

令 $a,b > 0$ 則 $\displaystyle\int_a^b \ln x\,dx = b\ln b - b - (a\ln a - a)$

範例 2.

$$求\int_a^b x\ln x\,dx =?, \quad \forall\, a,b > 0$$

【解】

令 $u = \ln x$, $\ dv = xdx$ 則 $du = \dfrac{dx}{x}$, $\ v = \dfrac{x^2}{2}$, 藉由分部積分法

則 $\displaystyle\int x\ln x\,dx = \dfrac{x^2}{2}(\ln x) - \int \dfrac{x}{2}\,dx = \dfrac{x^2}{2}(\ln x) - \dfrac{x^2}{4} + c$

令 $a,b > 0$ 則 $\displaystyle\int_a^b x\ln x\,dx = \dfrac{b^2\ln b}{2} - \dfrac{b^2}{4} - \left(\dfrac{a^2\ln a}{2} - \dfrac{a^2}{4}\right)$

範例 3.

$$求\int_a^b xe^x dx =?, \quad \forall\, a,b \in R$$

【解】

令 $u = x$, $\ dv = e^x dx$ 則 $du = dx$, $\ v = e^x$, 藉由分部積分法

則 $\displaystyle\int xe^x dx = xe^x - \int e^x dx = xe^x - e^x + c$

令 $a, b \in R$ 則 $\displaystyle\int_a^b xe^x dx = be^b - e^b - (ae^a - e^a)$

範例 4.

$$求 \int_a^b x\cos x\, dx =?, \quad \forall\, a, b \in R$$

【解】

令 $u = x,\; dv = \cos x\, dx$ 則 $du = dx,\; v = \sin x$，藉由分部積分法

則 $\displaystyle\int x\cos x\, dx = x\sin x - \int \sin x\, dx = x\sin x + \cos x + c$

令 $a, b \in R$ 則 $\displaystyle\int_a^b x\cos x\, dx = b\sin b + \cos b - (a\sin a + \cos a)$

範例 5.

$$求 \int_a^b x^2\cos x\, dx =?, \quad \forall\, a, b \in R$$

【解】

令 $u = x^2,\; dv = \cos x\, dx$ 則 $du = 2x dx,\; v = \sin x$，藉由分部積分法

則 $\displaystyle\int x^2\cos x\, dx = x^2 \sin x - 2\int x\sin x\, dx + c$

令 $s = x, dt = \sin x\, dx$ 則 $ds = dx, t = -\cos x$，藉由分部積分法

則 $\displaystyle\int x\sin x\, dx = -x\cos x + \int \cos x dx = -x\cos x + \sin x$

$\therefore \displaystyle\int x^2\cos x\, dx = x^2\sin x - 2\int x\sin x\, dx + c = x^2\sin x + 2x\cos x - 2\sin x + c$

令 $a, b \in R$ 則 $\displaystyle\int_a^b x^2\cos x\, dx$

$= b^2\sin b + 2b\cos b - 2\sin b - (a^2\sin a + 2a\cos a - 2\sin a)$

範例 6.

$$求 \int_a^b x^n\ln x\, dx =?, \quad \forall\, a, b > 0,\; n \in N$$

【解】

令 $u = \ln x,\ dv = x^n dx$ 則 $du = \dfrac{dx}{x},\ v = \dfrac{x^{n+1}}{n+1}$，藉由分部積分法

則 $\displaystyle\int x^n \ln x\, dx = \dfrac{x^{n+1}\ln x}{n+1} - \int \dfrac{1}{x}\cdot\dfrac{x^{n+1}}{n+1}dx = \dfrac{x^{n+1}\ln x}{n+1} - \int \dfrac{x^n}{n+1}dx$

$= \dfrac{x^{n+1}\ln x}{n+1} - \dfrac{x^{n+1}}{(n+1)^2} + c$

令 $a, b > 0$ 則 $\displaystyle\int_a^b x^n \ln x\, dx = \dfrac{b^{n+1}\ln b}{n+1} - \dfrac{b^{n+1}}{(n+1)^2} - \left(\dfrac{a^{n+1}\ln a}{n+1} - \dfrac{a^{n+1}}{(n+1)^2}\right)$

範例 7.

$$求 \int_a^b x^2 e^{-x} dx = ?,\quad \forall\, a, b \in R$$

【解】

令 $u = x^2,\ dv = e^{-x}dx$ 則 $du = 2xdx,\ v = -e^{-x}$，藉由分部積分法

則 $\displaystyle\int x^2 e^{-x}dx = -x^2 e^{-x} + \int 2x\, e^{-x}dx + c$

令 $s = x,\ dt = e^{-x}dx$ 則 $ds = dx,\ t = -e^{-x}$，藉由分部積分法

則 $\displaystyle\int xe^{-x}dx = -xe^{-x} + \int e^{-x}dx = -xe^{-x} - e^{-x} + c$

$\therefore \displaystyle\int x^2 e^{-x}dx = -x^2 e^{-x} + \int 2x\, e^{-x}dx = -x^2 e^{-x} + 2(-xe^{-x} - e^{-x}) + c$

令 $a, b \in R$

則 $\displaystyle\int_a^b x^2 e^{-x}dx = -b^2 e^{-b} + 2(-be^{-b} - e^{-b}) - \left(-a^2 e^{-a} + 2(-ae^{-a} - e^{-a})\right)$

範例 8.

$$求 \int_a^b x\sin x\, dx = ?,\quad \forall\, a, b \in R$$

【解】

令 $u = x,\ dv = \sin x\, dx$ 則 $du = dx,\ v = -\cos x$，藉由分部積分法

則 $\displaystyle\int x\sin x\, dx = -x\cos x + \int \cos x\, dx = -x\cos x + \sin x + c$

令 $a, b \in R$ 則 $\displaystyle\int_a^b x\sin x\, dx = -b\cos b + \sin b + a\cos a - \sin a$

範例 9.

$$求 \int_a^b x2^x dx = ?, \quad \forall\, a, b \in R$$

【解】

令 $u = x, \ dv = 2^x dx$ 則 $du = dx, \ v = 2^x \cdot \dfrac{1}{\ln 2}$，藉由分部積分法

則 $\displaystyle\int x2^x dx = \dfrac{x2^x}{\ln 2} - \int \dfrac{2^x dx}{\ln 2} = \dfrac{x2^x}{\ln 2} - \dfrac{2^x}{(\ln 2)^2} + c$

令 $a, b \in R$ 則 $\displaystyle\int_a^b x2^x dx = \dfrac{b2^b}{\ln 2} - \dfrac{2^b}{(\ln 2)^2} - \left(\dfrac{a2^a}{\ln 2} - \dfrac{2^a}{(\ln 2)^2}\right)$

範例 10.

$$求 \int_a^b x^3\ln^2 x\, dx = ?, \quad \forall\, a, b > 0$$

【解】

令 $u = \ln^2 x, \ dv = x^3 dx$ 則 $du = \dfrac{2}{x}\ln x\, dx, \ v = \dfrac{x^4}{4}$，藉由分部積分法

則 $\displaystyle\int x^3\ln^2 x\, dx = \dfrac{x^4}{4}\ln^2 x - \dfrac{1}{2}\int x^3\ln x\, dx$

令 $s = \ln x, \ dt = x^3 dx$ 則 $ds = \dfrac{1}{x}dx, \ t = \dfrac{x^4}{4}$，藉由分部積分法

則 $\displaystyle\int x^3\ln x\, dx = \dfrac{x^4\ln x}{4} - \dfrac{1}{4}\int x^3 dx = \dfrac{x^4\ln x}{4} - \dfrac{x^4}{16}$

$\therefore \displaystyle\int x^3\ln^2 x\, dx = \dfrac{x^4}{4}\ln^2 x - \dfrac{1}{2}\int x^3\ln x\, dx = \dfrac{x^4}{4}\ln^2 x - \dfrac{1}{2}\left(\dfrac{x^4\ln x}{4} - \dfrac{x^4}{16}\right) + c$

令 $a, b > 0$

則 $\displaystyle\int_a^b x^3\ln^2 x\, dx = \dfrac{b^4}{4}\ln^2 b - \dfrac{1}{2}\left(\dfrac{b^4\ln b}{4} - \dfrac{b^4}{16}\right) - \left(\dfrac{a^4}{4}\ln^2 a - \dfrac{1}{2}\left(\dfrac{a^4\ln a}{4} - \dfrac{a^4}{16}\right)\right)$

範例 11.

$$求 \int_a^b e^{\sqrt{x}} dx =?, \quad \forall\, a, b > 0$$

【解】

令 $u = \sqrt{x}$ 則 $2u\,du = dx$, 藉由變數代換法 $\displaystyle\int e^{\sqrt{x}} dx = \int 2ue^u du$

令 $s = u, \ dt = e^u du$ 則 $ds = du, \ t = e^u,$ 藉由分部積分法

則 $\displaystyle\int ue^u du = ue^u - \int e^u du = ue^u - e^u$

$\therefore \displaystyle\int e^{\sqrt{x}} dx = \int 2ue^u du = 2(ue^u - e^u) + c = 2\left(\sqrt{x}e^{\sqrt{x}} - e^{\sqrt{x}}\right) + c$

令 $a, b > 0$ 則 $\displaystyle\int_a^b e^{\sqrt{x}} dx = 2\left(\sqrt{b}e^{\sqrt{b}} - e^{\sqrt{b}} - \left(\sqrt{a}e^{\sqrt{a}} - e^{\sqrt{a}}\right)\right)$

範例 12.

$$求 \int_a^b \ln(x^2 + 2x + 2)dx =?, \quad \forall\, a, b \in R$$

【解】

令 $u = \ln(x^2 + 2x + 2), \ dv = dx$ 則 $du = \dfrac{2x+2}{x^2+2x+2}dx, \ v = x$

藉由分部積分法

則 $\displaystyle\int \ln(x^2 + 2x + 2)dx = x\ln(x^2 + 2x + 2) - \int \frac{x(2x+2)}{x^2+2x+2}dx$

$\displaystyle = x\ln(x^2 + 2x + 2) - 2\int \frac{(x^2+2x+2) - (x+1) - 1}{x^2+2x+2}dx$

$\displaystyle = x\ln(x^2 + 2x + 2) - 2\int 1 - \frac{x+1}{x^2+2x+2} - \frac{1}{(x+1)^2+1}dx$

$\displaystyle = x\ln(x^2 + 2x + 2) - 2x + \ln(x^2 + 2x + 2) + 2\tan^{-1}(x+1) + c$

令 $a, b \in R$ 則 $\displaystyle\int_a^b \ln(x^2 + 2x + 2)dx$

$= b\ln(b^2 + 2b + 2) - 2b + \ln(b^2 + 2b + 2) + 2\tan^{-1}(b+1)$

$-a\ln(a^2 + 2a + 2) + 2a - \ln(a^2 + 2a + 2) - 2\tan^{-1}(a+1)$

範例 13.

$$求 \int_a^b \ln(1 + x^2)dx =?, \quad \forall\, a,b \in R$$

【解】

令 $u = \ln(1 + x^2),\; dv = dx$ 則 $du = \dfrac{2x}{1 + x^2}dx,\; v = x,$ 藉由分部積分法

則 $\int \ln(1 + x^2)dx = x\ln(1 + x^2) - \int \dfrac{2x^2}{1 + x^2}dx$

$= x\ln(1 + x^2) - \int \dfrac{2x^2 + 2 - 2}{1 + x^2}dx = x\ln(1 + x^2) - 2x + 2\tan^{-1}x + c$

令 $a,b \in R$ 則 $\int_a^b \ln(1 + x^2)dx$

$= b\ln(1 + b^2) - 2b + 2\tan^{-1}b - (a\ln(1 + a^2) - 2a + 2\tan^{-1}a)$

範例 14.

$$求 \int_a^b x\ln^2 x\, dx =?, \quad \forall\, a,b > 0$$

【解】

令 $u = \ln^2 x,\; dv = xdx$ 則 $du = \dfrac{2}{x}\ln x\, dx,\; v = \dfrac{x^2}{2},$ 藉由分部積分法

則 $\int x\ln^2 x\; dx = \dfrac{x^2}{2}\ln^2 x - \int x\ln x\, dx$

令 $s = \ln x,\; dt = xdx$ 則 $ds = \dfrac{1}{x}dx,\; t = \dfrac{x^2}{2},$ 藉由分部積分法

則 $\int x\ln x\, dx = \dfrac{x^2}{2}\ln x - \dfrac{1}{2}\int x\, dx = \dfrac{x^2}{2}\ln x - \dfrac{x^2}{4}$

$\therefore \int x\ln^2 x\; dx = \dfrac{x^2}{2}\ln^2 x - \int x\ln x\, dx = \dfrac{x^2}{2}\ln^2 x - \left(\dfrac{x^2}{2}\ln x - \dfrac{x^2}{4}\right) + c$

令 $a,b > 0$

則 $\int_a^b x\ln^2 x\, dx = \dfrac{b^2}{2}\ln^2 b - \left(\dfrac{b^2}{2}\ln b - \dfrac{b^2}{4}\right) - \left(\dfrac{a^2}{2}\ln^2 a - \left(\dfrac{a^2}{2}\ln a - \dfrac{a^2}{4}\right)\right)$

範例 15.

$$求 \int_a^b x^2 \ln(x+1)dx =?, \quad \forall\, a,b > -1$$

【解】

令 $u = \ln(1+x),\ dv = x^2 dx$　則 $du = \dfrac{dx}{1+x},\ v = \dfrac{x^3}{3}$，藉由分部積分法

則 $\displaystyle\int x^2 \ln(x+1)dx = \frac{x^3}{3}\ln(1+x) - \int \frac{x^3 dx}{3(1+x)}$

令 $t = 1+x$，藉由變換變數法

則 $\displaystyle\int \frac{x^3 dx}{3(1+x)} = \frac{1}{3}\int \frac{(t-1)^3}{t}dt = \frac{1}{3}\int t^2 - 3t + 3 - \frac{1}{t}dt$

$$= \frac{1}{3}\left(\frac{t^3}{3} - \frac{3t^2}{2} + 3t - \ln|t|\right) + c = \frac{(1+x)^3}{9} - \frac{(1+x)^2}{2} + (1+x) - \frac{\ln|x+1|}{3} + c$$

$$\therefore \int x^2 \ln(x+1)dx = \frac{x^3}{3}\ln(1+x) - \int \frac{x^3 dx}{3(1+x)}$$

$$= \frac{x^3}{3}\ln(1+x) - \left(\frac{(1+x)^3}{9} - \frac{(1+x)^2}{2} + (1+x) - \frac{\ln|x+1|}{3} + c\right) + c$$

令 $a,b > -1$ 則 $\displaystyle\int_a^b x^2 \ln(x+1)dx$

$$= \frac{b^3}{3}\ln(1+b) - \left(\frac{(1+b)^3}{9} - \frac{(1+b)^2}{2} + (1+b) - \frac{\ln(b+1)}{3}\right)$$

$$- \frac{a^3}{3}\ln(1+a) + \left(\frac{(1+a)^3}{9} - \frac{(1+a)^2}{2} + (1+a) - \frac{\ln(a+1)}{3}\right)$$

範例 16.

$$求 \int_a^b \sin^{-1} x\, dx =?, \quad \forall\, -1 < a,b < 1$$

【解】

令 $u = \sin^{-1} x,\ dv = dx$，則 $du = \dfrac{dx}{\sqrt{1-x^2}},\ v = x$，藉由分部積分法

則 $\displaystyle\int \sin^{-1} x\, dx = x\sin^{-1} x - \int \frac{x dx}{\sqrt{1-x^2}}$

令 $t = 1 - x^2$，則 $dt = -2xdx$，藉由變數代換法

則 $\displaystyle\int \frac{xdx}{\sqrt{1-x^2}} = -\int \frac{dt}{2\sqrt{t}} = -\sqrt{t} = -\sqrt{1-x^2}$

$\displaystyle\therefore \int \sin^{-1}x\,dx = x\sin^{-1}x - \int \frac{xdx}{\sqrt{1-x^2}} = x\sin^{-1}x + \sqrt{1-x^2} + c$

令 $-1 < a, b < 1$

則 $\displaystyle\int_a^b \sin^{-1}x\,dx = b\sin^{-1}b + \sqrt{1-b^2} - \left(a\sin^{-1}a + \sqrt{1-a^2}\right)$

範例 17.

$$\text{求} \int_a^b \tan^{-1}x\,dx =?, \quad \forall\, a,b \in R$$

【解】

令 $u = \tan^{-1}x,\ dv = dx$ 則 $du = \dfrac{dx}{1+x^2},\ v = x,$ 藉由分部積分法

則 $\displaystyle\int \tan^{-1}x\,dx = x\tan^{-1}x - \int \frac{xdx}{1+x^2} = x\tan^{-1}x - \frac{1}{2}\ln(1+x^2) + c$

令 $a, b \in R$

則 $\displaystyle\int_a^b \tan^{-1}x\,dx = b\tan^{-1}b - \frac{1}{2}\ln(1+b^2) - a\tan^{-1}a + \frac{1}{2}\ln(1+a^2)$

範例 18.

$$\text{求} \int_a^b x\tan^{-1}x\,dx =?, \quad \forall\, a,b \in R$$

【解】

令 $u = \tan^{-1}x,\ dv = xdx$ 則 $du = \dfrac{dx}{1+x^2},\ v = \dfrac{x^2}{2},$ 藉由分部積分法

則 $\displaystyle\int x\tan^{-1}x\,dx = \frac{x^2}{2}\tan^{-1}x - \frac{1}{2}\int \frac{x^2dx}{1+x^2} = \frac{x^2}{2}\tan^{-1}x - \frac{1}{2}\int \frac{1+x^2-1\,dx}{1+x^2}$

$\displaystyle = \frac{x^2}{2}\tan^{-1}x - \frac{x}{2} + \frac{1}{2}\tan^{-1}x + c$

令 $a, b \in R$ 則

$\displaystyle\int_a^b x\tan^{-1}x\,dx = \frac{b^2}{2}\tan^{-1}b - \frac{b}{2} + \frac{1}{2}\tan^{-1}b - \left(\frac{a^2}{2}\tan^{-1}a - \frac{a}{2} + \frac{1}{2}\tan^{-1}a\right)$

範例 19.

$$求 \int_a^b x\sin^{-1}x\,dx = ?,\quad \forall -1 \le a,b \le 1$$

【解】

令 $u = \sin^{-1}x,\ dv = xdx$ 則 $du = \dfrac{dx}{\sqrt{1-x^2}},\ v = \dfrac{x^2}{2}$，藉由分部積分法

則 $\displaystyle\int x\sin^{-1}x\,dx = \dfrac{x^2}{2}\sin^{-1}x - \dfrac{1}{2}\int\dfrac{x^2dx}{\sqrt{1-x^2}}$

令 $x = \cos\theta$ 則 $dx = -\sin\theta d\theta$，藉由變數代換法

則 $\displaystyle\int\dfrac{x^2dx}{\sqrt{1-x^2}} = -\int\dfrac{\sin\theta\cos^2\theta}{\sin\theta}d\theta = -\int\dfrac{1+\cos2\theta}{2}d\theta$

$= \dfrac{-\theta}{2} - \dfrac{\sin2\theta}{4} = \dfrac{-\theta}{2} - \dfrac{\sin\theta\cos\theta}{2} = \dfrac{-\cos^{-1}x}{2} - \dfrac{x\sqrt{1-x^2}}{2}$

$\therefore \displaystyle\int x\sin^{-1}x\,dx = \dfrac{x^2\sin^{-1}x}{2} - \dfrac{1}{2}\int\dfrac{x^2dx}{\sqrt{1-x^2}} = \dfrac{x^2\sin^{-1}x}{2} + \dfrac{\cos^{-1}x}{4} + \dfrac{x\sqrt{1-x^2}}{4} + c$

令 $-1 \le a,b \le 1$ 則 $\displaystyle\int_a^b x\sin^{-1}x\,dx$

$= \dfrac{b^2}{2}\sin^{-1}b + \dfrac{\cos^{-1}b}{4} + \dfrac{b\sqrt{1-b^2}}{4} - \left(\dfrac{a^2}{2}\sin^{-1}a + \dfrac{\cos^{-1}a}{4} + \dfrac{a\sqrt{1-a^2}}{4}\right)$

範例 20.

$$求 \int_a^b \sin^{-1}\sqrt{x}\,dx = ?,\quad \forall 0 \le a,b \le 1$$

【解】

令 $u = \sin^{-1}\sqrt{x},\ dv = dx$ 則 $du = \dfrac{\frac{1}{2}x^{-\frac{1}{2}}dx}{\sqrt{1-x}},\ v = x$，藉由分部積分法

則 $\displaystyle\int\sin^{-1}\sqrt{x}\,dx = x\sin^{-1}x - \int\dfrac{x^{\frac{1}{2}}dx}{2\sqrt{1-x}}dx$

令 $x = \sin^2\theta$，則 $dx = 2\sin\theta\cos\theta d\theta$，藉由變數代換法

$$\therefore \int \frac{x^{\frac{1}{2}}dx}{2\sqrt{1-x}}\,dx = \int \frac{2\sin^2\theta\cos\theta}{2\sqrt{1-\sin^2\theta}}\,d\theta = \int \sin^2\theta\,d\theta = \int \frac{1-\cos 2\theta}{2}\,d\theta$$

$$= \frac{\theta}{2} - \frac{\sin 2\theta}{4} + c = \frac{1}{2}\sin^{-1}\sqrt{x} - \frac{\sqrt{x(1-x)}}{2} + c$$

$$\therefore \int \sin^{-1}\sqrt{x}\,dx = x\sin^{-1}x - \int \frac{x^{\frac{1}{2}}dx}{2\sqrt{1-x}} = x\sin^{-1}x - \frac{\sin^{-1}\sqrt{x}}{2} + \frac{\sqrt{x(1-x)}}{2} + c$$

令 $0 \le a, b \le 1$ 則 $\displaystyle\int_a^b \sin^{-1}\sqrt{x}\,dx$

$$= b\sin^{-1}b - \left(\frac{1}{2}\sin^{-1}\sqrt{b} - \frac{\sqrt{b(1-b)}}{2}\right) - a\sin^{-1}a + \left(\frac{1}{2}\sin^{-1}\sqrt{a} - \frac{\sqrt{a(1-a)}}{2}\right)$$

範例 21.

$$求 \int_a^b \tan^{-1}\sqrt{x}\,dx = ?, \quad \forall a, b \ge 0$$

【解】

令 $u = \tan^{-1}\sqrt{x}$, $dv = dx$ 則 $du = \dfrac{\frac{1}{2}x^{-\frac{1}{2}}}{1+x}dx$, $v = x$, 藉由分部積分法

則 $\displaystyle\int \tan^{-1}\sqrt{x}\,dx = x\tan^{-1}x - \frac{1}{2}\int \frac{x^{\frac{1}{2}}}{1+x}\,dx$

令 $x = u^2$ 則 $dx = 2u\,du$, 藉由變數代換法

$$\int \frac{x^{\frac{1}{2}}dx}{1+x} = \int \frac{2u^2\,du}{1+u^2} = 2\left(\int 1 - \frac{1}{1+u^2}\,du\right) = 2u - 2\tan^{-1}u = 2\sqrt{x} - 2\tan^{-1}\sqrt{x}$$

$$\therefore \int \tan^{-1}\sqrt{x}\,dx = x\tan^{-1}x - \frac{1}{2}\int \frac{x^{\frac{1}{2}}}{1+x}\,dx = x\tan^{-1}x - \sqrt{x} + \tan^{-1}\sqrt{x} + c$$

令 $a, b \ge 0$ 則 $\displaystyle\int_a^b \tan^{-1}\sqrt{x}\,dx = b\tan^{-1}b - \sqrt{b} + \tan^{-1}\sqrt{b} - \left(a\tan^{-1}a - \sqrt{a} + \tan^{-1}\sqrt{a}\right)$

範例 22.

$$求 \int_a^b \sin(\ln x)\, dx =?, \quad \forall a, b > 0$$

【解】

令 $u = \ln x$ 則 $e^u du = dx$, 藉由變數代換法與分部積分法

則 $\displaystyle\int \sin(\ln x)\, dx = \int e^u \sin u\, du = e^u \sin u - \int e^u \cos u\, du$

$$= e^u \sin u - (e^u \cos u + \int e^u \sin u\, du)$$

$$\Rightarrow \int \sin(\ln x)\, dx = \int e^u \sin u\, du = \frac{1}{2}(e^u \sin u - e^u \cos u)$$

$$= \frac{1}{2}(x \sin \ln x - x \cos \ln x) + c$$

令 $a, b > 0$ 則 $\displaystyle\int_a^b \sin(\ln x)\, dx = \frac{b \sin \ln b - b \cos \ln b - (a \sin \ln a - a \cos \ln a)}{2}$

範例 23.

$$求 \int_a^b \frac{\ln x}{x^3}\, dx =?, \quad \forall a, b > 0$$

【解】

令 $u = \ln x,\ dv = x^{-3} dx$ 則 $du = \dfrac{1}{x} dx,\ v = -\dfrac{x^{-2}}{2}$, 藉由分部積分法

則 $\displaystyle\int \frac{\ln x}{x^3}\, dx = -\frac{x^{-2} \ln x}{2} + \frac{1}{2}\int x^{-3} dx = -\frac{\ln x}{2x^2} - \frac{1}{4} x^{-2} + c$

令 $a, b > 0$ 則 $\displaystyle\int_a^b \frac{\ln x}{x^3}\, dx = \frac{\ln a}{2a^2} + \frac{1}{4} a^{-2} - \left(\frac{\ln b}{2b^2} + \frac{1}{4} b^{-2}\right)$

範例 24.

$$求 \int_a^b x \ln \sqrt{x}\, dx = ?, \quad \forall a, b > 0$$

【解】

令 $u = \ln \sqrt{x},\ dv = x\, dx$ 則 $du = \dfrac{1}{2x} dx,\ v = \dfrac{x^2}{2}$, 藉由分部積分法

$$\int x \ln \sqrt{x}\, dx = \frac{x^2 \ln \sqrt{x}}{2} - \frac{1}{4}\int x\, dx = \frac{x^2 \ln \sqrt{x}}{2} - \frac{x^2}{8} + c = \frac{x^2 \ln x}{4} - \frac{x^2}{8} + c$$

令 $a, b > 0$ 則 $\displaystyle\int_a^b x \ln \sqrt{x}\, dx = \frac{b^2 \ln b}{4} - \frac{b^2}{8} - \left(\frac{a^2 \ln a}{4} - \frac{a^2}{8}\right)$

範例 25.

$$求 \int_a^b \frac{\tan^{-1} x}{x^3}\, dx = ?, \quad \forall a, b > 0$$

【解】

令 $u = \tan^{-1} x$, $dv = x^{-3} dx$ 則 $du = \dfrac{1}{1+x^2} dx$, $v = -\dfrac{x^{-2}}{2}$, 藉由分部積分法

則 $\displaystyle\int \frac{\tan^{-1} x}{x^3}\, dx = -\frac{x^{-2} \tan^{-1} x}{2} + \frac{1}{2}\int \frac{dx}{x^2(1+x^2)}$

$$= -\frac{x^{-2} \tan^{-1} x}{2} + \frac{1}{2}\int \left(\frac{1}{x^2} - \frac{1}{1+x^2}\right) dx = -\frac{x^{-2} \tan^{-1} x}{2} + \frac{1}{2}(-x^{-1} - \tan^{-1} x)$$

令 $a, b > 0$

則 $\displaystyle\int_a^b \frac{\tan^{-1} x}{x^3}\, dx = \frac{a^{-2} \tan^{-1} a}{2} + \frac{1}{2}(a^{-1} + \tan^{-1} a) - \left(\frac{b^{-2} \tan^{-1} b}{2} + \frac{1}{2}(b^{-1} + \tan^{-1} b)\right)$

範例 26.

$$求 \int_a^b \ln(x^3 e^x)\, dx = ?, \quad \forall a, b > 0$$

【解】

$\because \displaystyle\int \ln(x^3 e^x)\, dx = \int x + 3\ln x\, dx = \frac{x^2}{2} + 3\int \ln x\, dx$

令 $u = \ln x$, $dv = dx$ 則 $du = \dfrac{1}{x} dx$, $v = x$, 藉由分部積分法

則 $\displaystyle\int \ln x\, dx = x \ln x - \int dx = x \ln x - x$ $\therefore \displaystyle\int \ln(x^3 e^x)\, dx = \frac{x^2}{2} + 3(x \ln x - x) + c$

令 $a, b > 0$ 則 $\displaystyle\int_a^b \ln(x^3 e^x)\, dx = \frac{b^2}{2} + 3(b \ln b - b) - \frac{a^2}{2} - 3(a \ln a - a)$

範例 27.

$$求 \int_a^b x^2 e^{-2x} dx = ?, \quad \forall a, b \in R$$

【解】

令 $u = x^2$, $dv = e^{-2x}dx$ 則 $du = 2xdx$, $v = -\dfrac{e^{-2x}}{2}$，藉由分部積分法

則 $\displaystyle\int x^2 e^{-2x} dx = -\dfrac{x^2 e^{-2x}}{2} + \int xe^{-2x} dx$

令 $s = x$, $dt = e^{-2x}dx$ 則 $ds = dx$, $t = -\dfrac{e^{-2x}}{2}$，藉由分部積分法

則 $\displaystyle\int xe^{-2x} dx = -\dfrac{xe^{-2x}}{2} + \dfrac{1}{2}\int e^{-2x} dx = -\dfrac{xe^{-2x}}{2} - \dfrac{1}{4}e^{-2x}$

$\therefore \displaystyle\int x^2 e^{-2x} dx = -\dfrac{x^2 e^{-2x}}{2} + \int xe^{-2x} dx = -\dfrac{x^2 e^{-2x}}{2} - \dfrac{xe^{-2x}}{2} - \dfrac{1}{4}e^{-2x}$

令 $a, b \in R$ 則 $\displaystyle\int_a^b x^2 e^{-2x} dx = \dfrac{a^2 e^{-2a}}{2} + \dfrac{ae^{-2a}}{2} + \dfrac{e^{-2a}}{4} - \dfrac{b^2 e^{-2b}}{2} - \dfrac{be^{-2b}}{2} - \dfrac{e^{-2b}}{4}$

範例 28.

$$求 \int_a^b \dfrac{\sin\dfrac{1}{x}}{x^3} dx = ?, \quad \forall a, b > 0$$

【解】

令 $u = \dfrac{1}{x}$ 則 $du = -x^{-2}dx$, 藉由變數代換法 $\displaystyle\int \dfrac{\sin\dfrac{1}{x}}{x^3} dx = -\int u \sin u\, du$

令 $s = u$, $dt = \sin u\, du$ 則 $ds = du$, $t = -\cos u$, 藉由分部積分法

則 $\displaystyle\int u \sin u\, du = -u \cos u + \int \cos u\, du = -\dfrac{1}{x}\cos\dfrac{1}{x} + \sin\dfrac{1}{x} + c$

$\therefore \displaystyle\int \dfrac{\sin\dfrac{1}{x}}{x^3} dx = \dfrac{1}{x}\cos\dfrac{1}{x} - \sin\dfrac{1}{x} + c$

令 $a, b > 0$ 則 $\displaystyle\int_a^b \dfrac{\sin\dfrac{1}{x}}{x^3} dx = \dfrac{1}{b}\cos\dfrac{1}{b} - \sin\dfrac{1}{b} - \left(\dfrac{1}{a}\cos\dfrac{1}{a} - \sin\dfrac{1}{a}\right)$

範例 29.

$$\text{求} \int_a^b x(\ln x)^3 dx = ?, \quad \forall a, b > 0$$

【解】

令 $u = \ln x$ 則 $dx = e^u du$, 藉由變換變數法 $\displaystyle\int x(\ln x)^3 dx = \int u^3 e^{2u} du$

藉由分部積分法 $\displaystyle\int u^3 e^{2u} du = \frac{u^3 e^{2u}}{2} - \frac{3}{2}\int u^2 e^{2u} du$

$$= \frac{u^3 e^{2u}}{2} - \frac{3}{2}\left(\frac{u^2 e^{2u}}{2} - \int u e^{2u} du\right) = \frac{u^3 e^{2u}}{2} - \frac{3u^2 e^{2u}}{4} + \frac{3}{2}\left(\frac{u e^{2u}}{2} - \frac{e^{2u}}{4}\right) + c$$

$$= \frac{x^2 (\ln x)^3}{2} - \frac{3x^2 (\ln x)^2}{4} + \frac{3}{2}\left(\frac{x^2 \ln x}{2} - \frac{x^2}{4}\right) + c$$

令 $a, b > 0$ 則 $\displaystyle\int_a^b x(\ln x)^3 dx = \frac{b^2 (\ln b)^3}{2} - \frac{3b^2 (\ln b)^2}{4} + \frac{3b^2 \ln x}{4} - \frac{3b^2}{8}$

$$- \left(\frac{a^2 (\ln a)^3}{2} - \frac{3a^2 (\ln a)^2}{4} + \frac{3a^2 \ln x}{4} - \frac{3a^2}{8}\right)$$

範例 30.

$$\text{求} \int_a^b (\ln x)^2 dx = ?, \quad \forall a, b > 0$$

【解】

令 $u = \ln x$ 則 $dx = e^u du$, 藉由變換變數法 $\displaystyle\int (\ln x)^2 dx = \int u^2 e^u du$

藉由分部積分法

則 $\displaystyle\int u^2 e^u du = u^2 e^u - 2\int u e^u du = u^2 e^u - 2\left(u e^u - \int e^u du\right)$

$$= u^2 e^u - 2(u e^u - e^u) = (\ln x)^2 x - 2(x \ln x - x) + c$$

令 $a, b > 0$ 則 $\displaystyle\int_a^b (\ln x)^2 dx = (\ln b)^2 b - 2(b \ln b - b) - (\ln a)^2 a + 2(a \ln a - a)$

範例 31.

$$\text{求} \int_a^b \frac{\ln(1 + x)}{(1 + x)^2} dx = ?, \quad \forall a, b > -1$$

【解】

令 $u = \ln(1 + x), \ \ dv = \dfrac{1}{(1 + x)^2} dx$ 則 $du = \dfrac{dx}{1 + x}, \ \ v = -(1 + x)^{-1}$

藉由分部積分法 則 $\displaystyle\int \dfrac{\ln(1 + x)}{(1 + x)^2} dx$

$= -(1 + x)^{-1} \ln(1 + x) + \displaystyle\int \dfrac{1}{(1 + x)^2} dx = -(1 + x)^{-1} \ln(1 + x) - (1 + x)^{-1} + c$

令 $a, b > -1$ 則

$$\int_a^b \dfrac{\ln(1 + x)dx}{(1 + x)^2} = -(1 + b)^{-1}(\ln(1 + b) + 1) + (1 + a)^{-1}(\ln(1 + a) + 1)$$

範例 32.

$$求 \int_a^b \dfrac{\ln(\tan^{-1} x)}{1 + x^2} dx =?, \ \ \forall a, b \in R$$

【解】

令 $u = \ln(\tan^{-1} x), \ \ dv = \dfrac{dx}{1 + x^2}$ 則 $du = \dfrac{dx}{(1 + x^2)\tan^{-1} x}, \ \ v = \tan^{-1} x$

藉由分部積分法 $\displaystyle\int \dfrac{\ln(\tan^{-1} x)dx}{1 + x^2}$

$= \tan^{-1} x \ln(\tan^{-1} x) - \displaystyle\int \dfrac{dx}{1 + x^2} = \tan^{-1} x \ln(\tan^{-1} x) - \tan^{-1} x + c$

令 $a, b \in R$ 則 $\displaystyle\int_a^b \dfrac{\ln(\tan^{-1} x)\, dx}{1 + x^2} = \tan^{-1} b\, (\ln(\tan^{-1} b) - 1) - \tan^{-1} a\, (\ln(\tan^{-1} a) - 1)$

5.3.1.3 求有理式的定積分

$求 \displaystyle\int_a^b \dfrac{P(x)}{Q(x)} dx =?,$ 其中 $P(x) \cdot Q(x)$ 為多項式函數

與不定積分相同, 當分子分母皆為多項式函數時, 需將被積分函數拆解為數個較易求得不定積分的有理式函數

考試類型:

題型 1.

求 $\displaystyle\int_{x_1}^{x_2} \frac{P(x)}{Q(x)} dx = ?$，其中 $P(x)$、$Q(x)$ 為多項式函數

直接使用比較係數，化為數個分式相加再積分

解題流程：

Step1.

找 $Q(x)$ 的根，假設為 α、β，即 $Q(x) = (x - \alpha)(x - \beta)$

Step2.

令 $\dfrac{P(x)}{Q(x)} = \dfrac{a}{x - \alpha} + \dfrac{b}{x - \beta}$ 則 $\dfrac{P(x)}{Q(x)} = \dfrac{a}{x - \alpha} + \dfrac{b}{x - \beta} = \dfrac{a(x - \beta) + b(x - \alpha)}{(x - \alpha)(x - \beta)}$

$\therefore P(x) = a(x - \beta) + b(x - \alpha)$

Step3

$\because P(x)$、α、β 已知，藉由比較係數找 a、b 明確的值使得 $\dfrac{P(x)}{Q(x)} = \dfrac{a}{x - \alpha} + \dfrac{b}{x - \beta}$

Step4.

$\therefore \displaystyle\int_{x_1}^{x_2} \frac{P(x)}{Q(x)} dx = \int_{x_1}^{x_2} \frac{a}{x - \alpha} + \frac{b}{x - \beta} dx = a\ln\frac{x_2 - \alpha}{x_1 - \alpha} + b\ln\frac{x_2 - \beta}{x_1 - \beta}$

題型 2.

求 $\displaystyle\int_{x_1}^{x_2} \frac{P(x)}{(x - \alpha)(x^2 + \beta x + \gamma)} dx = ?$，$\forall \beta^2 - 4\gamma < 0$

解題流程：

Step1.

令 $\dfrac{P(x)}{(x - \alpha)(x^2 + \beta x + \gamma)} = \dfrac{a}{x - \alpha} + \dfrac{bx + c}{x^2 + \beta x + \gamma}$

則 $P(x) = a(x^2 + \beta x + \gamma) + (x - \alpha)(bx + c)$

Step2.

找 a、b、c 使得 $P(x) = a(x^2 + \beta x + \gamma) + (x - \alpha)(bx + c)$

Step3

因此 $\displaystyle\int_{x_1}^{x_2} \frac{P(x)}{(x - \alpha)(x^2 + \beta x + \gamma)} dx = \int_{x_1}^{x_2} \frac{a}{x - \alpha} + \frac{bx + c}{x^2 + \beta x + \gamma} dx$

$= a\ln\dfrac{x_2 - \alpha}{x_1 - \alpha} + \displaystyle\int_{x_1}^{x_2} \frac{bx + c}{x^2 + \beta x + \gamma} dx$

Step4.

求 $\displaystyle\int_{x_1}^{x_2} \frac{bx + c}{x^2 + \beta x + \gamma} dx =?$

題型 3.

求 $\displaystyle\int_{x_1}^{x_2} \frac{P(x)}{(x - \alpha)^2 (x^2 + \beta x + \gamma)} dx =?, \quad \forall \beta^2 - 4\gamma < 0$

解題流程:

Step1.

令 $\displaystyle \frac{P(x)}{(x - \alpha)^2 (x^2 + \beta x + \gamma)} = \frac{a}{x - \alpha} + \frac{b}{(x - \alpha)^2} + \frac{cx + d}{x^2 + \beta x + \gamma}$

則 $P(x) = a(x - \alpha)(x^2 + \beta x + \gamma) + b(x^2 + \beta x + \gamma) + (x - \alpha)^2(cx + d)$

Step2.

找 a、b、c、d 使得

$P(x) = a(x - \alpha)(x^2 + \beta x + \gamma) + b(x^2 + \beta x + \gamma) + (x - \alpha)^2(cx + d)$

Step3.

因此 $\displaystyle\int_{x_1}^{x_2} \frac{P(x)}{(x - \alpha)^2 (x^2 + \beta x + \gamma)} dx = \int_{x_1}^{x_2} \frac{a}{x - \alpha} + \frac{b}{(x - \alpha)^2} + \frac{cx + d}{x^2 + \beta x + \gamma} dx$

Step4.

求 $\displaystyle\int_{x_1}^{x_2} \frac{a}{x - \alpha} + \frac{b}{(x - \alpha)^2} + \frac{cx + d}{x^2 + \beta x + \gamma} dx =?$

題型 4.

求 $\displaystyle\int_{x_1}^{x_2} \frac{P(x)}{(x - \alpha)(x - \beta)(x - \gamma)} dx = ?, \quad \forall \alpha\beta\gamma \neq 0$

解題流程:

Step1.

令 $\displaystyle \frac{P(x)}{(x - \alpha)(x - \beta)(x - \gamma)} = \frac{a}{x - \alpha} + \frac{b}{x - \beta} + \frac{c}{x - \gamma}$

則 $P(x) = a(x - \beta)(x - \gamma) + b(x - \alpha)(x - \gamma) + c(x - \alpha)(x - \beta)$

Step2.

找 a、b、c 使得 $P(x) = a(x - \beta)(x - \gamma) + b(x - \alpha)(x - \gamma) + c(x - \alpha)(x - \beta)$

Step3.

因此 $\displaystyle\int_{x_1}^{x_2} \frac{P(x)}{(x - \alpha)(x - \beta)(x - \gamma)} dx = \int_{x_1}^{x_2} \frac{a}{x - \alpha} + \frac{b}{x - \beta} + \frac{c}{x - \gamma} dx$

$$= a \ln \frac{x_2 - \alpha}{x_1 - \alpha} + b \ln \frac{x_2 - \beta}{x_1 - \beta} + c \ln \frac{x_2 - \gamma}{x_1 - \gamma}$$

題型 5.

求 $\displaystyle\int_{x_1}^{x_2} \frac{P(x)}{(x - \alpha)(x^2 + \beta)^2} \, dx = ?, \quad \forall \alpha\beta \neq 0$

解題流程:

Step1.

令 $\dfrac{P(x)}{(x - \alpha)(x^2 + \beta)^2} = \dfrac{a}{x - \alpha} + \dfrac{bx + c}{x^2 + \beta} + \dfrac{dx + f}{(x^2 + \beta)^2}$

則 $P(x) = a(x^2 + \beta)^2 + (bx + c)(x - \alpha)(x^2 + \beta) + (dx + f)(x - \alpha)$

Step2.

找 a、b、c 、d、f 使得 $P(x) = a(x^2 + \beta)^2 + (bx + c)(x - \alpha)(x^2 + \beta) + (dx + f)(x - \alpha)$

Step3.

因此 $\displaystyle\int_{x_1}^{x_2} \frac{P(x)}{(x - \alpha)(x^2 + \beta)^2} \, dx = \int_{x_1}^{x_2} \frac{a}{x - \alpha} + \frac{bx + c}{x^2 + \beta} + \frac{dx + f}{(x^2 + \beta)^2} \, dx$

$= a \ln \dfrac{x_2 - \alpha}{x_1 - \alpha} + \displaystyle\int_{x_1}^{x_2} \frac{bx + c}{x^2 + \beta} + \frac{dx + f}{(x^2 + \beta)^2} \, dx, \quad 求 \int_{x_1}^{x_2} \frac{bx + c}{x^2 + \beta} + \frac{dx + f}{(x^2 + \beta)^2} \, dx = ?$

題型 6.

求 $\displaystyle\int_{x_1}^{x_2} \frac{P(x)}{x^4 - \alpha^4} \, dx = ?, \quad \forall \alpha \neq 0$

解題流程:

Step1.

令 $\dfrac{1}{x^4 - \alpha^4} = \dfrac{ax + b}{x^2 - \alpha^2} + \dfrac{cx + d}{x^2 + \alpha^2}$ 則 $1 = (ax + b)(x^2 + \alpha^2) + (cx + d)(x^2 - \alpha^2)$

Step2.

找 a、b、c 、d 使得 $1 = (ax + b)(x^2 + \alpha^2) + (cx + d)(x^2 - \alpha^2)$

Step3.

$\therefore \displaystyle\int_{x_1}^{x_2} \frac{1}{x^4 - \alpha^4} \, dx = \int_{x_1}^{x_2} \frac{ax + b}{x^2 - \alpha^2} + \frac{cx + d}{x^2 + \alpha^2} \, dx, \quad 求 \int_{x_1}^{x_2} \frac{ax + b}{x^2 - \alpha^2} + \frac{cx + d}{x^2 + \alpha^2} \, dx = ?$

題型 7.

求 $\int_{x_1}^{x_2} \dfrac{P(x)}{x^3 - \gamma^3} dx =?, \quad \forall \gamma \neq 0$

解題流程:

Step1.

$\because x^3 - \gamma^3 = (x - \gamma)(x^2 + \gamma x + \gamma^2)$, 令 $\dfrac{P(x)}{x^3 - \gamma^3} = \dfrac{a}{x - \gamma} + \dfrac{bx + c}{x^2 + \gamma x + \gamma^2}$

則 $\dfrac{P(x)}{x^3 - \gamma^3} = \dfrac{a(x^2 + \gamma x + \gamma^2) + (bx + c)(x - \gamma)}{(x - \gamma)(x^2 + \gamma x + \gamma^2)}$

Step2.

找 a、b、c 使得 $P(x) = a(x^2 + \gamma x + \gamma^2) + (bx + c)(x - \gamma)$

Step3.

因此 $\int_{x_1}^{x_2} \dfrac{P(x)}{x^3 - \gamma^3} dx = \int_{x_1}^{x_2} \dfrac{a}{x - \gamma} + \dfrac{bx + c}{x^2 + \gamma x + \gamma^2} dx$, 求 $\int_{x_1}^{x_2} \dfrac{a}{x - \gamma} + \dfrac{bx + c}{x^2 + \gamma x + \gamma^2} dx =?$

範例 1.

求 $\int_{\alpha}^{\beta} \dfrac{x^2 + 5}{(x + 1)(x^2 - 2x + 3)} dx =?, \quad \forall \alpha, \beta > -1$

【解】

令 $\dfrac{x^2 + 5}{(x + 1)(x^2 - 2x + 3)} = \dfrac{a}{x + 1} + \dfrac{bx + c}{x^2 - 2x + 3}$

則 $\dfrac{x^2 + 5}{(x + 1)(x^2 - 2x + 3)} = \dfrac{a(x^2 - 2x + 3) + (bx + c)(x + 1)}{(x + 1)(x^2 - 2x + 3)}$

$\Rightarrow x^2 + 5 = a(x^2 - 2x + 3) + (bx + c)(x + 1)$

令 $x = -1$ 則 $a = 1$

令 $x = 0$ 則 $5 = 3 + c$ $\qquad \therefore c = 2$

令 $x = 1$ 則 $6 = 2a + 2b + 2c$ $\quad \therefore b = 0$

比較係數 $\Rightarrow a = 1, b = 0, c = 2$

$\therefore \int \dfrac{x^2 + 5}{(x + 1)(x^2 - 2x + 3)} dx = \int \dfrac{1}{x + 1} + \dfrac{2}{x^2 - 2x + 3} dx$

$= \int \dfrac{1}{x + 1} + \dfrac{2}{(x - 1)^2 + (\sqrt{2})^2} dx = \int \dfrac{dx}{x + 1} + \dfrac{1}{2} \int \dfrac{2dx}{\left(\dfrac{x - 1}{\sqrt{2}}\right)^2 + 1}$

$$= \ln|x + 1| + \sqrt{2}\tan^{-1}\frac{x-1}{\sqrt{2}} + c$$

令 $\alpha, \beta > -1$ 則 $\displaystyle\int_\alpha^\beta \frac{x^2 + 5}{(x+1)(x^2 - 2x + 3)}\,dx$

$$= \ln(\beta + 1) + \sqrt{2}\tan^{-1}\frac{\beta-1}{\sqrt{2}} - \left(\ln(\alpha + 1) + \sqrt{2}\tan^{-1}\left(\frac{\alpha-1}{\sqrt{2}}\right)\right)$$

範例 2.

$$求 \int_\alpha^\beta \frac{1}{x^4 - 16}\,dx =?, \quad \forall \alpha, \beta > 2$$

【解】

$$\because \frac{1}{x^4 - 16} = \frac{1}{(x^2 + 4)(x^2 - 4)},$$

令 $\dfrac{1}{x^4 - 16} = \dfrac{ax + b}{x^2 - 4} + \dfrac{cx + d}{x^2 + 4}$ 則 $\dfrac{1}{x^4 - 16} = \dfrac{(ax + b)(x^2 + 4) + (cx + d)(x^2 - 4)}{(x^2 + 4)(x^2 - 4)}$

$$\Rightarrow 1 = (ax + b)(x^2 + 4) + (cx + d)(x^2 - 4)$$

令 $x = 0$ 則 $1 = 4b - 4d$ $\because (b + d)x^2 = 0,\ \forall x \in R$ $\therefore b = \dfrac{1}{8},\ d = -\dfrac{1}{8}$

$\because (a + c)x^3 = 0$ 且 $(a - c)x = 0,\ \forall x \in R$ $\therefore a = c = 0$

$$\therefore \frac{1}{x^4 - 16} = \frac{1}{8}\left(\frac{1}{x^2 - 4} - \frac{1}{x^2 + 4}\right) = \frac{1}{8}\left(\frac{1}{4}\left(\frac{1}{x - 2} - \frac{1}{x + 2}\right) - \frac{1}{x^2 + 4}\right)$$

$$= \frac{1}{32}\left(\frac{1}{x + 2} - \frac{1}{x - 2}\right) - \frac{1}{8}\cdot\frac{1}{4\left(\left(\frac{x}{2}\right)^2 + 1\right)}$$

$$\therefore \int \frac{1}{x^4 - 16}\,dx = \int \frac{1}{32}\left(\frac{1}{x + 2} - \frac{1}{x - 2}\right) - \frac{1}{8}\cdot\frac{1}{4\left(\left(\frac{x}{2}\right)^2 + 1\right)}\,dx$$

$$= \frac{1}{32}\left(\ln|x + 2| - \ln|x - 2|\right) - \frac{1}{16}\tan^{-1}\frac{x}{2} + c$$

令 $\alpha, \beta > 2$ 則 $\displaystyle\int_\alpha^\beta \frac{1}{x^4 - 16}\,dx = \frac{1}{32}\left(\ln\frac{\beta + 2}{\alpha + 2} - \ln\frac{\beta - 2}{\alpha - 2}\right) - \frac{1}{16}\left(\tan^{-1}\frac{\beta}{2} - \tan^{-1}\frac{\alpha}{2}\right)$

範例 3.

$$\text{求} \int_{\alpha}^{\beta} \frac{1}{x^3 + 1} dx = ?, \quad \forall \alpha, \beta > -1$$

【解】

$\because x^3 + 1 = (x + 1)(x^2 - x + 1)$

$\text{令 } \dfrac{1}{x^3 + 1} = \dfrac{a}{x + 1} + \dfrac{bx + c}{x^2 - x + 1} \text{ 則 } \dfrac{1}{x^3 + 1} = \dfrac{a(x^2 - x + 1) + (bx + c)(x + 1)}{(x + 1)(x^2 - x + 1)}$

$\Rightarrow 1 = a(x^2 - x + 1) + (bx + c)(x + 1)$

$\text{令} x = -1 \text{ 則 } 1 = 3a \qquad \therefore a = \dfrac{1}{3}$

$\text{令} x = 0 \text{ 則 } 1 = \dfrac{1}{3} + c \qquad \therefore c = \dfrac{2}{3}$

$\text{令} x = 1 \text{ 則 } 1 = a + 2(b + c) \qquad \therefore b = \dfrac{-1}{3}$

$$\therefore \frac{1}{x^3 + 1} = \frac{1}{3}\left(\frac{1}{x + 1} - \frac{x - 2}{x^2 - x + 1}\right) = \frac{1}{3}\left(\frac{1}{x + 1} - \frac{\frac{1}{2}(2x - 1) - \frac{3}{2}}{x^2 - x + 1}\right)$$

$$\therefore \int \frac{1}{x^3 + 1} dx = \frac{1}{3}\int \frac{1}{x + 1} - \frac{\frac{1}{2}(2x - 1) - \frac{3}{2}}{x^2 - x + 1} dx$$

$$= \frac{1}{3}\ln|x + 1| - \frac{1}{6}\ln|x^2 - x + 1| + \frac{1}{2}\int \frac{dx}{x^2 - x + 1}$$

$$\because \int \frac{dx}{x^2 - x + 1} = \int \frac{dx}{(x - \frac{1}{2})^2 + \frac{3}{4}} = \int \frac{dx}{\frac{3}{4}\left(\left(\frac{x - \frac{1}{2}}{\sqrt{\frac{3}{4}}}\right)^2 + 1\right)} = \frac{2}{\sqrt{3}}\tan^{-1}\frac{x - \frac{1}{2}}{\sqrt{\frac{3}{4}}} + c$$

$$\therefore \int \frac{1}{x^3 + 1} dx = \frac{1}{3}\ln|x + 1| - \frac{1}{6}\ln|x^2 - x + 1| + \frac{1}{\sqrt{3}}\tan^{-1}\left(\frac{x - \frac{1}{2}}{\sqrt{\frac{3}{4}}}\right) + c$$

$$\text{令 } \alpha, \beta > -1 \text{ 則 } \int_{\alpha}^{\beta} \frac{1}{x^3 + 1} dx$$

$$= \frac{1}{3}\ln\frac{\beta+1}{\alpha+1} - \frac{1}{6}\ln\frac{\beta^2-\beta+1}{\alpha^2-\alpha+1} + \frac{1}{\sqrt{3}}\left(\tan^{-1}\left(\frac{\beta-\frac{1}{2}}{\sqrt{\frac{3}{4}}}\right) - \tan^{-1}\left(\frac{\alpha-\frac{1}{2}}{\sqrt{\frac{3}{4}}}\right)\right)$$

範例 4.

$$求 \int_{\alpha}^{\beta} \frac{1}{x^3-1}\,dx = ?, \quad \forall \alpha, \beta > 1$$

【解】

$$\because x^3 - 1 = (x-1)(x^2+x+1)$$

$$令 \frac{1}{x^3+1} = \frac{a}{x-1} + \frac{bx+c}{x^2+x+1} \quad 則 \quad \frac{1}{x^3+1} = \frac{a(x^2+x+1) + (bx+c)(x-1)}{(x-1)(x^2+x+1)}$$

$$\Rightarrow 1 = a(x^2+x+1) + (bx+c)(x-1)$$

$$令 x = 1 \ 則 \ 1 = 3a \qquad \therefore a = \frac{1}{3}$$

$$令 x = 0 \ 則 \ 1 = \frac{1}{3} - c \qquad \therefore c = \frac{-2}{3}$$

$$令 x = -1 \ 則 \ 1 = a - 2(-b+c) \qquad \therefore b = \frac{-1}{3}$$

$$\therefore \frac{1}{x^3-1} = \frac{1}{3}\left(\frac{1}{x-1} - \frac{x+2}{x^2+x+1}\right) = \frac{1}{3}\left(\frac{1}{x-1} - \frac{\frac{1}{2}(2x+1)+\frac{3}{2}}{x^2+x+1}\right)$$

$$\therefore \int \frac{1}{x^3-1}\,dx = \frac{1}{3}\int \frac{1}{x-1} - \frac{\frac{1}{2}(2x+1)+\frac{3}{2}}{x^2+x+1}\,dx$$

$$= \frac{1}{3}\ln|x-1| - \frac{1}{6}\ln|x^2+x+1| - \frac{1}{2}\int \frac{dx}{x^2+x+1}$$

$$\because \int \frac{dx}{x^2+x+1} = \int \frac{dx}{\left(x+\frac{1}{2}\right)^2+\frac{3}{4}} = \int \frac{dx}{\frac{3}{4}\left(\left(\frac{x+\frac{1}{2}}{\sqrt{\frac{3}{4}}}\right)^2+1\right)} = \frac{2}{\sqrt{3}}\tan^{-1}\frac{x+\frac{1}{2}}{\sqrt{\frac{3}{4}}} + c$$

$$\therefore \int \frac{1}{x^3 - 1} dx = \frac{1}{3} \ln|x - 1| - \frac{1}{6} \ln|x^2 + x + 1| - \frac{1}{\sqrt{3}} \tan^{-1}\left(\frac{x + \frac{1}{2}}{\sqrt{\frac{3}{4}}}\right) + c$$

令 $\alpha, \beta > 1$ 則 $\displaystyle\int_{\alpha}^{\beta} \frac{1}{x^3 - 1} dx$

$$= \frac{1}{3} \ln \frac{\beta - 1}{\alpha - 1} - \frac{1}{6} \ln \frac{\beta^2 + \beta + 1}{\alpha^2 + \alpha + 1} - \frac{1}{\sqrt{3}} \left(\tan^{-1}\left(\frac{\beta + \frac{1}{2}}{\sqrt{\frac{3}{4}}}\right) - \tan^{-1}\left(\frac{\alpha + \frac{1}{2}}{\sqrt{\frac{3}{4}}}\right)\right)$$

範例 5.

$$求 \int_{\alpha}^{\beta} \frac{7 - x - 2x^2}{(x - 1)^2(x^2 + x + 2)} dx =?, \quad \forall \alpha, \beta > 1$$

【解】

令 $\dfrac{7 - x - 2x^2}{(x - 1)^2(x^2 + x + 2)} = \dfrac{a}{x - 1} + \dfrac{b}{(x - 1)^2} + \dfrac{cx + d}{x^2 + x + 2}$

則 $\dfrac{7 - x - 2x^2}{(x - 1)^2(x^2 + x + 2)} = \dfrac{a(x - 1)(x^2 + x + 2) + b(x^2 + x + 2) + (cx + d)(x - 1)^2}{(x - 1)^2(x^2 + x + 2)}$

$\therefore 7 - x - 2x^2 = a(x - 1)(x^2 + x + 2) + b(x^2 + x + 2) + (cx + d)(x - 1)^2$

令 $x = 1$ 則 $4 = 4b \qquad \therefore b = 1$

$\because 0 = (a + c)x^3, \ \forall x \in R \qquad \therefore a + c = 0$

$\because -2x^2 = (b - 2c + d)x^2, \ \forall x \in R \quad \therefore b - 2c + d = -2 \ \therefore -2c + d = -3$

$\because -x = (a + b + c - 2d)x, \ \forall x \in R \quad \therefore a + b + c - 2d = -1$

$\therefore b - 2d = -1 \Rightarrow d = 1 \Rightarrow c = 2 \Rightarrow a = -2$

比較係數則 $a = -2, b = 1, c = 2, d = 1$

$\therefore \dfrac{7 - x - 2x^2}{(x - 1)^2(x^2 + x + 2)} = \dfrac{-2}{x - 1} + \dfrac{1}{(x - 1)^2} + \dfrac{2x + 1}{x^2 + x + 2}$

$\therefore \displaystyle\int \frac{7 - x - 2x^2}{(x - 1)^2(x^2 + x + 2)} dx = \int \frac{-2}{x - 1} + \frac{1}{(x - 1)^2} + \frac{2x + 1}{x^2 + x + 2} dx$

$= -2 \ln|x - 1| - (x - 1)^{-1} + \ln|x^2 + x + 2| + c$

令 $\alpha, \beta > 1$ 則 $\displaystyle\int_{\alpha}^{\beta} \frac{7 - x - 2x^2}{(x - 1)^2(x^2 + x + 2)} dx$

$$= -2\ln\frac{\beta-1}{\alpha-1} - (\beta-1)^{-1} + (\alpha-1)^{-1} + \ln\frac{\beta^2+\beta+2}{\alpha^2+\alpha+2}$$

範例 6.

$$求 \int_\alpha^\beta \frac{x}{(x+1)^2(x^2+1)}\,dx =?,\quad \forall\alpha,\beta > -1$$

【解】

令 $\dfrac{x}{(x+1)^2(x^2+1)} = \dfrac{ax+b}{(x+1)^2} + \dfrac{cx+d}{(x^2+1)}$

則 $\dfrac{x}{(x+1)^2(x^2+1)} = \dfrac{(ax+b)(x^2+1)+(cx+d)(x+1)^2}{(x+1)^2(x^2+1)}$

$\therefore x = (ax+b)(x^2+1)+(cx+d)(x+1)^2$

$\because 0 = (a+c)x^3,\ \forall x \in R \qquad\qquad \therefore a+c=0$

$\because 0 = (b+d+2c)x^2,\ \forall x \in R \qquad \therefore b+d+2c=0$

令 $x=-1$ 則 $-1 = -2a+2b$

令 $x=0$ 則 $0 = b+d$ $\therefore c=0 \Rightarrow a=0 \Rightarrow b=-\dfrac{1}{2} \Rightarrow d=\dfrac{1}{2}$

$\therefore \dfrac{x}{(x+1)^2(x^2+1)} = \dfrac{-1}{2(x+1)^2} + \dfrac{1}{2(x^2+1)}$

$\therefore \displaystyle\int \frac{xdx}{(x+1)^2(x^2+1)} = \int \frac{-1}{2(x+1)^2} + \frac{1}{2(x^2+1)}\,dx = \frac{(x+1)^{-1}}{2} + \frac{\tan^{-1}x}{2} + c$

令 $\alpha,\beta > -1$

則 $\displaystyle\int_\alpha^\beta \frac{x}{(x+1)^2(x^2+1)}\,dx = \frac{1}{2}(\beta+1)^{-1} + \frac{1}{2}\tan^{-1}\beta - \left(\frac{1}{2}(\alpha+1)^{-1} + \frac{1}{2}\tan^{-1}\alpha\right)$

範例 7.

$$求 \int_\alpha^\beta \frac{x^2+2x-1}{2x^3+3x^2-2x} =?,\quad \forall\alpha,\beta > \frac{1}{2}$$

【解】

$\because 2x^3+3x^2-2x = x(2x-1)(x+2)$

令 $\dfrac{x^2+2x-1}{2x^3+3x^2-2x} = \dfrac{a}{x} + \dfrac{b}{2x-1} + \dfrac{c}{x+2}$

則 $\dfrac{x^2+2x-1}{2x^3+3x^2-2x} = \dfrac{a(2x-1)(x+2)+bx(x+2)+cx(2x-1)}{2x^3+3x^2-2x}$

$\therefore x^2 + 2x - 1 = a(2x - 1)(x + 2) + bx(x + 2) + cx(2x - 1)$

令 $x = 0$ 則 $-1 = -2a$ $\qquad \therefore a = \dfrac{1}{2}$

令 $x = \dfrac{1}{2}$ 則 $\dfrac{1}{4} = \dfrac{5b}{4}$ $\qquad \therefore b = \dfrac{1}{5}$

令 $x = -2$ 則 $-1 = 10c$ $\qquad \therefore c = -\dfrac{1}{10}$

$$\therefore \frac{x^2 + 2x - 1}{2x^3 + 3x^2 - 2x} = \frac{\frac{1}{2}}{x} + \frac{\frac{1}{5}}{2x - 1} + \frac{-\frac{1}{10}}{x + 2}$$

$$\therefore \int \frac{x^2 + 2x - 1}{2x^3 + 3x^2 - 2x}\,dx = \int \frac{\frac{1}{2}}{x} + \frac{\frac{1}{5}}{2x - 1} + \frac{-\frac{1}{10}}{x + 2}\,dx$$

$$= \frac{1}{2}\ln|x| + \frac{1}{10}\ln|2x - 1| - \frac{1}{10}\ln|x + 2| + c$$

令 $\alpha, \beta > \dfrac{1}{2}$ 則 $\displaystyle\int_{\alpha}^{\beta} \frac{x^2 + 2x - 1}{2x^3 + 3x^2 - 2x}\,dx = \frac{1}{2}\ln\frac{\beta}{\alpha} + \frac{1}{10}\ln\frac{2\beta - 1}{2\alpha - 1} - \frac{1}{10}\ln\frac{\beta + 2}{\alpha + 2}$

範例 8.

$$求 \int_{\alpha}^{\beta} \frac{1 - x + 2x^2 - x^3}{x(x^2 + 1)^2} = ?, \quad \forall \alpha, \beta > 0$$

【解】

令 $\dfrac{1 - x + 2x^2 - x^3}{x(x^2 + 1)^2} = \dfrac{a}{x} + \dfrac{bx + c}{x^2 + 1} + \dfrac{dx + e}{(x^2 + 1)^2}$

則 $\dfrac{1 - x + 2x^2 - x^3}{x(x^2 + 1)^2} = \dfrac{a(x^2 + 1)^2 + (bx + c)x(x^2 + 1) + x(dx + e)}{x(x^2 + 1)^2}$

$\therefore 1 - x + 2x^2 - x^3 = a(x^2 + 1)^2 + (bx + c)x(x^2 + 1) + dx^2 + ex$

令 $x = 0$ 則 $a = 1$

令 $x^2 + 1 = 0$ 則 $1 - x + 2x^2 - x^3 = 1 - x - 2 + x = -1$

且 $a(x^2 + 1)^2 + (bx + c)x(x^2 + 1) + dx^2 + ex = -d + ex$ $\quad \therefore d = 1,\ e = 0$

$\because 0 = (a + b)x^4,\ \forall x \in R$ $\qquad \because a = 1 \quad \therefore b = -1$

$\because -x^3 = cx^3,\ \forall x \in R$ $\qquad \therefore c = -1$

比較係數則 $a = 1, b = -1, c = -1, d = 1, e = 0$

$$\therefore \int \frac{1 - x + 2x^2 - x^3}{x(x^2 + 1)^2}\, dx = \int \frac{1}{x} + \frac{-x - 1}{x^2 + 1} + \frac{x}{(x^2 + 1)^2}\, dx$$

$$= \ln x - \frac{1}{2}\ln|x^2 + 1| - \tan^{-1} x - \frac{1}{2}(x^2 + 1)^{-1}$$

令 $\alpha, \beta > 0$ 則 $\displaystyle\int_\alpha^\beta \frac{1 - x + 2x^2 - x^3}{x(x^2 + 1)^2}\, dx$

$$= \ln\frac{\beta}{\alpha} - \frac{1}{2}\ln\frac{\beta^2 + 1}{\alpha^2 + 1} - \tan^{-1}\beta + \tan^{-1}\alpha - \frac{1}{2}((\beta^2 + 1)^{-1} - (\alpha^2 + 1)^{-1})$$

範例 9.

$$求 \int_\alpha^\beta \frac{1}{x^4 - 1}\, dx = ?, \quad \forall \alpha, \beta > 1$$

【解】

$$\because \frac{1}{x^4 - 1} = \frac{1}{(x^2 + 1)(x^2 - 1)} = \frac{1}{2}\left(\frac{1}{x^2 - 1} - \frac{1}{x^2 + 1}\right)$$

$$= \frac{1}{2}\left(\frac{1}{2}\left(\frac{1}{x - 1} - \frac{1}{x + 1}\right) - \frac{1}{x^2 + 1}\right) = \frac{1}{4}\left(\frac{1}{x - 1} - \frac{1}{x + 1}\right) - \frac{1}{2}\cdot\frac{1}{(x^2 + 1)}$$

$$\therefore \int \frac{1}{x^4 - 1}\, dx = \int \frac{1}{4}\left(\frac{1}{x - 1} - \frac{1}{x + 1}\right) - \frac{1}{2}\cdot\frac{1}{(x^2 + 1)}\, dx$$

$$= \frac{1}{4}(\ln|x - 1| - \ln|x + 1|) - \frac{1}{2}\tan^{-1} x + c$$

令 $\alpha, \beta > 1$ 則 $\displaystyle\int_\alpha^\beta \frac{1}{x^4 - 1}\, dx = \frac{1}{4}\left(\ln\frac{\beta - 1}{\alpha - 1} - \ln\frac{\beta + 1}{\alpha + 1}\right) - \frac{1}{2}(\tan^{-1}\beta - \tan^{-1}\alpha)$

範例 10.

$$求 \int_\alpha^\beta \frac{x}{x^4 - 1}\, dx = ?, \quad \forall \alpha, \beta > 1$$

【解】

$\because x^4 - 1 = (x^2 - 1)(x^2 + 1)$

令 $\dfrac{x}{x^4 - 1} = \dfrac{ax + b}{x^2 - 1} + \dfrac{cx + d}{x^2 + 1}$ 則 $\dfrac{x}{x^4 - 1} = \dfrac{(ax + b)(x^2 + 1) + (cx + d)(x^2 - 1)}{(x^2 - 1)(x^2 + 1)}$

$\therefore x = (ax + b)(x^2 + 1) + (cx + d)(x^2 - 1)$

令 $x = 0$ 則 $0 = b - d$

令 $x = 1$ 則 $1 = 2(a + b)$

$\because (a + c)x^3 = 0, \ \forall x \in R \quad \therefore a + c = 0$

$\because (a - c)x = x, \ \forall x \in R \quad \therefore a - c = 1 \quad \therefore a = \dfrac{1}{2} \Rightarrow c = -\dfrac{1}{2}, b = 0, d = 0$

$\therefore \dfrac{x}{x^4 - 1} = \dfrac{x}{2(x^2 - 1)} - \dfrac{x}{2(x^2 + 1)}$

$\therefore \displaystyle\int \dfrac{x}{x^4 - 1} dx = \int \dfrac{x}{2(x^2 - 1)} - \dfrac{x}{2(x^2 + 1)} dx = \dfrac{1}{4}\ln(x^2 - 1) - \dfrac{1}{4}\ln(x^2 + 1) + c$

令 $\alpha, \beta > 1$ 則 $\displaystyle\int_\alpha^\beta \dfrac{x}{x^4 - 1} dx = \dfrac{1}{4}\ln\dfrac{\beta^2 - 1}{\alpha^2 - 1} - \dfrac{1}{4}\ln\dfrac{\beta^2 + 1}{\alpha^2 + 1}$

範例 11.

$$求 \int_\alpha^\beta \dfrac{x^2}{x^4 - 1} dx = ?, \ \ \forall \alpha, \beta > 1$$

【解】

$\because x^4 - 1 = (x^2 - 1)(x^2 + 1)$

令 $\dfrac{x^2}{x^4 - 1} = \dfrac{ax + b}{x^2 - 1} + \dfrac{cx + d}{x^2 + 1}$ 則 $\dfrac{x^2}{x^4 - 1} = \dfrac{(ax + b)(x^2 + 1) + (cx + d)(x^2 - 1)}{(x^2 - 1)(x^2 + 1)}$

$\therefore x^2 = (ax + b)(x^2 + 1) + (cx + d)(x^2 - 1)$

令 $x = 0$ 則 $0 = b - d$

令 $x = 1$ 則 $1 = 2(a + b)$

$\because (a + c)x^3 = 0, \ \forall x \in R \quad \therefore a + c = 0$

$\because (a - c)x = 0, \ \forall x \in R \quad \therefore a - c = 0 \ \therefore a = 0 \Rightarrow c = 0, b = \dfrac{1}{2}, d = \dfrac{1}{2}$

$\therefore \dfrac{x^2}{x^4 - 1} = \dfrac{1}{2}\left(\dfrac{1}{x^2 - 1} + \dfrac{1}{x^2 + 1}\right) = \dfrac{1}{2}\left(\dfrac{1}{2}\left(\dfrac{1}{x - 1} - \dfrac{1}{x + 1}\right) + \dfrac{1}{x^2 + 1}\right)$

$\therefore \displaystyle\int \dfrac{x^2}{x^4 - 1} dx = \dfrac{1}{4}\ln|x - 1| - \dfrac{1}{4}\ln|x + 1| + \dfrac{1}{2}\tan^{-1}x + c$

令 $\alpha, \beta > 1$ 則 $\displaystyle\int_\alpha^\beta \dfrac{x^2}{x^4 - 1} dx = \dfrac{1}{4}\ln\dfrac{\beta - 1}{\alpha - 1} - \dfrac{1}{4}\ln\dfrac{\beta + 1}{\alpha + 1} + \dfrac{\tan^{-1}\beta - \tan^{-1}\alpha}{2}$

範例 12.

$$求 \int_\alpha^\beta \dfrac{x^4}{x^4 - 1} dx = ?, \ \ \forall \alpha, \beta > 1$$

【解】

$$\because \frac{x^4}{x^4-1} = 1 + \frac{1}{x^4-1} = 1 + \frac{1}{x^2+1}\cdot\frac{1}{x^2-1} = 1 - \frac{1}{2}\left(\frac{1}{x^2+1} - \frac{1}{x^2-1}\right)$$

$$= \frac{1}{2}\left(1 - \frac{1}{x^2+1}\right) + \frac{1}{2}\left(1 + \frac{1}{x^2-1}\right) = \frac{1}{2}\left(\frac{x^2}{x^2-1} + \frac{x^2}{x^2+1}\right)$$

$$= \frac{1}{2}\left(\frac{1}{2}\left(\frac{x}{x-1} + \frac{x}{x+1}\right) + \frac{x^2}{x^2+1}\right) = \frac{1}{2}\left(\frac{1}{2}\left(\frac{x-1+1}{x-1} + \frac{x+1-1}{x+1}\right) + \frac{x^2+1-1}{x^2+1}\right)$$

$$= 1 + \frac{1}{4}\cdot\frac{1}{x-1} - \frac{1}{4}\cdot\frac{1}{x+1} - \frac{1}{2}\cdot\frac{1}{x^2+1}$$

$$\therefore \int \frac{x^4}{x^4-1}\,dx = \int 1 + \frac{1}{4}\cdot\frac{1}{x-1} - \frac{1}{4}\cdot\frac{1}{x+1} - \frac{1}{2}\cdot\frac{1}{x^2+1}\,dx$$

$$= x + \frac{1}{4}\ln|x-1| - \frac{1}{4}\ln|x+1| - \frac{1}{2}\tan^{-1}x + c$$

$$令\,\alpha,\beta > 1\ 則 \int_\alpha^\beta \frac{x^4}{x^4-1}\,dx = \beta - \alpha + \frac{1}{4}\ln\frac{\beta-1}{\alpha-1} - \frac{1}{4}\ln\frac{\beta+1}{\alpha+1} - \frac{\tan^{-1}\beta - \tan^{-1}\alpha}{2}$$

範例 13.

$$求 \int_\alpha^\beta \frac{1}{x(x^4-1)}\,dx = ?,\quad \forall \alpha,\beta > 1$$

【解】

$$令\ \frac{1}{x(x^4-1)} = \frac{ax^3+bx^2+cx+d}{x^4-1} + \frac{e}{x}$$

則 $1 = x(ax^3+bx^2+cx+d) + e(x^4-1) = (a+e)x^4 + bx^3 + cx^2 + dx - e$

$\Rightarrow e = -1, a = 1, b = c = d = 0$

$$\therefore \frac{1}{x(x^4-1)} = \frac{x^3}{x^4-1} - \frac{1}{x}$$

$$\therefore \int \frac{1}{x(x^4-1)}\,dx = \int \frac{x^3}{x^4-1} - \frac{1}{x}\,dx = \frac{1}{4}\ln|x^4-1| - \ln|x| + c$$

$$令\ \alpha,\beta > 1\ 則 \int_\alpha^\beta \frac{1}{x(x^4-1)}\,dx = \frac{1}{4}\ln\frac{\beta^4-1}{\alpha^4-1} - \ln\frac{\beta}{\alpha}$$

範例 14.

$$求 \int_\alpha^\beta \frac{1}{x(x^2-5x-6)}\,dx = ?,\quad \forall \alpha,\beta > 6$$

【解】

令 $\dfrac{1}{x(x^2 - 5x - 6)} = \dfrac{a}{x} + \dfrac{b}{x - 6} + \dfrac{c}{x + 1}$

則 $\dfrac{1}{x(x^2 - 5x - 6)} = \dfrac{a(x - 6)(x + 1) + bx(x + 1) + cx(x - 6)}{x(x^2 - 5x - 6)}$

$\therefore 1 = a(x - 6)(x + 1) + bx(x + 1) + cx(x - 6)$

令 $x = 0$ 則 $1 = -6a$　　$\therefore a = -\dfrac{1}{6}$

令 $x = 6$ 則 $1 = 42b$　　$\therefore b = \dfrac{1}{42}$

令 $x = -1$ 則 $1 = 7c$　　$\therefore c = \dfrac{1}{7}$

$\therefore \dfrac{1}{x(x^2 - 5x - 6)} = -\dfrac{1}{6x} + \dfrac{1}{42(x - 6)} + \dfrac{1}{7(x + 1)}$

$\therefore \displaystyle\int \dfrac{1}{x(x^2 - 5x - 6)}\,dx = \int -\dfrac{1}{6x} + \dfrac{1}{42(x - 6)} + \dfrac{1}{7(x + 1)}\,dx$

$= -\dfrac{1}{6}\ln|x| + \dfrac{1}{42}\ln|x - 6| + \dfrac{1}{7}\ln|x + 1| + c$

令 $\alpha, \beta > 6$ 則 $\displaystyle\int_{\alpha}^{\beta} \dfrac{1}{x(x^2 - 5x - 6)}\,dx = -\dfrac{1}{6}\ln\dfrac{\beta}{\alpha} + \dfrac{1}{42}\ln\dfrac{\beta - 6}{\alpha - 6} + \dfrac{1}{7}\ln\dfrac{\beta + 1}{\alpha + 1}$

範例 15.

$\qquad$ 求 $\displaystyle\int_{\alpha}^{\beta} \dfrac{1}{x^4 + 1}\,dx =?,\ \ \forall \alpha, \beta \in R$

【解】

$\because x^4 + 1 = (x^2 + 1)^2 - 2x^2 = (x^2 + 1)^2 - (\sqrt{2}x)^2 = (x^2 + 1 + \sqrt{2}x)(x^2 + 1 - \sqrt{2}x)$

令 $\dfrac{1}{x^4 + 1} = \dfrac{ax + b}{(x^2 + 1 - \sqrt{2}x)} + \dfrac{cx + d}{(x^2 + 1 + \sqrt{2}x)}$

則 $\dfrac{1}{x^4 + 1} = \dfrac{(ax + b)(x^2 + 1 + \sqrt{2}x) + (cx + d)(x^2 + 1 - \sqrt{2}x)}{(x^2 + 1 - \sqrt{2}x)(x^2 + 1 + \sqrt{2}x)}$

$\therefore 1 = (ax + b)(x^2 + 1 + \sqrt{2}x) + (cx + d)(x^2 + 1 - \sqrt{2}x)$

令 $x = 0$ 則 $b + d = 1$

$\because (a + c)x^3 = 0,\ \forall x \in R$　　$\therefore a + c = 0$

$\because (\sqrt{2}a + b - \sqrt{2}c + d)x^2 = 0, \ \forall x \in R \quad \therefore \sqrt{2}a + b - \sqrt{2}c + d = 0$

$\because (a + \sqrt{2}b + c - \sqrt{2}d)x = 0, \ \forall x \in R \quad \therefore a + \sqrt{2}b + c - \sqrt{2}d = 0$

$\therefore b - d = 0 \Rightarrow b = d = \dfrac{1}{2}, a = \dfrac{-1}{2\sqrt{2}}, c = \dfrac{1}{2\sqrt{2}}$

$\therefore \dfrac{1}{x^4 + 1} = \dfrac{-x + \sqrt{2}}{2\sqrt{2}(x^2 + 1 - \sqrt{2}x)} + \dfrac{x + \sqrt{2}}{2\sqrt{2}(x^2 + 1 + \sqrt{2}x)}$

$\therefore \displaystyle\int \dfrac{1}{x^4 + 1}\,dx = \dfrac{1}{2\sqrt{2}}\left(\int -\dfrac{x - \sqrt{2}}{(x^2 + 1 - \sqrt{2}x)} + \dfrac{x + \sqrt{2}}{(x^2 + 1 + \sqrt{2}x)}\right)dx$

$= \dfrac{1}{2\sqrt{2}}\left(-\displaystyle\int \dfrac{\frac{1}{2}(2x - \sqrt{2}) - \frac{\sqrt{2}}{2}}{(x^2 + 1 - \sqrt{2}x)} + \dfrac{\frac{1}{2}(2x + \sqrt{2}) + \frac{\sqrt{2}}{2}}{(x^2 + 1 + \sqrt{2}x)}\right)dx$

$= \dfrac{1}{4\sqrt{2}}\left(-\ln\left|x^2 + 1 - \sqrt{2}x\right| + \ln\left|x^2 + 1 + \sqrt{2}x\right|\right)$

$+ \dfrac{1}{4}\displaystyle\int \dfrac{dx}{(x^2 + 1 - \sqrt{2}x)} + \dfrac{1}{4}\int \dfrac{dx}{(x^2 + 1 + \sqrt{2}x)}$

$\because \displaystyle\int \dfrac{dx}{(x^2 + 1 - \sqrt{2}x)} + \dfrac{dx}{(x^2 + 1 + \sqrt{2}x)} = \int \dfrac{dx}{\left(x - \frac{1}{\sqrt{2}}\right)^2 + \left(\frac{1}{\sqrt{2}}\right)^2} + \int \dfrac{dx}{\left(x + \frac{1}{\sqrt{2}}\right)^2 + \left(\frac{1}{\sqrt{2}}\right)^2}$

$= \sqrt{2}\left(\tan^{-1}(\sqrt{2}x - 1) + \tan^{-1}(\sqrt{2}x + 1)\right)$

$\therefore \displaystyle\int \dfrac{1}{x^4 + 1}\,dx = \dfrac{1}{4\sqrt{2}}\left(-\ln\left|x^2 + 1 - \sqrt{2}x\right| + \ln\left|x^2 + 1 + \sqrt{2}x\right|\right)$

$+ \dfrac{\sqrt{2}}{4}\left(\tan^{-1}(\sqrt{2}x + 1) + \tan^{-1}(\sqrt{2}x - 1)\right) + c$

令 $\alpha, \beta \in R$ 則 $\displaystyle\int_{\alpha}^{\beta} \dfrac{1}{x^4 + 1}\,dx$

$= \dfrac{1}{4\sqrt{2}}\left(-\ln \dfrac{\beta^2 + 1 - \sqrt{2}\beta}{\alpha^2 + 1 - \sqrt{2}\alpha} + \ln \dfrac{\beta^2 + 1 + \sqrt{2}\beta}{\alpha^2 + 1 + \sqrt{2}\alpha}\right)$

$+ \dfrac{\sqrt{2}\left(\tan^{-1}(\sqrt{2}\beta + 1) + \tan^{-1}(\sqrt{2}\beta - 1) - \left(\tan^{-1}(\sqrt{2}\alpha + 1) + \tan^{-1}(\sqrt{2}\alpha - 1)\right)\right)}{4}$

範例 16.

$$求 \int_{\alpha}^{\beta} \frac{x}{x^4 + 1} dx =?, \quad \forall \alpha, \beta \in R$$

【解】

$$\because \int \frac{x}{x^4 + 1} dx = \frac{1}{2} \int \frac{2x}{(x^2)^2 + 1} dx, \ \diamondsuit \ t = x^2 \ 則 \ dt = 2xdx, \ 藉由變換變數法$$

$$則 \int \frac{x}{x^4 + 1} dx = \frac{1}{2} \int \frac{2x}{(x^2)^2 + 1} dx = \frac{1}{2} \int \frac{dt}{t^2 + 1} = \frac{1}{2} \tan^{-1} t + c = \frac{1}{2} \tan^{-1} x^2 + c$$

$$令 \ \alpha, \beta \in R \ 則 \int_{\alpha}^{\beta} \frac{x}{x^4 + 1} dx = \frac{1}{2}(\tan^{-1}\beta^2 - \tan^{-1}\alpha^2)$$

範例 17.

$$求 \int_{\alpha}^{\beta} \frac{x^3}{x^4 + 1} dx =?, \quad \forall \alpha, \beta \in R$$

【解】

$$\because \int \frac{x^3}{x^4 + 1} dx = \frac{1}{4} \int \frac{4x^3}{x^4 + 1} dx = \frac{1}{4} \ln|x^4 + 1| + c$$

$$令 \ \alpha, \beta \in R \ 則 \int_{\alpha}^{\beta} \frac{x^3}{x^4 + 1} dx = \frac{1}{4} \ln \frac{\beta^4 + 1}{\alpha^4 + 1}$$

範例 18.

$$求 \int_{\alpha}^{\beta} \frac{x^4}{x^4 + 1} dx =?, \quad \forall \alpha, \beta \in R$$

【解】

$$\because \int \frac{x^4}{x^4 + 1} dx = \int \frac{x^4 + 1 - 1}{x^4 + 1} dx = x - \int \frac{1}{x^4 + 1} dx$$

$$且 \ x^4 + 1 = (x^2 + 1)^2 - 2x^2 = (x^2 + 1)^2 - (\sqrt{2}x)^2 = (x^2 + 1 + \sqrt{2}x)(x^2 + 1 - \sqrt{2}x)$$

$$令 \ \frac{1}{x^4 + 1} = \frac{ax + b}{(x^2 + 1 - \sqrt{2}x)} + \frac{cx + d}{(x^2 + 1 + \sqrt{2}x)}$$

$$則 \ \frac{1}{x^4 + 1} = \frac{(ax + b)(x^2 + 1 + \sqrt{2}x) + (cx + d)(x^2 + 1 - \sqrt{2}x)}{(x^2 + 1 - \sqrt{2}x)(x^2 + 1 + \sqrt{2}x)}$$

$$\therefore 1 = (ax + b)(x^2 + 1 + \sqrt{2}x) + (cx + d)(x^2 + 1 - \sqrt{2}x)$$

$$令 x = 0 \ 則 \ b + d = 1$$

$$\because (a + c)x^3 = 0, \ \forall x \in R \qquad\qquad \therefore a + c = 0$$

$$\because (\sqrt{2}a + b - \sqrt{2}c + d)x^2 = 0, \ \forall x \in R \qquad \therefore \sqrt{2}a + b - \sqrt{2}c + d = 0$$

$$\because (a + \sqrt{2}b + c - \sqrt{2}d)x = 0, \ \forall x \in R \qquad \therefore a + \sqrt{2}b + c - \sqrt{2}d = 0$$

$$\therefore b - d = 0 \Rightarrow b = d = \frac{1}{2}, a = \frac{-1}{2\sqrt{2}}, c = \frac{1}{2\sqrt{2}}$$

$$\therefore \frac{1}{x^4 + 1} = \frac{-x + \sqrt{2}}{2\sqrt{2}(x^2 + 1 - \sqrt{2}x)} + \frac{x + \sqrt{2}}{2\sqrt{2}(x^2 + 1 + \sqrt{2}x)}$$

$$\therefore \int \frac{1}{x^4 + 1} dx = \frac{1}{2\sqrt{2}} \left(\int -\frac{x - \sqrt{2}}{(x^2 + 1 - \sqrt{2}x)} + \frac{x + \sqrt{2}}{(x^2 + 1 + \sqrt{2}x)} \right) dx$$

$$= \frac{1}{2\sqrt{2}} \left(-\int \frac{\frac{1}{2}(2x - \sqrt{2}) - \frac{\sqrt{2}}{2}}{(x^2 + 1 - \sqrt{2}x)} + \frac{\frac{1}{2}(2x + \sqrt{2}) + \frac{\sqrt{2}}{2}}{(x^2 + 1 + \sqrt{2}x)} \right) dx$$

$$= \frac{1}{4\sqrt{2}} \left(-\ln|x^2 + 1 - \sqrt{2}x| + \ln|x^2 + 1 + \sqrt{2}x| \right)$$

$$+ \frac{1}{4} \int \frac{dx}{(x^2 + 1 - \sqrt{2}x)} + \frac{1}{4} \int \frac{dx}{(x^2 + 1 + \sqrt{2}x)}$$

$$\because \int \frac{dx}{(x^2 + 1 - \sqrt{2}x)} + \frac{dx}{(x^2 + 1 + \sqrt{2}x)} = \int \frac{dx}{\left(x - \frac{1}{\sqrt{2}}\right)^2 + \left(\frac{1}{\sqrt{2}}\right)^2} + \int \frac{dx}{\left(x + \frac{1}{\sqrt{2}}\right)^2 + \left(\frac{1}{\sqrt{2}}\right)^2}$$

$$= \sqrt{2}\left(\tan^{-1}(\sqrt{2}x - 1) + \tan^{-1}(\sqrt{2}x + 1)\right)$$

$$\therefore \int \frac{1}{x^4 + 1} dx = \frac{1}{4\sqrt{2}} \left(-\ln|x^2 + 1 - \sqrt{2}x| + \ln|x^2 + 1 + \sqrt{2}x| \right)$$

$$+ \frac{\sqrt{2}}{4} \left(\tan^{-1}(\sqrt{2}x + 1) + \tan^{-1}(\sqrt{2}x - 1) \right)$$

$$= x - \left(\frac{1}{4\sqrt{2}} \left(-\ln|x^2 + 1 - \sqrt{2}x| + \ln|x^2 + 1 + \sqrt{2}x| \right) \right.$$

$$\left. + \frac{\sqrt{2}}{4} \left(\tan^{-1}(\sqrt{2}x + 1) + \tan^{-1}(\sqrt{2}x - 1) \right) \right) + c$$

令 $\alpha, \beta \in R$ 則 $\displaystyle\int_{\alpha}^{\beta} \frac{x^4}{x^4 + 1} dx$

$$= \beta - \alpha - \frac{\left(-\ln\dfrac{\beta^2 + 1 - \sqrt{2}\beta}{\alpha^2 + 1 - \sqrt{2}\alpha} + \ln\dfrac{\beta^2 + 1 + \sqrt{2}\beta}{\alpha^2 + 1 + \sqrt{2}\alpha}\right)}{4\sqrt{2}}$$

$$- \frac{\sqrt{2}\left(\tan^{-1}(\sqrt{2}\beta + 1) + \tan^{-1}(\sqrt{2}\beta - 1) - \left(\tan^{-1}(\sqrt{2}\alpha + 1) + \tan^{-1}(\sqrt{2}\alpha - 1)\right)\right)}{4}$$

範例 19.

$$求 \int_\alpha^\beta \frac{1}{x(x^4 + 1)}\,dx =?, \quad \forall \alpha, \beta \in R$$

【解】

$$\because \int \frac{dx}{x(x^4 + 1)} = \int \frac{x^3\,dx}{x^4(x^4 + 1)}, \quad 令 \ t = x^4 \ 則 \ dt = 4x^3\,dx, \ 藉由變換代換法$$

$$則 \int \frac{1}{x(x^4 + 1)}\,dx = \int \frac{x^3}{x^4(x^4 + 1)}\,dx = \frac{1}{4}\int \frac{1}{t(t + 1)}\,dx = \frac{1}{4}\int \frac{1}{t} - \frac{1}{(t + 1)}\,dt$$

$$= \frac{1}{4}(\ln|t| - \ln|t + 1|) + c = \frac{1}{4}(\ln|x^4| - \ln|x^4 + 1|) + c$$

$$令 \ \alpha, \beta \in R \ 則 \int_\alpha^\beta \frac{1}{x(x^4 + 1)}\,dx = \frac{1}{4}\left(\ln\frac{\beta^4}{\alpha^4} - \ln\frac{\beta^4 + 1}{\alpha^4 + 1}\right)$$

5.3.1.4　求無理式的定積分

$$求 \int_a^b f\left(\sqrt{g(x)}\right)dx =?$$

與不定積分相同, 當被積分函數出現 $\sqrt{\alpha^2 - x^2}$, $\sqrt{\alpha^2 + x^2}$, 或 $\sqrt{x^2 - \alpha^2}$ 時, 需藉由三角函數的變換變數解題; 此外, 當分母出現二次多項式時, 也嘗試用三角函數的變換變數解題

考試類型:

題型 1.

$$求 \int_a^b f\left(\sqrt{\alpha^2 - x^2}\right)dx =?$$

解題流程:

Step1.

令 $x = \alpha\sin\theta$ 則 $\sqrt{\alpha^2 - x^2} = \sqrt{\alpha^2 - \alpha^2\sin^2\theta} = \alpha\cos\theta$ 且 $dx = \alpha\cos\theta d\theta$

Step2.

$$\int_a^b f\left(\sqrt{\alpha^2 - x^2}\right) dx = \int_{\sin^{-1}\frac{a}{\alpha}}^{\sin^{-1}\frac{b}{\alpha}} f(\alpha\cos\theta)\,\alpha\cos\theta d\theta, \ \ 求 \int_{\sin^{-1}\frac{a}{\alpha}}^{\sin^{-1}\frac{b}{\alpha}} f(\alpha\cos\theta)\,\alpha\cos\theta d\theta \ = ?$$

範例說明:

(I)若 $f(x) = x$ 則 求 $\displaystyle\int_{\sin^{-1}\frac{a}{\alpha}}^{\sin^{-1}\frac{b}{\alpha}} \alpha^2\cos^2\theta d\theta \ = ?$

(II)若 $f(x) = x^2$ 則 求 $\displaystyle\int_{\sin^{-1}\frac{a}{\alpha}}^{\sin^{-1}\frac{b}{\alpha}} \alpha^3\cos^3\theta d\theta \ = ?$

(III)若 $f(x) = \dfrac{1}{x}$ 則 $\displaystyle\int_{\sin^{-1}\frac{a}{\alpha}}^{\sin^{-1}\frac{b}{\alpha}} d\theta = \sin^{-1}\frac{b}{\alpha} - \sin^{-1}\frac{a}{\alpha}$

題型 2.

求 $\displaystyle\int_a^b f\left(\sqrt{\alpha^2 + x^2}\right) dx \ = ?$

解題流程:

Step1.

令 $x = \alpha\tan\theta$ 則 $\sqrt{\alpha^2 + x^2} = \sqrt{\alpha^2 + (\alpha\tan\theta)^2} = \alpha\sec\theta$ 且 $dx = \alpha\sec^2\theta d\theta$

Step2.

$$\int_a^b f\left(\sqrt{\alpha^2 + x^2}\right) dx = \int_{\tan^{-1}\frac{a}{\alpha}}^{\tan^{-1}\frac{b}{\alpha}} f(\alpha\sec\theta)\,\alpha\sec^2 d\theta, \ \ 求 \int_{\tan^{-1}\frac{a}{\alpha}}^{\tan^{-1}\frac{b}{\alpha}} f(\alpha\sec\theta)\,\alpha\sec^2 d\theta \ = ?$$

範例說明:

(I)若 $f(x) = x$ 則 求 $\displaystyle\int_{\tan^{-1}\frac{a}{\alpha}}^{\tan^{-1}\frac{b}{\alpha}} \alpha^2\sec^3 d\theta \ = ?$

(II)若 $f(x) = x^2$ 則求 $\displaystyle\int_{\tan^{-1}\frac{a}{\alpha}}^{\tan^{-1}\frac{b}{\alpha}} \alpha^3 \sec^4 d\theta =?$

(III)若 $f(x) = \dfrac{1}{x}$ 則求 $\displaystyle\int_{\tan^{-1}\frac{a}{\alpha}}^{\tan^{-1}\frac{b}{\alpha}} \sec\theta\, d\theta =?$

題型 3.

求 $\displaystyle\int_{a}^{b} f\left(\sqrt{x^2 - \alpha^2}\right) dx =?$

解題流程:

Step1.

令 $x = \alpha\sec\theta$ 則 $\sqrt{x^2 - \alpha^2} = \sqrt{\alpha^2 \sec^2\theta - \alpha^2} = \alpha\tan\theta$ 且 $dx = \alpha\sec\theta\tan\theta\, d\theta$

Step2.

$$\int_{a}^{b} f\left(\sqrt{x^2 - \alpha^2}\right) dx = \int_{\sec^{-1}\frac{a}{\alpha}}^{\sec^{-1}\frac{b}{\alpha}} f(\alpha\tan\theta)\alpha\sec\theta\tan\theta d\theta$$

求 $\displaystyle\int_{\sec^{-1}\frac{a}{\alpha}}^{\sec^{-1}\frac{b}{\alpha}} f(\alpha\tan\theta)\alpha\sec\theta\tan\theta d\theta =?$

<u>範例說明:</u>

(I)若 $f(x) = x$ 則求 $\displaystyle\int_{\sec^{-1}\frac{a}{\alpha}}^{\sec^{-1}\frac{b}{\alpha}} \alpha^2 \sec\theta\tan^2\theta d\theta =?$

(II)若 $f(x) = x^2$ 則求 $\displaystyle\int_{\sec^{-1}\frac{a}{\alpha}}^{\sec^{-1}\frac{b}{\alpha}} \alpha^3 \sec\theta\tan^3\theta d\theta =?$

(III)若 $f(x) = \dfrac{1}{x}$ 則求 $\displaystyle\int_{\sec^{-1}\frac{a}{\alpha}}^{\sec^{-1}\frac{b}{\alpha}} \sec\theta\, d\theta =?$

題型 4.

求 $\displaystyle\int_{\alpha}^{\beta} \frac{1}{(ax^2+bx+c)^2}\,dx = ?$，其中 $b^2-4ac<0$ and $a>0$

解題流程:

$$\because \frac{1}{ax^2+bx+c} = \frac{1}{a\left(x+\frac{b}{2a}\right)^2 + c - \frac{b^2}{4a}} = \frac{1}{c-\frac{b^2}{4a}} \cdot \frac{1}{a\left(\dfrac{x+\frac{b}{2a}}{\sqrt{c-\frac{b^2}{4a}}}\right)^2 + 1}$$

$$= \frac{1}{c-\frac{b^2}{4a}} \cdot \frac{1}{\left(\dfrac{\sqrt{a}x+\frac{b}{2\sqrt{a}}}{\sqrt{c-\frac{b^2}{4a}}}\right)^2 + 1}$$

$$\diamondsuit\, t = \frac{\sqrt{a}x+\frac{b}{2\sqrt{a}}}{\sqrt{c-\frac{b^2}{4a}}} \ 則\ dt = \frac{\sqrt{a}}{\sqrt{c-\frac{b^2}{4a}}}\,dx,\ 令\,\alpha' = \frac{\sqrt{a}\alpha+\frac{b}{2\sqrt{a}}}{\sqrt{c-\frac{b^2}{4a}}} \ \text{and} \ \beta' = \frac{\sqrt{a}\beta+\frac{b}{2\sqrt{a}}}{\sqrt{c-\frac{b^2}{4a}}}$$

藉由變數代換法

$$則\ \int_{\alpha}^{\beta} \frac{1}{(ax^2+bx+c)^2}\,dx = \frac{1}{\left(c-\frac{b^2}{4a}\right)^2} \int_{\alpha}^{\beta} \frac{1}{\left(\left(\dfrac{\sqrt{a}x+\frac{b}{2\sqrt{a}}}{\sqrt{c-\frac{b^2}{4a}}}\right)^2 + 1\right)^2}\,dx$$

$$= \frac{1}{\left(c-\frac{b^2}{4a}\right)^2} \cdot \frac{\sqrt{c-\frac{b^2}{4a}}}{\sqrt{a}} \int_{\alpha'}^{\beta'} \frac{1}{(t^2+1)^2}\,dt = \frac{1}{\left(c-\frac{b^2}{4a}\right)^{\frac{3}{2}}\sqrt{a}} \int_{\alpha'}^{\beta'} \frac{1}{(t^2+1)^2}\,dt$$

令 $t = \tan\theta$ 則 $dt = \sec^2\theta\,d\theta$

$$\therefore \frac{1}{\left(c-\frac{b^2}{4a}\right)^{\frac{3}{2}}\sqrt{a}} \int_{\alpha'}^{\beta'} \frac{1}{(t^2+1)^2}\,dt = \frac{1}{\left(c-\frac{b^2}{4a}\right)^{\frac{3}{2}}\sqrt{a}} \int_{\tan^{-1}\alpha'}^{\tan^{-1}\beta'} \frac{\sec^2\theta}{\sec^4\theta}\,d\theta$$

$$= \frac{1}{\left(c - \frac{b^2}{4a}\right)^{\frac{3}{2}} \sqrt{a}} \int_{\tan^{-1} \alpha'}^{\tan^{-1} \beta'} \cos^2 \theta \, d\theta = \frac{1}{\left(c - \frac{b^2}{4a}\right)^{\frac{3}{2}} \sqrt{a}} \left(\frac{\theta}{2} + \frac{\sin 2\theta}{4}\right)\bigg|_{\tan^{-1} \alpha'}^{\tan^{-1} \beta'}$$

$$= \frac{1}{\left(c - \frac{b^2}{4a}\right)^{\frac{3}{2}} \sqrt{a}} \left(\frac{\tan^{-1} t}{2} + \frac{t}{2(t^2 + 1)}\right)\bigg|_{\alpha'}^{\beta'}$$

$$= \frac{1}{\left(c - \frac{b^2}{4a}\right)^{\frac{3}{2}} \sqrt{a}} \left(\frac{\tan^{-1} \beta' - \tan^{-1} \alpha'}{2} + \frac{\beta'}{2((\beta')^2 + 1)} - \frac{\alpha'}{2((\alpha')^2 + 1)}\right)$$

題型 5.

求 $\displaystyle\int_\alpha^\beta \frac{1}{(ax^2 + bx + c)^{\frac{3}{2}}} dx = ?$, 其中 $a > 0$ and $b^2 - 4ac > 0$

解題流程:

$$\because \frac{1}{ax^2 + bx + c} = \frac{1}{a\left(x + \frac{b}{2a}\right)^2 + c - \frac{b^2}{4a}} = \frac{1}{a\left(x + \frac{b}{2a}\right)^2 - \left(\frac{b^2}{4a} - c\right)}$$

$$= \frac{1}{\frac{b^2}{4a} - c} \cdot \frac{1}{a\left(\dfrac{x + \frac{b}{2a}}{\sqrt{\frac{b^2}{4a} - c}}\right)^2 - 1} = \frac{1}{\frac{b^2}{4a} - c} \cdot \frac{1}{\left(\dfrac{\sqrt{a}x + \frac{b}{2\sqrt{a}}}{\sqrt{\frac{b^2}{4a} - c}}\right)^2 - 1}$$

$$令 \; t = \frac{\sqrt{a}x + \frac{b}{2\sqrt{a}}}{\sqrt{\frac{b^2}{4a} - c}} \quad 則 \; dt = \frac{\sqrt{a}}{\sqrt{\frac{b^2}{4a} - c}} dx, \; 令\alpha' = \frac{\sqrt{a}\alpha + \frac{b}{2\sqrt{a}}}{\sqrt{\frac{b^2}{4a} - c}} \quad and \quad \beta' = \frac{\sqrt{a}\beta + \frac{b}{2\sqrt{a}}}{\sqrt{\frac{b^2}{4a} - c}}$$

藉由變數代換法

則 $\displaystyle\int_\alpha^\beta \frac{1}{(ax^2+bx+c)^{\frac{3}{2}}}\,dx = \frac{1}{\left(\frac{b^2}{4a}-c\right)^{\frac{3}{2}}} \int_\alpha^\beta \frac{1}{\left(\left(\dfrac{\sqrt{a}\,x+\dfrac{b}{2\sqrt{a}}}{\sqrt{\dfrac{b^2}{4a}-c}}\right)^2-1\right)^{\frac{3}{2}}}\,dx$

$$= \frac{1}{\left(\frac{b^2}{4a}-c\right)^{\frac{3}{2}}}\cdot\frac{\sqrt{\dfrac{b^2}{4a}-c}}{\sqrt{a}} \int_{\alpha'}^{\beta'} \frac{1}{(t^2-1)^{\frac{3}{2}}}\,dt = \frac{1}{\left(\frac{b^2}{4a}-c\right)\sqrt{a}} \int_{\alpha'}^{\beta'} \frac{1}{(t^2-1)^{\frac{3}{2}}}\,dt$$

令 $t = \sec\theta$　則 $dt = \sec\theta\tan\theta\,d\theta$

$$\therefore \frac{1}{\left(\frac{b^2}{4a}-c\right)\sqrt{a}} \int_{\alpha'}^{\beta'} \frac{1}{(t^2-1)^{\frac{3}{2}}}\,dt = \frac{1}{\left(\frac{b^2}{4a}-c\right)\sqrt{a}} \int_{\sec^{-1}\alpha'}^{\sec^{-1}\beta'} \frac{\sec\theta\tan\theta}{(\sec^2\theta-1)^{\frac{3}{2}}}\,d\theta$$

$$= \frac{1}{\left(\frac{b^2}{4a}-c\right)\sqrt{a}} \int_{\sec^{-1}\alpha'}^{\sec^{-1}\beta'} \frac{\sec\theta}{\tan^2\theta}\,d\theta = \frac{1}{\left(\frac{b^2}{4a}-c\right)\sqrt{a}} \int_{\sec^{-1}\alpha'}^{\sec^{-1}\beta'} \frac{\cos\theta}{\sin^2\theta}\,d\theta$$

$$= -\frac{1}{\left(\frac{b^2}{4a}-c\right)\sqrt{a}\,\sin\theta}\Bigg|_{\sec^{-1}\alpha'}^{\sec^{-1}\beta'} = -\frac{t}{\left(\frac{b^2}{4a}-c\right)\sqrt{a}\sqrt{t^2-1}}\Bigg|_{\alpha'}^{\beta'}$$

$$= -\frac{\beta'}{\left(\frac{b^2}{4a}-c\right)\sqrt{a}\sqrt{(\beta')^2-1}} + \frac{\alpha'}{\left(\frac{b^2}{4a}-c\right)\sqrt{a}\sqrt{(\alpha')^2-1}}$$

題型 6.

求 $\displaystyle\int_\alpha^\beta \frac{1}{(-ax^2+bx+c)^{\frac{3}{2}}}\,dx = ?$，其中 $a>0$ and $b^2+4ac>0$

解題流程:

$$\because \frac{1}{-ax^2+bx+c} = \frac{1}{c+\frac{b^2}{4a}-a\left(x-\frac{b}{2a}\right)^2} = \frac{1}{\left(c+\frac{b^2}{4a}\right)\left(1-\left(\dfrac{\sqrt{a}\,x-\dfrac{b}{2\sqrt{a}}}{\sqrt{c+\dfrac{b^2}{4a}}}\right)^2\right)}$$

$$\therefore \int_\alpha^\beta \frac{1}{(-ax^2 + bx + c)^{\frac{3}{2}}}\, dx = \frac{1}{\left(c + \frac{b^2}{4a}\right)^{\frac{3}{2}}} \int_\alpha^\beta \frac{1}{\left(1 - \left(\frac{\sqrt{a}x - \frac{b}{2\sqrt{a}}}{\sqrt{c + \frac{b^2}{4a}}}\right)^2\right)^{\frac{3}{2}}}\, dx$$

令 $t = \dfrac{\sqrt{a}x - \frac{b}{2\sqrt{a}}}{\sqrt{c + \frac{b^2}{4a}}}$ 則 $dt = \dfrac{\sqrt{a}}{\sqrt{c + \frac{b^2}{4a}}}\, dx$, 令 $\alpha' = \dfrac{\sqrt{a}\alpha - \frac{b}{2\sqrt{a}}}{\sqrt{c + \frac{b^2}{4a}}}$ and $\beta' = \dfrac{\sqrt{a}\beta - \frac{b}{2\sqrt{a}}}{\sqrt{c + \frac{b^2}{4a}}}$

$$\therefore \frac{1}{\left(c + \frac{b^2}{4a}\right)^{\frac{3}{2}}} \int_\alpha^\beta \frac{1}{\left(1 - \left(\frac{\sqrt{a}x - \frac{b}{2\sqrt{a}}}{\sqrt{c + \frac{b^2}{4a}}}\right)^2\right)^{\frac{3}{2}}}\, dx$$

$$= \frac{\frac{\sqrt{c + \frac{b^2}{4a}}}{\sqrt{a}}}{\left(c + \frac{b^2}{4a}\right)^{\frac{3}{2}}} \int_{\alpha'}^{\beta'} \frac{1}{(1 - t^2)^{\frac{3}{2}}}\, dt = \frac{1}{\sqrt{a}\left(c + \frac{b^2}{4a}\right)} \int_{\alpha'}^{\beta'} \frac{1}{(1 - t^2)^{\frac{3}{2}}}\, dt$$

令 $t = \sin\theta$ 則 $dt = \cos\theta\, d\theta$

$$\therefore \frac{1}{\sqrt{a}\left(c + \frac{b^2}{4a}\right)} \int_{\alpha'}^{\beta'} \frac{1}{(1 - t^2)^{\frac{3}{2}}}\, dt = \frac{1}{\sqrt{a}\left(c + \frac{b^2}{4a}\right)} \int_{\sin^{-1}\alpha'}^{\sin^{-1}\beta'} \frac{\cos\theta}{(1 - \sin^2\theta)^{\frac{3}{2}}}\, d\theta$$

$$= \frac{1}{\sqrt{a}\left(c + \frac{b^2}{4a}\right)} \int_{\sin^{-1}\alpha'}^{\sin^{-1}\beta'} \frac{1}{\cos^2\theta}\, d\theta = \frac{1}{\sqrt{a}\left(c + \frac{b^2}{4a}\right)} \int_{\sin^{-1}\alpha'}^{\sin^{-1}\beta'} \sec^2\theta\, d\theta$$

$$= \frac{\tan\theta}{\sqrt{a}\left(c + \frac{b^2}{4a}\right)}\Bigg|_{\sin^{-1}\alpha'}^{\sin^{-1}\beta'} = \frac{t}{\sqrt{a}\left(c + \frac{b^2}{4a}\right)\sqrt{1 - t^2}}\Bigg|_{\alpha'}^{\beta'}$$

$$= \frac{\beta'}{\sqrt{a}\left(c + \frac{b^2}{4a}\right)\sqrt{1 - (\beta')^2}} - \frac{\alpha'}{\sqrt{a}\left(c + \frac{b^2}{4a}\right)\sqrt{1 - (\alpha')^2}}$$

範例 1.

$$求 \int_a^b \frac{dx}{\sqrt{\alpha^2 - x^2}} = ?, \quad \forall\, 0 < a < b < \alpha$$

【解】

令 $\alpha > 0$，令 $x = \alpha\sin\theta$ 則 $dx = \alpha\cos\theta\, d\theta$，藉由變數代換法

$$則 \int \frac{dx}{\sqrt{\alpha^2 - x^2}} = \int \frac{\alpha\cos\theta\, d\theta}{\sqrt{\alpha^2 - (\alpha\sin\theta)^2}} = \int \frac{\alpha\cos\theta\, d\theta}{\alpha\cos\theta} = \theta + c = \sin^{-1}\frac{x}{\alpha} + c$$

$$令\, 0 < a < b < \alpha \ 則 \int_a^b \frac{dx}{\sqrt{\alpha^2 - x^2}} = \sin^{-1}\frac{b}{\alpha} - \sin^{-1}\frac{a}{\alpha}$$

範例 2.

$$求 \int_a^b \sqrt{\alpha^2 - x^2}\, dx = ?, \quad \forall\, 0 < a < b < \alpha$$

【解】

令 $\alpha > 0$，令 $x = \alpha\sin\theta$ 則 $dx = \alpha\cos\theta\, d\theta$，藉由變數代換法

$$\therefore \int \sqrt{\alpha^2 - x^2}\, dx = \int \sqrt{\alpha^2 - (\alpha\sin\theta)^2} \cdot \alpha\cos\theta\, d\theta = \int (\alpha\cos\theta)^2\, d\theta$$

$$= \alpha^2 \int \frac{1 + \cos 2\theta\, d\theta}{2} = \frac{\alpha^2}{2}\left(\theta + \frac{\sin 2\theta}{2}\right) + c$$

$$= \frac{\alpha^2}{2}\sin^{-1}\frac{x}{\alpha} + \frac{\alpha^2}{4}\left(\frac{2x\sqrt{\alpha^2 - x^2}}{\alpha^2}\right) + c = \frac{\alpha^2}{2}\sin^{-1}\frac{x}{\alpha} + \left(\frac{x\sqrt{\alpha^2 - x^2}}{2}\right) + c$$

令 $0 < a < b < \alpha$

$$則 \int_a^b \sqrt{\alpha^2 - x^2}\, dx = \alpha^2\sin^{-1}\frac{b}{\alpha} + \left(\frac{b\sqrt{\alpha^2 - b^2}}{2}\right) - \left(\alpha^2\sin^{-1}\frac{a}{\alpha} + \left(\frac{a\sqrt{\alpha^2 - a^2}}{2}\right)\right)$$

範例 3.

$$求 \int_a^b \frac{1}{x\sqrt{\alpha^2 - x^2}}\, dx = ?, \quad \forall\, 0 < a < b < \alpha$$

【解】

令 $\alpha > 0$，令 $x = \alpha\sin\theta$ 則 $dx = \alpha\cos\theta\, d\theta$，藉由變數代換法

$$\therefore \int \frac{1}{x\sqrt{\alpha^2 - x^2}}\, dx = \int \frac{\alpha\cos\theta\, d\theta}{\alpha\sin\theta\, \sqrt{\alpha^2 - (\alpha\sin\theta)^2}} = \int \frac{\alpha\cos\theta\, d\theta}{\alpha\sin\theta\, \alpha\cos\theta}$$

$$= \int \frac{d\theta}{\alpha \sin \theta} = \frac{1}{\alpha}\ln|\csc \theta - \cot \theta| + c = \frac{1}{\alpha}\ln\left|\frac{\alpha}{x} - \frac{\sqrt{\alpha^2 - x^2}}{x}\right| + c$$

令 $0 < a < b < \alpha$ 則 $\displaystyle\int_a^b \frac{1}{x\sqrt{\alpha^2 - x^2}}dx = \frac{1}{\alpha}\ln\dfrac{\dfrac{\alpha - \sqrt{\alpha^2 - b^2}}{b}}{\dfrac{\alpha - \sqrt{\alpha^2 - a^2}}{a}}$

範例 4.

$$求 \int_a^b \frac{1}{(\alpha^2 - x^2)^{\frac{3}{2}}}dx = ?, \quad \forall\, 0 < a < b < \alpha$$

【解】

令 $\alpha > 0$, 令 $x = \alpha\sin \theta$ 則 $dx = \alpha\cos \theta d\theta$, 藉由變數代換法

$$\therefore \int \frac{1}{(\alpha^2 - x^2)^{\frac{3}{2}}}dx = \int \frac{\alpha\cos \theta d\theta}{(\alpha^2 - \alpha^2\sin^2 \theta)^{\frac{3}{2}}} = \int \frac{d\theta}{\alpha^2\cos^2 \theta} = \frac{1}{\alpha^2}\int \sec^2 \theta d\theta$$

$$= \frac{\tan \theta}{\alpha^2} + c = \frac{x}{\alpha^2\sqrt{\alpha^2 - x^2}} + c$$

令 $0 < a < b < \alpha$ 則 $\displaystyle\int_a^b \frac{1}{(\alpha^2 - x^2)^{\frac{3}{2}}}dx = \frac{b}{\alpha^2\sqrt{\alpha^2 - b^2}} - \frac{a}{\alpha^2\sqrt{\alpha^2 - a^2}}$

範例 5.

$$求 \int_a^b \frac{dx}{\sqrt{\alpha^2 + x^2}} = ?, \quad \forall\, a, b, \alpha > 0$$

【解】

令 $\alpha > 0$, 令 $x = \alpha\tan \theta$ 則 $dx = \alpha\sec^2 \theta d\theta$, 藉由變數代換法

則 $\displaystyle\int \frac{dx}{\sqrt{\alpha^2 + x^2}} = \int \frac{\alpha\sec^2 \theta}{\sqrt{\alpha^2 + (\alpha\tan \theta)^2}}d\theta = \int \frac{\alpha\sec^2 \theta}{\alpha \sec \theta}d\theta$

$$= \ln|\tan \theta + \sec \theta| + c = \ln\left|\frac{x}{\alpha} + \frac{\sqrt{\alpha^2 + x^2}}{\alpha}\right| + c$$

令 $a, b > 0$ 則 $\displaystyle\int_a^b \frac{dx}{\sqrt{\alpha^2 + x^2}} = \ln\frac{b + \sqrt{\alpha^2 + b^2}}{a + \sqrt{\alpha^2 + a^2}}$

範例 6.

$$求 \int_a^b \sqrt{\alpha^2 + x^2}\,dx = ?, \quad \forall a, b, \alpha > 0$$

【解】

令 $\alpha > 0$, 令 $x = \alpha\tan\theta$ 則 $dx = \alpha\sec^2\theta d\theta$, 藉由變數代換法

$$\therefore \int \sqrt{\alpha^2 + x^2}\,dx = \int \sqrt{\alpha^2 + (\alpha\tan\theta)^2}\,\alpha\sec^2\theta d\theta = \int \alpha^2\sec^3\theta d\theta$$

令 $u = \sec\theta, dv = \sec^2\theta d\theta$ 則 $du = \sec\theta\tan\theta\,d\theta, v = \tan\theta$, 藉由分部積分法

$$\int \alpha^2\sec^3\theta d\theta = \alpha^2(\sec\theta\tan\theta - \int \sec\theta\tan^2\theta\,d\theta)$$

$$= \alpha^2(\sec\theta\tan\theta - \int \sec\theta(\sec^2\theta - 1)\,d\theta)$$

$$\Rightarrow 2\int \sec^3\theta d\theta = \sec\theta\tan\theta + \int \sec\theta\,d\theta = \sec\theta\tan\theta + \ln|\tan\theta + \sec\theta| + c$$

$$\therefore \int \sqrt{\alpha^2 + x^2}\,dx = \int \alpha^2\sec^3\theta d\theta = \frac{\alpha^2}{2}(\sec\theta\tan\theta + \ln|\tan\theta + \sec\theta|) + c$$

$$= \left(\frac{x\sqrt{\alpha^2 + x^2}}{2}\right) + \ln\left|\frac{x}{\alpha} + \frac{\sqrt{\alpha^2 + x^2}}{\alpha}\right| + c$$

令 $a, b > 0$ 則 $\int_a^b \sqrt{\alpha^2 + x^2}\,dx = \dfrac{b\sqrt{\alpha^2 + b^2}}{2} - \dfrac{a\sqrt{\alpha^2 + a^2}}{2} + \ln\dfrac{b + \sqrt{\alpha^2 + b^2}}{a + \sqrt{\alpha^2 + a^2}}$

範例 7.

$$求 \int_a^b \frac{dx}{x\sqrt{\alpha^2 + x^2}} = ?, \quad \forall a, b > 0, \alpha \in R$$

【解】

令 $\alpha \in R$, 令 $x = \alpha\tan\theta$ 則 $dx = \alpha\sec^2\theta d\theta$, 藉由變數代換法

$$\therefore \int \frac{dx}{x\sqrt{\alpha^2 + x^2}} = \int \frac{\alpha\sec^2\theta d\theta}{\alpha\tan\theta\sqrt{\alpha^2 + (\alpha\tan\theta)^2}} = \int \frac{\sec\theta\,d\theta}{\alpha\tan\theta} = \int \frac{d\theta}{\alpha\sin\theta}$$

$$= \frac{1}{\alpha}\ln|\csc\theta - \cot\theta| + c = \frac{1}{\alpha}\ln\left|\frac{\sqrt{\alpha^2 + x^2}}{x} - \frac{\alpha}{x}\right| + c$$

$$令 a, b > 0 \ 則 \int_a^b \frac{dx}{x\sqrt{\alpha^2 + x^2}} = \frac{1}{\alpha} \ln \frac{\dfrac{\sqrt{\alpha^2 + b^2} - \alpha}{b}}{\dfrac{\sqrt{\alpha^2 + a^2} - \alpha}{a}}$$

範例 8.

$$求 \int_a^b \frac{1}{\sqrt{x^2 - \alpha^2}} dx = ?, \quad \forall 0 < \alpha < a < b$$

【解】

令 $\alpha > 0$, 令 $x = \alpha \sec\theta$ 則 $dx = \alpha \sec\theta \tan\theta \ d\theta$, 藉由變數代換法

$$\int \frac{1}{\sqrt{x^2 - \alpha^2}} dx = \int \frac{\alpha \sec\theta \tan\theta}{\sqrt{(\alpha\sec\theta)^2 - \alpha^2}} d\theta = \int \frac{\alpha \sec\theta \tan\theta}{\sqrt{(\alpha\tan\theta)^2}} d\theta = \int \sec\theta d\theta$$

$$= \ln|\tan\theta + \sec\theta| + c = \ln \left| \frac{x}{\alpha} + \frac{\sqrt{x^2 - \alpha^2}}{\alpha} \right| + c$$

$$令 \ 0 < \alpha < a < b \ 則 \int_a^b \frac{1}{\sqrt{x^2 - \alpha^2}} dx = \ln \frac{b + \sqrt{b^2 - \alpha^2}}{a + \sqrt{a^2 - \alpha^2}}$$

範例 9.

$$求 \int_a^b \sqrt{x^2 - \alpha^2} dx = ?, \quad \forall 0 < \alpha < a < b$$

【解】

令 $\alpha > 0$, 令 $x = \alpha \sec\theta$ 則 $dx = \alpha \sec\theta \tan\theta d\theta$, 藉由變數代換法

$$\because \int \sqrt{x^2 - \alpha^2} dx = \int \left(\sqrt{(\alpha\sec\theta)^2 - \alpha^2} \right) \alpha \sec\theta \tan\theta \ d\theta$$

$$= \int \alpha^2 \sec\theta \tan^2\theta \ d\theta = \int \alpha^2 \sec\theta (\sec^2\theta - 1) \ d\theta$$

$$\because 2\int \sec^3\theta d\theta = \sec\theta \tan\theta + \int \sec\theta \ d\theta \ 且 \int \sec\theta d\theta = \ln|\tan\theta + \sec\theta|$$

$$\therefore \int \sec^3\theta d\theta = \frac{1}{2}(\sec\theta \tan\theta + \ln|\tan\theta + \sec\theta|) + c$$

$$\therefore \int \sqrt{x^2 - \alpha^2} dx = \frac{\alpha^2}{2}(\sec\theta \tan\theta - \ln|\tan\theta + \sec\theta|) + c$$

$$= \frac{\alpha^2}{2}\left(\frac{x\sqrt{x^2-\alpha^2}}{\alpha^2} - \ln\left|\frac{x}{\alpha} + \frac{\sqrt{x^2-\alpha^2}}{\alpha}\right|\right) + c$$

令 $0 < \alpha < a < b$ 則 $\displaystyle\int_a^b \sqrt{x^2-\alpha^2}\,dx = \frac{\alpha^2}{2}\left(\frac{b\sqrt{b^2-\alpha^2}}{\alpha^2} - \frac{a\sqrt{a^2-\alpha^2}}{\alpha^2} - \ln\frac{b+\sqrt{b^2-\alpha^2}}{a+\sqrt{a^2-\alpha^2}}\right)$

範例 10.

$$求 \int_a^b \frac{1}{x\sqrt{x^2-\alpha^2}}\,dx = ?, \quad \forall \alpha \neq 0$$

【解】

令 $\alpha \neq 0$, 令 $x = \alpha\sec\theta$ 則 $dx = \alpha\sec\theta\tan\theta\,d\theta$, 藉由變數代換法

$$\therefore \int \frac{1}{x\sqrt{x^2-\alpha^2}}\,dx = \int \frac{\alpha\sec\theta\tan\theta}{\alpha\sec\theta\,\sqrt{(\alpha\sec\theta)^2-\alpha^2}}\,d\theta = \int \frac{\alpha\sec\theta\tan\theta}{\alpha\sec\theta\,\alpha\tan\theta}\,d\theta = \frac{\theta}{\alpha} + c$$

$$= \frac{1}{\alpha}\sec^{-1}\frac{x}{\alpha} + c$$

$$\therefore \int_a^b \frac{1}{x\sqrt{x^2-\alpha^2}}\,dx = \frac{1}{\alpha}\left(\sec^{-1}\frac{b}{\alpha} - \sec^{-1}\frac{a}{\alpha}\right)$$

範例 11.

$$求 \int_a^b \frac{\sqrt{x^2-\alpha^2}}{x}\,dx = ?, \quad \forall \alpha \neq 0$$

【解】

令 $\alpha \neq 0$, 令 $x = \alpha\sec\theta$ 則 $dx = \alpha\sec\theta\tan\theta\,d\theta$, 藉由變數代換法

$$則 \int \frac{\sqrt{x^2-\alpha^2}}{x}\,dx = \int \frac{\sqrt{(\alpha\sec\theta)^2-\alpha^2}\,\alpha\sec\theta\tan\theta}{\alpha\sec\theta}\,d\theta = \alpha\int \tan^2\theta\,d\theta$$

$$= \alpha\int \sec^2\theta - 1\,d\theta = \alpha(\tan\theta - \theta) + c = \alpha\left(\frac{\sqrt{x^2-\alpha^2}}{\alpha} - \sec^{-1}\frac{x}{\alpha}\right) + c$$

$$\therefore \int_a^b \frac{\sqrt{x^2-\alpha^2}}{x}\,dx = \alpha\left(\frac{\sqrt{b^2-\alpha^2}}{\alpha} - \frac{\sqrt{a^2-\alpha^2}}{\alpha} - \sec^{-1}\frac{b}{\alpha} + \sec^{-1}\frac{a}{\alpha}\right)$$

範例 12.

$$求 \int_{-b}^b \frac{x^4}{\sqrt{b^2-x^2}}\,dx = ?, \quad \forall b > 0$$

【解】

令 $b > 0,\ x = b\sin\theta$ 則 $dx = b\cos\theta\,d\theta$, 藉由變數代換法

則 $\displaystyle\int_{-b}^{b}\frac{x^4}{\sqrt{b^2-x^2}}\,dx = \int_{\frac{-\pi}{2}}^{\frac{\pi}{2}}\frac{(b\sin\theta)^4\,b\cos\theta\,d\theta}{\sqrt{b^2-(b\sin\theta)^2}} = \int_{\frac{-\pi}{2}}^{\frac{\pi}{2}}(b\sin\theta)^4\,d\theta$

$\displaystyle = b^4\int_{\frac{-\pi}{2}}^{\frac{\pi}{2}}\left(\frac{1-\cos 2\theta}{2}\right)^2 d\theta = b^4\int_{\frac{-\pi}{2}}^{\frac{\pi}{2}}\frac{1-2\cos 2\theta+\dfrac{1+\cos 4\theta}{2}}{4}\,d\theta$

$\displaystyle = \frac{b^4}{4}\left(\frac{3\pi}{2} - \sin 2\theta\Big|_{\frac{-\pi}{2}}^{\frac{\pi}{2}} + \frac{1}{8}\sin 4\theta\Big|_{\frac{-\pi}{2}}^{\frac{\pi}{2}}\right) = \frac{3\pi b^4}{8}$

範例 13.

$\displaystyle\qquad 求 \int_{a}^{b}\frac{1}{e^x\sqrt{e^{2x}+4}}\,dx = ?,\ \ \forall a,b\in R$

【解】

令 $t = e^x$ 則 $dx = \dfrac{dt}{t}$, 藉由變數代換法 則 $\displaystyle\int\frac{1}{e^x\sqrt{e^{2x}+4}}\,dx = \int\frac{1}{t^2\sqrt{t^2+4}}\,dt$

令 $t = 2\tan\theta$ 則 $dt = 2\sec^2\theta\,d\theta$, 藉由變數代換法

則 $\displaystyle\int\frac{1}{t^2\sqrt{t^2+4}}\,dt = \int\frac{2\sec^2\theta\,d\theta}{4\tan^2\theta\,\sqrt{4\tan^2\theta+4}} = \frac{1}{4}\int\frac{\sec\theta\,d\theta}{\tan^2\theta} = \frac{1}{4}\int\frac{\cos\theta\,d\theta}{\sin^2\theta}$

$\displaystyle = \frac{1}{4}\int\cot\theta\csc\theta\,d\theta = \frac{-\csc\theta}{4} + c = \frac{-\sqrt{t^2+4}}{4t} + c = \frac{-\sqrt{e^{2x}+4}}{4e^x} + c$

令 $a,b\in R$ 則 $\displaystyle\int_{a}^{b}\frac{1}{e^x\sqrt{e^{2x}+4}}\,dx = \frac{\sqrt{e^{2a}+4}}{4e^a} - \frac{\sqrt{e^{2b}+4}}{4e^b}$

範例 14.

$\displaystyle\qquad 求 \int_{a}^{b}\frac{1}{(4x^2+4x+5)^2}\,dx = ?,\ \ \forall a,b\in R$

【解】

$\displaystyle\because \frac{1}{(4x^2+4x+5)^2} = \frac{1}{16\left(x^2+x+\dfrac{5}{4}\right)^2} = \frac{1}{16\left(\left(x+\dfrac{1}{2}\right)^2+1\right)^2}$

令 $t = x + \dfrac{1}{2}$ 則 $dt = dx$, 藉由變數代換法

$$\therefore \int \frac{1}{(4x^2+4x+5)^2}\,dx = \int \frac{1}{16\left(\left(x+\frac{1}{2}\right)^2+1\right)^2}\,dx = \int \frac{1}{16(t^2+1)^2}\,dx$$

令 $t = \tan\theta$ 則 $dt = \sec^2\theta\,d\theta$, 藉由變數代換法

$$\therefore \frac{1}{16}\int \frac{1}{(t^2+1)^2}\,dt = \frac{1}{16}\int \frac{\sec^2\theta}{\sec^4\theta}\,d\theta = \frac{1}{16}\int \cos^2\theta\,d\theta = \frac{1}{16}\int \frac{1+\cos 2\theta}{2}\,d\theta$$

$$= \frac{1}{16}\left(\frac{\theta}{2}+\frac{\sin 2\theta}{4}\right) = \frac{1}{16}\left(\frac{\tan^{-1}t}{2}+\frac{\sin\theta\cos\theta}{2}\right) = \frac{1}{16}\left(\frac{\tan^{-1}t}{2}+\frac{t}{2(t^2+1)}\right)$$

$$= \frac{1}{16}\left(\frac{\tan^{-1}\left(x+\frac{1}{2}\right)}{2}+\frac{x+\frac{1}{2}}{2\left(\left(x+\frac{1}{2}\right)^2+1\right)}\right)+c$$

令 $a,b \in R$ 則 $\displaystyle\int_a^b \frac{1}{(4x^2+4x+5)^2}\,dx$

$$= \frac{1}{16}\left(\frac{\tan^{-1}\left(b+\frac{1}{2}\right)}{2}+\frac{b+\frac{1}{2}}{2\left(\left(b+\frac{1}{2}\right)^2+1\right)}-\frac{\tan^{-1}\left(a+\frac{1}{2}\right)}{2}-\frac{a+\frac{1}{2}}{2\left(\left(a+\frac{1}{2}\right)^2+1\right)}\right)$$

範例 15.

$$求 \int_a^b \frac{x}{(3-2x-x^2)^{\frac{3}{2}}}\,dx = ?, \quad \forall\, 0 < a,b < 1$$

【解】

$$\because \frac{x}{(3-2x-x^2)^{\frac{3}{2}}} = \frac{x}{(4-(x+1)^2)^{\frac{3}{2}}} = \frac{x}{8\left(1-(\frac{x+1}{2})^2\right)^{\frac{3}{2}}}$$

令 $t = \dfrac{x+1}{2}$ 則 $2\,dt = dx$ 且 $x = 2t-1$, 藉由變數代換法

$$\therefore \int \frac{x}{(3-2x-x^2)^{\frac{3}{2}}}\,dx = \int \frac{x}{8\left(1-(\frac{x+1}{2})^2\right)^{\frac{3}{2}}}\,dx = 2\int \frac{2t-1}{8(1-t^2)^{\frac{3}{2}}}\,dt$$

令 $t = \sin\theta$ 則 $dt = \cos\theta\,d\theta$, 藉由變數代換法

$$\therefore 2\int \frac{2t-1}{8(1-t^2)^{\frac{3}{2}}}\,dt = 2\int \frac{(2\sin\theta-1)\cos\theta}{8(1-\sin\theta^2)^{\frac{3}{2}}}\,d\theta = 2\int \frac{(2\sin\theta-1)\cos\theta}{8\cos^3\theta}\,d\theta$$

$$= \frac{1}{2}\int \tan\theta\sec\theta\,d\theta - \frac{1}{4}\int \sec^2\theta\,d\theta = \frac{\sec\theta}{2} - \frac{\tan\theta}{4}$$

$$= \frac{1}{2\sqrt{1-t^2}} - \frac{t}{4\sqrt{1-t^2}} = \frac{2-t}{4\sqrt{1-t^2}} = \frac{2-\frac{x+1}{2}}{4\sqrt{1-\left(\frac{x+1}{2}\right)^2}} + c = \frac{3-x}{4\sqrt{3-2x-x^2}} + c$$

$$\text{令 } 0 < a,b < 1 \text{ 則 } \int_a^b \frac{x}{(3-2x-x^2)^{\frac{3}{2}}}\,dx = \frac{3-b}{4\sqrt{3-2b-b^2}} - \frac{3-a}{4\sqrt{3-2a-a^2}}$$

範例 16.

$$\text{求 } \int_{\frac{\pi}{2}}^{\pi} \sqrt{3\cos^2 x + \cos^4 x}\,dx = ?$$

【解】

$$\because \sqrt{3\cos^2 x + \cos^4 x} = |\cos x|\sqrt{3+\cos^2 x} = |\cos x|\sqrt{3+(1-\sin^2 x)}$$

$$= -\cos x\sqrt{4-\sin^2 x},\ \ \forall \frac{\pi}{2} < x < \pi$$

令 $t = \sin x$ 則 $dt = \cos x\,dx$, 藉由變數代換法

$$\text{則 } \int_{\frac{\pi}{2}}^{\pi} \sqrt{3\cos^2 x + \cos^4 x}\,dx = \int_{\frac{\pi}{2}}^{\pi} -\cos x\sqrt{4-\sin^2 x}\,dx = \int_0^1 \sqrt{4-t^2}\,dt$$

令 $t = 2\sin\theta$ 則 $dt = 2\cos\theta\,d\theta$, 藉由變數代換法

$$\text{則 } \int_0^1 \sqrt{4-t^2}\,dt = \int_0^{\frac{\pi}{6}} \sqrt{2^2-(2\sin\theta)^2}\,(2\cos\theta)\,d\theta = \int_0^{\frac{\pi}{6}} 4\cos^2\theta\,d\theta$$

$$= 4\int_0^{\frac{\pi}{6}} \frac{1+\cos 2\theta}{2}\,d\theta = 2\left(\theta + \frac{\sin 2\theta}{2}\right)\Big|_0^{\frac{\pi}{6}} = \frac{\pi}{3} + \frac{\sqrt{3}}{2}$$

範例 17.

$$\text{求} \int_0^3 \sqrt{x^2 + 9}\, dx = ?$$

【解】

令 $x = 3\tan\theta$ 則 $dx = 3\sec^2\theta\, d\theta$，藉由變數代換法

則 $\int_0^3 \sqrt{x^2 + 9}\, dx = \int_0^{\frac{\pi}{4}} \sqrt{(3\tan\theta)^2 + 9}\,(3\sec^2\theta)\, d\theta = 9\int_0^{\frac{\pi}{4}} \sec^3\theta\, d\theta$

$\because \int \sec^3\theta\, d\theta = \sec\theta\tan\theta + \int \sec\theta\, d\theta = \dfrac{1}{2}(\sec\theta\tan\theta + \ln|\tan\theta + \sec\theta|) + c$

$\therefore \int_0^3 \sqrt{x^2 + 9}\, dx = 9\int_0^{\frac{\pi}{4}} \sec^3\theta\, d\theta = \dfrac{9}{2}(\sec\theta\tan\theta + \ln|\tan\theta + \sec\theta|)\,\Big|_0^{\frac{\pi}{4}}$

$= \dfrac{9}{2}\left(\sqrt{2} + \ln(\sqrt{2} + 1)\right)$

範例 18.

$$\text{求} \int_1^2 \frac{dx}{\sqrt{x^2 - 1}} = ?$$

【解】

令 $x = \sec\theta$ 則 $dx = \sec\theta\tan\theta\, d\theta$，藉由變數代換法

則 $\int_1^2 \dfrac{dx}{\sqrt{x^2 - 1}} = \int_0^{\frac{\pi}{3}} \dfrac{\sec\theta\tan\theta\, d\theta}{\sqrt{(\sec\theta)^2 - 1}} = \int_0^{\frac{\pi}{3}} \dfrac{\sec\theta\tan\theta\, d\theta}{\sqrt{\tan^2\theta}} = \int_0^{\frac{\pi}{3}} \sec\theta\, d\theta$

$= \ln|\tan\theta + \sec\theta|\,\Big|_0^{\frac{\pi}{3}} = \ln(2 + \sqrt{3})$

範例 19.

$$\text{求} \int_0^4 \frac{3x^3}{\sqrt{9 + x^2}}\, dx = ?$$

【解】

令 $x = 3\tan t$ 則 $dx = 3\sec^2 t\, dt$，藉由變數代換法

$\therefore \int_0^4 \dfrac{3x^3\, dx}{\sqrt{9 + x^2}} = \int_0^{\tan^{-1}\frac{4}{3}} \dfrac{9 \cdot 27 \cdot \tan^3 t \cdot \sec^2 t\, dt}{\sqrt{9 + 9\tan^2 t}} = \int_0^{\tan^{-1}\frac{4}{3}} \dfrac{9 \cdot 27 \cdot \tan^3 t \cdot \sec^2 t}{3\sec t}\, dt$

$$= \int_0^{\tan^{-1}\frac{4}{3}} 81 \cdot \tan^3 t \cdot \sec t \, dt = 81 \int_0^{\tan^{-1}\frac{4}{3}} (\sec^2 t - 1) \cdot \tan t \, \sec t \, dt$$

令 $u = \sec t$ 則 $du = \tan t \sec t \, dt$, 藉由變數代換法

$$則 \ 81 \int_0^{\tan^{-1}\frac{4}{3}} (\sec^2 t - 1) \cdot \tan t \, \sec t \, dt = 81 \int_1^{\frac{5}{3}} (u^2 - 1) \, du = 81 \left(\frac{u^3}{3} - u \right) \Big|_1^{\frac{5}{3}}$$

$$= 81 \left(\frac{1}{3} \cdot \left(\frac{125}{27} - 1 \right) - \frac{2}{3} \right) = 44$$

範例 20.

$$求 \ \int_0^{2\sqrt{2}} \frac{x^2}{\sqrt{16 - x^2}} \, dx = ?$$

【解】

令 $x = 4\sin\theta$ 則 $dx = 4\cos\theta d\theta$, 藉由變數代換法

$$則 \ \int_0^{2\sqrt{2}} \frac{x^2}{\sqrt{16 - x^2}} \, dx = \int_0^{\frac{\pi}{4}} \frac{16\sin^2\theta \cdot 4\cos\theta d\theta}{\sqrt{16 - 16\sin^2\theta}} = 16 \int_0^{\frac{\pi}{4}} \sin^2\theta \, d\theta$$

$$= 16 \int_0^{\frac{\pi}{4}} \frac{1 - \cos 2\theta}{2} \, d\theta = 16 \left(\frac{1}{2} \cdot \frac{\pi}{4} - \frac{\sin 2\theta}{4} \Big|_0^{\frac{\pi}{4}} \right) = 2\pi - 4$$

範例 21.

$$求 \ \int_a^b \frac{1}{(x^2 + 2x + 5)^2} \, dx = ?, \quad \forall a, b \in R$$

【解】

$$\because \frac{1}{(x^2 + 2x + 5)^2} = \frac{1}{((x+1)^2 + 4)^2} = \frac{1}{16 \left(\left(\frac{x+1}{2} \right)^2 + 1 \right)^2}$$

令 $t = \dfrac{x+1}{2}$ 則 $dt = \dfrac{dx}{2}$, 藉由變數代換法

$$則 \ \int \frac{1}{(x^2 + 2x + 5)^2} \, dx = \int \frac{1}{16 \left(\left(\frac{x+1}{2} \right)^2 + 1 \right)^2} \, dx = \frac{1}{8} \int \frac{1}{(t^2 + 1)^2} \, dt$$

令 $t = \tan\theta$ 則 $dt = \sec^2\theta\,d\theta$, 藉由變數代換法

則 $\dfrac{1}{8}\displaystyle\int \dfrac{1}{(t^2+1)^2}\,dt = \dfrac{1}{8}\int \dfrac{\sec^2\theta}{\sec^4\theta}\,d\theta = \dfrac{1}{8}\int \cos^2\theta\,d\theta = \dfrac{1}{8}\int \dfrac{1+\cos 2\theta}{2}\,d\theta$

$= \dfrac{1}{8}\left(\dfrac{\theta}{2} + \dfrac{\sin 2\theta}{4}\right) + c = \dfrac{1}{8}\left(\dfrac{\tan^{-1} t}{2} + \dfrac{\sin\theta\cos\theta}{2}\right) = \dfrac{1}{8}\left(\dfrac{\tan^{-1} t}{2} + \dfrac{t}{2(t^2+1)}\right) + c$

$$= \dfrac{1}{8}\left(\dfrac{\tan^{-1}\left(\dfrac{x+1}{2}\right)}{2} + \dfrac{\dfrac{x+1}{2}}{2\left(\left(\dfrac{x+1}{2}\right)^2+1\right)}\right) + c$$

令 $a, b \in R$ 則 $\displaystyle\int_a^b \dfrac{1}{(x^2+2x+5)^2}\,dx$

$$= \dfrac{1}{8}\left(\dfrac{\tan^{-1}\left(\dfrac{b+1}{2}\right)}{2} + \dfrac{\dfrac{b+1}{2}}{2\left(\left(\dfrac{b+1}{2}\right)^2+1\right)} - \dfrac{\tan^{-1}\left(\dfrac{a+1}{2}\right)}{2} - \dfrac{\dfrac{a+1}{2}}{2\left(\left(\dfrac{a+1}{2}\right)^2+1\right)}\right)$$

5.3.1.5　使用半角代換法

考試類型:

題型 **1.**

求 $\displaystyle\int_a^b \dfrac{f(\sin nx, \cos nx)}{g(\sin nx, \cos nx)}\,dx =?$

與不定積分相同, 當被積分函數為有理式且分子分母只出現 $\sin x, \cos x$ 或常數時, 嘗試使用半角代換法

解題流程:

Step1.

令 $t = \tan\dfrac{nx}{2}$ 則 $x = \dfrac{2\tan^{-1} t}{n} \Rightarrow dx = \dfrac{2}{n(1+t^2)}\,dt$

$\because t = \tan\dfrac{nx}{2}\quad \therefore \sin\dfrac{nx}{2} = \dfrac{t}{\sqrt{1+t^2}}$ 且 $\cos\dfrac{nx}{2} = \dfrac{1}{\sqrt{1+t^2}}$

Step2.

藉由兩倍角公式 $\sin nx = 2\sin\dfrac{nx}{2}\cos\dfrac{nx}{2} = 2\cdot\dfrac{t}{\sqrt{1+t^2}}\cdot\dfrac{1}{\sqrt{1+t^2}} = \dfrac{2t}{1+t^2}$

且 $\cos nx = \cos^2 \dfrac{nx}{2} - \sin^2 \dfrac{nx}{2}\ = \dfrac{1}{1+t^2} - \dfrac{t^2}{1+t^2} = \dfrac{1-t^2}{1+t^2}$

Step3.

$$\therefore \int_a^b \frac{f(\sin nx\,,\cos nx)}{g(\sin nx\,,\cos nx)}\,dx\ =\ \int_{\tan\frac{na}{2}}^{\tan\frac{nb}{2}} \frac{f\left(\dfrac{2t}{1+t^2},\dfrac{1-t^2}{1+t^2}\right)}{g\left(\dfrac{2t}{1+t^2},\dfrac{1-t^2}{1+t^2}\right)}\cdot\frac{2}{n(1+t^2)}\,dt$$

<u>範例說明:</u>

(I) 當 $f(x,y)=1,\ \ g(x,y)=\alpha x+\beta y+\gamma,\ \ n=1$

$$\int_a^b \frac{1}{\alpha\sin x+\beta\cos x+\gamma}\,dx = \int_{\tan\frac{a}{2}}^{\tan\frac{b}{2}} \frac{f\left(\dfrac{2t}{1+t^2},\dfrac{1-t^2}{1+t^2}\right)}{g\left(\dfrac{2t}{1+t^2},\dfrac{1-t^2}{1+t^2}\right)}\cdot\frac{2dt}{(1+t^2)}$$

$$=\int_{\tan\frac{a}{2}}^{\tan\frac{b}{2}} \frac{1}{\dfrac{2\alpha t+\beta(1-t^2)+\gamma(1+t^2)}{1+t^2}}\cdot\frac{2dt}{(1+t^2)}=\int_{\tan\frac{a}{2}}^{\tan\frac{b}{2}} \frac{2dt}{t^2(\gamma-\beta)+2\alpha t+\beta+\gamma}$$

(II) 當 $f(x,y)=\dfrac{1}{y},\ \ g(x,y)=\dfrac{2x}{y}+\dfrac{1}{y}-1,\ \ n=1$

$$\int_a^b \frac{\sec x}{2\tan x+\sec x-1}\,dx = \int_{\tan\frac{a}{2}}^{\tan\frac{b}{2}} \frac{f\left(\dfrac{2t}{1+t^2},\dfrac{1-t^2}{1+t^2}\right)}{g\left(\dfrac{2t}{1+t^2},\dfrac{1-t^2}{1+t^2}\right)}\cdot\frac{2dt}{(1+t^2)}$$

$$=\int_{\tan\frac{a}{2}}^{\tan\frac{b}{2}} \frac{\dfrac{1+t^2}{1-t^2}}{\dfrac{4t+1+t^2-1+t^2}{1-t^2}}\cdot\frac{2}{(1+t^2)}\,dt = \int_{\tan\frac{a}{2}}^{\tan\frac{b}{2}} \frac{1}{t(2+t)}\,dt$$

<u>補充說明:</u>

相當於藉由半角代換法轉換成求有理式積分的問題:

$$\int_a^b \frac{f(\sin nx\,,\cos nx)}{g(\sin nx\,,\cos nx)}\,dx =?\ \overset{半角代換法}{\Longleftrightarrow}\ \int_{\tan\frac{na}{2}}^{\tan\frac{nb}{2}} \frac{P(t)}{Q(t)}\,dt$$

範例 1.

$$求 \int_a^b \frac{dx}{\sin x + \cos x} = ?, \quad \forall\, 0 < a, b < \frac{\pi}{4}$$

【解】

令 $t = \tan\dfrac{x}{2}$ 則 $dx = \dfrac{2}{1+t^2}\,dt$, $\sin x = \dfrac{2t}{1+t^2}$ 且 $\cos x = \dfrac{1-t^2}{1+t^2}$,

藉由變數代換法

$$\therefore \int \frac{dx}{\sin x + \cos x} = \int \frac{1}{\left(\dfrac{2t}{1+t^2} + \dfrac{1-t^2}{1+t^2}\right)} \cdot \frac{2}{1+t^2}\,dt = \int \frac{2dt}{2t + (1 - t^2)}$$

$$= \int \frac{2dt}{(\sqrt{2})^2 - (t-1)^2} = 2\int \frac{1}{\sqrt{2} + (t-1)} \cdot \frac{1}{\sqrt{2} - (t-1)}\,dt$$

$$= \frac{2}{2\sqrt{2}} \int \frac{1}{\sqrt{2} + (t-1)} + \frac{1}{\sqrt{2} - (t-1)}\,dt = \frac{1}{\sqrt{2}} \ln\left|\frac{\sqrt{2} + (t-1)}{\sqrt{2} - (t-1)}\right| + c$$

$$= \frac{1}{\sqrt{2}} \ln\left|\frac{\sqrt{2} + (\tan\frac{x}{2} - 1)}{\sqrt{2} - (\tan\frac{x}{2} - 1)}\right| + c$$

令 $0 < a, b < \dfrac{\pi}{4}$ 則 $\displaystyle\int_a^b \frac{dx}{\sin x + \cos x} = \frac{1}{\sqrt{2}}\left(\ln\frac{\sqrt{2} + (\tan\frac{b}{2} - 1)}{\sqrt{2} - (\tan\frac{b}{2} - 1)} - \ln\frac{\sqrt{2} + (\tan\frac{a}{2} - 1)}{\sqrt{2} - (\tan\frac{a}{2} - 1)}\right)$

範例 2.

$$求 \int_a^b \frac{dx}{1 + \sin x - \cos x} = ?, \quad \forall\, 0 < a, b < \pi$$

【解】

令 $t = \tan\dfrac{x}{2}$ 則 $dx = \dfrac{2}{1+t^2}\,dt$, $\sin x = \dfrac{2t}{1+t^2}$ 且 $\cos x = \dfrac{1-t^2}{1+t^2}$

藉由變數代換法

$$\int \frac{dx}{1 + \sin x - \cos x} = \int \frac{2dt}{\left(1 + \dfrac{2t}{1+t^2} - \dfrac{1-t^2}{1+t^2}\right)(1+t^2)} = \int \frac{2dt}{1 + t^2 + 2t - 1 + t^2}$$

$$= \int \frac{2dt}{2t^2 + 2t} = \int \frac{dt}{t(t+1)} = \ln\left|\frac{t}{t+1}\right| + c = \ln\left|\frac{\tan\frac{x}{2}}{1 + \tan\frac{x}{2}}\right| + c$$

令 $0 < a, b < \pi$ 則 $\displaystyle\int_a^b \frac{dx}{1 + \sin x - \cos x} = \ln\frac{\tan\frac{b}{2}}{1 + \tan\frac{b}{2}} - \ln\frac{\tan\frac{a}{2}}{1 + \tan\frac{a}{2}}$

範例 3.

$$求 \int_a^b \frac{dx}{3 + \cos x} = ?, \quad \forall a, b \in R$$

【解】

令 $t = \tan\dfrac{x}{2}$ 則 $dx = \dfrac{2}{1+t^2}dt$ 且 $\cos x = \dfrac{1-t^2}{1+t^2}$，藉由變數代換法

$$\int \frac{dx}{3 + \cos x} = \int \frac{1}{3 + \dfrac{1-t^2}{1+t^2}} \cdot \frac{2}{1+t^2}dt = \int \frac{2dt}{3(1+t^2) + 1 - t^2} = \int \frac{2dt}{2t^2 + 4}$$

$$= \int \frac{dt}{t^2 + 2} = \frac{1}{2}\int \frac{dt}{\left(\dfrac{t}{\sqrt{2}}\right)^2 + 1} = \frac{\sqrt{2}}{2}\tan^{-1}\frac{t}{\sqrt{2}} + c = \frac{\sqrt{2}}{2}\tan^{-1}\left(\frac{\tan\frac{x}{2}}{\sqrt{2}}\right) + c$$

令 $a, b \in R$ 則 $\displaystyle\int_a^b \frac{dx}{3 + \cos x} = \frac{\sqrt{2}}{2}\left(\tan^{-1}\frac{\tan\frac{b}{2}}{\sqrt{2}} - \tan^{-1}\frac{\tan\frac{a}{2}}{\sqrt{2}}\right)$

範例 4.

$$求 \int_a^b \frac{x + \sin x}{1 + \cos x}dx = ?, \quad \forall -\pi \leq a, b \leq \pi$$

【解】

$$\because \int \frac{x + \sin x}{1 + \cos x}dx = \int \frac{x}{1 + \cos x}dx + \int \frac{\sin x}{1 + \cos x}dx$$

$$\because \int \frac{x}{1 + \cos x}dx = \int \frac{xdx}{2\cos^2\frac{x}{2}} = \int \frac{x}{2}\sec^2\frac{x}{2}dx$$

令 $u = x, \ dv = \sec^2\dfrac{x}{2}dx$ 則 $du = dx, \ v = 2\tan\dfrac{x}{2}$，藉由分部積分法

$$\therefore \int \frac{x}{1+\cos x}dx = \int \frac{x}{2}\sec^2\frac{x}{2}dx = \frac{1}{2}\left(2x\tan\frac{x}{2} - \int 2\tan\frac{x}{2}dx\right)$$

$$\therefore \int \frac{\sin x}{1+\cos x}dx = \int \frac{2\sin\frac{x}{2}\cos\frac{x}{2}dx}{2\cos^2\frac{x}{2}} = \int \frac{\sin\frac{x}{2}dx}{\cos\frac{x}{2}} = \int \tan\frac{x}{2}dx + c$$

$$\therefore \int \frac{x+\sin x}{1+\cos x}dx = x\tan\frac{x}{2} + c, \ \ 令 -\pi \le a,b \le \pi \ 則 \int_a^b \frac{x+\sin x}{1+\cos x}dx = b\tan\frac{b}{2} - a\tan\frac{a}{2}$$

範例 5.

$$求 \int_a^b \frac{dx}{2-\sin x + \cos x} = ?, \ \ \forall a,b \in R$$

【解】

令 $t = \tan\dfrac{x}{2}$ 則 $dx = \dfrac{2}{1+t^2}dt, \ \sin x = \dfrac{2t}{1+t^2}$ 且 $\cos x = \dfrac{1-t^2}{1+t^2}$

藉由變數代換法

$$\therefore \int \frac{dx}{2-\sin x + \cos x} = \int \frac{1}{\left(2 - \dfrac{2t}{1+t^2} + \dfrac{1-t^2}{1+t^2}\right)} \cdot \frac{2}{1+t^2}dt = \int \frac{2dt}{2+2t^2-2t+1-t^2}$$

$$= \int \frac{2dt}{t^2-2t+3} = \int \frac{2dt}{(t-1)^2+(\sqrt{2})^2} = \frac{1}{2}\int \frac{2dt}{\left(\dfrac{t-1}{\sqrt{2}}\right)^2+1} = \sqrt{2}\tan^{-1}\frac{t-1}{\sqrt{2}} + c$$

$$= \sqrt{2}\tan^{-1}\frac{\tan\dfrac{x}{2}-1}{\sqrt{2}} + c$$

$$令 a,b \in R \ 則 \int_a^b \frac{dx}{2-\sin x + \cos x} = \sqrt{2}\left(\tan^{-1}\frac{\tan\dfrac{b}{2}-1}{\sqrt{2}} - \tan^{-1}\frac{\tan\dfrac{a}{2}-1}{\sqrt{2}}\right)$$

範例 6.

$$求 \int_a^b \frac{dx}{3+2\cos x + \sin x} = ?, \ \ \forall a,b \in R$$

【解】

令 $t = \tan\dfrac{x}{2}$ 則 $dx = \dfrac{2}{1+t^2}dt,\ \sin x = \dfrac{2t}{1+t^2}$ 且 $\cos x = \dfrac{1-t^2}{1+t^2}$

藉由變數代換法

$$\therefore \int \frac{dx}{3+2\cos x+\sin x} = \int \frac{1}{3+2\left(\dfrac{1-t^2}{1+t^2}\right)+\dfrac{2t}{1+t^2}}\cdot \frac{2}{1+t^2}dt$$

$$= \int \frac{2dt}{3(1+t^2)+2(1-t^2)+2t} = \int \frac{2dt}{t^2+2t+5} = \int \frac{2dt}{(t+1)^2+4}$$

$$= \frac{1}{2}\int \frac{dt}{\left(\dfrac{t+1}{2}\right)^2+1} = \tan^{-1}\frac{t+1}{2}+c = \tan^{-1}\frac{\tan\dfrac{x}{2}+1}{2}+c$$

令 $a,b \in R$ 則 $\displaystyle\int_a^b \frac{dx}{3+2\cos x+\sin x} = \tan^{-1}\frac{\tan\dfrac{b}{2}+1}{2} - \tan^{-1}\frac{\tan\dfrac{a}{2}+1}{2}$

範例 7.

$$求 \int_a^b \frac{dx}{5+\cos 2x} = ?,\quad \forall a,b \in R$$

【解】

令 $t = \tan x$ 則 $dx = \dfrac{1}{1+t^2}dt$ 且 $\cos 2x = \dfrac{1-t^2}{1+t^2}$，藉由變數代換法

$$\int \frac{dx}{5+\cos 2x} = \int \frac{1}{5+\dfrac{1-t^2}{1+t^2}}\cdot \frac{1}{1+t^2}dt = \int \frac{dt}{5(1+t^2)+1-t^2} = \int \frac{dt}{4t^2+6}$$

$$= \frac{1}{6}\int \frac{dt}{\left(\sqrt{\dfrac{2}{3}}t\right)^2+1} = \frac{\sqrt{3}}{6\sqrt{2}}\tan^{-1}\left(\sqrt{\frac{2}{3}}\,t\right)+c = \frac{\sqrt{3}}{6\sqrt{2}}\tan^{-1}\left(\sqrt{\frac{2}{3}}\tan x\right)+c$$

令 $a,b \in R$ 則 $\displaystyle\int_a^b \frac{dx}{5+\cos 2x} = \frac{\sqrt{3}}{6\sqrt{2}}\left(\tan^{-1}\left(\sqrt{\frac{2}{3}}\tan b\right) - \tan^{-1}\left(\sqrt{\frac{2}{3}}\tan a\right)\right)$

範例 8.

$$\text{求} \int_a^b \frac{dx}{\cos^4 x + \sin^4 x} = ?, \quad \forall a, b \in R$$

【解】

$$\because \cos^4 x + \sin^4 x = (\cos^2 x + \sin^2 x)^2 - 2\sin^2 x \cos^2 x$$

$$= 1 - 2\sin^2 x \cos^2 x = 1 - 2\left(\frac{\sin 2x}{2}\right)^2 = 1 - \frac{1 - \cos^2 2x}{2} = \frac{1}{2} + \frac{1}{2}\left(\frac{1 + \cos 4x}{2}\right)$$

$$\therefore \int \frac{dx}{\cos^4 x + \sin^4 x} = \int \frac{dx}{\frac{1}{2} + \frac{1}{4}(1 + \cos 4x)}$$

令 $t = \tan 2x$ 則 $dx = \dfrac{1}{2(1 + t^2)}dt$ 且 $\cos 4x = \dfrac{1 - t^2}{1 + t^2}$，藉由變數代換法

$$\therefore \int \frac{dx}{\frac{1}{2} + \frac{1}{4}(1 + \cos 4x)} = \int \frac{\frac{1}{2(1 + t^2)}dt}{\frac{1}{2} + \frac{1}{4}\left(1 + \frac{1 - t^2}{1 + t^2}\right)} = \int \frac{2dt}{3(1 + t^2) + 1 - t^2}$$

$$= \int \frac{dt}{t^2 + 2} = \frac{1}{2}\int \frac{dt}{\left(\frac{t}{\sqrt{2}}\right)^2 + 1} = \frac{\sqrt{2}}{2}\tan^{-1}\frac{t}{\sqrt{2}} + c = \frac{\sqrt{2}}{2}\tan^{-1}\frac{\tan 2x}{\sqrt{2}} + c$$

令 $a, b \in R$ 則 $\displaystyle\int_a^b \frac{dx}{\cos^4 x + \sin^4 x} = \frac{\sqrt{2}}{2}\left(\tan^{-1}\frac{\tan 2b}{\sqrt{2}} - \tan^{-1}\frac{\tan 2a}{\sqrt{2}}\right)$

5.3.2　求黎曼和

取 $P_n = \left\{x_i : x_i = \dfrac{k}{n}, \forall\, 0 \le k \le n\right\}$ 使得 $\Delta x_i = \dfrac{1}{n}$

將 $\displaystyle\lim_{n \to \infty} \frac{1}{n}\sum_{k=1}^{n} a_{n,k} = ?$ 的問題轉換成找函數 $f(x)$ 使得 $f\left(\dfrac{k}{n}\right) = a_{n,k}, \quad \forall 1 \le k \le n$

如果找到的 $f(x)$ 於 $[0,1]$ 區間可黎曼積分則 $\displaystyle\lim_{\|P\| \to 0} R(P, f, \xi) = \int_0^1 f(x)dx$

$$\therefore \lim_{n\to\infty}\frac{1}{n}\sum_{k=1}^{n}a_{n,k}=\lim_{n\to\infty}\frac{1}{n}\sum_{k=1}^{n}f\left(\frac{k}{n}\right)=\int_{0}^{1}f(x)dx,\ \ \text{接著求}\int_{a}^{b}f(x)dx=?$$

當無法直接求此定積分時需藉由變數代換法、分部積分法與半角代換法…等方法求之；若此定積分為有理式的定積分則將被積分函數拆解為數個較易求得定積分值的函數；若此定積分為無理式的定積分則藉由三角函數結合變數代換法解題

考試類型：
題型 1.

$$\text{求}\ \lim_{n\to\infty}\frac{1}{n}\sum_{k=1}^{n}a_{n,k}=?$$

解題流程：
Step1.

$$\text{取}\ P_n=\left\{x_i:x_i=\frac{k}{n},\forall\,0\le k\le n\right\}\text{使得}\ \Delta x_i=\frac{1}{n}$$

$$\text{找於}[0,1]\text{可黎曼積分}f(x)\text{使得}\ f\left(\frac{k}{n}\right)=a_{n,k}\ \text{則}\ \lim_{n\to\infty}\frac{1}{n}\sum_{k=1}^{n}a_{n,k}=\lim_{n\to\infty}\frac{1}{n}\sum_{k=1}^{n}f\left(\frac{k}{n}\right)$$

Step2.

$$\therefore f(x)\text{於}[0,1]\text{區間可黎曼積分}\ \ \therefore \lim_{\|P\|\to0}R(P,f,\xi)=\int_{0}^{1}f(x)dx$$

$$\Rightarrow \lim_{n\to\infty}\frac{1}{n}\sum_{k=1}^{n}a_{n,k}=\lim_{n\to\infty}\frac{1}{n}\sum_{k=1}^{n}f\left(\frac{k}{n}\right)=\int_{0}^{1}f(x)dx,\ \ \text{求}\int_{0}^{1}f(x)dx=?$$

<u>範例說明：</u>

$$(\mathrm{I})\text{求}\ \lim_{n\to\infty}\frac{1}{n}\sum_{k=1}^{n}\frac{1}{2+\frac{k}{n}}=?$$

$$\text{令}f(x)=\frac{1}{2+x}\ \text{取}\ P_n=\left\{x_i:x_i=\frac{i}{n},\forall\,0\le i\le n\right\}\text{使得}\ \Delta x=\frac{1}{n}$$

(II) 求 $\displaystyle\lim_{n\to\infty}\frac{1}{n}\sum_{k=1}^{n}\left(\frac{k}{n}\right)^{p}=?$

令 $f(x)=x^{p}$ 取 $P_n=\left\{x_i: x_i=\dfrac{i}{n}, \forall\, 0\le i\le n\right\}$ 使得 $\Delta x=\dfrac{1}{n}$

(III) 求 $\displaystyle\lim_{n\to\infty}\frac{1}{n}\left(\sum_{k=1}^{n}\frac{1}{3+\left(\frac{k}{n}\right)^{2}}\right)=?$

令 $f(x)=\dfrac{1}{3+x^{2}}$ 取 $P_n=\left\{x_i: x_i=\dfrac{i}{n}, \forall\, 0\le i\le n\right\}$ 使得 $\Delta x=\dfrac{1}{n}$

題型 2.

求 $\displaystyle\lim_{n\to\infty}\sum_{k=1}^{n}a_{n,k}=?$

解題流程:

Step1.

找 $b_{n,k}$ 使得 $a_{n,k}=\dfrac{b_{n,k}}{n}$,　$\forall n\in N,\ k\le n$ 則 $\displaystyle\lim_{n\to\infty}\sum_{k=1}^{n}a_{n,k}=\lim_{n\to\infty}\frac{1}{n}\sum_{k=1}^{n}b_{n,k}$

Step2.

取 $P_n=\left\{x_i: x_i=\dfrac{k}{n}, \forall\, 0\le k\le n\right\}$ 使得 $\Delta x_i=\dfrac{1}{n}$

找於 $[0,1]$ 可黎曼積分 $f(x)$ 使得 $f\left(\dfrac{k}{n}\right)=b_{n,k}$ 則 $\displaystyle\lim_{n\to\infty}\frac{1}{n}\sum_{k=1}^{n}b_{n,k}=\lim_{n\to\infty}\frac{1}{n}\sum_{k=1}^{n}f\left(\dfrac{k}{n}\right)$

Step3.

$\because f(x)$ 於 $[0,1]$ 區間可黎曼積分　$\therefore \displaystyle\lim_{\|P\|\to 0}R(P,f,\xi)=\int_{0}^{1}f(x)\,dx$

$\Rightarrow \displaystyle\lim_{n\to\infty}\sum_{k=1}^{n}a_{n,k}=\lim_{n\to\infty}\frac{1}{n}\sum_{k=1}^{n}b_{n,k}=\lim_{n\to\infty}\frac{1}{n}\sum_{k=1}^{n}f\left(\dfrac{k}{n}\right)=\int_{0}^{1}f(x)\,dx$

Step4.

求 $\displaystyle\int_0^1 f(x)dx = ?$

範例說明:

(I) 求 $\displaystyle\lim_{n\to\infty} \frac{n}{3n^2+1^2} + \frac{n}{3n^2+2^2} + \cdots + \frac{n}{3n^2+n^2} = ?$

$\because \displaystyle\lim_{n\to\infty} \frac{n}{3n^2+1^2} + \frac{n}{3n^2+2^2} + \cdots + \frac{n}{3n^2+n^2} = \lim_{n\to\infty} \frac{1}{n}\left(\sum_{k=1}^{n} \frac{1}{3+\left(\frac{k}{n}\right)^2}\right)$

令 $f(x) = \dfrac{1}{3+x^2}$ 取 $P_n = \left\{x_i : x_i = \dfrac{i}{n}, \forall\, 0 \le i \le n\right\}$ 使得 $\Delta x = \dfrac{1}{n}$

(II) 求 $\displaystyle\lim_{n\to\infty} \sum_{k=1}^{n} \ln \sqrt[n]{\left(2+\frac{k}{n}\right)} = ?$

$\because \ln \sqrt[n]{\left(2+\dfrac{k}{n}\right)} = \dfrac{1}{n}\ln\left(2+\dfrac{k}{n}\right)$

令 $f(x) = \ln(2+x)$ 取 $P_n = \left\{x_i : x_i = \dfrac{i}{n}, \forall\, 0 \le i \le n\right\}$ 使得 $\Delta x = \dfrac{1}{n}$

(III) 求 $\displaystyle\lim_{n\to\infty} \frac{1}{\sqrt{n^2+1^2}} + \frac{1}{\sqrt{n^2+2^2}} + \cdots + \frac{1}{\sqrt{n^2+n^2}} = ?$

$\because \dfrac{1}{\sqrt{n^2+1^2}} + \dfrac{1}{\sqrt{n^2+2^2}} + \cdots + \dfrac{1}{\sqrt{n^2+n^2}} = \dfrac{1}{n}\left(\dfrac{1}{\sqrt{1+\left(\frac{1}{n}\right)^2}} + \dfrac{1}{\sqrt{1+\left(\frac{2}{n}\right)^2}} + \cdots + \dfrac{1}{\sqrt{1+\left(\frac{n}{n}\right)^2}}\right)$

令 $f(x) = \dfrac{1}{\sqrt{1+x^2}}$ 取 $P_n = \left\{x_i : x_i = \dfrac{i}{n} \ \ \forall\, 0 \le i \le n\right\}$ 使得 $\Delta x = \dfrac{1}{n}$

題型 3.

求 $\dfrac{\displaystyle\lim_{n\to\infty} \sum_{k=1}^{n} a_{n,k}}{\displaystyle\lim_{n\to\infty} \sum_{k=1}^{n} b_{n,k}} = ?$

解題流程:

Step1.

$$取\ P_n = \left\{ x_i : x_i = \frac{k}{n}, \forall\, 0 \le k \le n \right\}\ 使得\ \Delta x_i = \frac{1}{n},\quad \because \frac{\lim\limits_{n\to\infty} \sum_{k=1}^{n} a_{n,k}}{\lim\limits_{n\to\infty} \sum_{k=1}^{n} b_{n,k}} = \frac{\lim\limits_{n\to\infty} \frac{1}{n} \sum_{k=1}^{n} a_{n,k}}{\lim\limits_{n\to\infty} \frac{1}{n} \sum_{k=1}^{n} b_{n,k}}$$

Step2.

找於$[0,1]$可黎曼積分$f(x)$使得 $f\left(\dfrac{k}{n}\right) = a_{n,k}$，找於$[0,1]$可黎曼積分$g(x)$使得 $g\left(\dfrac{k}{n}\right) = b_{n,k}$

$$則\ \lim_{n\to\infty} \frac{1}{n} \sum_{k=1}^{n} a_{n,k} = \lim_{n\to\infty} \frac{1}{n} \sum_{k=1}^{n} f\left(\frac{k}{n}\right)\ \text{and}\ \lim_{n\to\infty} \frac{1}{n} \sum_{k=1}^{n} b_{n,k} = \lim_{n\to\infty} \frac{1}{n} \sum_{k=1}^{n} g\left(\frac{k}{n}\right)$$

Step3.

$\because\ f(x), g(x)$於$[0,1]$區間可黎曼積分

$$\therefore\ \lim_{\|P\|\to 0} R(P,f,\xi) = \int_{0}^{1} f(x)\,dx\ \text{且}\ \lim_{\|P\|\to 0} R(P,g,\xi) = \int_{0}^{1} g(x)\,dx$$

$$\therefore\ \lim_{n\to\infty} \frac{1}{n} \sum_{k=1}^{n} a_{n,k} = \lim_{n\to\infty} \frac{1}{n} \sum_{k=1}^{n} f\left(\frac{k}{n}\right) = \int_{0}^{1} f(x)\,dx$$

$$且\ \lim_{n\to\infty} \frac{1}{n} \sum_{k=1}^{n} b_{n,k} = \lim_{n\to\infty} \frac{1}{n} \sum_{k=1}^{n} g\left(\frac{k}{n}\right) = \int_{0}^{1} g(x)\,dx$$

Step4.

$$求 \int_{0}^{1} f(x)\,dx = ?\ \text{and}\ \int_{0}^{1} g(x)\,dx = ?$$

<u>範例說明:</u>

(I)求 $\displaystyle\lim_{n\to\infty} \frac{\sum_{k=1}^{n} k^3 \sum_{k=1}^{n} k^6}{\sum_{k=1}^{n} k^4 \sum_{k=1}^{n} k^5} = ?$

$$\because\ \frac{\sum_{k=1}^{n} k^3 \sum_{k=1}^{n} k^6}{\sum_{k=1}^{n} k^4 \sum_{k=1}^{n} k^5} = \frac{\dfrac{1}{n}\left(\sum_{k=1}^{n} \left(\frac{k}{n}\right)^3\right)\dfrac{1}{n}\left(\sum_{k=1}^{n} \left(\frac{k}{n}\right)^6\right)}{\dfrac{1}{n}\left(\sum_{k=1}^{n} \left(\frac{k}{n}\right)^4\right)\dfrac{1}{n}\left(\sum_{k=1}^{n} \left(\frac{k}{n}\right)^5\right)}$$

令$f_1(x) = x^3,\ f_2(x) = x^6,\ f_3(x) = x^4,\ f_4(x) = x^5,$

$$取\ P_n = \left\{ x_i : x_i = \frac{i}{n}, \forall\, 0 \le i \le n \right\}\ 使得\ \Delta x = \frac{1}{n}$$

(II) 求 $\displaystyle\lim_{n\to\infty}\frac{\left(\sum_{k=1}^{n}k^{\alpha}\right)^{\beta+1}}{\left(\sum_{k=1}^{n}k^{\beta}\right)^{\alpha+1}}=?,\quad \forall\,\alpha,\beta>0$

$\because \dfrac{\left(\sum_{k=1}^{n}k^{\alpha}\right)^{\beta+1}}{\left(\sum_{k=1}^{n}k^{\beta}\right)^{\alpha+1}}=\dfrac{n^{(\beta+1)(-1-\alpha)}\left(\sum_{k=1}^{n}k^{\alpha}\right)^{\beta+1}}{n^{(\alpha+1)(-1-\beta)}\left(\sum_{k=1}^{n}k^{\beta}\right)^{\alpha+1}}=\dfrac{\left(\frac{1}{n}\sum_{k=1}^{n}\left(\frac{k}{n}\right)^{\alpha}\right)^{\beta+1}}{\left(\frac{1}{n}\sum_{k=1}^{n}\left(\frac{k}{n}\right)^{\beta}\right)^{\alpha+1}}$

令 $f(x)=x^{\alpha},\ g(x)=x^{\beta}$ 取 $P_n=\left\{x_i:x_i=\dfrac{i}{n},\forall\,0\le i\le n\right\}$ 使得 $\Delta x=\dfrac{1}{n}$

題型 4.

求 $\displaystyle\lim_{n\to\infty}\sum_{k=1}^{n}\ln\left(a_{n,k}\right)^{\frac{1}{n}}=?$

解題流程:

Step1.

$\because \ln\left(a_{n,k}\right)^{\frac{1}{n}}=\dfrac{1}{n}\ln a_{n,k}\quad \therefore \displaystyle\lim_{n\to\infty}\sum_{k=1}^{n}\ln\left(a_{n,k}\right)^{\frac{1}{n}}=\lim_{n\to\infty}\frac{1}{n}\sum_{k=1}^{n}\ln a_{n,k}$

Step2.

取 $P_n=\left\{x_i:x_i=\dfrac{k}{n},\forall\,0\le k\le n\right\}$ 使得 $\Delta x_i=\dfrac{1}{n}$

找於 $[0,1]$ 可黎曼積分 $f(x)$ 使得 $f\left(\dfrac{k}{n}\right)=\ln a_{n,k}$ 則 $\displaystyle\lim_{n\to\infty}\frac{1}{n}\sum_{k=1}^{n}\ln a_{n,k}=\lim_{n\to\infty}\frac{1}{n}\sum_{k=1}^{n}f\left(\frac{k}{n}\right)$

Step3.

$\because f(x)$ 於 $[0,1]$ 區間可黎曼積分 $\quad\therefore \displaystyle\lim_{\|P\|\to 0}R(P,f,\xi)=\int_{0}^{1}f(x)dx$

$\therefore \displaystyle\lim_{n\to\infty}\sum_{k=1}^{n}\ln\left(a_{n,k}\right)^{\frac{1}{n}}=\lim_{n\to\infty}\frac{1}{n}\sum_{k=1}^{n}\ln a_{n,k}=\lim_{n\to\infty}\frac{1}{n}\sum_{k=1}^{n}f\left(\frac{k}{n}\right)=\int_{0}^{1}f(x)dx$

Step4.

求 $\displaystyle\int_{0}^{1}f(x)dx=?$

範例說明：

(I) 求 $\displaystyle\lim_{n\to\infty}\sum_{k=1}^{n}\ln\sqrt[n]{\left(2+\dfrac{k}{n}\right)}=?$

$\because \ln\sqrt[n]{\left(2+\dfrac{k}{n}\right)}=\dfrac{1}{n}\ln\left(2+\dfrac{k}{n}\right)$

令 $f(x)=\ln(2+x)$ 取 $P_n=\left\{x_i:x_i=\dfrac{i}{n},\forall\,0\le i\le n\right\}$ 使得 $\Delta x=\dfrac{1}{n}$

題型 5.

求 $\displaystyle\lim_{n\to\infty}\left(\prod_{k=1}^{n}a_{n,k}\right)^{\frac{1}{n}}=?$

解題流程：

Step1.

$\because\left(\displaystyle\prod_{k=1}^{n}a_{n,k}\right)^{\frac{1}{n}}=\exp\left(\dfrac{1}{n}\ln\prod_{k=1}^{n}a_{n,k}\right)=\exp\left(\dfrac{1}{n}\sum_{k=1}^{n}\ln a_{n,k}\right)$

$\therefore\displaystyle\lim_{n\to\infty}\left(\prod_{k=1}^{n}a_{n,k}\right)^{\frac{1}{n}}=\exp\left(\lim_{n\to\infty}\dfrac{1}{n}\sum_{k=1}^{n}\ln a_{n,k}\right)$

Step2.

取 $P_n=\left\{x_i:x_i=\dfrac{k}{n},\forall\,0\le k\le n\right\}$ 使得 $\Delta x_i=\dfrac{1}{n}$

找於$[0,1]$可黎曼積分$f(x)$使得 $f\left(\dfrac{k}{n}\right)=\ln a_{n,k}$ 則 $\displaystyle\lim_{n\to\infty}\dfrac{1}{n}\sum_{k=1}^{n}\ln a_{n,k}=\lim_{n\to\infty}\dfrac{1}{n}\sum_{k=1}^{n}f\left(\dfrac{k}{n}\right)$

Step3.

$\because f(x)$於$[0,1]$區間可黎曼積分　$\therefore\displaystyle\lim_{\|P\|\to0}R(P,f,\xi)=\int_{0}^{1}f(x)\,dx$

$\therefore\displaystyle\lim_{n\to\infty}\left(\prod_{k=1}^{n}a_{n,k}\right)^{\frac{1}{n}}=\exp\left(\lim_{n\to\infty}\dfrac{1}{n}\sum_{k=1}^{n}\ln a_{n,k}\right)=\exp\left(\lim_{n\to\infty}\dfrac{1}{n}\sum_{k=1}^{n}f\left(\dfrac{k}{n}\right)\right)=\exp\left(\int_{0}^{1}f(x)\,dx\right)$

$$\Rightarrow \quad 求 \int_0^1 f(x)dx = ?$$

<u>範例說明:</u>

(I) 求 $\displaystyle\lim_{n\to\infty}\left(\frac{(3n)!}{2n!\,n^n}\right)^{\frac{1}{n}} = ?$

$$\because \left(\frac{(3n)!}{2n!\,n^n}\right)^{\frac{1}{n}} = \left(\frac{1\cdot 2\cdot 3\cdots 2n(2n+1)\cdots 3n}{1\cdot 2\cdot 3\cdots 2n\cdot n^n}\right)^{\frac{1}{n}} = \left(\frac{(2n+1)\cdots(2n+n)}{n^n}\right)^{\frac{1}{n}}$$

$$= \exp\left(\frac{1}{n}\ln\left(\frac{(2n+1)\cdots(2n+n)}{n^n}\right)\right) = \exp\left(\frac{1}{n}\left(\ln\left(2+\frac{1}{n}\right) + \ln\left(2+\frac{2}{n}\right) + \cdots + \ln\left(2+\frac{n}{n}\right)\right)\right)$$

令 $f(x) = \ln(2+x)$, 取 $P_n = \left\{x_i : x_i = \frac{i}{n}, \forall\, 0 \le i \le n\right\}$ 使得 $\Delta x = \frac{1}{n}$

範例 1.

$$求 \lim_{n\to\infty}\frac{1}{n^4}(1^3 + 2^3 + \cdots + n^3) = ?$$

【解】

$$\because \lim_{n\to\infty}\frac{1}{n^4}(1^3 + 2^3 + \cdots + n^3) = \lim_{n\to\infty}\frac{1}{n^4}\sum_{k=1}^{n} k^3 = \lim_{n\to\infty}\frac{1}{n}\sum_{k=1}^{n}\left(\frac{k}{n}\right)^3$$

令 $f(x) = x^3$ 取 $P_n = \left\{x_i : x_i = \frac{i}{n}, \forall\, 0 \le i \le n\right\}$ 使得 $\Delta x = \frac{1}{n}$

$$\therefore \lim_{n\to\infty}\frac{1}{n^4}(1^3 + 2^3 + \cdots + n^3) = \lim_{n\to\infty}\frac{1}{n}\sum_{k=1}^{n}\left(\frac{k}{n}\right)^3 = \lim_{n\to\infty}\Delta x\sum_{k=1}^{n} f(x_k) = \int_0^1 f(x)dx$$

$$= \int_0^1 x^3\,dx = \frac{1}{4}$$

範例 2.

$$(1)求 \lim_{n\to\infty}\frac{1}{2n+1} + \frac{1}{2n+2} + \cdots + \frac{1}{2n+n} = ?$$

(2)求 $\displaystyle\lim_{n\to\infty}\frac{1}{p\cdot n+1}+\frac{1}{p\cdot n+2}+\cdots+\frac{1}{p\cdot n+n}=?,\quad \forall p>0$

【解】

(1)

$\because \displaystyle\lim_{n\to\infty}\frac{1}{2n+1}+\frac{1}{2n+2}+\cdots+\frac{1}{2n+n}=\lim_{n\to\infty}\frac{1}{n}\sum_{k=1}^{n}\frac{1}{2+\dfrac{k}{n}}$

令 $f(x)=\dfrac{1}{2+x}$ 取 $P_n=\left\{x_i:x_i=\dfrac{i}{n},\forall\,0\le i\le n\right\}$ 使得 $\Delta x=\dfrac{1}{n}$

$\therefore \displaystyle\lim_{n\to\infty}\frac{1}{2n+1}+\frac{1}{2n+2}+\cdots+\frac{1}{2n+n}=\lim_{n\to\infty}\frac{1}{n}\sum_{k=1}^{n}\frac{1}{2+\dfrac{k}{n}}=\lim_{n\to\infty}\Delta x\sum_{k=1}^{n}f(x_k)$

$=\displaystyle\int_{0}^{1}f(x)\,dx=\int_{0}^{1}\frac{1}{2+x}\,dx=\ln(x+2)\big|_{0}^{1}=\ln\frac{3}{2}$

(2)

令 $p>0$

$\because \displaystyle\lim_{n\to\infty}\frac{1}{p\cdot n+1}+\frac{1}{p\cdot n+2}+\cdots+\frac{1}{p\cdot n+n}=\lim_{n\to\infty}\frac{1}{n}\sum_{k=1}^{n}\frac{1}{p+\dfrac{k}{n}}$

令 $f(x)=\dfrac{1}{p+x}$ 取 $P_n=\left\{x_i:x_i=\dfrac{i}{n},\forall\,0\le i\le n\right\}$ 使得 $\Delta x=\dfrac{1}{n}$

$\therefore \displaystyle\lim_{n\to\infty}\frac{1}{p\cdot n+1}+\frac{1}{p\cdot n+2}+\cdots+\frac{1}{p\cdot n+n}=\lim_{n\to\infty}\frac{1}{n}\sum_{k=1}^{n}\frac{1}{p+\dfrac{k}{n}}$

$=\displaystyle\lim_{n\to\infty}\Delta x\sum_{k=1}^{n}f(x_k)=\int_{0}^{1}f(x)\,dx=\int_{0}^{1}\frac{1}{p+x}\,dx=\ln(x+p)\big|_{0}^{1}=\ln\frac{p+1}{p}$

範例 3.

(1)求 $\displaystyle\lim_{n\to\infty}\frac{1}{n^{p+1}}(1^p+2^p+\cdots+n^p)=?,\quad \forall p>0$

(2)求 $\displaystyle\lim_{n\to\infty}\frac{n}{3n^2+1^2}+\frac{n}{3n^2+2^2}+\cdots+\frac{n}{3n^2+n^2}=?$

【解】

(1)

令 $p > 0$

$$\because \lim_{n\to\infty} \frac{1^p + 2^p + \cdots + n^p}{n^{p+1}} = \lim_{n\to\infty} \frac{1}{n}\left(\left(\frac{1}{n}\right)^p + \left(\frac{2}{n}\right)^p + \cdots + \left(\frac{n}{n}\right)^p\right) = \lim_{n\to\infty} \frac{1}{n}\sum_{k=1}^{n}\left(\frac{k}{n}\right)^p$$

令 $f(x) = x^p$ 取 $P_n = \left\{x_i : x_i = \dfrac{i}{n}, \forall\, 0 \le i \le n\right\}$ 使得 $\Delta x = \dfrac{1}{n}$

$$\therefore \lim_{n\to\infty} \frac{1}{n^{p+1}}(1^p + 2^p + \cdots + n^p) = \lim_{n\to\infty} \frac{1}{n}\sum_{k=1}^{n}\left(\frac{k}{n}\right)^p = \lim_{n\to\infty} \Delta x \sum_{k=1}^{n} f(x_k)$$

$$= \int_0^1 f(x)\,dx = \int_0^1 x^p\,dx = \frac{1}{p+1}$$

(2)

$$\because \lim_{n\to\infty} \frac{n}{3n^2 + 1^2} + \frac{n}{3n^2 + 2^2} + \cdots + \frac{n}{3n^2 + n^2}$$

$$= \lim_{n\to\infty} \frac{1}{n^2}\left(\frac{n}{3 + \left(\frac{1}{n}\right)^2} + \frac{n}{3 + \left(\frac{2}{n}\right)^2} + \cdots + \frac{n}{3 + \left(\frac{n}{n}\right)^2}\right)$$

$$= \lim_{n\to\infty} \frac{1}{n}\left(\frac{1}{3 + \left(\frac{1}{n}\right)^2} + \frac{1}{3 + \left(\frac{2}{n}\right)^2} + \cdots + \frac{1}{3 + \left(\frac{n}{n}\right)^2}\right) = \lim_{n\to\infty} \frac{1}{n}\left(\sum_{k=1}^{n}\frac{1}{3 + \left(\frac{k}{n}\right)^2}\right)$$

令 $f(x) = \dfrac{1}{3 + x^2}$ 取 $P_n = \left\{x_i : x_i = \dfrac{i}{n}, \forall\, 0 \le i \le n\right\}$ 使得 $\Delta x = \dfrac{1}{n}$

$$\therefore \lim_{n\to\infty} \frac{n}{3n^2 + 1^2} + \frac{n}{3n^2 + 2^2} + \cdots + \frac{n}{3n^2 + n^2} = \lim_{n\to\infty} \frac{1}{n}\left(\sum_{k=1}^{n}\frac{1}{3 + \left(\frac{k}{n}\right)^2}\right) = \lim_{n\to\infty} \Delta x \sum_{k=1}^{n} f(x_k)$$

$$= \int_0^1 f(x)\,dx = \int_0^1 \frac{1}{3 + x^2}\,dx = \frac{1}{3}\int_0^1 \frac{1}{1 + (\frac{x}{\sqrt{3}})^2}\,dx = \frac{1}{\sqrt{3}}\tan^{-1}\frac{x}{\sqrt{3}}\bigg|_0^1 = \frac{\pi}{6\sqrt{3}}$$

範例 4.

(1)求 $\lim\limits_{n\to\infty}\dfrac{1}{n}\sum\limits_{k=1}^{n}\sqrt{\dfrac{9k}{n}}=?$

(2)求 $\lim\limits_{n\to\infty}\sum\limits_{k=1}^{n}\ln\sqrt[n]{\left(2+\dfrac{k}{n}\right)}=?$

【解】

(1)

$\because \lim\limits_{n\to\infty}\dfrac{1}{n}\sum\limits_{k=1}^{n}\sqrt{\dfrac{9k}{n}}=\lim\limits_{n\to\infty}\dfrac{1}{n}\sum\limits_{k=1}^{n}3\sqrt{\dfrac{k}{n}}$

令 $f(x)=3\sqrt{x}$，取 $P_n=\left\{x_i:x_i=\dfrac{i}{n},\forall\,0\le i\le n\right\}$ 使得 $\Delta x=\dfrac{1}{n}$

$\therefore \lim\limits_{n\to\infty}\dfrac{1}{n}\sum\limits_{k=1}^{n}\sqrt{\dfrac{9k}{n}}=\lim\limits_{n\to\infty}\dfrac{1}{n}\sum\limits_{k=1}^{n}3\sqrt{\dfrac{k}{n}}=\lim\limits_{n\to\infty}\Delta x\sum\limits_{k=1}^{n}f(x_k)=\int_0^1 f(x)dx=3\int_0^1\sqrt{x}\,dx=2$

(2)

$\because \ln\sqrt[n]{\left(2+\dfrac{k}{n}\right)}=\dfrac{1}{n}\ln\left(2+\dfrac{k}{n}\right)$

令 $f(x)=\ln(2+x)$ 取 $P_n=\left\{x_i:x_i=\dfrac{i}{n},\forall\,0\le i\le n\right\}$ 使得 $\Delta x=\dfrac{1}{n}$

$\therefore \lim\limits_{n\to\infty}\sum\limits_{k=1}^{n}\ln\sqrt[n]{\left(2+\dfrac{k}{n}\right)}=\lim\limits_{n\to\infty}\dfrac{1}{n}\sum\limits_{k=1}^{n}\ln\left(2+\dfrac{k}{n}\right)=\lim\limits_{n\to\infty}\Delta x\sum\limits_{k=1}^{n}f(x_k)$

$=\int_0^1 f(x)dx=\int_0^1\ln(2+x)\,dx$

令 $u=\ln(2+x),\ dv=dx$ 則 $du=\dfrac{dx}{2+x},\ v=x,$ by integration by parts,

$\therefore \int_0^1\ln(2+x)\,dx=x\ln(2+x)\big|_0^1-\int_0^1\dfrac{x}{2+x}\,dx=\ln 3-\int_0^1\dfrac{2+x-2}{2+x}\,dx$

$=\ln 3-(1-2\ln(2+x)\big|_0^1)=\ln 3-1+2\ln\dfrac{3}{2}$

$$\therefore \lim_{n\to\infty} \sum_{k=1}^{n} \ln \sqrt[n]{\left(2+\frac{k}{n}\right)} = \ln 3 - 1 + 2\ln\frac{3}{2}$$

範例 5.

$$求\ \lim_{n\to\infty} \frac{\sum_{k=1}^{n} \dfrac{1}{(k+3n)^2(k-4n)}}{\sum_{k=1}^{n} \dfrac{1}{(k+3n)(k-4n)^2}} =?$$

【解】

$$\because \frac{\sum_{k=1}^{n} \dfrac{1}{(k+3n)^2(k-4n)}}{\sum_{k=1}^{n} \dfrac{1}{(k+3n)(k-4n)^2}} = \frac{\dfrac{\sum_{k=1}^{n} \dfrac{1}{\left(\frac{k}{n}+3\right)^2\left(\frac{k}{n}-4\right)}}{n^3}}{\dfrac{\sum_{k=1}^{n} \dfrac{1}{\left(\frac{k}{n}+3\right)\left(\frac{k}{n}-4\right)^2}}{n^3}} = \frac{\dfrac{\sum_{k=1}^{n} \dfrac{1}{\left(\frac{k}{n}+3\right)^2\left(\frac{k}{n}-4\right)}}{n}}{\dfrac{\sum_{k=1}^{n} \dfrac{1}{\left(\frac{k}{n}+3\right)\left(\frac{k}{n}-4\right)^2}}{n}}$$

$$令\ f(x) = \frac{1}{(x+3)^2(x-4)},\ \ g(x) = \frac{1}{(x+3)(x-4)^2}$$

$$取\ P_n = \left\{x_i : x_i = \frac{i}{n}\ \ \forall\, 0 \le i \le n\right\} 使得\ \Delta x = \frac{1}{n}$$

$$\therefore \lim_{n\to\infty} \frac{\sum_{k=1}^{n} \dfrac{1}{(k+3n)^2(k-4n)}}{\sum_{k=1}^{n} \dfrac{1}{(k+3n)(k-4n)^2}} = \lim_{n\to\infty} \frac{\dfrac{1}{n}\sum_{k=1}^{n} \dfrac{1}{\left(\frac{k}{n}+3\right)^2\left(\frac{k}{n}-4\right)}}{\dfrac{1}{n}\sum_{k=1}^{n} \dfrac{1}{\left(\frac{k}{n}+3\right)\left(\frac{k}{n}-4\right)^2}}$$

$$= \frac{\lim\limits_{n\to\infty}\Delta x \sum_{k=1}^{n} f(x_k)}{\lim\limits_{n\to\infty}\Delta x \sum_{k=1}^{n} g(x_k)} = \frac{\int_0^1 f(x)dx}{\int_0^1 g(x)dx} = \frac{\int_0^1 \dfrac{1}{(x+3)^2(x-4)}\,dx}{\int_0^1 \dfrac{1}{(x+3)(x-4)^2}\,dx}$$

$$\because \frac{1}{(x+3)^2(x-4)} = \frac{-\dfrac{1}{7}}{(x+3)^2} + \frac{-\dfrac{1}{49}}{x+3} + \frac{\dfrac{1}{49}}{x-4}$$

$$\text{且 } \frac{1}{(x+3)(x-4)^2} = \frac{\frac{1}{49}}{x+3} + \frac{-\frac{1}{49}}{x-4} + \frac{\frac{1}{7}}{(x-4)^2}$$

$$\therefore \frac{\int_0^1 \frac{1}{(x+3)^2(x-4)}\,dx}{\int_0^1 \frac{1}{(x+3)(x-4)^2}\,dx} = \frac{\int_0^1 \frac{-\frac{1}{7}}{(x+3)^2} + \frac{-\frac{1}{49}}{x+3} + \frac{\frac{1}{49}}{x-4}\,dx}{\int_0^1 \frac{\frac{1}{49}}{x+3} + \frac{-\frac{1}{49}}{x-4} + \frac{\frac{1}{7}}{(x-4)^2}\,dx}$$

$$\because \int_0^1 \frac{\frac{1}{7}}{(x-4)^2}\,dx = \frac{-1}{7}(x-4)^{-1}\Big|_0^1 = \frac{-1}{7}\left(\frac{-1}{3} + \frac{1}{4}\right)$$

$$\int_0^1 \frac{-\frac{1}{7}}{(x+3)^2}\,dx = \frac{1}{7}(x+3)^{-1}\Big|_0^1 = \frac{1}{7}\left(\frac{1}{4} - \frac{1}{3}\right)$$

$$\therefore \int_0^1 \frac{-\frac{1}{7}}{(x+3)^2} + \frac{-\frac{1}{49}}{x+3} + \frac{\frac{1}{49}}{x-4}\,dx = -\int_0^1 \frac{\frac{1}{49}}{x+3} + \frac{-\frac{1}{49}}{x-4} + \frac{\frac{1}{7}}{(x-4)^2}\,dx$$

$$\therefore \frac{\int_0^1 \frac{1}{(x+3)^2(x-4)}\,dx}{\int_0^1 \frac{1}{(x+3)(x-4)^2}\,dx} = \frac{\int_0^1 \frac{-\frac{1}{7}}{(x+3)^2} + \frac{-\frac{1}{49}}{x+3} + \frac{\frac{1}{49}}{x-4}\,dx}{\int_0^1 \frac{\frac{1}{49}}{x+3} + \frac{-\frac{1}{49}}{x-4} + \frac{\frac{1}{7}}{(x-4)^2}\,dx} = -1$$

範例 6.

$$(1)\text{求 } \lim_{n\to\infty} \frac{1}{n^{p+1}} \sum_{k=1}^{n} k^p = ?, \quad \forall\, p > -1$$

$$(2)\text{求 } \lim_{n\to\infty} \frac{1}{n^{10}} \sum_{k=1}^{n} k^8(k^2 - (k-1)^2) = ?$$

【解】

(1)

令 $p > -1$, $\quad \because \dfrac{1}{n^{p+1}} \sum_{k=1}^{n} k^p = \dfrac{1}{n} \sum_{k=1}^{n} \left(\dfrac{k}{n}\right)^p$

令 $f(x) = x^p$ 取 $P_n = \left\{ x_i : x_i = \dfrac{i}{n}, \forall\, 0 \le i \le n \right\}$ 使得 $\Delta x = \dfrac{1}{n}$

$$\therefore \lim_{n \to \infty} \frac{1}{n^{p+1}} \sum_{k=1}^{n} k^p = \lim_{n \to \infty} \frac{1}{n} \sum_{k=1}^{n} \left(\frac{k}{n}\right)^p = \lim_{n \to \infty} \Delta x \sum_{k=1}^{n} f(x_k) = \int_0^1 f(x)\,dx = \int_0^1 x^p\,dx = \frac{1}{p+1}$$

(2)

$$\because \frac{1}{n^{10}} \sum_{k=1}^{n} k^8 (k^2 - (k-1)^2) = \frac{1}{n} \sum_{k=1}^{n} \left(\frac{k}{n}\right)^8 \left(\frac{2k-1}{n}\right)$$

令 $f(x) = x^8 \cdot 2x, \ g(x) = x^8$ 取 $P_n = \left\{ x_i : x_i = \dfrac{i}{n} \ \forall\, 0 \le i \le n \right\}$ 使得 $\Delta x = \dfrac{1}{n}$

Claim: $\displaystyle\lim_{n \to \infty} \frac{1}{n} \sum_{k=1}^{n} \left(\frac{k}{n}\right)^8 \left(\frac{-1}{n}\right) = 0$

$$\lim_{n \to \infty} \frac{1}{n} \sum_{k=1}^{n} \left(\frac{k}{n}\right)^8 \left(\frac{-1}{n}\right) = -\lim_{n \to \infty} \Delta x \sum_{k=1}^{n} g(x_k) \frac{1}{n} = -\lim_{n \to \infty} \frac{1}{n} \cdot \int_0^1 g(x)\,dx = 0$$

$$\therefore \lim_{n \to \infty} \frac{1}{n} \sum_{k=1}^{n} \left(\frac{k}{n}\right)^8 \left(\frac{2k-1}{n}\right) = \lim_{n \to \infty} \frac{1}{n} \sum_{k=1}^{n} \left(\frac{k}{n}\right)^8 \left(\frac{2k}{n}\right) = \lim_{n \to \infty} \Delta x \sum_{k=1}^{n} f(x_k)$$

$$= \int_0^1 f(x)\,dx = 2 \int_0^1 x^9\,dx = \frac{1}{5}$$

範例 7.

$$求 \ \lim_{n \to \infty} \frac{1}{n} \left(\left(\frac{1}{n}\right)^9 + \left(\frac{2}{n}\right)^9 + \cdots + \left(\frac{n}{n}\right)^9 \right) =?$$

【解】

令 $f(x) = x^9$ 取 $P_n = \left\{ x_i : x_i = \dfrac{i}{n}, \forall\, 0 \le i \le n \right\}$ 使得 $\Delta x = \dfrac{1}{n}$

$$\therefore \lim_{n\to\infty}\frac{1}{n}\left(\left(\frac{1}{n}\right)^9+\left(\frac{2}{n}\right)^9+\cdots+\left(\frac{n}{n}\right)^9\right)=\lim_{n\to\infty}\frac{1}{n}\sum_{k=1}^{n}\left(\frac{k}{n}\right)^9=\lim_{n\to\infty}\Delta x\sum_{k=1}^{n}f(x_k)=\int_0^1 f(x)dx$$

$$=\int_0^1 x^9 dx=\frac{1}{10}$$

範例 8.

$$求\ \lim_{n\to\infty}\frac{1}{n}\left(\sqrt{1-\cos\frac{2\pi}{n}}+\sqrt{1-\cos\frac{4\pi}{n}}+\cdots+\sqrt{1-\cos\frac{2n\pi}{n}}\right)=?$$

【解】

$$令 f(x)=(1-\cos 2x\pi)^{\frac{1}{2}}\ 取\ P_n=\left\{x_i: x_i=\frac{i}{n}, \forall\ 0\le i\le n\right\}使得\ \Delta x=\frac{1}{n}$$

$$\therefore \lim_{n\to\infty}\frac{1}{n}\left(\sqrt{1-\cos\frac{2\pi}{n}}+\sqrt{1-\cos\frac{4\pi}{n}}+\cdots+\sqrt{1-\cos\frac{2n\pi}{n}}\right)$$

$$=\lim_{n\to\infty}\frac{1}{n}\sum_{k=1}^{n}\left(1-\cos\frac{2k\pi}{n}\right)^{\frac{1}{2}}=\lim_{n\to\infty}\Delta x\sum_{k=1}^{n}f(x_k)=\int_0^1 f(x)dx$$

$$=\int_0^1 (1-\cos 2x\pi)^{\frac{1}{2}}dx=\sqrt{2}\int_0^1 \sin(x\pi)\,dx=-\frac{\sqrt{2}}{\pi}\cos(x\pi)\Big|_0^1=\frac{2\sqrt{2}}{\pi}$$

範例 9.

$$求\ \lim_{n\to\infty}\sum_{k=1}^{n}\frac{\pi}{4n}\tan\frac{k\pi}{4n}=?$$

【解】

$$令 f(x)=\frac{\pi}{4}\tan\frac{\pi x}{4}\ 取\ P_n=\left\{x_i: x_i=\frac{i}{n}, \forall\ 0\le i\le n\right\}使得\ \Delta x=\frac{1}{n}$$

$$\therefore \lim_{n\to\infty}\sum_{k=1}^{n}\frac{\pi}{4n}\tan\frac{k\pi}{4n}=\lim_{n\to\infty}\frac{1}{n}\sum_{k=1}^{n}\frac{\pi}{4}\tan\frac{k\pi}{4n}=\lim_{n\to\infty}\Delta x\sum_{k=1}^{n}f(x_k)=\int_0^1 f(x)dx$$

$$= \int_0^1 \frac{\pi}{4} \tan\frac{\pi x}{4}\, dx = -\ln\cos\frac{\pi x}{4}\Big|_0^1 = \ln\sqrt{2}$$

範例 10.

$$求 \ \lim_{n\to\infty} \frac{\pi}{n}\left(\cos\frac{\pi}{6n} + \cos\frac{2\pi}{6n} + \cdots + \cos\frac{n\pi}{6n}\right) = ?$$

【解】

$$\because \frac{\pi}{n}\left(\cos\frac{\pi}{6n} + \cos\frac{2\pi}{6n} + \cdots + \cos\frac{n\pi}{6n}\right) = \frac{\pi}{n}\sum_{k=1}^{n}\cos\frac{\pi}{6}\cdot\frac{k}{n}$$

$$令 f(x) = \pi\cos\frac{\pi x}{6} \ \ 取 \ P_n = \left\{x_i: x_i = \frac{i}{n} \ \forall\, 0 \le i \le n\right\} \ 使得 \ \Delta x = \frac{1}{n}$$

$$\therefore \lim_{n\to\infty}\frac{\pi}{n}\left(\cos\frac{\pi}{6n} + \cos\frac{2\pi}{6n} + \cdots + \cos\frac{n\pi}{6n}\right) = \lim_{n\to\infty}\frac{\pi}{n}\sum_{k=1}^{n}\cos\frac{\pi}{6}\cdot\frac{k}{n}$$

$$= \lim_{n\to\infty}\Delta x \sum_{k=1}^{n} f(x_k) = \int_0^1 f(x)dx = \int_0^1 \pi\cos\frac{\pi x}{6}\, dx = 6\sin\frac{\pi x}{6}\Big|_0^1 = 3$$

範例 11.

$$(1)\,求 \ \lim_{n\to\infty}\frac{1}{n^{\frac{2}{3}}}\left(1 + \frac{1}{\sqrt[3]{2}} + \cdots + \frac{1}{\sqrt[3]{n}}\right) = ?$$

$$(2)\,求 \ \lim_{n\to\infty}\frac{1}{n^{1-\frac{1}{p}}}\left(1 + \frac{1}{\sqrt[p]{2}} + \cdots + \frac{1}{\sqrt[p]{n}}\right) = ?, \ \ \forall p > 1$$

【解】
(1)

$$\because \frac{1}{n^{\frac{2}{3}}}\left(1 + \frac{1}{\sqrt[3]{2}} + \cdots + \frac{1}{\sqrt[3]{n}}\right) = \frac{1}{n}\left(\frac{1}{\sqrt[3]{\frac{1}{n}}} + \frac{1}{\sqrt[3]{\frac{2}{n}}} + \cdots + \frac{1}{\sqrt[3]{\frac{n}{n}}}\right)$$

$$令 f(x) = \frac{1}{\sqrt[3]{x}} \ \ 取 \ P_n = \left\{x_i: x_i = \frac{i}{n}, \forall\, 0 \le i \le n\right\} 使得 \ \Delta x = \frac{1}{n}$$

$$\therefore \lim_{n\to\infty}\frac{1}{n^{\frac{2}{3}}}\left(1+\frac{1}{\sqrt[3]{2}}+\cdots+\frac{1}{\sqrt[3]{n}}\right)=\lim_{n\to\infty}\frac{1}{n}\left(\frac{1}{\sqrt[3]{\frac{1}{n}}}+\frac{1}{\sqrt[3]{\frac{2}{n}}}+\cdots+\frac{1}{\sqrt[3]{\frac{n}{n}}}\right)$$

$$=\lim_{n\to\infty}\Delta x\sum_{k=1}^{n}f(x_k)=\int_0^1 f(x)dx=\int_0^1\frac{1}{\sqrt[3]{x}}dx=\left.\frac{3x^{\frac{2}{3}}}{2}\right|_{x=0}^{x=1}=\frac{3}{2}$$

(2)

$$令\ p>1,\quad \because \frac{1}{n^{1-\frac{1}{p}}}\left(1+\frac{1}{\sqrt[p]{2}}+\cdots+\frac{1}{\sqrt[p]{n}}\right)=\frac{1}{n}\left(\frac{1}{\sqrt[p]{\frac{1}{n}}}+\frac{1}{\sqrt[p]{\frac{2}{n}}}+\cdots+\frac{1}{\sqrt[p]{\frac{n}{n}}}\right)$$

$$令 f(x)=x^{-\frac{1}{p}}\ 取\ P_n=\left\{x_i:x_i=\frac{i}{n},\forall\,0\le i\le n\right\}使得\ \Delta x=\frac{1}{n}$$

$$\therefore \lim_{n\to\infty}\frac{1}{n^{1-\frac{1}{p}}}\left(1+\frac{1}{\sqrt[p]{2}}+\cdots+\frac{1}{\sqrt[p]{n}}\right)=\lim_{n\to\infty}\frac{1}{n}\left(\frac{1}{\sqrt[p]{\frac{1}{n}}}+\frac{1}{\sqrt[p]{\frac{2}{n}}}+\cdots+\frac{1}{\sqrt[p]{\frac{n}{n}}}\right)$$

$$=\lim_{n\to\infty}\Delta x\sum_{k=1}^{n}f(x_k)=\int_0^1 f(x)dx=\int_0^1 x^{-\frac{1}{p}}dx=\left.\frac{p}{p-1}x^{\frac{p-1}{p}}\right|_0^1=\frac{p}{p-1}$$

範例 12.

$$求\ \lim_{n\to\infty}\frac{1}{n^7}\sum_{k=1}^{n}k^5(k^2-(k-1)^2)=?$$

【解】

$$\because \frac{1}{n^7}\sum_{k=1}^{n}k^5(k^2-(k-1)^2)=\frac{1}{n^7}\sum_{k=1}^{n}k^5(2k-1)=\frac{2}{n}\sum_{k=1}^{n}\left(\frac{k}{n}\right)^6-\frac{1}{n}\sum_{k=1}^{n}\left(\frac{k}{n}\right)^5\cdot\frac{1}{n}$$

$$令 f_1(x)=2x^6,\ f_2(x)=x^5\ 取\ P_n=\left\{x_i:x_i=\frac{i}{n},\forall\,0\le i\le n\right\}使得\ \Delta x=\frac{1}{n}$$

$$\therefore \lim_{n\to\infty}\frac{1}{n^7}\sum_{k=1}^{n}k^5(k^2-(k-1)^2)=\lim_{n\to\infty}\frac{2}{n}\sum_{k=1}^{n}\left(\frac{k}{n}\right)^6-\frac{1}{n}\sum_{k=1}^{n}\left(\frac{k}{n}\right)^5\cdot\frac{1}{n}$$

$$\because \lim_{n\to\infty}\frac{1}{n}\sum_{k=1}^{n}\left(\frac{k}{n}\right)^5\cdot\frac{1}{n}=\lim_{n\to\infty}\frac{1}{n}\left(\Delta x\sum_{k=1}^{n}f(x_k)\right)=\lim_{n\to\infty}\frac{1}{n}\left(\int_0^1 f_2(x)dx\right)=0$$

$$\therefore \lim_{n\to\infty}\frac{1}{n^7}\sum_{k=1}^{n}k^5(k^2-(k-1)^2)=\int_0^1 f_1(x)dx=2\int_0^1 x^6 dx=\frac{2}{7}$$

範例 13.

$$求\ \lim_{n\to\infty}\frac{1}{n}\left(\tan\frac{1}{n}+\tan\frac{2}{n}+\cdots+\tan\frac{n}{n}\right)=?$$

【解】

$$令 f(x)=\tan x \ \ 取\ P_n=\left\{x_i: x_i=\frac{i}{n}, \forall\, 0\le i\le n\right\}使得\ \Delta x=\frac{1}{n}$$

$$\therefore \lim_{n\to\infty}\frac{1}{n}\left(\tan\frac{1}{n}+\tan\frac{2}{n}+\cdots+\tan\frac{n}{n}\right)=\lim_{n\to\infty}\frac{1}{n}\sum_{k=1}^{n}\tan\frac{k}{n}=\lim_{n\to\infty}\Delta x\sum_{k=1}^{n}f(x_k)$$

$$=\int_0^1 f(x)dx=\int_0^1 \tan x\, dx$$

$$\because \int\tan x\, dx=\int\frac{\sin x}{\cos x}dx,\ \ 令 u=\cos x\ 則\ du=-\sin x\, dx,\ 藉由變換代換法$$

$$\therefore \int\tan x\, dx=\int\frac{\sin x}{\cos x}dx=-\int\frac{du}{u}=-\ln|u|+c=-\ln|\cos x|+c$$

$$\therefore \lim_{n\to\infty}\frac{1}{n}\left(\tan\frac{1}{n}+\tan\frac{2}{n}+\cdots+\tan\frac{n}{n}\right)=\int_0^1\tan x\, dx=-\ln\cos 1$$

範例 14.

$$求\ \lim_{n\to\infty}\frac{1}{\sqrt{n^2+1^2}}+\frac{1}{\sqrt{n^2+2^2}}+\cdots+\frac{1}{\sqrt{n^2+n^2}}=?$$

【解】

$$\because \frac{1}{\sqrt{n^2+1^2}}+\frac{1}{\sqrt{n^2+2^2}}+\cdots+\frac{1}{\sqrt{n^2+n^2}}$$

$$= \frac{1}{n}\left(\frac{1}{\sqrt{1+\left(\frac{1}{n}\right)^2}} + \frac{1}{\sqrt{1+\left(\frac{2}{n}\right)^2}} + \cdots + \frac{1}{\sqrt{1+\left(\frac{n}{n}\right)^2}} \right)$$

令 $f(x) = \dfrac{1}{\sqrt{1+x^2}}$ 取 $P_n = \left\{ x_i : x_i = \dfrac{i}{n} \ \forall\, 0 \le i \le n \right\}$ 使得 $\Delta x = \dfrac{1}{n}$

$$\therefore \lim_{n\to\infty} \frac{1}{\sqrt{n^2+1^2}} + \frac{1}{\sqrt{n^2+2^2}} + \cdots + \frac{1}{\sqrt{n^2+n^2}}$$

$$= \lim_{n\to\infty} \frac{1}{n}\left(\frac{1}{\sqrt{1+\left(\frac{1}{n}\right)^2}} + \frac{1}{\sqrt{1+\left(\frac{2}{n}\right)^2}} + \cdots + \frac{1}{\sqrt{1+\left(\frac{n}{n}\right)^2}} \right)$$

$$= \lim_{n\to\infty} \Delta x \sum_{k=1}^{n} f(x_k) = \int_0^1 f(x)dx = \int_0^1 \frac{1}{\sqrt{1+x^2}}\, dx$$

令 $x = \tan\theta$ 則 $dx = \sec^2\theta\, d\theta$, 藉由變數代換法

$$\therefore \int_0^1 \frac{1}{\sqrt{1+x^2}}\, dx = \int_0^{\frac{\pi}{4}} \frac{\sec^2\theta\, d\theta}{\sqrt{1+\tan^2\theta}} = \int_0^{\frac{\pi}{4}} \sec\theta\, d\theta = \ln(\sec\theta + \tan\theta)\Big|_0^{\frac{\pi}{4}} = \ln(1+\sqrt{2})$$

範例 15.

$$\text{求}\ \lim_{n\to\infty} \frac{1}{n}\left((2n+1)(2n+2)\cdots(2n+n)\right)^{\frac{1}{n}} = ?$$

【解】

$$\because \frac{1}{n}\left((2n+1)(2n+2)\cdots(2n+n)\right)^{\frac{1}{n}} = \left(\frac{(2n+1)(2n+2)\cdots(2n+n)}{n^n} \right)^{\frac{1}{n}}$$

$$= \exp\left(\frac{1}{n} \ln\left(\frac{(2n+1)(2n+2)\cdots(2n+n)}{n^n} \right) \right)$$

$$= \exp\left(\frac{1}{n}\left(\ln\left(2+\frac{1}{n}\right) + \ln\left(2+\frac{2}{n}\right) + \cdots + \ln\left(2+\frac{n}{n}\right) \right) \right)$$

令 $f(x) = \ln(2+x)$ 取 $P_n = \left\{ x_i : x_i = \dfrac{i}{n}, \forall\, 0 \le i \le n \right\}$ 使得 $\Delta x = \dfrac{1}{n}$

$$\therefore \lim_{n\to\infty} \frac{1}{n}\left((2n+1)(2n+2)\cdots(2n+n)\right)^{\frac{1}{n}}$$

$$= \lim_{n \to \infty} \exp\left(\frac{1}{n}\left(\ln\left(2+\frac{1}{n}\right) + \ln\left(2+\frac{2}{n}\right) + \cdots + \ln\left(2+\frac{n}{n}\right)\right)\right)$$

$$= \exp\left(\lim_{n \to \infty} \Delta x \sum_{k=1}^{n} f(x_k)\right) = \exp\left(\int_0^1 f(x)dx\right) = \exp\left(\int_0^1 \ln(2+x)\,dx\right)$$

令 $u = \ln(2+x)$, $dv = dx$ 則 $du = \dfrac{dx}{2+x}$, $v = x$, 藉由分部積分法

$$\int_0^1 \ln(2+x)\,dx = x\ln(2+x)|_0^1 - \int_0^1 \frac{x}{2+x}dx = \ln 3 - \int_0^1 \frac{2+x-2}{2+x}dx$$

$$= \ln 3 - 1 + 2\int_0^1 \frac{1}{2+x}dx = \ln 3 - 1 + 2\ln(2+x)|_0^1 = \ln 3 - 1 + 2\ln\frac{3}{2}$$

$$\therefore \lim_{n \to \infty} \frac{1}{n}((2n+1)(2n+2)\cdots(2n+n))^{\frac{1}{n}} = \exp\left(\ln 3 - 1 + 2\ln\frac{3}{2}\right)$$

範例 16.

$$\text{求} \quad \lim_{n \to \infty} \frac{1}{n}\left(\sqrt{1+\cos\frac{\pi}{n}} + \sqrt{1+\cos\frac{2\pi}{n}} + \cdots + \sqrt{1+\cos\frac{n\pi}{n}}\right) = ?$$

【解】

令 $f(x) = (1+\cos x\pi)^{\frac{1}{2}}$ 取 $P_n = \left\{x_i : x_i = \dfrac{i}{n}, \forall\, 0 \le i \le n\right\}$ 使得 $\Delta x = \dfrac{1}{n}$

$$\therefore \lim_{n \to \infty} \frac{1}{n}\left(\sqrt{1+\cos\frac{\pi}{n}} + \sqrt{1+\cos\frac{2\pi}{n}} + \cdots + \sqrt{1+\cos\frac{n\pi}{n}}\right)$$

$$= \lim_{n \to \infty} \frac{1}{n}\sum_{k=1}^{n}\left(1+\cos\frac{k\pi}{n}\right)^{\frac{1}{2}} = \lim_{n \to \infty} \Delta x \sum_{k=1}^{n} f(x_k) = \int_0^1 f(x)dx = \int_0^1 (1+\cos x\pi)^{\frac{1}{2}}dx$$

$$\because \cos^2\frac{x\pi}{2} = \frac{1+\cos x\pi}{2}$$

$$\therefore \int_0^1 (1+\cos x\pi)^{\frac{1}{2}}dx = \sqrt{2}\int_0^1 \cos\frac{x\pi}{2}dx = \frac{2\sqrt{2}}{\pi}\sin\frac{x\pi}{2}\Big|_0^1 = \frac{2\sqrt{2}}{\pi}$$

範例 17.

$$\text{求 } \lim_{n \to \infty} \sum_{k=0}^{n-1} \frac{\sqrt{n^2 - k^2}}{n^2} = ?$$

【解】

$$\because \sum_{k=0}^{n-1} \frac{\sqrt{n^2 - k^2}}{n^2} = \frac{1}{n} \sum_{k=0}^{n-1} \sqrt{1 - \frac{k^2}{n^2}}$$

令 $f(x) = (1 - x^2)^{\frac{1}{2}}$ 取 $P_n = \left\{ x_i : x_i = \frac{i}{n}, \forall\, 0 \le i \le n \right\}$ 使得 $\Delta x = \frac{1}{n}$

$$\therefore \lim_{n \to \infty} \frac{1}{n} \sum_{k=0}^{n-1} \sqrt{1 - \frac{k^2}{n^2}} = \lim_{n \to \infty} \Delta x \sum_{k=1}^{n} f(x_k) = \int_0^1 f(x)\,dx = \int_0^1 (1 - x^2)^{\frac{1}{2}}\,dx$$

令 $x = \sin \theta$ 則 $dx = \cos x\, d\theta$，藉由變換代換法

$$\int_0^1 (1 - x^2)^{\frac{1}{2}}\,dx = \int_0^{\frac{\pi}{2}} \cos^2 \theta\, d\theta = \int_0^{\frac{\pi}{2}} \frac{1 + \cos 2\theta}{2}\, d\theta = \frac{\pi}{4}$$

範例 18.

$$\text{求 } \lim_{n \to \infty} \sum_{k=1}^{2n} \frac{\pi}{n} \sin \frac{k\pi}{4n} = ?$$

【解】

$$\because \sum_{k=1}^{2n} \frac{\pi}{n} \sin \frac{k\pi}{4n} = \frac{1}{2n} \sum_{k=1}^{2n} 2\pi \sin \left(\frac{k}{2n} \cdot \frac{\pi}{2} \right)$$

令 $f(x) = 2\pi \sin \frac{\pi x}{2}$ 取 $P_n = \left\{ x_i : x_i = \frac{i}{2n}, \forall\, 0 \le i \le 2n \right\}$ 使得 $\Delta x = \frac{1}{2n}$

$$\therefore \lim_{n \to \infty} \sum_{k=1}^{2n} \frac{\pi}{n} \sin \frac{k\pi}{4n} = \lim_{n \to \infty} \frac{1}{2n} \sum_{k=1}^{2n} 2\pi \sin \left(\frac{k}{2n} \cdot \frac{\pi}{2} \right) = \lim_{n \to \infty} \Delta x \sum_{k=1}^{n} f(x_k)$$

$$= \int_0^1 f(x)\,dx = 2\pi \int_0^1 \sin \frac{\pi x}{2}\,dx = -4 \cos \frac{\pi x}{2} \Big|_0^1 = 4$$

範例 19.

$$(1)\,求\ \lim_{n\to\infty}\left(\frac{(3n)!}{2n!\,n^n}\right)^{\frac{1}{n}}=?\qquad (2)\,求\ \lim_{n\to\infty}\frac{\sqrt[n]{n!}}{n}=?$$

【解】

(1)

$$\because\left(\frac{(3n)!}{2n!\,n^n}\right)^{\frac{1}{n}}=\left(\frac{1\cdot2\cdot3\cdots2n(2n+1)\cdots3n}{1\cdot2\cdot3\cdots2n\cdot n^n}\right)^{\frac{1}{n}}=\left(\frac{(2n+1)\cdots(2n+n)}{n^n}\right)^{\frac{1}{n}}$$

$$=\exp\left(\frac{1}{n}\ln\left(\frac{(2n+1)\cdots(2n+n)}{n^n}\right)\right)=\exp\left(\frac{1}{n}\left(\ln\left(2+\frac{1}{n}\right)+\ln\left(2+\frac{2}{n}\right)+\cdots+\ln\left(2+\frac{n}{n}\right)\right)\right)$$

令 $f(x)=\ln(2+x)$,取 $P_n=\left\{x_i:x_i=\frac{i}{n},\forall\,0\le i\le n\right\}$ 使得 $\Delta x=\frac{1}{n}$

$$\therefore\lim_{n\to\infty}\left(\frac{(3n)!}{2n!\,n^n}\right)^{\frac{1}{n}}=\lim_{n\to\infty}\exp\left(\frac{1}{n}\left(\ln\left(2+\frac{1}{n}\right)+\ln\left(2+\frac{2}{n}\right)+\cdots+\ln\left(2+\frac{n}{n}\right)\right)\right)$$

$$=\exp\left(\lim_{n\to\infty}\Delta x\sum_{k=1}^{n}f(x_k)\right)=\exp\left(\int_0^1 f(x)dx\right)=\exp\left(\int_0^1\ln(2+x)\,dx\right)$$

$$=\exp\left(\ln 3-1+2\ln\frac{3}{2}\right)$$

(2)

$$\because\frac{\sqrt[n]{n!}}{n}=\left(\frac{1\cdot2\cdot3\cdots n}{n^n}\right)^{\frac{1}{n}}=\exp\left(\frac{1}{n}\ln\frac{1}{n}\cdot\frac{2}{n}\cdots\frac{n}{n}\right)=\exp\left(\frac{1}{n}\sum_{k=1}^{n}\ln\frac{k}{n}\right)$$

令 $f(x)=\ln x$ 取 $P_n=\left\{x_i:x_i=\frac{i}{n},\forall\,0\le i\le n\right\}$ 使得 $\Delta x=\frac{1}{n}$

$$\therefore\lim_{n\to\infty}\frac{\sqrt[n]{n!}}{n}=\lim_{n\to\infty}\exp\left(\frac{1}{n}\sum_{k=1}^{n}\ln\frac{k}{n}\right)=\exp\left(\lim_{n\to\infty}\Delta x\sum_{k=1}^{n}f(x_k)\right)$$

$$=\exp\left(\int_0^1 f(x)dx\right)=\exp\left(\int_0^1\ln x\,dx\right)=\exp(-1)$$

範例 20.

$$\text{求} \lim_{n \to \infty} \frac{\sqrt[n]{n!}}{pn} =?, \quad \forall p \in N$$

【解】

$$\because \frac{\sqrt[n]{n!}}{pn} = \left(\frac{1 \cdot 2 \cdot 3 \cdots n}{(pn)^n}\right)^{\frac{1}{n}} = \exp\left(\frac{1}{n} \ln \frac{1}{pn} \cdot \frac{2}{pn} \cdots \frac{n}{pn}\right) = \exp\left(\frac{1}{n} \sum_{k=1}^{n} \ln \frac{k}{pn}\right)$$

令 $f(x) = \ln \frac{x}{p}$　取 $P_n = \left\{x_i : x_i = \frac{i}{n}, \forall\, 0 \le i \le n\right\}$ 使得 $\Delta x = \frac{1}{n}$

$$\therefore \lim_{n \to \infty} \frac{\sqrt[n]{n!}}{pn} = \lim_{n \to \infty} \exp\left(\frac{1}{n} \sum_{k=1}^{n} \ln \frac{k}{pn}\right) = \exp\left(\lim_{n \to \infty} \Delta x \sum_{k=1}^{n} f(x_k)\right) = \exp\left(\int_0^1 f(x)dx\right)$$

$$= \exp\left(\int_0^1 \ln\left(\frac{x}{p}\right) dx\right)$$

令 $u = \ln \frac{x}{p}, \ dv = dx$ 則 $du = \frac{1}{x} dx, \ v = x,$ 藉由分部積分法

$$\therefore \int_0^1 \ln \frac{x}{p} dx = x \ln \frac{x}{p}\Big|_0^1 - \int_0^1 1\,dx = -1 - \ln p \ \ \therefore \lim_{n \to \infty} \frac{\sqrt[n]{n!}}{pn} = \exp(-1 - \ln p)$$

範例 21.

$$\text{求} \lim_{n \to \infty} \frac{1}{n}\left(\tan^{-1} \frac{1}{n} + \tan^{-1} \frac{2}{n} + \cdots + \tan^{-1} \frac{n}{n}\right) =?$$

【解】

令 $f(x) = \tan^{-1} x$　取 $P_n = \left\{x_i : x_i = \frac{i}{n}, \forall\, 0 \le i \le n\right\}$ 使得 $\Delta x = \frac{1}{n}$

$$\therefore \lim_{n \to \infty} \frac{1}{n}\left(\tan^{-1} \frac{1}{n} + \tan^{-1} \frac{2}{n} + \cdots + \tan^{-1} \frac{n}{n}\right) = \lim_{n \to \infty} \frac{1}{n} \sum_{k=1}^{n} \tan^{-1} \frac{k}{n}$$

$$= \lim_{n \to \infty} \Delta x \sum_{k=1}^{n} f(x_k) = \int_0^1 f(x)dx = \int_0^1 \tan^{-1} x \, dx$$

令 $u = \tan^{-1} x, \ dv = dx$ 則 $du = \frac{dx}{1 + x^2}, \ v = x,$ 藉由分部積分法

則 $\displaystyle\int \tan^{-1} x \, dx = x \tan^{-1} x - \int \frac{xdx}{1+x^2} = x \tan^{-1} x - \frac{1}{2}\ln(1+x^2) + c$

$\displaystyle \therefore \lim_{n\to\infty} \frac{1}{n}\left(\tan^{-1}\frac{1}{n} + \tan^{-1}\frac{2}{n} + \cdots + \tan^{-1}\frac{n}{n}\right) = \int_0^1 \tan^{-1} x \, dx = \tan^{-1} 1 - \frac{1}{2}\ln 2 = \frac{\pi}{4} - \frac{1}{2}\ln 2$

範例 22.

$\displaystyle \quad 求 \ \lim_{n\to\infty}\frac{1}{n}\left(\frac{1}{n}\ln\frac{1}{n} + \frac{2}{n}\ln\frac{2}{n} + \cdots + \frac{n}{n}\ln\frac{n}{n}\right) = ?$

【解】

令 $f(x) = x \ln x$ 取 $P_n = \left\{x_i : x_i = \dfrac{i}{n}, \forall\, 0 \le i \le n\right\}$ 使得 $\Delta x = \dfrac{1}{n}$

$\displaystyle \therefore \lim_{n\to\infty}\frac{1}{n}\left(\frac{1}{n}\ln\frac{1}{n} + \frac{2}{n}\ln\frac{2}{n} + \cdots + \frac{n}{n}\ln\frac{n}{n}\right) = \lim_{n\to\infty}\frac{1}{n}\sum_{k=1}^{n}\frac{k}{n}\ln\frac{k}{n}$

$\displaystyle = \lim_{n\to\infty}\Delta x \sum_{k=1}^{n} f(x_k) = \int_0^1 f(x)dx = \int_0^1 x \ln x \, dx$

令 $u = \ln x, \ dv = xdx$ 則 $du = \dfrac{dx}{x}, \ v = \dfrac{x^2}{2},$ 藉由分部積分法

則 $\displaystyle\int x\ln x \, dx = \frac{x^2 \ln x}{2} - \int \frac{x}{2}dx = \frac{x^2 \ln x}{2} - \frac{x^2}{4} + c$

$\displaystyle \therefore \lim_{n\to\infty}\frac{1}{n}\left(\frac{1}{n}\ln\frac{1}{n} + \frac{2}{n}\ln\frac{2}{n} + \cdots + \frac{n}{n}\ln\frac{n}{n}\right) = \int_0^1 x \ln x \, dx = -\frac{1}{4}$

範例 23.

$\displaystyle \quad (1)求 \ \lim_{n\to\infty} n^{-\frac{4}{3}} \sum_{k=1}^{n} \sqrt[3]{k} = ?$

$\displaystyle \quad (2)求 \ \lim_{n\to\infty} \frac{\sum_{k=1}^{n} k^3 \sum_{k=1}^{n} k^6}{\sum_{k=1}^{n} k^4 \sum_{k=1}^{n} k^5} = ?$

【解】

(1)

$$\because n^{-\frac{4}{3}} \sum_{k=1}^{n} \sqrt[3]{k} = n^{-1} \sum_{k=1}^{n} \sqrt[3]{\frac{k}{n}}$$

令 $f(x) = \sqrt[3]{x}$ 取 $P_n = \left\{x_i : x_i = \frac{i}{n}, \forall\, 0 \leq i \leq n\right\}$ 使得 $\Delta x = \frac{1}{n}$

$$\therefore \lim_{n \to \infty} \frac{\sum_{k=1}^{n} \sqrt[3]{k}}{n^{\frac{4}{3}}} = \lim_{n \to \infty} \frac{\sum_{k=1}^{n} \sqrt[3]{\frac{k}{n}}}{n} = \lim_{n \to \infty} \Delta x \sum_{k=1}^{n} f(x_k) = \int_0^1 f(x)dx = \int_0^1 \sqrt[3]{x}\,dx = \frac{3}{4}$$

(2)

$$\because \frac{\sum_{k=1}^{n} k^3 \sum_{k=1}^{n} k^6}{\sum_{k=1}^{n} k^4 \sum_{k=1}^{n} k^5} = \frac{\frac{1}{n}\left(\sum_{k=1}^{n}\left(\frac{k}{n}\right)^3\right)\frac{1}{n}\left(\sum_{k=1}^{n}\left(\frac{k}{n}\right)^6\right)}{\frac{1}{n}\left(\sum_{k=1}^{n}\left(\frac{k}{n}\right)^4\right)\frac{1}{n}\left(\sum_{k=1}^{n}\left(\frac{k}{n}\right)^5\right)}$$

令 $f_1(x) = x^3, \ f_2(x) = x^6, \ f_3(x) = x^4, \ f_4(x) = x^5,$

取 $P_n = \left\{x_i : x_i = \frac{i}{n}, \forall\, 0 \leq i \leq n\right\}$ 使得 $\Delta x = \frac{1}{n}$

$$\therefore \lim_{n \to \infty} \frac{\sum_{k=1}^{n} k^3 \sum_{k=1}^{n} k^6}{\sum_{k=1}^{n} k^4 \sum_{k=1}^{n} k^5} = \lim_{n \to \infty} \frac{\frac{1}{n}\left(\sum_{k=1}^{n}\left(\frac{k}{n}\right)^3\right)\frac{1}{n}\left(\sum_{k=1}^{n}\left(\frac{k}{n}\right)^6\right)}{\frac{1}{n}\left(\sum_{k=1}^{n}\left(\frac{k}{n}\right)^4\right)\frac{1}{n}\left(\sum_{k=1}^{n}\left(\frac{k}{n}\right)^5\right)}$$

$$= \frac{\lim\limits_{n \to \infty} \Delta x \sum_{k=1}^{n} f_1(x_k) \lim\limits_{n \to \infty} \Delta x \sum_{k=1}^{n} f_2(x_k)}{\lim\limits_{n \to \infty} \Delta x \sum_{k=1}^{n} f_3(x_k) \lim\limits_{n \to \infty} \Delta x \sum_{k=1}^{n} f_4(x_k)} = \frac{\int_0^1 f_1(x)dx \int_0^1 f_2(x)dx}{\int_0^1 f_3(x)dx \int_0^1 f_4(x)dx}$$

$$= \frac{\int_0^1 x^3 dx \int_0^1 x^6 dx}{\int_0^1 x^4 dx \int_0^1 x^5 dx} = \frac{\frac{1}{4} \cdot \frac{1}{7}}{\frac{1}{5} \cdot \frac{1}{6}} = \frac{15}{14}$$

範例 24.

$$求 \ \lim_{n \to \infty} \frac{\left(\sum_{k=1}^{n} k^\alpha\right)^{\beta+1}}{\left(\sum_{k=1}^{n} k^\beta\right)^{\alpha+1}} = ?, \quad \forall\, \alpha, \beta > 0$$

【解】

$$\because \frac{\left(\sum_{k=1}^n k^\alpha\right)^{\beta+1}}{\left(\sum_{k=1}^n k^\beta\right)^{\alpha+1}} = \frac{n^{(\beta+1)(-1-\alpha)}\left(\sum_{k=1}^n k^\alpha\right)^{\beta+1}}{n^{(\alpha+1)(-1-\beta)}\left(\sum_{k=1}^n k^\beta\right)^{\alpha+1}} = \frac{\left(\frac{1}{n}\sum_{k=1}^n \left(\frac{k}{n}\right)^\alpha\right)^{\beta+1}}{\left(\frac{1}{n}\sum_{k=1}^n \left(\frac{k}{n}\right)^\beta\right)^{\alpha+1}}$$

令 $f(x) = x^\alpha$, $g(x) = x^\beta$ 取 $P_n = \left\{x_i : x_i = \dfrac{i}{n}, \forall\, 0 \le i \le n\right\}$ 使得 $\Delta x = \dfrac{1}{n}$

$$\therefore \lim_{n\to\infty} \frac{\left(\sum_{k=1}^n k^\alpha\right)^{\beta+1}}{\left(\sum_{k=1}^n k^\beta\right)^{\alpha+1}} = \lim_{n\to\infty} \frac{\left(\frac{1}{n}\sum_{k=1}^n \left(\frac{k}{n}\right)^\alpha\right)^{\beta+1}}{\left(\frac{1}{n}\sum_{k=1}^n \left(\frac{k}{n}\right)^\beta\right)^{\alpha+1}} = \frac{\left(\lim\limits_{n\to\infty}\Delta x \sum_{k=1}^n f(x_k)\right)^{\beta+1}}{\left(\lim\limits_{n\to\infty}\Delta x \sum_{k=1}^n g(x_k)\right)^{\alpha+1}}$$

$$= \frac{\left(\int_0^1 x^\alpha\, dx\right)^{\beta+1}}{\left(\int_0^1 x^\beta\, dx\right)^{\alpha+1}} = \frac{(\beta+1)^{\alpha+1}}{(\alpha+1)^{\beta+1}}$$

範例 25.

$$求\ \lim_{n\to\infty} \frac{(\frac{1}{3}+\frac{1}{3n})^p + (\frac{1}{3}+\frac{2}{3n})^p + \cdots + (\frac{1}{3}+\frac{n}{3n})^p}{(\frac{1}{3n})^p + (\frac{2}{3n})^p + \cdots + (\frac{n}{3n})^p} =?,\ \ \forall\, p > -1$$

【解】

令 $p > -1$, $\ \because \dfrac{(\frac{1}{3}+\frac{1}{3n})^p + (\frac{1}{3}+\frac{2}{3n})^p + \cdots + (\frac{1}{3}+\frac{n}{3n})^p}{(\frac{1}{3n})^p + (\frac{2}{3n})^p + \cdots + (\frac{n}{3n})^p} = \dfrac{\frac{1}{n}\sum_{k=1}^n \left(\frac{1}{3}+\frac{k}{3n}\right)^p}{\frac{1}{n}\sum_{k=1}^n \left(\frac{k}{3n}\right)^p}$

令 $f_1(x) = \left(\dfrac{1}{3}+\dfrac{x}{3}\right)^p$, $\ f_2(x) = \left(\dfrac{x}{3}\right)^p$

取 $P_n = \left\{x_i : x_i = \dfrac{i}{n}, \forall\, 0 \le i \le n\right\}$ 使得 $\Delta x = \dfrac{1}{n}$

$$\therefore \lim_{n\to\infty} \frac{(\frac{1}{3}+\frac{1}{3n})^p + (\frac{1}{3}+\frac{2}{3n})^p + \cdots + (\frac{1}{3}+\frac{n}{3n})^p}{(\frac{1}{3n})^p + (\frac{2}{3n})^p + \cdots + (\frac{n}{3n})^p} = \lim_{n\to\infty} \frac{\frac{1}{n}\sum_{k=1}^n \left(\frac{1}{3}+\frac{k}{3n}\right)^p}{\frac{1}{n}\sum_{k=1}^n \left(\frac{k}{3n}\right)^p}$$

$$= \frac{\lim\limits_{n\to\infty}\Delta x \sum_{k=1}^n f_1(x_k)}{\lim\limits_{n\to\infty}\Delta x \sum_{k=1}^n f_2(x_k)} = \frac{\int_0^1 f_1(x)dx}{\int_0^1 f_2(x)dx} = \frac{\int_0^1 \left(\frac{1}{3}+\frac{x}{3}\right)^p dx}{\int_0^1 \left(\frac{x}{3}\right)^p dx} = \frac{(\frac{2}{3})^{p+1} - (\frac{1}{3})^{p+1}}{(\frac{1}{3})^{p+1}}$$

範例 26.

$$\text{求 } \lim_{n \to \infty} \frac{(\frac{1}{q} + \frac{1}{q \cdot n})^p + (\frac{1}{q} + \frac{2}{q \cdot n})^p + \cdots + (\frac{1}{q} + \frac{n}{q \cdot n})^p}{(\frac{1}{q \cdot n})^p + (\frac{2}{q \cdot n})^p + \cdots + (\frac{n}{q \cdot n})^p} = ?, \quad \forall \, p > -1, q \in N$$

【解】

令 $p > -1, q \in N$

$$\because \frac{\left(\frac{1}{q} + \frac{1}{q \cdot n}\right)^p + \left(\frac{1}{q} + \frac{2}{q \cdot n}\right)^p + \cdots + \left(\frac{1}{q} + \frac{n}{q \cdot n}\right)^p}{\left(\frac{1}{q \cdot n}\right)^p + \left(\frac{2}{q \cdot n}\right)^p + \cdots + \left(\frac{n}{q \cdot n}\right)^p} = \frac{\frac{1}{n}\sum_{k=1}^{n}\left(\frac{1}{q} + \frac{k}{qn}\right)^p}{\frac{1}{n}\sum_{k=1}^{n}\left(\frac{k}{qn}\right)^p}$$

令 $f_1(x) = \left(\frac{1}{q} + \frac{x}{q}\right)^p$, $f_2(x) = \left(\frac{x}{q}\right)^p$ 取 $P_n = \left\{x_i : x_i = \frac{i}{n}, \forall \, 0 \leq i \leq n\right\}$ 使得 $\Delta x = \frac{1}{n}$

$$\therefore \lim_{n \to \infty} \frac{\left(\frac{1}{q} + \frac{1}{q \cdot n}\right)^p + \left(\frac{1}{q} + \frac{2}{q \cdot n}\right)^p + \cdots + \left(\frac{1}{q} + \frac{n}{q \cdot n}\right)^p}{\left(\frac{1}{q \cdot n}\right)^p + \left(\frac{2}{q \cdot n}\right)^p + \cdots + \left(\frac{n}{q \cdot n}\right)^p} = \lim_{n \to \infty} \frac{\frac{1}{n}\sum_{k=1}^{n}\left(\frac{1}{q} + \frac{k}{qn}\right)^p}{\frac{1}{n}\sum_{k=1}^{n}\left(\frac{k}{qn}\right)^p}$$

$$= \frac{\lim\limits_{n \to \infty} \Delta x \sum_{k=1}^{n} f_1(x_k)}{\lim\limits_{n \to \infty} \Delta x \sum_{k=1}^{n} f_2(x_k)} = \frac{\int_0^1 f_1(x)dx}{\int_0^1 f_2(x)dx} = \frac{\int_0^1 \left(\frac{1}{q} + \frac{x}{q}\right)^p dx}{\int_0^1 \left(\frac{x}{q}\right)^p dx} = \frac{\left(\frac{2}{q}\right)^{p+1} - \left(\frac{1}{q}\right)^{p+1}}{\left(\frac{1}{q}\right)^{p+1}}$$

範例 27.

$$\text{求 } \lim_{n \to \infty} \frac{1}{n^2}\left((1^{\frac{1}{2}} + n^{\frac{1}{2}})^2 + (2^{\frac{1}{2}} + n^{\frac{1}{2}})^2 + \cdots + (n^{\frac{1}{2}} + n^{\frac{1}{2}})^2\right) = ?$$

【解】

$$\because \frac{1}{n^2}\left((1^{\frac{1}{2}} + n^{\frac{1}{2}})^2 + (2^{\frac{1}{2}} + n^{\frac{1}{2}})^2 + \cdots + (n^{\frac{1}{2}} + n^{\frac{1}{2}})^2\right)$$

$$= \frac{1}{n}\left(\left(\sqrt{\frac{1}{n}} + 1\right)^2 + \left(\sqrt{\frac{2}{n}} + 1\right)^2 + \cdots + \left(\sqrt{\frac{n}{n}} + 1\right)^2\right)$$

令 $f(x) = (1 + x^{\frac{1}{2}})^2$ 取 $P_n = \left\{x_i : x_i = \frac{i}{n}, \forall \, 0 \leq i \leq n\right\}$ 使得 $\Delta x = \frac{1}{n}$

$$\therefore \lim_{n\to\infty}\frac{1}{n^2}\left((1^{\frac{1}{2}}+n^{\frac{1}{2}})^2+(2^{\frac{1}{2}}+n^{\frac{1}{2}})^2+\cdots+(n^{\frac{1}{2}}+n^{\frac{1}{2}})^2\right)=\lim_{n\to\infty}\frac{1}{n}\sum_{k=1}^{n}\left(\left(\frac{k}{n}\right)^{\frac{1}{2}}+1\right)^2$$

$$=\lim_{n\to\infty}\Delta x\sum_{k=1}^{n}f(x_k)=\int_0^1 f(x)dx=\int_0^1(1+x^{\frac{1}{2}})^2dx=\int_0^1 1+2x^{\frac{1}{2}}+x\,dx$$

$$=x+\frac{4x^{\frac{3}{2}}}{3}+\frac{x^2}{2}\Bigg|_0^1=\frac{17}{6}$$

範例 28.

$$求\ \lim_{n\to\infty}\frac{1}{n}\left(\sec\frac{1}{n}+\sec\frac{2}{n}+\cdots+\sec\frac{n}{n}\right)=?$$

【解】

$$令 f(x)=\sec x\ \ 取\ P_n=\left\{x_i:x_i=\frac{i}{n},\forall\,0\le i\le n\right\}使得\ \Delta x=\frac{1}{n}$$

$$\therefore \lim_{n\to\infty}\frac{1}{n}\left(\sec\frac{1}{n}+\sec\frac{2}{n}+\cdots+\sec\frac{n}{n}\right)=\lim_{n\to\infty}\frac{1}{n}\sum_{k=1}^{n}\sec\frac{k}{n}=\lim_{n\to\infty}\Delta x\sum_{k=1}^{n}f(x_k)$$

$$=\int_0^1 f(x)dx=\int_0^1\sec x\,dx$$

$$\because(\sec x)'=\tan x\sec x\ 且\ (\tan x)'=\sec^2 x\ \therefore(\tan x+\sec x)'=(\tan x+\sec x)\sec x$$

$$令 u=\tan x+\sec x\ 則\ du=(\tan x+\sec x)\sec x\,dx,\ 藉由變換代換法$$

$$\therefore\int\sec x\,dx=\int\frac{(\tan x+\sec x)\sec x}{\tan x+\sec x}dx=\int\frac{du}{u}=\ln|u|=\ln|\tan x+\sec x|+c$$

$$\therefore\lim_{n\to\infty}\frac{1}{n}\left(\sec\frac{1}{n}+\sec\frac{2}{n}+\cdots+\sec\frac{n}{n}\right)=\int_0^1\sec x\,dx=\ln\tan 1+\sec 1$$

範例 29.

$$求\ \lim_{n\to\infty}\frac{1}{n}\left(\sin^3\frac{1}{n}+\sin^3\frac{2}{n}+\cdots+\sin^3\frac{n}{n}\right)=?$$

【解】

$$令 f(x)=\sin^3 x\ 取\ P_n=\left\{x_i:x_i=\frac{i}{n},\forall\,0\le i\le n\right\}使得\ \Delta x=\frac{1}{n}$$

$$\therefore \lim_{n\to\infty}\frac{1}{n}\left(\sin^3\frac{1}{n}+\sin^3\frac{2}{n}+\cdots+\sin^3\frac{n}{n}\right)=\lim_{n\to\infty}\frac{1}{n}\sum_{k=1}^{n}\sin^3\frac{k}{n}$$

$$=\lim_{n\to\infty}\Delta x\sum_{k=1}^{n}f(x_k)=\int_0^1 f(x)dx=\int_0^1 \sin^3 x\,dx$$

$$\because \int \sin^3 x\,dx=\int \sin x\sin^2 x\,dx=\int \sin x\,(1-\cos^2 x)\,dx$$

令 $u=\cos x$ 則 $du=-\sin x\,dx$, 藉由變換代換法

$$\therefore \int \sin x\,(1-\cos^2 x)\,dx=\int -(1-u^2)\,du=-u+\frac{u^3}{3}+c=-\cos x+\frac{\cos^3 x}{3}+c$$

$$\therefore \lim_{n\to\infty}\frac{1}{n}\left(\sin^3\frac{1}{n}+\sin^3\frac{2}{n}+\cdots+\sin^3\frac{n}{n}\right)=\int_0^1 \sin^3 x\,dx$$

$$=-\cos 1+1+\frac{1}{3}(\cos^3 1-1)=-\cos 1+\frac{2}{3}+\frac{1}{3}\cos^3 1$$

範例 30.

$$求\ \lim_{n\to\infty}\frac{1}{n}\left(\tan^3\frac{1}{n}+\tan^3\frac{2}{n}+\cdots+\tan^3\frac{n}{n}\right)=?$$

【解】

令 $f(x)=\tan^3 x$ 取 $P_n=\left\{x_i:x_i=\frac{i}{n},\forall\,0\le i\le n\right\}$ 使得 $\Delta x=\frac{1}{n}$

$$\therefore \lim_{n\to\infty}\frac{1}{n}\left(\tan^3\frac{1}{n}+\tan^3\frac{2}{n}+\cdots+\tan^3\frac{n}{n}\right)=\lim_{n\to\infty}\frac{1}{n}\sum_{k=1}^{n}\tan^3\frac{k}{n}$$

$$=\lim_{n\to\infty}\Delta x\sum_{k=1}^{n}f(x_k)=\int_0^1 f(x)dx=\int_0^1 \tan^3 x\,dx$$

$$\because \int \tan^3 x\,dx=\int \frac{\tan^2 x\tan x\sec x}{\sec x}\,dx=\int \frac{(\sec^2 x-1)\tan x\sec x}{\sec x}\,dx$$

令 $u=\sec x$ 則 $du=\tan x\sec x\,dx$, 藉由變換代換法

$$\int \tan^3 x\,dx=\int \frac{(\sec^2 x-1)\tan x\sec x}{\sec x}\,dx=\int u-\frac{1}{u}\,du=\frac{u^2}{2}-\ln|u|+c$$

$$= \frac{\sec^2 x}{2} - \ln|\sec x| + c$$

$$\therefore \lim_{n \to \infty} \frac{1}{n}\left(\tan^3 \frac{1}{n} + \tan^3 \frac{2}{n} + \cdots + \tan^3 \frac{n}{n}\right) = \int_0^1 \tan^3 x \, dx = \frac{\sec^2 1}{2} - \ln \sec 1 - \frac{1}{2}$$

範例 31.

$$求 \ \lim_{n \to \infty} \frac{1}{n}\left(\sin^4 \frac{1}{n} + \sin^4 \frac{2}{n} + \cdots + \sin^4 \frac{n}{n}\right) = ?$$

【解】

$$令 f(x) = \sin^4 x \ \ 取 \ P_n = \left\{x_i : x_i = \frac{i}{n}, \forall \, 0 \leq i \leq n\right\} 使得 \Delta x = \frac{1}{n}$$

$$\therefore \lim_{n \to \infty} \frac{1}{n}\left(\sin^4 \frac{1}{n} + \sin^4 \frac{2}{n} + \cdots + \sin^4 \frac{n}{n}\right) = \lim_{n \to \infty} \frac{1}{n}\sum_{k=1}^{n} \sin^4 \frac{k}{n} = \lim_{n \to \infty} \Delta x \sum_{k=1}^{n} f(x_k)$$

$$= \int_0^1 f(x)dx = \int_0^1 \sin^4 x \, dx$$

$$\because \int \sin^4 x \, dx = \int (\sin^2 x)^2 dx = \int \left(\frac{1 - \cos 2x}{2}\right)^2 dx$$

$$= \int \frac{1 - 2\cos 2x + \cos^2 2x}{4} dx = \int \frac{1 - 2\cos 2x + \dfrac{1 + \cos 4x}{2}}{4} dx$$

$$= \frac{1}{4}\int \frac{3}{2} - 2\cos 2x + \frac{\cos 4x}{2} dx = \frac{1}{4}\left(\frac{3x}{2} - \sin 2x + \frac{1}{8}\sin 4x\right) + c$$

$$\therefore \lim_{n \to \infty} \frac{1}{n}\left(\sin^4 \frac{1}{n} + \sin^4 \frac{2}{n} + \cdots + \sin^4 \frac{n}{n}\right) = \int_0^1 \sin^4 x \, dx = \frac{1}{4}\left(\frac{3}{2} - \sin 2 + \frac{1}{8}\sin 4\right)$$

範例 32.

$$求 \ \lim_{n \to \infty} \frac{1}{n}\left(\sin^5 \frac{1}{n} + \sin^5 \frac{2}{n} + \cdots + \sin^5 \frac{n}{n}\right) = ?$$

【解】

$$令 f(x) = \sin^5 x \ \ 取 \ P_n = \left\{x_i : x_i = \frac{i}{n}, \forall \, 0 \leq i \leq n\right\} 使得 \Delta x = \frac{1}{n}$$

$$\therefore \lim_{n\to\infty} \frac{1}{n}\left(\sin^5\frac{1}{n} + \sin^5\frac{2}{n} + \cdots + \sin^5\frac{n}{n}\right) = \lim_{n\to\infty} \frac{1}{n}\sum_{k=1}^{n}\sin^5\frac{k}{n} = \lim_{n\to\infty}\Delta x \sum_{k=1}^{n} f(x_k)$$

$$= \int_0^1 f(x)dx = \int_0^1 \sin^5 x\, dx$$

$$\because \int \sin^5 x\, dx = \int \sin^4 x(\sin x)\,dx = \int (1-\cos^2 x)^2 \sin x\, dx$$

令 $u = \cos x$ 則 $du = -\sin x\, dx$, 藉由變換代換法

$$\therefore \int (1-\cos^2 x)^2 \sin x\, dx = -\int (1-u^2)^2 du = -\int u^4 - 2u^2 + 1\, du$$

$$= -\left(\frac{u^5}{5} - \frac{2}{3}u^3 + u\right) + c = -\left(\frac{\cos^5 x}{5} - \frac{2}{3}\cos^3 x + \cos x\right) + c$$

$$\therefore \lim_{n\to\infty} \frac{1}{n}\left(\sin^5\frac{1}{n} + \sin^5\frac{2}{n} + \cdots + \sin^5\frac{n}{n}\right) = \int_0^1 \sin^5 x\, dx$$

$$= -\left(\frac{\cos^5 1}{5} - \frac{2}{3}\cos^3 1 + \cos 1 - \left(\frac{1}{5} - \frac{2}{3} + 1\right)\right) = -\left(\frac{\cos^5 1}{5} - \frac{2}{3}\cos^3 1 + \cos 1 - \frac{8}{15}\right)$$

範例 33.

$$求\ \lim_{n\to\infty} \frac{1}{n}\left(\frac{\left(\sin^{-1}\frac{1}{n}\right)^2}{\sqrt{1-\left(\frac{1}{n}\right)^2}} + \frac{\left(\sin^{-1}\frac{2}{n}\right)^2}{\sqrt{1-\left(\frac{2}{n}\right)^2}} + \cdots + \frac{\left(\sin^{-1}\frac{n}{n}\right)^2}{\sqrt{1-\left(\frac{n}{n}\right)^2}}\right) = ?$$

【解】

$$令 f(x) = \frac{(\sin^{-1}x)^2}{\sqrt{1-x^2}}\ \ 取\ P_n = \left\{x_i: x_i = \frac{i}{n}, \forall\, 0 \le i \le n\right\} 使得 \Delta x = \frac{1}{n}$$

$$\therefore \lim_{n\to\infty} \frac{1}{n}\left(\frac{\left(\sin^{-1}\frac{1}{n}\right)^2}{\sqrt{1-\left(\frac{1}{n}\right)^2}} + \frac{\left(\sin^{-1}\frac{2}{n}\right)^2}{\sqrt{1-\left(\frac{2}{n}\right)^2}} + \cdots + \frac{\left(\sin^{-1}\frac{n}{n}\right)^2}{\sqrt{1-\left(\frac{n}{n}\right)^2}}\right) = \lim_{n\to\infty} \frac{1}{n}\sum_{k=1}^{n}\frac{\left(\sin^{-1}\frac{k}{n}\right)^2}{\sqrt{1-\left(\frac{k}{n}\right)^2}}$$

$$= \lim_{n\to\infty}\Delta x \sum_{k=1}^{n} f(x_k) = \int_0^1 f(x)dx = \int_0^1 \frac{(\sin^{-1}x)^2}{\sqrt{1-x^2}}\, dx$$

令 $u = \sin^{-1} x$ 則 $du = \dfrac{dx}{\sqrt{1-x^2}}$，藉由變數代換法

則 $\displaystyle\int \frac{(\sin^{-1} x)^2}{\sqrt{1-x^2}}\, dx = \int u^2 du = \frac{u^3}{3} = \frac{(\sin^{-1} x)^3}{3} + c$

$\therefore \displaystyle\lim_{n\to\infty} \frac{1}{n}\left(\frac{\left(\sin^{-1}\frac{1}{n}\right)^2}{\sqrt{1-\left(\frac{1}{n}\right)^2}} + \frac{\left(\sin^{-1}\frac{2}{n}\right)^2}{\sqrt{1-\left(\frac{2}{n}\right)^2}} + \cdots + \frac{\left(\sin^{-1}\frac{n}{n}\right)^2}{\sqrt{1-\left(\frac{n}{n}\right)^2}} \right) = \int_0^1 \frac{(\sin^{-1} x)^2}{\sqrt{1-x^2}}\, dx$

$= \dfrac{(\sin^{-1} 1)^3}{3} = \dfrac{\left(\frac{\pi}{2}\right)^3}{3}$

範例 34.

$\qquad$ 求 $\displaystyle\lim_{n\to\infty} \frac{1}{n}\left(\ln\frac{1}{n} + \ln\frac{2}{n} + \cdots + \ln\frac{n}{n} \right) = ?$

【解】

令 $f(x) = \ln x$ 取 $P_n = \left\{ x_i : x_i = \dfrac{i}{n}, \forall\, 0 \le i \le n \right\}$ 使得 $\Delta x = \dfrac{1}{n}$

$\therefore \displaystyle\lim_{n\to\infty} \frac{1}{n}\left(\ln\frac{1}{n} + \ln\frac{2}{n} + \cdots + \ln\frac{n}{n} \right) = \lim_{n\to\infty} \frac{1}{n} \sum_{k=1}^{n} \ln\frac{k}{n} = \lim_{n\to\infty} \Delta x \sum_{k=1}^{n} f(x_k)$

$= \displaystyle\int_0^1 f(x)\,dx = \int_0^1 \ln x\, dx$

令 $u = \ln x,\ dv = dx$ 則 $du = \dfrac{dx}{x},\ v = x,$ 藉由分部積分法

則 $\displaystyle\int \ln x\, dx = x\ln x - \int x\,\frac{dx}{x} = x\ln x - x + c$

$\therefore \displaystyle\lim_{n\to\infty} \frac{1}{n}\left(\ln\frac{1}{n} + \ln\frac{2}{n} + \cdots + \ln\frac{n}{n} \right) = \int_0^1 \ln x\, dx = -1$

範例 35.

$\qquad$ 求 $\displaystyle\lim_{n\to\infty} \frac{1}{n}\left(\frac{1}{n}\cos\frac{1}{n} + \frac{2}{n}\cos\frac{2}{n} + \cdots + \frac{n}{n}\cos\frac{n}{n} \right) = ?$

【解】

令 $f(x) = x\cos x$　取 $P_n = \left\{x_i : x_i = \dfrac{i}{n}, \forall\, 0 \le i \le n\right\}$ 使得 $\Delta x = \dfrac{1}{n}$

$$\therefore \lim_{n\to\infty} \frac{1}{n}\left(\frac{1}{n}\cos\frac{1}{n} + \frac{2}{n}\cos\frac{2}{n} + \cdots + \frac{n}{n}\cos\frac{n}{n}\right) = \lim_{n\to\infty}\frac{1}{n}\sum_{k=1}^{n}\frac{k}{n}\cos\frac{k}{n}$$

$$= \lim_{n\to\infty}\Delta x \sum_{k=1}^{n} f(x_k) = \int_0^1 f(x)dx = \int_0^1 x\cos x\, dx$$

令 $u = x,\ dv = \cos x\, dx$ 則 $du = dx,\ v = \sin x$，藉由分部積分法

則 $\displaystyle\int x\cos x\, dx = x\sin x - \int \sin x\, dx = x\sin x + \cos x + c$

$$\therefore \lim_{n\to\infty} \frac{1}{n}\left(\frac{1}{n}\cos\frac{1}{n} + \frac{2}{n}\cos\frac{2}{n} + \cdots + \frac{n}{n}\cos\frac{n}{n}\right) = \int_0^1 x\cos x\, dx = \sin 1 + \cos 1 - 1$$

範例 36.

$$求\ \lim_{n\to\infty}\frac{1}{n}\left(\sin^{-1}\frac{1}{n} + \sin^{-1}\frac{2}{n} + \cdots + \sin^{-1}\frac{n}{n}\right) =?$$

【解】

令 $f(x) = \sin^{-1} x$　取 $P_n = \left\{x_i : x_i = \dfrac{i}{n}, \forall\, 0 \le i \le n\right\}$ 使得 $\Delta x = \dfrac{1}{n}$

$$\therefore \lim_{n\to\infty}\frac{1}{n}\left(\sin^{-1}\frac{1}{n} + \sin^{-1}\frac{2}{n} + \cdots + \sin^{-1}\frac{n}{n}\right) = \lim_{n\to\infty}\frac{1}{n}\sum_{k=1}^{n}\sin^{-1}\frac{k}{n}$$

$$= \lim_{n\to\infty}\Delta x \sum_{k=1}^{n} f(x_k) = \int_0^1 f(x)dx = \int_0^1 \sin^{-1} x\, dx$$

令 $u = \sin^{-1} x,\ dv = dx$，則 $du = \dfrac{dx}{\sqrt{1-x^2}},\ v = x$，藉由分部積分法

則 $\displaystyle\int \sin^{-1} x\, dx = x\sin^{-1} x - \int \frac{x\,dx}{\sqrt{1-x^2}}$

令 $t = 1 - x^2$，則 $dt = -2x\,dx$，藉由變數代換法

則 $\displaystyle\int \frac{x\,dx}{\sqrt{1-x^2}} = -\int \frac{dt}{2\sqrt{t}} = -\sqrt{t} = -\sqrt{1-x^2}$

$$\therefore \int \sin^{-1} x \, dx = x \sin^{-1} x - \int \frac{x dx}{\sqrt{1-x^2}} = x \sin^{-1} x + \sqrt{1-x^2} + c$$

$$\therefore \lim_{n\to\infty} \frac{1}{n}\left(\sin^{-1}\frac{1}{n} + \sin^{-1}\frac{2}{n} + \cdots + \sin^{-1}\frac{n}{n}\right) = \int_0^1 \sin^{-1} x \, dx = \sin^{-1} 1 - 1 = \frac{\pi}{2} - 1$$

範例 37.

$$求 \lim_{n\to\infty} \frac{1}{n}\left(\frac{1}{n}\tan^{-1}\frac{1}{n} + \frac{2}{n}\tan^{-1}\frac{2}{n} + \cdots + \frac{n}{n}\tan^{-1}\frac{n}{n}\right) =?$$

【解】

$$令 f(x) = x \tan^{-1} x \quad 取 \ P_n = \left\{x_i : x_i = \frac{i}{n}, \forall\, 0 \le i \le n\right\} 使得 \Delta x = \frac{1}{n}$$

$$\therefore \lim_{n\to\infty} \frac{1}{n}\left(\frac{1}{n}\tan^{-1}\frac{1}{n} + \frac{2}{n}\tan^{-1}\frac{2}{n} + \cdots + \frac{n}{n}\tan^{-1}\frac{n}{n}\right) = \lim_{n\to\infty} \frac{1}{n}\sum_{k=1}^{n} \frac{k}{n}\tan^{-1}\frac{k}{n}$$

$$= \lim_{n\to\infty} \Delta x \sum_{k=1}^{n} f(x_k) = \int_0^1 f(x)dx = \int_0^1 x \tan^{-1} x \, dx$$

$$令 u = \tan^{-1} x, \ dv = xdx \quad 則 \ du = \frac{dx}{1+x^2}, \ v = \frac{x^2}{2}, \ 藉由分部積分法$$

$$則 \int x\tan^{-1} x \, dx = \frac{x^2}{2}\tan^{-1} x - \frac{1}{2}\int \frac{x^2 dx}{1+x^2} = \frac{x^2}{2}\tan^{-1} x - \frac{1}{2}\int \frac{1+x^2-1 dx}{1+x^2}$$

$$= \frac{x^2}{2}\tan^{-1} x - \frac{x}{2} + \frac{1}{2}\tan^{-1} x + c$$

$$\therefore \lim_{n\to\infty} \frac{1}{n}\left(\frac{1}{n}\tan^{-1}\frac{1}{n} + \frac{2}{n}\tan^{-1}\frac{2}{n} + \cdots + \frac{n}{n}\tan^{-1}\frac{n}{n}\right) = \int_0^1 x \tan^{-1} x \, dx$$

$$= \frac{1}{2}\tan^{-1} 1 - \frac{1}{2} + \frac{1}{2}\tan^{-1} 1 = \frac{\pi}{4} - \frac{1}{2}$$

範例 38.

$$求 \lim_{n\to\infty} \frac{1}{n}\left(\sin\ln\frac{1}{n} + \sin\ln\frac{2}{n} + \cdots + \sin\ln\frac{n}{n}\right) =?$$

【解】

$$令 f(x) = \sin\ln x \quad 取 \ P_n = \left\{x_i : x_i = \frac{i}{n}, \forall\, 0 \le i \le n\right\} 使得 \Delta x = \frac{1}{n}$$

$$\therefore \lim_{n\to\infty} \frac{1}{n}\left(\sin\ln\frac{1}{n} + \sin\ln\frac{2}{n} + \cdots + \sin\ln\frac{n}{n}\right) = \lim_{n\to\infty}\frac{1}{n}\sum_{k=1}^{n}\sin\ln\frac{k}{n}$$

$$= \lim_{n\to\infty}\Delta x\sum_{k=1}^{n}f(x_k) = \int_0^1 f(x)dx = \int_0^1 \sin\ln x\, dx$$

令 $u = \ln x$ 則 $e^u du = dx$，　藉由變數代換法

$$\therefore \int \sin(\ln x)\, dx = \int e^u \sin u\, du = e^u\sin u - \int e^u\cos u\, du$$

$$= e^u\sin u - \left(e^u\cos u + \int e^u\sin u\, du\right)$$

$$\Rightarrow \int \sin(\ln x)\, dx = \int e^u\sin u\, du = \frac{e^u\sin u - e^u\cos u}{2} = \frac{(x\sin\ln x - x\cos\ln x)}{2} + c$$

$$\therefore \lim_{n\to\infty}\frac{1}{n}\left(\sin\ln\frac{1}{n} + \sin\ln\frac{2}{n} + \cdots + \sin\ln\frac{n}{n}\right) = \int_0^1 \sin\ln x\, dx = \frac{\sin\ln 1 - \cos\ln 1}{2}$$

5.3.3　**Leibniz 微分公式的應用**

【**定理**】Leibniz 微分公式

假設 $F\big(x, g(x), h(x)\big) = \displaystyle\int_{h(x)}^{g(x)} f(x,t)dt$ 且 $f(x,t), g(x)$ 以及 $h(x)$ 皆可微

則 $F'(x) = \displaystyle\int_{h(x)}^{g(x)} \frac{\partial}{\partial x}f(x,t)dt + f(x, g(x))g'(x) - f(x, h(x))h'(x)$

<u>Proof:</u>

Let $F\big(x, g(x), h(x)\big) = \displaystyle\int_{h(x)}^{g(x)} f(x,t)dt$ then $\dfrac{d}{dx}F\big(x, g(x), h(x)\big) = \dfrac{\partial F}{\partial x} + \dfrac{\partial F}{\partial g}\cdot\dfrac{\partial g}{\partial x} + \dfrac{\partial F}{\partial h}\cdot\dfrac{\partial h}{\partial x}$

$\because \dfrac{\partial F}{\partial x} = \displaystyle\int_{h(x)}^{g(x)} \frac{\partial}{\partial x}f(x,t)dt,\ \ \dfrac{\partial F}{\partial g}\cdot\dfrac{\partial g}{\partial x} = f(x, g(x))g'(x)$ and $\dfrac{\partial F}{\partial h}\cdot\dfrac{\partial h}{\partial x} = -f(x, h(x))h'(x)$

$\therefore F'(x) = \displaystyle\int_{h(x)}^{g(x)} \frac{\partial}{\partial x}f(x,t)dt + f(x, g(x))g'(x) - f(x, h(x))h'(x)$

考試類型:

題型 **1.**

Assume $F(x) = \displaystyle\int_{h(x)}^{g(x)} f(x,t)dt$，求 $F'(x) =?$

解題流程:

$$F'(x) = \int_{h(x)}^{g(x)} \frac{\partial}{\partial x} f(x,t)dt + f\big(x,g(x)\big)g'(x) - f\big(x,h(x)\big)h'(x)$$

<u>範例說明</u>:

(I) 求 $\dfrac{d}{dx}\displaystyle\int_{\tan 2x}^{\cos x} e^t dt =?$

藉由 Leibniz 微分公式 則 $\dfrac{d}{dx}\displaystyle\int_{\tan 2x}^{\cos x} e^t dt = e^{\cos x}(\cos x)' - e^{\tan 2x}(\tan 2x)'$

題型 2.

求 $\displaystyle\lim_{x\to a} \frac{1}{p(x)} \int_{h(x)}^{g(x)} f(t)dt =?$ 其中 $\displaystyle\lim_{x\to a} g(x) = \lim_{x\to a} h(x)$ 且 $\displaystyle\lim_{x\to a} p(x) = 0$

使用 Leibniz 微分公式結合羅比達法則求極限的問題

解題流程:

Step1.

藉由羅比達法則 $\displaystyle\lim_{x\to a} \frac{1}{p(x)} \int_{h(x)}^{g(x)} f(t)dt = \lim_{x\to a} \frac{\left(\int_{h(x)}^{g(x)} f(t)dt\right)'}{p'(x)}$

Step2.

藉由 Leibniz 微分公式 $\displaystyle\lim_{x\to a} \frac{\left(\int_{h(x)}^{g(x)} f(t)dt\right)'}{p'(x)} = \lim_{x\to a} \frac{f\big(g(x)\big)g'(x) - f\big(h(x)\big)h'(x)}{p'(x)}$

Step3.

求 $\displaystyle\lim_{x\to a} \frac{f\big(g(x)\big)g'(x) - f\big(h(x)\big)h'(x)}{p'(x)} =?$

<u>範例說明</u>:

(I) 求 $\displaystyle\lim_{x\to 0} \frac{1}{x^8} \int_0^{x^2} \tan t^3 dt =?$

藉由羅比達法則 $\displaystyle\lim_{x\to 0} \frac{1}{x^8} \int_0^{x^2} \tan t^3 dt = \lim_{x\to 0} \frac{\frac{\partial}{\partial x}(\int_0^{x^2} \tan t^3 dt)}{8x^7}$

藉由 Leibniz 微分公式則 $\lim\limits_{x\to 0}\dfrac{\frac{\partial}{\partial x}\left(\int_0^{x^2}\tan t^3\,dt\right)}{8x^7}=\lim\limits_{x\to 0}\dfrac{2x\tan x^6}{8x^7}=\lim\limits_{x\to 0}\dfrac{\tan x^6}{4x^6}=\dfrac{1}{4}$

題型 3.

求 $\lim\limits_{x\to a}\dfrac{\int_{h_1(x)}^{g_1(x)} f_1(t)\,dt}{\int_{h_2(x)}^{g_2(x)} f_2(t)\,dt}=?$ 其中 $\lim\limits_{x\to a} g_1(x)=\lim\limits_{x\to a} h_1(x)$ 且 $\lim\limits_{x\to a} g_2(x)=\lim\limits_{x\to a} h_2(x)$

使用 Leibniz 微分公式結合羅比達法則求極限的問題

解題流程:

Step1.

藉由羅比達法則 $\lim\limits_{x\to a}\dfrac{\int_{h_1(x)}^{g_1(x)} f_1(t)\,dt}{\int_{h_2(x)}^{g_2(x)} f_2(t)\,dt}=\lim\limits_{x\to a}\dfrac{\left(\int_{h_1(x)}^{g_1(x)} f_1(t)\,dt\right)'}{\left(\int_{h_2(x)}^{g_2(x)} f_2(t)\,dt\right)'}$

Step2.

藉由 Leibniz 微分公式 $\lim\limits_{x\to a}\dfrac{\left(\int_{h_1(x)}^{g_1(x)} f_1(t)\,dt\right)'}{\left(\int_{h_2(x)}^{g_2(x)} f_2(t)\,dt\right)'}=\lim\limits_{x\to a}\dfrac{f_1\big(g_1(x)\big)g_1'(x)-f_1\big(h_1(x)\big)h_1'(x)}{f_2\big(g_2(x)\big)g_2'(x)-f_2\big(h_2(x)\big)h_2'(x)}$

Step3.

求 $\lim\limits_{x\to a}\dfrac{f_1\big(g_1(x)\big)g_1'(x)-f_1\big(h_1(x)\big)h_1'(x)}{f_2\big(g_2(x)\big)g_2'(x)-f_2\big(h_2(x)\big)h_2'(x)}=?$

範例說明:

(I) 求 $\lim\limits_{x\to 0^+}\dfrac{\int_0^{\tan x}\sqrt[3]{\sin t}\,dt}{\int_0^{\sin x}\sqrt[3]{\tan t}\,dt}$

藉由羅比達法則 $\lim\limits_{x\to 0^+}\dfrac{\int_0^{\tan x}\sqrt[3]{\sin t}\,dt}{\int_0^{\sin x}\sqrt[3]{\tan t}\,dt}=\lim\limits_{x\to 0^+}\dfrac{\frac{\partial}{\partial x}\int_0^{\tan x}\sqrt[3]{\sin t}\,dt}{\frac{\partial}{\partial x}\int_0^{\sin x}\sqrt[3]{\tan t}\,dt}$

藉由 Leibniz 微分公式 $\lim\limits_{x\to 0^+}\dfrac{\frac{\partial}{\partial x}\int_0^{\tan x}\sqrt[3]{\sin t}\,dt}{\frac{\partial}{\partial x}\int_0^{\sin x}\sqrt[3]{\tan t}\,dt}=\lim\limits_{x\to 0^+}\dfrac{\sqrt[3]{\sin\tan x}\,\sec^2 x}{\sqrt[3]{\tan\sin x}\,\cos x}$

題型 4.

求 $\displaystyle\lim_{x\to\infty}\frac{\int_{h_1(x)}^{g_1(x)}f_1(t)dt}{\int_{h_2(x)}^{g_2(x)}f_2(t)dt}=?$　其中 $\displaystyle\lim_{x\to\infty}\int_{h_1(x)}^{g_1(x)}f_1(t)dt=\lim_{x\to\infty}\int_{h_2(x)}^{g_2(x)}f_2(t)dt=\infty$

使用 Leibniz 微分公式結合羅比達法則求極限的問題

解題流程:

Step1.

藉由羅比達法則 $\displaystyle\lim_{x\to\infty}\frac{\int_{h_1(x)}^{g_1(x)}f_1(t)dt}{\int_{h_2(x)}^{g_2(x)}f_2(t)dt}=\lim_{x\to\infty}\frac{\left(\int_{h_1(x)}^{g_1(x)}f_1(t)dt\right)'}{\left(\int_{h_2(x)}^{g_2(x)}f_2(t)dt\right)'}$

Step2.

藉由 Leibniz 微分公式 $\displaystyle\lim_{x\to\infty}\frac{\left(\int_{h_1(x)}^{g_1(x)}f_1(t)dt\right)'}{\left(\int_{h_2(x)}^{g_2(x)}f_2(t)dt\right)'}=\lim_{x\to\infty}\frac{f_1\big(g_1(x)\big)g_1'(x)-f_1\big(h_1(x)\big)h_1'(x)}{f_2\big(g_2(x)\big)g_2'(x)-f_2\big(h_2(x)\big)h_2'(x)}$

Step3.

求 $\displaystyle\lim_{x\to\infty}\frac{f_1\big(g_1(x)\big)g_1'(x)-f_1\big(h_1(x)\big)h_1'(x)}{f_2\big(g_2(x)\big)g_2'(x)-f_2\big(h_2(x)\big)h_2'(x)}=?$

<u>範例說明:</u>

(I) 求 $\displaystyle\lim_{x\to\infty}\frac{\sqrt{x}\int_3^{\sqrt{x}}e^{t^2}dt}{e^x}=?$

藉由羅比達法則 $\displaystyle\lim_{x\to\infty}\frac{\sqrt{x}\int_3^{\sqrt{x}}e^{t^2}dt}{e^x}=\lim_{x\to\infty}\frac{\frac{\partial}{\partial x}\left(\sqrt{x}\int_3^{\sqrt{x}}e^{t^2}dt\right)}{\frac{\partial}{\partial x}e^x}$

藉由 Leibniz 微分公式 $\displaystyle\lim_{x\to\infty}\frac{\frac{\partial}{\partial x}\left(\sqrt{x}\int_3^{\sqrt{x}}e^{t^2}dt\right)}{\frac{\partial}{\partial x}e^x}=\lim_{x\to\infty}\frac{\frac{x^{-\frac{1}{2}}}{2}\int_3^{\sqrt{x}}e^{t^2}dt+\sqrt{x}e^x\left(\frac{1}{2}x^{-\frac{1}{2}}\right)}{e^x}$

題型 5.

假設 $\displaystyle f(x)=\int_0^{h(x)}g(t)dt$，求 $f(x)$ 的極值

解題流程:

Step1.

藉由 Leibniz 微分公式 $f'(x)=g(h(x))h'(x)$

Step2.

找 c 使得 $f'(c) = 0$

Step3.

若 $f''(c) > 0$ 則 $f(c)$ 為相對極小值且 若 $f''(c) < 0$ 則 $f(c)$ 為相對極大值

範例說明:

(I)假設 $f(x) = \displaystyle\int_0^{x^2} 2t - 1\,dt$, 求 $f'(x) =?$, $f(x)$的極值

$\because f'(x) = (2x^2 - 1)2x = 4x^3 - 2x \Rightarrow f''(x) = 12x^2 - 2$

令 $f'(x) = 0$ 則 $x = 0, \pm\sqrt{\dfrac{1}{2}}$

$\because f''(x) = 12x^2 - 2 \quad \therefore f''\left(\pm\sqrt{\dfrac{1}{2}}\right) = 4 > 0$ 且 $f''(0) = -2 < 0$

$f(0) = 0$ 為相對極大值且 $f\left(\pm\sqrt{\dfrac{1}{2}}\right) = \displaystyle\int_0^{\frac{1}{2}} (2t - 1)dt = \dfrac{1}{4} - \dfrac{1}{2} = -\dfrac{1}{4}$ 為相對極小值

題型 6.

假設 $f(x) = \displaystyle\int_0^x g(t)dt$, 求 $(f^{-1})'(c) = ?$

解題流程:

Step1.

藉由反函數的微分公式, $(f^{-1})'(y) = \dfrac{1}{f'(x)}$

Step2.

藉由 Leibniz 微分公式 $f'(x) = g(x)$

Step3.

找 a s.t. $f(a) = c$ 則 $(f^{-1})'(c) = \dfrac{1}{f'(a)} = \dfrac{1}{g(a)}$

範例說明:

(I)假設 $f(x) = \displaystyle\int_3^x \dfrac{1}{\sqrt{1 + t^3}}\,dt$, 求 $(f^{-1})'(0) =?$

$\because (f^{-1})'(y) = \dfrac{1}{f'(x)}$, 令 $f(x) = 0$ 則 $x = 3$

$$\because f'(x) = \frac{1}{\sqrt{1+x^3}} \quad \therefore (f^{-1})'(0) = \sqrt{1+x^3}\Big|_{x=3} = 2\sqrt{7}$$

範例 1.

$$(1)\,求\ \frac{d}{dx}\int_{\tan 2x}^{\cos x} e^t dt = ?\qquad (2)\,求\ \frac{\partial}{\partial x}\int_{2xy}^{e^x\tan y} te^{xy}dt = ?$$

【解】

(1)

藉由 Leibniz 微分公式 則 $\dfrac{d}{dx}\displaystyle\int_{\tan 2x}^{\cos x} e^t dt$

$$= e^{\cos x}(\cos x)' - e^{\tan 2x}(\tan 2x)' = -e^{\cos x}\sin x - 2e^{\tan 2x}\sec^2 2x$$

(2)

藉由 Leibniz 微分公式

則 $\dfrac{\partial}{\partial x}\displaystyle\int_{2xy}^{e^x\tan y} te^{xy}dt = \int_{2xy}^{e^x\tan y} yte^{xy}dt + e^x\tan y\, e^{xy}\cdot e^x\tan y - 2xye^{xy}\cdot 2y$

$$= \frac{ye^{xy}}{2}\left((e^x\tan y)^2 - (2xy)^2\right) + \left(e^x\tan y\, e^{xy}\cdot e^x\tan y - 4xye^{xy}\cdot y\right)$$

範例 2.

$$假設\ F(x) = \int_0^x \frac{1}{t^2+9}dt,\ \ 求\ F'(0) = ?,\ F'\left(\frac{1}{2}\right) = ?$$

【解】

藉由 Leibniz 微分公式 $F'(x) = \dfrac{1}{x^2+9} \Rightarrow\ F'(0) = \dfrac{1}{9},\ F'\left(\dfrac{1}{2}\right) = \dfrac{4}{37}$

範例 3.

$$假設\ F(x) = \int_x^1 t\sqrt{t^2+1}\,dt,\ \ 求\ F'(0) = ?,\ F'\left(\frac{1}{2}\right) = ?$$

【解】

藉由 Leibniz 微分公式 $F'(x) = -x\sqrt{x^2+1} \Rightarrow\ F'(0) = 0,\ F'\left(\dfrac{1}{2}\right) = -\dfrac{\sqrt{5}}{4}$

範例 4.

$$F(x) = \int_1^x \cos \pi t \, dt, \quad 求 \ F'(0) =?, \ F'\left(\frac{1}{2}\right) =?$$

【解】

藉由 Leibniz 微分公式 $F'(x) = \cos \pi x \Rightarrow \ F'(0) = 1, \ F'\left(\frac{1}{2}\right) = 0$

範例 5.

$$假設 F(x) = \int_0^{x^3} t\cos t \, dt, \quad 求 \ F'(x) =?$$

【解】

藉由 Leibniz 微分公式 $F'(x) = (x^3 \cos x^3)3x^2 = 3x^5 \cos x^3$

範例 6.

$$假設 F(x) = \int_{x^2}^1 t - \sin^2 t \, dt, \quad 求 \ F'(x) =?$$

【解】

藉由 Leibniz 微分公式 $F'(x) = -2x(x^2 - \sin^2 x^2) = -2x^3 + 2x \sin^2 x^2$

範例 7.

$$假設 F(x) = 2x + \int_0^x \frac{\sin 2t}{t^2 + 1} dt, \quad 求 \ F'(0) =?$$

【解】

藉由 Leibniz 微分公式 $F'(x) = 2 + \dfrac{\sin 2x}{x^2 + 1} \Rightarrow \ F'(0) = 2$

範例 8.

$$假設 F(x) = \int_0^x \frac{t - 1}{t^2 + 1} dt, \quad 求 F(x) 的極值$$

【解】

藉由 Leibniz 微分公式 $F'(x) = \dfrac{x - 1}{x^2 + 1}, \quad 令 F'(x) = 0 則 x = 1$

$\because F'(1) = 0, \ F'(x) < 0, \ \forall x < 1 且 F'(x) > 0, \ \forall x > 1 \ \therefore F(x) 於 x = 1 有極小值$

$$\because F(1) = \int_0^1 \frac{t-1}{t^2+1}dt = \left.\frac{\ln(x^2+1)}{2}\right|_0^1 - \tan^{-1}x|_0^1 = \ln 2 - \frac{\pi}{4} \quad \therefore F(x)\text{的極小值} = \ln 2 - \frac{\pi}{4}$$

範例 9.

假設 f 為連續函數且 $\displaystyle\int_0^x f(t)dt = \frac{2x}{x^2+4}$，求 f 與 x 軸的交點?

【解】

藉由 Leibniz 微分公式 $f(x) = \left(\dfrac{2x}{x^2+4}\right)' = \dfrac{2(x^2+4) - 2x \cdot 2x}{(x^2+4)^2} = \dfrac{-2x^2+8}{(x^2+4)^2}$

令 $f(x) = 0$ 則 $x = \pm 2 \Rightarrow f$ 與 x 軸的交點為 $(2,0), (-2,0)$

範例 10.

假設 $f(x)$ 為連續函數，$\displaystyle\lim_{x\to a}\frac{1}{x-a}\int_{a^2}^{x^2} f(t)dt = ?$

【解】

藉由羅比達法則 $\displaystyle\lim_{x\to a}\frac{1}{x-a}\int_{a^2}^{x^2} f(t)dt = \lim_{x\to a}\frac{\left(\int_{a^2}^{x^2} f(t)dt\right)'}{(x-a)'} = \lim_{x\to a}\frac{\left(\int_{a^2}^{x^2} f(t)dt\right)'}{1}$

藉由 Leibniz 微分公式則 $\displaystyle\lim_{x\to a}\frac{\left(\int_{a^2}^{x^2} f(t)dt\right)'}{1} = \lim_{x\to a}\frac{f(x^2)2x}{1} = f(a^2)2a$

範例 11.

(1) 求 $\displaystyle\lim_{x\to 0}\frac{1}{x}\int_0^x (1 + \tan 3t)^{\frac{1}{t}}dt = ?$

(2) 求 $\displaystyle\lim_{h\to 0}\frac{\int_5^{5+h} e^{-x^2}dx}{h} = ?$

【解】

(1)

藉由羅比達法則 $\quad \lim\limits_{x \to 0} \dfrac{1}{x} \int\limits_{0}^{x} (1 + \tan 3t)^{\frac{1}{t}} dt = \lim\limits_{x \to 0} \dfrac{\frac{\partial}{\partial x}(\int_0^x (1 + \tan 3t)^{\frac{1}{t}} dt)}{1}$

藉由 Leibniz 微分公式

則 $\quad \lim\limits_{x \to 0} \dfrac{\frac{\partial}{\partial x}(\int_0^x (1 + \tan 3t)^{\frac{1}{t}} dt)}{1} = \lim\limits_{x \to 0} \dfrac{(1 + \tan 3x)^{\frac{1}{x}}}{1} = \lim\limits_{x \to 0} \left(1 + \dfrac{\tan 3x}{3x} \cdot 3x\right)^{\frac{1}{x}} = e^3$

(2)

藉由羅比達法則 $\quad \lim\limits_{h \to 0} \dfrac{\int_5^{5+h} e^{-x^3} dx}{h} = \lim\limits_{h \to 0} \dfrac{\frac{\partial}{\partial h}(\int_5^{5+h} e^{-x^3} dx)}{1}$

藉由 Leibniz 微分公式 $\quad \lim\limits_{h \to 0} \dfrac{\frac{\partial}{\partial h}(\int_5^{5+h} e^{-x^3} dx)}{1} = \lim\limits_{h \to 0} \dfrac{e^{-(5+h)^3}}{1} = e^{-125}$

範例 12.

$$求 \quad \frac{d}{dx} \int_{\frac{1}{x}}^{\frac{2}{x}} \frac{\sin xt}{t} dt = ?$$

【解】

$$\frac{d}{dx} \int_{\frac{1}{x}}^{\frac{2}{x}} \frac{\sin xt}{t} dt = \frac{\sin x \cdot \frac{2}{x}}{\frac{2}{x}}\left(-\frac{2}{x^2}\right) - \frac{\sin x \cdot \frac{1}{x}}{\frac{1}{x}}\left(-\frac{1}{x^2}\right) + \int_{\frac{1}{x}}^{\frac{2}{x}} \cos xt\, dt$$

$$= -\frac{\sin 2}{x} + \frac{\sin 1}{x} + \frac{\sin xt}{x}\Big|_{t=\frac{1}{x}}^{t=\frac{2}{x}} = 0$$

範例 13.

$$(1)求 \quad \lim\limits_{x \to 0} \frac{1}{x^8} \int\limits_{0}^{x^2} \tan t^3 dt = ?$$

$$(2)求 \quad \lim\limits_{x \to 0} \frac{1}{x^4} \int\limits_{x^4}^{x^5} \sqrt{4 + t^4}\, dt = ?$$

(3) 求 $\displaystyle\lim_{x\to 0}\frac{\int_0^{2x}\sin t\cos t\,dt}{x^2}=?$

【解】

(1)

藉由羅比達法則　$\displaystyle\lim_{x\to 0}\frac{1}{x^8}\int_0^{x^2}\tan t^3\,dt=\lim_{x\to 0}\frac{\frac{\partial}{\partial x}(\int_0^{x^2}\tan t^3\,dt)}{8x^7}$

藉由 Leibniz 微分公式則 $\displaystyle\lim_{x\to 0}\frac{\frac{\partial}{\partial x}(\int_0^{x^2}\tan t^3\,dt)}{8x^7}=\lim_{x\to 0}\frac{2x\tan x^6}{8x^7}=\lim_{x\to 0}\frac{\tan x^6}{4x^6}=\frac{1}{4}$

(2)

藉由羅比達法則　$\displaystyle\lim_{x\to 0}\frac{1}{x^4}\int_{x^4}^{x^5}\sqrt{4+t^4}\,dt=\lim_{x\to 0}\frac{\frac{\partial}{\partial x}\int_{x^4}^{x^5}\sqrt{4+t^4}\,dt}{4x^3}$

藉由 Leibniz 微分公式 則 $\displaystyle\lim_{x\to 0}\frac{\frac{\partial}{\partial x}\int_{x^4}^{x^5}\sqrt{4+t^4}\,dt}{4x^3}$

$\displaystyle=\lim_{x\to 0}\frac{\sqrt{4+x^{20}}(5x^4)-\sqrt{4+x^{16}}(4x^3)}{4x^3}=\lim_{x\to 0}\frac{5x}{4}\sqrt{4+x^{20}}-\sqrt{4+x^{16}}=-2$

(3)

藉由羅比達法則　$\displaystyle\lim_{x\to 0}\frac{\int_0^{2x}\sin t\cos t\,dt}{x^2}=\lim_{x\to 0}\frac{\frac{\partial}{\partial x}\int_0^{2x}\sin t\cos t\,dt}{2x}$

藉由 Leibniz 微分公式 $\displaystyle\lim_{x\to 0}\frac{\frac{\partial}{\partial x}\int_0^{2x}\sin t\cos t\,dt}{2x}=2\lim_{x\to 0}\frac{\sin 2x\cos 2x}{2x}=2$

範例 14.

(1) 求 $\displaystyle\frac{d}{dx}\int_{x^4}^{x^5}e^{t^2}\,dt=?$

(2) 求 $\displaystyle\frac{\partial}{\partial x}\int_{x^2y^2}^{x^3y^3}x^2te^{t^2}\,dt=?$

【解】

(1)

藉由 Leibniz 微分公式則 $\dfrac{d}{dx}\displaystyle\int_{x^4}^{x^5} e^{t^2}\,dt = e^{(x^5)^2}\cdot 5x^4 - e^{(x^4)^2}\cdot 4x^3$

(2)

$\because \dfrac{\partial}{\partial x}\displaystyle\int_{x^2y^2}^{x^3y^3} x^2 t e^{t^2}\,dt = \dfrac{\partial}{\partial x}\left(x^2 \int_{x^2y^2}^{x^3y^3} t e^{t^2}\,dt\right) = 2x\int_{x^2y^2}^{x^3y^3} t e^{t^2}\,dt + x^2\dfrac{\partial}{\partial x}\int_{x^2y^2}^{x^3y^3} t e^{t^2}\,dt$

$\because \displaystyle\int_{x^2y^2}^{x^3y^3} t e^{t^2}\,dt = \dfrac{e^{t^2}}{2}\Bigg|_{x^2y^2}^{x^3y^3} = \dfrac{e^{x^6y^6} - e^{x^4y^4}}{2}$

$\therefore \dfrac{\partial}{\partial x}\left(\displaystyle\int_{x^2y^2}^{x^3y^3} t e^{t^2}\,dt\right) = 3x^5 y^6 e^{x^6y^6} - 2x^3 y^4 e^{x^4y^4}$

$\therefore \dfrac{\partial}{\partial x}\displaystyle\int_{x^2y^2}^{x^3y^3} x^2 t e^{t^2}\,dt = 2x\left(\dfrac{e^{x^6y^6} - e^{x^4y^4}}{2}\right) + x^2\left(3x^5 y^6 e^{x^6y^6} - 2x^3 y^4 e^{x^4y^4}\right)$

範例 15.

(1) 求 $\displaystyle\lim_{x\to 0}\dfrac{\displaystyle\int_0^{x^2} \tan t^3\,dt}{x^8} = ?$

(2) 求 $\displaystyle\lim_{x\to 0^+}\dfrac{\displaystyle\int_0^{\tan x} \sqrt[3]{t}\,dt}{\displaystyle\int_0^{\sin x} \sqrt[3]{t}\,dt} = ?$

【解】

(1)

藉由羅比達法則 $\displaystyle\lim_{x\to 0}\dfrac{\displaystyle\int_0^{x^2} \tan t^2\,dt}{x^8} = \lim_{x\to 0}\dfrac{\dfrac{\partial}{\partial x}\displaystyle\int_0^{x^2} \tan t^3\,dt}{8x^7}$

藉由 Leibniz 微分公式 $\displaystyle\lim_{x\to 0}\dfrac{\dfrac{\partial}{\partial x}\displaystyle\int_0^{x^2} \tan t^3\,dt}{8x^7} = \lim_{x\to 0}\dfrac{2x\tan x^6}{8x^7} = \dfrac{1}{4}$

(2)

藉由羅比達法則 $\displaystyle\lim_{x\to 0^+}\dfrac{\displaystyle\int_0^{\tan x} \sqrt[3]{t}\,dt}{\displaystyle\int_0^{\sin x} \sqrt[3]{t}\,dt} = \lim_{x\to 0}\dfrac{\dfrac{\partial}{\partial x}\displaystyle\int_0^{\tan x} \sqrt[3]{t}\,dt}{\dfrac{\partial}{\partial x}\displaystyle\int_0^{\sin x} \sqrt[3]{t}\,dt}$

藉由 Leibniz 微分公式 $\displaystyle\lim_{x\to 0}\dfrac{\dfrac{\partial}{\partial x}\displaystyle\int_0^{\tan x} \sqrt[3]{t}\,dt}{\dfrac{\partial}{\partial x}\displaystyle\int_0^{\sin x} \sqrt[3]{t}\,dt} = \lim_{x\to 0}\dfrac{\sqrt[3]{\tan x}\,\sec^2 x}{\sqrt[3]{\sin x}\,\cos x} = 1$

範例 16.

$$\text{求 } \lim_{x\to\infty} \sqrt{x}e^{-x}\int_3^{\sqrt{x}} e^{t^2}dt =?$$

【解】

藉由羅比達法則 $\lim_{x\to\infty}\sqrt{x}e^{-x}\int_3^{\sqrt{x}}e^{t^2}dt = \lim_{x\to\infty}\dfrac{\sqrt{x}\int_3^{\sqrt{x}}e^{t^2}dt}{e^x} = \lim_{x\to\infty}\dfrac{\frac{\partial}{\partial x}\left(\sqrt{x}\int_3^{\sqrt{x}}e^{t^2}dt\right)}{\frac{\partial}{\partial x}e^x}$

藉由 Leibniz 微分公式

$$\lim_{x\to\infty}\frac{\frac{\partial}{\partial x}\left(\sqrt{x}\int_3^{\sqrt{x}}e^{t^2}dt\right)}{\frac{\partial}{\partial x}e^x} = \lim_{x\to\infty}\frac{\frac{x^{-\frac{1}{2}}}{2}\int_3^{\sqrt{x}}e^{t^2}dt + \sqrt{x}e^x\left(\frac{1}{2}x^{-\frac{1}{2}}\right)}{e^x} = \frac{1}{2} + \lim_{x\to\infty}\frac{\int_3^{\sqrt{x}}e^{t^2}dt}{2e^x x^{\frac{1}{2}}}$$

$$= \frac{1}{2} + \lim_{x\to\infty}\frac{e^x\left(\frac{1}{2}x^{-\frac{1}{2}}\right)}{2\left(e^x x^{\frac{1}{2}} + \frac{1}{2}e^x x^{-\frac{1}{2}}\right)} = \frac{1}{2}$$

範例 17.

$$(1)\text{假設 } F(x) = \int_1^x f(t)dt \text{ 且 } f(t) = \int_1^{t^3}\frac{\sqrt{1+u^3}}{u}du, \text{ 求 } F''(2) =?$$

$$(2)\text{求 } \frac{d^2}{dx^2}\int_0^x\left(\int_1^{\sin t}\sqrt{3+u^5}\,du\right)dt =?$$

【解】

(1)

$$\because F(x) = \int_1^x f(t)dt \quad \therefore F'(x) = f(x) = \int_1^{x^3}\frac{\sqrt{1+u^3}}{u}du$$

$$\therefore F''(x) = f'(x) = \frac{\sqrt{1+x^9}}{x^3}\cdot 3x^2 = \frac{3\sqrt{1+x^9}}{x} \Rightarrow F''(2) = \frac{3\sqrt{513}}{2}$$

(2)

$$\frac{d^2}{dx^2}\int_0^x\left(\int_1^{\sin t}\sqrt{3+u^5}\,du\right)dt = \frac{d}{dx}\left(\frac{d}{dx}\int_0^x\left(\int_1^{\sin t}\sqrt{3+u^5}\,du\right)dt\right)$$

$$= \frac{d}{dx}\left(\int_1^{\sin x}\sqrt{3+u^5}\,du\right) = \cos x\,\sqrt{3+\sin^5 x}$$

範例 18.

(1)求 $\displaystyle\lim_{x\to 0}\dfrac{x-\int_0^x \cos t^2\, dt + x^5}{6\sin^{-1}x - 6x - x^3}=?$

(2)求 $\displaystyle\lim_{x\to 0^+}\dfrac{\int_0^{\tan x}\sqrt[3]{\sin t}\, dt}{\int_0^{\sin x}\sqrt[3]{\tan t}\, dt}=?$

【解】

(1)

藉由羅比達法則 $\displaystyle\lim_{x\to 0}\dfrac{x-\int_0^x \cos t^2\, dt + x^5}{6\sin^{-1}x - 6x - x^3} = \lim_{x\to 0}\dfrac{\dfrac{\partial}{\partial x}\left(x-\int_0^x \cos t^2\, dt + x^5\right)}{\dfrac{6}{\sqrt{1-x^2}} - 6 - 3x^2}$

藉由 Leibniz 微分公式與羅比達法則

$$\lim_{x\to 0}\dfrac{\dfrac{\partial}{\partial x}\left(x-\int_0^x \cos t^2\, dt + x^5\right)}{\dfrac{6}{\sqrt{1-x^2}} - 6 - 3x^2} = \lim_{x\to 0}\dfrac{1-\cos x^2 + 5x^4}{\dfrac{6}{\sqrt{1-x^2}} - 6 - 3x^2} = \lim_{x\to 0}\dfrac{2x\sin x^2 + 20x^3}{6x(1-x^2)^{-\frac{3}{2}} - 6x}$$

$$= \lim_{x\to 0}\dfrac{2\sin x^2 + 20x^2}{6(1-x^2)^{-\frac{3}{2}} - 6} = \lim_{x\to 0}\dfrac{4x\cos x^2 + 40x}{18x(1-x^2)^{-\frac{5}{2}}} = \lim_{x\to 0}\dfrac{4\cos x^2 + 40}{18(1-x^2)^{-\frac{5}{2}}} = \dfrac{22}{9}$$

(2)

藉由羅比達法則 $\displaystyle\lim_{x\to 0^+}\dfrac{\int_0^{\tan x}\sqrt[3]{\sin t}\, dt}{\int_0^{\sin x}\sqrt[3]{\tan t}\, dt} = \lim_{x\to 0^+}\dfrac{\dfrac{\partial}{\partial x}\int_0^{\tan x}\sqrt[3]{\sin t}\, dt}{\dfrac{\partial}{\partial x}\int_0^{\sin x}\sqrt[3]{\tan t}\, dt}$

藉由 Leibniz 微分公式 $\displaystyle\lim_{x\to 0^+}\dfrac{\dfrac{\partial}{\partial x}\int_0^{\tan x}\sqrt[3]{\sin t}\, dt}{\dfrac{\partial}{\partial x}\int_0^{\sin x}\sqrt[3]{\tan t}\, dt} = \lim_{x\to 0^+}\dfrac{\sqrt[3]{\sin \tan x}\,\sec^2 x}{\sqrt[3]{\tan \sin x}\,\cos x}$

$\because\ \displaystyle\lim_{x\to 0^+}\dfrac{\sqrt[3]{\sin \tan x}}{\sqrt[3]{\tan \sin x}} = \lim_{x\to 0^+}\sqrt[3]{\dfrac{\sin \tan x}{\tan x}}\cdot\sqrt[3]{\dfrac{\tan x}{\sin x}}\cdot\sqrt[3]{\dfrac{\sin x}{\tan \sin x}} = \lim_{x\to 0^+}\sqrt[3]{\dfrac{\tan x}{\sin x}} = 1$

$\therefore\ \displaystyle\lim_{x\to 0^+}\dfrac{\sqrt[3]{\sin \tan x}\,\sec^2 x}{\sqrt[3]{\tan \sin x}\,\cos x} = \lim_{x\to 0^+}\dfrac{\sec^2 x}{\cos x} = 1$

範例 19.

求　$\displaystyle\lim_{x\to\infty}\frac{\int_0^{x^2} e^{t-x^2}(2t^2+3)dt}{x^4}=?$

【解】

$$\because \int_0^{x^2} e^{t-x^2}(2t^2+3)dt = e^{-x^2}\int_0^{x^2} e^t(2t^2+3)dt$$

令 $u=2t^2+3,\ dv=e^t dt$　則　$du=4t,\ v=e^t,$　藉由分部積分法

$$則\ e^{-x^2}\int_0^{x^2} e^t(2t^2+3)dt = e^{-x^2}\left((2x^4+3)e^{x^2}-3-4\int_0^{x^2} te^t dt\right)$$

$$= e^{-x^2}\left((2x^4+3)e^{x^2}-3-4\left(x^2 e^{x^2}-(e^{x^2}-1)\right)\right)$$

$$= (2x^4+3)-3e^{-x^2}-4\left(x^2-(1-e^{-x^2})\right)$$

$$\Rightarrow \lim_{x\to\infty}\frac{\int_0^{x^2} e^{t-x^2}(2t^2+1)dt}{x^4} = \lim_{x\to\infty}\frac{(2x^4+3)-3e^{-x^2}-4\left(x^2-(1-e^{-x^2})\right)}{x^4} = 2$$

範例 20.

設 $f(x)$ 為連續函數 且 $\displaystyle\int_0^x f(u)du = -3+x^2+x\sin 2x+c\cos 2x$

求 (1) $c=?$　(2) $\displaystyle\int_{\frac{\pi}{4}}^{\frac{\pi}{2}} f(x)dx=?$　(3) $f'(\frac{\pi}{4})=?$

【解】

(1)

$$\because 0=\int_0^0 f(u)du = -3+c\cos 0 = -3+c \quad \therefore c=3$$

(2)

$$\int_{\frac{\pi}{4}}^{\frac{\pi}{2}} f(x)dx = \int_0^{\frac{\pi}{2}} f(x)dx - \int_0^{\frac{\pi}{4}} f(x)dx$$

$$= -3 + \frac{\pi^2}{4} + \frac{\pi}{2}\sin\pi + 3\cos\pi - \left(-3 + \frac{\pi^2}{16} + \frac{\pi}{4}\sin\frac{\pi}{2} + 3\cos\frac{\pi}{2}\right) = \frac{3\pi^2}{16} - \frac{\pi}{4} - 3$$

(3)

$$\because f(x) = 2x + \sin 2x + 2x\cos 2x - 6\sin 2x = 2x - 5\sin 2x + 2x\cos 2x$$

$$\therefore f'(x) = 2 - 10\cos 2x + 2\cos 2x - 4x\sin 2x = 2 - 8\cos 2x - 4x\sin 2x$$

$$\therefore f'\left(\frac{\pi}{4}\right) = 2 - 8\cos\frac{\pi}{2} - \pi\sin\frac{\pi}{2} = 2 - \pi$$

範例 21.

$$(1)假設\ F(x) = \int_{-\sqrt{x}}^{\sqrt{x}} e^{-\frac{t^2}{2}}dt,\ \ 求\ F'(2)的值$$

$$(2)假設\ F(x) = \int_{2}^{x^2} \frac{\sqrt{3t^2 + 1}}{t^2 + 1}dt,\ \ 求\ F'(2)的值$$

【解】

(1)

藉由 Leibniz 微分公式

$$則\ F'(x) = e^{-\frac{x}{2}}\left(\frac{1}{2}x^{-\frac{1}{2}}\right) - e^{-\frac{x}{2}}\left(-\frac{1}{2}x^{-\frac{1}{2}}\right) = e^{-\frac{x}{2}}\left(x^{-\frac{1}{2}}\right) \quad \therefore F'(2) = e^{-1}2^{-\frac{1}{2}}$$

(2)

$$藉由\ Leibniz\ 微分公式則\ F'(x) = \frac{\sqrt{3x^4 + 1}}{x^4 + 1}\cdot 2x \quad \therefore F'(2) = \frac{28}{17}$$

範例 22.

$$(1)假設\ f(x) = \int_{0}^{x} (x - t)\cos^3 t\,dt,\ \ \forall -\frac{\pi}{2} < x < \frac{3\pi}{2},\ \ 求 f(x)的極值$$

$$(2)假設\ f(x) = \int_{0}^{x^2} (2t - 1)dt,\ \ 求\ f'(x) =?,\ f(x)的極值$$

【解】

(1)

$$\because f(x) = \int_{0}^{x} (x - t)\cos^3 t\,dt = x\int_{0}^{x} \cos^3 t\,dt - \int_{0}^{x} t\cos^3 t\,dt$$

$$\therefore f'(x) = \int_{0}^{x} \cos^3 t\,dt + x\left(\frac{\partial}{\partial x}\int_{0}^{x} \cos^3 t\,dt\right) - \frac{\partial}{\partial x}\int_{0}^{x} t\cos^3 t\,dt$$

$$= \int_0^x \cos^3 t \, dt + x \cos^3 x - x\cos^3 x = \int_0^x \cos^3 t \, dt = \int_0^x (1 - \sin^2 t) \cos t \, dt$$

$$= \sin x - \frac{\sin^3 x}{3} = \sin x \left(1 - \frac{\sin^2 x}{3} \right)$$

令 $f'(x) = 0$ 則 $x = 0 \text{ or } \pi$

$\because f''(x) = \cos^3 x \qquad \therefore f''(0) = 1 > 0$ 且 $f''(\pi) = -1 < 0$

$\therefore f(0) = 0$ 為相對極小值, $f(\pi)$ 為相對極大值

Claim: $f(\pi) = \dfrac{14}{9}$

$\because f(\pi) = \pi \int_0^\pi \cos^3 t \, dt - \int_0^\pi t\cos^3 t \, dt$ 且 $\int_0^\pi \cos^3 t \, dt = \sin x(1 - \dfrac{\sin^2 x}{3})\Big|_0^\pi = 0$

$\therefore f(\pi) = - \int_0^\pi t\cos^3 t \, dt$

$\because \int_0^\pi t\cos^3 t \, dt = \int_0^\pi t(1 - \sin^2 t) \cos t \, dt = \int_0^\pi t \cos t \, dt - \int_0^\pi t\sin^2 t \cos t \, dt$

藉由 Integration by parts 則 $\int_0^\pi t \cos t \, dt = t\sin t\big|_0^\pi - \int_0^\pi \sin t \, dt = -2$

藉由 Integration by parts

則 $- \int_0^\pi t\sin^2 t \cos t \, dt = -\dfrac{t}{3}\sin^3 t\Big|_0^\pi + \dfrac{1}{3}\int_0^\pi \sin^3 t \, dt = \dfrac{1}{3}\int_0^\pi \sin^3 t \, dt$

且 $\dfrac{1}{3}\int_0^\pi \sin^3 t \, dt = \dfrac{1}{3}\int_0^\pi (1 - \cos^2 t) \sin t \, dt - \dfrac{1}{3}\left(-\cos t + \dfrac{\cos^3 t}{3}\Big|_0^\pi \right) - \dfrac{4}{9}$

$\therefore f(\pi) = - \int_0^\pi t\cos^3 t \, dt = \dfrac{14}{9} \qquad \therefore f(x)$ 於 $x = \pi$ 有最大值 $\dfrac{14}{9}$

(2)

$\because f'(x) = (2x^2 - 1)2x = 4x^3 - 2x \Rightarrow f''(x) = 12x^2 - 2$

令 $f'(x) = 0$ 則 $x = 0, \pm\sqrt{\dfrac{1}{2}}$

$\because f''(x) = 12x^2 - 2 \qquad \therefore f''\left(\pm\sqrt{\dfrac{1}{2}} \right) = 4 > 0$ 且 $f''(0) = -2 < 0$

$$f(0) = 0 \text{ 為相對極大值 } \text{ 且 } f\left(\pm\sqrt{\frac{1}{2}}\right) = \int_0^{\frac{1}{2}} (2t-1)\,dt = \frac{1}{4} - \frac{1}{2} = -\frac{1}{4} \text{ 為相對極小值}$$

範例 23.

$$\text{假設 } f(x) = \left(\int_0^x e^{-t^2}\,dt\right)^2, \quad g(x) = \int_0^1 \frac{e^{-x^2(t^2+1)}}{t^2+1}\,dt$$

(1) Show that $f'(x) + g'(x) = 0, \quad \forall x \in R$

(2) Use (1) to show that $f(x) + g(x) = \dfrac{\pi}{4}, \quad \forall x \in R$

【解】

(1)

$$\because f'(x) = 2\int_0^x e^{-t^2}\,dt \left(\frac{\partial}{\partial x}\int_0^x e^{-t^2}\,dt\right) = 2\left(\int_0^x e^{-t^2}\,dt\right)e^{-x^2}$$

$$\because g'(x) = \int_0^1 \frac{e^{-x^2(t^2+1)}}{t^2+1}\left(-2x(t^2+1)\right)dt = e^{-x^2}\int_0^1 -2xe^{-x^2t^2}\,dt$$

$$\text{令 } u = xt \text{ 則 } \frac{du}{x} = dt \qquad \therefore g'(x) = -2e^{-x^2}\int_0^x e^{-u^2}\,du$$

因此 $f'(x) + g'(x) = 0, \quad \forall x \in R$

(2)

$\because f'(x) + g'(x) = 0, \ \forall x \in R \qquad \therefore f(x) + g(x) = constant, \ \forall x \in R$

$$\therefore f(x) + g(x) = f(0) + g(0) = \left(\int_0^0 e^{-t^2}\,dt\right)^2 + \int_0^1 \frac{1}{t^2+1}\,dt = \tan^{-1} t\Big|_0^1 = \frac{\pi}{4}$$

範例 24.

$$\text{假設 } f(x)\text{滿足 } 9 + \int_a^x \frac{f(t)}{t^2}\,dt = 3\sqrt[3]{x}, \text{ 求 } (1)\ f(x) =?\ (2)\ a =?$$

【解】

$$\because 9 + \int_a^x \frac{f(t)}{t^2}\,dt = 3\sqrt[3]{x}$$

$$\therefore \frac{d}{dx}\left(9 + \int_a^x \frac{f(t)}{t^2}\,dt\right) = \frac{d}{dx}\left(3\sqrt[3]{x}\right) \Rightarrow \frac{f(x)}{x^2} = x^{-\frac{2}{3}} \Rightarrow f(x) = x^{\frac{4}{3}}$$

$$令\ x = a\ 則\ 9 + \int_a^a \frac{f(t)}{t^2}\,dt = 3\sqrt[3]{a} \Rightarrow a = 27$$

範例 25.

$$求\ \lim_{n\to 0}\frac{1}{n}\int_3^{3+n} e^{-x^3}\,dx = ?$$

【解】

$$\lim_{n\to 0}\frac{\int_3^{3+n} e^{-x^3}\,dx}{n} = \lim_{n\to 0}\frac{e^{-(n+3)^3}}{1} = e^{-27}$$

範例 26.

$$假設\ x = \int_0^y \frac{1}{\sqrt{1+9t^2}}\,dt\,,\quad 求\ \frac{1}{y}\frac{d^2y}{dx^2} = ?$$

【解】

$$\because x = \int_0^y \frac{1}{\sqrt{1+9t^2}}\,dt \qquad \therefore 1 = \frac{1}{\sqrt{1+9y^2}}\cdot\frac{dy}{dx} \Rightarrow \frac{dy}{dx} = \sqrt{1+9y^2}$$

$$\therefore \frac{d^2y}{dx^2} = \frac{1}{2}(1+9y^2)^{-\frac{1}{2}}\cdot 18y\cdot\frac{dy}{dx} = 9y \Rightarrow \frac{1}{y}\frac{d^2y}{dx^2} - 9$$

範例 27.

$$(1)假設\ f(x) = \int_3^x \frac{1}{\sqrt{1+t^3}}\,dt\,,\quad 求\ (f^{-1})'(0) = ?$$

$$(2)假設\ f(x) = \int_{x^2}^3 \sqrt{5+3^t}\,dt\,, x \ge 0,\quad 求\ (f^{-1})'(0) = ?$$

【解】

(1)

$$\because (f^{-1})'(y) = \frac{1}{f'(x)},\quad 令\ f(x) = 0\ 則\ x = 3$$

$$\because f'(x) = \frac{1}{\sqrt{1+x^3}} \qquad \therefore (f^{-1})'(0) = \sqrt{1+x^3}\,\Big|_{x=3} = 2\sqrt{7}$$

(2)

$$\because (f^{-1})'(y) = \frac{1}{f'(x)}, \quad 令\ f(x) = 0\ 則\ x = \sqrt{3}$$

$$\because f'(x) = -2x\sqrt{5 + 3^{x^2}} \quad \therefore (f^{-1})'(0) = \left.\frac{-1}{2x\sqrt{5 + 3^{x^2}}}\right|_{x=\sqrt{3}} = \frac{-1}{8\sqrt{6}}$$

範例 28.

$$假設\ f(x) = \int_{2x}^{x^3+1} \frac{t^2}{\sqrt{10 + t^2}}\, dt, \quad 求\ f'(1) = ?$$

【解】

$$\because f(x) = \int_{2x}^{x^3+1} \frac{t^2}{\sqrt{10 + t^2}}\, dt \quad \therefore f'(x) = \frac{(x^3+1)^2 3x^2}{\sqrt{10 + (x^3+1)^2}} - \frac{(2x)^2 2}{\sqrt{10 + (2x)^2}} \Rightarrow f'(1) = \frac{4}{\sqrt{14}}$$

範例 29.

$$假設\ f(x) = \int_{0}^{|x|} \frac{e^{2t}}{t + 3}\, dt, \quad 求\ f'(-2) = ?$$

【解】

$$\because f(x) = \int_{0}^{-x} \frac{e^{2t}}{t + 3}\, dt, \quad \forall x < 0 \quad \therefore f'(x) = -\frac{e^{-2x}}{-x + 3} \Rightarrow f'(-2) = -\frac{e^4}{5}$$

範例 30.

$$求\ \lim_{x \to \infty} \frac{\int_1^x \ln t\, dt}{x \ln x} = ?$$

【解】

$$藉由羅比達法則\ \lim_{x \to \infty} \frac{\int_1^x \ln t\, dt}{x \ln x} = \lim_{x \to \infty} \frac{\frac{\partial}{\partial x}\int_1^x \ln t\, dt}{1 + \ln x}$$

$$藉由\ \text{Leibniz}\ 微分公式\ \frac{\partial}{\partial x}\int_1^x \ln t\, dt = \ln x \quad \therefore \lim_{x \to \infty} \frac{\frac{\partial}{\partial x}\int_1^x \ln t\, dt}{1 + \ln x} = \lim_{x \to \infty} \frac{\ln x}{1 + \ln x}$$

$$藉由羅比達法則\ \lim_{x \to \infty} \frac{\ln x}{1 + \ln x} = 1 \Rightarrow \lim_{x \to \infty} \frac{\int_1^x \ln t\, dt}{x \ln x} = 1$$

範例 31.

$$求 \int_0^1 \frac{x^\alpha - 1}{\ln x} dx =?, \quad \forall\, \alpha \geq 0$$

【解】

$$令\ F(\alpha) = \int_0^1 \frac{x^\alpha - 1}{\ln x} dx \quad 則\ F'(\alpha) = \int_0^1 \frac{\partial}{\partial \alpha}\left(\frac{x^\alpha - 1}{\ln x}\right) dx$$

$$\because \frac{\partial}{\partial \alpha}\left(\frac{x^\alpha - 1}{\ln x}\right) = \frac{x^\alpha \ln x}{\ln x} = x^\alpha \quad \therefore F'(\alpha) = \int_0^1 \frac{\partial}{\partial \alpha}\left(\frac{x^\alpha - 1}{\ln x}\right) dx = \int_0^1 x^\alpha dx = \frac{1}{\alpha + 1}$$

$$\therefore F(\alpha) = \ln(\alpha + 1) + c, \quad \because F(0) = 0 \quad \therefore c = 0 \Rightarrow F(\alpha) = \ln(\alpha + 1)$$

範例 32.

$$求 \int_0^\infty e^{-x^2} \cos \alpha x\, dx =?$$

【解】

$$令\ F(\alpha) = \int_0^\infty e^{-x^2} \cos \alpha x\, dx \quad 則\ F'(\alpha) = \int_0^\infty \frac{\partial}{\partial \alpha}\left(e^{-x^2} \cos \alpha x\right) dx = -\int_0^\infty x e^{-x^2} \sin \alpha x\, dx$$

$$令\ u = \sin \alpha x, \quad dv = x e^{-x^2} dx \quad 則\ du = \alpha \cos \alpha x\, dx, \quad v = -\frac{e^{-x^2}}{2}$$

藉由 Integration by parts

$$-\int_0^\infty x e^{-x^2} \sin \alpha x\, dx = \left.\frac{e^{-x^2} \sin \alpha x}{2}\right|_0^\infty - \int_0^\infty \frac{e^{-x^2} \alpha \cos \alpha x}{2} dx = -\frac{\alpha F(\alpha)}{2}$$

$$\therefore F'(\alpha) = -\frac{\alpha F(\alpha)}{2} \Rightarrow F(\alpha) = c e^{-\frac{\alpha^2}{4}}, \quad \because F(0) = \frac{\sqrt{\pi}}{2} \quad \therefore F(\alpha) = \frac{\sqrt{\pi}}{2} e^{-\frac{\alpha^2}{4}}$$

5.4 瑕積分

5.4.1　瑕積分的定義與收斂

【定義】瑕積分的定義

$$\int_a^b f(x)dx \text{ 為瑕積分 if any of the following hold:}$$

(i) $a = -\infty$　or　$b = \infty$

(ii) $\exists\, c \in [a,b]$ s. t. $\displaystyle\lim_{x\to c^-}|f(c)| = \infty$　or　$\displaystyle\lim_{x\to c^+}|f(c)| = \infty$

【定義】瑕積分的類型定義

(i) a、b 至少有一個為 $\pm\infty$ 時，稱 $\displaystyle\int_a^b f(x)dx$ 為第一類瑕積分

(ii) $\exists\, c \in [a,b]$ s. t. $f(c) = \pm\infty$（c 為臨界點），稱 $\displaystyle\int_a^b f(x)dx$ 為第二類瑕積分

(iii) 同時為第一類與第二類瑕積分，稱 $\displaystyle\int_a^b f(x)dx$ 為第三類瑕積分

【定義】瑕積分收斂與發散的定義

(i) $\displaystyle\int_a^\infty f(x)dx := \lim_{b\to\infty}\int_a^b f(x)dx$　且 $\displaystyle\lim_{b\to\infty}\int_a^b f(x)dx$ 存在 $\Leftrightarrow$ $\displaystyle\int_a^\infty f(x)dx$ 收斂

再者，若 $\displaystyle\int_a^\infty |f(x)|dx$ 收斂 則稱 $\displaystyle\int_a^\infty f(x)dx$ 絕對收斂

若 $\displaystyle\int_a^\infty f(x)dx$ 收斂 且 $\displaystyle\int_a^\infty |f(x)|dx$ 發散 則稱 $\displaystyle\int_a^\infty f(x)dx$ 條件收斂

(ii) $\displaystyle\int_{-\infty}^b f(x)dx := \lim_{a\to-\infty}\int_a^b f(x)dx$　且 $\displaystyle\lim_{a\to-\infty}\int_a^b f(x)dx$ 存在 $\Leftrightarrow$ $\displaystyle\int_{-\infty}^b f(x)dx$ 收斂

再者，若 $\displaystyle\int_{-\infty}^b |f(x)|dx$ 收斂 則稱 $\displaystyle\int_{-\infty}^b f(x)dx$ 絕對收斂

若 $\displaystyle\int_{-\infty}^b f(x)dx$ 收斂 且 $\displaystyle\int_{-\infty}^b |f(x)|dx$ 發散 則稱 $\displaystyle\int_{-\infty}^b f(x)dx$ 條件收斂

(iii) $\displaystyle\int_{-\infty}^\infty f(x)dx := \lim_{a\to-\infty}\int_a^c f(x)dx + \lim_{b\to\infty}\int_c^b f(x)dx$ 且

$\displaystyle\lim_{a\to-\infty}\int_a^c f(x)dx$ 與 $\displaystyle\lim_{b\to\infty}\int_c^b f(x)dx$ 皆存在 $\Leftrightarrow$ $\displaystyle\int_{-\infty}^\infty f(x)dx$ 收斂

再者，若 $\displaystyle\int_{-\infty}^\infty |f(x)|dx$ 收斂 則稱 $\displaystyle\int_{-\infty}^\infty f(x)dx$ 絕對收斂

若 $\displaystyle\int_{-\infty}^{\infty} f(x)dx$ 收斂且 $\displaystyle\int_{-\infty}^{\infty} |f(x)|dx$ 發散 則稱 $\displaystyle\int_{-\infty}^{\infty} f(x)dx$ 條件收斂

(iv)Assume $\exists\, c \in [a,b]$ s.t. $\displaystyle\lim_{x \to c^-}|f(c)| = \infty$ or $\displaystyle\lim_{x \to c^+}|f(c)| = \infty$. Then

$$\int_a^b f(x)dx := \lim_{s \to c^-}\int_a^s f(x)dx + \lim_{t \to c^+}\int_t^b f(x)dx \ \text{且}$$

$$\lim_{s \to c^-}\int_a^s f(x)dx \ \text{與} \ \lim_{t \to c^+}\int_t^b f(x)dx \ \text{皆存在} \Leftrightarrow \int_a^b f(x)dx \ \text{收斂}$$

再者, 若 $\displaystyle\int_a^b |f(x)|dx$ 收斂 則稱 $\displaystyle\int_a^b f(x)dx$ 絕對收斂

若 $\displaystyle\int_a^b f(x)dx$ 收斂且 $\displaystyle\int_a^b |f(x)|dx$ 發散 則稱 $\displaystyle\int_a^b f(x)dx$ 條件收斂

5.4.2　瑕積分的考試類型與相關定理

瑕積分的考試類型, 可區分為兩大類:

(i) 求 $\displaystyle\int_a^b f(x)dx$ 瑕積分的值

從瑕積分收斂與發散的定義, 可觀察出求瑕積分的值等於先求定積分再取極限值的問題; 之前定積分的考試類型大致可分為: 使用變數代換法、使用分部積分法、求有理式函數的定積分、求無理式函數的定積分、使用半角代換法; 再者, 取極限值的問題, 可分為直接帶入型、消掉共同項再取極限的有理式型、把式子有理化再取極限的類型、x 趨近於無窮大時求極限...等; 因此, 瑕積分的考試類型可思考成這兩大類問題的所有組合。
求瑕積分的值 ＝ 計算定積分的值 ＋ 取極限值的問題

(ii)判斷 $\displaystyle\int_a^b f(x)dx$ 瑕積分收斂或發散

底下介紹兩個定理幫助判斷瑕積分的收斂與發散, 分別為 Comparison test 與 Quotient test, 遇到第一類或第二類瑕積分時, 讀者應找出 Comparison test 或 Quotient test 當中的 $g(x)$ 滿足其定理的條件, 以幫助判斷 $\displaystyle\int_a^b f(x)dx$ 的收斂或發散, 一般而言, $\displaystyle\int_a^b g(x)dx$ 的收斂或發散, 相對應該較容易判斷; 當 $\displaystyle\int_a^b f(x)dx$ 為第三類瑕積分時, 先將瑕積分拆解為第一類瑕積

分與第二類瑕積分，接著設法找出 Comparison test 或 Quotient test 當中各自的 $g(x)$ 滿足其條件；如果無法找出適當的 $g(x)$ 搭配這兩定理檢驗，也可直接藉由計算瑕積分的值判斷收斂或發散；此外，如果無法找出 Comparison test 或 Quotient test 當中的 $g(x)$ 滿足其定理的條件，也可嘗試先將積分做轉換，方法包含：變數代換法、分部積分法...等，之後再找適當的 $g(x)$ 滿足 Comparison test 或 Quotient test 的條件。

【**Lemma**】(Any bounded monotone function has finite one-sided limit)

Let $f(x)$ be an increasing function on (a, ∞). Assume $\exists M > 0$ s.t. $f(x) \le M, \forall x \in (a, \infty)$,

then $\lim\limits_{x \to \infty} f(x)$ exists and $\lim\limits_{x \to \infty} f(x) \le M$

Proof:

Let $S = \{y : y = f(x) \text{ for } x > a\}$

$\because S$ is bounded by M and every bounded set has a least upper bound

Let s be the least upper bounded of S and let $\varepsilon > 0$

then $\exists x_0 > a$ s.t. $s - \varepsilon < f(x_0) \le f(x) \le s, \ \forall x > x_0 \ \therefore \lim\limits_{x \to \infty} f(x)$ exists and $\lim\limits_{x \to \infty} f(x) = s$

【**定理**】Comparison test(第一類瑕積分)

當 $\displaystyle\int_a^\infty f(x)dx$ 與 $\displaystyle\int_a^\infty g(x)dx$ 皆為第一類瑕積分時，

若 $0 \le f(x) \le g(x), \ \forall x > a$ 則

(i) $\displaystyle\int_a^\infty g(x)dx$ converges $\Rightarrow \displaystyle\int_a^\infty f(x)dx$ converges

(ii) $\displaystyle\int_a^\infty f(x)dx$ diverges $\Rightarrow \displaystyle\int_a^\infty g(x)dx$ diverges

Proof:

Claim: $\displaystyle\int_a^\infty g(x)dx$ converges $\Rightarrow \displaystyle\int_a^\infty f(x)dx$ converges

Let $F(t) = \displaystyle\int_a^t f(x)dx$ and $G(t) = \displaystyle\int_a^t g(x)dx$

$\because 0 \le f(x) \le g(x), \ \forall a \le x \le b \therefore F(t)$ and $G(t)$ are increasing and $F(t) \le G(t), \ \forall t > a$

$\because \lim\limits_{t \to \infty} G(t)$ exists $\ \therefore$ Let $M = \lim\limits_{t \to \infty} G(t)$ then $F(t) \le M, \ \forall t \in (a, \infty)$

$\because$ Any bounded monotone function has finite one-sided limit

$$\therefore \lim_{t \to \infty} F(t) \text{ exists} \Rightarrow \int_a^\infty f(x)dx \text{ converges}$$

$$\therefore \int_a^\infty g(x)dx \text{ converges} \Rightarrow \int_a^\infty f(x)dx \text{ converges}$$

$$\therefore \int_a^\infty f(x)dx \text{ diverges} \Rightarrow \int_a^\infty g(x)dx \text{ diverges}$$

【定理】Comparison test(第二類瑕積分)

當 $\displaystyle\int_a^b f(x)dx$ 與 $\displaystyle\int_a^b g(x)dx$ 皆為第二類瑕積分時

Assume that $\displaystyle\lim_{x \to b} f(x) = \lim_{x \to b} g(x) = \infty.$ 若 $0 \le f(x) \le g(x),\ \forall\, a \le x \le b$ 則

(i) $\displaystyle\int_a^b g(x)dx \text{ converges} \Rightarrow \int_a^b f(x)dx \text{ converges}$

(ii) $\displaystyle\int_a^b f(x)dx \text{ diverges} \Rightarrow \int_a^b g(x)dx \text{ diverges}$

Proof:

Claim: $\displaystyle\int_a^b g(x)dx \text{ converges} \Rightarrow \int_a^b f(x)dx \text{ converges}$

Let $\displaystyle F(t) = \int_a^t f(x)dx$ and $\displaystyle G(t) = \int_a^t g(x)dx$

$\because 0 \le f(x) \le g(x),\ \forall\, a \le x \le b$ and $\displaystyle\int_a^t f(x)dx \le \int_a^t g(x)dx$

$\therefore F(t)$ and $G(t)$ are increasing and $F(t) \le G(t),\ \forall\, a \le t \le b$

$\because \displaystyle\lim_{t \to b} G(t)$ exists $\quad \therefore$ Let $\displaystyle M = \lim_{t \to b} \int_a^t g(x)dx$ then $F(t) \le M,\ \forall t \in (a,b)$

$\because$ Any bounded monotone function has finite one-sided limit

$\therefore \displaystyle\lim_{t \to b} F(t)$ exists $\Rightarrow \int_a^b f(x)dx \text{ converges}$

$$\therefore \int_a^\infty g(x)dx \text{ converges} \Rightarrow \int_a^\infty f(x)dx \text{ converges}$$

$$\therefore \int_a^b f(x)dx \text{ diverges} \Rightarrow \int_a^b g(x)dx \text{ diverges}$$

【定理】Quotient test(第一類瑕積分)

當 $\displaystyle\int_a^\infty f(x)dx$ 與 $\displaystyle\int_a^\infty g(x)dx$ 皆為第一類瑕積分時

若 $f(x) \geq 0,\ g(x) \geq 0$ 且 $\displaystyle\lim_{x\to\infty}\frac{f(x)}{g(x)} = L$ 則

(i) As $0 < L < \infty$, $\displaystyle\int_a^\infty g(x)dx$ converges $\Leftrightarrow$ $\displaystyle\int_a^\infty f(x)dx$ converges

(ii) As $L = 0$, $\displaystyle\int_a^\infty g(x)dx$ converges $\Rightarrow$ $\displaystyle\int_a^\infty f(x)dx$ converges

(iii) As $L = \infty$, $\displaystyle\int_a^\infty g(x)dx$ diverges $\Rightarrow$ $\displaystyle\int_a^\infty f(x)dx$ diverges

Proof:

(i)

Claim: As $0 < L < \infty$, $\displaystyle\int_a^\infty g(x)dx$ converges $\Leftrightarrow$ $\displaystyle\int_a^\infty f(x)dx$ converges

$\because \displaystyle\lim_{x\to\infty}\frac{f(x)}{g(x)} = L$, choose $M_1 \in N$ s.t. $x > M_1 \Rightarrow \left|\dfrac{f(x)}{g(x)} - L\right| < \dfrac{L}{2}$

$\therefore \dfrac{L}{2}g(x) < f(x) < \dfrac{3L}{2}g(x),\ \forall x > M_1$

Let $F(t) = \displaystyle\int_a^t f(x)dx$ and $G(t) = \displaystyle\int_a^t g(x)dx$,

Claim: $\displaystyle\int_a^\infty g(x)dx$ converges $\Rightarrow$ $\displaystyle\int_a^\infty f(x)dx$ converges

$\because f(x) \geq 0$ and $g(x) \geq 0$ $\quad \therefore F(t)$ and $G(t)$ are increasing

$\because f(x) < \dfrac{3L}{2}g(x),\ \forall x > M_1$ $\ \therefore F(t) - F(M_1) < \dfrac{3L}{2}\big(G(t) - G(M_1)\big),\ \forall t > M_1$

$\because \displaystyle\lim_{t\to\infty} G(t)$ exists $\ \therefore$ Let $M = \displaystyle\lim_{t\to\infty} G(t)$ then $F(t) \leq \dfrac{3L}{2}\big(M - G(M_1)\big) + F(M_1), \forall t > a$

$\because$ Any bounded monotone function has finite one-sided limit

$\therefore \displaystyle\lim_{t\to\infty} F(t)$ exists $\Rightarrow \displaystyle\int_a^\infty f(x)dx$ converges

$\therefore \displaystyle\int_a^\infty g(x)dx$ converges $\Rightarrow \displaystyle\int_a^\infty f(x)dx$ converges

Claim: $\displaystyle\int_a^\infty f(x)dx$ converges $\Rightarrow \displaystyle\int_a^\infty g(x)dx$ converges

$\because f(x) \geq 0$ and $g(x) \geq 0$　$\therefore F(t)$ and $G(t)$ are increasing

$\because \dfrac{L}{2}g(x) < f(x),\ \forall\, x > M_1$　$\therefore \dfrac{L}{2}\big(G(t) - G(M_1)\big) < F(t) - F(M_1),\ \forall\, t > M_1$

$\because \displaystyle\lim_{t\to\infty} F(t)$ exists　$\therefore$ Let $M = \displaystyle\lim_{t\to\infty} F(t)$ then $G(t) \leq \dfrac{2}{L}\big(M - F(M_1)\big) + G(M_1), \forall\, t > a$

$\because$ Any bounded monotone function has finite one-sided limit

$\therefore \displaystyle\lim_{t\to\infty} G(t)$ exists $\Rightarrow \displaystyle\int_a^\infty g(x)dx$ converges

$\therefore \displaystyle\int_a^\infty f(x)dx$ converges $\Rightarrow \displaystyle\int_a^\infty g(x)dx$ converges

(ii)

Claim: As $L = 0$,　$\displaystyle\int_a^\infty g(x)dx$ converges $\Rightarrow \displaystyle\int_a^\infty f(x)dx$ converges

$\because \displaystyle\lim_{x\to\infty} \dfrac{f(x)}{g(x)} = 0$, choose $M_1 \in N$ s.t. $x > M_1 \Rightarrow \left|\dfrac{f(x)}{g(x)}\right| < 1$　$\therefore f(x) < g(x),\ \forall x > M_1$

Let $F(t) = \displaystyle\int_a^t f(x)dx$ and $G(t) = \displaystyle\int_a^t g(x)dx,$

$\because f(x) \geq 0$ and $g(x) \geq 0$　$\therefore F(t)$ and $G(t)$ are increasing

$\because f(x) < g(x),\ \forall x > M_1$　$\therefore F(t) - F(M_1) \leq G(t) - G(M_1),\ \forall t > M_1$

$\because \displaystyle\lim_{t\to\infty} G(t)$ exists　$\therefore$ Let $M_2 = \displaystyle\lim_{t\to\infty} G(t)$ then $F(t) \leq M_2 - G(M_1) + F(M_1),\ \forall t > a$

$\because$ Any bounded monotone function has finite one-sided limit

$\therefore \displaystyle\lim_{t\to\infty} F(t)$ exists $\Rightarrow \displaystyle\int_a^\infty f(x)dx$ converges

$\therefore$ As $L = 0$,　$\displaystyle\int_a^\infty g(x)dx$ converges $\Rightarrow \displaystyle\int_a^\infty f(x)dx$ converges

(iii)

Claim: As $L = \infty$,　$\displaystyle\int_a^\infty g(x)dx$ diverges $\Rightarrow \displaystyle\int_a^\infty f(x)dx$ diverges

$\because \displaystyle\lim_{x\to\infty} \dfrac{f(x)}{g(x)} = \infty$,　choose $M \in N$ s.t. $x > M \Rightarrow 1 < \left|\dfrac{f(x)}{g(x)}\right|$　$\therefore f(x) > g(x),\ \forall x > M$

Let $F(t) = \displaystyle\int_a^t f(x)dx$ and $G(t) = \displaystyle\int_a^t g(x)dx$

$\because 0 < g(x) < f(x), \forall\, x > M \quad \therefore G(t) - G(M) \le F(t) - F(M), \ \forall t > M$

$\because \displaystyle\lim_{t\to\infty} G(t) = \infty \quad \therefore \displaystyle\lim_{t\to\infty} F(t) = \infty \Rightarrow \displaystyle\int_a^\infty f(x)dx$ diverges

$\therefore$ As $L = \infty, \ \displaystyle\int_a^\infty g(x)dx$ diverges $\Rightarrow \displaystyle\int_a^\infty f(x)dx$ diverges

【定理】Quotient test(第二類瑕積分)

當 $\displaystyle\int_a^b f(x)dx$ 與 $\displaystyle\int_a^b g(x)dx$ 皆為第二類瑕積分時

假設 $\displaystyle\lim_{x\to b} f(x) = \lim_{x\to b} g(x) = \infty, \ $ 若 $f(x) \ge 0, \ g(x) \ge 0$ 且 $\displaystyle\lim_{x\to b}\frac{f(x)}{g(x)} = L$ 則

(i)As $0 < L < \infty, \ \displaystyle\int_a^b g(x)dx$ converges $\Leftrightarrow \displaystyle\int_a^b f(x)dx$ converges

(ii)As $L = 0, \ \displaystyle\int_a^b g(x)dx$ converges $\Rightarrow \displaystyle\int_a^b f(x)dx$ converges

(iii)As $L = \infty, \ \displaystyle\int_a^b g(x)dx$ diverges $\Rightarrow \displaystyle\int_a^b f(x)dx$ diverges

Proof:

(i)

Claim: As $0 < L < \infty, \ \displaystyle\int_a^b g(x)dx < \infty \Leftrightarrow \displaystyle\int_a^b f(x)dx < \infty$

$\because \displaystyle\lim_{x\to b}\frac{f(x)}{g(x)} = L, \ $ choose $\delta > 0$ s.t. $0 < |x - b| < \delta \Rightarrow \left|\dfrac{f(x)}{g(x)} - L\right| < \dfrac{L}{2}$

$\therefore \dfrac{L}{2}g(x) < f(x) < \dfrac{3L}{2}g(x), \ \forall\, b - \delta < x < b$

Let $F(t) = \displaystyle\int_a^t f(x)dx$ and $G(t) = \displaystyle\int_a^t g(x)dx$

Claim: $\displaystyle\int_a^b g(x)dx$ converges $\Rightarrow \displaystyle\int_a^b f(x)dx$ converges

$\because f(x) \ge 0$ and $g(x) \ge 0 \quad \therefore F(t)$ and $G(t)$ are increasing

$\because \dfrac{L}{2}g(x) < f(x) < \dfrac{3L}{2}g(x), \ \forall\, b - \delta < x < b$

$$\therefore F(t) - F(b-\delta) < \frac{3L}{2}\big(G(t) - G(b-\delta)\big), \ \forall b-\delta < t < b$$

$$\because \lim_{t\to b} G(t) \text{ exists}$$

Let M $= \lim_{t\to b} G(t)$ then $F(t) \le \frac{3L}{2}\big(M - G(b-\delta)\big) + F(b-\delta), \ \forall t \in (a,b)$

$\because$ Any bounded monotone function has finite one-sided limit

$$\therefore \lim_{t\to b} F(t) \text{ exists} \Rightarrow \int_a^b f(x)dx \text{ converges} \because \int_a^b g(x)dx \text{ converges} \Rightarrow \int_a^b f(x)dx \text{ converges}$$

Claim: $\displaystyle\int_a^b f(x)dx$ converges $\Rightarrow \displaystyle\int_a^b g(x)dx$ converges

$\because f(x) \ge 0$ and $g(x) \ge 0 \quad \therefore F(t)$ and $G(t)$ are increasing

$$\because \frac{L}{2}g(x) < f(x) < \frac{3L}{2}g(x), \ \forall \, b-\delta < x < b$$

$$\therefore G(t) - G(b-\delta) < \frac{2}{L}\big(F(t) - F(b-\delta)\big), \ \forall b-\delta < t < b$$

$$\because \lim_{t\to b} F(t) \text{ exists}$$

Let M $= \lim_{t\to b} F(t)$ then $G(t) \le \frac{2}{L}\big(M - F(b-\delta)\big) + G(b-\delta), \ \forall t \in (a,b)$

$\because$ Any bounded monotone function has finite one-sided limit

$$\therefore \lim_{t\to b} G(t) \text{ exists} \Rightarrow \int_a^b g(x)dx \text{ converges} \because \int_a^b f(x)dx \text{ converges} \Rightarrow \int_a^b g(x)dx \text{ converges}$$

(ii)

Claim: As $L = 0$, $\displaystyle\int_a^b g(x)dx$ converges $\Rightarrow \displaystyle\int_a^b f(x)dx$ converges

$$\because \lim_{x\to b} \frac{f(x)}{g(x)} = 0, \text{ choose } \delta > 0 \text{ s.t. } 0 < |x-b| < \delta \Rightarrow \left|\frac{f(x)}{g(x)}\right| < 1$$

$\therefore f(x) < g(x), \ \forall \, b-\delta < x < b$

Let $F(t) = \displaystyle\int_a^t f(x)dx$ and $G(t) = \displaystyle\int_a^t g(x)dx,$

$\because f(x) \ge 0$ and $g(x) \ge 0 \quad \therefore F(t)$ and $G(t)$ are increasing

$\because f(x) < g(x), \ \forall \, b-\delta < x < b$

$\therefore F(t) - F(b-\delta) < G(t) - G(b-\delta), \ \forall b-\delta < t < b$

$\because \lim\limits_{t \to b} G(t)$ exists

$\therefore$ Let $M = \lim\limits_{t \to b} G(t)$ then $F(t) \leq M - G(b-\delta) + F(b-\delta), \forall t \in (a,b)$

$\because$ Any bounded monotone function has finite one-sided limit

$\therefore \lim\limits_{t \to b} F(t)$ exists $\Rightarrow \int_a^b f(x)dx$ converges

$\therefore$ As $L = 0,$ $\int_a^b g(x)dx$ converges $\Rightarrow \int_a^b f(x)dx$ converges

(iii)

Claim: As $L = \infty,$ $\int_a^b g(x)dx$ diverges $\Rightarrow \int_a^b f(x)dx$ diverges

$\because \lim\limits_{x \to b} \dfrac{f(x)}{g(x)} = \infty,$ choose $\delta > 0$ s.t. $0 < |x - b| < \delta \Rightarrow \left|\dfrac{f(x)}{g(x)}\right| > 1$

$\therefore 0 < g(x) < f(x), \ \forall \, b - \delta < x < b$

Let $F(t) = \int_a^t f(x)dx$ and $G(t) = \int_a^t g(x)dx$

$\because g(x) < f(x), \ \forall x \in (b-\delta, b) \ \therefore G(t) - G(b-\delta) \leq F(t) - F(b-\delta), \forall t \in (b-\delta, b)$

$\because \lim\limits_{t \to b} G(t) = \infty \quad \therefore \lim\limits_{t \to b} F(t) = \infty \Rightarrow \int_a^b f(x)dx$ diverges

$\therefore$ As $L = \infty,$ $\int_a^b g(x)dx$ diverges $\Rightarrow \int_a^b f(x)dx$ diverges

5.4.3　求瑕積分的值

5.4.3.1　使用變數代換法求瑕積分的值

求第一類型瑕積分 $\int_0^\infty f(g(x))g'(x)\, dx =?$ 或 求第二類型瑕積分 $\int_a^b f(g(x))g'(x)\, dx =?$

其中假設 $f(g(a))g'(a) = \infty$ 或 $f(g(b))g'(b) = \infty$

解題流程:

Step1.

令 $u = g(x)$ 則 $du = g'(x)dx$ and $\displaystyle\int_a^b f(g(x))g'(x)\,dx = \int_{g(a)}^{g(b)} f(u)du$

Step2.

求第一類型瑕積分時

$\because \displaystyle\int_0^\infty f(g(x))g'(x)\,dx = \lim_{a\to 0, b\to\infty}\int_a^b f(g(x))g'(x)\,dx = \lim_{a\to 0, b\to\infty}\int_{g(a)}^{g(b)} f(u)du$

$\therefore$ 求 $\displaystyle\lim_{a\to 0, b\to\infty}\int_{g(a)}^{g(b)} f(u)du = ?$

求第二類型瑕積分時

$\because \displaystyle\int_a^b f\big(g(x)\big)g'(x)\,dx = \int_{g(a)}^{g(b)} f(u)du \qquad \therefore$ 求 $\displaystyle\int_{g(a)}^{g(b)} f(u)du = ?$

補充說明:

求瑕積分的值等於先計算定積分再取極限值的問題, 與使用變數代換法求定積分相同, 當被積分函數較為複雜時, 嘗試使用變數代換法, 將原函數化為較乾淨且能積分的樣貌, 例如當函數式帶有 $\sqrt{f(x)}$, 先嘗試令 $u = f(x)$, 接著觀察是否能化為較簡潔能夠積分的函數式

考試類型:

題型 1. 根號裡沒有根號

求第一類型瑕積分

(i) $\displaystyle\int_0^\infty h\big(\alpha f(x) + \beta g(x)\sqrt[n]{cx+d}\big)\,dx = ?, \quad \forall \alpha, \beta \in R, c, d > 0$

或求第二類型瑕積分

(ii) $\displaystyle\int_a^b h\big(\alpha f(x) \pm \beta g(x)\sqrt[n]{cx+d}\big)\,dx = ?, \quad \forall \alpha, \beta \in R, c, d > 0$

其中 $h\big(\alpha f(a) \pm \beta g(a)\sqrt[n]{ca+d}\big) = \infty$ 或 $h\big(\alpha f(b) \pm \beta g(b)\sqrt[n]{cb+d}\big) = \infty$

解題流程:

Step1.

令 $u = \sqrt[n]{cx+d}$ 則 $u^n = cx + d, \ x = \dfrac{u^n - d}{c}$ 且 $dx = \dfrac{nu^{n-1}}{c}du$

Step2.

$$\int_a^b h(\alpha f(x) \pm \beta g(x)\sqrt[n]{cx+d})dx = \int_{(ca+d)^{\frac{1}{n}}}^{(cb+d)^{\frac{1}{n}}} \frac{nu^{n-1}h\left(\alpha f(\dfrac{u^n - d}{c}) \pm \beta g(\dfrac{u^n - d}{c})u\right)}{c}du$$

Step3.

求第一類型瑕積分時

$$\int_0^\infty h\big(\alpha f(x) \pm \beta g(x)\sqrt[n]{cx+d}\big)\,dx$$

$$= \lim_{a\to 0,\,b\to\infty} \int_{(ca+d)^{\frac{1}{n}}}^{(cb+d)^{\frac{1}{n}}} \frac{nu^{n-1}h\left(\alpha f(\frac{u^n-d}{c}) \pm \beta g(\frac{u^n-d}{c})u\right)}{c}\,du$$

求 $\displaystyle \lim_{a\to 0,\,b\to\infty} \int_{(ca+d)^{\frac{1}{n}}}^{(cb+d)^{\frac{1}{n}}} \frac{nu^{n-1}h\left(\alpha f(\frac{u^n-d}{c}) \pm \beta g(\frac{u^n-d}{c})u\right)}{c}\,du = ?$

求第二類型瑕積分時

$$\int_a^b h(\alpha f(x) \pm \beta g(x)\sqrt[n]{cx+d})\,dx = \int_{(ca+d)^{\frac{1}{n}}}^{(cb+d)^{\frac{1}{n}}} \frac{nu^{n-1}h\left(\alpha f(\frac{u^n-d}{c}) \pm \beta g(\frac{u^n-d}{c})u\right)}{c}\,du$$

求 $\displaystyle \int_{(ca+d)^{\frac{1}{n}}}^{(cb+d)^{\frac{1}{n}}} \frac{nu^{n-1}h\left(\alpha f(\frac{u^n-d}{c}) \pm \beta g(\frac{u^n-d}{c})u\right)}{c}\,du = ?$

範例說明:

(I)As $h(x) = \dfrac{1}{x}$, $\displaystyle \int_0^\infty h\big(\alpha f(x) \pm \beta g(x)\sqrt[n]{cx+d}\big)\,dx$

$$= \lim_{a\to 0,\,b\to\infty} \int_{(ca+d)^{\frac{1}{n}}}^{(cb+d)^{\frac{1}{n}}} \frac{nu^{n-1}}{c\left(\alpha f(\frac{u^n-d}{c}) \pm \beta g(\frac{u^n-d}{c})u\right)}\,du$$

(II)As $h(x) = x$, $\displaystyle \int_0^\infty h\big(\alpha f(x) \pm \beta g(x)\sqrt[n]{cx+d}\big)\,dx$

$$= \lim_{a\to 0,\,b\to\infty} \int_{(ca+d)^{\frac{1}{n}}}^{(cb+d)^{\frac{1}{n}}} \frac{nu^{n-1}\left(\alpha f(\frac{u^n-d}{c}) \pm \beta g(\frac{u^n-d}{c})u\right)du}{c}$$

(III)As $h(x) = x$,

$$\int_a^b \alpha f(x) \pm \beta g(x)\sqrt[n]{cx+d}\,dx = \int_{(ca+d)^{\frac{1}{n}}}^{(cb+d)^{\frac{1}{n}}} \frac{nu^{n-1}\left(\alpha f(\frac{u^n-d}{c}) \pm \beta g(\frac{u^n-d}{c})u\right)}{c}\,du$$

<u>補充說明:</u>

由上式可觀察出, 如果$f(x)$、$g(x)$為常數, 被積分函數會是多項式函數, 如果$f(x)$、$g(x)$是多項式函數, 則被積分函數為有理函數式, 可利用比較係數法將其拆成數個分式相加再積分, 詳細作法請參照此章所介紹如何求有理式的瑕積分

題型 2.　根號裡有根號

求第二類型瑕積分 $\displaystyle\int_a^b \frac{1}{\sqrt[n]{\alpha + \gamma \cdot \sqrt[n]{\beta + cx}}}\, dx =?$

其中 $\dfrac{1}{\sqrt[n]{\alpha + \gamma \cdot \sqrt[n]{\beta + c \cdot a}}} = \infty$　或　$\dfrac{1}{\sqrt[n]{\alpha + \gamma \cdot \sqrt[n]{\beta + c \cdot b}}} = \infty$

解題流程:

Step1.

令$u = \alpha + \gamma \cdot \sqrt[n]{\beta + cx}$ 則 $\dfrac{\gamma c}{n}(\beta + cx)^{\frac{1-n}{n}}\, dx = du \Rightarrow dx = \dfrac{n(\frac{u-\alpha}{\gamma})^{n-1}}{\gamma c}\, du$

Step2.

令$a' = \alpha + \gamma\sqrt[n]{\beta + ca},\ b' = \alpha + \gamma\sqrt[n]{\beta + cb}$

則 $\displaystyle\int_a^b \frac{1}{\sqrt[n]{\alpha + \gamma \cdot \sqrt[n]{\beta + cx}}}\, dx = \int_{a'}^{b'} \frac{n(u-\alpha)^{n-1}}{c\gamma^n \sqrt[n]{u}}\, du,\ \ 求 \int_{a'}^{b'} \frac{n(u-\alpha)^{n-1}}{c\gamma^n \sqrt[n]{u}}\, du =?$

範例 1.

求 $\displaystyle\int_0^\infty \frac{dx}{2 + e^x} =?$

【解】

令 $t = 2 + e^x$ 則 $dt = e^x dx$　且 $dx = \dfrac{dt}{t-2}$, 藉由變數代換法, 令 $a > 0$

則 $\displaystyle\int_0^a \frac{dx}{2 + e^x} = \int_3^{2+e^a} \frac{dt}{t(t-2)} = \frac{1}{2}\int_3^{2+e^a}\left(\frac{1}{t-2} - \frac{1}{t}\right) dt = \ln\frac{t-2}{t}\Big|_3^{2+e^a} = \ln\frac{3e^a}{2 + e^a}$

$$\therefore \int_0^\infty \frac{dx}{1+e^x} = \lim_{a\to\infty} \int_0^a \frac{dx}{1+e^x} = \lim_{a\to\infty} \ln\frac{3e^a}{2+e^a} = \ln 3$$

範例 2.

$$求 \int_0^\infty \frac{2dx}{e^{-x}+e^x} = ?$$

【解】

令 $t = e^x$ 則 $\dfrac{dt}{t} = dx$，藉由變數代換法

$$\because \int_0^a \frac{2dx}{e^{-x}+e^x} = \int_1^a \frac{2dt}{t(t^{-1}+t)} = 2\tan^{-1} t\big|_1^a = 2\tan^{-1} a - \frac{\pi}{2}, \quad \forall a > 0$$

$$\therefore \int_0^\infty \frac{2dx}{e^{-x}+e^x} = \lim_{a\to\infty} \int_0^a \frac{2dx}{e^{-x}+e^x} = \lim_{a\to\infty} 2\tan^{-1} a - \frac{\pi}{2} = \frac{\pi}{2}$$

範例 3.

$$求 \int_0^1 \frac{1}{x+\sqrt{x}} dx = ?$$

【解】

令 $u = \sqrt{x}$ 則 $du = \dfrac{1}{2}x^{-\frac{1}{2}}dx$ 且 $2udu = dx$，藉由變數代換法

$$\therefore \int_0^1 \frac{1}{x+\sqrt{x}} dx = \int_0^1 \frac{2u}{u^2+u} du = \int_0^1 \frac{2}{u+1} du = 2\ln(u+1)\big|_0^1 = 2\ln 2$$

範例 4.

$$求 \int_0^1 \frac{1}{\sqrt{x}+\sqrt[3]{x}} dx = ?$$

【解】

令 $u = x^{\frac{1}{6}}$ 則 $du = \dfrac{1}{6}x^{-\frac{5}{6}}dx \Rightarrow 6u^5 du = dx$，藉由變數代換法

$$\therefore \int_0^1 \frac{1}{\sqrt{x} + \sqrt[3]{x}}\,dx = \int_0^1 \frac{6u^5}{u^3 + u^2}\,du = \int_0^1 \frac{6u^3}{u+1}\,du$$

$$= 6\int_0^1 \frac{u^2(u+1) - u(u+1) + (u+1) - 1}{u+1}\,du = 6\int_0^1 u^2 - u + 1 - \frac{1}{u+1}\,du$$

$$= 6\left(\frac{u^3}{3} - \frac{u^2}{2} + u - \ln(u+1)\right)\Big|_0^1 = 6\left(\frac{1}{3} - \frac{1}{2} + 1 - \ln 2\right) = 5 - 6\ln 2$$

範例 5.

$$求 \int_1^\infty \frac{1}{x\sqrt{a+bx}}\,dx =?, \quad \forall a,b > 0$$

【解】

令 $u = \sqrt{a+bx}$ 則 $du = \frac{b}{2}(a+bx)^{-\frac{1}{2}}dx$, 藉由變數代換法

$$\because u^2 = a + bx \qquad \therefore \frac{1}{x} = \frac{b}{u^2 - a}$$

$$\therefore \int_1^\infty \frac{1}{x\sqrt{a+bx}}\,dx = \frac{2}{b}\int_{\sqrt{a+b}}^\infty \frac{b}{u^2 - a}\,du = 2\int_{\sqrt{a+b}}^\infty \frac{1}{u^2 - a}\,du$$

$$= 2\int_{\sqrt{a+b}}^\infty \frac{1}{(u - \sqrt{a})(u + \sqrt{a})}\,du = \int_{\sqrt{a+b}}^\infty \frac{1}{\sqrt{a}}\left(\frac{1}{u - \sqrt{a}} - \frac{1}{u + \sqrt{a}}\right)du$$

$$= \frac{1}{\sqrt{a}}\left(\ln|u - \sqrt{a}| - \ln|u + \sqrt{a}|\right)\Big|_{\sqrt{a+b}}^\infty = \frac{-1}{\sqrt{a}}\left(\ln \frac{\sqrt{a+b} - \sqrt{a}}{\sqrt{a+b} + \sqrt{a}}\right)$$

範例 6.

$$求 \int_0^1 \frac{1}{\sqrt{1 - \sqrt{x}}}\,dx =?$$

【解】

令 $u = 1 - \sqrt{x}$ 則 $du = \dfrac{-1}{2} x^{-\frac{1}{2}} dx$, 藉由變數代換法

$$\int_0^1 \frac{1}{\sqrt{1-\sqrt{x}}} dx = 2 \int_1^0 \frac{u-1}{\sqrt{u}} du = 2 \int_1^0 u^{\frac{1}{2}} - u^{-\frac{1}{2}} du = 2 \left(\frac{2}{3} u^{\frac{3}{2}} - 2u^{\frac{1}{2}} \right) \Big|_1^0 = \frac{8}{3}$$

範例 7.

$$\text{求} \int_0^1 \frac{1}{\sqrt{x}(1+x)} dx = ?$$

【解】

令 $u = \sqrt{x}$ 則 $du = \dfrac{x^{-\frac{1}{2}}}{2} dx \Rightarrow 2u\,du = dx$, 藉由變數代換法

$$\therefore \int \frac{dx}{\sqrt{x}(1+x)} = \int \frac{2u\,du}{u(1+u^2)} = 2 \int \frac{du}{1+u^2} = 2\tan^{-1} u + c = 2\tan^{-1} \sqrt{x} + c$$

$$\therefore \int_0^1 \frac{1}{\sqrt{x}(1+x)} dx = 2\left(\tan^{-1}\sqrt{1} - \tan^{-1}\sqrt{0} \right) = \frac{\pi}{2}$$

範例 8.

$$\text{求} \int_1^\infty \frac{(x-x^3)^{\frac{1}{3}}}{x^4} dx = ?$$

【解】

$$\because \frac{(x-x^3)^{\frac{1}{3}}}{x^4} = \frac{\frac{1}{x}(x-x^3)^{\frac{1}{3}}}{x^3} = \frac{\left(\frac{1}{x^2} - 1 \right)^{\frac{1}{3}}}{x^3}$$

令 $u = \dfrac{1}{x^2} - 1$ 則 $du = -2x^{-3}\,dx \Rightarrow \dfrac{-du}{2} = x^{-3}\,dx$, 藉由變數代換法

$$\therefore \int \frac{(x-x^3)^{\frac{1}{3}} dx}{x^4} = \int \frac{\left(\frac{1}{x^2} - 1 \right)^{\frac{1}{3}} dx}{x^3} = -\int \frac{u^{\frac{1}{3}} du}{2} = -\frac{3u^{\frac{4}{3}}}{8} + c = -\frac{3\left(\frac{1}{x^2} - 1 \right)^{\frac{4}{3}}}{8} + c$$

$$\therefore \int_1^\infty \frac{(x-x^3)^{\frac{1}{3}}}{x^4} dx = -\frac{3}{8}$$

範例 9.

$$求 \int_0^1 \frac{\sqrt{1+\sqrt{x}}}{\sqrt{x}}\,dx =?$$

【解】

令 $u = 1 + \sqrt{x}$ 則 $du = \dfrac{1}{2}x^{-\frac{1}{2}}dx$, 藉由變數代換法

$$\therefore \int \frac{\sqrt{1+\sqrt{x}}}{\sqrt{x}}\,dx = 2\int \sqrt{u}\,du = \frac{4}{3}u^{\frac{3}{2}} + c = \frac{4}{3}(1+\sqrt{x})^{\frac{3}{2}} + c$$

$$\therefore \int_0^1 \frac{\sqrt{1+\sqrt{x}}}{\sqrt{x}}\,dx = \frac{4}{3}\left((1+1)^{\frac{3}{2}} - 1\right) = \frac{4}{3}(2\sqrt{2} - 1)$$

範例 10.

$$求 \int_0^1 \frac{\sqrt{1-\sqrt{x}}}{\sqrt{x}}\,dx =?$$

【解】

令 $u = 1 - \sqrt{x}$ 則 $du = \dfrac{-1}{2}x^{-\frac{1}{2}}dx$, 藉由變數代換法

$$\therefore \int \frac{\sqrt{1-\sqrt{x}}}{\sqrt{x}}\,dx = -2\int \sqrt{u}\,du = -\frac{4}{3}u^{\frac{3}{2}} + c = -\frac{4}{3}(1-\sqrt{x})^{\frac{3}{2}} + c$$

$$\therefore \int_0^1 \frac{\sqrt{1-\sqrt{x}}}{\sqrt{x}}\,dx = -\frac{4}{3}\left((1-\sqrt{1})^{\frac{3}{2}} - (1-\sqrt{0})^{\frac{3}{2}}\right) = \frac{4}{3}$$

範例 11.

$$求 \int_{\sqrt{\frac{3}{2}}}^{\sqrt{3}} \frac{x}{\sqrt{9-x^4}}\,dx =?$$

【解】

令 $u = x^2$ 則 $du = 2x\,dx$, 藉由變數代換法

$$\therefore \int \frac{x}{\sqrt{9-x^4}}\,dx = \int \frac{du}{2\sqrt{9-u^2}} = \int \frac{du}{6\sqrt{1-\left(\frac{u}{3}\right)^2}} = \frac{1}{2}\sin^{-1}\frac{u}{3} + c = \frac{1}{2}\sin^{-1}\frac{x^2}{3} + c$$

$$\therefore \int_{\sqrt{\frac{3}{2}}}^{\sqrt{3}} \frac{x}{\sqrt{9-x^4}}\,dx = \frac{1}{2}\left(\sin^{-1}1 - \sin^{-1}\frac{1}{2}\right) = \frac{1}{2}\left(\frac{\pi}{2} - \frac{\pi}{6}\right) = \frac{\pi}{6}$$

範例 12.

$$求 \int_0^{\infty} \frac{x^3}{1+x^8}\,dx = ?$$

【解】

令 $u = x^4$ 則 $du = 4x^3 dx$, 藉由變數代換法

$$\therefore \int \frac{x^3}{1+x^8}\,dx = \frac{1}{4}\int \frac{du}{1+u^2} = \frac{1}{4}\tan^{-1}u + c = \frac{1}{4}\tan^{-1}x^4 + c$$

$$\therefore \int_a^b \frac{x^3}{1+x^8}\,dx = \frac{1}{4}(\tan^{-1}b^4 - \tan^{-1}a^4) \qquad \therefore \int_0^{\infty} \frac{x^3}{1+x^8}\,dx = \frac{1}{4}\left(\frac{\pi}{2} - 0\right) = \frac{\pi}{8}$$

範例 13.

$$求 \int_0^1 \frac{1}{\sqrt{x} + \sqrt[3]{x}}\,dx = ?$$

【解】

令 $u = x^{\frac{1}{6}}$ 則 $du = \frac{1}{6}x^{-\frac{5}{6}}dx \Rightarrow 6u^5 du = dx$, 藉由變數代換法

$$\therefore \int \frac{1}{\sqrt{x}+\sqrt[3]{x}}\,dx = \int \frac{6u^5 du}{u^3+u^2} = \int \frac{6u^3 du}{u+1} = 6\int \frac{u^2(u+1) - u(u+1) + (u+1) - 1}{u+1}\,du$$

$$= 6\int u^2 - u + 1 - \frac{1}{u+1}\,du = 6\left(\frac{u^3}{3} - \frac{u^2}{2} + u - \ln|u+1|\right) + c$$

$$= 2x^{\frac{1}{2}} - 3x^{\frac{1}{3}} + 6x^{\frac{1}{6}} - 6\ln\left|x^{\frac{1}{6}} + 1\right| + c$$

$$\therefore \int_a^b \frac{1}{\sqrt{x}+\sqrt[3]{x}}\,dx = 2b^{\frac{1}{2}} - 3b^{\frac{1}{3}} + 6b^{\frac{1}{6}} - 6\ln\left(b^{\frac{1}{6}}+1\right) - \left(2a^{\frac{1}{2}} - 3a^{\frac{1}{3}} + 6a^{\frac{1}{6}} - 6\ln\left(a^{\frac{1}{6}}+1\right)\right)$$

$$\therefore \int_0^1 \frac{1}{\sqrt{x}+\sqrt[3]{x}}\,dx = 5 - 6\ln 2$$

範例 14.

$$求 \int_{-1}^{0} \frac{1}{\sqrt{1 + x^{\frac{1}{3}}}} dx = ?$$

【解】

令 $u = 1 + x^{\frac{1}{3}}$ 則 $du = \frac{1}{3} x^{-\frac{2}{3}} dx$, 藉由變數代換法

$$\therefore \int \frac{1}{\sqrt{1 + x^{\frac{1}{3}}}} dx = 3 \int \frac{(u-1)^2}{\sqrt{u}} du = 3 \int u^{\frac{3}{2}} - 2u^{\frac{1}{2}} + u^{-\frac{1}{2}} du$$

$$= 3\left(\frac{2}{5} u^{\frac{5}{2}} - \frac{4}{3} u^{\frac{3}{2}} + 2u^{\frac{1}{2}}\right) + c = 3\left(\frac{2}{5}\left(1 + x^{\frac{1}{3}}\right)^{\frac{5}{2}} - \frac{4}{3}\left(1 + x^{\frac{1}{3}}\right)^{\frac{3}{2}} + 2\left(1 + x^{\frac{1}{3}}\right)^{\frac{1}{2}}\right) + c$$

$$= \frac{6}{5}\left(1 + x^{\frac{1}{3}}\right)^{\frac{5}{2}} - 4\left(1 + x^{\frac{1}{3}}\right)^{\frac{3}{2}} + 6\left(1 + x^{\frac{1}{3}}\right)^{\frac{1}{2}} + c$$

$$則 \int_{a}^{b} \frac{1}{\sqrt{1 + x^{\frac{1}{3}}}} dx = \frac{6}{5}\left(\left(1 + b^{\frac{1}{3}}\right)^{\frac{5}{2}} - \left(1 + a^{\frac{1}{3}}\right)^{\frac{5}{2}}\right)$$

$$-4\left(\left(1 + b^{\frac{1}{3}}\right)^{\frac{3}{2}} - \left(1 + a^{\frac{1}{3}}\right)^{\frac{3}{2}}\right) + 6\left(\left(1 + b^{\frac{1}{3}}\right)^{\frac{1}{2}} - \left(1 + a^{\frac{1}{3}}\right)^{\frac{1}{2}}\right)$$

$$\therefore \int_{-1}^{0} \frac{1}{\sqrt{1 + x^{\frac{1}{3}}}} dx = \frac{6}{5} - 4 + 6 = \frac{16}{5}$$

範例 15.

$$求 \int_{0}^{1} \frac{1}{\sqrt{1 - \sqrt{x}}} dx = ?$$

【解】

令 $u = 1 - \sqrt{x}$ 則 $du = \frac{-1}{2} x^{-\frac{1}{2}} dx$, 藉由變數代換法

$$\therefore \int \frac{1}{\sqrt{1 - \sqrt{x}}} dx = 2 \int \frac{u-1}{\sqrt{u}} du = 2 \int u^{\frac{1}{2}} - u^{-\frac{1}{2}} du = 2\left(\frac{2}{3} u^{\frac{3}{2}} - 2u^{\frac{1}{2}}\right) + c$$

$$= \frac{4}{3}(1 - \sqrt{x})^{\frac{3}{2}} - 4\sqrt{1 - \sqrt{x}} + c$$

$$\therefore \int_0^1 \frac{1}{\sqrt{1 - \sqrt{x}}}\,dx = \frac{4}{3}(-1) - 4(-1) = \frac{8}{3}$$

範例 16.

$$求 \int_0^8 \frac{dx}{x + 2\sqrt[3]{x}} = ?$$

【解】

令 $x = u^3$ 則 $dx = 3u^2\,du$, 藉由變數代換法

$$\therefore \int_0^8 \frac{dx}{x + 2\sqrt[3]{x}} = \int_0^2 \frac{3u^2}{u^3 + 2u}\,du = 3\int_0^2 \frac{u}{u^2 + 2}\,du = \frac{3}{2} \cdot \ln(u^2 + 2)\big|_0^2 = \frac{3}{2}\ln 3$$

範例 17.

$$求 \int_0^\infty \frac{\tan^{-1} x}{1 + x^2}\,dx = ?$$

【解】

令 $u = \tan^{-1} x$ 則 $du = \dfrac{dx}{1 + x^2}$, 藉由變數代換法

$$則 \int \frac{\tan^{-1} x}{1 + x^2}\,dx = \int u\,du = \frac{u^2}{2} + c = \frac{(\tan^{-1} x)^2}{2} + c$$

$$\therefore \int_0^\infty \frac{\tan^{-1} x}{1 + x^2}\,dx = \lim_{b \to \infty} \frac{(\tan^{-1} b)^2}{2} - \frac{(\tan^{-1} 0)^2}{2} = \frac{\left(\frac{\pi}{2}\right)^2}{2}$$

範例 18.

$$求 \int_0^{\frac{1}{2}} \frac{1}{x(\ln x)^2} = ?$$

【解】

令 $u = \ln x$ 則 $du = \dfrac{dx}{x}$, 藉由變數代換法

則 $\displaystyle\int \frac{1}{x(\ln x)^2}\,dx = \int u^{-2}du = -u^{-1}+c = -\frac{1}{\ln x}+c \quad \therefore \int_0^{\frac{1}{2}} \frac{1}{x(\ln x)^2} = \frac{1}{\ln 2}$

範例 19.

$\qquad$ 求 $\displaystyle\int_0^1 \frac{e^{\sqrt{x}}}{\sqrt{x}}\,dx = ?$

【解】

令 $u = \sqrt{x}$ 則 $du = \dfrac{dx}{2\sqrt{x}}$，藉由變數代換法

則 $\displaystyle\int \frac{e^{\sqrt{x}}}{\sqrt{x}}\,dx = 2\int e^u du = 2e^u + c = 2e^{\sqrt{x}} + c \quad \therefore \int_0^1 \frac{e^{\sqrt{x}}}{\sqrt{x}}\,dx = 2(e-1)$

範例 20.

$\qquad$ 求 $\displaystyle\int_0^1 \frac{(\sin^{-1} x)^2}{\sqrt{1-x^2}}\,dx = ?$

【解】

令 $u = \sin^{-1} x$ 則 $du = \dfrac{dx}{\sqrt{1-x^2}}$，藉由變數代換法

則 $\displaystyle\int \frac{(\sin^{-1} x)^2}{\sqrt{1-x^2}}\,dx = \int u^2 du = \frac{u^3}{3}+c = \frac{(\sin^{-1} x)^3}{3}+c$

$\displaystyle\therefore \int_0^1 \frac{(\sin^{-1} x)^2}{\sqrt{1-x^2}}\,dx = \frac{(\sin^{-1} 1)^3}{3} - \frac{(\sin^{-1} 0)^3}{3} = \frac{(\frac{\pi}{2})^3}{3}$

範例 21.

$\qquad$ 求 $\displaystyle\int_0^1 \frac{e^{\sqrt[3]{x}}}{\sqrt[3]{x^2}}\,dx = ?$

【解】

$\displaystyle\because \int \frac{e^{\sqrt[3]{x}}}{\sqrt[3]{x^2}}\,dx = \int x^{\frac{-2}{3}} e^{x^{\frac{1}{3}}}\,dx = 3e^{x^{\frac{1}{3}}}+c \quad \therefore \int_0^1 \frac{e^{\sqrt[3]{x}}}{\sqrt[3]{x^2}}\,dx = 3(e-1)$

範例 22.

求 $\displaystyle\int_{-1}^{0} \frac{e^{2x}}{\sqrt{1-e^{4x}}}\, dx = ?$

【解】

令 $t = e^{2x}$ 則 $dt = 2e^{2x}\, dx$，藉由變數代換法

則 $\displaystyle\int \frac{e^{2x}}{\sqrt{1-e^{4x}}}\, dx = \frac{1}{2}\int \frac{1}{\sqrt{1-t^2}}\, dt = \frac{1}{2}\sin^{-1} t + c = \frac{1}{2}\sin^{-1} e^{2x} + c$

$\therefore \displaystyle\int_{-1}^{0} \frac{e^{2x}}{\sqrt{1-e^{4x}}}\, dx = \frac{1}{2}(\sin^{-1} 1 - \sin^{-1} e^{-2}) = \frac{1}{2}\left(\frac{\pi}{2} - \sin^{-1} e^{-2}\right)$

範例 23.

求 $\displaystyle\int_{1}^{\infty} \frac{1}{x^2 + 2x + 5}\, dx = ?$

【解】

$\because \displaystyle\int \frac{1}{x^2 + 2x + 5}\, dx = \int \frac{1}{(x+1)^2 + 4}\, dx = \frac{1}{4}\int \frac{1}{\left(\dfrac{x+1}{2}\right)^2 + 1}\, dx$

令 $t = \dfrac{x+1}{2}$ 則 $dt = \dfrac{dx}{2}$，藉由變數代換法

則 $\dfrac{1}{4}\displaystyle\int \frac{1}{\left(\dfrac{x+1}{2}\right)^2 + 1}\, dx = \frac{1}{2}\int \frac{1}{t^2 + 1}\, dt = \frac{1}{2}\tan^{-1} t + c = \frac{1}{2}\tan^{-1}\frac{x+1}{2} + c$

$\therefore \displaystyle\int_{1}^{\infty} \frac{1}{x^2 + 2x + 5}\, dx = \frac{1}{2}\left(\lim_{b\to\infty} \tan^{-1}\frac{b+1}{2} - \tan^{-1}\frac{1+1}{2}\right) = \frac{1}{2}\left(\frac{\pi}{2} - \frac{\pi}{4}\right) = \frac{\pi}{8}$

範例 24.

求 $\displaystyle\int_{0}^{\infty} \frac{1}{1+e^x}\, dx = ?$

【解】

令 $t = 1 + e^x$ 則 $dt = e^x\, dx \Rightarrow dx = \dfrac{dt}{t-1}$，藉由變數代換法

則 $\displaystyle\int \frac{1}{1+e^x}\, dx = \int \frac{1}{t(t-1)}\, dt = \int \frac{1}{t-1} - \frac{1}{t}\, dt = \ln\frac{t-1}{t} + c = \ln\frac{e^x}{1+e^x} + c$

$\therefore \displaystyle\int_{0}^{\infty} \frac{1}{1+e^x}\, dx = \lim_{b\to\infty} \ln\frac{e^b}{1+e^b} - \ln\frac{1}{2} = \ln 2$

範例 25.

$$求 \int_1^\infty \frac{\tan^{-1}\sqrt{x}}{\sqrt{x}(1+x)}\,dx = ?$$

【解】

令 $u = \sqrt{x}$ 則 $du = \frac{1}{2}x^{-\frac{1}{2}}dx \Rightarrow dx = 2u\,du$，藉由變數代換法

則 $\displaystyle\int \frac{\tan^{-1}\sqrt{x}}{\sqrt{x}(1+x)}\,dx = \int \frac{(\tan^{-1}u)2u}{u(1+u^2)}\,du = 2\int \frac{\tan^{-1}u}{1+u^2}\,du$

令 $t = \tan^{-1}u$ 則 $dt = \dfrac{du}{1+u^2}$，藉由變數代換法

則 $\displaystyle 2\int \frac{\tan^{-1}u}{1+u^2}\,du = 2\int t\,dt = t^2 + c = (\tan^{-1}u)^2 + c = \left(\tan^{-1}\sqrt{x}\right)^2 + c$

$$\therefore \int_1^\infty \frac{\tan^{-1}\sqrt{x}}{\sqrt{x}(1+x)}\,dx = \lim_{b\to\infty}\left(\tan^{-1}\sqrt{b}\right)^2 - \left(\tan^{-1}\sqrt{1}\right)^2 = \left(\frac{\pi}{2}\right)^2 - \left(\frac{\pi}{4}\right)^2 = \frac{3\pi^2}{16}$$

範例 26.

$$求 \int_1^\infty \frac{1}{x(1+x^3)}\,dx = ?$$

【解】

令 $t = x^3$ 則 $dt = 3x^2\,dx$，藉由變數代換法

則 $\displaystyle\int \frac{1}{x(1+x^3)}\,dx = \int \frac{x^2}{x^3(1+x^3)}\,dx = \frac{1}{3}\int \frac{1}{t(1+t)}\,dt = \frac{1}{3}\int \frac{1}{t} - \frac{1}{t+1}\,dt$

$$= \frac{1}{3}\ln\frac{t}{t+1} + c = \frac{1}{3}\ln\frac{x^3}{x^3+1} + c$$

$$\therefore \int_1^\infty \frac{1}{x(1+x^3)}\,dx = \frac{1}{3}\left(\lim_{b\to\infty}\ln\frac{b^3}{b^3+1} - \ln\frac{1}{2}\right) = \frac{\ln 2}{3}$$

範例 27.

$$求 \int_1^\infty \frac{1}{x(1+x^2)}\,dx = ?$$

【解】

令 $t = x^2$ 則 $dt = 2x\,dx$，藉由變數代換法

$$\text{則} \int \frac{dx}{x(1+x^2)} = \int \frac{xdx}{x^2(1+x^2)} = \frac{1}{2}\int \frac{dt}{t(1+t)} = \frac{1}{2}\ln\frac{t}{t+1} + c = \frac{1}{2}\ln\frac{x^2}{x^2+1} + c$$

$$\therefore \int_1^\infty \frac{1}{x(1+x^2)}dx = \frac{1}{2}\left(\lim_{b\to\infty}\ln\frac{b^2}{b^2+1} - \ln\frac{1}{2}\right) = \frac{\ln 2}{2}$$

範例 28.

$$\text{求} \int_0^\infty \frac{1}{\sqrt{1+e^x}}dx = ?$$

【解】

令 $t = \sqrt{1+e^x}$ 則 $dt = \dfrac{e^x}{2\sqrt{1+e^x}}dx$, 藉由變數代換法

$$\text{則} \int \frac{1}{\sqrt{1+e^x}}dx = \int \frac{e^x}{e^x\sqrt{1+e^x}}dx = 2\int \frac{1}{t^2-1}dt = \int \frac{1}{t-1} - \frac{1}{t+1}dt$$

$$= \ln\frac{t-1}{t+1} + c = \ln\frac{\sqrt{1+e^x}-1}{\sqrt{1+e^x}+1} + c$$

$$\therefore \int_0^\infty \frac{1}{\sqrt{1+e^x}}dx = \lim_{b\to\infty}\left(\ln\frac{\sqrt{1+e^b}-1}{\sqrt{1+e^b}+1}\right) - \ln\frac{\sqrt{1+1}-1}{\sqrt{1+1}+1} = \ln\frac{\sqrt{2}+1}{\sqrt{2}-1}$$

範例 29.

$$\text{求} \int_1^\infty \frac{1}{x\sqrt{x^6-1}}dx = ?$$

【解】

令 $u = \sqrt{x^6-1}$ 則 $du = 3x^5(x^6-1)^{-\frac{1}{2}}dx$ 且 $u^2 = x^6-1$, 藉由變數代換法

$$\text{則} \int \frac{dx}{x\sqrt{x^6-1}} = \int \frac{x^5dx}{x^6\sqrt{x^6-1}} = \frac{1}{3}\int \frac{du}{u^2+1} = \frac{\tan^{-1}\left(\sqrt{x^6-1}\right)}{3} + c$$

$$\therefore \int_1^\infty \frac{1}{x\sqrt{x^6-1}}dx = \frac{1}{3}\left(\lim_{b\to\infty}\tan^{-1}\left(\sqrt{b^6-1}\right) - \tan^{-1}\left(\sqrt{1-1}\right)\right) = \frac{\pi}{6}$$

範例 30.

$$\text{求} \int_1^\infty \frac{1}{x\sqrt{3x^2-2x-1}}dx = ?$$

【解】

$$\because \int \frac{1}{x\sqrt{3x^2 - 2x - 1}}\, dx = \int \frac{1}{x^2\sqrt{3 - \dfrac{2}{x} - \dfrac{1}{x^2}}}\, dx$$

令 $u = \dfrac{1}{x}$ 則 $du = -x^{-2}\, dx$，藉由變數代換法

則 $\displaystyle\int \frac{1}{x^2\sqrt{3 - \dfrac{2}{x} - \dfrac{1}{x^2}}}\, dx = -\int \frac{1}{\sqrt{3 - 2u - u^2}}\, du = -\int \frac{1}{\sqrt{4 - (u+1)^2}}\, du$

$$= -\frac{1}{2}\int \frac{1}{\sqrt{1 - \left(\dfrac{u+1}{2}\right)^2}}\, du = -\sin^{-1}\frac{u+1}{2} + c = -\sin^{-1}\left(\frac{\dfrac{1}{x}+1}{2}\right) + c$$

$$\therefore \int_1^\infty \frac{1}{x\sqrt{3x^2 - 2x - 1}}\, dx = \sin^{-1}\left(\frac{\dfrac{1}{1}+1}{2}\right) - \lim_{b\to\infty}\sin^{-1}\left(\frac{\dfrac{1}{b}+1}{2}\right) = \frac{\pi}{2} - \frac{\pi}{6} = \frac{\pi}{3}$$

5.4.3.2 　使用分部積分法求瑕積分的值

$$\int_a^b u(x)v'(x)\,dx = u(x)v(x)\Big|_{x=a}^{x=b} - \int_a^b u'(x)v(x)\,dx$$

$$\int_0^\infty u(x)v'(x)\,dx = \lim_{a\to 0,\, b\to\infty}\left(u(x)v(x)\Big|_{x=a}^{x=b} - \int_a^b u'(x)v(x)\,dx \right)$$

求瑕積分的值等於先計算定積分再取極限值的問題，與使用分部積分法求定積分相同，$u(x)$代表的是微分之後較容易計算積分，$v'(x)$代表的是積分式$v(x)$較容易積分；也可能與變數代換法合併解題，先做變數代換再作分部積分，也可能先做分部積分再作變數代換

(i)求第一類型瑕積分$\displaystyle\int_0^\infty u(x)v'(x)\,dx = ?$ 時

解題流程：

Step1.

$$\int_0^\infty u(x)v'(x)\,dx = \lim_{a\to 0,\, b\to\infty}\int_a^b u(x)v'(x)\,dx = \lim_{a\to 0,\, b\to\infty}\left(u(x)v(x)\Big|_{x=a}^{x=b} - \int_a^b u'(x)v(x)\,dx \right)$$

Step2.

求 $\displaystyle\lim_{a\to 0,b\to\infty}\left(u(x)v(x)\big|_{x=a}^{x=b}-\int_a^b u'(x)v(x)dx\right)=?$

(ii)求第二類型瑕積分 $\displaystyle\int_a^b u(x)v'(x)dx=?$ 時，其中假設 $u(a)v'(a)=\infty$ 或 $u(b)v'(b)=\infty$

Step1.

$\displaystyle\because \int_a^b u(x)v'(x)dx = u(x)v(x)\big|_{x=a}^{x=b}-\int_a^b u'(x)v(x)dx$

Step2.

求 $\displaystyle u(x)v(x)\big|_{x=a}^{x=b}-\int_a^b u'(x)v(x)dx=?$

考試類型：

題型 1.

求第一類瑕積分 $\displaystyle\int_0^\infty x^n\cdot e^{\alpha x}dx=?$

解題流程：

Step1.

令 $u=x^n,\ dv=e^{\alpha x}dx$ 則 $du=nx^{n-1}dx,\ v=\dfrac{e^{\alpha x}}{\alpha}$

藉由分部積分法則 $\displaystyle\int_a^b x^n\cdot e^{\alpha x}dx = x^n\cdot\dfrac{e^{\alpha x}}{\alpha}\bigg|_{x=a}^{x=b}-\dfrac{n}{\alpha}\int_a^b x^{n-1}\cdot e^{\alpha x}dx$

Step2.

求第一類型瑕積分時

$\displaystyle\int_0^\infty x^n\cdot e^{\alpha x}dx = \lim_{a\to 0,b\to\infty}\left(x^n\cdot\dfrac{e^{\alpha x}}{\alpha}\bigg|_{x=a}^{x=b}-\dfrac{n}{\alpha}\int_a^b x^{n-1}\cdot e^{\alpha x}dx\right)$

補充說明：

藉由分部積分法可對 x^n 作降冪的動作，重複做 n 次將能求得積分值且當 $\alpha<0$ 時極限值存在

題型 2.

求第二類瑕積分 $\displaystyle\int_0^1 x^n\cdot\ln^m x\,dx=?$

解題流程:

Step1.

令 $u = \ln^m x, \ dv = x^n dx$ 則 $du = \dfrac{m\ln^{m-1} x\, dx}{x}, \ v = \dfrac{x^{n+1}}{n+1}$

藉由分部積分法則 $\displaystyle\int_0^1 x^n \ln^m x\, dx = \dfrac{x^{n+1}\ln^m x}{n+1}\Big|_{x=0}^{x=1} - \dfrac{m}{n+1}\int_0^1 x^n \ln^{m-1} x\, dx$

Step2.

求 $\dfrac{x^{n+1}\ln^m x}{n+1}\Big|_{x=0}^{x=1} - \dfrac{m}{n+1}\displaystyle\int_0^1 x^n \ln^{m-1} x\, dx = ?$

題型 3.

求第二類瑕積分 $\displaystyle\int_a^b \ln P_n(x)\, dx = ?$，其中假設 $\ln P_n(a) = \infty$ 或 $\ln P_n(b) = \infty$

解題流程:

Step1.

令 $u = \ln P_n(x), \ dv = dx$ 則 $du = \dfrac{P_n'(x)}{P_n(x)}dx, \ v = x$

藉由分部積分法則 $\displaystyle\int_a^b \ln P_n(x)\, dx = x \ln P_n(x)|_a^b - \int_a^b \dfrac{x P_n'(x)}{P_n(x)}dx$

Step2.

求 $\displaystyle\int_a^b \dfrac{x P_n'(x)}{P_n(x)}dx = ?$

範例 1.

求 $\displaystyle\int_0^1 \ln\dfrac{1}{1-x}\, dx = ?$

【解】

$\because \displaystyle\int_0^1 \ln\dfrac{1}{1-x}\, dx = -\int_0^1 \ln(1-x)dx$

令 $u = \ln(1-x),\ dv = dx$ 則 $du = \dfrac{-1\,dx}{1-x},\ v = x,$ 藉由分部積分法

$$\int_0^1 \ln(1-x)dx = x\ln(1-x)\big|_0^a + \int_0^a \frac{x\,dx}{1-x} = x\ln(1-x)\big|_0^a + \int_0^a \frac{-1(1-x)+1\,dx}{1-x}$$

$$= x\ln(1-x)\big|_0^a - a - \ln(1-x)\big|_0^a = a\ln(1-a) - a - \ln(1-a)$$

$$\therefore \int_0^1 \ln\frac{1}{1-x}\,dx = -1 \cdot \lim_{a\to 1^-} a\ln(1-a) - a - \ln(1-a) = 1$$

範例 2.

$$求 \int_0^2 \ln\frac{1}{2-x}\,dx = ?$$

【解】

$$\because \int_0^2 \ln\frac{1}{2-x}\,dx = -\int_0^2 \ln(2-x)dx$$

令 $u = \ln(2-x),\ dv = dx$ 則 $du = \dfrac{-1\,dx}{2-x},\ v = x,$ 藉由分部積分法

$$則 \int_0^a \ln(2-x)dx = x\ln(2-x)\big|_0^a + \int_0^a \frac{x}{2-x}\,dx = x\ln(2-x)\big|_0^a + \int_0^a \frac{-1(2-x)+2}{2-x}\,dx$$

$$= x\ln(2-x)\big|_0^a - a - 2\ln(2-x)\big|_0^a = (a-2)\ln(2-a) - a + 2\ln2$$

$$\therefore \int_0^2 \ln\frac{1}{2-x}\,dx = -1 \cdot \left(\lim_{a\to 2^-} (a-2)\ln(2-a) - a + 2\ln2 \right) = 2 - 2\ln 2$$

範例 3.

$$求 \int_0^1 x^n \ln x\,dx = ?,\quad \forall n \geq 0$$

【解】

令 $n \geq 0$, 令 $u = \ln x, dv = x^n dx$ 則 $du = \dfrac{dx}{x}, \quad v = \dfrac{x^{n+1}}{n+1}$, 藉由分部積分法

則 $\displaystyle\int_a^1 x^n \ln x dx = \ln x \cdot \dfrac{x^{n+1}}{n+1}\Big|_a^1 - \int_a^1 \dfrac{x^n dx}{n+1} = \ln x \cdot \dfrac{x^{n+1}}{n+1}\Big|_a^1 - \dfrac{x^{n+1}}{(n+1)^2}\Big|_a^1$

$= -\ln a \cdot \dfrac{a^{n+1}}{n+1} - \dfrac{1 - a^{n+1}}{(n+1)^2}$

藉由羅比達法則 $\displaystyle\lim_{a \to 0^+} \ln a \cdot \dfrac{a^{n+1}}{n+1} = 0 \quad \therefore \lim_{a \to 0^+} \int_a^1 x^n \ln x dx = -\lim_{a \to 0^+} \dfrac{1 - a^{n+1}}{(n+1)^2} = -\dfrac{1}{(n+1)^2}$

範例 4.

求 $\displaystyle\int_0^\infty e^{-x} \cos x dx =?$

【解】

令 $u = e^{-x}, \quad dv = \cos x \, dx \quad$ 則 $\quad du = -e^{-x} dx, \quad v = \sin x,$ 藉由分部積分法

則 $\displaystyle\int_0^a e^{-x} \cos x dx = e^{-x} \sin x |_0^a + \int_0^a e^{-x} \sin x dx = e^{-a} \sin a + \int_0^a e^{-x} \sin x dx$

令 $s = e^{-x}, \quad dt = \sin x \, dx \quad$ 則 $\quad ds = -e^{-x} dx, \quad t = -\cos x,$ 藉由分部積分法

則 $\displaystyle\int_0^a e^{-x} \sin x dx = -e^{-x} \cos x |_0^a - \int_0^a e^{-x} \cos x dx = -(e^{-a} \cos a - 1) - \int_0^a e^{-x} \cos x dx$

$\therefore \displaystyle\int_0^a e^{-x} \cos x dx = e^{-a} \sin a - (e^{-a} \cos a - 1) - \int_0^a e^{-x} \cos x dx$

$\therefore \displaystyle\int_0^\infty e^{-x} \cos x dx = \lim_{a \to \infty} \int_0^a e^{-x} \cos x dx = \lim_{a \to \infty} \dfrac{1}{2} (e^{-a} \sin a - (e^{-a} \cos a - 1)) = \dfrac{1}{2}$

範例 5.

求 $\displaystyle\int_0^1 \ln x \, dx =?$

【解】

令 $u = \ln x$, $dv = dx$ 則 $du = \dfrac{dx}{x}$, $v = x$, 藉由分部積分法

則 $\displaystyle\int \ln x\, dx = x \ln x - \int x \dfrac{dx}{x} = x \ln x - x + c$ $\qquad \therefore \displaystyle\int_0^1 \ln x\, dx = -1$

範例 6.

$\qquad$ 求 $\displaystyle\int_0^1 x\ln x\, dx =?$

【解】

令 $u = \ln x$, $dv = xdx$ 則 $du = \dfrac{dx}{x}$, $v = \dfrac{x^2}{2}$, 藉由分部積分法

則 $\displaystyle\int x\ln x\, dx = \dfrac{x^2}{2}(\ln x) - \int \dfrac{x}{2} dx = \dfrac{x^2}{2}(\ln x) - \dfrac{x^2}{4} + c$

$\therefore \displaystyle\int_a^b x\ln x\, dx = \dfrac{b^2}{2}(\ln b) - \dfrac{b^2}{4} - \left(\dfrac{a^2}{2}(\ln a) - \dfrac{a^2}{4}\right)$ $\therefore \displaystyle\int_0^1 x\ln x\, dx = -\dfrac{1}{4}$

範例 7.

$\qquad$ 求 $\displaystyle\int_{-\infty}^0 xe^x dx =?$

【解】

令 $u = x$, $dv = e^x dx$ 則 $du = dx$, $v = e^x$, 藉由分部積分法

則 $\displaystyle\int xe^x dx = xe^x - \int e^x dx = xe^x - e^x + c$

$\therefore \displaystyle\int_a^b xe^x dx = be^b - e^b - (ae^a - e^a)$ $\qquad \therefore \displaystyle\int_{-\infty}^0 xe^x dx = -1$

範例 8.

$\qquad$ 求 $\displaystyle\int_0^\infty x^2 e^{-x} dx = ?$

【解】

令 $u = x^2$, $dv = e^{-x} dx$ 則 $du = 2xdx$, $v = -e^{-x}$, 藉由分部積分法

則 $\displaystyle\int x^2 e^{-x} dx = -x^2 e^{-x} + \int 2x\, e^{-x} dx + c$

令 $s = x, \ dt = e^{-x}dx$ 則 $ds = dx, \ t = -e^{-x},$ 藉由分部積分法

則 $\displaystyle\int xe^{-x}dx = -xe^{-x} + \int e^{-x}dx = -xe^{-x} - e^{-x} + c$

$\therefore \displaystyle\int x^2 e^{-x}dx = -x^2 e^{-x} + \int 2x\, e^{-x}dx = -x^2 e^{-x} + 2(-xe^{-x} - e^{-x}) + c$

$\therefore \displaystyle\int_a^b x^2 e^{-x}dx = -b^2 e^{-b} + 2(-be^{-b} - e^{-b}) - \left(-a^2 e^{-a} + 2(-ae^{-a} - e^{-a})\right)$

$\therefore \displaystyle\int_0^\infty x^2 e^{-x}dx = \lim_{b\to\infty} -b^2 e^{-b} + 2(-be^{-b} - e^{-b}) - \lim_{a\to 0}\left(-a^2 e^{-a} + 2(-ae^{-a} - e^{-a})\right) = 2$

範例 9.

$$求 \int_0^1 x^3 \ln^2 x\, dx =?$$

【解】

令 $u = \ln^2 x, \ dv = x^3 dx$ 則 $du = \dfrac{2}{x}\ln x\, dx, \ v = \dfrac{x^4}{4},$ 藉由分部積分法

則 $\displaystyle\int x^3 \ln^2 x\, dx = \dfrac{x^4}{4}\ln^2 x - \dfrac{1}{2}\int x^3 \ln x\, dx$

令 $s = \ln x, \ dt = x^3 dx$ 則 $ds = \dfrac{1}{x}dx, \ t = \dfrac{x^4}{4},$ 藉由分部積分法

則 $\displaystyle\int x^3 \ln x\, dx = \dfrac{x^4 \ln x}{4} - \dfrac{1}{4}\int x^3 dx = \dfrac{x^4 \ln x}{4} - \dfrac{x^4}{16}$

$\therefore \displaystyle\int x^3 \ln^2 x\, dx = \dfrac{x^4}{4}\ln^2 x - \dfrac{1}{2}\int x^3 \ln x\, dx = \dfrac{x^4}{4}\ln^2 x - \dfrac{1}{2}\left(\dfrac{x^4 \ln x}{4} - \dfrac{x^4}{16}\right) + c$

$\therefore \displaystyle\int_a^b x^3 \ln^2 x\, dx = \dfrac{b^4}{4}\ln^2 b - \dfrac{1}{2}\left(\dfrac{b^4 \ln b}{4} - \dfrac{b^4}{16}\right) - \left(\dfrac{a^4}{4}\ln^2 a - \dfrac{1}{2}\left(\dfrac{a^4 \ln a}{4} - \dfrac{a^4}{16}\right)\right)$

$\therefore \displaystyle\int_0^1 x^3 \ln^2 x\, dx = \lim_{b\to 1}\dfrac{b^4}{4}\ln^2 b - \dfrac{1}{2}\left(\dfrac{b^4 \ln b}{4} - \dfrac{b^4}{16}\right) - \lim_{a\to 0}\left(\dfrac{a^4}{4}\ln^2 a - \dfrac{1}{2}\left(\dfrac{a^4 \ln a}{4} - \dfrac{a^4}{16}\right)\right) = \dfrac{1}{32}$

範例 10.

$$求 \int_0^1 x \ln^2 x\, dx =?$$

【解】

令 $u = \ln^2 x$, $dv = x\,dx$　則　$du = \dfrac{2}{x}\ln x\,dx$, $v = \dfrac{x^2}{2}$，藉由分部積分法

則 $\displaystyle\int x\ln^2 x\,dx = \dfrac{x^2}{2}\ln^2 x - \int x\ln x\,dx$

令 $s = \ln x$, $dt = x\,dx$　則　$ds = \dfrac{1}{x}\,dx$, $t = \dfrac{x^2}{2}$，藉由分部積分法

則 $\displaystyle\int x\ln x\,dx = \dfrac{x^2}{2}\ln x - \dfrac{1}{2}\int x\,dx = \dfrac{x^2}{2}\ln x - \dfrac{x^2}{4} + c$

$\therefore \displaystyle\int x\ln^2 x\,dx = \dfrac{x^2}{2}\ln^2 x - \int x\ln x\,dx = \dfrac{x^2}{2}\ln^2 x - \left(\dfrac{x^2}{2}\ln x - \dfrac{x^2}{4}\right) + c$

$\therefore \displaystyle\int_a^b x\ln^2 x\,dx = \dfrac{b^2}{2}\ln^2 b - \left(\dfrac{b^2}{2}\ln b - \dfrac{b^2}{4}\right) - \left(\dfrac{a^2}{2}\ln^2 a - \left(\dfrac{a^2}{2}\ln a - \dfrac{a^2}{4}\right)\right)$

$\therefore \displaystyle\int_0^1 x\ln^2 x\,dx = \lim_{b\to 1}\dfrac{b^2\ln^2 b}{2} - \left(\dfrac{b^2\ln b}{2} - \dfrac{b^2}{4}\right) - \lim_{a\to 0}\left(\dfrac{a^2\ln^2 a}{2} - \left(\dfrac{a^2\ln a}{2} - \dfrac{a^2}{4}\right)\right) = \dfrac{1}{4}$

範例 11.

　　求 $\displaystyle\int_1^\infty \dfrac{\ln x}{x^3}\,dx =?$

【解】

令 $u = \ln x$, $dv = x^{-3}\,dx$　則　$du = \dfrac{1}{x}\,dx$, $v = -\dfrac{x^{-2}}{2}$，藉由分部積分法

則 $\displaystyle\int \dfrac{\ln x}{x^3}\,dx = -\dfrac{x^{-2}\ln x}{2} + \dfrac{1}{2}\int x^{-3}\,dx = -\dfrac{\ln x}{2x^2} - \dfrac{1}{4}x^{-2} + c$

$\therefore \displaystyle\int_1^\infty \dfrac{\ln x}{x^3}\,dx = \dfrac{\ln 1}{2} + \dfrac{1}{4} - \lim_{b\to\infty}\left(\dfrac{\ln b}{2b^2} + \dfrac{b^{-2}}{4}\right) = \dfrac{1}{4}$

範例 12.

　　求 $\displaystyle\int_0^1 x\ln\sqrt{x}\,dx = ?$

【解】

令 $u = \ln\sqrt{x}, \ dv = xdx$ 則 $du = \dfrac{1}{2x}dx, \ v = \dfrac{x^2}{2}$，藉由分部積分法

則 $\displaystyle\int x\ln\sqrt{x}\,dx = \dfrac{x^2\ln\sqrt{x}}{2} - \dfrac{1}{4}\int xdx = \dfrac{x^2\ln\sqrt{x}}{2} - \dfrac{x^2}{8} + c = \dfrac{x^2\ln x}{4} - \dfrac{x^2}{8} + c$

$\therefore \displaystyle\int_0^1 x\ln\sqrt{x}\,dx = \dfrac{\ln 1}{4} - \dfrac{1}{8} - \lim_{a\to 0}\left(\dfrac{a^2\ln a}{4} - \dfrac{a^2}{8}\right) = -\dfrac{1}{8}$

範例 13.

$$求 \int_1^\infty \dfrac{\tan^{-1}x}{x^3}\,dx = ?$$

【解】

令 $u = \tan^{-1}x, \ dv = x^{-3}dx$ 則 $du = \dfrac{dx}{1+x^2}dx, \ v = -\dfrac{x^{-2}}{2}$，藉由分部積分法

則 $\displaystyle\int \dfrac{\tan^{-1}x}{x^3}\,dx = -\dfrac{x^{-2}\tan^{-1}x}{2} + \dfrac{1}{2}\int \dfrac{dx}{x^2(1+x^2)}$

$= -\dfrac{x^{-2}\tan^{-1}x}{2} + \dfrac{1}{2}\int\left(\dfrac{1}{x^2} - \dfrac{1}{1+x^2}\right)dx = -\dfrac{x^{-2}\tan^{-1}x}{2} + \dfrac{1}{2}(-x^{-1} - \tan^{-1}x) + c$

$\therefore \displaystyle\int_1^\infty \dfrac{\tan^{-1}x\,dx}{x^3} = \dfrac{\tan^{-1}1}{2} + \dfrac{1+\tan^{-1}1}{2} - \lim_{b\to\infty}\left(\dfrac{b^{-2}\tan^{-1}b}{2} + \dfrac{b^{-1}+\tan^{-1}b}{2}\right)$

$= \dfrac{\pi}{8} + \dfrac{1}{2} + \dfrac{\pi}{8} - \dfrac{\pi}{4} = \dfrac{1}{2}$

範例 14.

$$求 \int_0^1 \ln(x^3 e^x)\,dx = ?$$

【解】

$\displaystyle\int \ln(x^3 e^x)\,dx = \int x + 3\ln x\,dx = \dfrac{x^2}{2} + 3\int \ln x\,dx$

令 $u = \ln x, \ dv = dx$ 則 $du = \dfrac{1}{x}dx, \ v = x$，藉由分部積分法

則 $\displaystyle\int \ln x\,dx = x\ln x - \int dx = x\ln x - x + c$

$\therefore \displaystyle\int \ln(x^3 e^x)\,dx = \dfrac{x^2}{2} + 3(x\ln x - x) + c$

$$\therefore \int_0^1 \ln(x^3 e^x)\, dx = \frac{1}{2} + 3(\ln 1 - 1) - \lim_{a \to 0}\left(\frac{a^2}{2} + 3(a \ln a - a)\right) = \frac{-5}{2}$$

範例 15.

$$求 \int_0^\infty x^2 e^{-2x}\, dx = ?$$

【解】

令 $u = x^2$, $dv = e^{-2x}dx$ 則 $du = 2xdx$, $v = -\dfrac{e^{-2x}}{2}$, 藉由分部積分法

$$則 \int x^2 e^{-2x}\, dx = -\frac{x^2 e^{-2x}}{2} + \int x e^{-2x}\, dx$$

令 $s = x$, $dt = e^{-2x}dx$ 則 $ds = dx$, $t = -\dfrac{e^{-2x}}{2}$, 藉由分部積分法

$$則 \int x e^{-2x}\, dx = -\frac{x e^{-2x}}{2} + \frac{1}{2}\int e^{-2x}\, dx = -\frac{x e^{-2x}}{2} - \frac{1}{4}e^{-2x} + c$$

$$\therefore \int x^2 e^{-2x}\, dx = -\frac{x^2 e^{-2x}}{2} + \int x e^{-2x}\, dx = -\frac{x^2 e^{-2x}}{2} - \frac{x e^{-2x}}{2} - \frac{1}{4}e^{-2x} + c$$

$$\therefore \int_0^\infty x^2 e^{-2x}\, dx = -\lim_{b \to \infty}\left(\frac{b^2 e^{-2b}}{2} + \frac{b e^{-2b}}{2} + \frac{1}{4}e^{-2b}\right) + \lim_{a \to 0}\left(\frac{a^2 e^{-2a}}{2} + \frac{a e^{-2a}}{2} + \frac{1}{4}e^{-2a}\right) = \frac{1}{4}$$

範例 16.

$$求 \int_1^\infty \frac{\sin\frac{1}{x}}{x^3}\, dx = ?$$

【解】

令 $u = \dfrac{1}{x}$ 則 $du = -x^{-2}dx$, 藉由變數代換法 $\displaystyle\int \frac{\sin\frac{1}{x}}{x^3}\, dx = -\int u \sin u\, du$

令 $s = u$, $dt = \sin u\, du$ 則 $ds = du$, $t = -\cos u$, 藉由分部積分法

$$則 \int u \sin u\, du = -u \cos u + \int \cos u\, du = -u\cos u + \sin u + c = -\frac{1}{x}\cos\frac{1}{x} + \sin\frac{1}{x} + c$$

$$\therefore \int \frac{\sin\frac{1}{x}}{x^3}\,dx = \frac{1}{x}\cos\frac{1}{x} - \sin\frac{1}{x} + c$$

$$\therefore \int_1^\infty \frac{\sin\frac{1}{x}}{x^3}\,dx = \lim_{b\to\infty}\left(\frac{1}{b}\cos\frac{1}{b} - \sin\frac{1}{b}\right) - \lim_{a\to1}\left(\frac{1}{a}\cos\frac{1}{a} - \sin\frac{1}{a}\right) = \sin 1 - \cos 1$$

範例 17.

$$求 \int_0^1 x(\ln x)^3\,dx = ?$$

【解】

令 $u = \ln x$ 則 $du = \dfrac{dx}{x} \Rightarrow dx = e^u du$，藉由變數代換法則 $\displaystyle\int x(\ln x)^3\,dx = \int u^3 e^{2u}\,du,$

藉由分部積分法則

$$\int u^3 e^{2u}\,du = \frac{u^3 e^{2u}}{2} - \frac{3}{2}\int u^2 e^{2u}\,du = \frac{u^3 e^{2u}}{2} - \frac{3}{2}\left(\frac{u^2 e^{2u}}{2} - \int u e^{2u}\,du\right)$$

$$= \frac{u^3 e^{2u}}{2} - \frac{3u^2 e^{2u}}{4} + \frac{3}{2}\left(\frac{u e^{2u}}{2} - \frac{e^{2u}}{4}\right) + c = \frac{x^2(\ln x)^3}{2} - \frac{3x^2(\ln x)^2}{4} + \frac{3}{2}\left(\frac{x^2\ln x}{2} - \frac{x^2}{4}\right) + c$$

$$\int x(\ln x)^3\,dx = \frac{x^2(\ln x)^3}{2} - \frac{3x^2(\ln x)^2}{4} + \frac{3}{2}\left(\frac{x^2\ln x}{2} - \frac{x^2}{4}\right) + c$$

$$\therefore \int_0^1 x(\ln x)^3\,dx = \lim_{b\to1}\left(\frac{b^2(\ln b)^3}{2} - \frac{3b^2(\ln b)^2}{4} + \frac{3}{2}\left(\frac{b^2\ln b}{2} - \frac{b^2}{4}\right)\right)$$

$$- \lim_{a\to0}\left(\frac{a^2(\ln a)^3}{2} - \frac{3a^2(\ln a)^2}{4} + \frac{3}{2}\left(\frac{a^2\ln a}{2} - \frac{a^2}{4}\right)\right) = -\frac{3}{8}$$

範例 18.

$$求 \int_0^1 (\ln x)^2\,dx = ?$$

【解】

令 $u = \ln x$ 則 $du = \dfrac{dx}{x} \Rightarrow dx = e^u du$，藉由變數代換法則 $\displaystyle\int (\ln x)^2\,dx = \int u^2 e^u\,du,$

藉由分部積分法

$$\text{則} \int u^2 e^u du = u^2 e^u - 2 \int u e^u du = u^2 e^u - 2\left(u e^u - \int e^u du\right)$$

$$= u^2 e^u - 2(u e^u - e^u) = (\ln x)^2 x - 2(x \ln x - x) + c$$

$$\therefore \int_0^1 (\ln x)^2 dx = (\ln 1)^2 - 2(\ln 1 - 1) - \lim_{a \to 0}\left((\ln a)^2 a - 2(a \ln a - a)\right) = 2$$

範例 19.

$$\text{求} \int_0^\infty \frac{\ln(1+x)}{(1+x)^2} dx = ?$$

【解】

$$\text{令} \ u = \ln(1+x), \ \ dv = \frac{1}{(1+x)^2} dx \ \text{則} \ du = \frac{dx}{1+x}, \ \ v = -(1+x)^{-1}$$

藉由分部積分法

$$\text{則} \int \frac{\ln(1+x)}{(1+x)^2} dx = -(1+x)^{-1} \ln(1+x) + \int \frac{1}{(1+x)^2} dx$$

$$= -(1+x)^{-1} \ln(1+x) - (1+x)^{-1} + c$$

$$\therefore \int_0^\infty \frac{\ln(1+x)}{(1+x)^2} dx = -\lim_{b \to \infty} \frac{\ln(1+b) + 1}{1+b} + \lim_{a \to 0} \frac{\ln(1+a) + 1}{1+a} = 1$$

範例 20.

$$\text{求} \int_1^\infty \frac{\ln(\tan^{-1} x)}{1+x^2} dx = ?$$

【解】

$$\text{令} \ u = \ln(\tan^{-1} x), \ \ dv = \frac{dx}{1+x^2} \ \text{則} \ du = \frac{dx}{(1+x^2)\tan^{-1} x}, \ \ v = \tan^{-1} x$$

藉由分部積分法

$$\int \frac{\ln(\tan^{-1} x)}{1+x^2} dx = (\tan^{-1} x) \ln(\tan^{-1} x) - \int \frac{1}{1+x^2} dx$$

$$= (\tan^{-1} x) \ln(\tan^{-1} x) - \tan^{-1} x + c$$

$$\therefore \int_1^\infty \frac{\ln(\tan^{-1} x)}{1+x^2} dx = \lim_{b \to \infty} \tan^{-1} b \left(\ln(\tan^{-1} b) - 1\right) - \lim_{a \to 1} \tan^{-1} a \left(\ln(\tan^{-1} a) - 1\right)$$

$$= \frac{\pi}{2}\left(\left(\ln \frac{\pi}{2}\right) - 1\right) - \frac{\pi}{4}\left(\left(\ln \frac{\pi}{4}\right) - 1\right)$$

5.4.3.3　求有理式瑕積分的值

求第一類型瑕積分 $\int_0^\infty \dfrac{P(x)}{Q(x)} dx =?$　其中 $P(x)$、$Q(x)$ 為多項式函數

求瑕積分的值等於先計算定積分再取極限值的問題, 與求有理式的定積分相同, 當分子分母皆為多項式函數時, 需先將被積分函數拆解為數個較易求得定積分的有理式函數

考試類型:

題型 1.

求 $\int_0^\infty \dfrac{P(x)}{Q(x)} dx =?$, 可直接使用比較係數, 化為分式相加再積分

解題流程:

Step1.

找 $Q(x)$ 的根, 假設為 x_0, x_1, 即 $Q(x) = (x - x_0)(x - x_1)$

Step2.

令 $\dfrac{P(x)}{Q(x)} = \dfrac{\alpha}{x - x_0} + \dfrac{\beta}{x - x_1}$,　$\because \dfrac{P(x)}{Q(x)} = \dfrac{\alpha}{x - x_0} + \dfrac{\beta}{x - x_1} = \dfrac{\alpha(x - x_1) + \beta(x - x_0)}{(x - x_0)(x - x_1)}$

$\therefore P(x) = \alpha(x - x_1) + \beta(x - x_0)$

$\because P(x)$、x_0、x_1 已知, 藉由比較係數找 α, β 的值使得 $P(x) = \alpha(x - x_1) + \beta(x - x_0)$

Step3.

$\therefore \int_a^b \dfrac{P(x)}{Q(x)} dx = \int_a^b \dfrac{\alpha}{x - x_0} + \dfrac{\beta}{x - x_1} dx = \alpha \ln(x - x_0) + \beta \ln(x - x_1)\big|_{x=a}^{x=b}$

$= \alpha \ln \dfrac{b - x_0}{a - x_0} + \beta \ln \dfrac{b - x_1}{a - x_1}$

Step4.

$\int_0^\infty \dfrac{P(x)}{Q(x)} dx = \lim_{a \to 0, b \to \infty} \alpha \ln \dfrac{b - x_0}{a - x_0} + \beta \ln \dfrac{b - x_1}{a - x_1}$

題型 2.

求 $\int_0^\infty \dfrac{P(x)}{(x - \alpha)(x^2 + \beta x + \gamma)} dx =?$,　$\forall \beta^2 - 4\gamma < 0$

解題流程:

Step1.

$$令\frac{P(x)}{(x-\alpha)(x^2+\beta x+\gamma)} = \frac{a}{x-\alpha} + \frac{bx+c}{x^2+\beta x+\gamma}$$

則 $P(x) = a(x^2+\beta x+\gamma) + (x-\alpha)(bx+c)$

找 a、b、c 使得 $P(x) = a(x^2+\beta x+\gamma) + (x-\alpha)(bx+c)$

Step2.

$$因此 \int_{x_1}^{x_2} \frac{P(x)}{(x-\alpha)(x^2+\beta x+\gamma)}\,dx = \int_{x_1}^{x_2} \frac{a}{x-\alpha} + \frac{bx+c}{x^2+\beta x+\gamma}\,dx$$

$$= a\ln\frac{x_2-\alpha}{x_1-\alpha} + \int_{x_1}^{x_2} \frac{bx+c}{x^2+\beta x+\gamma}\,dx$$

Step3.

$$因此 \int_0^\infty \frac{P(x)}{(x-\alpha)(x^2+\beta x+\gamma)}\,dx = \lim_{x_1\to 0, x_2\to\infty} a\ln\frac{x_2-\alpha}{x_1-\alpha} + \int_{x_1}^{x_2} \frac{bx+c}{x^2+\beta x+\gamma}\,dx$$

Step4.

$$求 \lim_{x_1\to 0, x_2\to\infty} a\ln\frac{x_2-\alpha}{x_1-\alpha} + \int_{x_1}^{x_2} \frac{bx+c}{x^2+\beta x+\gamma}\,dx = ?$$

題型 3.

$$求 \int_0^\infty \frac{P(x)}{(x-\alpha)^2(x^2+\beta x+\gamma)}\,dx = ?,\quad \forall \beta^2 - 4\gamma < 0$$

解題流程:

Step1.

$$令\frac{P(x)}{(x-\alpha)^2(x^2+\beta x+\gamma)} = \frac{a}{x-\alpha} + \frac{b}{(x-\alpha)^2} + \frac{cx+d}{x^2+\beta x+\gamma}$$

則 $P(x) = a(x-\alpha)(x^2+\beta x+\gamma) + b(x^2+\beta x+\gamma) + (x-\alpha)^2(cx+d)$

找 a、b、c、d 使得 $P(x) = a(x-\alpha)(x^2+\beta x+\gamma) + b(x^2+\beta x+\gamma) + (x-\alpha)^2(cx+d)$

Step2.

$$因此 \int_{x_1}^{x_2} \frac{P(x)}{(x-\alpha)^2(x^2+\beta x+\gamma)}\,dx = \int_{x_1}^{x_2} \frac{a}{x-\alpha} + \frac{b}{(x-\alpha)^2} + \frac{cx+d}{x^2+\beta x+\gamma}\,dx$$

Step3.

$$因此 \int_0^\infty \frac{P(x)}{(x-\alpha)^2(x^2+\beta x+\gamma)}\,dx = \lim_{x_1\to 0, x_2\to\infty} \int_{x_1}^{x_2} \frac{a}{x-\alpha} + \frac{b}{(x-\alpha)^2} + \frac{cx+d}{x^2+\beta x+\gamma}\,dx$$

Step4.

$$求\ \lim_{x_1\to0,x_2\to\infty}\int_{x_1}^{x_2}\frac{a}{x-\alpha}+\frac{b}{(x-\alpha)^2}+\frac{cx+d}{x^2+\beta x+\gamma}\,dx\ =?$$

題型 4.

$$求\int_0^\infty\frac{P(x)}{(x-\alpha)(x-\beta)(x-\gamma)}\,dx=?,\ \ \forall\alpha\beta\gamma\neq0$$

解題流程:

Step1.

$$令\frac{P(x)}{(x-\alpha)(x-\beta)(x-\gamma)}=\frac{a}{x-\alpha}+\frac{b}{x-\beta}+\frac{c}{x-\gamma}$$

則$P(x)=a(x-\beta)(x-\gamma)+b(x-\alpha)(x-\gamma)+c(x-\alpha)(x-\beta)$

找a、b、c 使得$P(x)=a(x-\beta)(x-\gamma)+b(x-\alpha)(x-\gamma)+c(x-\alpha)(x-\beta)$

Step2.

$$因此\int_{x_1}^{x_2}\frac{P(x)}{(x-\alpha)(x-\beta)(x-\gamma)}\,dx=\int_{x_1}^{x_2}\frac{a}{x-\alpha}+\frac{b}{x-\beta}+\frac{c}{x-\gamma}\,dx$$

$$=a\ln\frac{x_2-\alpha}{x_1-\alpha}+b\ln\frac{x_2-\beta}{x_1-\beta}+c\ln\frac{x_2-\gamma}{x_1-\gamma}$$

Step3.

$$\int_0^\infty\frac{P(x)}{(x-\alpha)(x-\beta)(x-\gamma)}\,dx=\lim_{x_1\to0,x_2\to\infty}a\ln\frac{x_2-\alpha}{x_1-\alpha}+b\ln\frac{x_2-\beta}{x_1-\beta}+c\ln\frac{x_2-\gamma}{x_1-\gamma}$$

Step4.

$$求\ \lim_{x_1\to0,x_2\to\infty}a\ln\frac{x_2-\alpha}{x_1-\alpha}+b\ln\frac{x_2-\beta}{x_1-\beta}+c\ln\frac{x_2-\gamma}{x_1-\gamma}=?$$

題型 5.

$$求\int_0^\infty\frac{P(x)}{(x-\alpha)(x^2+\beta)^2}\,dx=?,\ \ \forall\alpha\beta\neq0$$

解題流程:

Step1.

$$令\frac{P(x)}{(x-\alpha)(x^2+\beta)^2}=\frac{a}{x-\alpha}+\frac{bx+c}{x^2+\beta}+\frac{dx+f}{(x^2+\beta)^2}$$

則$P(x)=a(x^2+\beta)^2+(bx+c)(x-\alpha)(x^2+\beta)+(dx+f)(x-\alpha)$

找a、b、c 、d、f使得$P(x)=a(x^2+\beta)^2+(bx+c)(x-\alpha)(x^2+\beta)+(dx+f)(x-\alpha)$

Step2.

因此 $\displaystyle\int_{x_1}^{x_2} \frac{P(x)}{(x-\alpha)(x^2+\beta)^2}dx = \int_{x_1}^{x_2} \frac{a}{x-\alpha} + \frac{bx+c}{x^2+\beta} + \frac{dx+f}{(x^2+\beta)^2}dx$

$\displaystyle = a\ln\frac{x_2-\alpha}{x_1-\alpha} + \int_{x_1}^{x_2} \frac{bx+c}{x^2+\beta} + \frac{dx+f}{(x^2+\beta)^2}dx$

Step3.

$\displaystyle\int_0^\infty \frac{P(x)}{(x-\alpha)(x^2+\beta)^2}dx = \lim_{x_1\to 0, x_2\to\infty} a\ln\frac{x_2-\alpha}{x_1-\alpha} + \int_{x_1}^{x_2} \frac{bx+c}{x^2+\beta} + \frac{dx+f}{(x^2+\beta)^2}dx$

Step4.

$\displaystyle 求\ \lim_{x_1\to 0, x_2\to\infty} a\ln\frac{x_2-\alpha}{x_1-\alpha} + \int_{x_1}^{x_2} \frac{bx+c}{x^2+\beta} + \frac{dx+f}{(x^2+\beta)^2}dx = ?$

題型 6.

$\displaystyle 求\int_0^\infty \frac{P(x)}{x^4-\alpha^4}dx = ?, \quad \forall \alpha \neq 0$

解題流程:

Step1.

$\displaystyle 令\frac{P(x)}{x^4-\alpha^4} = \frac{ax+b}{x^2-\alpha^2} + \frac{cx+d}{x^2+\alpha^2} 則\ P(x) = (ax+b)(x^2+\alpha^2) + (cx+d)(x^2-\alpha^2)$

找 $a \cdot b \cdot c \cdot d$ 使得 $P(x) = (ax+b)(x^2+\alpha^2) + (cx+d)(x^2-\alpha^2)$

Step2.

$\displaystyle 因此\int_{x_1}^{x_2} \frac{P(x)}{x^4-\alpha^4}dx = \int_{x_1}^{x_2} \frac{ax+b}{x^2-\alpha^2} + \frac{cx+d}{x^2+\alpha^2}dx$

$\displaystyle \therefore \int_0^\infty \frac{P(x)}{x^4-\alpha^4}dx = \lim_{x_1\to 0, x_2\to\infty} \int_{x_1}^{x_2} \frac{ax+b}{x^2-\alpha^2} + \frac{cx+d}{x^2+\alpha^2}dx$

Step3.

$\displaystyle 求\ \lim_{x_1\to 0, x_2\to\infty} \int_{x_1}^{x_2} \frac{ax+b}{x^2-\alpha^2} + \frac{cx+d}{x^2+\alpha^2}dx = ?$

題型 7.

$\displaystyle 求\int_0^\infty \frac{P(x)}{x^3-\gamma^3}dx = ?, \quad \forall \gamma \neq 0$

解題流程:

Step1.

$$\because x^3 - \gamma^3 = (x - \gamma)(x^2 + \gamma x + \gamma^2),\ \ 令\ \frac{P(x)}{x^3 - \gamma^3} = \frac{a}{x - \gamma} + \frac{bx + c}{x^2 + \gamma x + \gamma^2}$$

$$則\ \frac{P(x)}{x^3 - \gamma^3} = \frac{a(x^2 + \gamma x + \gamma^2) + (bx + c)(x - \gamma)}{(x - \gamma)(x^2 + \gamma x + \gamma^2)}$$

找 a、b、c 使得 $P(x) = a(x^2 + \gamma x + \gamma^2) + (bx + c)(x - \gamma)$

Step2.

$$因此 \int_{x_1}^{x_2} \frac{P(x)}{x^3 - \gamma^3}\,dx = \int_{x_1}^{x_2} \frac{a}{x - \gamma} + \frac{bx + c}{x^2 + \gamma x + \gamma^2}\,dx$$

$$\therefore \int_0^\infty \frac{P(x)}{x^3 - \gamma^3}\,dx = \lim_{x_1 \to 0, x_2 \to \infty} \int_{x_1}^{x_2} \frac{a}{x - \gamma} + \frac{bx + c}{x^2 + \gamma x + \gamma^2}\,dx$$

Step3.

$$求 \lim_{x_1 \to 0, x_2 \to \infty} \int_{x_1}^{x_2} \frac{a}{x - \gamma} + \frac{bx + c}{x^2 + \gamma x + \gamma^2}\,dx = ?$$

範例 1.

$$求 \int_3^\infty \frac{dx}{x^4 - 16} = ?$$

【解】

$$\because \frac{1}{x^4 - 16} = \frac{1}{(x^2 + 4)(x^2 - 4)},\ \ 令\ \frac{1}{x^4 - 16} = \frac{ax + b}{x^2 - 4} + \frac{cx + d}{x^2 + 4}$$

$$則\ \frac{1}{x^4 - 16} = \frac{(ax + b)(x^2 + 4) + (cx + d)(x^2 - 4)}{(x^2 + 4)(x^2 - 4)}$$

$$\Rightarrow 1 = (ax + b)(x^2 + 4) + (cx + d)(x^2 - 4)$$

令 $x = 0$ 則 $1 = 4b - 4d$

$$\because (b + d)x^2 = 0,\ \ \forall x \in R \quad \therefore b = \frac{1}{8},\ d = -\frac{1}{8}$$

$$\because (a + c)x^3 = 0\ 且\ (a - c)x = 0,\ \ \forall x \in R \qquad \therefore a = c = 0$$

$$\therefore \frac{1}{x^4 - 16} = \frac{1}{8}\left(\frac{1}{x^2 - 4} - \frac{1}{x^2 + 4}\right) = \frac{1}{8}\left(\frac{1}{4}\left(\frac{1}{x - 2} - \frac{1}{x + 2}\right) - \frac{1}{x^2 + 4}\right)$$

$$= \frac{1}{32}\left(\frac{1}{x + 2} - \frac{1}{x - 2}\right) - \frac{1}{8} \cdot \frac{1}{4\left(\left(\frac{x}{2}\right)^2 + 1\right)}$$

$$\therefore \int_{3}^{\infty} \frac{1}{x^4 - 16} dx = \int_{3}^{\infty} \frac{1}{32}\left(\frac{1}{x+2} - \frac{1}{x-2}\right) - \frac{1}{8} \cdot \frac{1}{4\left(\left(\frac{x}{2}\right)^2 + 1\right)} dx$$

$$= \frac{1}{32}\left(\ln\frac{|x+2|}{|x-2|}\right)\Big|_{3}^{\infty} - \frac{1}{16}\tan^{-1}\frac{x}{2}\Big|_{3}^{\infty} = \frac{1}{32}(-\ln 5) - \frac{1}{16}\left(\frac{\pi}{2} - \tan^{-1}\frac{3}{2}\right)$$

範例 2.

$$求 \int_{0}^{\infty} \frac{x}{(x+1)^2(x^2+1)} dx = ?$$

【解】

令 $\dfrac{x}{(x+1)^2(x^2+1)} = \dfrac{ax+b}{(x+1)^2} + \dfrac{cx+d}{(x^2+1)}$

則 $\dfrac{x}{(x+1)^2(x^2+1)} = \dfrac{(ax+b)(x^2+1) + (cx+d)(x+1)^2}{(x+1)^2(x^2+1)}$

$\therefore x = (ax+b)(x^2+1) + (cx+d)(x+1)^2$

$\because 0 = (a+c)x^3, \ \forall x \in R \qquad \therefore a+c = 0$

$\because 0 = (b+d+2c)x^2, \ \forall x \in R \qquad \therefore b+d+2c = 0$

令 $x = -1$ 則 $-1 = -2a + 2b$

令 $x = 0$ 則 $0 = b + d$

$\therefore c = 0 \Rightarrow a = 0 \Rightarrow b = -\dfrac{1}{2} \Rightarrow d = \dfrac{1}{2}$

$\therefore \dfrac{x}{(x+1)^2(x^2+1)} = \dfrac{-1}{2(x+1)^2} + \dfrac{1}{2(x^2+1)}$

$$\therefore \int_{0}^{\infty} \frac{x}{(x+1)^2(x^2+1)} dx = \int_{0}^{\infty} \frac{-1}{2(x+1)^2} + \frac{1}{2(x^2+1)} dx = \frac{1}{2}(x+1)^{-1} + \frac{1}{2}\tan^{-1}x \Big|_{0}^{\infty}$$

$$= \frac{\pi}{4} - \frac{1}{2}$$

範例 3.

$$求 \int_{2}^{\infty} \frac{1}{x^4 - 1} dx = ?$$

【解】

$$\because \frac{1}{x^4 - 1} = \frac{1}{(x^2 + 1)(x^2 - 1)} = \frac{1}{2}\left(\frac{1}{x^2 - 1} - \frac{1}{x^2 + 1}\right)$$

$$= \frac{1}{2}\left(\frac{1}{2}\left(\frac{1}{x - 1} - \frac{1}{x + 1}\right) - \frac{1}{x^2 + 1}\right) = \frac{1}{4}\left(\frac{1}{x - 1} - \frac{1}{x + 1}\right) - \frac{1}{2}\cdot\frac{1}{(x^2 + 1)}$$

$$\therefore \int_2^\infty \frac{1}{x^4 - 1}\,dx = \int_2^\infty \frac{1}{4}\left(\frac{1}{x - 1} - \frac{1}{x + 1}\right) - \frac{1}{2}\cdot\frac{1}{(x^2 + 1)}\,dx$$

$$= \frac{1}{4}\left(\ln|x - 1| - \ln|x + 1|\right) - \frac{1}{2}\tan^{-1} x\Big|_2^\infty = \frac{-1}{4}\left(\ln\frac{1}{3}\right) - \frac{1}{2}\left(\frac{\pi}{2} - \tan^{-1} 2\right)$$

範例 4.

$$求 \int_2^\infty \frac{x}{x^4 - 1}\,dx = ?$$

【解】

$$\because x^4 - 1 = (x^2 - 1)(x^2 + 1), \quad 令 \frac{x}{x^4 - 1} = \frac{ax + b}{x^2 - 1} + \frac{cx + d}{x^2 + 1}$$

$$則 \ \frac{x}{x^4 - 1} = \frac{(ax + b)(x^2 + 1) + (cx + d)(x^2 - 1)}{(x^2 - 1)(x^2 + 1)}$$

$$\therefore x = (ax + b)(x^2 + 1) + (cx + d)(x^2 - 1)$$

令 $x = 0$ 則 $0 = b + d$

令 $x = 1$ 則 $1 = 2(a + b)$

$$\because (a + c)x^3 = 0, \ \forall x \in R \quad \therefore a + c = 0$$

$$\because (a - c)x = x, \ \forall x \in R \quad \therefore a - c = 1 \quad \therefore a = \frac{1}{2} \Rightarrow c = -\frac{1}{2}, b = 0, d = 0$$

$$\therefore \frac{x}{x^4 - 1} = \frac{x}{2(x^2 - 1)} - \frac{x}{2(x^2 + 1)}$$

$$\therefore \int_2^\infty \frac{x}{x^4 - 1}\,dx = \int_2^\infty \frac{\frac{x}{2}}{x^2 - 1} - \frac{\frac{x}{2}}{x^2 + 1}\,dx = \frac{1}{4}\ln(x^2 - 1) - \frac{1}{4}\ln(x^2 + 1)\Big|_2^\infty = \frac{1}{4}\ln\frac{3}{5}$$

範例 5.

$$求 \int_{2}^{\infty} \frac{x^2}{x^4 - 1} dx =?$$

【解】

$$\because x^4 - 1 = (x^2 - 1)(x^2 + 1), \quad 令 \frac{x^2}{x^4 - 1} = \frac{ax + b}{x^2 - 1} + \frac{cx + d}{x^2 + 1}$$

$$則 \quad \frac{x^2}{x^4 - 1} = \frac{(ax + b)(x^2 + 1) + (cx + d)(x^2 - 1)}{(x^2 - 1)(x^2 + 1)}$$

$$\therefore x^2 = (ax + b)(x^2 + 1) + (cx + d)(x^2 - 1)$$

令 $x = 0$ 則 $0 = b - d$

令 $x = 1$ 則 $1 = 2(a + b)$

$$\because (a + c)x^3 = 0, \quad \forall x \in R \quad \therefore a + c = 0$$

$$\because (a - c)x = 0, \quad \forall x \in R \quad \therefore a - c = 0 \quad \therefore a = 0 \Rightarrow c = 0, b = \frac{1}{2}, d = \frac{1}{2}$$

$$\therefore \frac{x^2}{x^4 - 1} = \frac{1}{2}\left(\frac{1}{x^2 - 1} + \frac{1}{x^2 + 1}\right) = \frac{1}{2}\left(\frac{1}{2}\left(\frac{1}{x - 1} - \frac{1}{x + 1}\right) + \frac{1}{x^2 + 1}\right)$$

$$\therefore \int_{2}^{\infty} \frac{x^2}{x^4 - 1} dx = \int_{2}^{\infty} \frac{1}{2}\left(\frac{1}{2}\left(\frac{1}{x - 1} - \frac{1}{x + 1}\right) + \frac{1}{x^2 + 1}\right) dx$$

$$= \frac{1}{4}\ln(x - 1) - \frac{1}{4}\ln(x + 1) + \frac{1}{2}\tan^{-1} x \bigg|_{2}^{\infty} = \frac{\ln 3}{4} + \frac{1}{2}\left(\frac{\pi}{2} - \tan^{-1} 2\right)$$

範例 6.

$$求 \int_{0}^{\infty} \frac{1}{x^4 + 1} dx =?$$

【解】

$$\because x^4 + 1 = (x^2 + 1)^2 - 2x^2 = (x^2 + 1)^2 - (\sqrt{2}x)^2$$

$$= (x^2 + 1 + \sqrt{2}x)(x^2 + 1 - \sqrt{2}x)$$

$$令 \frac{1}{x^4 + 1} = \frac{ax + b}{(x^2 + 1 - \sqrt{2}x)} + \frac{cx + d}{(x^2 + 1 + \sqrt{2}x)}$$

$$則 \quad \frac{1}{x^4 + 1} = \frac{(ax + b)(x^2 + 1 + \sqrt{2}x) + (cx + d)(x^2 + 1 - \sqrt{2}x)}{(x^2 + 1 - \sqrt{2}x)(x^2 + 1 + \sqrt{2}x)}$$

$\therefore 1 = (ax+b)(x^2+1+\sqrt{2}x) + (cx+d)(x^2+1-\sqrt{2}x)$

令 $x = 0$ 則 $b + d = 1$

$\because (a+c)x^3 = 0, \ \forall x \in R \qquad \therefore a + c = 0$

$\because (\sqrt{2}a + b - \sqrt{2}c + d)x^2 = 0, \ \forall x \in R \qquad \therefore \sqrt{2}a + b - \sqrt{2}c + d = 0$

$\because (a + \sqrt{2}b + c - \sqrt{2}d)x = 0, \ \forall x \in R \qquad \therefore a + \sqrt{2}b + c - \sqrt{2}d = 0$

$\therefore b - d = 0 \Rightarrow b = d = \dfrac{1}{2}, a = \dfrac{-1}{2\sqrt{2}}, c = \dfrac{1}{2\sqrt{2}}$

$\therefore \dfrac{1}{x^4+1} = \dfrac{-x+\sqrt{2}}{2\sqrt{2}(x^2+1-\sqrt{2}x)} + \dfrac{x+\sqrt{2}}{2\sqrt{2}(x^2+1+\sqrt{2}x)}$

$\therefore \displaystyle\int_0^\infty \dfrac{1}{x^4+1}\,dx = \dfrac{1}{2\sqrt{2}} \int_0^\infty -\dfrac{x-\sqrt{2}}{(x^2+1-\sqrt{2}x)} + \dfrac{x+\sqrt{2}}{(x^2+1+\sqrt{2}x)}\,dx$

$= \dfrac{1}{2\sqrt{2}} \displaystyle\int_0^\infty \left(-\dfrac{\frac{1}{2}(2x-\sqrt{2}) - \frac{\sqrt{2}}{2}}{(x^2+1-\sqrt{2}x)} + \dfrac{\frac{1}{2}(2x+\sqrt{2}) + \frac{\sqrt{2}}{2}}{(x^2+1+\sqrt{2}x)} \right) dx$

$= \dfrac{1}{4\sqrt{2}} \left(-\ln|x^2+1-\sqrt{2}x| + \ln|x^2+1+\sqrt{2}x| \right) \Big|_0^\infty$

$+ \dfrac{1}{4} \displaystyle\int_0^\infty \dfrac{dx}{(x^2+1-\sqrt{2}x)} + \dfrac{1}{4} \int_0^\infty \dfrac{dx}{(x^2+1+\sqrt{2}x)}$

$\because \dfrac{1}{4\sqrt{2}} \left(-\ln|x^2+1-\sqrt{2}x| + \ln|x^2+1+\sqrt{2}x| \right) \Big|_0^\infty = 0$

且 $\displaystyle\int_0^\infty \dfrac{dx}{(x^2+1-\sqrt{2}x)} + \int_0^\infty \dfrac{dx}{(x^2+1+\sqrt{2}x)} = \int_0^\infty \dfrac{dx}{\left(x-\frac{1}{\sqrt{2}}\right)^2 + \left(\frac{1}{\sqrt{2}}\right)^2} + \int_0^\infty \dfrac{dx}{\left(x+\frac{1}{\sqrt{2}}\right)^2 + \left(\frac{1}{\sqrt{2}}\right)^2}$

$= \sqrt{2}\left(\tan^{-1}(\sqrt{2}x+1) + \tan^{-1}(\sqrt{2}x-1) \right) \Big|_0^\infty = \sqrt{2}\pi$

$\therefore \displaystyle\int_0^\infty \dfrac{1}{x^4+1}\,dx = \sqrt{2}\pi$

範例 7.

$$求 \int_0^\infty \frac{x}{x^4+1} dx =?$$

【解】

$$\because \int_0^\infty \frac{x}{x^4+1} dx = \frac{1}{2}\int_0^\infty \frac{2x}{(x^2)^2+1} dx, \ \ 令 \ t=x^2 \ 則 \ dt=2xdx, \ 藉由變數代換法$$

$$則 \int_0^\infty \frac{x}{x^4+1} dx = \frac{1}{2}\int_0^\infty \frac{2x}{(x^2)^2+1} dx = \frac{1}{2}\int_0^\infty \frac{dt}{t^2+1} = \frac{1}{2}\tan^{-1}t \Big|_0^\infty = \frac{\pi}{4}$$

範例 8.

$$求 \int_1^\infty \frac{1}{x(x^4+1)} dx =?$$

【解】

$$\because \int \frac{1}{x(x^4+1)} dx = \int \frac{x^3}{x^4(x^4+1)} dx, \ \ 令 \ t=x^4 則 \ dt=4x^3 dx, \ 藉由變數代換法$$

$$\therefore \int \frac{1}{x(x^4+1)} dx = \int \frac{x^3}{x^4(x^4+1)} dx = \frac{1}{4}\int \frac{1}{t(t+1)} dx$$

$$= \frac{1}{4}\int \frac{1}{t} - \frac{1}{(t+1)} dt = \frac{1}{4}(\ln|t| - \ln|t+1|) + c = \frac{1}{4}(\ln|x^4| - \ln|x^4+1|) + c$$

$$\therefore \int_\alpha^\beta \frac{1}{x(x^4+1)} dx = \frac{1}{4}\left(\ln\frac{\beta^4}{\alpha^4} - \ln\frac{\beta^4+1}{\alpha^4+1}\right)$$

$$\therefore \int_1^\infty \frac{1}{x(x^4+1)} dx = \frac{1}{4}\left(\lim_{\beta\to\infty} \ln\frac{\beta^4}{\beta^4+1} - \lim_{\alpha\to1} \frac{\alpha^4}{\alpha^4+1}\right) = \frac{1}{4}\left(-\ln\frac{1}{2}\right) = \frac{1}{4}\ln 2$$

範例 9.

$$求 \int_1^\infty \frac{1}{x^3+1} dx =?$$

【解】

$$\because x^3+1 = (x+1)(x^2-x+1)$$

$$令 \ \frac{1}{x^3+1} = \frac{a}{x+1} + \frac{bx+c}{x^2-x+1} \ \ 則 \ \frac{1}{x^3+1} = \frac{a(x^2-x+1)+(bx+c)(x+1)}{(x+1)(x^2-x+1)}$$

$$\Rightarrow 1 = a(x^2-x+1) + (bx+c)(x+1)$$

令 $x = -1$ 則 $1 = 3a$ $\qquad \therefore a = \dfrac{1}{3}$

令 $x = 0$ 則 $1 = \dfrac{1}{3} + c$ $\qquad \therefore c = \dfrac{2}{3}$

令 $x = 1$ 則 $1 = a + 2(b + c)$ $\qquad \therefore b = \dfrac{-1}{3}$

$$\therefore \frac{1}{x^3 + 1} = \frac{1}{3}\left(\frac{1}{x+1} - \frac{x-2}{x^2-x+1}\right) = \frac{1}{3}\left(\frac{1}{x+1} - \frac{\frac{1}{2}(2x-1) - \frac{3}{2}}{x^2-x+1}\right)$$

$$\therefore \int \frac{1}{x^3+1}\,dx = \frac{1}{3}\int \frac{1}{x+1} - \frac{\frac{1}{2}(2x-1) - \frac{3}{2}}{x^2-x+1}\,dx$$

$$= \frac{1}{3}\ln|x+1| - \frac{1}{6}\ln|x^2-x+1| + \frac{1}{2}\int \frac{dx}{x^2-x+1}$$

$$\therefore \int \frac{dx}{x^2-x+1} = \int \frac{dx}{(x-\frac{1}{2})^2 + \frac{3}{4}} = \int \frac{dx}{\frac{3}{4}\left(\left(\frac{x-\frac{1}{2}}{\sqrt{\frac{3}{4}}}\right)^2 + 1\right)} = \frac{2}{\sqrt{3}}\tan^{-1}\frac{x-\frac{1}{2}}{\sqrt{\frac{3}{4}}}$$

$$\therefore \int \frac{1}{x^3+1}\,dx = \frac{1}{3}\ln|x+1| - \frac{1}{6}\ln|x^2-x+1| + \frac{1}{\sqrt{3}}\tan^{-1}\left(\frac{x-\frac{1}{2}}{\sqrt{\frac{3}{4}}}\right) + c$$

$$\therefore \int_{\alpha}^{\beta} \frac{1}{x^3+1}\,dx = \frac{\ln\frac{\beta+1}{\alpha+1}}{3} - \frac{1}{6}\ln\frac{\beta^2-\beta+1}{\alpha^2-\alpha+1} + \frac{\tan^{-1}\left(\frac{\beta-\frac{1}{2}}{\sqrt{\frac{3}{4}}}\right) - \tan^{-1}\left(\frac{\alpha-\frac{1}{2}}{\sqrt{\frac{3}{4}}}\right)}{\sqrt{3}}$$

$$\therefore \int_{1}^{\infty} \frac{1}{x^3+1}\,dx$$

$$= \lim_{\beta \to \infty} \frac{\ln \dfrac{(\beta+1)^2}{\beta^2 - \beta + 1}}{6} + \frac{\tan^{-1}\left(\dfrac{\beta - \dfrac{1}{2}}{\sqrt{\dfrac{3}{4}}}\right)}{\sqrt{3}} - \lim_{\alpha \to 1} \frac{\ln \dfrac{(\alpha+1)^2}{\alpha^2 - \alpha + 1}}{6} - \frac{\tan^{-1}\left(\dfrac{\alpha - \dfrac{1}{2}}{\sqrt{\dfrac{3}{4}}}\right)}{\sqrt{3}}$$

$$= \frac{\pi}{2\sqrt{3}} - \frac{\ln 2}{3} - \frac{\pi}{6\sqrt{3}} = \frac{\pi}{3\sqrt{3}} - \frac{\ln 2}{3}$$

範例 10.

$$求 \int_{\alpha}^{\infty} \frac{1}{x^3 - 1}\, dx = ?, \quad \forall \alpha > 1$$

【解】

$$\because x^3 - 1 = (x - 1)(x^2 + x + 1)$$

令 $\dfrac{1}{x^3 - 1} = \dfrac{a}{x - 1} + \dfrac{bx + c}{x^2 + x + 1}$ 則 $\dfrac{1}{x^3 - 1} = \dfrac{a(x^2 + x + 1) + (bx + c)(x - 1)}{(x - 1)(x^2 + x + 1)}$

$$\Rightarrow 1 = a(x^2 + x + 1) + (bx + c)(x - 1)$$

令 $x = 1$ 則 $1 = 3a \qquad \therefore a = \dfrac{1}{3}$

令 $x = 0$ 則 $1 = \dfrac{1}{3} - c \qquad \therefore c = \dfrac{-2}{3}$

令 $x = -1$ 則 $1 = a - 2(-b + c) \qquad \therefore b = \dfrac{-1}{3}$

$$\therefore \frac{1}{x^3 - 1} = \frac{1}{3}\left(\frac{1}{x - 1} - \frac{x + 2}{x^2 + x + 1}\right) = \frac{1}{3}\left(\frac{1}{x - 1} - \frac{\dfrac{1}{2}(2x + 1) + \dfrac{3}{2}}{x^2 + x + 1}\right)$$

$$\therefore \int \frac{1}{x^3 - 1}\, dx = \frac{1}{3} \int \frac{1}{x - 1} - \frac{\dfrac{1}{2}(2x + 1) + \dfrac{3}{2}}{x^2 + x + 1}\, dx$$

$$= \frac{1}{3}\ln|x - 1| - \frac{1}{6}\ln|x^2 + x + 1| - \frac{1}{2} \int \frac{dx}{x^2 + x + 1}$$

$$\because \int \frac{dx}{x^2+x+1} = \int \frac{dx}{\left(x+\frac{1}{2}\right)^2+\frac{3}{4}} = \int \frac{dx}{\frac{3}{4}\left(\left(\frac{x+\frac{1}{2}}{\sqrt{\frac{3}{4}}}\right)^2+1\right)} = \frac{2}{\sqrt{3}}\tan^{-1}\left(\frac{x+\frac{1}{2}}{\sqrt{\frac{3}{4}}}\right)$$

$$\therefore \int \frac{1}{x^3-1}\,dx = \frac{1}{3}\ln|x-1| - \frac{1}{6}\ln|x^2+x+1| - \frac{1}{\sqrt{3}}\tan^{-1}\left(\frac{x+\frac{1}{2}}{\sqrt{\frac{3}{4}}}\right) + c$$

令 $\alpha, \beta > 1$ 則 $\displaystyle\int_{\alpha}^{\beta} \frac{1}{x^3-1}\,dx$

$$= \frac{1}{3}\ln\frac{\beta-1}{\alpha-1} - \frac{1}{6}\ln\frac{\beta^2+\beta+1}{\alpha^2+\alpha+1} - \frac{1}{\sqrt{3}}\left(\tan^{-1}\left(\frac{\beta+\frac{1}{2}}{\sqrt{\frac{3}{4}}}\right) - \tan^{-1}\left(\frac{\alpha+\frac{1}{2}}{\sqrt{\frac{3}{4}}}\right)\right)$$

$$\therefore \int_{\alpha}^{\infty} \frac{1}{x^3-1}\,dx = \lim_{\beta\to\infty} \frac{\ln\frac{(\beta-1)^2}{\beta^2+\beta+1}}{6} - \frac{\tan^{-1}\left(\frac{\beta+\frac{1}{2}}{\sqrt{\frac{3}{4}}}\right)}{\sqrt{3}} - \frac{\ln\frac{(\alpha-1)^2}{\alpha^2+\alpha+1}}{6} + \frac{\tan^{-1}\left(\frac{\alpha+\frac{1}{2}}{\sqrt{\frac{3}{4}}}\right)}{\sqrt{3}}$$

$$= -\frac{\pi}{2\sqrt{3}} - \frac{1}{6}\ln\frac{(\alpha-1)^2}{\alpha^2+\alpha+1} + \frac{1}{\sqrt{3}}\tan^{-1}\left(\frac{\alpha+\frac{1}{2}}{\sqrt{\frac{3}{4}}}\right)$$

範例 11.

$$求 \int_{\alpha}^{\infty} \frac{7-x-2x^2}{(x-1)^2(x^2+x+2)}\,dx = ?, \quad \forall \alpha > 1$$

【解】

令 $\dfrac{7-x-2x^2}{(x-1)^2(x^2+x+2)} = \dfrac{a}{x-1} + \dfrac{b}{(x-1)^2} + \dfrac{cx+d}{x^2+x+2}$

則 $\dfrac{7-x-2x^2}{(x-1)^2(x^2+x+2)} = \dfrac{a(x-1)(x^2+x+2)+b(x^2+x+2)+(cx+d)(x-1)^2}{(x-1)^2(x^2+x+2)}$

$\therefore 7-x-2x^2 = a(x-1)(x^2+x+2)+b(x^2+x+2)+(cx+d)(x-1)^2$

令 $x = 1$ 則 $4 = 4b$　$\therefore b = 1$

$\because 0 = (a + c)x^3, \ \forall x \in R$　　$\therefore a + c = 0$

$\because -2x^2 = (b - 2c + d)x^2, \ \forall x \in R$　$\therefore b - 2c + d = -2$　$\therefore -2c + d = -3$

$\because -x = (a + b + c - 2d)x, \ \forall x \in R$　$\therefore a + b + c - 2d = -1$

$\therefore \ b - 2d = -1 \Rightarrow d = 1 \Rightarrow c = 2 \Rightarrow a = -2$

比較係數則 $a = -2, b = 1, c = 2, d = 1$

$$\therefore \frac{7 - x - 2x^2}{(x - 1)^2(x^2 + x + 2)} = \frac{-2}{x - 1} + \frac{1}{(x - 1)^2} + \frac{2x + 1}{x^2 + x + 2}$$

$$\therefore \int \frac{7 - x - 2x^2}{(x - 1)^2(x^2 + x + 2)} dx = \int \frac{-2}{x - 1} + \frac{1}{(x - 1)^2} + \frac{2x + 1}{x^2 + x + 2} dx$$

$$= -2\ln|x - 1| - (x - 1)^{-1} + \ln|x^2 + x + 2| + c$$

令 $\alpha, \beta > 1$ 則 $\displaystyle\int_\alpha^\beta \frac{7 - x - 2x^2}{(x - 1)^2(x^2 + x + 2)} dx$

$$= -2\ln\frac{\beta - 1}{\alpha - 1} - (\beta - 1)^{-1} + (\alpha - 1)^{-1} + \ln\frac{\beta^2 + \beta + 2}{\alpha^2 + \alpha + 2}$$

$$\therefore \int_\alpha^\infty \frac{7 - x - 2x^2}{(x - 1)^2(x^2 + x + 2)} dx$$

$$= \lim_{\beta \to \infty} \left(-(\beta - 1)^{-1} + \ln\frac{\beta^2 + \beta + 2}{(\beta - 1)^2} \right) + (\alpha - 1)^{-1} + \ln\frac{(\alpha - 1)^2}{\alpha^2 + \alpha + 2}$$

$$= (\alpha - 1)^{-1} + \ln\frac{(\alpha - 1)^2}{\alpha^2 + \alpha + 2}$$

範例 12.

$$求 \int_\alpha^\infty \frac{1 - x + 2x^2 - x^3}{x(x^2 + 1)^2} =?, \ \forall \alpha > 0$$

【解】

$$令 \frac{1 - x + 2x^2 - x^3}{x(x^2 + 1)^2} = \frac{a}{x} + \frac{bx + c}{x^2 + 1} + \frac{dx + e}{(x^2 + 1)^2}$$

$$則 \frac{1 - x + 2x^2 - x^3}{x(x^2 + 1)^2} = \frac{a(x^2 + 1)^2 + (bx + c)x(x^2 + 1) + x(dx + e)}{x(x^2 + 1)^2}$$

$$\therefore 1 - x + 2x^2 - x^3 = a(x^2 + 1)^2 + (bx + c)x(x^2 + 1) + dx^2 + ex$$

令 $x = 0$ 則 $a = 1$

令 $x^2 + 1 = 0$ 則 $1 - x + 2x^2 - x^3 = 1 - x - 2 + x = -1$

且 $a(x^2 + 1)^2 + (bx + c)x(x^2 + 1) + dx^2 + ex = -d + ex$　∴ $d = 1, e = 0$

∵ $0 = (a + b)x^4$,　$\forall x \in R$,　　∵ $a = 1$　　∴ $b = -1$

∵ $-x^3 = cx^3$,　$\forall x \in R$　　　∴ $c = -1$

比較係數則 $a = 1, b = -1, c = -1, d = 1, e = 0$

$$\therefore \int \frac{1 - x + 2x^2 - x^3}{x(x^2 + 1)^2}\,dx = \int \frac{1}{x} + \frac{-x - 1}{x^2 + 1} + \frac{x}{(x^2 + 1)^2}\,dx$$

$$= \ln x - \frac{1}{2}\ln|x^2 + 1| - \tan^{-1} x - \frac{1}{2}(x^2 + 1)^{-1} + c$$

$$令 \alpha, \beta > 0 \ 則 \int_\alpha^\beta \frac{1 - x + 2x^2 - x^3}{x(x^2 + 1)^2}$$

$$= -\frac{1}{2}\ln\frac{\beta^2 + 1}{\beta^2} - \tan^{-1}\beta - \frac{(\beta^2 + 1)^{-1}}{2} + \frac{1}{2}\ln\frac{\alpha^2 + 1}{\alpha^2} + \tan^{-1}\alpha + \frac{(\alpha^2 + 1)^{-1}}{2}$$

$$\therefore \int_\alpha^\infty \frac{1 - x + 2x^2 - x^3}{x(x^2 + 1)^2}$$

$$= \lim_{\beta \to \infty} -\frac{\ln\frac{\beta^2 + 1}{\beta^2}}{2} - \tan^{-1}\beta - \frac{(\beta^2 + 1)^{-1}}{2} + \frac{\ln\frac{\alpha^2 + 1}{\alpha^2}}{2} + \tan^{-1}\alpha + \frac{(\alpha^2 + 1)^{-1}}{2}$$

$$= -\frac{\pi}{2} + \frac{1}{2}\ln\frac{\alpha^2 + 1}{\alpha^2} + \tan^{-1}\alpha + \frac{(\alpha^2 + 1)^{-1}}{2}$$

範例 13.

$$求 \int_\alpha^\infty \frac{1}{x(x^4 - 1)}\,dx = ?,\ \ \forall \alpha > 1$$

【解】

$$令 \frac{1}{x(x^4 - 1)} = \frac{ax^3 + bx^2 + cx + d}{x^4 - 1} + \frac{e}{x}$$

則 $1 = x(ax^3 + bx^2 + cx + d) + e(x^4 - 1)$

$= (a + e)x^4 + bx^3 + cx^2 + dx - e \Rightarrow e = -1, a = 1, b = c = d = 0$

$$\therefore \frac{1}{x(x^4 - 1)} = \frac{x^3}{x^4 - 1} - \frac{1}{x}$$

$$\therefore \int \frac{1}{x(x^4 - 1)}\,dx = \int \frac{x^3}{x^4 - 1} - \frac{1}{x}\,dx = \frac{1}{4}\ln|x^4 - 1| - \ln|x| + c$$

$$令 \ \alpha, \beta > 1 \ 則 \int_\alpha^\beta \frac{1}{x(x^4 - 1)}\,dx = \frac{1}{4}\ln\frac{\beta^4 - 1}{\alpha^4 - 1} - \ln\frac{\beta}{\alpha}$$

$$\therefore \int_\alpha^\infty \frac{1}{x(x^4-1)}\,dx = \lim_{\beta\to\infty}\left(\frac{1}{4}\ln\frac{\beta^4-1}{\beta^4}\right) - \frac{1}{4}\ln\frac{\alpha^4}{\alpha^4-1} = -\frac{1}{4}\ln\frac{\alpha^4}{\alpha^4-1}$$

範例 14.

$$求 \int_\alpha^\infty \frac{1}{x(x^2-5x-6)}\,dx =?, \quad \forall \alpha > 6$$

【解】

令 $\dfrac{1}{x(x^2-5x-6)} = \dfrac{a}{x} + \dfrac{b}{x-6} + \dfrac{c}{x+1}$

則 $\dfrac{1}{x(x^2-5x-6)} = \dfrac{a(x-6)(x+1) + bx(x+1) + cx(x-6)}{x(x^2-5x-6)}$

$\therefore 1 = a(x-6)(x+1) + bx(x+1) + cx(x-6)$

令 $x=0$ 則 $1 = -6a \quad \therefore a = -\dfrac{1}{6}$

令 $x=6$ 則 $1 = 42b \quad \therefore b = \dfrac{1}{42}$

令 $x=-1$ 則 $1 = 7c \quad \therefore c = \dfrac{1}{7}$

$\therefore \dfrac{1}{x(x^2-5x-6)} = -\dfrac{1}{6x} + \dfrac{1}{42(x-6)} + \dfrac{1}{7(x+1)}$

$\therefore \displaystyle\int \frac{1}{x(x^2-5x-6)}\,dx = \int -\frac{1}{6x} + \frac{1}{42(x-6)} + \frac{1}{7(x+1)}\,dx$

$= -\dfrac{1}{6}\ln|x| + \dfrac{1}{42}\ln|x-6| + \dfrac{1}{7}\ln|x+1| + c$

令 $\alpha, \beta > 6$ 則 $\displaystyle\int_\alpha^\beta \frac{1}{x(x^2-5x-6)}\,dx = -\frac{1}{6}\ln\frac{\beta}{\alpha} + \frac{1}{42}\ln\frac{\beta-6}{\alpha-6} + \frac{1}{7}\ln\frac{\beta+1}{\alpha+1}$

$\therefore \displaystyle\int_\alpha^\infty \frac{1}{x(x^2-5x-6)}\,dx = \lim_{\beta\to\infty}\frac{1}{42}\ln\frac{(\beta-6)(\beta+1)^6}{\beta^7} - \frac{1}{42}\ln\frac{(\alpha-6)(\alpha+1)^6}{\alpha^7}$

$= -\dfrac{1}{42}\ln\dfrac{(\alpha-6)(\alpha+1)^6}{\alpha^7}$

5.4.3.4 求無理式瑕積分的值

求 $\displaystyle\int_0^\infty f\left(\sqrt{g(x)}\right)dx$ =?

求瑕積分的值等於先計算定積分再取極限值的問題, 與求無理式的定積分相同, 當被積分函數出現 $\sqrt{\alpha^2 - x^2}$, $\sqrt{\alpha^2 + x^2}$, 或 $\sqrt{x^2 - \alpha^2}$ 時, 需藉由三角函數結合變換代換法解題; 此外, 當分母為二次多項式時, 也可嘗試用三角函數結合變換代換法解題

考試類型:

題型 1.

求第二類瑕積分 $\displaystyle\int_a^b f\left(\sqrt{\alpha^2 - x^2}\right)dx$ =?, 其中 $f\left(\sqrt{\alpha^2 - a^2}\right) = \infty$

解題流程:

Step1.

令 $x = \alpha\sin\theta$ 則 $\sqrt{\alpha^2 - x^2} = \sqrt{\alpha^2 - \alpha^2\sin^2\theta} = \alpha\cos\theta$ 且 $dx = \alpha\cos\theta\, d\theta$

Step2.

$$\int_a^b f\left(\sqrt{\alpha^2 - x^2}\right)dx = \int_{\sin^{-1}\frac{a}{\alpha}}^{\sin^{-1}\frac{b}{\alpha}} f(\alpha\cos\theta)\,\alpha\cos\theta\, d\theta,$$

求 $\displaystyle\int_{\sin^{-1}\frac{a}{\alpha}}^{\sin^{-1}\frac{b}{\alpha}} f(\alpha\cos\theta)\,\alpha\cos\theta\, d\theta$ =?

題型 2.

求第一類瑕積分 $\displaystyle\int_0^\infty f\left(\sqrt{\alpha^2 + x^2}\right)dx$ =?

解題流程:

Step1.

令 $x = \alpha\tan\theta$ 則 $\sqrt{\alpha^2 + x^2} = \sqrt{\alpha^2 + (\alpha\tan\theta)^2} = \alpha\sec\theta$ 且 $dx = \alpha\sec^2\theta\, d\theta$

Step2.

$$\therefore \int_a^b f\left(\sqrt{\alpha^2 + x^2}\right)dx = \int_{\tan^{-1}\frac{a}{\alpha}}^{\tan^{-1}\frac{b}{\alpha}} f(\alpha\sec\theta)\,\alpha\sec^2\, d\theta$$

$$\therefore \int_0^\infty f\left(\sqrt{\alpha^2 + x^2}\right) dx = \lim_{a \to 0, b \to \infty} \int_a^b f\left(\sqrt{\alpha^2 + x^2}\right) dx$$

$$= \lim_{a \to 0, b \to \infty} \int_{\tan^{-1}\frac{a}{\alpha}}^{\tan^{-1}\frac{b}{\alpha}} f(\alpha \sec \theta)\alpha \sec^2 d\theta = \int_0^{\frac{\pi}{2}} f(\alpha \sec \theta)\alpha \sec^2 d\theta$$

求 $\displaystyle \int_0^{\frac{\pi}{2}} f(\alpha \sec \theta)\alpha \sec^2 d\theta =?$

題型 3.

求第一類瑕積分 $\displaystyle \int_\alpha^\infty f\left(\sqrt{x^2 - \alpha^2}\right) dx =?$

解題流程:

Step1.

令 $x = \alpha \sec \theta$ 則 $\sqrt{x^2 - \alpha^2} = \sqrt{\alpha^2 \sec^2 \theta - \alpha^2} = \alpha \tan \theta$ 且 $dx = \alpha \sec \theta \tan \theta \, d\theta$

Step2.

$$\because \int_a^b f\left(\sqrt{x^2 - \alpha^2}\right) dx = \int_{\sec^{-1}\frac{a}{\alpha}}^{\sec^{-1}\frac{b}{\alpha}} f(\alpha \tan \theta)\alpha \sec \theta \tan \theta d\theta$$

$$\therefore \int_\alpha^\infty f\left(\sqrt{x^2 - \alpha^2}\right) dx = \lim_{a \to \alpha, b \to \infty} \int_a^b f\left(\sqrt{x^2 - \alpha^2}\right) dx$$

$$= \lim_{a \to \alpha, b \to \infty} \int_{\sec^{-1}\frac{a}{\alpha}}^{\sec^{-1}\frac{b}{\alpha}} f(\alpha \tan \theta)\alpha \sec \theta \tan \theta d\theta = \int_0^{\frac{\pi}{2}} f(\alpha \tan \theta)\alpha \sec \theta \tan \theta d\theta$$

求 $\displaystyle \int_0^{\frac{\pi}{2}} f(\alpha \tan \theta)\alpha \sec \theta \tan \theta d\theta =?$

題型 4.

求 $\displaystyle \int_0^\infty \frac{1}{(ax^2 + bx + c)^2} dx = ?$ 其中 $b^2 - 4ac < 0$ and $a > 0$

解題流程:

$$\because \frac{1}{ax^2 + bx + c} = \frac{1}{a\left(x + \frac{b}{2a}\right)^2 + c - \frac{b^2}{4a}} = \frac{1}{c - \frac{b^2}{4a}} \cdot \frac{1}{a\left(\dfrac{x + \frac{b}{2a}}{\sqrt{c - \frac{b^2}{4a}}}\right)^2 + 1}$$

$$= \frac{1}{c - \frac{b^2}{4a}} \cdot \frac{1}{\left(\dfrac{\sqrt{a}x + \frac{b}{2\sqrt{a}}}{\sqrt{c - \frac{b^2}{4a}}}\right)^2 + 1}$$

$$令\ t = \frac{\sqrt{a}x + \frac{b}{2\sqrt{a}}}{\sqrt{c - \frac{b^2}{4a}}}\ 則\ dt = \frac{\sqrt{a}}{\sqrt{c - \frac{b^2}{4a}}}\,dx,\ \ 令\ \alpha' = \frac{\sqrt{a}\alpha + \frac{b}{2\sqrt{a}}}{\sqrt{c - \frac{b^2}{4a}}}\ \text{and}\ \beta' = \frac{\sqrt{a}\beta + \frac{b}{2\sqrt{a}}}{\sqrt{c - \frac{b^2}{4a}}}$$

藉由變數代換法

$$則 \int_\alpha^\beta \frac{1}{(ax^2 + bx + c)^2}\,dx = \frac{1}{\left(c - \frac{b^2}{4a}\right)^2} \int_\alpha^\beta \frac{1}{\left(\left(\dfrac{\sqrt{a}x + \frac{b}{2\sqrt{a}}}{\sqrt{c - \frac{b^2}{4a}}}\right)^2 + 1\right)^2}\,dx$$

$$= \frac{1}{\left(c - \frac{b^2}{4a}\right)^2} \cdot \frac{\sqrt{c - \frac{b^2}{4a}}}{\sqrt{a}} \int_{\alpha'}^{\beta'} \frac{1}{(t^2 + 1)^2}\,dt = \frac{1}{\left(c - \frac{b^2}{4a}\right)^{\frac{3}{2}} \sqrt{a}} \int_{\alpha'}^{\beta'} \frac{1}{(t^2 + 1)^2}\,dt$$

$$令 t = \tan\theta\ 則\ dt = \sec^2\theta\,d\theta$$

$$\therefore \frac{1}{\left(c - \frac{b^2}{4a}\right)^{\frac{3}{2}} \sqrt{a}} \int_{\tan^{-1}\alpha'}^{\tan^{-1}\beta'} \frac{\sec^2\theta}{\sec^4\theta}\,d\theta = \frac{1}{\left(c - \frac{b^2}{4a}\right)^{\frac{3}{2}} \sqrt{a}} \int_{\tan^{-1}\alpha'}^{\tan^{-1}\beta'} \cos^2\theta\,d\theta$$

$$= \frac{1}{\left(c - \frac{b^2}{4a}\right)^{\frac{3}{2}} \sqrt{a}} \left.\left(\frac{\theta}{2} + \frac{\sin 2\theta}{4}\right)\right|_{\tan^{-1}\alpha'}^{\tan^{-1}\beta'} = \frac{1}{\left(c - \frac{b^2}{4a}\right)^{\frac{3}{2}} \sqrt{a}} \left.\left(\frac{\tan^{-1}t}{2} + \frac{t}{2(t^2 + 1)}\right)\right|_{\alpha'}^{\beta'}$$

$$= \frac{1}{\left(c - \frac{b^2}{4a}\right)^{\frac{3}{2}} \sqrt{a}} \left(\frac{\tan^{-1} \beta'}{2} - \frac{\tan^{-1} \alpha'}{2} + \frac{\beta'}{2((\beta')^2 + 1)} - \frac{\alpha'}{2((\alpha')^2 + 1)} \right)$$

$$\therefore \int_0^\infty \frac{1}{(ax^2 + bx + c)^2}\, dx$$

$$= \frac{1}{\left(c - \frac{b^2}{4a}\right)^{\frac{3}{2}} \sqrt{a}} \left(\frac{\pi}{4} - \frac{\tan^{-1} \frac{\frac{b}{2\sqrt{a}}}{\sqrt{c - \frac{b^2}{4a}}}}{2} - \frac{\frac{\frac{b}{2\sqrt{a}}}{\sqrt{c - \frac{b^2}{4a}}}}{2\left(\left(\frac{\frac{b}{2\sqrt{a}}}{\sqrt{c - \frac{b^2}{4a}}}\right)^2 + 1\right)} \right)$$

範例 1.

$$求 \int_{\frac{1}{2}}^{1} \sqrt{\frac{1+x}{1-x}}\, dx = ?$$

【解】

$$\because \sqrt{\frac{1+x}{1-x}} = \sqrt{\frac{(1+x)^2}{1-x^2}}, \ 令\ x = \cos\theta\ 則\ dx = \sin\theta\, d\theta, \ 藉由變數代換法$$

$$\because \sqrt{\frac{(1+x)^2}{1-x^2}} = \frac{1 + \cos\theta}{\sin\theta}$$

$$\therefore \int_{\frac{1}{2}}^{1} \sqrt{\frac{1+x}{1-x}}\, dx = \int_{-\frac{\pi}{3}}^{0} \frac{(1 + \cos\theta)\sin\theta\, d\theta}{\sin\theta} = \theta \Big|_{-\frac{\pi}{3}}^{0} + \sin\theta \Big|_{-\frac{\pi}{3}}^{0} = \frac{2\pi + 3\sqrt{3}}{6}$$

範例 2.

$$求 \int_0^\infty \frac{dx}{(x^2 + 1)^4} = ?$$

【解】

令 $x = \tan\theta$ 則 $dx = \sec^2\theta\, d\theta$, 藉由變數代換法

$$\therefore \int_0^\infty \frac{dx}{(x^2+1)^4} = \int_0^{\frac{\pi}{2}} \frac{\sec^2\theta\, d\theta}{(\tan^2\theta+1)^4} = \int_0^{\frac{\pi}{2}} \frac{\sec^2\theta\, d\theta}{\sec^8\theta} = \int_0^{\frac{\pi}{2}} \cos^6\theta\, d\theta$$

$$\because \cos^6\theta = \left(\frac{\cos 3\theta + 3\cos\theta}{4}\right)^2 = \frac{\cos^2 3\theta + 6\cos 3\theta\cos\theta + 9\cos^2\theta}{16}$$

$$= \frac{\dfrac{1+\cos 6\theta}{2} + 6\cos 3\theta\cos\theta + \dfrac{9+9\cos 2\theta}{2}}{16}$$

$$= \frac{1}{16}\left(5 + \frac{\cos 6\theta}{2} + 2\cos 4\theta + 2\cos 2\theta + \frac{9\cos 2\theta}{2}\right)$$

$$\therefore \int_0^\infty \frac{dx}{(x^2+1)^4} = \frac{1}{16}\int_0^{\frac{\pi}{2}} 5 + \frac{\cos 6\theta}{2} + 2\cos 4\theta + 2\cos 2\theta + \frac{9\cos 2\theta}{2}\, d\theta = \left.\frac{5\theta}{16}\right|_0^{\frac{\pi}{2}} = \frac{5\pi}{32}$$

範例 3.

$$試求當 a 為何值時,\ 瑕積分 \int_{\sqrt{2}}^\infty \left(\frac{a}{\sqrt{x^2-1}} - \frac{x}{x^2+1}\right) dx\ 收斂$$

【解】

令 $x = \sec\theta$ 則 $dx = \sec\theta\tan\theta\, d\theta$, 藉由變數代換法

$$\therefore \int_{\sqrt{2}}^\infty \frac{a}{\sqrt{x^2-1}}\, dx = a\int_{\frac{\pi}{4}}^{\frac{\pi}{2}} \frac{\sec\theta\tan\theta\, d\theta}{\sqrt{\sec^2\theta-1}}$$

$$= a\int_{\frac{\pi}{4}}^{\frac{\pi}{2}} \sec\theta\, d\theta = a\ln(\tan\theta + \sec\theta)\Big|_{\frac{\pi}{4}}^{\frac{\pi}{2}} = a\ln(\sqrt{x^2-1}+x)\Big|_{\sqrt{2}}^{\infty}$$

令 $x = \tan\theta$ 則 $dx = \sec^2\theta\, d\theta$, 藉由變數代換法

$$\therefore \int_{\sqrt{2}}^{\infty} \frac{x}{x^2 + 1} dx = \int_{\tan^{-1}\sqrt{2}}^{\frac{\pi}{2}} \frac{\tan\theta \, \sec^2\theta \, d\theta}{\tan^2\theta + 1} d\theta = \int_{\tan^{-1}\sqrt{2}}^{\frac{\pi}{2}} \frac{\tan\theta \, \sec^2\theta \, d\theta}{\sec^2\theta} d\theta$$

$$= \int_{\tan^{-1}\sqrt{2}}^{\frac{\pi}{2}} \tan\theta \, d\theta = \ln\sec\theta \Big|_{\tan^{-1}\sqrt{2}}^{\frac{\pi}{2}} = \ln\sqrt{x^2 + 1} \, \Big|_{\sqrt{2}}^{\infty}$$

$$\therefore \int_{\sqrt{2}}^{\infty} \left(\frac{a}{\sqrt{x^2 - 1}} - \frac{x}{x^2 + 1} \right) dx = \ln \frac{(\sqrt{x^2 - 1} + x)^a}{\sqrt{(x^2 + 1)}} \Bigg|_{\sqrt{2}}^{\infty} \qquad \therefore a = 1 \text{ 瑕積分收斂}$$

範例 4.

$$求 \int_a^b \frac{dx}{\sqrt{b^2 - x^2}} = ?, \quad \forall b > a > 0$$

【解】

令 $b > a > 0$, 令 $x = b\sin\theta$ 則 $dx = b\cos\theta d\theta$, 藉由變數代換法

$$\therefore \int \frac{dx}{\sqrt{b^2 - x^2}} = \int \frac{b\cos\theta d\theta}{\sqrt{b^2 - (b\sin\theta)^2}} = \int \frac{b\cos\theta d\theta}{b\cos\theta} = \theta + c = \sin^{-1}\frac{x}{b} + c$$

$$\therefore \int_a^b \frac{dx}{\sqrt{b^2 - x^2}} = \sin^{-1}\frac{b}{b} - \sin^{-1}\frac{a}{b} = \sin^{-1}1 - \sin^{-1}\frac{a}{b}$$

範例 5.

$$求 \int_a^b \frac{1}{x\sqrt{b^2 - x^2}} dx = ?, \quad \forall b > a > 0$$

【解】

令 $b > a > 0$, 令 $x = b\sin\theta$ 則 $dx = b\cos\theta d\theta$, 藉由變數代換法

$$\therefore \int \frac{1}{x\sqrt{b^2 - x^2}} dx = \int \frac{b\cos\theta d\theta}{b\sin\theta \sqrt{b^2 - (b\sin\theta)^2}} = \int \frac{b\cos\theta d\theta}{b\sin\theta \, b\cos\theta}$$

$$= \int \frac{d\theta}{b\sin\theta} = \frac{1}{b}\ln|\csc\theta - \cot\theta| + c = \frac{1}{b}\ln\left| \frac{b}{x} - \frac{\sqrt{b^2 - x^2}}{x} \right| + c$$

$$則 \int_a^b \frac{1}{x\sqrt{b^2 - x^2}} dx = \frac{1}{b}\ln\frac{\dfrac{b - \sqrt{b^2 - b^2}}{b}}{\dfrac{b - \sqrt{b^2 - a^2}}{a}} = \frac{1}{b}\ln\frac{a}{b - \sqrt{b^2 - a^2}}$$

範例 6.

$$\not{\mathbb{R}} \int_a^b \frac{1}{\sqrt{x^2 - a^2}} dx = ?, \quad \forall b > a > 0$$

【解】

令 $b > a > 0$, 令 $x = a\sec\theta$ 則 $dx = a\sec\theta\tan\theta\ d\theta$, 藉由變數代換法

則 $\displaystyle\int \frac{1}{\sqrt{x^2 - a^2}} dx = \int \frac{a\sec\theta\tan\theta}{\sqrt{(a\sec\theta)^2 - a^2}} d\theta = \int \frac{a\sec\theta\tan\theta}{\sqrt{(a\tan\theta)^2}} d\theta = \int \sec\theta\, d\theta$

$= \ln|\tan\theta + \sec\theta| + c = \ln\left|\dfrac{x}{a} + \dfrac{\sqrt{x^2 - a^2}}{a}\right| + c$

$\therefore \displaystyle\int_a^b \frac{1}{\sqrt{x^2 - a^2}} dx = \ln\frac{b + \sqrt{b^2 - a^2}}{a + \sqrt{a^2 - a^2}} = \ln\frac{b + \sqrt{b^2 - a^2}}{a}$

範例 7.

$$\not{\mathbb{R}} \int_a^b \frac{1}{x\sqrt{x^2 - a^2}} dx = ?, \quad \forall b > a > 0$$

【解】

令 $b > a > 0$, 令 $x = a\sec\theta$ 則 $dx = a\sec\theta\tan\theta\ d\theta$, 藉由變數代換法

$$\int \frac{dx}{x\sqrt{x^2 - a^2}} = \int \frac{a\sec\theta\tan\theta\ d\theta}{a\sec\theta\sqrt{(a\sec\theta)^2 - a^2}} = \frac{\theta}{a} + c = \frac{\sec^{-1}\frac{x}{a}}{a} + c$$

$$\therefore \int_a^b \frac{1}{x\sqrt{x^2 - a^2}} dx = \frac{1}{a}\left(\sec^{-1}\frac{b}{a} - \sec^{-1}\frac{a}{a}\right)$$

範例 8.

$$\not{\mathbb{R}} \int_1^2 \frac{dx}{\sqrt{x^2 - 1}} = ?$$

【解】

令 $x = \sec\theta$ 則 $dx = \sec\theta\tan\theta\ d\theta$, 藉由變數代換法

$$\therefore \int_1^2 \frac{dx}{\sqrt{x^2 - 1}} = \int_0^{\frac{\pi}{3}} \frac{\sec\theta\tan\theta\ d\theta}{\sqrt{(\sec\theta)^2 - 1}} = \int_0^{\frac{\pi}{3}} \frac{\sec\theta\tan\theta\ d\theta}{\sqrt{\tan^2\theta}} = \int_0^{\frac{\pi}{3}} \sec\theta\, d\theta$$

$$= \ln|\tan\theta + \sec\theta|_0^{\frac{\pi}{3}} = \ln(2 + \sqrt{3})$$

範例 9.

$$求 \int_0^4 \frac{x^2}{\sqrt{16 - x^2}}\, dx = ?$$

【解】

令 $x = 4\sin\theta$ 則 $dx = 4\cos\theta\, d\theta$，藉由變數代換法

$$\therefore \int_0^4 \frac{x^2}{\sqrt{16 - x^2}}\, dx = \int_0^{\frac{\pi}{2}} \frac{16\sin^2\theta \cdot 4\cos\theta\, d\theta}{\sqrt{16 - 16\sin^2\theta}} = 16 \int_0^{\frac{\pi}{2}} \sin^2\theta\, d\theta$$

$$= 16 \int_0^{\frac{\pi}{2}} \frac{1 - \cos 2\theta}{2}\, d\theta = 16\left(\frac{1}{2} \cdot \frac{\pi}{2} - \frac{\sin 2\theta}{4}\Big|_0^{\frac{\pi}{2}} \right) = 4\pi$$

範例 10.

$$求 \int_{-b}^{b} \frac{x^4}{\sqrt{b^2 - x^2}}\, dx = ?, \quad \forall b \neq 0$$

【解】

令 $b \neq 0$, 令 $x = b\sin\theta$ 則 $dx = b\cos\theta\, d\theta$, 藉由變數代換法

$$\therefore \int_{-b}^{b} \frac{x^4}{\sqrt{b^2 - x^2}}\, dx = \int_{-\frac{\pi}{2}}^{\frac{\pi}{2}} \frac{(b\sin\theta)^4\, b\cos\theta\, d\theta}{\sqrt{b^2 - (b\sin\theta)^2}} = \int_{-\frac{\pi}{2}}^{\frac{\pi}{2}} (b\sin\theta)^4\, d\theta$$

$$= b^4 \int_{-\frac{\pi}{2}}^{\frac{\pi}{2}} \left(\frac{1 - \cos 2\theta}{2} \right)^2 d\theta = b^4 \int_{-\frac{\pi}{2}}^{\frac{\pi}{2}} \frac{1 - 2\cos 2\theta + \frac{1 + \cos 4\theta}{2}}{4}\, d\theta$$

$$= \frac{b^4}{4} \left(\frac{3\pi}{2} - \sin 2\theta \Big|_{-\frac{\pi}{2}}^{\frac{\pi}{2}} + \frac{1}{8}\sin 4\theta \Big|_{-\frac{\pi}{2}}^{\frac{\pi}{2}} \right) = \frac{3\pi b^4}{8}$$

範例 11.

$$求 \int_1^{\infty} \frac{1}{(x^2 + 2x + 5)^2}\, dx = ?$$

【解】

$$\because \frac{1}{(x^2 + 2x + 5)^2} = \frac{1}{((x+1)^2 + 4)^2} = \frac{1}{16\left(\left(\frac{x+1}{2}\right)^2 + 1\right)^2}$$

令 $t = \dfrac{x+1}{2}$ 則 $dt = \dfrac{dx}{2}$，藉由變數代換法

$$\therefore \int \frac{1}{(x^2 + 2x + 5)^2} dx = \int \frac{1}{16\left(\left(\frac{x+1}{2}\right)^2 + 1\right)^2} dx = \frac{1}{8} \int \frac{1}{(t^2 + 1)^2} dt$$

令 $t = \tan\theta$ 則 $dt = \sec^2\theta\, d\theta$，藉由變數代換法

$$\therefore \frac{1}{8} \int \frac{1}{(t^2 + 1)^2} dt = \frac{1}{8} \int \frac{\sec^2\theta}{\sec^4\theta} d\theta = \frac{1}{8} \int \cos^2\theta\, d\theta = \frac{1}{8} \int \frac{1 + \cos 2\theta}{2} d\theta$$

$$= \frac{1}{8}\left(\frac{\theta}{2} + \frac{\sin 2\theta}{4}\right) = \frac{1}{8}\left(\frac{\tan^{-1} t}{2} + \frac{\sin\theta \cos\theta}{2}\right) = \frac{1}{8}\left(\frac{\tan^{-1} t}{2} + \frac{t}{2(t^2 + 1)}\right)$$

$$= \frac{1}{8}\left(\frac{\tan^{-1}\left(\frac{x+1}{2}\right)}{2} + \frac{\frac{x+1}{2}}{2\left(\left(\frac{x+1}{2}\right)^2 + 1\right)}\right)$$

$$\therefore \int_1^\infty \frac{1}{(x^2 + 2x + 5)^2} dx$$

$$= \frac{1}{8}\left(\lim_{b\to\infty} \left(\frac{\tan^{-1}\left(\frac{b+1}{2}\right)}{2} + \frac{\frac{b+1}{2}}{2\left(\left(\frac{b+1}{2}\right)^2 + 1\right)} \right) \right.$$

$$\left. - \lim_{a\to 1} \left(\frac{\tan^{-1}\left(\frac{a+1}{2}\right)}{2} + \frac{\frac{a+1}{2}}{2\left(\left(\frac{a+1}{2}\right)^2 + 1\right)} \right) \right)$$

$$= \frac{1}{8}\left(\frac{\pi}{4} - \frac{\pi}{8} - \frac{1}{4}\right) = \frac{1}{8}\left(\frac{\pi}{8} - \frac{1}{4}\right)$$

範例 12.

$$求 \int_0^\infty \frac{1}{e^x \sqrt{e^{2x} + 4}} dx = ?$$

【解】

令 $t = e^x$ 則 $dx = \dfrac{dt}{t}$，藉由變數代換法 則 $\displaystyle\int \frac{1}{e^x\sqrt{e^{2x}+4}}\,dx = \int \frac{1}{t^2\sqrt{t^2+4}}\,dt$

令 $t = 2\tan\theta$ 則 $dt = 2\sec^2\theta\,d\theta$，藉由變數代換法

則 $\displaystyle\int \frac{1}{t^2\sqrt{t^2+4}}\,dt = \int \frac{2\sec^2\theta\,d\theta}{4\tan^2\theta\,\sqrt{4\tan^2\theta+4}} = \frac{1}{4}\int \frac{\sec\theta\,d\theta}{\tan^2\theta} = \frac{1}{4}\int \frac{\cos\theta\,d\theta}{\sin^2\theta}$

$= \dfrac{1}{4}\displaystyle\int \cot\theta\csc\theta\,d\theta = \dfrac{-\csc\theta}{4} + c = \dfrac{-\sqrt{t^2+4}}{4t} + c = \dfrac{-\sqrt{e^{2x}+4}}{4e^x} + c$

令 $a, b \in R$ 則 $\displaystyle\int_a^b \frac{1}{e^x\sqrt{e^{2x}+4}}\,dx = \frac{\sqrt{e^{2a}+4}}{4e^a} - \frac{\sqrt{e^{2b}+4}}{4e^b}$

$\therefore \displaystyle\int_0^\infty \frac{1}{e^x\sqrt{e^{2x}+4}}\,dx = \lim_{a\to 0}\frac{\sqrt{e^{2a}+4}}{4e^a} - \lim_{b\to\infty}\frac{\sqrt{e^{2b}+4}}{4e^b} = \frac{\sqrt{5}}{4}$

範例 13.

$$求 \int_{\frac{1}{2}}^\infty \frac{1}{(4x^2+4x+5)^2}\,dx = ?$$

【解】

$\because \dfrac{1}{(4x^2+4x+5)^2} = \dfrac{1}{16\left(x^2+x+\dfrac{5}{4}\right)^2} = \dfrac{1}{16\left(\left(x+\dfrac{1}{2}\right)^2+1\right)^2}$

令 $t = x + \dfrac{1}{2}$ 則 $dt = dx$，藉由變數代換法

$\therefore \displaystyle\int \frac{1}{(4x^2+4x+5)^2}\,dx = \int \frac{1}{16\left(\left(x+\dfrac{1}{2}\right)^2+1\right)^2}\,dx = \int \frac{1}{16(t^2+1)^2}\,dx$

令 $t = \tan\theta$ 則 $dt = \sec^2\theta\,d\theta$，藉由變數代換法

$\therefore \dfrac{1}{16}\displaystyle\int \frac{1}{(t^2+1)^2}\,dt = \frac{1}{16}\int \frac{\sec^2\theta}{\sec^4\theta}\,d\theta = \frac{1}{16}\int \cos^2\theta\,d\theta = \frac{1}{16}\int \frac{1+\cos 2\theta}{2}\,d\theta$

$= \dfrac{1}{16}\left(\dfrac{\theta}{2} + \dfrac{\sin 2\theta}{4}\right) = \dfrac{1}{16}\left(\dfrac{\tan^{-1} t}{2} + \dfrac{\sin\theta\cos\theta}{2}\right) = \dfrac{1}{16}\left(\dfrac{\tan^{-1} t}{2} + \dfrac{t}{2(t^2+1)}\right)$

$= \dfrac{1}{16}\left(\dfrac{\tan^{-1}\left(x+\dfrac{1}{2}\right)}{2} + \dfrac{x+\dfrac{1}{2}}{2\left(\left(x+\dfrac{1}{2}\right)^2+1\right)}\right) + c$

$$\therefore \int_{\frac{1}{2}}^{\infty} \frac{1}{(4x^2 + 4x + 5)^2}\, dx$$

$$= \frac{1}{16}\left(\lim_{b \to \infty}\left(\frac{\tan^{-1}\left(b + \frac{1}{2}\right)}{2} + \frac{b + \frac{1}{2}}{2\left(\left(b + \frac{1}{2}\right)^2 + 1\right)} \right) \right.$$

$$\left. - \lim_{a \to \frac{1}{2}}\left(\frac{\tan^{-1}\left(a + \frac{1}{2}\right)}{2} + \frac{a + \frac{1}{2}}{2\left(\left(a + \frac{1}{2}\right)^2 + 1\right)} \right) \right)$$

$$= \frac{1}{16}\left(\frac{\pi}{4} - \frac{\pi}{8} - \frac{1}{4} \right) = \frac{1}{16}\left(\frac{\pi}{8} - \frac{1}{4} \right)$$

5.4.3.5 其它

範例 1.

$$求 \int_{-\infty}^{\infty} \frac{dx}{1 + x^2} = ?$$

【解】

$$\because \int_{-a}^{a} \frac{dx}{1 + x^2} = 2\int_{0}^{a} \frac{dx}{1 + x^2} = 2\tan^{-1} x \big|_{0}^{a} = 2\tan^{-1} a$$

$$\therefore \lim_{a \to \infty} \int_{-a}^{a} \frac{dx}{1 + x^2} = \lim_{a \to \infty} 2\tan^{-1} a = 2 \cdot \frac{\pi}{2} \Rightarrow \int_{-\infty}^{\infty} \frac{dx}{1 + x^2} = \pi$$

範例 2.

$$求 \int_{0}^{3} \frac{dx}{\sqrt[3]{(x - 1)^2}} = ?$$

【解】

$$\because \int_0^a \frac{dx}{\sqrt[3]{(x-1)^2}} = -3(1-x)^{\frac{1}{3}}\Big|_0^a = -3((1-a)^{\frac{1}{3}} - 1), \ \forall 0 < a < 1$$

$$\therefore \lim_{a \to 1^-} \int_0^a \frac{dx}{\sqrt[3]{(x-1)^2}} = \lim_{a \to 1^-} -3\left((1-a)^{\frac{1}{3}} - 1\right) = 3$$

$$\because \int_b^3 \frac{dx}{\sqrt[3]{(x-1)^2}} = 3(x-1)^{\frac{1}{3}}\Big|_b^3 = 3(2^{\frac{1}{3}} - (1-b)^{\frac{1}{3}}), \ \forall 1 < b < 3$$

$$\therefore \lim_{b \to 1^+} \int_b^3 \frac{dx}{\sqrt[3]{(x-1)^2}} = \lim_{b \to 1^+} 3(2^{\frac{1}{3}} - (1-b)^{\frac{1}{3}}) = 3 \cdot 2^{\frac{1}{3}}$$

$$\therefore \int_0^3 \frac{dx}{\sqrt[3]{(x-1)^2}} = \lim_{a \to 1^-} \int_0^a \frac{dx}{\sqrt[3]{(x-1)^2}} + \lim_{b \to 1^+} \int_b^3 \frac{dx}{\sqrt[3]{(x-1)^2}} = 3 + 3 \cdot 2^{\frac{1}{3}}$$

範例 3.

$$證明 \int_1^\infty x^{-p} dx = \begin{cases} 發散, & \text{if } 0 < p \leq 1 \\ \dfrac{1}{p-1}, & \text{if} \quad p > 1 \end{cases}$$

【解】

(1)

$$\text{As } p = 1, \ \because \int_1^\infty x^{-p} dx = \int_1^\infty x^{-1} dx = \ln x\Big|_1^\infty = \infty \quad \therefore \int_1^\infty x^{-p} dx \ 發散, \ \text{for } p = 1$$

(2)

$$\text{As } p \neq 1, \ \because \int_1^\infty x^{-p} dx = \frac{x^{-p+1}}{1-p}\Big|_1^\infty = \begin{cases} \infty, & \text{if } 0 < p < 1 \\ \dfrac{1}{p-1}, & \text{if} \quad p > 1 \end{cases}$$

$$\therefore \int_1^\infty x^{-p} dx = \begin{cases} 發散, & \text{if } 0 < p \leq 1 \\ \dfrac{1}{p-1}, & \text{if} \quad p > 1 \end{cases}$$

範例 4.

$$\text{證明} \int_0^1 x^{-p}dx = \begin{cases} \dfrac{1}{1-p}, & \text{if } 0 < p < 1 \\ \text{發散}, & \text{if} \quad p \geq 1 \end{cases}$$

【解】

(1)

$$\text{As } p = 1, \quad \because \int_0^1 x^{-p}dx = \int_0^1 x^{-1}dx = \ln x\big|_0^1 = \infty \quad \therefore \int_0^1 x^{-p}dx \text{ 發散, for } p = 1$$

(2)

$$\text{As } p \neq 1, \quad \because \int_0^1 x^{-p}dx = \frac{x^{-p+1}}{1-p}\bigg|_0^1 = \begin{cases} \dfrac{1}{1-p}, & \text{if } 0 < p < 1 \\ \text{發散}, & \text{if} \quad p > 1 \end{cases}$$

$$\therefore \int_0^1 x^{-p}dx = \frac{x^{-p+1}}{1-p}\bigg|_0^1 = \begin{cases} \dfrac{1}{1-p}, & \text{if } 0 < p < 1 \\ \text{發散}, & \text{if} \quad p \geq 1 \end{cases}$$

範例 5.

$$\text{證明} \int_1^\infty x^{-p} \ln x \, dx = \begin{cases} \dfrac{1}{(p-1)^2}, & \text{if } p > 1 \\ \text{發散}, & \text{if } 0 < p \leq 1 \end{cases}$$

【解】

(1)

$$\text{As } p = 1, \quad \because \int_1^\infty x^{-p} \ln x \, dx = \frac{(\ln x)^2}{2}\bigg|_1^\infty \quad \therefore \int_1^\infty x^{-p} \ln x \, dx \text{ 發散, for } p = 1$$

(2)

$$\text{As } p \neq 1, \quad \text{令 } u = \ln x, \; dv = x^{-p}dx \text{ 則 } du = \frac{dx}{x}, \; v = \frac{x^{1-p}}{1-p}, \quad \text{藉由分部積分法}$$

$$\text{則} \int_1^\infty x^{-p} \ln x \, dx = \frac{x^{1-p}(\ln x)}{1-p}\bigg|_1^\infty - \int_1^\infty \frac{x^{-p}dx}{1-p} = \frac{x^{1-p}(\ln x)}{1-p}\bigg|_1^\infty - \frac{x^{-p+1}\big|_1^\infty}{(p-1)^2}$$

$$\text{As } p > 1,$$

$$\because \left.\frac{x^{1-p}(\ln x)}{1-p}\right|_1^\infty = 0 \quad \text{且} \quad \frac{x^{-p+1}|_1^\infty}{(p-1)^2} = \frac{-1}{(p-1)^2} \qquad \therefore \int_1^\infty x^{-p}\ln x\,dx = \frac{1}{(p-1)^2}$$

As $0 < p < 1$,

$$\because \left.\frac{x^{1-p}(\ln x)}{1-p}\right|_1^\infty = \infty \quad \text{且} \quad \frac{x^{-p+1}|_1^\infty}{(p-1)^2} = \infty \qquad \therefore \int_1^\infty x^{-p}\ln x\,dx \ \text{發散}, \ \forall 0 < p < 1$$

$$\therefore \int_1^\infty x^{-p}\ln x\,dx = \begin{cases} \dfrac{1}{(p-1)^2}, & \text{if } p > 1 \\[2mm] \text{發散}, & \text{if } 0 < p \le 1 \end{cases}$$

範例 6.

$$\int_1^\infty \frac{1}{x(\ln x)^p}\,dx = \begin{cases} \dfrac{1}{p-1}, & \text{if } p > 1 \\[2mm] \text{發散}, & \text{if } 0 < p \le 1 \end{cases}$$

【解】

(1)

$$\text{As } p = 1, \quad \because \int_1^\infty \frac{1}{x(\ln x)^p}\,dx = \ln(\ln x)|_1^\infty \qquad \therefore \int_1^\infty \frac{1}{x(\ln x)^p}\,dx \ \text{發散}, \text{ for } p = 1$$

(2)

$$\text{As } p \ne 1, \quad \because \int_1^\infty \frac{1}{x(\ln x)^p}\,dx = \left.\frac{(\ln x)^{1-p}}{1-p}\right|_1^\infty = \begin{cases} \dfrac{1}{p-1}, & \text{if } p > 1 \\[2mm] \text{發散}, & \text{if } 0 < p < 1 \end{cases}$$

$$\therefore \int_1^\infty \frac{1}{x(\ln x)^p}\,dx = \begin{cases} \dfrac{1}{p-1}, & \text{if } p > 1 \\[2mm] \text{發散}, & \text{if } 0 < p \le 1 \end{cases}$$

5.4.4　判斷瑕積分是收斂或發散

5.4.4.1　直接使用 Comparison Test

考試類型:

題型 1.

說明第一類瑕積分 $\int_0^\infty f(x)dx$ 收斂, 其中 $f(x) \geq 0$, $\forall x \geq 0$

解題流程:

Step1.

找 $g(x)$ 使得 $0 \leq f(x) \leq g(x)$, $\forall x > 0$

Step2.

藉由 Comparison Test 若 $\int_0^\infty g(x)dx$ 收斂則 $\int_0^\infty f(x)dx$ 收斂

題型 2.

說明第一類瑕積分 $\int_0^\infty f(x)dx$ 發散, 其中 $f(x) \geq 0$, $\forall x \geq 0$

解題流程:

Step1.

找 $g(x)$ 使得 $0 \leq g(x) \leq f(x)$, $\forall x > 0$

Step2.

藉由 Comparison Test 若 $\int_0^\infty g(x)dx$ 發散則 $\int_0^\infty f(x)dx$ 發散

題型 3.

說明第二類瑕積分 $\int_a^b f(x)dx$ 收斂, 其中 $f(x) \geq 0$, $\forall x \geq 0$

解題流程:

Step1.

找 $g(x)$ 使得 $0 \leq f(x) \leq g(x)$, $\forall x \in (a, b)$

Step2.

藉由 Comparison Test 若 $\int_a^b g(x)dx$ 收斂則 $\int_a^b f(x)dx$ 收斂

題型 4.

說明第二類瑕積分 $\int_a^b f(x)dx$ 發散, 其中 $f(x) \geq 0$, $\forall x \geq 0$

解題流程:

Step1.

找 $g(x)$ 使得 $0 \leq g(x) \leq f(x),\ \forall x \in (a, b)$

Step2.

藉由 Comparison Test 若 $\int_a^b g(x)dx$ 發散 則 $\int_a^b f(x)dx$ 發散

範例 1.

判斷 $\displaystyle\int_1^\infty \frac{x}{2x^4 + 5x^2 + 1}dx$ 收斂或發散?

【解】

$\because 0 < \dfrac{x}{2x^4 + 5x^2 + 1} < \dfrac{1}{2x^3},\ \forall x > 1$ 且 $\displaystyle\int_1^a \frac{dx}{2x^3} = -\frac{1}{4}x^{-2}\Big|_1^a = -\frac{1}{4}(a^{-2} - 1)$

$\therefore \displaystyle\int_1^\infty \frac{dx}{2x^3} = \lim_{a\to\infty} -\frac{1}{4}(a^{-2} - 1) = \frac{1}{4} \Rightarrow \int_1^\infty \frac{dx}{2x^3}$ 收斂

藉由 Comparison Test 則 $\displaystyle\int_1^\infty \frac{xdx}{3x^4 + 5x^2 + 1}$ 收斂

範例 2.

證明 $\displaystyle\int_1^\infty \frac{\sin 2x}{x^p}dx$ 絕對收斂, $\forall p > 1$

【解】

令 $p > 1,\ \because 0 \leq \left|\dfrac{\sin 2x\, dx}{x^p}\right| \leq \dfrac{1}{x^p},\ \forall x > 1$ 且 $\displaystyle\int_1^\infty \frac{dx}{x^p} = \frac{x^{1-p}}{1-p}\Big|_1^\infty = \frac{1}{p-1} < \infty$

$\therefore \displaystyle\int_1^\infty \frac{dx}{x^p}$ 收斂, 藉由 Comparison Test 則 $\displaystyle\int_1^\infty \left|\frac{\sin 2x}{x^p}\right|dx$ 收斂

$$\therefore \int_1^\infty \frac{\sin 2x\, dx}{x^p} \quad 絕對收斂, \quad \forall p > 1$$

範例 3.

$$Prove \int_1^\infty \frac{\cos x}{x^p}\, dx \ converges\ absolutely, \quad \forall p > 1$$

【解】

$$令\ p > 1, \quad \because \left|\frac{\cos x}{x^p}\right| < \frac{1}{x^p}, \quad \forall\, x > 1\ 且\ \int_1^\infty \frac{1}{x^p}\, dx = \frac{x^{1-p}}{1-p}\bigg|_1^\infty = \frac{1}{p-1} < \infty$$

$$\therefore \int_1^\infty \frac{dx}{x^p}\ 收斂,\ 藉由\ Comparison\ Test\ 則 \int_1^\infty \left|\frac{\cos x}{x^p}\right| dx\ 收斂$$

$$\Rightarrow \int_1^\infty \frac{\cos x}{x^p}\, dx\ converges\ absolutely, \quad \forall p > 1$$

範例 4.

$$Prove\ \int_0^\infty \frac{\sin x}{x}\, dx\ conditionally\ converges$$

【解】

$$Claim:\ \int_0^\infty \left|\frac{\sin x}{x}\right| dx = \infty$$

$$\because \int_0^\infty \left|\frac{\sin x}{x}\right| dx = \sum_{n=0}^\infty \int_{n\pi}^{(n+1)\pi} \left|\frac{\sin x}{x}\right| dx$$

$$\because \sum_{n=0}^\infty \int_{n\pi}^{(n+1)\pi} \left|\frac{\sin x}{x}\right| dx > \sum_{n=0}^\infty \int_{n\pi+\frac{\pi}{4}}^{(n+1)\pi-\frac{\pi}{4}} \left|\frac{\sin x}{x}\right| dx > \sum_{n=0}^\infty \frac{1}{\sqrt{2}}\left(\frac{1}{(n+1)\pi - \frac{\pi}{4}}\right)\frac{\pi}{2} = \infty$$

$$\therefore \int_0^\infty \left| \frac{\sin x}{x} \right| dx = \infty, \quad \because \int_0^\infty \frac{\sin x}{x} dx \text{ 收斂} \quad \therefore \int_0^\infty \frac{\sin x}{x} dx \text{ 條件收斂}$$

範例 5.

$$判斷 \int_1^\infty \frac{\ln x}{(x+a)^p} dx \text{ 收斂或發散}, \ \forall p < 1$$

【解】

$$令\ p < 1, \quad \because \int_1^\infty \frac{\ln x \, dx}{(x+a)^p} > \int_e^\infty \frac{\ln x \, dx}{(x+a)^p} > \int_e^\infty \frac{dx}{(x+a)^p} = \left. \frac{(x+a)^{1-p}}{1-p} \right|_e^\infty = \infty$$

$$藉由 \text{ Comparison Test } 則 \int_1^\infty \frac{\ln x}{(x+a)^p} \ 發散$$

範例 6.

$$判斷 \int_0^\infty \frac{1-\cos x}{x^2} \, dx \text{ 收斂或發散}$$

【解】

$$\because \int_0^\infty \frac{1-\cos x}{x^2} \, dx = \int_0^1 \frac{1-\cos x}{x^2} \, dx + \int_1^\infty \frac{1-\cos x}{x^2} \, dx$$

$$\text{Claim: } \int_0^1 \frac{1-\cos x}{x^2} \, dx \ 收斂$$

$$\because \lim_{x \to 0} \frac{1-\cos x}{x^2} = \lim_{x \to 0} \frac{\sin x}{2x} = \frac{1}{2}, \quad 令\ f(x) = \frac{1-\cos x}{x^2}, \quad \forall x \in (0,1] \ 且\ f(0) = \frac{1}{2}$$

$$則\ f(x) \ 於\ [0,1] 連續 \Rightarrow \int_0^1 \frac{1-\cos x}{x^2} \, dx \ 收斂$$

Claim: $\displaystyle\int_1^\infty \frac{1-\cos x}{x^2}\, dx$ 收斂

$\because 0 < \left|\dfrac{1-\cos x\, dx}{x^2}\right| < \dfrac{2}{x^2},\ \ \forall x > 1$ 且 $\displaystyle\int_0^\infty \frac{2}{x^2}\, dx$ 收斂

藉由 Comparison Test 則 $\displaystyle\int_1^\infty \frac{1-\cos x\, dx}{x^2}$ 收斂　$\therefore \displaystyle\int_0^\infty \frac{1-\cos x}{x^2}\, dx$ 收斂

範例 7.

$\qquad$ 判斷 $\displaystyle\int_0^\infty \frac{2\,dx}{e^{-x}+e^x}$ 收斂或發散

【解】

$\because \dfrac{2}{e^{-x}+e^x} < \dfrac{2}{e^x},\ \ \forall x > 0$ 且 $\displaystyle\int_0^\infty \frac{2}{e^x}\, dx$ 收斂，藉由 Comparison Test 則 $\displaystyle\int_0^\infty \frac{2\,dx}{e^{-x}+e^x}$ 收斂

範例 8.

$\qquad$ 判斷 $\displaystyle\int_e^\infty \frac{\ln x}{x-\sqrt{x}}\, dx$ 收斂或發散

【解】

$\because \dfrac{1}{x} < \dfrac{\ln x}{x} < \dfrac{\ln x}{x-\sqrt{x}},\ \ \forall x > e$ 且 $\displaystyle\int_e^\infty \frac{1}{x}\, dx$ 發散

藉由 Comparison Test 則 $\displaystyle\int_e^\infty \frac{\ln x}{x-\sqrt{x}}\, dx$ 發散

範例 9.

判斷 $\displaystyle\int_{1}^{\infty}\dfrac{1}{x^4+x^2+1}\,dx$ 收斂或發散

【解】

$\because \dfrac{1}{x^4+x^2+1}<\dfrac{1}{x^2},\ \ \forall x>1$ 且 $\displaystyle\int_{1}^{\infty}\dfrac{1}{x^2}\,dx$ 收斂

藉由 Comparison Test 則 $\displaystyle\int_{1}^{\infty}\dfrac{1}{x^4+x^2+1}\,dx$ 收斂

範例 10.

判斷 $\displaystyle\int_{0}^{1}\dfrac{1}{\sqrt{x}+\sin x}\,dx$ 收斂或發散

【解】

$\because \dfrac{1}{\sqrt{x}+\sin x}<\dfrac{1}{\sqrt{x}},\ \ \forall 0<x<1$ 且 $\displaystyle\int_{0}^{1}\dfrac{1}{\sqrt{x}}\,dx$ 收斂

藉由 Comparison Test 則 $\displaystyle\int_{0}^{1}\dfrac{1}{\sqrt{x}+\sin x}\,dx$ 收斂

範例 11.

判斷 $\displaystyle\int_{0}^{1}\dfrac{1}{\sqrt[3]{x^2}+\tan x}\,dx$ 收斂或發散

【解】

$\because \dfrac{1}{\sqrt[3]{x^2}+\tan x}<x^{-\frac{2}{3}},\ \ \forall 0<x<1$ 且 $\displaystyle\int_{0}^{1}x^{-\frac{2}{3}}\,dx$ 收斂

藉由 Comparison Test 則 $\displaystyle\int_{0}^{1}\dfrac{1}{\sqrt[3]{x^2}+\tan x}\,dx$ 收斂

範例 12.

$$\text{判斷} \int_1^\infty xe^{-x}dx \ \text{收斂或發散}$$

【解】

$\because \lim\limits_{x\to\infty} xe^{-\frac{x}{2}} = 0 \quad \therefore \text{令 } \varepsilon = 1, \ \text{取 } M \in N \text{ 使得 } x \geq M \text{ 則 } \left| xe^{-\frac{x}{2}} \right| \leq 1$

$$\because \int_1^\infty xe^{-x}dx = \int_1^M xe^{-x}dx + \int_M^\infty xe^{-x}dx$$

$\because xe^{-x} \text{ 於 } [1, M] \text{ 連續} \quad \therefore xe^{-x} \text{ 於 } [1, M] \text{ 黎曼可積分} \quad \therefore \int_1^M xe^{-x}dx \text{ 存在}$

$\because |xe^{-x}| = \left| e^{-\frac{x}{2}} xe^{-\frac{x}{2}} \right| \leq e^{-\frac{x}{2}}, \ \forall x > M \text{ 且 } \int_M^\infty e^{-\frac{x}{2}}dx \text{ 收斂}$

$\text{藉由 Comparison Test 則 } \int_M^\infty xe^{-x}dx \text{ 收斂} \quad \therefore \int_1^\infty xe^{-x}dx \text{ 收斂}$

範例 13.

$$\text{判斷} \int_1^\infty xe^{-x}\cos x \, dx \ \text{收斂或發散}$$

【解】

$\because \lim\limits_{x\to\infty} xe^{-\frac{x}{2}}\cos x = 0 \quad \therefore \text{令 } \varepsilon = 1, \ \text{取 } M \in N \text{ 使得 } x \geq M \text{ 則 } \left| xe^{-\frac{x}{2}}\cos x \right| \leq 1$

$$\because \int_1^\infty xe^{-x}\cos x \, dx = \int_1^M xe^{-x}\cos x \, dx + \int_M^\infty xe^{-x}\cos x \, dx$$

$\because xe^{-x}\cos x \text{ 於 } [1, M] \text{ 連續} \quad \therefore xe^{-x}\cos x \text{ 於 } [1, M] \text{ 黎曼可積分}$

$$\therefore \int_1^M xe^{-x}\cos x \, dx \text{ 存在}$$

$\because |xe^{-x}\cos x| = \left|e^{-\frac{x}{2}}xe^{-\frac{x}{2}}\cos x\right| \leq e^{-\frac{x}{2}}, \ \forall x > M \ $ 且 $\displaystyle\int_M^\infty e^{-\frac{x}{2}}dx$ 收斂

藉由 Comparison Test 則 $\displaystyle\int_M^\infty xe^{-x}\cos x\,dx$ 收斂 $\quad \therefore \displaystyle\int_1^\infty xe^{-x}\cos x\,dx$ 收斂

範例 14.

$\qquad$ 判斷 $\displaystyle\int_1^\infty e^{-x}\ln x\,dx$ 收斂或發散

【解】

$\because \displaystyle\lim_{x\to\infty}\ln x\,e^{-\frac{x}{2}}=0 \quad \therefore$ 令 $\varepsilon=1,$ 取 $M\in N$ 使得 $x\geq M$ 則 $\left|\ln x\,e^{-\frac{x}{2}}\right|\leq 1$

$\because \displaystyle\int_1^\infty e^{-x}\ln x\,dx = \int_1^M e^{-x}\ln x\,dx + \int_M^\infty e^{-x}\ln x\,dx$

$\because e^{-x}\ln x$ 於 $[1,M]$ 連續 $\therefore e^{-x}\ln x$ 於 $[1,M]$ 黎曼可積分 $\therefore \displaystyle\int_1^M e^{-x}\ln x\,dx$ 存在

$\because |e^{-x}\ln x| = \left|e^{-\frac{x}{2}}\ln x\,e^{-\frac{x}{2}}\right| \leq e^{-\frac{x}{2}}, \ \forall x > M \ $ 且 $\displaystyle\int_M^\infty e^{-\frac{x}{2}}dx$ 收斂

藉由 Comparison Test 則 $\displaystyle\int_M^\infty e^{-x}\ln x\,dx$ 收斂 $\quad \therefore \displaystyle\int_1^\infty e^{-x}\ln x\,dx$ 收斂

範例 15.

$\qquad$ 判斷 $\displaystyle\int_1^\infty \ln x\,e^{-x}\sin x\,dx$ 收斂或發散

【解】

$\because \displaystyle\lim_{x\to\infty}\ln x\,e^{-\frac{x}{2}}\sin x=0 \ \therefore$ 令 $\varepsilon=1,$ 取 $M\in N$ 使得 $x\geq M$ 則 $\left|\ln x\,e^{-\frac{x}{2}}\sin x\right|\leq 1$

$$\because \int_1^\infty \ln x\, e^{-x} \sin x\, dx = \int_1^M \ln x\, e^{-x} \sin x\, dx + \int_M^\infty \ln x\, e^{-x} \sin x\, dx$$

$\because \ln x\, e^{-x} \sin x$ 於 $[1, M]$ 連續　$\therefore \ln x\, e^{-x} \sin x$ 於 $[1, M]$ 黎曼可積分

$$\therefore \int_1^M \ln x\, e^{-x} \sin x\, dx \ \text{存在}$$

$\because |\ln x\, e^{-x} \sin x| = \left| e^{-\frac{x}{2}} \ln x\, e^{-\frac{x}{2}} \sin x \right| \le e^{-\frac{x}{2}}, \ \forall x > M$ 且 $\displaystyle\int_M^\infty e^{-\frac{x}{2}} dx$ 收斂

藉由 Comparison Test 則 $\displaystyle\int_M^\infty \ln x\, e^{-x} \sin x\, dx$ 收斂　$\therefore \displaystyle\int_1^\infty \ln x\, e^{-x} \sin x\, dx$ 收斂

範例 16.

$$判斷 \int_1^\infty e^{-x} \sinh^{-1} x\, dx \ \text{收斂或發散}$$

【解】

$\because \displaystyle\lim_{x\to\infty} \sinh^{-1} x\, e^{-\frac{x}{2}} = 0$　$\therefore$ 令 $\varepsilon = 1,$ 取 $M \in N$ 使得 $x \ge M$ 則 $\left| \sinh^{-1} x\, e^{-\frac{x}{2}} \right| \le 1$

$$\therefore \int_1^\infty e^{-x} \sinh^{-1} x\, dx = \int_1^M e^{-x} \sinh^{-1} x\, dx + \int_M^\infty e^{-x} \sinh^{-1} x\, dx$$

$\because e^{-x} \sinh^{-1} x$ 於 $[1, M]$ 連續　$\therefore e^{-x} \sinh^{-1} x$ 於 $[1, M]$ 黎曼可積分

$$\therefore \int_1^M e^{-x} \sinh^{-1} x\, dx \ \text{存在}$$

$\because |e^{-x} \sinh^{-1} x| = \left| e^{-\frac{x}{2}} \sinh^{-1} x\, e^{-\frac{x}{2}} \right| \le e^{-\frac{x}{2}}, \ \forall x > M$ 且 $\displaystyle\int_M^\infty e^{-\frac{x}{2}} dx$ 收斂

藉由 Comparison Test 則 $\displaystyle\int_M^\infty e^{-x} \sinh^{-1} x\, dx$ 收斂　$\therefore \displaystyle\int_1^\infty e^{-x} \sinh^{-1} x\, dx$ 收斂

範例 17.

$$\text{判斷} \int_1^\infty \frac{\ln x}{x^{2+p}}\,dx \ \text{收斂或發散},\ \forall p > 0$$

【解】

令 $p > 0$, $\because \lim\limits_{x \to \infty} \dfrac{\ln x}{x^p} = 0$ $\quad\therefore$ 令 $\varepsilon = 1$, 取 $M \in N$ 使得 $x \geq M$ 則 $\left|\dfrac{\ln x}{x^p}\right| \leq 1$

$$\because \int_1^\infty \frac{\ln x}{x^{2+p}}\,dx = \int_1^M \frac{\ln x}{x^{2+p}}\,dx + \int_M^\infty \frac{\ln x}{x^{2+p}}\,dx$$

$\because \dfrac{\ln x}{x^{2+p}}$ 於 $[1, M]$ 連續 $\quad\therefore \dfrac{\ln x}{x^{2+p}}$ 於 $[1, M]$ 黎曼可積分 $\Rightarrow \displaystyle\int_1^M \frac{\ln x}{x^{2+p}}\,dx$ 存在

$\because \left|\dfrac{\ln x}{x^{2+p}}\right| = \left|\dfrac{1}{x^2} \cdot \dfrac{\ln x}{x^p}\right| \leq \dfrac{1}{x^2},\ \forall x > M$ 且 $\displaystyle\int_M^\infty \frac{1}{x^2}\,dx$ 收斂

藉由 Comparison Test 則 $\displaystyle\int_M^\infty \frac{\ln x}{x^{2+p}}\,dx$ 收斂 $\quad\therefore \displaystyle\int_1^\infty \frac{\ln x}{x^{2+p}}\,dx$ 收斂

範例 18.

$$\text{判斷} \int_1^\infty \frac{\sin x \ln x}{x^{2+p}}\,dx \ \text{收斂或發散},\ \forall p > 0$$

【解】

令 $p > 0$, $\because \lim\limits_{x \to \infty} \dfrac{\sin x \ln x}{x^p} = 0$ $\quad\therefore$ 令 $\varepsilon = 1$, 取 $M \in N$ 使得 $x \geq M$ 則 $\left|\dfrac{\sin x \ln x}{x^p}\right| \leq 1$

$$\because \int_1^\infty \frac{\sin x \ln x}{x^{2+p}}\,dx = \int_1^M \frac{\sin x \ln x}{x^{2+p}}\,dx + \int_M^\infty \frac{\sin x \ln x}{x^{2+p}}\,dx$$

$\because \dfrac{\sin x \ln x}{x^{2+p}}$ 於 $[1, M]$ 連續 $\therefore \dfrac{\sin x \ln x}{x^{2+p}}$ 於 $[1, M]$ 黎曼可積分 $\because \displaystyle\int_1^M \frac{\sin x \ln x\,dx}{x^{2+p}}$ 存在

$\because \left|\dfrac{\sin x \ln x}{x^{2+p}}\right| = \left|\dfrac{1}{x^2} \cdot \dfrac{\sin x \ln x}{x^p}\right| \leq \dfrac{1}{x^2},\ \forall x > M$ 且 $\displaystyle\int_M^\infty \frac{1}{x^2}\,dx$ 收斂

藉由 Comparison Test 則 $\displaystyle\int_{M}^{\infty} \frac{\sin x \ln x}{x^{2+p}}\,dx$ 收斂 $\quad \therefore \displaystyle\int_{1}^{\infty} \frac{\sin x \ln x}{x^{2+p}}\,dx$ 收斂

範例 19.

$$判斷 \int_{1}^{\infty} \left(\sqrt[n]{x^n + x^{n-1} + 1} - x \right) x^{-p}\,dx \text{ 收斂或發散}, \ \forall p > 1, \ n \geq 2$$

【解】

令 $n \geq 2$, $p > 1$, claim: $\displaystyle\lim_{x \to \infty} \sqrt[n]{x^n + x^{n-1} + 1} - x = \frac{1}{n}$

藉由羅比達法則 $\displaystyle\lim_{x \to \infty} \sqrt[n]{x^n + x^{n-1} + 1} - x$

$$= \lim_{x \to \infty} x \left(\sqrt[n]{1 + x^{-1} + x^{-n}} - 1 \right) = \lim_{x \to \infty} \frac{\sqrt[n]{1 + x^{-1} + x^{-n}} - 1}{\dfrac{1}{x}}$$

$$= \lim_{u \to 0} \frac{\sqrt[n]{1 + u + u^n} - 1}{u} = \lim_{u \to 0} \frac{\dfrac{1}{n} \cdot (1 + u + u^n)^{\frac{1}{n}-1}(1 + n \cdot u^{n-1})}{1} = \frac{1}{n}$$

$\therefore$ 令 $\varepsilon = \dfrac{1}{n}$, 取 $M \in N$ 使得 $x \geq M$ 則 $\left| \sqrt[n]{x^n + x^{n-1} + 1} - \dfrac{1}{n} \right| \leq \dfrac{1}{n}$

$\therefore x \geq M$ 則 $\left| \sqrt[n]{x^n + x^{n-1} + 1} \right| \leq \dfrac{2}{n}$

$$\because \int_{1}^{\infty} \left(\sqrt[n]{x^n + x^{n-1} + 1} - x \right) x^{-p}\,dx$$

$$= \int_{1}^{M} \left(\sqrt[n]{x^n + x^{n-1} + 1} - x \right) x^{-p}\,dx + \int_{M}^{\infty} \left(\sqrt[n]{x^n + x^{n-1} + 1} - x \right) x^{-p}\,dx$$

$\because \left(\sqrt[n]{x^n + x^{n-1} + 1} - x \right) x^{-p}$ 於 $[1, M]$ 連續

$\therefore \left(\sqrt[n]{x^n + x^{n-1} + 1} - x \right) x^{-p}$ 於 $[1, M]$ 黎曼可積分

$$\therefore \int_{1}^{M} \left(\sqrt[n]{x^n + x^{n-1} + 1} - x \right) x^{-p}\, dx \ \text{存在}$$

$$\because \left| \left(\sqrt[n]{x^n + x^{n-1} + 1} - x \right) x^{-p} \right| \leq \left| \frac{2x^{-p}}{n} \right|, \quad \forall x > M \ \text{且} \int_{M}^{\infty} \frac{2x^{-p}}{n}\, dx \ \text{收斂}, \ \forall p > 1$$

$$\text{藉由 Comparison Test 則} \int_{M}^{\infty} \left(\sqrt[n]{x^n + x^{n-1} + 1} - x \right) x^{-p}\, dx \ \text{收斂}$$

$$\therefore \int_{1}^{\infty} \left(\sqrt[n]{x^n + x^{n-1} + 1} - x \right) x^{-p}\, dx \ \text{收斂}$$

範例 20.

$$\text{判斷} \int_{1}^{\infty} \left(\sqrt[n]{x^n + x^{n-1} + 1} - x \right) x^{-p} \sin x \ dx \ \text{收斂或發散}, \ \forall p > 1, n \geq 2$$

【解】

$$\text{令} \ n \geq 2, \ p > 1, \ \text{claim:} \ \lim_{x \to \infty} \sqrt[n]{x^n + x^{n-1} + 1} - x = \frac{1}{n}$$

$$\text{藉由羅比達法則} \ \lim_{x \to \infty} \sqrt[n]{x^n + x^{n-1} + 1} - x$$

$$= \lim_{x \to \infty} x \left(\sqrt[n]{1 + x^{-1} + x^{-n}} - 1 \right) = \lim_{x \to \infty} \frac{\sqrt[n]{1 + x^{-1} + x^{-n}} - 1}{\frac{1}{x}}$$

$$= \lim_{u \to 0} \frac{\sqrt[n]{1 + u + u^n} - 1}{u} = \lim_{u \to 0} \frac{\frac{1}{n} \cdot (1 + u + u^n)^{\frac{1}{n} - 1}(1 + n \cdot u^{n-1})}{1} = \frac{1}{n}$$

$$\therefore \text{令} \ \varepsilon = \frac{1}{n}, \ \text{取} \ M \in N \ \text{使得} \ x \geq M \ \text{則} \ \left| \sqrt[n]{x^n + x^{n-1} + 1} - \frac{1}{n} \right| \leq \frac{1}{n}$$

$$\therefore x \geq M \ \text{則} \ \left| \sqrt[n]{x^n + x^{n-1} + 1} \right| \leq \frac{2}{n}$$

$$\because \int_{1}^{\infty} \left(\sqrt[n]{x^n + x^{n-1} + 1} - x \right) x^{-p} \sin x \ dx$$

$$= \int_1^M \left(\sqrt[n]{x^n + x^{n-1} + 1} - x\right) x^{-p} \sin x \, dx + \int_M^\infty \left(\sqrt[n]{x^n + x^{n-1} + 1} - x\right) x^{-p} \sin x \, dx$$

$\because \left(\sqrt[n]{x^n + x^{n-1} + 1} - x\right) x^{-p} \sin x$ 於 $[1, M]$ 連續

$\therefore \left(\sqrt[n]{x^n + x^{n-1} + 1} - x\right) x^{-p} \sin x$ 於 $[1, M]$ 黎曼可積分

$\therefore \int_1^M \left(\sqrt[n]{x^n + x^{n-1} + 1} - x\right) x^{-p} \sin x \, dx$ 存在

$\because \left| \left(\sqrt[n]{x^n + x^{n-1} + 1} - x\right) x^{-p} \sin x \right| \le \left| \dfrac{2x^{-p}}{n} \right|, \forall x > M$ 且 $\displaystyle\int_M^\infty \dfrac{2x^{-p}}{n} \, dx$ 收斂, $\forall p > 1$

藉由 Comparison Test 則 $\displaystyle\int_M^\infty \left(\sqrt[n]{x^n + x^{n-1} + 1} - x\right) x^{-p} \sin x \, dx$ 收斂

$\therefore \displaystyle\int_1^\infty \left(\sqrt[n]{x^n + x^{n-1} + 1} - x\right) x^{-p} \sin x \, dx$ 收斂

範例 21.

$$判斷 \int_1^\infty x^{\frac{1}{x}} e^{-x} \, dx \ 收斂或發散$$

【解】

Claim: $\displaystyle\lim_{x \to \infty} x^{\frac{1}{x}} = 1$

$\because x^{\frac{1}{x}} = e^{\frac{1}{x} \cdot \ln x} \therefore \displaystyle\lim_{x \to \infty} x^{\frac{1}{x}} = \exp\left(\lim_{x \to \infty} \frac{\ln x}{x} \right)$, 藉由羅比達法則 $\displaystyle\lim_{x \to \infty} \frac{\ln x}{x} = \lim_{x \to \infty} \frac{\frac{1}{x}}{1} = 0$

$\therefore \displaystyle\lim_{x \to \infty} x^{\frac{1}{x}} = \exp\left(\lim_{x \to \infty} \frac{1}{x} \cdot \ln x \right) = \exp(0) = 1$

令 $\varepsilon = 1$, 取 $M \in \mathbb{N}$ 使得 $x \ge M$ 則 $\left| x^{\frac{1}{x}} - 1 \right| \le 1 \quad \therefore x \ge M$ 則 $\left| x^{\frac{1}{x}} \right| \le 2$

$$\because \int_1^\infty x^{\frac{1}{x}}e^{-x}dx = \int_1^M x^{\frac{1}{x}}e^{-x}dx + \int_M^\infty x^{\frac{1}{x}}e^{-x}dx$$

$\because x^{\frac{1}{x}}e^{-x}$ 於 $[1,M]$連續 $\quad \therefore x^{\frac{1}{x}}e^{-x}$ 於 $[1,M]$黎曼可積分 $\quad \therefore \int_1^M x^{\frac{1}{x}}e^{-x}dx$ 存在

$\because \left| x^{\frac{1}{x}}e^{-x} \right| \le 2e^{-x}, \ \forall x > M$ 且 $\int_M^\infty 2e^{-x}dx$ 收斂, $\forall p > 1$

藉由 Comparison Test 則 $\int_M^\infty x^{\frac{1}{x}}e^{-x}dx$ 收斂 $\quad \therefore \int_1^\infty x^{\frac{1}{x}}e^{-x}dx$ 收斂

範例 22.

$$\text{判斷} \int_1^\infty x^{\frac{1}{x}}e^{-x}\tan^{-1}x\,dx \ \text{收斂或發散}$$

【解】

Claim: $\lim\limits_{x\to\infty} x^{\frac{1}{x}} = 1$

$\because x^{\frac{1}{x}} = e^{\frac{1}{x}\cdot \ln x}$ $\therefore \lim\limits_{x\to\infty} x^{\frac{1}{x}} = \exp\left(\lim\limits_{x\to\infty} \dfrac{\ln x}{x} \right)$, 藉由羅比達法則 $\lim\limits_{x\to\infty} \dfrac{\ln x}{x} = \lim\limits_{x\to\infty} \dfrac{\frac{1}{x}}{1} = 0$

$\therefore \lim\limits_{x\to\infty} x^{\frac{1}{x}} = \exp\left(\lim\limits_{x\to\infty} \dfrac{1}{x}\cdot \ln x \right) = \exp(0) = 1$

令 $\varepsilon = 1$, 取 $M \in \mathbb{N}$ 使得 $x \ge M$ 則 $\left| x^{\frac{1}{x}} - 1 \right| \le 1$ $\therefore x \ge M$ 則 $\left| x^{\frac{1}{x}} \right| \le 2$

$$\because \int_1^\infty x^{\frac{1}{x}}e^{-x}\tan^{-1}x\,dx = \int_1^M x^{\frac{1}{x}}e^{-x}\tan^{-1}x\,dx + \int_M^\infty x^{\frac{1}{x}}e^{-x}\tan^{-1}x\,dx$$

$\because x^{\frac{1}{x}}e^{-x}\tan^{-1}x$ 於 $[1,M]$連續 $\quad \therefore x^{\frac{1}{x}}e^{-x}\tan^{-1}x$ 於 $[1,M]$黎曼可積分

$$\therefore \int_1^M x^{\frac{1}{x}}e^{-x}\tan^{-1}x\,dx \ \text{存在}$$

$$\because \left| x^{\frac{1}{x}} e^{-x} \tan^{-1} x \right| \le 2 \cdot \frac{\pi}{2} \cdot e^{-x}, \ \forall x > M \ \text{且} \int_{M}^{\infty} \pi e^{-x} dx \ \text{收斂}, \ \forall p > 1$$

藉由 Comparison Test 則 $\displaystyle\int_{M}^{\infty} x^{\frac{1}{x}} e^{-x} \tan^{-1} x \, dx$ 收斂 $\therefore \displaystyle\int_{1}^{\infty} x^{\frac{1}{x}} e^{-x} \tan^{-1} x \, dx$ 收斂

範例 23.

$$\text{判斷} \int_{1}^{\infty} e^{-x} (2 + 3x)^{\frac{1}{5x}} dx \ \text{收斂或發散}$$

【解】

Claim: $\displaystyle\lim_{x \to \infty} (2 + 3x)^{\frac{1}{5x}} = 1$

$\because (2 + 3x)^{\frac{1}{5x}} = e^{\frac{1}{5x} \cdot \ln(2+3x)} \quad \therefore \displaystyle\lim_{x \to \infty} (2 + 3x)^{\frac{1}{5x}} = \exp\left(\lim_{x \to \infty} \frac{1}{5x} \cdot \ln(2 + 3x) \right)$

藉由羅比達法則 $\displaystyle\lim_{x \to \infty} \frac{1}{5x} \cdot \ln(2 + 3x) = \lim_{x \to \infty} \frac{\frac{3}{2 + 3x}}{5} = 0$

$\therefore \displaystyle\lim_{x \to \infty} (2 + 3x)^{\frac{1}{5x}} = \exp\left(\lim_{x \to \infty} \frac{1}{5x} \cdot \ln(2 + 3x) \right) = \exp(0) = 1$

令 $\varepsilon = 1$, 取 $M \in \mathbb{N}$ 使得 $x \ge M$ 則 $\left| (2 + 3x)^{\frac{1}{5x}} - 1 \right| \le 1 \ \therefore x \ge M$ 則 $\left| (2 + 3x)^{\frac{1}{5x}} \right| \le 2$

$$\therefore \int_{1}^{\infty} e^{-x} (2 + 3x)^{\frac{1}{5x}} dx = \int_{1}^{M} e^{-x} (2 + 3x)^{\frac{1}{5x}} dx + \int_{M}^{\infty} e^{-x} (2 + 3x)^{\frac{1}{5x}} dx$$

$\because e^{-x} (2 + 3x)^{\frac{1}{5x}}$ 於 $[1, M]$ 連續 $\quad \therefore e^{-x} (2 + 3x)^{\frac{1}{5x}}$ 於 $[1, M]$ 黎曼可積分

$$\therefore \int_{1}^{M} e^{-x} (2 + 3x)^{\frac{1}{5x}} dx \ \text{存在}$$

$$\because \left| e^{-x} (2 + 3x)^{\frac{1}{5x}} \right| \le 2 e^{-x}, \ \forall x > M \ \text{且} \int_{M}^{\infty} e^{-x} dx \ \text{收斂}, \ \forall p > 1$$

藉由 Comparison Test 則 $\displaystyle\int_M^\infty e^{-x}(2+3x)^{\frac{1}{5x}}dx$ 收斂 $\therefore \displaystyle\int_1^\infty e^{-x}(2+3x)^{\frac{1}{5x}}dx$ 收斂

範例 24.

$$判斷 \int_b^\infty \left(\frac{x+a}{x-a}\right)^x e^{-x}dx \text{ 收斂或發散, } \forall b > a$$

【解】

令 $b > a$, claim: $\displaystyle\lim_{x\to\infty}\left(\frac{x+a}{x-a}\right)^x = \exp(2a)$

$\because \left(\frac{x+a}{x-a}\right)^x = e^{x\ln\frac{x+a}{x-a}}$ $\quad \therefore \displaystyle\lim_{x\to\infty}\left(\frac{x+a}{x-a}\right)^x = \exp\left(\lim_{x\to\infty} x\ln\frac{x+a}{x-a}\right)$

藉由羅比達法則

則 $\displaystyle\lim_{x\to\infty} x\ln\frac{x+a}{x-a} = \lim_{x\to\infty}\frac{\ln\frac{x+a}{x-a}}{x^{-1}} = \lim_{x\to\infty}\frac{\frac{x-a}{x+a}\cdot\frac{(x-a-(x+a))}{(x-a)^2}}{-x^{-2}}$

$= \displaystyle\lim_{x\to\infty}\frac{\frac{x-a}{x+a}\cdot\frac{2a}{(x-a)^2}}{x^{-2}} = 2a\lim_{x\to\infty}\frac{1-\frac{a}{x}}{1+\frac{a}{x}}\cdot\frac{1}{\left(1-\frac{a}{x}\right)^2} = 2a$

$\therefore \displaystyle\lim_{x\to\infty}\left(\frac{x+a}{x-a}\right)^x = \exp\left(\lim_{x\to\infty} x\ln\frac{x+a}{x-a}\right) = \exp(2a)$

令 $\varepsilon = \exp(2a)$, 取 $M \in N$ 使得 $x \geq M$ 則 $\left|\left(\frac{x+a}{x-a}\right)^x - \exp(2a)\right| \leq \exp(2a)$

$\therefore x \geq M$ 則 $\left|\left(\frac{x+a}{x-a}\right)^x\right| \leq 2\exp(2a)$

$\therefore \displaystyle\int_b^\infty \left(\frac{x+a}{x-a}\right)^x e^{-x}dx = \int_b^M \left(\frac{x+a}{x-a}\right)^x e^{-x}dx + \int_M^\infty \left(\frac{x+a}{x-a}\right)^x e^{-x}dx$

$\therefore \left(\frac{x+a}{x-a}\right)^x e^{-x}$ 於 $[b,M]$ 連續 $\quad \therefore \left(\frac{x+a}{x-a}\right)^x e^{-x}$ 於 $[b,M]$ 黎曼可積分

$\therefore \displaystyle\int_b^M \left(\frac{x+a}{x-a}\right)^x e^{-x}dx$ 存在

$$\because \left| \left(\frac{x+a}{x-a}\right)^x e^{-x} \right| \leq 2e^{2a}e^{-x}, \ \forall x > M \ \text{且} \int_M^\infty 2e^{2a}e^{-x}dx \ \text{收斂}, \ \forall p > 1$$

藉由 Comparison Test 則 $\displaystyle\int_M^\infty \left(\frac{x+a}{x-a}\right)^x e^{-x}dx$ 收斂 $\quad \therefore \displaystyle\int_b^\infty \left(\frac{x+a}{x-a}\right)^x e^{-x}dx$ 收斂

範例 25.

$$\text{判斷} \int_b^\infty \left(\frac{x+a}{x-a}\right)^x e^{-x}\cos x \, dx \ \text{收斂或發散}, \ \forall b > a$$

【解】

令 $b > a$, claim: $\displaystyle\lim_{x\to\infty}\left(\frac{x+a}{x-a}\right)^x = \exp(2a)$

$$\because \left(\frac{x+a}{x-a}\right)^x = e^{x\ln\frac{x+a}{x-a}} \qquad \therefore \lim_{x\to\infty}\left(\frac{x+a}{x-a}\right)^x = \exp\left(\lim_{x\to\infty} x\ln\frac{x+a}{x-a}\right)$$

藉由羅比達法則

$$\text{則} \ \lim_{x\to\infty} x\ln\frac{x+a}{x-a} = \lim_{x\to\infty}\frac{\ln\dfrac{x+a}{x-a}}{x^{-1}} = \lim_{x\to\infty}\frac{\dfrac{x-a}{x+a}\cdot\dfrac{(x-a-(x+a))}{(x-a)^2}}{-x^{-2}}$$

$$= \lim_{x\to\infty}\frac{\dfrac{x-a}{x+a}\cdot\dfrac{2a}{(x-a)^2}}{x^{-2}} = 2a\lim_{x\to\infty}\frac{1-\dfrac{a}{x}}{1+\dfrac{a}{x}}\cdot\frac{1}{\left(1-\dfrac{a}{x}\right)^2} = 2a$$

$$\therefore \lim_{x\to\infty}\left(\frac{x+a}{x-a}\right)^x = \exp\left(\lim_{x\to\infty} x\ln\frac{x+a}{x-a}\right) = \exp(2a)$$

令 $\varepsilon = \exp(2a)$, 取 $M \in \mathbb{N}$ 使得 $x \geq M$ 則 $\left| \left(\frac{x+a}{x-a}\right)^x - \exp(2a) \right| \leq \exp(2a)$

$$\therefore x \geq M \ \text{則} \ \left| \left(\frac{x+a}{x-a}\right)^x \right| \leq 2\exp(2a)$$

$$\therefore \int_b^\infty \left(\frac{x+a}{x-a}\right)^x e^{-x}\cos x \, dx = \int_b^M \left(\frac{x+a}{x-a}\right)^x e^{-x}\cos x \, dx + \int_M^\infty \left(\frac{x+a}{x-a}\right)^x e^{-x}\cos x \, dx$$

$\because \left(\frac{x+a}{x-a}\right)^x e^{-x}\cos x$ 於 $[b,M]$ 連續 $\quad \therefore \left(\frac{x+a}{x-a}\right)^x e^{-x}\cos x$ 於 $[b,M]$ 黎曼可積分

$$\therefore \int_{b}^{M} \left(\frac{x+a}{x-a}\right)^{x} e^{-x} \cos x \, dx \ \text{存在}$$

$$\because \left| \left(\frac{x+a}{x-a}\right)^{x} e^{-x} \cos x \right| \leq 2e^{2a} e^{-x}, \ \forall x > M \ \text{且} \int_{M}^{\infty} 2e^{2a} e^{-x} dx \ \text{收斂}, \forall p > 1$$

藉由 Comparison Test 則 $\displaystyle\int_{M}^{\infty} \left(\frac{x+a}{x-a}\right)^{x} e^{-x} \cos x \, dx$ 收斂

$$\therefore \int_{b}^{\infty} \left(\frac{x+a}{x-a}\right)^{x} e^{-x} \cos x \, dx \ \text{收斂}$$

5.4.4.2　直接使用 Quotient Test

考試類型:

題型 1.

判斷第一類瑕積分 $\displaystyle\int_{0}^{\infty} f(x)dx$ 收斂或發散, 其中 $f(x) \geq 0, \ \forall x > 0$

解題流程:

Step1.

找 $g(x) \geq 0$ 使得 $\displaystyle\lim_{x\to\infty} \frac{f(x)}{g(x)} = L \in (0, \infty)$

Step2.

藉由 Quotient Test, $\displaystyle\int_{0}^{\infty} g(x)dx$ 收斂(發散) $\Rightarrow \displaystyle\int_{0}^{\infty} f(x)dx$ 收斂(發散)

題型 2.

判斷第二類瑕積分 $\displaystyle\int_{a}^{b} f(x)dx$ 收斂或發散, 其中 $f(x) \geq 0, \ \forall x \in (a,b)$ 且 $f(a) = \infty$

解題流程:

Step1.

找 $g(x) \geq 0$ 使得 $\displaystyle\lim_{x\to a} \frac{f(x)}{g(x)} = L \in (0, \infty)$

Step2.

藉由 Quotient Test, $\displaystyle\int_a^b g(x)dx$ 收斂(發散) $\Rightarrow \displaystyle\int_a^b f(x)dx$ 收斂(發散)

範例 1.

判斷 $\displaystyle\int_2^\infty \frac{x^2-1}{\sqrt{x^6+15}}\,dx$ 收斂或發散

【解】

$$\because \lim_{x\to\infty}\frac{\dfrac{x^2-1}{\sqrt{x^6+15}}}{\dfrac{1}{x}}=\lim_{x\to\infty}\frac{x^3-x}{\sqrt{x^6+15}}=\lim_{x\to\infty}\frac{1-\dfrac{x}{x^3}}{\sqrt{1+\dfrac{15}{x^6}}}=1 \quad 且 \quad \int_2^\infty \frac{1}{x}\,dx \ 發散$$

藉由 Quotient Test 則 $\displaystyle\int_2^\infty \frac{x^2-1\,dx}{\sqrt{x^6+15}}$ 發散

範例 2.

判斷 $\displaystyle\int_{-2}^2 \frac{2\sin^{-1}\dfrac{x}{2}}{2-x}\,dx$ 收斂或發散

【解】

$$\because \lim_{x\to2}\frac{\dfrac{2\sin^{-1}\dfrac{x}{2}}{2-x}}{\dfrac{\pi}{2-x}}=\lim_{x\to2}\frac{2\sin^{-1}\dfrac{x}{2}}{\pi}=\lim_{x\to2}\frac{2\cdot\dfrac{\pi}{2}}{\pi}=1$$

$$\because \int_{-2}^2 \frac{\pi}{2-x}\,dx=-\pi\ln(2-x)|_{-2}^2=\infty \quad \therefore \int_{-2}^2 \frac{\pi}{2-x}\,dx\ 發散$$

藉由 Quotient Test 則 $\displaystyle\int_{-2}^2 \frac{2\sin^{-1}\dfrac{x}{2}}{2-x}\,dx$ 發散

範例 3.

判斷 $\displaystyle\int_0^{\frac{\pi}{2}} \frac{dx}{(\cos x)^{\frac{1}{n}}}$ 收斂或發散, $\forall n > 1$

【解】

令 $n > 1$, 藉由羅比達法則

則 $\displaystyle\lim_{x \to \frac{\pi}{2}^-} \frac{(\cos x)^{-\frac{1}{n}}}{(\frac{\pi}{2} - x)^{-\frac{1}{n}}} = \left(\lim_{x \to \frac{\pi}{2}^-} \frac{\cos x}{\frac{\pi}{2} - x}\right)^{-\frac{1}{n}} = \left(\lim_{x \to \frac{\pi}{2}^-} \frac{\sin x}{1}\right)^{-\frac{1}{n}} = 1$

$\because \displaystyle\int_0^{\frac{\pi}{2}} \left(\frac{\pi}{2} - x\right)^{-\frac{1}{n}} dx = \left. \frac{\left(\frac{\pi}{2} - x\right)^{-\frac{1}{n}+1}}{\frac{1}{n} - 1} \right|_0^{\frac{\pi}{2}} < \infty \qquad \therefore \displaystyle\int_0^{\frac{\pi}{2}} \left(\frac{\pi}{2} - x\right)^{-\frac{1}{n}} dx$ 收斂

藉由 Quotient test 則 $\displaystyle\int_{-1}^{1} \frac{dx}{(\cos x)^{\frac{1}{n}}}$ 收斂

範例 4.

判斷 $\displaystyle\int_0^{\frac{\pi}{2}} \frac{dx}{(\sin x)^{\frac{1}{n}}}$ 收斂或發散, $\forall n > 1$

【解】

令 $n > 1$, 藉由羅比達法則 $\displaystyle\lim_{x \to 0^+} \frac{(\sin x)^{-\frac{1}{n}}}{x^{-\frac{1}{n}}} = \left(\lim_{x \to 0^+} \frac{\sin x}{x}\right)^{-\frac{1}{n}} = \left(\lim_{x \to 0^+} \frac{\sin x}{1}\right)^{-\frac{1}{n}} = 1$

$\because \displaystyle\int_0^{\frac{\pi}{2}} x^{-\frac{1}{n}} dx = \left. \frac{x^{-\frac{1}{n}+1}}{-\frac{1}{n} + 1} \right|_0^{\frac{\pi}{2}} < \infty \qquad \therefore \displaystyle\int_0^{\frac{\pi}{2}} x^{-\frac{1}{n}} dx$ 收斂

藉由 Quotient test 則 $\displaystyle\int_0^{\frac{\pi}{2}} \frac{dx}{(\sin x)^{\frac{1}{n}}}$ 收斂

範例 5.

判斷 $\displaystyle\int_0^{\frac{\pi}{4}} \dfrac{dx}{(\tan x)^{\frac{1}{n}}}$ 收斂或發散, $\forall n > 1$

【解】

令 $n > 1$, 藉由羅比達法則 $\displaystyle\lim_{x \to 0^+} \dfrac{(\tan x)^{-\frac{1}{n}}}{x^{-\frac{1}{n}}} = \left(\lim_{x \to 0^+} \dfrac{\tan x}{x}\right)^{-\frac{1}{n}} = \left(\lim_{x \to 0^+} \dfrac{\sec^2 x}{1}\right)^{-\frac{1}{n}} = 1$

$\because \displaystyle\int_0^{\frac{\pi}{4}} x^{-\frac{1}{n}} dx = \left.\dfrac{x^{-\frac{1}{n}+1}}{-\frac{1}{n}+1}\right|_0^{\frac{\pi}{4}} < \infty \qquad \therefore \displaystyle\int_0^{\frac{\pi}{4}} x^{-\frac{1}{n}} dx$ 收斂

藉由 Quotient test 則 $\displaystyle\int_0^{\frac{\pi}{4}} \dfrac{dx}{(\tan x)^{\frac{1}{n}}}$ 收斂

範例 6.

判斷 $\displaystyle\int_1^{\frac{\pi}{2}} \dfrac{dx}{(\cot x)^{\frac{1}{n}}}$ 收斂或發散

【解】

令 $n > 1$, 藉由羅比達法則 $\displaystyle\lim_{x \to \frac{\pi}{2}^-} \dfrac{(\cot x)^{-\frac{1}{n}}}{(\frac{\pi}{2} - x)^{-\frac{1}{n}}} = \left(\lim_{x \to \frac{\pi}{2}^-} \dfrac{\cot x}{\frac{\pi}{2} - x}\right)^{-\frac{1}{n}} = \left(\lim_{x \to \frac{\pi}{2}^-} \dfrac{-\csc^2 x}{-1}\right)^{-\frac{1}{n}} = 1$

$\because \displaystyle\int_0^{\frac{\pi}{2}} \left(\frac{\pi}{2} - x\right)^{-\frac{1}{n}} dx = \left.\dfrac{\left(\frac{\pi}{2} - x\right)^{-\frac{1}{n}+1}}{-\frac{1}{n}+1}\right|_0^{\frac{\pi}{2}} < \infty \qquad \therefore \displaystyle\int_0^{\frac{\pi}{2}} \left(\frac{\pi}{2} - x\right)^{-\frac{1}{n}} dx$ 收斂

藉由 Quotient test 則 $\displaystyle\int_1^{\frac{\pi}{2}} \dfrac{dx}{(\cot x)^{\frac{1}{n}}}$ 收斂

範例 7.

$$判斷 \int_0^\pi \frac{\sin x}{x^4}\,dx \text{ 收斂或發散}$$

【解】

$$\because \lim_{x\to 0}\frac{\dfrac{\sin x}{x^4}}{\dfrac{1}{x^3}}=\lim_{x\to 0}\frac{\sin x}{x}=1 \ \text{且}\ \int_0^\pi \frac{1}{x^3}\,dx=\left.\frac{-x^{-2}}{2}\right|_0^\pi=\infty \quad \therefore \int_0^\pi \frac{1}{x^3}\,dx \ \text{發散}$$

$$藉由 \text{ Quotient test 則}\ \int_0^\pi \frac{\sin x\,dx}{x^4} \ \text{發散}$$

範例 8.

$$判斷 \int_0^1 \frac{1}{x^3+x^2+x}\,dx \text{ 收斂或發散}$$

【解】

$$\because \lim_{x\to 0}\frac{\dfrac{1}{x^3+x^2+x}}{\dfrac{1}{x}}=\lim_{x\to 0}\frac{x}{x^3+x^2+x}=\lim_{x\to 0}\frac{1}{x^2+x+1}=1 \ \text{且}\ \int_0^1 \frac{1}{x}\,dx \ \text{發散}$$

$$藉由 \text{ Quotient Test 則}\ \int_0^1 \frac{1}{x^3+x^2+x}\,dx \ \text{發散}$$

範例 9.

$$判斷 \int_0^1 \frac{1}{x-\sin x}\,dx \text{ 收斂或發散}$$

【解】

$$藉由羅比達法則 \ \lim_{x\to 0}\frac{\dfrac{1}{x-\sin x}}{\dfrac{1}{x^3}}=\lim_{x\to 0}\frac{x^3}{x-\sin x}=\lim_{x\to 0}\frac{3x^2}{1-\cos x}=\lim_{x\to 0}\frac{6x}{\sin x}=6$$

$$\because \int_0^1 \frac{1}{x^3}\,dx \ \text{發散, 藉由 Quotient Test 則} \ \int_0^1 \frac{1}{x - \sin x}\,dx \ \text{發散}$$

範例 10.

$$判斷 \ \int_1^\infty \frac{\ln x}{x + 1}\,dx \ \text{收斂或發散}$$

【解】

$$藉由羅比達法則 \ \lim_{x\to\infty} \frac{\dfrac{\ln x}{x+1}}{\dfrac{1}{(x+1)^{\frac{1}{2}}}} = \lim_{x\to\infty} \frac{\ln x}{(x+1)^{\frac{1}{2}}} = \lim_{x\to\infty} \frac{2}{x(x+1)^{\frac{-1}{2}}} = \lim_{x\to\infty} \frac{2\sqrt{x+1}}{x} = 0$$

$$\because \int_1^\infty \frac{1}{(x+1)^{\frac{1}{2}}}\,dx \ \text{發散, 藉由 Quotient Test 則} \ \int_1^\infty \frac{\ln x}{x+1}\,dx \ \text{發散}$$

範例 11.

$$判斷 \ \int_0^1 \frac{1}{x + \sin x}\,dx \ \text{收斂或發散}$$

【解】

藉由羅比達法則

$$\because \lim_{x\to 0} \frac{\dfrac{1}{x + \sin x}}{\dfrac{1}{x^3}} = \lim_{x\to 0} \frac{x^3}{x + \sin x} = \lim_{x\to 0} \frac{3x^2}{1 + \cos x} = 0 \quad 且 \ \int_0^1 \frac{1}{x^3}\,dx \ \text{發散}$$

$$藉由 \ \text{Quotient Test} \ 則 \ \int_0^1 \frac{1}{x + \sin x}\,dx \ \text{發散}$$

範例 12.

$$判斷 \ \int_1^\infty x e^{-x}\,dx \ \text{收斂或發散}$$

【解】

$$\because \lim_{x \to \infty} \frac{xe^{-x}}{e^{-\frac{x}{2}}} = 0 \ \text{且} \int_1^\infty e^{-\frac{x}{2}}dx \ \text{收斂, 藉由 Quotient test 則} \int_1^\infty xe^{-x}dx \ \text{收斂}$$

範例 13.

$$\text{判斷} \int_1^\infty xe^{-x}\sin x \, dx \ \text{收斂或發散}$$

【解】

$$\because \lim_{x \to \infty} \frac{|xe^{-x}\sin x|}{e^{-\frac{x}{2}}} = 0 \ \text{且} \int_1^\infty e^{-\frac{x}{2}}dx \ \text{收斂}$$

$$\text{藉由 Quotient test 則} \int_1^\infty |xe^{-x}\sin x|dx \ \text{收斂} \quad \therefore \int_1^\infty xe^{-x}\sin x \, dx \ \text{收斂}$$

範例 14.

$$\text{判斷} \int_1^\infty e^{-x}\ln x \, dx \ \text{收斂或發散}$$

【解】

$$\because \lim_{x \to \infty} \frac{e^{-x}\ln x}{e^{-\frac{x}{2}}} = 0 \ \text{且} \int_1^\infty e^{-\frac{x}{2}}dx \ \text{收斂, 藉由 Quotient test 則} \int_1^\infty e^{-x}\ln x \, dx \ \text{收斂}$$

範例 15.

$$\text{判斷} \int_1^\infty \cos x \, e^{-x}\ln x \, dx \ \text{收斂或發散}$$

【解】

$$\because \lim_{x \to \infty} \frac{|\cos x \, e^{-x}\ln x|}{e^{-\frac{x}{2}}} = 0 \ \text{且} \int_1^\infty e^{-\frac{x}{2}}dx \ \text{收斂}$$

藉由 Quotient test 則 $\displaystyle\int_1^\infty |\cos x\, e^{-x} \ln x| dx$ 收斂 $\quad\therefore \displaystyle\int_1^\infty \cos x\, e^{-x} \ln x\, dx$ 收斂

範例 16.

$$\text{判斷} \quad \int_1^\infty \sinh^{-1} x\, e^{-x} dx \quad \text{收斂或發散}$$

【解】

$\because \displaystyle\lim_{x\to\infty} \frac{|e^{-x} \sinh^{-1} x|}{e^{-\frac{x}{2}}} = 0 \quad \text{且} \quad \int_1^\infty e^{-\frac{x}{2}} dx$ 收斂

藉由 Quotient test 則 $\displaystyle\int_1^\infty |e^{-x} \sinh^{-1} x| dx$ 收斂 $\quad\therefore \displaystyle\int_1^\infty e^{-x} \sinh^{-1} x\, dx$ 收斂

範例 17.

$$\text{判斷} \quad \int_1^\infty \tan^{-1} x\, e^{-x} \sinh^{-1} x\, dx \quad \text{收斂或發散}$$

【解】

$\because \displaystyle\lim_{x\to\infty} \frac{|\tan^{-1} x\, e^{-x} \sinh^{-1} x|}{e^{-\frac{x}{2}}} = 0 \quad \text{且} \quad \int_1^\infty e^{-\frac{x}{2}} dx$ 收斂

藉由 Quotient test 則 $\displaystyle\int_1^\infty |\tan^{-1} x\, e^{-x} \sinh^{-1} x| dx$ 收斂

$\therefore \displaystyle\int_1^\infty \tan^{-1} x\, e^{-x} \sinh^{-1} x\, dx$ 收斂

範例 18.

$$\text{判斷} \quad \int_1^\infty \frac{\ln x}{x^{2+p}} dx \quad \text{收斂或發散}, \ \forall p > 0$$

【解】

$$\diamondsuit p > 0, \quad \because \lim_{x \to \infty} \frac{\dfrac{\ln x}{x^{2+p}}}{\dfrac{1}{x^2}} = 0 \ \text{且} \ \int_1^\infty \frac{1}{x^2} dx \ \text{收斂}$$

$$\text{藉由 Quotient test 則} \int_1^\infty \frac{\ln x}{x^{2+p}} dx \ \text{收斂} \quad \therefore \int_1^\infty \frac{\ln x}{x^{2+p}} dx \ \text{收斂}$$

範例 19.

$$\text{判斷} \int_1^\infty \frac{\cos x \ln x}{x^{2+p}} dx \ \text{收斂或發散,} \ \forall p > 0$$

【解】

$$\diamondsuit p > 0, \quad \because \lim_{x \to \infty} \frac{\left|\dfrac{\cos x \ln x}{x^{2+p}}\right|}{\dfrac{1}{x^2}} = 0 \ \text{且} \ \int_1^\infty \frac{1}{x^2} dx \ \text{收斂}$$

$$\text{藉由 Quotient test 則} \int_1^\infty \left|\frac{\cos x \ln x}{x^{2+p}}\right| dx \ \text{收斂} \quad \therefore \int_1^\infty \frac{\cos x \ln x}{x^{2+p}} dx \ \text{收斂}$$

範例 20.

$$\text{判斷} \int_1^\infty \left(\sqrt[n]{x^n + x^{n-1} + 1} - x \right) x^{-p} dx \ \text{收斂或發散,} \ \forall p > 1, n \geq 2$$

【解】

$$\diamondsuit n \geq 2, \quad \text{claim:} \ \lim_{x \to \infty} \sqrt[n]{x^n + x^{n-1} + 1} - x = \frac{1}{n}$$

$$\text{藉由羅比達法則} \ \lim_{x \to \infty} \sqrt[n]{x^n + x^{n-1} + 1} - x$$

$$= \lim_{x \to \infty} x \left(\sqrt[n]{1 + x^{-1} + x^{-n}} - 1 \right) = \lim_{x \to \infty} \frac{\sqrt[n]{1 + x^{-1} + x^{-n}} - 1}{\dfrac{1}{x}}$$

$$= \lim_{u \to 0} \frac{\sqrt[n]{1 + u + u^n} - 1}{u} = \lim_{u \to 0} \frac{\frac{1}{n} \cdot (1 + u + u^n)^{\frac{1}{n} - 1}(1 + n \cdot u^{n-1})}{1} = \frac{1}{n}$$

$$\because \lim_{x \to \infty} \frac{\left(\sqrt[n]{x^n + x^{n-1} + 1} - x\right)x^{-p}}{x^{-p}} = \frac{1}{n} \quad \text{且} \int_1^\infty x^{-p} dx \ \text{收斂}, \ \forall p > 1$$

藉由 Quotient test 則 $\displaystyle\int_1^\infty \left(\sqrt[n]{x^n + x^{n-1} + 1} - x\right) x^{-p} dx$ 收斂

範例 21.

$$\text{判斷} \int_1^\infty \left(\sqrt[n]{x^n + x^{n-1} + 1} - x\right) x^{-p} \sin x \, dx \ \text{收斂或發散}, \ \forall p > 1, n \geq 2$$

【解】

令 $n \geq 2$, claim: $\displaystyle\lim_{x \to \infty} \sqrt[n]{x^n + x^{n-1} + 1} - x = \frac{1}{n}$

藉由羅比達法則 $\displaystyle\lim_{x \to \infty} \sqrt[n]{x^n + x^{n-1} + 1} - x$

$$= \lim_{x \to \infty} x \left(\sqrt[n]{1 + x^{-1} + x^{-n}} - 1\right) = \lim_{x \to \infty} \frac{\sqrt[n]{1 + x^{-1} + x^{-n}} - 1}{\frac{1}{x}}$$

$$= \lim_{u \to 0} \frac{\sqrt[n]{1 + u + u^n} - 1}{u} = \lim_{u \to 0} \frac{\frac{1}{n} \cdot (1 + u + u^n)^{\frac{1}{n} - 1}(1 + n \cdot u^{n-1})}{1} = \frac{1}{n}$$

$$\because \lim_{x \to \infty} \frac{\left|\left(\sqrt[n]{x^n + x^{n-1} + 1} - x\right)x^{-p} \sin x\right|}{|x^{-p} \sin x|} = \frac{1}{n} \quad \text{且} \int_1^\infty |x^{-p} \sin x| dx \ \text{收斂}, \ \forall p > 1$$

藉由 Quotient test 則 $\displaystyle\int_1^\infty \left|\left(\sqrt[n]{x^n + x^{n-1} + 1} - x\right) x^{-p} \sin x\right| dx$ 收斂

$$\therefore \int_1^\infty \left(\sqrt[n]{x^n + x^{n-1} + 1} - x\right) x^{-p} \sin x \, dx \ \text{收斂}$$

範例 22.

$$判斷 \int_{1}^{\infty} x^{\frac{1}{x}} e^{-x} dx \text{ 收斂或發散}$$

【解】

Claim: $\lim\limits_{x \to \infty} x^{\frac{1}{x}} = 1$

$\because x^{\frac{1}{x}} = e^{\frac{1}{x} \cdot \ln x}$ $\therefore \lim\limits_{x \to \infty} x^{\frac{1}{x}} = \exp\left(\lim\limits_{x \to \infty} \frac{\ln x}{x}\right)$ 藉由羅比達法則 $\lim\limits_{x \to \infty} \frac{\ln x}{x} = \lim\limits_{x \to \infty} \frac{\frac{1}{x}}{1} = 0$

$\therefore \lim\limits_{x \to \infty} x^{\frac{1}{x}} = \exp\left(\lim\limits_{x \to \infty} \frac{1}{x} \cdot \ln x\right) = \exp(0) = 1$

$\because \lim\limits_{x \to \infty} \dfrac{x^{\frac{1}{x}} e^{-x}}{e^{-\frac{x}{2}}} = 0$ 且 $\int_{1}^{\infty} e^{-\frac{x}{2}} dx$ 收斂，藉由 Quotient test 則 $\int_{1}^{\infty} x^{\frac{1}{x}} e^{-x} dx$ 收斂

範例 23.

$$判斷 \int_{1}^{\infty} x^{\frac{1}{x}} e^{-x} \tan^{-1} x \, dx \text{ 收斂或發散}$$

【解】

Claim: $\lim\limits_{x \to \infty} x^{\frac{1}{x}} = 1$

$\because x^{\frac{1}{x}} = e^{\frac{1}{x} \cdot \ln x}$ $\therefore \lim\limits_{x \to \infty} x^{\frac{1}{x}} = \exp\left(\lim\limits_{x \to \infty} \frac{\ln x}{x}\right)$ 藉由羅比達法則 $\lim\limits_{x \to \infty} \frac{\ln x}{x} = \lim\limits_{x \to \infty} \frac{\frac{1}{x}}{1} = 0$

$\therefore \lim\limits_{x \to \infty} x^{\frac{1}{x}} = \exp\left(\lim\limits_{x \to \infty} \frac{\ln x}{x}\right) = \exp(0) = 1$

$\because \lim\limits_{x \to \infty} \dfrac{\left| x^{\frac{1}{x}} e^{-x} \tan^{-1} x \right|}{e^{-\frac{x}{2}}} = 0$ 且 $\int_{1}^{\infty} e^{-\frac{x}{2}} dx$ 收斂

藉由 Quotient test 則 $\int_{1}^{\infty} \left| x^{\frac{1}{x}} e^{-x} \tan^{-1} x \right| dx$ 收斂 $\therefore \int_{1}^{\infty} x^{\frac{1}{x}} e^{-x} \tan^{-1} x \, dx$ 收斂

範例 24.

$$\text{判斷} \int_{1}^{\infty} e^{-x}(2+3x)^{\frac{1}{5x}}dx \ \text{收斂或發散}$$

【解】

Claim: $\lim\limits_{x\to\infty}(2+3x)^{\frac{1}{5x}} = 1$

$\because (2+3x)^{\frac{1}{5x}} = e^{\frac{1}{5x}\cdot\ln(2+3x)}$ $\qquad \therefore \lim\limits_{x\to\infty}(2+3x)^{\frac{1}{5x}} = \exp\left(\lim\limits_{x\to\infty}\frac{1}{5x}\cdot\ln(2+3x)\right)$

藉由羅比達法則 $\lim\limits_{x\to\infty}\dfrac{1}{5x}\cdot\ln(2+3x) = \lim\limits_{x\to\infty}\dfrac{\frac{3}{2+3x}}{5} = 0$

$\therefore \lim\limits_{x\to\infty}(2+3x)^{\frac{1}{5x}} = \exp\left(\lim\limits_{x\to\infty}\dfrac{1}{5x}\cdot\ln(2+3x)\right) = \exp(0) = 1$

$\because \lim\limits_{x\to\infty}\dfrac{e^{-x}(2+3x)^{\frac{1}{5x}}}{e^{-\frac{x}{2}}} = 0$ 且 $\int_{1}^{\infty}e^{-\frac{x}{2}}dx$ 收斂

藉由 Quotient test 則 $\int_{1}^{\infty}e^{-x}(2+3x)^{\frac{1}{5x}}dx$ 收斂

範例 25.

$$\text{判斷} \int_{b}^{\infty}\left(\frac{x+a}{x-a}\right)^{x}e^{-x}dx \ \text{收斂或發散}, \ \forall b > a$$

【解】

令 $b > a$, claim: $\lim\limits_{x\to\infty}\left(\dfrac{x+a}{x-a}\right)^{x} = \exp(2a)$

$\because \left(\dfrac{x+a}{x-a}\right)^{x} = e^{x\ln\frac{x+a}{x-a}}$ $\quad \therefore \lim\limits_{x\to\infty}\left(\dfrac{x+a}{x-a}\right)^{x} = \exp\left(\lim\limits_{x\to\infty}x\ln\dfrac{x+a}{x-a}\right)$

藉由羅比達法則

$$\lim_{x\to\infty} x\ln\frac{x+a}{x-a} = \lim_{x\to\infty} \frac{\ln\dfrac{x+a}{x-a}}{x^{-1}} = \lim_{x\to\infty} \frac{\dfrac{x-a}{x+a}\cdot\dfrac{(x-a-(x+a))}{(x-a)^2}}{-x^{-2}} = \lim_{x\to\infty} \frac{\dfrac{x-a}{x+a}\cdot\dfrac{2a}{(x-a)^2}}{x^{-2}}$$

$$= 2a\lim_{x\to\infty} \frac{1-\dfrac{a}{x}}{1+\dfrac{a}{x}}\cdot\frac{1}{\left(1-\dfrac{a}{x}\right)^2} = 2a$$

$$\therefore \lim_{x\to\infty}\left(\frac{x+a}{x-a}\right)^x = \exp\left(\lim_{x\to\infty} x\ln\frac{x+a}{x-a}\right) = \exp(2a)$$

$$\because \lim_{x\to\infty} \frac{\left(\dfrac{x+a}{x-a}\right)^x e^{-x}}{e^{-\frac{x}{2}}} = 0 \quad \text{且} \int_1^\infty e^{-\frac{x}{2}}dx \ \text{收斂}$$

$$\text{藉由 Quotient test 則} \int_1^\infty \left(\frac{x+a}{x-a}\right)^x e^{-x}dx \ \text{收斂}$$

5.4.4.3　先作變數代換再用 **Comparison Test**

考試類型:

題型 1.

判斷第一類瑕積分 $\displaystyle\int_0^\infty f(g(x))g'(x)\,dx$ 收斂或發散, 其中 $f(x) \geq 0$, $g'(x) \geq 0$, $\forall x \geq 0$

解題流程:

Step1.

令 $u = g(x)$ 則 $du = g'(x)dx$, 藉由變換變數則 $\displaystyle\int_a^b f(g(x))g'(x)\,dx = \int_{g(a)}^{g(b)} f(u)du$

Step2.

$$\therefore \int_0^\infty f(g(x))g'(x)\,dx = \lim_{a\to 0,b\to\infty} \int_a^b f(g(x))g'(x)\,dx = \lim_{a\to 0,b\to\infty}\int_{g(a)}^{g(b)} f(u)du$$

Step3.

說明 $\displaystyle\int_0^\infty f(g(x))g'(x)\,dx$ 收斂時

令 $g(\infty) = \lim_{x\to\infty} g(x)$, 找 $h(u)$ 使得 $0 \leq f(u) \leq h(u)$, $\forall u \in (g(0), g(\infty))$

藉由 Comparison Test

若 $\displaystyle\lim_{a\to 0,b\to\infty}\int_{g(a)}^{g(b)}h(u)du$ 收斂 則 $\displaystyle\lim_{a\to 0,b\to\infty}\int_{g(a)}^{g(b)}f(u)du$ 收斂 $\Rightarrow \displaystyle\int_0^\infty f(g(x))g'(x)\,dx$ 收斂

Step4.

說明 $\displaystyle\int_0^\infty f(g(x))g'(x)\,dx$ 發散時, 找 $h(u)$ 使得 $0\le h(u)\le f(u)$, $\forall u\in(g(0),g(\infty))$

藉由 Comparison Test

若 $\displaystyle\lim_{a\to 0,b\to\infty}\int_{g(a)}^{g(b)}h(u)du$ 發散 則 $\displaystyle\lim_{a\to 0,b\to\infty}\int_{g(a)}^{g(b)}f(u)du$ 發散 $\Rightarrow \displaystyle\int_0^\infty f(g(x))g'(x)\,dx$ 發散

題型 2.

判斷第二類瑕積分 $\displaystyle\int_a^b f(g(x))g'(x)\,dx$ 收斂或發散, 其中 $f(x)\ge 0$, $g'(x)\ge 0$, $\forall x\ge 0$ 且 $f(g(a))g'(a)=\infty$

解題流程:

Step1.

令 $u=g(x)$ 則 $du=g'(x)dx$, 藉由變換變數則 $\displaystyle\int_a^b f(g(x))g'(x)\,dx=\int_{g(a)}^{g(b)}f(u)du$

Step2.

說明 $\displaystyle\int_a^b f(g(x))g'(x)\,dx$ 收斂時, 找 $h(u)$ 使得 $0\le f(u)\le h(u)$, $\forall u\in(g(a),g(b))$

藉由 Comparison Test, 若 $\displaystyle\int_{g(a)}^{g(b)}h(u)du$ 收斂 則 $\displaystyle\int_{g(a)}^{g(b)}f(u)du$ 收斂

$\Rightarrow \displaystyle\int_a^b f(g(x))g'(x)\,dx$ 收斂

Step3.

說明 $\displaystyle\int_a^b f(g(x))g'(x)\,dx$ 發散時, 找 $h(u)$ 使得 $0\le h(u)\le f(u)$, $\forall u\in(g(a),g(b))$

藉由 Comparison Test, 若 $\displaystyle\int_{g(a)}^{g(b)}h(u)du$ 發散 則 $\displaystyle\int_{g(a)}^{g(b)}f(u)du$ 發散

$\Rightarrow \displaystyle\int_a^b f(g(x))g'(x)\,dx$ 發散

範例 1.

$$判斷 \int_3^4 \frac{1}{x^2(x^3-27)^{\frac{2}{3}}}\,dx \text{ 收斂或發散}$$

【解】

$$\because \frac{1}{x^2(x^3-27)^{\frac{2}{3}}} < \frac{1}{9(x^3-27)^{\frac{2}{3}}}, \quad \forall\, 3 \le x \le 4 \quad \therefore \int_3^4 \frac{dx}{x^2(x^3-27)^{\frac{2}{3}}} < \int_3^4 \frac{dx}{9(x^3-27)^{\frac{2}{3}}}$$

$$\text{Claim: } \int_3^4 \frac{dx}{9(x^3-27)^{\frac{2}{3}}} \text{ 收斂}$$

$$令\, t^3 = x^3 - 27 \text{ 則 } 3t^2 dt = 3x^2 dx \Rightarrow dx = \frac{t^2 dt}{(t^3+27)^{\frac{2}{3}}}$$

$$\because \int_3^4 \frac{dx}{9(x^3-27)^{\frac{2}{3}}} = \int_0^{\sqrt[3]{37}} \frac{t^2 dt}{9t^2(t^3+27)^{\frac{2}{3}}} = \int_0^{\sqrt[3]{37}} \frac{dt}{9(t^3+27)^{\frac{2}{3}}} < \int_0^{\sqrt[3]{37}} \frac{dt}{9(0+27)^{\frac{2}{3}}} < \infty$$

$$\therefore \int_3^4 \frac{dx}{9(x^3-27)^{\frac{2}{3}}} \text{ 收斂, 藉由 Comparison Test 則 } \int_3^4 \frac{dx}{x^2(x^3-27)^{\frac{2}{3}}} \text{ 收斂}$$

範例 2.

$$判斷 \int_{-\infty}^{\frac{-1}{2}} \frac{e^{2x}}{2x}\,dx \text{ 收斂或發散}$$

【解】

$$令\, 2x = -u \text{ 則 } 2dx = -du \text{ 則 } \int_{-\infty}^{\frac{-1}{2}} \frac{e^{2x}}{2x}\,dx = \frac{-1}{2}\int_{\infty}^{1} \frac{e^{-u}}{-u}\,du = \frac{-1}{2}\int_1^{\infty} \frac{e^{-u}}{u}\,du$$

$$\because \frac{e^{-u}}{u} < e^{-u}, \quad \forall\, u > 1 \text{ and } \int_1^{\infty} e^{-u}\,du \text{ 收斂}$$

藉由 Comparison Test, 則 $\displaystyle\int_{1}^{\infty}\frac{e^{-u}}{u}du$ 收斂 $\quad\therefore\displaystyle\int_{-\infty}^{\frac{-1}{2}}\frac{e^{2x}}{2x}dx$ 收斂

範例 3.

$\quad$ 判斷 $\displaystyle\int_{\frac{b}{a}}^{\infty}\frac{1}{x\sqrt{bx-a}}dx$ 收斂或發散, $\forall a,b>0$

【解】

令 $u=\sqrt{bx-a}$ 則 $du=\dfrac{b}{2}(bx-a)^{-\frac{1}{2}}dx$ $\because u^2=bx-a$ $\quad\therefore\dfrac{1}{x}=\dfrac{b}{u^2+a}$

$\therefore\displaystyle\int_{\frac{b}{a}}^{\infty}\frac{dx}{x\sqrt{bx-a}}=\frac{2}{b}\int_{0}^{\infty}\frac{bdu}{u^2+a}=2\int_{0}^{\infty}\frac{du}{u^2+a}=2\int_{0}^{1}\frac{du}{u^2+a}+2\int_{1}^{\infty}\frac{du}{u^2+a}$

$\because\dfrac{1}{u^2+a}$ 於 $[0,1]$ 連續 $\quad\therefore\dfrac{1}{u^2+a}$ 於 $[0,1]$ 黎曼可積分 $\quad\therefore\displaystyle\int_{0}^{1}\frac{1}{u^2+a}du$ 存在

$\because\dfrac{1}{u^2+a}\leq\dfrac{1}{u^2},\forall u>1$ 且 $\displaystyle\int_{1}^{\infty}\frac{du}{u^2}du$ 收斂,

藉由 Comparison Test 則 $\displaystyle\int_{1}^{\infty}\frac{du}{u^2+a}$ 收斂 $\quad\therefore\displaystyle\int_{0}^{\infty}\frac{1}{u^2+a}du$ 收斂 $\rightarrow\displaystyle\int_{\frac{b}{a}}^{\infty}\frac{1}{x\sqrt{bx-a}}dx$ 收斂

範例 4.

$\quad$ 判斷 $\displaystyle\int_{-\infty}^{-2}\frac{e^x}{x^2}dx$ 收斂或發散

【解】

令 $u=-x$ 則 $du=-dx$, 藉由變數代換法 $\displaystyle\int_{-\infty}^{-2}\frac{e^x}{x^2}dx=-\int_{\infty}^{2}\frac{e^{-u}}{u^2}du=\int_{2}^{\infty}\frac{e^{-u}}{u^2}du$

$$\because \frac{e^{-u}}{u^2} < \frac{1}{u^2}, \quad \forall x > 2 \ \text{且} \ \int_2^\infty \frac{1}{u^2} du \ \text{收斂}$$

$$\text{藉由 Comparison Test 則} \ \int_2^\infty \frac{e^{-u}}{u^2} du \ \text{收斂} \quad \therefore \int_{-\infty}^{-2} \frac{e^x}{x^2} dx \ \text{收斂}$$

範例 5.

$$\text{判斷} \ \int_{-1}^{-\infty} \frac{e^{-x}}{x} dx \ \text{收斂或發散}$$

【解】

$$\text{令} u = -x \ \text{則} \ du = -dx, \ \text{藉由變數代換法} \ \int_{-1}^{-\infty} \frac{e^{-x} dx}{x} = -\int_1^\infty \frac{e^u du}{-u} = \int_1^\infty \frac{e^u du}{u}$$

$$\because \frac{e}{u} < \frac{e^u}{u}, \quad \forall x > 1 \ \text{且} \ \int_1^\infty \frac{e}{u} du \ \text{發散}$$

$$\text{藉由 Comparison Test 則} \ \int_1^\infty \frac{e^u}{u} du \ \text{發散} \quad \therefore \int_{-1}^{-\infty} \frac{e^{-x}}{x} dx \ \text{發散}$$

範例 6.

$$\text{判斷} \int_0^e \sin(\ln x) \ln x \, dx \ \text{收斂或發散}$$

【解】

$$\text{令} \ u = \ln x \ \text{則} \ \frac{dx}{x} = du \Rightarrow dx = e^u du$$

$$\text{藉由變數代換法} \int_0^e \sin(\ln x) \ln x \, dx = \int_{-\infty}^1 u \, e^u \sin u \, du$$

$$\text{令} \ u = -v \ \text{則} \ du = -dv, \ \text{藉由變數代換法}$$

$$\text{則} \int_{-\infty}^1 u \, e^u \sin u \, du = -\int_\infty^{-1} (-v) e^{-v} \sin(-v) \, dv = -\int_{-1}^\infty v e^{-v} \sin(-v) \, dv$$

$\because \lim\limits_{v\to\infty} ve^{-\frac{v}{2}} = 0,\quad \therefore$ 令 $\varepsilon = 1,\ $ 取 $M \in N$ 使得 $v \geq M$ 則 $\left| ve^{-\frac{v}{2}} \right| \leq 1$

$\because \int_{-1}^{\infty} ve^{-v}\sin(-v)\,dv = \int_{-1}^{M} ve^{-v}\sin(-v)\,dv + \int_{M}^{\infty} ve^{-v}\sin(-v)\,dv$

$\because ve^{-v}\sin(-v)$ 於 $[-1, M]$ 連續 $\quad \therefore ve^{-v}\sin(-v)$ 於 $[-1, M]$ 黎曼可積分

$\therefore \int_{-1}^{M} ve^{-v}\sin(-v)\,dv$ 存在

$\because \int_{M}^{\infty} |ve^{-v}\sin(-v)|\,dv \leq \int_{M}^{\infty} e^{-\frac{v}{2}}\,dv \quad$ 且 $\int_{M}^{\infty} e^{-\frac{v}{2}}\,dv$ 收斂

藉由 Comparison Test 則 $\int_{M}^{\infty} ve^{-v}\sin(-v)\,dv$ 收斂 $\quad \therefore \int_{-1}^{\infty} ve^{-v}\sin(-v)\,dv$ 收斂

$\therefore \int_{0}^{e} \sin(\ln x)\ln x\,dx$ 收斂

範例 7.

判斷 $\int_{0}^{e} \cos(\ln x)\ln x\,dx$ 收斂或發散

【解】

令 $u = \ln x$ 則 $\dfrac{dx}{x} = du \Rightarrow dx = e^{u}du,\ $ 藉由變數代換法

$\int_{0}^{e} \cos(\ln x)\ln x\,dx = \int_{-\infty}^{1} u\,e^{u}\cos u\,du$

令 $u = -v$ 則 $du = -dv,\ $ 藉由變數代換法

則 $\int_{-\infty}^{1} u\,e^{u}\cos u\,du = -\int_{\infty}^{-1} (-v)e^{-v}\cos(-v)\,dv = -\int_{-1}^{\infty} ve^{-v}\cos(-v)\,dv$

$\because \lim\limits_{v\to\infty} ve^{-\frac{v}{2}} = 0 \quad \therefore$ 令 $\varepsilon = 1,\ $ 取 $M \in N$ 使得 $v \geq M$ 則 $\left| ve^{-\frac{v}{2}} \right| \leq 1$

$\because \int_{-1}^{\infty} ve^{-v}\cos(-v)\,dv = \int_{-1}^{M} ve^{-v}\cos(-v)\,dv + \int_{M}^{\infty} ve^{-v}\cos(-v)\,dv$

$\because ve^{-v}\cos(-v)$ 於 $[-1, M]$ 連續 $\quad \therefore ve^{-v}\cos(-v)$ 於 $[-1, M]$ 黎曼可積分

$\therefore \int_{-1}^{M} ve^{-v}\cos(-v)\,dv$ 存在

$\because \int_{M}^{\infty} |ve^{-v}\cos(-v)|\,dv \leq \int_{M}^{\infty} e^{-\frac{v}{2}}\,dv \quad$ 且 $\int_{M}^{\infty} e^{-\frac{v}{2}}\,dv$ 收斂

藉由 Comparison Test 則 $\displaystyle\int_M^\infty ve^{-v}\cos(-v)\,dv$ 收斂 $\quad\therefore \displaystyle\int_{-1}^\infty ve^{-v}\cos(-v)\,dv$ 收斂

$\therefore \displaystyle\int_0^e \cos(\ln x)\ln x\,dx$ 收斂

範例 8.

$\qquad$ 判斷 $\displaystyle\int_0^e \ln x\,\tan^{-1}(\ln x)\,dx$ 收斂或發散

【解】

令 $u = \ln x$ 則 $\dfrac{dx}{x} = du \Rightarrow dx = e^u du$

藉由變數代換法 $\displaystyle\int_0^e \ln x\,\tan^{-1}(\ln x)\,dx = \int_{-\infty}^1 u\,e^u \tan^{-1} u\,du$

令 $u = -v$ 則 $du = -dv$, 藉由變數代換法

則 $\displaystyle\int_{-\infty}^1 u\,e^u \tan^{-1} u\,du = -\int_\infty^{-1} (-v)e^{-v}\tan^{-1}(-v)\,dv = -\int_{-1}^\infty ve^{-v}\tan^{-1}(-v)\,dv$

$\because \displaystyle\lim_{v\to\infty} ve^{-\frac{v}{2}} = 0 \quad \therefore$ 令 $\varepsilon = 1$, 取 $M \in \mathbb{N}$ 使得 $v \geq M$ 則 $\left|ve^{-\frac{v}{2}}\right| \leq 1$

$\therefore \displaystyle\int_{-1}^\infty ve^{-v}\tan^{-1}(-v)\,dv = \int_{-1}^M ve^{-v}\tan^{-1}(-v)\,dv + \int_M^\infty ve^{-v}\tan^{-1}(-v)\,dv$

$\because ve^{-v}\tan^{-1}(-v)$ 於 $[-1, M]$ 連續 $\quad \therefore ve^{-v}\tan^{-1}(-v)$ 於 $[-1, M]$ 黎曼可積分

$\therefore \displaystyle\int_{-1}^M ve^{-v}\tan^{-1}(-v)\,dv$ 存在

$\because \displaystyle\int_M^\infty |ve^{-v}\tan^{-1}(-v)|\,dv \leq \frac{\pi}{2}\int_M^\infty e^{-\frac{v}{2}}\,dv$ 且 $\displaystyle\int_M^\infty e^{-\frac{v}{2}}\,dv$ 收斂

藉由 Comparison Test 則 $\displaystyle\int_M^\infty ve^{-v}\tan^{-1}(-v)\,dv$ 收斂

$\therefore \displaystyle\int_{-1}^\infty ve^{-v}\tan^{-1}(-v)\,dv$ 收斂 $\quad \therefore \displaystyle\int_0^e \ln x\,\tan^{-1}(\ln x)\,dx$ 收斂

範例 9.

$\qquad$ 判斷 $\displaystyle\int_0^{e^{-1}} \ln(u^{-1})\,du$ 收斂或發散

【解】

令 $u = e^{-x}$ 則 $du = -e^{-x}dx$, 藉由變數代換法

$$\therefore \int_0^{e^{-1}} \ln(u^{-1})\,du = -\int_\infty^1 xe^{-x}dx = \int_1^\infty xe^{-x}dx$$

$$\because \lim_{x\to\infty} xe^{-\frac{x}{2}} = 0 \quad \therefore 令 \varepsilon = 1, \ 取\ M \in N\ 使得\ x \geq M\ 則\ \left|xe^{-\frac{x}{2}}\right| \leq 1$$

$$\therefore \int_1^\infty xe^{-x}dx = \int_1^M xe^{-x}dx + \int_M^\infty xe^{-x}dx$$

$$\because xe^{-x}\ 於\ [1,M]\ 連續 \quad \therefore xe^{-x}\ 於\ [1,M]\ 黎曼可積分 \quad \therefore \int_1^M xe^{-x}dx\ 存在$$

$$\because |xe^{-x}| = \left|e^{-\frac{x}{2}}xe^{-\frac{x}{2}}\right| \leq e^{-\frac{x}{2}}, \ \forall x > M\ 且 \int_M^\infty e^{-\frac{x}{2}}dx\ 收斂$$

$$藉由\ Comparison\ Test\ 則 \int_M^\infty xe^{-x}dx\ 收斂 \quad \therefore \int_0^{e^{-1}} \ln(u^{-1})\,du\ 收斂$$

範例 10.

$$判斷 \int_0^{e^{-1}} \ln(u^{-1})\cos\ln(u^{-1})\,du\ 收斂或發散$$

【解】

令 $u = e^{-x}$ 則 $du = -e^{-x}dx$, 藉由變數代換法

$$\therefore \int_0^{e^{-1}} \ln(u^{-1})\cos\ln(u^{-1})\,du = -\int_\infty^1 xe^{-x}\cos x\,dx = \int_1^\infty xe^{-x}\cos x\,dx$$

$$\because \lim_{x\to\infty} xe^{-\frac{x}{2}}\cos x = 0$$

$$\therefore 令 \varepsilon = 1, \ 取\ M \in N\ 使得\ x \geq M\ 則\ \left|xe^{-\frac{x}{2}}\cos x\right| \leq 1$$

$$\because \int_1^\infty xe^{-x}\cos x\, dx = \int_1^M xe^{-x}\cos x\, dx + \int_M^\infty xe^{-x}\cos x\, dx$$

$\because xe^{-x}\cos x$ 於 $[1,M]$ 連續 $\therefore xe^{-x}\cos x$ 於 $[1,M]$ 黎曼可積分 $\therefore \int_1^M xe^{-x}\cos x\, dx$ 存在

$\because |xe^{-x}\cos x| = \left|e^{-\frac{x}{2}}xe^{-\frac{x}{2}}\cos x\right| \le e^{-\frac{x}{2}}, \forall x > M$ 且 $\int_M^\infty e^{-\frac{x}{2}}dx$ 收斂

藉由 Comparison Test 則 $\int_M^\infty xe^{-x}\cos x\, dx$ 收斂 $\therefore \int_0^{e^{-1}} \ln(u^{-1})\cos\ln(u^{-1})\, du$ 收斂

範例 11.

$$判斷 \int_0^{e^{-1}} \ln\ln(u^{-1})\, du \text{ 收斂或發散}$$

【解】

令 $u = e^{-x}$ 則 $du = -e^{-x}dx$, 藉由變數代換法

$$\therefore \int_0^{e^{-1}} \ln\ln(u^{-1})\, du = -\int_\infty^1 e^{-x}\ln x\, dx = \int_1^\infty e^{-x}\ln x\, dx$$

$\because \lim_{x\to\infty} \ln x\, e^{-\frac{x}{2}} = 0$ $\therefore$ 令 $\varepsilon = 1$, 取 $M \in \mathbb{N}$ 使得 $x \ge M$ 則 $\left|\ln x\, e^{-\frac{x}{2}}\right| \le 1$

$$\therefore \int_1^\infty e^{-x}\ln x\, dx = \int_1^M e^{-x}\ln x\, dx + \int_M^\infty e^{-x}\ln x\, dx$$

$\because e^{-x}\ln x$ 於 $[1,M]$ 連續 $\therefore e^{-x}\ln x$ 於 $[1,M]$ 黎曼可積分 $\therefore \int_1^M e^{-x}\ln x\, dx$ 存在

$\because |e^{-x}\ln x| = \left|e^{-\frac{x}{2}}\ln x\, e^{-\frac{x}{2}}\right| \le e^{-\frac{x}{2}}, \forall x > M$ 且 $\int_M^\infty e^{-\frac{x}{2}}dx$ 收斂

藉由 Comparison Test 則 $\int_M^\infty e^{-x}\ln x\, dx$ 收斂 $\therefore \int_0^{e^{-1}} \ln\ln(u^{-1})\, du$ 收斂

範例 12.

$$判斷 \int_{0}^{e^{-1}} \sin\ln(u^{-1})\ln\ln(u^{-1})\, du \text{ 收斂或發散}$$

【解】

令 $u = e^{-x}$ 則 $du = -e^{-x}dx$, 藉由變數代換法

$$\therefore \int_{0}^{e^{-1}} \sin\ln(u^{-1})\ln\ln(u^{-1})\, du = -\int_{\infty}^{1} \sin x\, e^{-x}\ln x\, dx = \int_{1}^{\infty} \sin x\, e^{-x}\ln x\, dx$$

$$\because \lim_{x\to\infty} \ln x\, e^{-\frac{x}{2}} \sin x = 0 \quad \therefore 令\ \varepsilon = 1,\ 取\ M \in N\ 使得\ x \geq M\ 則\ \left|\ln x\, e^{-\frac{x}{2}}\sin x\right| \leq 1$$

$$\because \int_{1}^{\infty} \ln x\, e^{-x}\sin x\, dx = \int_{1}^{M} \ln x\, e^{-x}\sin x\, dx + \int_{M}^{\infty} \ln x\, e^{-x}\sin x\, dx$$

$\because \ln x\, e^{-x}\sin x$ 於 $[1,M]$ 連續 $\quad \therefore \ln x\, e^{-x}\sin x$ 於 $[1,M]$ 黎曼可積分

$$\therefore \int_{1}^{M} \ln x\, e^{-x}\sin x\, dx \text{ 存在}$$

$$\because |\ln x\, e^{-x}\sin x| = \left|e^{-\frac{x}{2}}\ln x\, e^{-\frac{x}{2}}\sin x\right| \leq e^{-\frac{x}{2}},\ \forall x > M\ 且 \int_{M}^{\infty} e^{-\frac{x}{2}}dx \text{ 收斂}$$

藉由 Comparison Test 則 $\int_{M}^{\infty} \ln x\, e^{-x}\sin x\, dx$ 收斂 $\therefore \int_{0}^{e^{-1}} \sin\ln(u^{-1})\ln\ln(u^{-1})\, du$ 收斂

範例 13.

$$判斷 \int_{0}^{e^{-1}} \sinh^{-1}(\ln u^{-1})\, du \text{ 收斂或發散}$$

【解】

令 $u = e^{-x}$ 則 $du = -e^{-x}dx$, 藉由變數代換法

$$\therefore \int_{0}^{e^{-1}} \sinh^{-1}(\ln u^{-1})\, du = -\int_{\infty}^{1} e^{-x}\sinh^{-1} x\, dx = \int_{1}^{\infty} e^{-x}\sinh^{-1} x\, dx$$

$\because \lim\limits_{x \to \infty} \sinh^{-1} x \, e^{-\frac{x}{2}} = 0 \quad \therefore 令 \, \varepsilon = 1, \ 取 \, M \in N \, 使得 \, x \geq M \, 則 \, \left| \sinh^{-1} x \, e^{-\frac{x}{2}} \right| \leq 1$

$\therefore \int_{1}^{\infty} e^{-x} \sinh^{-1} x \, dx = \int_{1}^{M} e^{-x} \sinh^{-1} x \, dx + \int_{M}^{\infty} e^{-x} \sinh^{-1} x \, dx$

$\because e^{-x} \sinh^{-1} x \, 於 \, [1, M] \, 連續 \quad \therefore e^{-x} \sinh^{-1} x \, 於 \, [1, M] 黎曼可積分$

$\therefore \int_{1}^{M} e^{-x} \sinh^{-1} x \, dx \, 存在$

$\because |e^{-x} \sinh^{-1} x| = \left| e^{-\frac{x}{2}} \sinh^{-1} x \, e^{-\frac{x}{2}} \right| \leq e^{-\frac{x}{2}}, \ \forall x > M \, 且 \int_{M}^{\infty} e^{-\frac{x}{2}} dx \, 收斂$

藉由 Comparison Test 則 $\int_{M}^{\infty} e^{-x} \sinh^{-1} x \, dx \,$ 收斂 $\quad \therefore \int_{0}^{e^{-1}} \sinh^{-1}(\ln u^{-1}) \, du \,$ 收斂

5.4.4.4 　先作變數代換再用 Quotient Test

考試類型:
題型 1.

判斷第一類瑕積分 $\int_{0}^{\infty} f(g(x)) g'(x) \, dx \,$ 收斂或發散, 其中 $f(x) \geq 0, \ g'(x) \geq 0, \ \forall x \geq 0$

解題流程:
Step1.

令 $u = g(x) \, 則 \, du = g'(x) dx, \,$ 藉由變換變數則 $\int_{a}^{b} f(g(x)) g'(x) \, dx = \int_{g(a)}^{g(b)} f(u) du$

Step2.

$\therefore \int_{0}^{\infty} f(g(x)) g'(x) \, dx = \lim\limits_{a \to 0, b \to \infty} \int_{a}^{b} f(g(x)) g'(x) \, dx = \lim\limits_{a \to 0, b \to \infty} \int_{g(a)}^{g(b)} f(u) du$

Step3.

令 $g(\infty) = \lim\limits_{x \to \infty} g(x), \,$ 找 $h(u) \geq 0 \,$ 使得 $\lim\limits_{u \to g(\infty)} \dfrac{f(u)}{h(u)} = L \in (0, \infty)$

Step4.

藉由 Quotient Test

若 $\displaystyle\lim_{a\to 0,b\to\infty}\int_{g(a)}^{g(b)}h(u)du$ 收斂(發散) 則 $\displaystyle\lim_{a\to 0,b\to\infty}\int_{g(a)}^{g(b)}f(u)du$ 收斂(發散)

$\Rightarrow \displaystyle\int_{0}^{\infty}f(g(x))g'(x)\,dx$ 收斂(發散)

題型 2.

判斷第二類瑕積分 $\displaystyle\int_{a}^{b}f(g(x))g'(x)\,dx$ 收斂或發散, 其中 $f(x)\geq 0,\ g'(x)\geq 0,\ \forall x\geq 0$

且 $f\big(g(a)\big)g'(a)=\infty$

解題流程:

Step1.

令 $u=g(x)$ 則 $du=g'(x)dx$, 藉由變換變數則 $\displaystyle\int_{a}^{b}f(g(x))g'(x)\,dx=\int_{g(a)}^{g(b)}f(u)du$

Step2.

找 $h(u)\geq 0$ 使得 $\displaystyle\lim_{u\to g(a)}\frac{f(u)}{h(u)}=L\in(0,\infty)$

Step3.

藉由 Quotient Test

若 $\displaystyle\int_{g(a)}^{g(b)}h(u)du$ 收斂則 $\displaystyle\int_{g(a)}^{g(b)}f(u)du$ 收斂 $\Rightarrow \displaystyle\int_{a}^{b}f(g(x))g'(x)\,dx$ 收斂

若 $\displaystyle\int_{g(a)}^{g(b)}h(u)du$ 發散則 $\displaystyle\int_{g(a)}^{g(b)}f(u)du$ 發散 $\Rightarrow \displaystyle\int_{a}^{b}f(g(x))g'(x)\,dx$ 發散

範例 1.

判斷 $\displaystyle\int_{-\infty}^{\frac{-1}{2}}\frac{e^{2x}}{2x}\,dx$ 收斂或發散

【解】

令 $2x=-u$ 則 $2dx=-du$, 藉由變數代換法

則 $\displaystyle\int_{-\infty}^{\frac{-1}{2}} \frac{e^{2x}}{2x}\,dx = \frac{-1}{2}\int_{\infty}^{1}\frac{e^{-u}}{-u}\,du = \frac{-1}{2}\int_{1}^{\infty}\frac{e^{-u}}{u}\,du$

$\because \displaystyle\lim_{u\to\infty}\frac{\frac{e^{-u}}{u}}{\frac{1}{u^2}} = \lim_{u\to\infty}\frac{u}{e^u} = \lim_{u\to\infty}\frac{1}{e^u} = 0$ and $\displaystyle\int_{1}^{\infty}\frac{1}{u^2}\,du$ 收斂

藉由 Quotient test 則 $\displaystyle\int_{1}^{\infty}\frac{e^{-u}}{u}\,du$ 收斂 $\quad \therefore \displaystyle\int_{-\infty}^{\frac{-1}{2}}\frac{e^{2x}}{2x}\,dx$ 收斂

範例 2.

$\qquad$ 判斷 $\displaystyle\int_{1}^{\infty}\frac{1}{x\sqrt{a+bx}}\,dx$ 收斂或發散, $\forall a,b > 0$

【解】

令 $u = \sqrt{a+bx}$ 則 $du = \dfrac{b}{2}(a+bx)^{-\frac{1}{2}}dx$, 藉由變數代換法

$\because u^2 = a+bx \quad \therefore \dfrac{1}{x} = \dfrac{b}{u^2-a} \quad \therefore \displaystyle\int_{1}^{\infty}\frac{dx}{x\sqrt{a+bx}} = \frac{2}{b}\int_{\sqrt{a+b}}^{\infty}\frac{b\,du}{u^2-a} = 2\int_{\sqrt{a+b}}^{\infty}\frac{du}{u^2-a}$

$\because \displaystyle\lim_{u\to\infty}\frac{\frac{1}{u^2-a}}{\frac{1}{u^2}} = 1$ and $\displaystyle\int_{\sqrt{a+b}}^{\infty}\frac{1}{u^2}\,du$ 收斂

藉由 Quotient test 則 $\displaystyle\int_{\sqrt{a+b}}^{\infty}\frac{1}{u^2-a}\,du$ 收斂 $\quad \therefore \displaystyle\int_{1}^{\infty}\frac{1}{x\sqrt{a+bx}}\,dx$ 收斂

範例 3.

$\qquad$ 判斷 $\displaystyle\int_{0}^{\frac{1}{2}}\frac{1-u^2}{\sqrt{u^2+15u^8}}\,du$ 收斂或發散

【解】

令 $\dfrac{1}{u} = x$ 則 $-u^{-2}du = dx$, 藉由變數代換法

$$\int_0^{\frac{1}{2}} \frac{1-u^2}{\sqrt{u^2+15u^8}}\,du = -\int_\infty^2 \frac{(1-x^{-2})x^{-2}}{\sqrt{x^{-2}+15x^{-8}}}\,dx = \int_2^\infty \frac{x^2-1}{\sqrt{x^6+15}}\,dx$$

$$\because \lim_{x\to\infty} \frac{\dfrac{x^2-1}{\sqrt{x^6+15}}}{\dfrac{1}{x}} = \lim_{x\to\infty} \frac{x^3-x}{\sqrt{x^6+15}} = \lim_{x\to\infty} \frac{1-\dfrac{x}{x^3}}{\sqrt{1+\dfrac{15}{x^6}}} = 1 \quad \text{且} \quad \int_2^\infty \frac{1}{x}\,dx \ \text{發散}$$

藉由 Quotient Test 則 $\displaystyle\int_2^\infty \frac{x^2-1\,dx}{\sqrt{x^6+15}}$ 發散 $\qquad \therefore \displaystyle\int_0^{\frac{1}{2}} \frac{1-u^2}{\sqrt{u^2+15u^8}}\,du$ 發散

範例 4.

$\qquad$ 判斷 $\displaystyle\int_{-\frac{1}{2}}^{\frac{1}{2}} \frac{\sin^{-1}\frac{1}{2u}}{2u^2-u}\,du$ 收斂或發散

【解】

令 $\dfrac{1}{u} = x$ 則 $-u^{-2}du = dx$, 藉由變數代換法

$$\int_{-\frac{1}{2}}^{\frac{1}{2}} \frac{\sin^{-1}\frac{1}{2u}}{2u^2-u}\,du = -\int_{-2}^2 \frac{x^{-2}\sin^{-1}\frac{x}{2}}{2x^{-2}-x^{-1}}\,dx = -\int_{-2}^2 \frac{\sin^{-1}\frac{x}{2}}{2-x}\,dx$$

$$\because \lim_{x\to2} \frac{\dfrac{2\sin^{-1}\frac{x}{2}}{2-x}}{\dfrac{\pi}{2-x}} = \lim_{x\to2} \frac{2\sin^{-1}\frac{x}{2}}{\pi} = \lim_{x\to2} \frac{2\cdot\frac{\pi}{2}}{\pi} = 1$$

$$\because \int_{-2}^2 \frac{\pi}{2-x}\,dx = -\pi\ln(2-x)|_{-2}^2 = \infty \quad \therefore \int_{-2}^2 \frac{\pi}{2-x}\,dx \ \text{發散}$$

藉由 Quotient Test 則 $\displaystyle\int_{-2}^2 \frac{2\sin^{-1}\frac{x}{2}}{2-x}\,dx$ 發散 $\qquad \therefore \displaystyle\int_{-\frac{1}{2}}^{\frac{1}{2}} \frac{\sin^{-1}\frac{1}{2u}}{2u^2-u}\,du$ 發散

範例 5.

判斷 $\displaystyle\int_{\frac{2}{\pi}}^{\infty} \frac{u^{-2}}{\left(\cos\frac{1}{u}\right)^n} du$ 收斂或發散，$\forall n > 1$

【解】

令 $\dfrac{1}{u} = x$ 則 $-u^{-2}du = dx$，藉由變數代換法

$$\int_{\frac{2}{\pi}}^{\infty} \frac{u^{-2}}{\left(\cos\frac{1}{u}\right)^n} du = -\int_{\frac{\pi}{2}}^{0} \frac{x^2 \cdot x^{-2}}{(\cos x)^n} dx = \int_0^{\frac{\pi}{2}} \frac{1}{(\cos x)^n} dx$$

令 $n > 1$ 藉由羅比達法則

則 $\displaystyle\lim_{x\to\frac{\pi}{2}^-} \frac{(\cos x)^{-\frac{1}{n}}}{\left(\frac{\pi}{2} - x\right)^{-\frac{1}{n}}} = \left(\lim_{x\to\frac{\pi}{2}^-} \frac{\cos x}{\frac{\pi}{2} - x}\right)^{-\frac{1}{n}} = \left(\lim_{x\to\frac{\pi}{2}^-} \frac{\sin x}{1}\right)^{-\frac{1}{n}} = 1$

$$\because \int_0^{\frac{\pi}{2}} \left(\frac{\pi}{2} - x\right)^{-\frac{1}{n}} dx = \left. \frac{\left(\frac{\pi}{2} - x\right)^{-\frac{1}{n}+1}}{-\frac{1}{n}+1} \right|_0^{\frac{\pi}{2}} < \infty \quad \therefore \int_0^{\frac{\pi}{2}} \left(\frac{\pi}{2} - x\right)^{-\frac{1}{n}} dx \ \text{收斂}$$

藉由 Quotient test 則 $\displaystyle\int_{-1}^{1} \frac{dx}{(\cos x)^{\frac{1}{n}}}$ 收斂 $\Rightarrow \displaystyle\int_{\frac{2}{\pi}}^{\infty} \frac{u^{-2}}{\left(\cos\frac{1}{u}\right)^n} du$ 收斂

範例 6.

判斷 $\displaystyle\int_{\frac{2}{\pi}}^{\infty} \frac{u^{-2}}{\left(\sin\frac{1}{u}\right)^n} du$ 收斂或發散，$\forall n > 1$

【解】

令 $\dfrac{1}{u} = x$ 則 $-u^{-2}du = dx$，藉由變數代換法

$$\int_{\frac{2}{\pi}}^{\infty} \frac{u^{-2}}{\left(\sin\frac{1}{u}\right)^n} du = -\int_{\frac{\pi}{2}}^{0} \frac{x^2 \cdot x^{-2}}{(\sin x)^n} dx = \int_0^{\frac{\pi}{2}} \frac{1}{(\sin x)^n} dx$$

令 $n > 1$，藉由羅比達法則

$$\lim_{x \to 0^+} \frac{(\sin x)^{-\frac{1}{n}}}{x^{-\frac{1}{n}}} = \left(\lim_{x \to 0^+} \frac{\sin x}{x} \right)^{-\frac{1}{n}} = \left(\lim_{x \to 0^+} \frac{\sin x}{1} \right)^{-\frac{1}{n}} = 1$$

$$\because \int_0^{\frac{\pi}{2}} x^{-\frac{1}{n}} dx = \left. \frac{x^{-\frac{1}{n}+1}}{-\frac{1}{n}+1} \right|_0^{\frac{\pi}{2}} = \left. \frac{x^{\frac{n-1}{n}}}{-\frac{1}{n}+1} \right|_0^{\frac{\pi}{2}} < \infty \qquad \therefore \int_0^{\frac{\pi}{2}} x^{-\frac{1}{n}} dx \ \text{收斂}$$

藉由 Quotient test 則 $\displaystyle\int_0^{\frac{\pi}{2}} \frac{dx}{(\sin x)^{\frac{1}{n}}}$ 收斂 $\qquad \therefore \displaystyle\int_{\frac{2}{\pi}}^{\infty} \frac{u^{-2}}{\left(\sin\frac{1}{u}\right)^n} du$ 收斂

範例 7.

判斷 $\displaystyle\int_{\frac{4}{\pi}}^{\infty} \frac{u^{-2}}{\left(\tan\frac{1}{u}\right)^n} du$ 收斂或發散, $\forall n > 1$

【解】

令 $\dfrac{1}{u} = x$ 則 $-u^{-2} du = dx$, 藉由變數代換法

$$\int_{\frac{4}{\pi}}^{\infty} \frac{u^{-2}}{\left(\tan\frac{1}{u}\right)^n} du = -\int_{\frac{\pi}{4}}^{0} \frac{x^2 \cdot x^{-2}}{(\tan x)^n} dx = \int_0^{\frac{\pi}{4}} \frac{1}{(\tan x)^n} dx$$

令 $n > 1$, 藉由羅比達法則

則 $\displaystyle\lim_{x \to 0^+} \frac{(\tan x)^{-\frac{1}{n}}}{x^{-\frac{1}{n}}} = \left(\lim_{x \to 0^+} \frac{\tan x}{x} \right)^{-\frac{1}{n}} = \left(\lim_{x \to 0^+} \frac{\sec^2 x}{1} \right)^{-\frac{1}{n}} = 1$

$$\because \int_0^{\frac{\pi}{4}} x^{-\frac{1}{n}} dx = \left. \frac{x^{-\frac{1}{n}+1}}{-\frac{1}{n}+1} \right|_0^{\frac{\pi}{4}} = \left. \frac{x^{\frac{n-1}{n}}}{-\frac{1}{n}+1} \right|_0^{\frac{\pi}{4}} < \infty \qquad \therefore \int_0^{\frac{\pi}{4}} x^{-\frac{1}{n}} dx \ \text{收斂}$$

藉由 Quotient test 則 $\displaystyle\int_0^{\frac{\pi}{4}} \frac{dx}{(\tan x)^{\frac{1}{n}}}$ 收斂 $\qquad \therefore \displaystyle\int_{\frac{4}{\pi}}^{\infty} \frac{u^{-2}}{\left(\tan\frac{1}{u}\right)^n} du$ 收斂

範例 8.

$$\text{判斷 } \int_{\frac{2}{\pi}}^{1} \frac{u^{-2}}{\left(\cot\frac{1}{u}\right)^n} du \ \text{ 收斂或發, } \forall n > 1$$

【解】

令 $\dfrac{1}{u} = x$ 則 $-u^{-2}du = dx$, 藉由變數代換法

$$\int_{\frac{2}{\pi}}^{1} \frac{u^{-2}}{\left(\cot\frac{1}{u}\right)^n} du = -\int_{\frac{\pi}{2}}^{1} \frac{x^2 \cdot x^{-2}}{(\cot x)^n} dx = \int_{1}^{\frac{\pi}{2}} \frac{1}{(\cot x)^n} dx$$

令 $n > 1$, 藉由羅比達法則

$$\text{則 } \lim_{x \to \frac{\pi}{2}^-} \frac{(\cot x)^{-\frac{1}{n}}}{\left(\frac{\pi}{2} - x\right)^{-\frac{1}{n}}} = \left(\lim_{x \to \frac{\pi}{2}^-} \frac{\cot x}{\frac{\pi}{2} - x}\right)^{-\frac{1}{n}} = \left(\lim_{x \to \frac{\pi}{2}^-} \frac{-\csc^2 x}{-1}\right)^{-\frac{1}{n}} = 1$$

$$\because \int_{1}^{\frac{\pi}{2}} \left(\frac{\pi}{2} - x\right)^{-\frac{1}{n}} dx = \left. \frac{\left(\frac{\pi}{2} - x\right)^{-\frac{1}{n}+1}}{-\frac{1}{n}+1} \right|_{\frac{\pi}{2}}^{1} = \left. \frac{\left(\frac{\pi}{2} - x\right)^{\frac{n-1}{n}}}{-\frac{1}{n}+1} \right|_{\frac{\pi}{2}}^{1} < \infty \quad \therefore \int_{\frac{\pi}{2}}^{1} \left(\frac{\pi}{2} - x\right)^{-\frac{1}{n}} dx \ \text{收斂}$$

藉由 Quotient test 則 $\displaystyle\int_{\frac{\pi}{2}}^{1} \frac{1}{(\cot x)^n} dx$ 收斂 $\qquad \therefore \displaystyle\int_{\frac{2}{\pi}}^{1} \frac{u^{-2}}{\left(\cot\frac{1}{u}\right)^n} du$ 收斂

範例 9.

$$\text{判斷 } \int_{0}^{e} \sin(\ln x) \ln x \, dx \ \text{ 收斂或發散}$$

【解】

令 $u = \ln x$ 則 $\dfrac{dx}{x} = du \Rightarrow dx = e^u du$, 藉由變數代換法

$$\int_{0}^{e} \sin(\ln x) \ln x \, dx = \int_{-\infty}^{1} u \, e^u \sin u \, du$$

令 $u = -v$ 則 $du = -dv$, 藉由變數代換法

則 $\displaystyle\int_{-\infty}^{1} u\,e^{u}\sin u\,du = -\int_{\infty}^{-1}(-v)e^{-v}\sin(-v)\,dv = -\int_{-1}^{\infty} ve^{-v}\sin(-v)\,dv$

$\because \displaystyle\lim_{v\to\infty}\frac{|ve^{-v}\sin(-v)|}{e^{-\frac{v}{2}}} = \lim_{v\to\infty}\left|ve^{-\frac{v}{2}}\sin(-v)\right| = 0$ 且 $\displaystyle\int_{-1}^{\infty} e^{-\frac{v}{2}}dv$ 收斂

藉由 Quotient test 則 $\displaystyle\int_{-1}^{\infty}|ve^{-v}\sin(-v)|dv$ 收斂 $\therefore \displaystyle\int_{0}^{e}\sin(\ln x)\ln x\,dx$ 收斂

範例 10.

判斷 $\displaystyle\int_{0}^{e}\cos(\ln x)\ln x\,dx$ 收斂或發散

【解】

令 $u = \ln x$ 則 $\dfrac{dx}{x} = du \Rightarrow dx = e^{u}du$, 藉由變數代換法

$\displaystyle\int_{0}^{e}\cos(\ln x)\ln x\,dx = \int_{-\infty}^{1} u\,e^{u}\cos u\,du$

令 $u = -v$ 則 $du = -dv$, 藉由變數代換法

則 $\displaystyle\int_{-\infty}^{1} u\,e^{u}\cos u\,du = -\int_{\infty}^{-1}(-v)e^{-v}\cos(-v)\,dv = -\int_{-1}^{\infty} ve^{-v}\cos(-v)\,dv$

$\because \displaystyle\lim_{v\to\infty}\frac{|ve^{-v}\cos(-v)|}{e^{-\frac{v}{2}}}\ \lim_{v\to\infty}\left|ve^{-\frac{v}{2}}\cos(-v)\right| = 0$ 且 $\displaystyle\int_{-1}^{\infty} e^{-\frac{v}{2}}dv$ 收斂

藉由 Quotient test 則 $\displaystyle\int_{-1}^{\infty}|ve^{-v}\cos(-v)|dv$ 收斂 $\therefore \displaystyle\int_{0}^{e}\cos(\ln x)\ln x\,dx$ 收斂

範例 11.

判斷 $\displaystyle\int_{0}^{e}\ln x\,\tan^{-1}(\ln x)\,dx$ 收斂或發散

【解】

令 $u = \ln x$ 則 $\dfrac{dx}{x} = du \Rightarrow dx = e^{u}du$, 藉由變數代換法

$\displaystyle\int_{0}^{e}\tan^{-1}(\ln x)\ln x\,dx = \int_{-\infty}^{1} u\,e^{u}\tan^{-1} u\,du$

令 $u = -v$ 則 $du = -dv$, 藉由變數代換法

則 $\displaystyle\int_{-\infty}^{1} u\,e^{u}\tan^{-1} u\,du = -\int_{\infty}^{-1}(-v)e^{-v}\tan^{-1}(-v)\,dv = -\int_{-1}^{\infty} ve^{-v}\tan^{-1}(-v)\,dv$

$\because \lim\limits_{v \to \infty} \dfrac{|ve^{-v}\tan^{-1}(-v)|}{e^{-\frac{v}{2}}} \lim\limits_{v \to \infty} \left|ve^{-\frac{v}{2}}\tan^{-1}(-v)\right| = 0$ 且 $\displaystyle\int_{-1}^{\infty} e^{-\frac{v}{2}}dv$ 收斂

藉由 Quotient test 則 $\displaystyle\int_{-1}^{\infty} |ve^{-v}\tan^{-1}(-v)|dv$ 收斂 $\therefore \displaystyle\int_{0}^{e} \ln x \tan^{-1}(\ln x)\, dx$ 收斂

範例 12.

$$判斷 \int_{0}^{e^{-1}} \ln(u^{-1})\, du \text{ 收斂或發散}$$

【解】

令 $u = e^{-x}$ 則 $du = -e^{-x}dx$, 藉由變數代換法

$$\therefore \int_{0}^{e^{-1}} \ln(u^{-1})\, du = -\int_{\infty}^{1} xe^{-x}dx = \int_{1}^{\infty} xe^{-x}dx$$

$\because \lim\limits_{x \to \infty} \dfrac{xe^{-x}}{e^{-\frac{x}{2}}} = 0$ 且 $\displaystyle\int_{1}^{\infty} e^{-\frac{x}{2}}dx$ 收斂

藉由 Quotient test 則 $\displaystyle\int_{1}^{\infty} xe^{-x}dx$ 收斂 $\therefore \displaystyle\int_{0}^{e^{-1}} \ln(u^{-1})\, du$ 收斂

範例 13.

$$判斷 \int_{0}^{e^{-1}} \ln(u^{-1}) \sin \ln(u^{-1})\, du \text{ 收斂或發散}$$

【解】

令 $u = e^{-x}$ 則 $du = -e^{-x}dx$, 藉由變數代換法

$$\therefore \int_{0}^{e^{-1}} \ln(u^{-1}) \sin \ln(u^{-1})\, du = -\int_{\infty}^{1} xe^{-x} \sin x\, dx = \int_{1}^{\infty} xe^{-x} \sin x\, dx$$

$\because \lim\limits_{x \to \infty} \dfrac{|xe^{-x} \sin x|}{e^{-\frac{x}{2}}} = 0$ 且 $\displaystyle\int_{1}^{\infty} e^{-\frac{x}{2}}dx$ 收斂

藉由 Quotient test 則 $\displaystyle\int_{1}^{\infty} |xe^{-x} \sin x|dx$ 收斂 $\therefore \displaystyle\int_{0}^{e^{-1}} \ln(u^{-1}) \sin \ln(u^{-1})\, du$ 收斂

範例 14.

$$判斷 \int_0^{e^{-1}} \ln\ln(u^{-1})\, du \text{ 收斂或發散}$$

【解】

令 $u = e^{-x}$ 則 $du = -e^{-x}dx$, 藉由變數代換法

$$\therefore \int_0^{e^{-1}} \ln\ln(u^{-1})\, du = -\int_\infty^1 e^{-x}\ln x\, dx = \int_1^\infty e^{-x}\ln x\, dx$$

$$\because \lim_{x\to\infty} \frac{|e^{-x}\ln x|}{e^{-\frac{x}{2}}} = 0 \text{ 且 } \int_1^\infty e^{-\frac{x}{2}}dx \text{ 收斂}$$

藉由 Quotient test 則 $\int_1^\infty |e^{-x}\ln x|dx$ 收斂 $\therefore \int_0^{e^{-1}} \ln\ln(u^{-1})\, du$ 收斂

範例 15.

$$判斷 \int_0^{e^{-1}} \cos\ln(u^{-1})\ln\ln(u^{-1})\, du \text{ 收斂或發散}$$

【解】

令 $u = e^{-x}$ 則 $du = -e^{-x}dx$, 藉由變數代換法

$$\therefore \int_0^{e^{-1}} \cos\ln(u^{-1})\ln\ln(u^{-1})\, du = -\int_\infty^1 \cos x\, e^{-x}\ln x\, dx = \int_1^\infty \cos x\, e^{-x}\ln x\, dx$$

$$\because \lim_{x\to\infty} \frac{|\cos x\, e^{-x}\ln x|}{e^{-\frac{x}{2}}} = 0 \text{ 且 } \int_1^\infty e^{-\frac{x}{2}}dx \text{ 收斂}$$

藉由 Quotient test $\int_1^\infty |\cos x\, e^{-x}\ln x|dx$ 收斂 $\therefore \int_0^{e^{-1}} \cos\ln(u^{-1})\ln\ln(u^{-1})\, du$ 收斂

範例 16.

$$判斷 \int_0^{e^{-1}} \sinh^{-1}(\ln u^{-1})\, du \text{ 收斂或發散}$$

【解】

令 $u = e^{-x}$ 則 $du = -e^{-x}dx$，藉由變數代換法

$$\therefore \int_0^{e^{-1}} \sinh^{-1}(\ln u^{-1})\, du = -\int_\infty^1 e^{-x}\sinh^{-1} x\, dx = \int_1^\infty e^{-x}\sinh^{-1} x\, dx$$

$$\because \lim_{x\to\infty} \frac{|e^{-x}\sinh^{-1} x|}{e^{-\frac{x}{2}}} = 0 \text{ 且 } \int_1^\infty e^{-\frac{x}{2}}dx \text{ 收斂}$$

藉由 Quotient test 則 $\int_1^\infty |e^{-x}\sinh^{-1} x|dx$ 收斂 $\therefore \int_0^{e^{-1}} \sinh^{-1}(\ln u^{-1})\, du$ 收斂

5.4.4.5　先用分部積分法再用 Comparison Test

考試類型:

題型 1.

判斷第一類型瑕積分 $\int_0^\infty u(x)v'(x)dx$ 收斂或發散

解題流程:

Step1.

藉由分部積分 $\int_a^b u(x)v'(x)dx = u(x)v(x)\big|_{x=a}^{x=b} - \int_a^b u'(x)v(x)dx$

Step2.

$$\therefore \int_0^\infty u(x)v'(x)dx = \lim_{a\to 0, b\to\infty} \int_a^b u(x)v'(x)dx = \lim_{a\to 0, b\to\infty} \left(u(x)v(x)\big|_{x=a}^{x=b} - \int_a^b u'(x)v(x)dx \right)$$

Step3.

假設 $\lim\limits_{a\to 0, b\to\infty} u(x)v(x)\big|_{x=a}^{x=b}$ 存在且 $u'(x)v(x) \geq 0,\ \forall x > 0$

Step4.

說明 $\int_0^\infty u(x)v'(x)dx$ 收斂時, 找 $h(x)$ 使得 $0 \leq u'(x)v(x) \leq h(x), \forall x \in (0,\infty)$

藉由 Comparison Test, $\displaystyle\lim_{a\to 0,b\to\infty}\int_a^b h(x)dx$ 收斂 $\Rightarrow \displaystyle\int_0^\infty u(x)v'(x)dx$ 收斂

Step5.

說明 $\displaystyle\int_0^\infty u(x)v'(x)dx$ 發散時, 找 $h(x)$ 使得 $0 \le h(x) \le u'(x)v(x),\ \forall x \in (0,\infty)$

藉由 Comparison Test, $\displaystyle\lim_{a\to 0,b\to\infty}\int_a^b h(x)dx$ 發散 $\Rightarrow \displaystyle\int_0^\infty u(x)v'(x)dx$ 發散

題型 2.

判斷第二類型瑕積分 $\displaystyle\int_a^b u(x)v'(x)dx$ 收斂或發散, 其中 $u(a)v'(a)=\infty$ 或 $u(b)v'(b)=\infty$

解題流程:

Step1.

藉由分部積分則 $\displaystyle\int_a^b u(x)v'(x)dx = u(x)v(x)\big|_{x=a}^{x=b} - \int_a^b u'(x)v(x)dx$

Step2.

假設 $u(x)v(x)\big|_{x=a}^{x=b}$ 存在 且 $u'(x)v(x) \ge 0,\ \forall x > 0$

Step3.

說明 $\displaystyle\int_a^b u(x)v'(x)dx$ 收斂時, 找 $h(x)$ 使得 $0 \le u'(x)v(x) \le h(x),\ \forall x \in (a,b)$

藉由 Comparison Test, $\displaystyle\int_a^b h(x)dx$ 收斂 $\Rightarrow \displaystyle\int_a^b u(x)v'(x)dx$ 收斂

Step4.

說明 $\displaystyle\int_a^b u(x)v'(x)dx$ 發散時, 找 $h(x)$ 使得 $0 \le h(x) \le u'(x)v(x),\ \forall x \in (a,b)$

藉由 Comparison Test, $\displaystyle\int_a^b h(x)dx$ 發散 $\Rightarrow \displaystyle\int_a^b u(x)v'(x)dx$ 發散

範例 1.

Prove $\displaystyle\int_0^\infty \frac{\sin x}{x}dx$ converges

【解】

令 $g(x) = \dfrac{\sin x}{x}$, $\forall x \in (0,1]$ 且 $g(0) = 1$ 則 $g(x)$ is continuous on $(0,1]$

$\because \lim\limits_{x \to 0^+} g(x) = \lim\limits_{x \to 0^+} \dfrac{\sin x}{x} = 1$ $\quad \therefore g(x)$ is continuous at $x = 0$

$\Rightarrow g(x) = \dfrac{\sin x}{x}$ is continuous on $[0,1]$ $\quad \therefore \displaystyle\int_0^1 \dfrac{\sin x}{x}\, dx$ 收斂

Claim: $\displaystyle\int_1^\infty \dfrac{\sin x}{x}\, dx$ 收斂

令 $u = \dfrac{1}{x}$, $dv = \sin x\, dx$ 則 $du = -\dfrac{dx}{x^2}$, $v = -\cos x$, 藉由 Integration by parts

$\therefore \displaystyle\int_1^a \dfrac{\sin x}{x}\, dx = \left.\dfrac{-\cos x}{x}\right|_1^a - \int_1^a \dfrac{\cos x}{x^2}\, dx = -\left(\dfrac{\cos a}{a} - \cos 1\right) - \int_1^a \dfrac{\cos x}{x^2}\, dx$

$\therefore \lim\limits_{a \to \infty} \displaystyle\int_1^a \dfrac{\sin x}{x}\, dx = \lim\limits_{a \to \infty} -\left(\dfrac{\cos a}{a} - \cos 1\right) - \int_1^a \dfrac{\cos x}{x^2}\, dx = \cos 1 - \int_1^\infty \dfrac{\cos x}{x^2}\, dx$

$\because \left|\dfrac{\cos x}{x^2}\right| < \dfrac{1}{x^2}$, $\forall x > 1$ 且 $\displaystyle\int_1^\infty \dfrac{1}{x^2}\, dx$ 收斂

藉由 Comparison Test 則 $\displaystyle\int_1^\infty \left|\dfrac{\cos x}{x^2}\right| dx$ 收斂 $\therefore \displaystyle\int_1^\infty \dfrac{\cos x}{x^2}\, dx$ 收斂 $\Rightarrow \displaystyle\int_1^\infty \dfrac{\sin x}{x}\, dx$ 收斂

範例 2.

判斷 $\displaystyle\int_1^\infty e^{-x}\ln x\, dx$ 收斂或發散

【解】

令 $u = \ln x$, $dv = e^{-x} dx$ 則 $du = x^{-1} dx$, $v = -e^{-x}$, 藉由 Integration by parts

則 $\displaystyle\int_1^\infty e^{-x}\ln x\,dx = -e^{-x}\ln x\,|_1^\infty + \int_1^\infty e^{-x}x^{-1}dx = \int_1^\infty e^{-x}x^{-1}dx$

$\because e^{-x}x^{-1} < e^{-x},\ \forall x > 1$ 且 $\displaystyle\int_1^\infty e^{-x}dx$ 收斂

藉由 Comparison Test 則 $\displaystyle\int_1^\infty e^{-x}x^{-1}dx$ 收斂 $\quad\therefore \displaystyle\int_1^\infty e^{-x}\ln x\,dx$ 收斂

範例 3.

$$\text{判斷 } \int_1^\infty e^{-x}\ln(2 + e^x)\,dx \text{ 收斂或發散}$$

【解】

令 $u = \ln(2 + e^x),\ dv = e^{-x}dx$ 則 $du = \dfrac{e^x dx}{2 + e^x},\ v = -e^{-x}$

藉由 Integration by parts 則 $\displaystyle\int_1^\infty e^{-x}\ln(2 + e^x)\,dx$

$= -e^{-x}\ln(2 + e^x)|_1^\infty + \displaystyle\int_1^\infty \dfrac{1}{2 + e^x}dx = e^{-1}\ln(2 + e) + \int_1^\infty \dfrac{1}{2 + e^x}dx$

$\because \dfrac{1}{2 + e^x} < \dfrac{1}{e^x},\ \forall x > 1$ 且 $\displaystyle\int_1^\infty e^{-x}dx < \infty$

$\therefore$ 藉由 Comparison Test 則 $\displaystyle\int_1^\infty \dfrac{1}{2 + e^x}dx$ 收斂 $\quad\therefore \displaystyle\int_1^\infty e^{-x}\ln(2 + e^x)\,dx$ 收斂

範例 4.

$$\text{判斷 } \int_1^\infty \dfrac{\cos x}{\sqrt{x}}dx \text{ 收斂或發散}$$

【解】

令 $s = \dfrac{1}{\sqrt{x}},\ dt = \cos x\,dx$ 則 $ds = \dfrac{-x^{-\frac{3}{2}}}{2}\,dx,\ t = \sin x$，藉由 Integration by parts

則 $\displaystyle\int_1^\infty \dfrac{\cos x}{\sqrt{x}}\,dx = \dfrac{\sin x}{\sqrt{x}}\bigg|_1^\infty + \dfrac{1}{2}\int_1^\infty x^{-\frac{3}{2}}\sin x\,dx = -\sin 1 + \dfrac{1}{2}\int_1^\infty x^{-\frac{3}{2}}\sin x\,dx$

$\because \left| x^{-\frac{3}{2}}\sin x \right| < x^{-\frac{3}{2}},\ \forall x > 1$ 且 $\displaystyle\int_1^\infty x^{-\frac{3}{2}}\,du$ 收斂

藉由 Comparison Test 則 $\displaystyle\int_1^\infty x^{-\frac{3}{2}}\sin x\,dx$ 收斂 $\quad\therefore \displaystyle\int_1^\infty \dfrac{\cos x}{\sqrt{x}}\,dx$ 收斂

範例 5.

判斷 $\displaystyle\int_1^\infty \dfrac{\cos x}{x}\,dx$ 收斂或發散

【解】

令 $s = x^{-1},\ dt = \cos x\,dx$ 則 $ds = -\dfrac{dx}{x^2},\ t = \sin x$，藉由 Integration by parts

則 $\displaystyle\int_1^\infty x^{-1}\cos x\,dx = x^{-1}\sin x\big|_1^\infty + \int_1^\infty x^{-2}\sin x\,dx = -\sin 1 + \int_1^\infty x^{-2}\sin x\,dx$

$\because |x^{-2}\sin x| < x^{-2},\ \forall x > 1$ 且 $\displaystyle\int_1^\infty x^{-2}\,du$ 收斂

藉由 Comparison Test 則 $\displaystyle\int_1^\infty x^{-2}\sin x\,dx$ 收斂 $\quad\therefore \displaystyle\int_1^\infty \dfrac{\cos x}{x}\,dx$ 收斂

範例 6.

判斷 $\displaystyle\int_{1}^{\infty} e^{-x}\operatorname{csch}^{-1}x\,dx$ 收斂或發散

【解】

令 $s=\operatorname{csch}^{-1}x,\ \ dt=e^{-x}dx$ 則 $ds=\dfrac{-dx}{x\sqrt{1+x^2}},\ \ t=-e^{-x}$

藉由 Integration by parts,

則 $\displaystyle\int_{1}^{\infty} e^{-x}\operatorname{csch}^{-1}x\,dx = -e^{-x}\cdot\operatorname{csch}^{-1}x\Big|_{1}^{\infty} - \int_{1}^{\infty}\dfrac{e^{-x}}{x\sqrt{1+x^2}}\,dx$

$= -e^{-x}\ln\left(\dfrac{1+\sqrt{1+x^2}}{x}\right)\Big|_{1}^{\infty} - \int_{1}^{\infty}\dfrac{e^{-x}dx}{x\sqrt{1+x^2}} = e^{-1}\ln(1+\sqrt{2}) - \int_{1}^{\infty}\dfrac{e^{-x}dx}{x\sqrt{1+x^2}}$

$\because \dfrac{e^{-x}}{x\sqrt{1+x^2}} < e^{-x},\ \ \forall x>1\ \ $ 且 $\displaystyle\int_{1}^{\infty}e^{-x}dx$ 收斂

藉由 Comparison Test 則 $\displaystyle\int_{1}^{\infty}\dfrac{e^{-x}}{x\sqrt{1+x^2}}\,dx$ 收斂 $\quad\therefore\displaystyle\int_{1}^{\infty}e^{-x}\operatorname{csch}^{-1}x\,dx$ 收斂

範例 7.

判斷 $\displaystyle\int_{1}^{\infty} x^{-p}\operatorname{csch}^{-1}x\,dx$ 收斂或發散, $\forall p>1$

【解】

令 $p>1,\ \ s=\operatorname{csch}^{-1}x,\ \ dt=x^{-p}dx$ 則 $ds=\dfrac{-1}{x\sqrt{1+x^2}}\,dx,\ \ t=\dfrac{x^{1-p}}{1-p}$

藉由 Integration by parts,

則 $\displaystyle\int_{1}^{\infty} x^{-p}\operatorname{csch}^{-1}x\,dx = \dfrac{x^{1-p}\operatorname{csch}^{-1}x}{1-p}\Big|_{1}^{\infty} + \dfrac{1}{(1-p)}\int_{1}^{\infty}\dfrac{x^{-p}}{\sqrt{1+x^2}}\,dx$

$$= \left. \frac{x^{1-p} \ln\left(\frac{1+\sqrt{1+x^2}}{x}\right)}{1-p} \right|_1^\infty + \frac{1}{(1-p)} \int_1^\infty \frac{x^{-p}}{\sqrt{1+x^2}} dx = \frac{\ln 1 + \sqrt{2}}{p-1} + \frac{1}{(1-p)} \int_1^\infty \frac{x^{-p}}{\sqrt{1+x^2}} dx$$

$$\because \frac{x^{-p}}{\sqrt{1+x^2}} < x^{-p}, \ \forall x > 1 \ \text{且} \ \int_1^\infty x^{-p} dx \ \text{收斂}, \ \forall p > 1$$

藉由 Comparison Test 則 $\displaystyle\int_1^\infty \frac{x^{-p}}{\sqrt{1+x^2}} dx$ 收斂 $\quad \therefore \displaystyle\int_1^\infty x^{-p} \operatorname{csch}^{-1} x \, dx$ 收斂

範例 8.

$$判斷 \int_1^\infty e^{-x} \sinh^{-1} x \, dx \ 收斂或發散$$

【解】

令 $s = \sinh^{-1} x, \ dt = e^{-x} dx$ 則 $ds = \dfrac{1}{\sqrt{1+x^2}} dx, \ t = -e^{-x}$

藉由 Integration by parts,

則 $\displaystyle\int_1^\infty e^{-x} \sinh^{-1} x \, dx = \left. -\frac{\sinh^{-1} x}{e^x} \right|_1^\infty + \int_1^\infty \frac{e^{-x} dx}{\sqrt{1+x^2}} = \frac{\sinh^{-1} 1}{e} + \int_1^\infty \frac{e^{-x} dx}{\sqrt{1+x^2}}$

$$\because \frac{e^{-x}}{\sqrt{1+x^2}} < e^{-x}, \ \forall x > 1 \ \text{且} \ \int_1^\infty e^{-x} dx \ \text{收斂}$$

藉由 Comparison Test 則 $\displaystyle\int_1^\infty \frac{e^{-x}}{\sqrt{1+x^2}} dx$ 收斂 $\quad \therefore \displaystyle\int_1^\infty e^{-x} \sinh^{-1} x \, dx$ 收斂

範例 9.

$$判斷 \int_1^\infty x^{-p} \sinh^{-1} x \, dx \ 收斂或發散, \ \forall p > 1$$

【解】

令 $p > 1$, $s = \sinh^{-1} x$, $dt = x^{-p}dx$ 則 $ds = \dfrac{1}{\sqrt{1 + x^2}}dx$, $t = \dfrac{x^{1-p}}{1 - p}$

藉由 Integration by parts,

則 $\displaystyle\int_1^\infty x^{-p} \sinh^{-1} x \, dx = \left.\dfrac{x^{1-p} \sinh^{-1} x}{1 - p}\right|_1^\infty + \dfrac{1}{1 - p}\int_1^\infty \dfrac{x^{1-p}}{\sqrt{1 + x^2}}dx$

$= \dfrac{\sinh^{-1} 1}{p - 1} + \dfrac{1}{1 - p}\displaystyle\int_1^\infty \dfrac{x^{1-p}}{\sqrt{1 + x^2}}dx$

$\because \dfrac{x^{1-p}}{\sqrt{1 + x^2}} < x^{-p}$, $\forall x > 1$ 且 $\displaystyle\int_1^\infty x^{-p}dx$ 收斂, $\forall p > 1$

藉由 Comparison Test 則 $\displaystyle\int_1^\infty \dfrac{x^{1-p}}{\sqrt{1 + x^2}}dx$ 收斂 $\quad \therefore \displaystyle\int_1^\infty x^{-p} \sinh^{-1} x \, dx$ 收斂

範例 10.

判斷 $\displaystyle\int_1^\infty (3 + x)^{-p} \ln x \, dx$ 收斂或發散, $\forall p > 1$

【解】

令 $s = \ln x$, $dt = (3 + x)^{-p}dx$ 則 $ds = \dfrac{dx}{x}$, $t = \dfrac{(3 + x)^{1-p}}{1 - p}$

藉由 Integration by parts,

則 $\displaystyle\int_1^\infty (3 + x)^{-p} \ln x \, dx = \left.\dfrac{(3 + x)^{1-p} \ln x}{1 - p}\right|_1^\infty - \int_1^\infty \dfrac{(3 + x)^{-p}}{(1 - p)x}dx = -\int_1^\infty \dfrac{(3 + x)^{-p}}{(1 - p)x}dx$

$\because \dfrac{(3 + x)^{-p}}{x} < x^{-p-1}$, $\forall x > 1$ 且 $\displaystyle\int_1^\infty x^{-p-1}dx$ 收斂, $\forall p > 1$

藉由 Comparison Test 則 $\displaystyle\int_1^\infty \dfrac{(3 + x)^{-p}}{(1 - p)x}dx$ 收斂 $\quad \therefore \displaystyle\int_1^\infty (3 + x)^{-p} \ln x \, dx$ 收斂

5.4.4.6　先用分部積分法再用 **Quotient Test**

考試類型:

題型 1.

判斷第一類型瑕積分 $\displaystyle\int_0^\infty u(x)v'(x)dx$ 收斂或發散

解題流程:

Step1.

藉由分部積分法 $\displaystyle\int_a^b u(x)v'(x)dx = u(x)v(x)|_{x=a}^{x=b} - \int_a^b u'(x)v(x)dx$

Step2.

$$\therefore \int_0^\infty u(x)v'(x)dx = \lim_{a\to 0, b\to\infty}\int_a^b u(x)v'(x)dx = \lim_{a\to 0, b\to\infty}\left(u(x)v(x)|_{x=a}^{x=b} - \int_a^b u'(x)v(x)dx\right)$$

Step3.

假設 $\displaystyle\lim_{a\to 0, b\to\infty} u(x)v(x)|_{x=a}^{x=b}$ 存在且 $u'(x)v(x) \geq 0,\ \forall x > 0$

Step4.

找 $h(x) \geq 0$ 使得 $\displaystyle\lim_{x\to\infty}\frac{u'(x)v(x)}{h(x)} = L \in (0, \infty)$

藉由 Quotient Test 若 $\displaystyle\lim_{a\to 0, b\to\infty}\int_a^b h(x)dx$ 收斂(發散) 則 $\displaystyle\int_0^\infty u(x)v'(x)dx$ 收斂(發散)

題型 2.

判斷第二類型瑕積分 $\displaystyle\int_a^b u(x)v'(x)dx$ 收斂或發散,其中 $u(a)v'(a) = \infty$

解題流程:

Step1.

藉由分部積分法則 $\displaystyle\int_a^b u(x)v'(x)dx = u(x)v(x)|_{x=a}^{x=b} - \int_a^b u'(x)v(x)dx$

Step2.

假設 $u(x)v(x)|_{x=a}^{x=b}$ 存在且 $u'(x)v(x) \geq 0,\ \forall x \in (a, b)$

Step3.

找 $h(x) \geq 0$ 使得 $\lim\limits_{x \to a} \dfrac{u'(x)v(x)}{h(x)} = L \in (0, \infty)$

藉由 Quotient Test, 若 $\displaystyle\int_a^b h(x)dx$ 收斂(發散) 則 $\displaystyle\int_a^b u(x)v'(x)dx$ 收斂(發散)

範例 1.

Prove $\displaystyle\int_0^\infty \dfrac{\sin x}{x} dx$ converges

【解】

令 $g(x) = \dfrac{\sin x}{x}$ 且 $g(0) = 1$ 則 $g(x)$ is continuous on(0,1]

$\because \lim\limits_{x \to 0^+} g(x) = \lim\limits_{x \to 0^+} \dfrac{\sin x}{x} = 1 \qquad \therefore g(x)$ is continuous at $x = 0$

$\Rightarrow g(x) = \dfrac{\sin x}{x}$ is continuous on $[0,1]$ $\qquad \therefore \displaystyle\int_0^1 \dfrac{\sin x}{x} dx$ 收斂

Claim: $\displaystyle\int_1^\infty \dfrac{\sin x}{x} dx$ 收斂

令 $u = \dfrac{1}{x}, \ dv = \sin x\, dx$ 則 $du = -x^{-2}dx, \ v = -\cos x$

藉由 Integration by parts,

$\therefore \displaystyle\int_1^a \dfrac{\sin x}{x} dx = \dfrac{-\cos x}{x}\Big|_1^a - \int_1^a \dfrac{\cos x}{x^2} dx = -\left(\dfrac{\cos a}{a} - \cos 1\right) - \int_1^a \dfrac{\cos x}{x^2} dx$

$\therefore \lim\limits_{a \to \infty} \displaystyle\int_1^a \dfrac{\sin x}{x} dx = \lim\limits_{a \to \infty} -\left(\dfrac{\cos a}{a} - \cos 1\right) - \int_1^a \dfrac{\cos x}{x^2} dx = \cos 1 - \int_1^\infty \dfrac{\cos x}{x^2} dx$

$\because \lim\limits_{x \to \infty} \dfrac{\dfrac{\cos x}{x^2}}{\dfrac{1}{x^{\frac{3}{2}}}} = \lim\limits_{x \to \infty} \dfrac{\cos x}{x^{\frac{1}{2}}} = 0$ and $\displaystyle\int_1^\infty x^{-\frac{3}{2}}dx$ 收斂

藉由 Quotient Test 則 $\displaystyle\int_1^\infty \frac{\cos x}{x^2}dx$ 收斂 $\quad\therefore \displaystyle\int_1^\infty \frac{\sin x}{x}dx$ 收斂 $\Rightarrow \displaystyle\int_0^\infty \frac{\sin x}{x}dx$ 收斂

範例 2.

$\qquad$ 判斷 $\displaystyle\int_1^\infty e^{-x}\ln x\, dx$ 收斂或發散

【解】

令 $u = \ln x,\ dv = e^{-x}dx$ 則 $du = \dfrac{dx}{x},\ v = -e^{-x},$ 藉由 Integration by parts

則 $\displaystyle\int_1^\infty e^{-x}\ln x\, dx = -e^{-x}\ln x\big|_1^\infty + \int_1^\infty e^{-x}x^{-1}dx = \int_1^\infty e^{-x}x^{-1}dx$

$\because \displaystyle\lim_{x\to\infty}\frac{e^{-x}x^{-1}}{e^{-x}} = 0$ and $\displaystyle\int_1^\infty e^{-x}dx$ 收斂

藉由 Quotient Test 則 $\displaystyle\int_1^\infty e^{-x}x^{-1}dx$ 收斂 $\quad\therefore \displaystyle\int_1^\infty e^{-x}\ln x\, dx$ 收斂

範例 3.

$\qquad$ 判斷 $\displaystyle\int_1^\infty e^{-x}\ln(2+e^x)\, dx$ 收斂或發散

【解】

令 $u = \ln(2+e^x),\ dv = e^{-x}dx$ 則 $du = \dfrac{e^x}{2+e^x}dx,\ v = -e^{-x}$

藉由 Integration by parts,

則 $\displaystyle\int_1^\infty e^{-x}\ln(2+e^x)\, dx = -\frac{\ln(2+e^x)}{e^x}\bigg|_1^\infty + \int_1^\infty \frac{dx}{2+e^x} = \frac{\ln(2+e)}{e} + \int_1^\infty \frac{dx}{2+e^x}$

$$\because \lim_{x \to \infty} \frac{\frac{1}{2+e^x}}{\frac{1}{e^x}} = 0 \quad \text{and} \quad \int_1^\infty e^{-x}dx \ \text{收斂}$$

藉由 Quotient Test 則 $\displaystyle\int_1^\infty \frac{1}{2+e^x}dx$ 收斂　$\therefore \displaystyle\int_1^\infty e^{-x}\ln(2+e^x)\,dx$ 收斂

範例 4.

$$\text{判斷} \int_1^\infty \frac{\cos x}{\sqrt{x}}dx \ \text{收斂或發散}$$

【解】

$$\text{令} s = \frac{1}{\sqrt{x}}, \ dt = \cos x\,dx \ \text{則} \ ds = \frac{-x^{-\frac{3}{2}}dx}{2}, \ t = \sin x, \ \text{藉由分部積分法}$$

$$\text{則} \int_1^\infty \frac{\cos x}{\sqrt{x}}dx = \left.\frac{\sin x}{\sqrt{x}}\right|_1^\infty + \frac{1}{2}\int_1^\infty x^{-\frac{3}{2}}\sin x\,dx = -\sin 1 + \frac{1}{2}\int_1^\infty x^{-\frac{3}{2}}\sin x\,dx$$

$$\because \lim_{x \to \infty} \frac{x^{-\frac{3}{2}}\sin x}{x^{-\frac{5}{4}}} = \lim_{x \to \infty} x^{-\frac{1}{4}}\sin x = 0 \quad \text{and} \quad \int_1^\infty x^{-\frac{5}{4}}dx \ \text{收斂}$$

藉由 Quotient Test 則 $\displaystyle\int_1^\infty x^{-\frac{3}{2}}\sin x\,dx$ 收斂　$\therefore \displaystyle\int_1^\infty \frac{\cos x}{\sqrt{x}}dx$ 收斂

範例 5.

$$\text{判斷} \int_1^\infty \frac{\cos x}{x}dx \ \text{收斂或發散}$$

【解】

$$\text{令} s = x^{-1}, \ dt = \cos x\,dx \ \text{則} \ ds = -\frac{dx}{x^2}, \ t = \sin x, \ \text{藉由分部積分法}$$

則 $\displaystyle\int_1^\infty x^{-1}\cos x\,dx = x^{-1}\sin x\big|_1^\infty + \int_1^\infty x^{-2}\sin x\,dx = -\sin 1 + \int_1^\infty x^{-2}\sin x\,dx$

$\displaystyle \because \lim_{x\to\infty}\frac{x^{-2}\sin x}{x^{-\frac{5}{4}}} = \lim_{x\to\infty} x^{-\frac{3}{4}}\sin x = 0 \ \text{ and } \ \int_1^\infty x^{-\frac{5}{4}}dx$ 收斂

藉由 Quotient Test 則 $\displaystyle\int_1^\infty x^{-2}\sin x\,dx$ 收斂 $\qquad \therefore \displaystyle\int_1^\infty \frac{\cos x}{x}\,dx$ 收斂

範例 6.

$\qquad$ 判斷 $\displaystyle\int_1^\infty e^{-x}\operatorname{csch}^{-1}x\,dx$ 收斂或發散

【解】

令 $s = \operatorname{csch}^{-1}x$, $\ dt = \dfrac{dx}{e^x}$ 則 $ds = \dfrac{-dx}{x\sqrt{1+x^2}}$, $\ t = -e^{-x}$, 藉由分部積分法

則 $\displaystyle\int_1^\infty e^{-x}\operatorname{csch}^{-1}x\,dx = -e^{-x}\cdot\operatorname{csch}^{-1}x\big|_1^\infty - \int_1^\infty \frac{e^{-x}}{x\sqrt{1+x^2}}\,dx$

$\displaystyle = -e^{-x}\cdot\ln\left(\frac{1+\sqrt{1+x^2}}{x}\right)\Bigg|_1^\infty - \int_1^\infty \frac{e^{-x}dx}{x\sqrt{1+x^2}} = e^{-1}\ln(1+\sqrt{2}) - \int_1^\infty \frac{e^{-x}dx}{x\sqrt{1+x^2}}$

$\displaystyle \because \lim_{x\to\infty}\frac{\dfrac{e^{-x}}{x\sqrt{1+x^2}}}{e^{-x}} = \lim_{x\to\infty}\frac{1}{x\sqrt{1+x^2}} = 0 \ \text{ and } \ \int_1^\infty e^{-x}dx$ 收斂

藉由 Quotient Test 則 $\displaystyle\int_1^\infty \frac{e^{-x}}{x\sqrt{1+x^2}}\,dx$ 收斂 $\quad \therefore \displaystyle\int_1^\infty e^{-x}\operatorname{csch}^{-1}x\,dx$ 收斂

範例 7.

$\qquad$ 判斷 $\displaystyle\int_1^\infty x^{-p}\operatorname{csch}^{-1}x\,dx$ 收斂或發散, $\forall p > 1$

【解】

令 $p > 1$, $s = \operatorname{csch}^{-1} x$, $dt = x^{-p} dx$ 則 $ds = \dfrac{-1}{x\sqrt{1+x^2}} dx$, $t = \dfrac{x^{1-p}}{1-p}$

藉由 Integration by parts,

則 $\displaystyle\int_1^\infty x^{-p} \operatorname{csch}^{-1} x\, dx = \dfrac{x^{1-p}\operatorname{csch}^{-1} x}{1-p}\Bigg|_1^\infty + \dfrac{1}{(1-p)}\int_1^\infty \dfrac{x^{-p}}{\sqrt{1+x^2}} dx$

$= \dfrac{x^{1-p}\ln\left(\dfrac{1+\sqrt{1+x^2}}{x}\right)}{1-p}\Bigg|_1^\infty + \dfrac{1}{(1-p)}\int_1^\infty \dfrac{x^{-p}}{\sqrt{1+x^2}} dx = \dfrac{\ln(1+\sqrt{2})}{p-1} + \dfrac{1}{(1-p)}\int_1^\infty \dfrac{x^{-p}}{\sqrt{1+x^2}} dx$

$\because \displaystyle\lim_{x\to\infty} \dfrac{\dfrac{x^{-p}}{\sqrt{1+x^2}}}{x^{-p}} = \lim_{x\to\infty} \dfrac{1}{\sqrt{1+x^2}} = 0$ and $\displaystyle\int_1^\infty x^{-p} dx$ 收斂, $\forall p > 1$

藉由 Quotient Test 則 $\displaystyle\int_1^\infty \dfrac{x^{-p}}{\sqrt{1+x^2}} dx$ 收斂 $\quad\therefore \displaystyle\int_1^\infty x^{-p}\operatorname{csch}^{-1} x\, dx$ 收斂

範例 8.

判斷 $\displaystyle\int_1^\infty e^{-x} \sinh^{-1} x\, dx$ 收斂或發散

【解】

令 $s = \sinh^{-1} x$, $dt = \dfrac{dx}{e^x}$ 則 $ds = \dfrac{dx}{\sqrt{1+x^2}}$, $t = -e^{-x}$, 藉由分部積分法

則 $\displaystyle\int_1^\infty e^{-x}\sinh^{-1} x\, dx = -\dfrac{\sinh^{-1} x}{e^x}\Bigg|_1^\infty + \int_1^\infty \dfrac{e^{-x} dx}{\sqrt{1+x^2}} = \dfrac{\sinh^{-1} 1}{e} + \int_1^\infty \dfrac{e^{-x} dx}{\sqrt{1+x^2}}$

$\because \displaystyle\lim_{x\to\infty} \dfrac{\dfrac{e^{-x}}{\sqrt{1+x^2}}}{e^{-x}} = \lim_{x\to\infty} \dfrac{1}{\sqrt{1+x^2}} = 0$ and $\displaystyle\int_1^\infty e^{-x} dx$ 收斂

藉由 Quotient Test 則 $\displaystyle\int_1^\infty \dfrac{e^{-x}}{\sqrt{1+x^2}} dx$ 收斂 $\quad\therefore \displaystyle\int_1^\infty e^{-x}\sinh^{-1} x\, dx$ 收斂

範例 9.

$$判斷 \int_1^\infty x^{-p} \sinh^{-1} x \, dx \text{ 收斂或發散, } \forall p > 1$$

【解】

令 $p > 1$, $s = \sinh^{-1} x$, $dt = x^{-p} dx$ 則 $ds = \dfrac{1}{\sqrt{1+x^2}} dx$, $t = \dfrac{x^{1-p}}{1-p}$

藉由 Integration by parts,

$$則 \int_1^\infty x^{-p} \sinh^{-1} x \, dx = \left. \frac{x^{1-p} \sinh^{-1} x}{1-p} \right|_1^\infty - \frac{1}{1-p} \int_1^\infty \frac{x^{1-p}}{\sqrt{1+x^2}} dx$$

$$= \frac{\sinh^{-1} 1}{p-1} - \frac{1}{1-p} \int_1^\infty \frac{x^{1-p}}{\sqrt{1+x^2}} dx$$

$$\because \lim_{x \to \infty} \frac{\dfrac{x^{1-p}}{\sqrt{1+x^2}}}{x^{-p}} = \lim_{x \to \infty} \frac{x}{\sqrt{1+x^2}} = 1 \text{ and } \int_1^\infty x^{-p} dx \text{ 收斂, } \forall p > 1$$

藉由 Quotient Test 則 $\int_1^\infty \dfrac{x^{1-p}}{\sqrt{1+x^2}} dx$ 收斂 $\quad \therefore \int_1^\infty x^{-p} \sinh^{-1} x \, dx$ 收斂

範例 10.

$$判斷 \int_1^\infty (3+x)^{-p} \ln x \, dx \text{ 收斂或發散, } \forall p > 1$$

【解】

令 $p > 1$, $s = \ln x$, $dt = (3+x)^{-p} dx$ 則 $ds = \dfrac{1}{x} dx$, $t = \dfrac{(3+x)^{1-p}}{1-p}$

藉由 Integration by parts,

$$則 \int_1^\infty (3+x)^{-p} \ln x \, dx = \left. \frac{(3+x)^{1-p} \ln x}{1-p} \right|_1^\infty - \int_1^\infty \frac{(3+x)^{-p} dx}{x(1-p)} = - \int_1^\infty \frac{(3+x)^{-p} dx}{x(1-p)}$$

$$\because \lim_{x\to\infty} \frac{\dfrac{(3+x)^{-p}}{x(1-p)}}{\dfrac{x^{-p}}{1-p}} = 0 \ \text{ and } \ \frac{1}{1-p}\int_1^\infty x^{-p}dx \ \text{收斂, } \ \forall p > 1$$

$$\text{藉由 Quotient Test 則} \int_1^\infty \frac{(3+x)^{-p}dx}{x(1-p)} \ \text{收斂} \quad \therefore \int_1^\infty (3+x)^{-p}\ln x\, dx \ \text{收斂}$$

5.4.4.7　先作變數代換再用分部積分法+Comparison Test

考試類型:

題型 1.

判斷第一類瑕積分 $\displaystyle\int_0^\infty f(g(x))g'(x)\,dx$ 收斂或發散, 其中 $f(x) \geq$, $g'(x) \geq 0$, $\forall x \geq 0$

解題流程:

Step1.

令 $u = g(x)$ 則 $du = g'(x)dx$, 藉由變換變數法則 $\displaystyle\int_a^b f(g(x))g'(x)\,dx = \int_{g(a)}^{g(b)} f(u)du$

Step2.

$$\therefore \int_0^\infty f(g(x))g'(x)\,dx = \lim_{a\to 0, b\to\infty} \int_a^b f(g(x))g'(x)\,dx = \lim_{a\to 0, b\to\infty} \int_{g(a)}^{g(b)} f(u)du$$

Step3.

假設 $\exists\, u(x), v(x)$ 使得 $\displaystyle\lim_{a\to 0, b\to\infty} \int_{g(a)}^{g(b)} f(u)du = \lim_{a\to 0, b\to\infty} \int_{g(a)}^{g(b)} u(x)v'(x)dx$

Step4.

藉由 Integration by parts,

$$\lim_{a\to 0, b\to\infty} \int_{g(a)}^{g(b)} u(x)v'(x)dx = \lim_{a\to 0, b\to\infty} \left(u(x)v(x)\big|_{x=g(a)}^{x=g(b)} - \int_{g(a)}^{g(b)} u'(x)v(x)dx \right)$$

Step5.

假設 $\displaystyle\lim_{a\to 0, b\to\infty} u(x)v(x)\big|_{x=g(a)}^{x=g(b)}$ 存在且 $u'(x)v(x) \geq 0$, $\forall x \in (g(a), g(b))$

Step6.

說明 $\displaystyle\lim_{a\to 0, b\to\infty}\int_{g(a)}^{g(b)} u(x)v'(x)dx$ 收斂時

$g(\infty) := \displaystyle\lim_{x\to\infty} g(x)$, 找 $h(x)$ 使得 $0 \leq u'(x)v(x) \leq h(x),\ \forall x \in (g(0), g(\infty))$

藉由 Comparison Test, 若 $\displaystyle\lim_{a\to 0, b\to\infty}\int_{g(a)}^{g(b)} h(x)dx$ 收斂則 $\displaystyle\lim_{a\to 0, b\to\infty}\int_{g(a)}^{g(b)} u'(x)v(x)dx$ 收斂

$\Rightarrow \displaystyle\int_{0}^{\infty} f(g(x))g'(x)\, dx$ 收斂

Step7.

說明 $\displaystyle\lim_{a\to 0, b\to\infty}\int_{g(a)}^{g(b)} u(x)v'(x)dx$ 發散時

$g(\infty) := \displaystyle\lim_{x\to\infty} g(x)$, 找 $h(x)$ 使得 $0 \leq h(x) \leq u'(x)v(x),\ \forall x \in (g(0), g(\infty))$

藉由 Comparison Test, 若 $\displaystyle\lim_{a\to 0, b\to\infty}\int_{g(a)}^{g(b)} h(x)dx$ 發散則 $\displaystyle\lim_{a\to 0, b\to\infty}\int_{g(a)}^{g(b)} u'(x)v(x)dx$ 發散

$\Rightarrow \displaystyle\int_{0}^{\infty} f(g(x))g'(x)\, dx$ 發散

題型 2.

判斷第二類瑕積分 $\displaystyle\int_{a}^{b} f(g(x))g'(x)\, dx$ 收斂或發散, 其中 $f(x) \geq 0,\ g'(x) \geq 0,\ \forall x \geq 0$ 且 $f(g(a))g'(a) = \infty$

解題流程:

Step1.

令 $u = g(x)$ 則 $du = g'(x)dx$, 藉由變換變數法則 $\displaystyle\int_{a}^{b} f(g(x))g'(x)\, dx = \int_{g(a)}^{g(b)} f(u)du$

Step2.

假設 $\exists\, u(x), v(x)$ 使得 $\displaystyle\int_{g(a)}^{g(b)} f(u)du = \int_{g(a)}^{g(b)} u(x)v'(x)dx$, 其中 $u(g(a))v'(g(a)) = \infty$

Step3.

藉由 Integration by parts, $\displaystyle\int_{g(a)}^{g(b)} u(x)v'(x)dx = u(x)v(x)\big|_{x=g(a)}^{x=g(b)} - \int_{g(a)}^{g(b)} u'(x)v(x)dx$

Step4.

假設 $u(x)v(x)\big|_{x=g(a)}^{x=g(b)}$ 存在且 $u'(x)v(x) \geq 0,\ \forall x \in (g(a), g(b))$

Step5.

說明 $\displaystyle\int_{g(a)}^{g(b)} u'(x)v(x)dx$ 收斂時

找 $h(x)$ 使得 $0 \leq u'(x)v(x) \leq h(x)\ \forall x \in (g(a), g(b))$

說明 $\displaystyle\int_{g(a)}^{g(b)} u'(x)v(x)dx$ 發散時

找 $h(x)$ 使得 $0 \leq h(x) \leq u'(x)v(x)\ \forall x \in \big(g(a), g(b)\big)$

藉由 Comparison Test, 若 $\displaystyle\int_{g(a)}^{g(b)} h(x)dx$ 收斂(發散) 則 $\displaystyle\int_{g(a)}^{g(b)} u'(x)v(x)dx$ 收斂(發散)

$\Rightarrow \displaystyle\int_{a}^{b} f(g(x))g'(x)\,dx$ 收斂(發散)

範例 1.

$\qquad$ 判斷 $\displaystyle\int_{0}^{1} \frac{1}{x}\cos\frac{1}{x}dx$ 為絕對收斂或條件收斂

【解】

令 $u = \dfrac{1}{x}$ 則 $du = -x^{-2}dx$ 且 $-u^{-2}du = dx,$ 藉由變換代換法

$$\int_{0}^{1} \frac{1}{x}\cos\frac{1}{x}dx = -\int_{\infty}^{1} u\cos u\,(u^{-2})du = \int_{1}^{\infty} u^{-1}\cos u\,du$$

令 $s = u^{-1},\ dt = \cos u\,du$ 則 $ds = -\dfrac{du}{u^2},\ t = \sin u,$ 藉由 Integration by parts

$$則 \int_{1}^{\infty} u^{-1}\cos u\,du = \frac{\sin u}{u}\bigg|_{1}^{\infty} + \int_{1}^{\infty} u^{-2}\sin u\,du = -\sin 1 + \int_{1}^{\infty} u^{-2}\sin u\,du$$

$\because |u^{-2}\sin u| < u^{-2},\ \forall u > 1$ and $\displaystyle\int_{1}^{\infty} u^{-2}du$ 收斂

藉由 Comparison Test 則 $\displaystyle\int_1^\infty |u^{-2}\sin u|\,du$ 收斂

$\therefore \displaystyle\int_1^\infty u^{-1}\cos u\,du$ 收斂 $\Rightarrow \displaystyle\int_0^1 \frac{1}{x}\cos\frac{1}{x}\,dx$ 收斂

Claim: $\displaystyle\int_0^1 \left|\frac{1}{x}\cos\frac{1}{x}\right|\,dx$ 發散

令 $u=\dfrac{1}{x}$ 則 $\displaystyle\int_0^1 \left|\frac{1}{x}\cos\frac{1}{x}\right|\,dx = -\int_\infty^1 u|\cos u|\,(u^{-2})\,du = \int_1^\infty u^{-1}|\cos u|\,du$

$\because \displaystyle\int_1^\infty \frac{|\cos u|}{u}\,du > \sum_{n=1}^\infty \int_{n\pi+\frac{3\pi}{4}}^{(n+1)\pi} \left|\frac{\cos u}{u}\right|\,du > \sum_{n=1}^\infty \frac{1}{\sqrt{2}}\left(\frac{1}{(n+1)\pi}\right)\frac{\pi}{4} = \infty$

$\therefore \displaystyle\int_1^\infty u^{-1}|\cos u|\,du$ 發散 $\Rightarrow \displaystyle\int_0^1 \left|\frac{1}{x}\cos\frac{1}{x}\right|\,dx$ 發散 $\quad \therefore \displaystyle\int_0^1 \frac{1}{x}\cos\frac{1}{x}\,dx$ 條件收斂

範例 2.

判斷 $\displaystyle\int_0^\infty \cos x^2\,dx$ 收斂或發散

【解】

令 $u=x^2$ 則 $du=2x\,dx \Rightarrow \dfrac{du}{2\sqrt{u}}=dx$, 藉由變換代換法

$\therefore \displaystyle\int_0^\infty \cos x^2\,dx = \int_0^\infty \frac{\cos u}{2\sqrt{u}}\,du = \int_0^1 \frac{\cos u}{2\sqrt{u}}\,du + \int_1^\infty \frac{\cos u}{2\sqrt{u}}\,du$

Claim: $\displaystyle\int_0^1 \frac{\cos u}{2\sqrt{u}}\,du$ 收斂

$\because \left| \dfrac{\cos u}{2\sqrt{u}} \right| < \dfrac{1}{2\sqrt{u}}, \quad \forall\, 0 < u < 1 \;\; \text{and} \;\; \displaystyle\int_0^1 \dfrac{1}{2\sqrt{u}}\, du$ 收斂

藉由 Comparison Test 則 $\displaystyle\int_0^1 \dfrac{\cos u}{2\sqrt{u}}\, du$ 收斂

Claim: $\displaystyle\int_1^\infty \dfrac{\cos u}{2\sqrt{u}}\, du$ 收斂

令 $s = u^{-\frac{1}{2}}, \;\; dt = \cos u \; du$ 則 $ds = -\dfrac{1}{2} u^{-\frac{3}{2}} du, \;\; t = \sin u,$ 藉由分部積分法

則 $\displaystyle\int_1^\infty \dfrac{\cos u\, du}{\sqrt{u}} = \dfrac{\sin u}{u^{\frac{1}{2}}}\Bigg|_1^\infty + \int_1^\infty \dfrac{1}{2} u^{-\frac{3}{2}} \sin u\, du = -\sin 1 + \int_1^\infty \dfrac{1}{2} u^{-\frac{3}{2}} \sin u\, du$

$\because \left| u^{-\frac{3}{2}} \sin u \right| < u^{-\frac{3}{2}}, \;\; \forall\, u > 1 \;\; \text{and} \;\; \displaystyle\int_1^\infty u^{-\frac{3}{2}}\, du$ 收斂

藉由 Comparison Test 則 $\displaystyle\int_1^\infty u^{-\frac{3}{2}} \sin u\, du$ 收斂 $\qquad \therefore \displaystyle\int_1^\infty \dfrac{\cos u}{2\sqrt{u}}\, du$ 收斂

因此 $\displaystyle\int_0^\infty \dfrac{\cos u}{2\sqrt{u}}\, du$ 收斂 $\Rightarrow \displaystyle\int_0^\infty \cos x^2\, dx$ 收斂

範例 3.

判斷 $\displaystyle\int_0^1 \dfrac{\cos u^{-2}}{u^2}\, du$ 收斂或發散

【解】

令 $u^{-2} = x$ 則 $-2u^{-3} du = dx \Rightarrow du = -\dfrac{x^{-\frac{3}{2}}}{2} dx,$ 藉由變換代換法

$\displaystyle\int_0^1 \dfrac{\cos u^{-2}}{u^2}\, du = \int_\infty^1 x \cos x \left(-\dfrac{x^{-\frac{3}{2}}}{2} \right) dx = \dfrac{1}{2} \int_1^\infty x^{-\frac{1}{2}} \cos x\, dx$

令 $s = \dfrac{1}{\sqrt{x}}$, $dt = \cos x\,dx$ 則 $ds = \dfrac{-x^{-\frac{3}{2}}}{2}\,dx$, $t = \sin x$, 藉由 Integration by parts

則 $\displaystyle\int_1^\infty \dfrac{\cos x}{\sqrt{x}}\,dx = \dfrac{\sin x}{\sqrt{x}}\Big|_1^\infty + \dfrac{1}{2}\int_1^\infty x^{-\frac{3}{2}}\sin x\,dx = -\sin 1 + \dfrac{1}{2}\int_1^\infty x^{-\frac{3}{2}}\sin x\,dx$

$\because \left| x^{-\frac{3}{2}}\sin x\right| < x^{-\frac{3}{2}}, \ \forall x > 1$ 且 $\displaystyle\int_1^\infty x^{-\frac{3}{2}}dx$ 收斂

藉由 Comparison Test 則 $\displaystyle\int_1^\infty x^{-\frac{3}{2}}\sin x\,dx$ 收斂 $\therefore \displaystyle\int_1^\infty \dfrac{\cos x}{\sqrt{x}}\,dx$ 收斂 $\Rightarrow \displaystyle\int_0^1 \dfrac{\cos u^{-2}}{u^2}\,du$ 收斂

範例 4.

判斷 $\displaystyle\int_0^1 \dfrac{\cos u^{-1}}{u}\,du$ 收斂或發散

【解】

令 $u^{-1} = x$ 則 $-u^{-2}du = dx \Rightarrow du = -x^{-2}dx$, 藉由變換代換法

$$\int_0^1 \dfrac{\cos u^{-1}}{u}\,du = \int_\infty^1 x\cos x\,(-x^{-2})dx = \int_1^\infty x^{-1}\cos x\,dx$$

令 $s = x^{-1}$, $dt = \cos x\,dx$ 則 $ds = -\dfrac{dx}{x^2}$, $t = \sin x$, 藉由 Integration by parts

則 $\displaystyle\int_1^\infty x^{-1}\cos x\,dx = \dfrac{\sin x}{x}\Big|_1^\infty + \int_1^\infty x^{-2}\sin x\,dx = -\sin 1 + \int_1^\infty x^{-2}\sin x\,dx$

$\because |x^{-2}\sin x| < x^{-2}, \ \forall x > 1$ 且 $\displaystyle\int_1^\infty x^{-2}dx$ 收斂

藉由 Comparison Test 則 $\displaystyle\int_1^\infty x^{-2}\sin x\,du$ 收斂 $\therefore \displaystyle\int_1^\infty x^{-1}\cos x\,dx$ 收斂 $\Rightarrow \displaystyle\int_0^1 \dfrac{\cos u^{-1}}{u}\,du$ 收斂

範例 5.

$$\text{判斷} \int_0^1 \frac{e^{-\frac{1}{u}} \operatorname{csch}^{-1} \frac{1}{u}}{u^2} \, du \ \text{收斂或發散}$$

【解】

令 $u^{-1} = x$ 則 $-u^{-2} du = dx$, 藉由變換代換法

$$\int_0^1 \frac{e^{-\frac{1}{u}} \operatorname{csch}^{-1} \frac{1}{u}}{u^2} \, du = -\int_\infty^1 e^{-x} \operatorname{csch}^{-1} x \, dx = \int_1^\infty e^{-x} \operatorname{csch}^{-1} x \, dx$$

令 $s = \operatorname{csch}^{-1} x$, $dt = \dfrac{dx}{e^x}$ 則 $ds = \dfrac{-dx,}{x\sqrt{1+x^2}}$ $t = -e^{-x}$, 藉由分部積分法

$$\int_1^\infty e^{-x} \operatorname{csch}^{-1} x \, dx = -e^{-x} \cdot \operatorname{csch}^{-1} x \Big|_1^\infty - \int_1^\infty \frac{e^{-x}}{x\sqrt{1+x^2}} \, dx$$

$$= -e^{-x} \ln\left(\frac{1+\sqrt{1+x^2}}{x}\right)\Bigg|_1^\infty - \int_1^\infty \frac{e^{-x} dx}{x\sqrt{1+x^2}} = e^{-1}\ln\left(1+\sqrt{2}\right) - \int_1^\infty \frac{e^{-x} dx}{x\sqrt{1+x^2}}$$

$$\because \frac{e^{-x}}{x\sqrt{1+x^2}} < e^{-x}, \ \forall\, x > 1 \ \ \text{且} \ \int_1^\infty e^{-x} dx \ \text{收斂}$$

藉由 Comparison Test 則 $\displaystyle\int_1^\infty \frac{e^{-x}}{x\sqrt{1+x^2}} \, dx$ 收斂

$$\therefore \int_1^\infty e^{-x} \operatorname{csch}^{-1} x \, dx \ \text{收斂} \ \Rightarrow \ \int_0^1 \frac{e^{-\frac{1}{u}} \operatorname{csch}^{-1} \frac{1}{u}}{u^2} \, du \ \text{收斂}$$

範例 6.

$$\text{判斷} \int_0^1 u^{p-2} \operatorname{csch}^{-1} \frac{1}{u} \, du \ \text{收斂或發散}, \ \forall p > 1$$

【解】

令 $p > 1$, $u^{-1} = x$ 則 $-u^{-2}du = dx \Rightarrow du = -x^{-2}dx$, 藉由變換代換法

$$\int_0^1 u^{p-2} \operatorname{csch}^{-1} \frac{1}{u} du = \int_\infty^1 x^{2-p} \operatorname{csch}^{-1} x \, (-x^{-2})dx = \int_1^\infty x^{-p} \operatorname{csch}^{-1} x \, dx$$

令 $s = \operatorname{csch}^{-1} x$, $dt = \dfrac{dx}{x^p}$ 則 $ds = \dfrac{-dx}{x\sqrt{1+x^2}}$, $t = \dfrac{x^{1-p}}{1-p}$, 藉由分部積分法

$$\int_1^\infty x^{-p} \operatorname{csch}^{-1} x \, dx = \frac{x^{1-p} \operatorname{csch}^{-1} x}{1-p}\Big|_1^\infty + \frac{1}{1-p}\int_1^\infty \frac{x^{-p}}{\sqrt{1+x^2}}dx$$

$$= \frac{x^{1-p} \ln\left(\dfrac{1+\sqrt{1+x^2}}{x}\right)}{1-p}\Bigg|_1^\infty + \frac{1}{1-p}\int_1^\infty \frac{x^{-p}dx}{\sqrt{1+x^2}} = \frac{\ln(1+\sqrt{2})}{p-1} + \frac{1}{1-p}\int_1^\infty \frac{x^{-p}dx}{\sqrt{1+x^2}}$$

$\because \dfrac{x^{-p}}{\sqrt{1+x^2}} < x^{-p}$, $\forall x > 1$ 且 $\displaystyle\int_1^\infty x^{-p}dx$ 收斂, $\forall p > 1$

藉由 Comparison Test 則 $\displaystyle\int_1^\infty \frac{x^{-p}}{\sqrt{1+x^2}}dx$ 收斂

$\therefore \displaystyle\int_1^\infty x^{-p} \operatorname{csch}^{-1} x \, dx$ 收斂 $\Rightarrow \displaystyle\int_0^1 u^{p-2} \operatorname{csch}^{-1} \frac{1}{u} du$ 收斂

範例 7.

$$判斷 \int_0^1 \frac{e^{-\frac{1}{u}} \sinh^{-1} \frac{1}{u}}{u^2} du \ 收斂或發散$$

【解】

令 $u^{-1} = x$ 則 $-u^{-2}du = dx$, 藉由變換代換法

$$\int_0^1 \frac{e^{-\frac{1}{u}} \sinh^{-1} \frac{1}{u}}{u^2} du = -\int_\infty^1 e^{-x} \sinh^{-1} x \, dx = \int_1^\infty e^{-x} \sinh^{-1} x \, dx$$

令 $s = \sinh^{-1} x$, $dt = \dfrac{dx}{e^x}$ 則 $ds = \dfrac{dx}{\sqrt{1+x^2}}$, $t = -e^{-x}$, 藉由分部積分法

$$\int_1^\infty e^{-x} \sinh^{-1} x \, dx = -\left.\frac{\sinh^{-1} x}{e^x}\right|_1^\infty + \int_1^\infty \frac{e^{-x} dx}{\sqrt{1+x^2}} = \frac{\sinh^{-1} 1}{e} + \int_1^\infty \frac{e^{-x} dx}{\sqrt{1+x^2}}$$

$$\because \frac{e^{-x}}{\sqrt{1+x^2}} < e^{-x}, \ \forall x > 1 \ \text{且} \int_1^\infty e^{-x} dx \ \text{收斂}$$

藉由 Comparison Test 則 $\displaystyle\int_1^\infty \frac{e^{-x}}{\sqrt{1+x^2}} dx$ 收斂

$$\therefore \int_1^\infty e^{-x} \sinh^{-1} x \, dx \ \text{收斂} \ \Rightarrow \int_0^1 \frac{e^{-\frac{1}{u}} \sinh^{-1} \frac{1}{u}}{u^2} du \ \text{收斂}$$

範例 8.

$$\text{判斷} \int_0^1 u^{p-2} \sinh^{-1} \frac{1}{u} du \ \text{收斂或發散,} \ \forall p > 1$$

【解】

令 $p > 1$, $u^{-1} = x$ 則 $-u^{-2} du = dx \Rightarrow du = -x^{-2} dx$, 藉由變換代換法

$$\int_0^1 u^{p-2} \sinh^{-1} \frac{1}{u} du = \int_\infty^1 x^{2-p} \sinh^{-1} x \, (-x^{-2}) du = \int_1^\infty x^{-p} \sinh^{-1} x \, du$$

令 $s = \sinh^{-1} x$, $dt = \dfrac{dx}{x^p}$ 則 $ds = \dfrac{dx}{\sqrt{1+x^2}}$, $t = \dfrac{x^{1-p}}{1-p}$, 藉由分部積分法

$$\int_1^\infty x^{-p} \sinh^{-1} x \, dx = \left.\frac{x^{1-p} \sinh^{-1} x}{1-p}\right|_1^\infty + \frac{1}{1-p} \int_1^\infty \frac{x^{1-p}}{\sqrt{1+x^2}} dx$$

$$= \frac{\sinh^{-1} 1}{p-1} + \frac{1}{1-p} \int_1^\infty \frac{x^{1-p}}{\sqrt{1+x^2}} dx$$

$$\because \frac{x^{1-p}}{\sqrt{1+x^2}} < x^{-p}, \ \forall x > 1 \ \text{且} \int_1^\infty x^{-p} dx \ \text{收斂,} \ \forall p > 1$$

藉由 Comparison Test 則 $\displaystyle\int_1^\infty \frac{x^{1-p}}{\sqrt{1+x^2}}\,dx$ 收斂

$\therefore \displaystyle\int_1^\infty x^{-p}\sinh^{-1}x\,dx$ 收斂 $\Rightarrow \displaystyle\int_0^1 u^{p-2}\sinh^{-1}\frac{1}{u}\,du$ 收斂

範例 9.

$$\text{判斷}\ \int_0^{e^{-1}} \ln\ln(u^{-1})\,du\ \text{收斂或發散}$$

【解】

令 $u = e^{-x}$ 則 $du = -e^{-x}dx$, 藉由變換代換法

$$\therefore \int_0^{e^{-1}} \ln\ln(u^{-1})\,du = -\int_\infty^1 e^{-x}\ln x\,dx = \int_1^\infty e^{-x}\ln x\,dx$$

令 $u = \ln x,\ dv = e^{-x}dx$ 則 $du = x^{-1}dx,\ v = -e^{-x}$, 藉由 Integration by parts

$$\text{則}\ \int_1^\infty e^{-x}\ln x\,dx = -e^{-x}\ln x\Big|_1^\infty + \int_1^\infty e^{-x}x^{-1}dx = \int_1^\infty e^{-x}x^{-1}dx$$

$$\because e^{-x}x^{-1} < e^{-x},\ \forall x > 1\ \text{且}\ \int_1^\infty e^{-x}dx\ \text{收斂}$$

藉由 Comparison Test 則 $\displaystyle\int_1^\infty e^{-x}x^{-1}dx$ 收斂 $\quad \therefore \displaystyle\int_0^{e^{-1}} \ln\ln(u^{-1})\,du$ 收斂

範例 10.

$$\text{判斷}\ \int_0^{e^{-1}} \operatorname{csch}^{-1}(\ln u^{-1})\,du\ \text{收斂或發散}$$

【解】

令 $u = e^{-x}$ 則 $du = -e^{-x}dx$, 藉由變換代換法

$$\therefore \int_0^{e^{-1}} \operatorname{csch}^{-1}(\ln u^{-1})\, du = -\int_\infty^1 e^{-x} \operatorname{csch}^{-1} x\, dx = \int_1^\infty e^{-x} \operatorname{csch}^{-1} x\, dx$$

令 $s = \operatorname{csch}^{-1} x$, $dt = \dfrac{dx}{e^x}$ 則 $ds = \dfrac{-dx}{x\sqrt{1+x^2}}$, $t = -e^{-x}$, 藉由分部積分法

$$則 \int_1^\infty e^{-x} \operatorname{csch}^{-1} x\, dx = -e^{-x} \cdot \operatorname{csch}^{-1} x\Big|_1^\infty - \int_1^\infty \frac{e^{-x}}{x\sqrt{1+x^2}}\, dx$$

$$= -e^{-x} \cdot \ln\left(\frac{1+\sqrt{1+x^2}}{x}\right)\Big|_1^\infty - \int_1^\infty \frac{e^{-x}\, dx}{x\sqrt{1+x^2}} = \frac{\ln(1+\sqrt{2})}{e} - \int_1^\infty \frac{e^{-x}\, dx}{x\sqrt{1+x^2}}$$

$$\because \frac{e^{-x}}{x\sqrt{1+x^2}} < e^{-x}, \ \forall x > 1 \ \ 且 \ \int_1^\infty e^{-x}\, dx \ \ 收斂$$

藉由 Comparison Test 則 $\displaystyle\int_1^\infty \frac{e^{-x}}{x\sqrt{1+x^2}}\, dx$ 收斂 $\quad \therefore \displaystyle\int_0^{e^{-1}} \operatorname{csch}^{-1}(\ln u^{-1})\, du$ 收斂

範例 11.

$$判斷 \int_0^{e^{-1}} \sinh^{-1}(\ln u^{-1})\, du \ 收斂或發散$$

【解】

令 $u = e^{-x}$ 則 $du = -e^{-x} dx$, 藉由變換代換法

$$\therefore \int_0^{e^{-1}} \sinh^{-1}(\ln u^{-1})\, du = -\int_\infty^1 e^{-x} \sinh^{-1} x\, dx = \int_1^\infty e^{-x} \sinh^{-1} x\, dx$$

令 $s = \sinh^{-1} x$, $dt = \dfrac{dx}{e^x}$ 則 $ds = \dfrac{dx}{\sqrt{1+x^2}}$, $t = -e^{-x}$, 藉由分部積分法

$$則 \int_1^\infty e^{-x} \sinh^{-1} x\, dx = -e^{-x} \sinh^{-1} x\Big|_1^\infty + \int_1^\infty \frac{e^{-x}\, dx}{\sqrt{1+x^2}} = \frac{\sinh^{-1} 1}{e} + \int_1^\infty \frac{e^{-x}\, dx}{\sqrt{1+x^2}}$$

$$\because \frac{e^{-x}}{\sqrt{1+x^2}} < e^{-x}, \ \forall x > 1 \ \text{且} \ \int_1^\infty e^{-x}dx \ \text{收斂}$$

藉由 Comparison Test 則 $\displaystyle\int_1^\infty \frac{e^{-x}}{\sqrt{1+x^2}}dx$ 收斂 $\quad \therefore \displaystyle\int_0^{e^{-1}} \sinh^{-1}(\ln u^{-1})\,du$ 收斂

5.4.4.8　先作變數代換再用分部積分法+**Quotient Test**

考試類型:

題型 1.

判斷第一類瑕積分 $\displaystyle\int_0^\infty f(g(x))g'(x)\,dx$ 收斂或發散, 其中 $f(x) \geq 0, \ g'(x) \geq 0, \ \forall x \geq 0$

解題流程:

Step1.

令 $u = g(x)$ 則 $du = g'(x)dx$, 藉由變換變數法則 $\displaystyle\int_a^b f(g(x))g'(x)\,dx = \int_{g(a)}^{g(b)} f(u)du$

Step2.

$$\therefore \int_0^\infty f(g(x))g'(x)\,dx = \lim_{a\to 0, b\to\infty} \int_a^b f(g(x))g'(x)\,dx = \lim_{a\to 0, b\to\infty} \int_{g(a)}^{g(b)} f(u)du$$

Step3.

假設 $\exists\, u(x), v(x)$ 使得 $\displaystyle\lim_{a\to 0, b\to\infty} \int_{g(a)}^{g(b)} f(u)du = \lim_{a\to 0, b\to\infty} \int_{g(a)}^{g(b)} u(x)v'(x)dx$

Step4.

藉由 Integration by parts,

$$\lim_{a\to 0, b\to\infty} \int_{g(a)}^{g(b)} u(x)v'(x)dx = \lim_{a\to 0, b\to\infty} \left(u(x)v(x)\big|_{x=g(a)}^{x=g(b)} - \int_{g(a)}^{g(b)} u'(x)v(x)dx \right)$$

Step5.

令 $g(\infty) = \displaystyle\lim_{x\to\infty} g(x)$, 假設 $u(x)v(x)\big|_{x=g(0)}^{x=g(\infty)}$ 存在且 $u'(x)v(x) \geq 0, \ \forall x \in (g(0), g(\infty))$

Step6.

說明 $\displaystyle\lim_{a\to 0, b\to\infty} \int_{g(a)}^{g(b)} u(x)v'(x)dx$ 收斂發散時, 找 $h(x) \geq 0$ s.t. $\displaystyle\lim_{x\to\infty} \frac{u'(x)v(x)}{h(x)} = L \in (0, \infty)$

藉由 Quotient Test

若 $\displaystyle\lim_{a\to 0,b\to\infty}\int_{g(a)}^{g(b)} h(x)dx$ 收斂則 $\displaystyle\lim_{a\to 0,b\to\infty}\int_{g(a)}^{g(b)} u'(x)v(x)dx$ 收斂

$\Rightarrow \displaystyle\int_0^\infty f(g(x))g'(x)\,dx$ 收斂

若 $\displaystyle\lim_{a\to 0,b\to\infty}\int_{g(a)}^{g(b)} h(x)dx$ 發散則 $\displaystyle\lim_{a\to 0,b\to\infty}\int_{g(a)}^{g(b)} u'(x)v(x)dx$ 發散

$\Rightarrow \displaystyle\int_0^\infty f(g(x))g'(x)\,dx$ 發散

題型 2.

判斷第二類瑕積分 $\displaystyle\int_a^b f(g(x))g'(x)\,dx$ 收斂或發散, 其中 $f(x)\geq 0,\ g'(x)\geq 0,\ \forall x\geq 0$

且 $f\big(g(a)\big)g'(a)=\infty$

解題流程:

Step1.

令 $u=g(x)$ 則 $du=g'(x)dx$, 藉由變換變數法則 $\displaystyle\int_a^b f(g(x))g'(x)\,dx=\int_{g(a)}^{g(b)} f(u)du$

Step2.

假設 $\exists\, u(x),v(x)$ 使得 $\displaystyle\int_{g(a)}^{g(b)} f(u)du=\int_{g(a)}^{g(b)} u(x)v'(x)dx$ 其中 $u(g(a))v'(g(a))=\infty$

Step3.

藉由 Integration by parts, $\displaystyle\int_{g(a)}^{g(b)} u(x)v'(x)dx=u(x)v(x)\big|_{x=g(a)}^{x=g(b)}-\int_{g(a)}^{g(b)} u'(x)v(x)dx$

Step4.

假設 $u(x)v(x)\big|_{x=g(a)}^{x=g(b)}$ 存在且 $u'(x)v(x)\geq 0,\ \forall x\in(g(a),g(b))$

Step5.

找 $h(x)\geq 0$ 使得 $\displaystyle\lim_{x\to g(a)}\frac{u'(x)v(x)}{h(x)}=L\in(0,\infty)$

藉由 Quotient Test

若 $\displaystyle\int_{g(a)}^{g(b)} h(x)dx$ 收斂(發散) 則 $\displaystyle\int_{g(a)}^{g(b)} u'(x)v(x)dx$ 收斂(發散)

$\Rightarrow \displaystyle\int_{a}^{b} f(g(x))g'(x)\,dx$ 收斂(發散)

範例 1.

$\qquad$ 判斷 $\displaystyle\int_{0}^{\infty} \cos x^2\,dx$ 收斂或發散

【解】

令 $u = x^2$ 則 $du = 2xdx \Rightarrow \dfrac{du}{2\sqrt{u}} = dx,\quad$ 藉由變換代換法

$\because \displaystyle\int_{0}^{\infty} \cos x^2\,dx = \int_{0}^{\infty} \frac{\cos u}{2\sqrt{u}}\,du = \int_{0}^{1} \frac{\cos u}{2\sqrt{u}}\,du + \int_{1}^{\infty} \frac{\cos u}{2\sqrt{u}}\,du$

Claim: $\displaystyle\int_{0}^{1} \frac{\cos u}{\sqrt{u}}\,du$ 收斂

$\because \displaystyle\lim_{u\to 0} \frac{\dfrac{\cos u}{\sqrt{u}}}{\dfrac{1}{u^{\frac{2}{3}}}} = \lim_{u\to 0} u^{\frac{1}{6}}\cos u = 0$ and $\displaystyle\int_{0}^{1} u^{-\frac{2}{3}}du$ 收斂

藉由 Quotient Test 則 $\displaystyle\int_{0}^{1} \frac{\cos u}{2\sqrt{u}}\,du$ 收斂

Claim: $\displaystyle\int_{1}^{\infty} \frac{\cos u}{2\sqrt{u}}\,du$ 收斂

令 $s = u^{-\frac{1}{2}},\ dt = \cos u\,du$ 則 $ds = -\dfrac{1}{2}u^{-\frac{3}{2}}du,\ t = \sin u,$ 藉由分部積分法

則 $\displaystyle\int_{1}^{\infty} \frac{\cos u}{\sqrt{u}}\,du = u^{-\frac{1}{2}}\sin u \Big|_{1}^{\infty} + \int_{1}^{\infty} \frac{1}{2}u^{-\frac{3}{2}}\sin u\,du - \sin 1 + \int_{1}^{\infty} \frac{1}{2}u^{-\frac{3}{2}}\sin u\,du$

$$\because \lim_{u\to\infty} \frac{u^{-\frac{3}{2}} \sin u}{u^{-\frac{5}{4}}} = \lim_{u\to\infty} u^{-\frac{1}{4}} \sin u = 0 \quad \text{and} \quad \int_1^\infty u^{-\frac{5}{4}} du \ \text{收斂}$$

藉由 Quotient Test 則 $\displaystyle\int_1^\infty u^{-\frac{3}{2}} \sin u \, du$ 收斂 $\quad \therefore \displaystyle\int_1^\infty \frac{\cos u}{2\sqrt{u}} du$ 收斂

因此 $\displaystyle\int_0^\infty \frac{\cos u}{2\sqrt{u}} du$ 收斂 $\ \Rightarrow \displaystyle\int_0^\infty \cos x^2 \, dx$ 收斂

範例 2.

$\qquad$ 判斷 $\displaystyle\int_0^1 \frac{\cos u^{-2}}{u^2} du$ 收斂或發散

【解】

令 $u^{-2} = x$ 則 $-2u^{-3} du = dx \Rightarrow du = -\dfrac{x^{-\frac{3}{2}}}{2} dx,\ $ 藉由變換代換法

$$\int_0^1 \frac{\cos u^{-2}}{u^2} du = \int_\infty^1 x \cos x \left(-\frac{x^{-\frac{3}{2}}}{2} \right) dx = \frac{1}{2} \int_1^\infty x^{-\frac{1}{2}} \cos x \, dx$$

令 $s = \dfrac{1}{\sqrt{x}}, \ dt = \cos x\, dx$ 則 $ds = \dfrac{-x^{-\frac{3}{2}}}{2} dx, \ t = \sin x,\ $ 藉由分部積分法

則 $\displaystyle\int_1^\infty \frac{\cos x}{\sqrt{x}} dx = \frac{\sin x}{\sqrt{x}} \Big|_1^\infty + \frac{1}{2} \int_1^\infty x^{-\frac{3}{2}} \sin x \, dx = -\sin 1 + \frac{1}{2} \int_1^\infty x^{-\frac{3}{2}} \sin x \, dx$

$$\because \lim_{x\to\infty} \frac{x^{-\frac{3}{2}} \sin x}{x^{-\frac{5}{4}}} = \lim_{x\to\infty} x^{-\frac{1}{4}} \sin x = 0 \quad \text{and} \quad \int_1^\infty x^{-\frac{5}{4}} dx \ \text{收斂}$$

藉由 Quotient Test 則 $\displaystyle\int_1^\infty x^{-\frac{3}{2}} \sin x \, dx$ 收斂 $\therefore \displaystyle\int_1^\infty \frac{\cos x}{\sqrt{x}} dx$ 收斂 $\Rightarrow \displaystyle\int_0^1 \frac{\cos u^{-2}}{u^2} du$ 收斂

範例 3.

$$判斷 \int_0^1 \frac{\cos u^{-1}}{u}\, du \text{ 收斂或發散}$$

【解】

令 $u^{-1} = x$ 則 $-u^{-2} du = dx \Rightarrow du = -x^{-2} dx$, 藉由變換代換法

$$\int_0^1 \frac{\cos u^{-1}}{u}\, du = \int_\infty^1 x \cos x\, (-x^{-2}) dx = \int_1^\infty x^{-1} \cos x\, dx$$

令 $s = x^{-1}$, $dt = \cos x\, dx$ 則 $ds = -\frac{dx}{x^2}$, $t = \sin x$, 藉由分部積分法

$$則 \int_1^\infty x^{-1} \cos x\, dx = \left.\frac{\sin x}{x}\right|_1^\infty + \int_1^\infty x^{-2} \sin x\, dx = -\sin 1 + \int_1^\infty x^{-2} \sin x\, dx$$

$$\because \lim_{x\to\infty} \frac{x^{-2} \sin x}{x^{-\frac{5}{4}}} = \lim_{x\to\infty} x^{-\frac{3}{4}} \sin x = 0 \ \text{ and } \ \int_1^\infty x^{-\frac{5}{4}} dx \quad 收斂$$

藉由 Quotient Test 則 $\int_1^\infty x^{-2} \sin x\, dx$ 收斂 $\therefore \int_1^\infty x^{-1} \cos x\, dx$ 收斂 $\Rightarrow \int_0^1 \frac{\cos u^{-1}}{u}\, du$ 收斂

範例 4.

$$判斷 \int_0^1 \frac{e^{-\frac{1}{u}} \operatorname{csch}^{-1} \frac{1}{u}}{u^2}\, du \text{ 收斂或發散}$$

【解】

令 $u^{-1} = x$ 則 $-u^{-2} du = dx$, 藉由變換代換法

$$\int_0^1 \frac{e^{-\frac{1}{u}} \operatorname{csch}^{-1} \frac{1}{u}}{u^2}\, du = -\int_\infty^1 e^{-x} \operatorname{csch}^{-1} x\, dx = \int_1^\infty e^{-x} \operatorname{csch}^{-1} x\, dx$$

令 $s = \operatorname{csch}^{-1} x$, $dt = \frac{dx}{e^x}$ 則 $ds = \frac{-dx}{x\sqrt{1+x^2}}$, $t = -e^{-x}$, 藉由分部積分法

則 $\displaystyle\int_1^\infty e^{-x}\,\mathrm{csch}^{-1}x\,dx = -e^{-x}\cdot\mathrm{csch}^{-1}x\big|_1^\infty - \int_1^\infty \frac{e^{-x}}{x\sqrt{1+x^2}}\,dx$

$$= -\frac{\ln\left(\dfrac{1+\sqrt{1+x^2}}{x}\right)}{e^x}\Bigg|_1^\infty - \int_1^\infty \frac{e^{-x}dx}{x\sqrt{1+x^2}} = \frac{(\ln 1+\sqrt{2})}{e} - \int_1^\infty \frac{e^{-x}dx}{x\sqrt{1+x^2}}$$

$\because \displaystyle\lim_{x\to\infty}\frac{\dfrac{e^{-x}}{x\sqrt{1+x^2}}}{e^{-x}} = \lim_{x\to\infty}\frac{1}{x\sqrt{1+x^2}} = 0$ and $\displaystyle\int_1^\infty e^{-x}dx$ 收斂

藉由 Quotient Test 則 $\displaystyle\int_1^\infty \frac{e^{-x}}{x\sqrt{1+x^2}}\,dx$ 收斂

$\therefore \displaystyle\int_1^\infty e^{-x}\,\mathrm{csch}^{-1}x\,dx$ 收斂 $\Rightarrow \displaystyle\int_0^1 \frac{e^{-\frac{1}{u}}\,\mathrm{csch}^{-1}\frac{1}{u}}{u^2}\,du$ 收斂

範例 5.

$$判斷 \int_0^1 u^{p-2}\,\mathrm{csch}^{-1}\frac{1}{u}\,du \ 收斂或發散,\ \forall p > 1$$

【解】

令 $p > 1,\ u^{-1} = x$ 則 $-u^{-2}du = dx \Rightarrow du = -x^{-2}dx$, 藉由變換代換法

$$\int_0^1 u^{p-2}\,\mathrm{csch}^{-1}\frac{1}{u}\,du = \int_\infty^1 x^{2-p}\,\mathrm{csch}^{-1}x\,(-x^{-2})du = \int_1^\infty x^{-p}\,\mathrm{csch}^{-1}x\,du$$

令 $s = \mathrm{csch}^{-1}x,\ dt = \dfrac{dx}{x^p}$ 則 $ds = \dfrac{-dx}{x\sqrt{1+x^2}},\ t = \dfrac{x^{1-p}}{1-p}$, 藉由分部積分法

$$\int_1^\infty x^{-p}\,\mathrm{csch}^{-1}x\,dx = \frac{x^{1-p}\,\mathrm{csch}^{-1}x}{1-p}\Bigg|_1^\infty + \frac{1}{1-p}\int_1^\infty \frac{x^{-p}}{\sqrt{1+x^2}}\,dx$$

$$= \left. \frac{x^{1-p} \ln\left(\frac{1+\sqrt{1+x^2}}{x}\right)}{1-p} \right|_1^\infty + \frac{1}{1-p} \int_1^\infty \frac{x^{-p} dx}{\sqrt{1+x^2}} = \frac{\ln(1+\sqrt{2})}{p-1} + \frac{1}{1-p} \int_1^\infty \frac{x^{-p} dx}{\sqrt{1+x^2}}$$

$$\because \lim_{x\to\infty} \frac{\frac{x^{-p}}{\sqrt{1+x^2}}}{x^{-p}} = \lim_{x\to\infty} \frac{1}{\sqrt{1+x^2}} = 0 \ \text{ and } \ \int_1^\infty x^{-p} dx \ \text{收斂}, \ \forall p > 1$$

藉由 Quotient Test 則 $\displaystyle\int_1^\infty \frac{x^{-p}}{\sqrt{1+x^2}} dx$ 收斂

$$\therefore \int_1^\infty x^{-p} \operatorname{csch}^{-1} x \, dx \ \text{收斂} \Rightarrow \int_0^1 u^{p-2} \operatorname{csch}^{-1} \frac{1}{u} \, du \ \text{收斂}$$

範例 6.

$$判斷 \int_0^1 \frac{e^{-\frac{1}{u}} \sinh^{-1} \frac{1}{u}}{u^2} du \ \text{收斂或發散}$$

【解】

令 $u^{-1} = x$ 則 $-u^{-2} du = dx$, 藉由變換代換法

$$\int_0^1 \frac{e^{-\frac{1}{u}} \sinh^{-1} \frac{1}{u}}{u^2} du = -\int_\infty^1 e^{-x} \sinh^{-1} x \, dx = \int_1^\infty e^{-x} \sinh^{-1} x \, dx$$

令 $s = \sinh^{-1} x$, $dt = \dfrac{dx}{e^x}$ 則 $ds = \dfrac{dx}{\sqrt{1+x^2}}$, $t = -e^{-x}$, 藉由分部積分法

$$\int_1^\infty e^{-x} \sinh^{-1} x \, dx = -\left. \frac{\sinh^{-1} x}{e^x} \right|_1^\infty + \int_1^\infty \frac{e^{-x} dx}{\sqrt{1+x^2}} = \frac{\sinh^{-1} 1}{e} + \int_1^\infty \frac{e^{-x} dx}{\sqrt{1+x^2}}$$

$$\because \lim_{x\to\infty} \frac{\frac{e^{-x}}{\sqrt{1+x^2}}}{e^{-x}} = \lim_{x\to\infty} \frac{1}{\sqrt{1+x^2}} = 0 \ \text{ and } \ \int_1^\infty e^{-x} dx \ \text{收斂}$$

藉由 Quotient Test 則 $\displaystyle\int_1^\infty \frac{e^{-x}}{\sqrt{1+x^2}} dx$ 收斂

$$\therefore \int_1^\infty e^{-x} \sinh^{-1} x \, dx \ \text{收斂} \Rightarrow \int_0^1 \frac{e^{-\frac{1}{u}} \sinh^{-1} \frac{1}{u}}{u^2} du \ \text{收斂}$$

範例 7.

$$\text{判斷} \int_0^1 u^{p-2} \sinh^{-1} \frac{1}{u} \, du \ \text{收斂或發散,} \ \forall p > 1$$

【解】

令 $p > 1$, $u^{-1} = x$ 則 $-u^{-2} du = dx \Rightarrow du = -x^{-2} dx$, 藉由變換代換法

$$\int_0^1 u^{p-2} \sinh^{-1} \frac{1}{u} du = \int_\infty^1 x^{2-p} \sinh^{-1} x \, (-x^{-2}) dx = \int_1^\infty x^{-p} \sinh^{-1} x \, dx$$

令 $s = \sinh^{-1} x$, $dt = \dfrac{dx}{x^p}$ 則 $ds = \dfrac{dx}{\sqrt{1+x^2}}$, $t = \dfrac{x^{1-p}}{1-p}$, 藉由分部積分法

$$\int_1^\infty x^{-p} \sinh^{-1} x \, dx = \frac{x^{1-p} \sinh^{-1} x}{1-p} \bigg|_1^\infty - \frac{1}{1-p} \int_1^\infty \frac{x^{1-p}}{\sqrt{1+x^2}} dx$$

$$= \frac{\sinh^{-1} 1}{p-1} - \frac{1}{1-p} \int_1^\infty \frac{x^{1-p}}{\sqrt{1+x^2}} dx$$

$$\because \lim_{x\to\infty} \frac{\dfrac{x^{1-p}}{\sqrt{1+x^2}}}{x^{-p}} = \lim_{x\to\infty} \frac{x}{\sqrt{1+x^2}} = 1 \ \text{ and } \ \int_1^\infty x^{-p} dx \ \text{收斂,} \ \forall p > 1$$

藉由 Quotient Test 則 $\displaystyle\int_1^\infty \frac{x^{1-p}}{\sqrt{1+x^2}} dx$ 收斂

$$\therefore \int_1^\infty x^{-p} \sinh^{-1} x \, dx \ \text{收斂} \Rightarrow \int_0^1 u^{p-2} \sinh^{-1} \frac{1}{u} du \ \text{收斂}$$

範例 8.

$$判斷 \int_0^{e^{-1}} \ln\ln(u^{-1})\, du \quad 收斂或發散$$

【解】

令 $u = e^{-x}$ 則 $du = -e^{-x}dx$, 藉由變換代換法

$$\therefore \int_0^{e^{-1}} \ln\ln(u^{-1})\, du = -\int_\infty^1 e^{-x}\ln x\, dx = \int_1^\infty e^{-x}\ln x\, dx$$

令 $u = \ln x$, $dv = e^{-x}dx$ 則 $du = x^{-1}dx$, $v = -e^{-x}$, 藉由 Integration by parts

$$則 \int_1^\infty e^{-x}\ln x\, dx = -e^{-x}\ln x\big|_1^\infty + \int_1^\infty e^{-x}x^{-1}dx = \int_1^\infty e^{-x}x^{-1}dx$$

$$\because \lim_{x\to\infty} \frac{e^{-x}x^{-1}}{e^{-x}} = 0 \ \text{ and } \int_0^1 e^{-x}dx \ 收斂$$

$$藉由 \text{ Quotient Test } 則 \int_1^\infty e^{-x}x^{-1}dx \ 收斂 \quad \therefore \int_0^{e^{-1}} \ln\ln(u^{-1})\, du \ 收斂$$

範例 9.

$$判斷 \int_0^{e^{-1}} \operatorname{csch}^{-1}(\ln u^{-1})\, du \quad 收斂或發散$$

【解】

令 $u = e^{-x}$ 則 $du = -e^{-x}dx$, 藉由變換代換法

$$\therefore \int_0^{e^{-1}} \operatorname{csch}^{-1}(\ln u^{-1})\, du = -\int_\infty^1 e^{-x}\operatorname{csch}^{-1} x\, dx = \int_1^\infty e^{-x}\operatorname{csch}^{-1} x\, dx$$

令 $s = \operatorname{csch}^{-1} x$, $dt = \dfrac{dx}{e^x}$ 則 $ds = \dfrac{-dx}{x\sqrt{1+x^2}}$, $t = -e^{-x}$, 藉由分部積分法

$$則 \int_1^\infty e^{-x}\operatorname{csch}^{-1} x\, dx = -e^{-x}\cdot\operatorname{csch}^{-1} x\big|_1^\infty - \int_1^\infty \frac{e^{-x}}{x\sqrt{1+x^2}}dx$$

$$= -\left.\frac{\ln\left(\frac{1+\sqrt{1+x^2}}{x}\right)}{e^x}\right|_1^\infty - \int_1^\infty \frac{e^{-x}}{x\sqrt{1+x^2}}\,dx = \frac{\ln(1+\sqrt{2})}{e} - \int_1^\infty \frac{e^{-x}}{x\sqrt{1+x^2}}\,dx$$

$$\because \lim_{x\to\infty} \frac{\frac{e^{-x}}{x\sqrt{1+x^2}}}{e^{-x}} = \lim_{x\to\infty}\frac{1}{x\sqrt{1+x^2}} = 0 \ \ \text{and} \ \ \int_1^\infty e^{-x}\,dx \ \ 收斂$$

藉由 Quotient Test 則 $\int_1^\infty \dfrac{e^{-x}}{x\sqrt{1+x^2}}\,dx$ 收斂 $\quad \therefore \int_0^{e^{-1}} \operatorname{csch}^{-1}(\ln u^{-1})\,du$ 收斂

範例 10.

$$判斷 \int_0^{e^{-1}} \sinh^{-1}(\ln u^{-1})\,du \ \ 收斂或發散$$

【解】

令 $u = e^{-x}$ 則 $du = -e^{-x}dx$, 藉由變換代換法

$$\therefore \int_0^{e^{-1}} \sinh^{-1}(\ln u^{-1})\,du = -\int_\infty^1 e^{-x}\sinh^{-1} x\,dx = \int_1^\infty e^{-x}\sinh^{-1} x\,dx$$

令 $s = \sinh^{-1} x$, $dt = \dfrac{dx}{e^x}$ 則 $ds = \dfrac{dx}{\sqrt{1+x^2}}$, $t = -e^{-x}$, 藉由分部積分法

$$則 \int_1^\infty e^{-x}\sinh^{-1} x\,dx = -\left.\frac{\sinh^{-1} x}{e^x}\right|_1^\infty + \int_1^\infty \frac{e^{-x}}{\sqrt{1+x^2}}\,dx = \frac{\sinh^{-1} 1}{e} + \int_1^\infty \frac{e^{-x}dx}{\sqrt{1+x^2}}$$

$$\because \lim_{x\to\infty} \frac{\frac{e^{-x}}{\sqrt{1+x^2}}}{e^{-x}} = \lim_{x\to\infty}\frac{1}{\sqrt{1+x^2}} = 0 \ \ \text{and} \ \ \int_1^\infty e^{-x}\,dx \ \ 收斂$$

藉由 Quotient Test 則 $\int_1^\infty \dfrac{e^{-x}}{\sqrt{1+x^2}}\,dx$ 收斂 $\quad \therefore \int_0^{e^{-1}} \sinh^{-1}(\ln u^{-1})\,du$ 收斂

5.4.4.9 其它

範例 1.

$$\text{判斷} \int_1^5 \frac{1}{\sqrt{(5-x)(x-1)}}dx \text{ 收斂或發散}$$

【解】

$$\because \frac{1}{\sqrt{(5-x)(x-1)}} = \frac{1}{\sqrt{-x^2+6x-5}} = \frac{1}{\sqrt{-(x-3)^2+4}} = \frac{1}{2\sqrt{-\left(\frac{x-3}{2}\right)^2+1}}$$

$$\text{令} t = \frac{x-3}{2} \text{ 則} \int_1^5 \frac{dx}{\sqrt{(5-x)(x-1)}} = \int_{-1}^1 \frac{dx}{2\sqrt{-\left(\frac{x-3}{2}\right)^2+1}} = \int_{-1}^1 \frac{dt}{\sqrt{1-t^2}}$$

$$\text{令} t = \sin\theta \text{ 則 } dt = \cos\theta d\theta, \text{ 藉由變換代換法} \therefore \int_{-1}^1 \frac{dx}{\sqrt{1-t^2}} = \int_{-\frac{\pi}{2}}^{\frac{\pi}{2}} \frac{\cos\theta\, dx}{\cos\theta} = \pi$$

$$\therefore \int_1^5 \frac{1}{\sqrt{(5-x)(x-1)}}dx \text{ 收斂}$$

範例 2.

假設 p 為實數　證明

$$(1)\, p > 0,\ \int_0^\infty x^{p-1}e^{-x}dx \text{ 收斂} \quad (2)\, p \leq 0,\ \int_0^\infty x^{p-1}e^{-x}dx \text{ 發散}$$

【解】

(1)

$$\because \int_0^\infty x^{p-1}e^{-x}dx = \int_0^1 x^{p-1}e^{-x}dx + \int_1^\infty x^{p-1}e^{-x}dx$$

$$\text{Claim: } \int_1^\infty x^{p-1}e^{-x}dx \text{ 收斂, } \forall p > 0$$

$$\text{令} p > 0, \ \because \lim_{x\to\infty} \frac{x^{p-1}e^{-x}}{x^{-2}} = \lim_{x\to\infty} \frac{x^{1+p}}{e^x} = 0 \text{ 且} \int_1^\infty x^{-2}dx \text{ 收斂}$$

$$\text{藉由 Comparison Test 則} \int_1^\infty x^{p-1}e^{-x}dx \text{ 收斂}$$

Claim: $\displaystyle\int_0^1 x^{p-1}e^{-x}dx$ 收斂, $\forall p > 0$

令 $p \geq 1$ 則 $\displaystyle\int_0^1 x^{p-1}e^{-x}dx \leq \int_0^1 e^{-x}dx < \infty$ $\therefore \displaystyle\int_0^1 x^{p-1}e^{-x}dx$ 收斂, $\forall p \geq 1$

令 $0 < p < 1$ 則 $\displaystyle\lim_{x\to 0}\frac{x^{p-1}e^{-x}}{x^{p-1}} = 1$ 且 $\displaystyle\int_0^1 x^{p-1}dx < \infty$

藉由 comparison test 則 $\displaystyle\int_0^1 x^{p-1}e^{-x}dx$ 收斂, $\forall\, 0 < p < 1$

因此 $\displaystyle\int_0^1 x^{p-1}e^{-x}dx$ 收斂, $\forall p > 0$ $\therefore \displaystyle\int_0^\infty x^{p-1}e^{-x}dx$ 收斂, $\forall\, p > 0$

(2)

$\because \displaystyle\int_0^\infty x^{p-1}e^{-x}dx = \int_0^1 x^{p-1}e^{-x}dx + \int_1^\infty x^{p-1}e^{-x}dx \geq \int_0^1 x^{p-1}e^{-x}dx$

Claim: $\displaystyle\int_0^\infty x^{p-1}e^{-x}dx$ 發散

$\because \displaystyle\int_a^1 x^{p-1}e^{-x}dx > \int_a^1 x^{p-1}dx = \begin{cases} \dfrac{1-a^p}{p}, & p < 0 \\ -\ln a, & p = 0 \end{cases}$

$\therefore \displaystyle\lim_{a\to 0^+}\int_a^1 x^{p-1}dx = \infty, \ \forall\, p \leq 0 \Rightarrow \int_0^\infty x^{p-1}e^{-x}dx$ 發散

範例 3.

Prove (1) $\displaystyle\int_0^\infty e^{-\alpha x}\cos\beta x\, dx = \frac{\alpha}{\alpha^2 + \beta^2}$ (2) $\displaystyle\int_0^\infty e^{-\alpha x}\sin\beta x\, dx = \frac{\beta}{\alpha^2 + \beta^2}$

where $\alpha > 0$ and β 為實數

【解】

(1)

令 $u = e^{-\alpha x}, \ dv = \cos\beta x\, dx$ 則 $du = -\alpha e^{-\alpha x}dx, \ v = \dfrac{1}{\beta}\sin\beta x$

藉由 Integration by parts,

則 $\displaystyle\int_0^a e^{-\alpha x}\cos\beta x\, dx = \frac{1}{\beta}e^{-\alpha x}\sin\beta x\Big|_0^a + \int_0^a \frac{\alpha}{\beta}e^{-\alpha x}\sin\beta x\, dx$

$$= \frac{1}{\beta} e^{-\alpha a} \sin \beta a + \int_0^a \frac{\alpha}{\beta} e^{-\alpha x} \sin \beta x \, dx$$

$$\because \int_0^a e^{-\alpha x} \sin \beta x \, dx = \frac{-1}{\beta} e^{-\alpha x} \cos \beta x \Big|_0^a - \int_0^a \frac{\alpha}{\beta} e^{-\alpha x} \cos \beta x \, dx$$

$$= \frac{-1}{\beta} e^{-\alpha a} \cos \beta a + \frac{1}{\beta} - \int_0^a \frac{\alpha}{\beta} e^{-\alpha x} \cos \beta x \, dx$$

$$令 \ a \to \infty \ 則 \int_0^\infty e^{-\alpha x} \cos \beta x \, dx = \frac{\alpha}{\beta} \left(\frac{1}{\beta} - \int_0^\infty \frac{\alpha}{\beta} e^{-\alpha x} \cos \beta x \, dx \right)$$

$$\therefore \int_0^\infty e^{-\alpha x} \cos \beta x \, dx = \frac{\alpha}{\alpha^2 + \beta^2}$$

(2)

$$令 u = e^{-\alpha x}, \quad dv = \sin \beta x \, dx \ 則 \ du = -\alpha e^{-\alpha x} dx, \quad v = \frac{-1}{\beta} \cos \beta x$$

藉由 Integration by parts,

$$則 \int_0^a e^{-\alpha x} \sin \beta x \, dx = \frac{-1}{\beta} e^{-\alpha x} \cos \beta x \Big|_0^a - \int_0^a \frac{\alpha}{\beta} e^{-\alpha x} \cos \beta x \, dx$$

$$= \frac{-1}{\beta} e^{-\alpha a} \cos \beta a + \frac{1}{\beta} - \int_0^a \frac{\alpha}{\beta} e^{-\alpha x} \cos \beta x \, dx$$

藉由 Integration by parts,

$$則 \int_0^a e^{-\alpha x} \cos \beta x \, dx = \frac{1}{\beta} e^{-\alpha x} \sin \beta x |_0^a + \int_0^a \frac{\alpha}{\beta} e^{-\alpha x} \sin \beta x \, dx$$

$$= \frac{1}{\beta} e^{-\alpha a} \sin \beta a + \int_0^a \frac{\alpha}{\beta} e^{-\alpha x} \sin \beta x \, dx$$

$$\diamondsuit\ a \to \infty\ \text{則}\ \int_0^\infty e^{-\alpha x} \sin \beta x\, dx = \frac{1}{\beta} - \int_0^\infty \left(\frac{\alpha}{\beta}\right)^2 e^{-\alpha x} \sin \beta x\, dx$$

$$\Rightarrow \int_0^\infty e^{-\alpha x} \sin \beta x\, dx = \frac{\beta}{\alpha^2 + \beta^2}$$

範例 4.

$$\text{判斷}\ \int_0^1 \frac{1}{x^2} \cos \frac{1}{x}\, dx\ \text{收斂或發散}$$

【解】

令 $u = x^{-1}$ 則 $du = -x^{-2}dx$ 且 $-u^{-2}du = dx$, 藉由變換代換法

$$\because \int_a^1 \frac{1}{x^2} \cos \frac{1}{x}\, dx = \int_{\frac{1}{a}}^1 (-u^{-2}) u^2 \cos u\, du = \int_1^{\frac{1}{a}} \cos u\, du = \sin u \Big|_1^{\frac{1}{a}} = \sin \frac{1}{a} - \sin 1$$

$$\therefore \int_0^1 \frac{1}{x^2} \cos \frac{1}{x}\, dx = \lim_{a \to 0^+} \int_a^1 \frac{1}{x^2} \cos \frac{1}{x}\, dx = \lim_{a \to 0^+} \sin \frac{1}{a} - 1\ \text{不存在}\ \therefore \int_0^1 \frac{1}{x^2} \cos \frac{1}{x}\, dx\ \text{發散}$$

範例 5.

$$\text{判斷}\ \int_1^\infty \frac{(\ln x)^3}{(x+2)^2}\, dx\ \text{收斂或發散}$$

【解】

令 $\ln x = y$ 則 $x = e^y$ 且 $dx = e^y dy$, 藉由變換代換法

$$\int_1^\infty \frac{(\ln x)^3}{(x+2)^2}\, dx = \int_0^\infty \frac{y^3 e^y}{(e^y + 2)^2}\, dy < \int_0^\infty \frac{y^3 e^y}{e^{2y}}\, dy = \int_0^\infty y^3 e^{-y}\, dy$$

Claim: $\displaystyle\int_0^\infty y^3 e^{-y}\, dy < \infty$

藉由 Integration by parts 則 $\displaystyle\int_0^\infty y^3 e^{-y}dy = -y^3 e^{-y}|_0^\infty + 3\int_0^\infty y^2 e^{-y}dy = 3\int_0^\infty y^2 e^{-y}dy,$

藉由 Integration by parts 則 $\displaystyle\int_0^\infty y^2 e^{-y}dy = -y^2 e^{-y}|_0^\infty + 2\int_0^\infty y e^{-y}dy = 2\int_0^\infty y e^{-y}dy$

藉由 Integration by parts 則 $\displaystyle\int_0^\infty y e^{-y}dy = -y e^{-y}|_0^\infty + \int_0^\infty e^{-y}dy = \int_0^\infty e^{-y}dy < \infty$

$\therefore \displaystyle\int_0^\infty y^3 e^{-y}dy$ 收斂, 藉由 Comparison Test 則 $\displaystyle\int_1^\infty \frac{(\ln x)^3}{(x+2)^2}dx$ 收斂

5.5 積分的幾何應用

5.5.1　給函數求面積

5.5.1.1　給顯函數求面積

考試類型:
題型 1.
給函數 $f(x)$, $g(x)$ 求兩曲線所圍區域的面積
解題流程:
Step1.
求 $f(x)$, $g(x)$ 兩曲線交點, 假設為 (x_0, y_0)、(x_1, y_1)
Step2.

若 $f(x) \geq g(x)$, $\forall x \in (x_0, x_1)$ 則面積 $= \displaystyle\int_{x_0}^{x_1} f(x) - g(x)dx$

<u>範例說明:</u>

(I) 設 $f(x) = \sin\sqrt{x}\pi,\ 0 \leq x \leq 9,$ 求與 x 軸所圍面積

面積 $= \displaystyle\int_0^1 \sin\sqrt{x}\pi dx - \int_1^4 \sin\sqrt{x}\pi dx + \int_4^9 \sin\sqrt{x}\pi dx$

(II) 求 $y = x^2 - 5x + 9,\ y = 3x - 6$ 所圍的區域面積

面積 $= \displaystyle\int_3^5 3x - 6 - (x^2 - 5x + 9)dx$

(III) 求 $y = \sin x,\ y = \cos x$ 所圍的區域面積，$0 \leq x \leq \dfrac{\pi}{2}$

面積 $= \displaystyle\int_0^{\frac{\pi}{4}} \cos x - \sin x\, dx + \int_{\frac{\pi}{4}}^{\frac{\pi}{2}} \sin x - \cos x\, dx$

題型 2.

給函數 $x = f(y),\ x = g(y)$ 求兩曲線所圍區域的面積

解題流程：

Step1.

求 $x = f(y),\ x = g(y)$ 兩曲線交點，假設為 (x_0, y_0)、(x_1, y_1)

Step2.

假設 $f(y) \geq g(y),\ \forall y \in (y_0, y_1)$ 則面積 $= \displaystyle\int_{y_0}^{y_1} f(y) - g(y)dy$

<u>範例說明：</u>

(I) 求 $x = 3y - y^2 - 1$ 與 $2y = x + 3$ 所圍區域的面積

面積 $= \displaystyle\int_{-1}^2 3y - y^2 - 1 - (2y - 3)dy$

(II) 求 $x + 2y = 0$ 與 $y^2 + 2y = x$ 所圍區域的面積

面積 $= \displaystyle\int_{-4}^0 -2y - (y^2 + 2y)dx$

範例 1.

　　設 $f(x) = \sin\sqrt{x}\pi$,　$\forall\, 0 \le x \le 9$，求與 x 軸所圍面積

【解】

$\because \sin\sqrt{x}\pi \ge 0$,　$\forall\, x \in (0,1) \cup (4,9)$ 且 $\sin\sqrt{x}\pi \le 0$,　$\forall\, 1 \le x \le 4$

$\therefore$ 面積 $= \displaystyle\int_0^1 \sin\sqrt{x}\pi\,dx - \int_1^4 \sin\sqrt{x}\pi\,dx + \int_4^9 \sin\sqrt{x}\pi\,dx$

令 $u = \sqrt{x}$ 則 $du = \dfrac{1}{2}x^{-\frac{1}{2}}dx \Rightarrow 2u\,du = dx$,　藉由變換代換法

$\displaystyle\int_0^1 \sin\sqrt{x}\pi\,dx - \int_1^4 \sin\sqrt{x}\pi\,dx + \int_4^9 \sin\sqrt{x}\pi\,dx$

$= 2\left(\displaystyle\int_0^1 u\sin u\pi\,du - \int_1^2 u\sin u\pi\,du + \int_2^3 u\sin u\pi\,du \right)$

令 $s = u,\ dt = \sin u\pi\,du$ 則 $ds = du,\ t = -\dfrac{\cos u\pi}{\pi}$,　藉由 Integration by parts,

則 $\displaystyle\int_0^1 u\sin u\pi\,du = -\left.\frac{u\cos u\pi}{\pi}\right|_0^1 + \int_0^1 \frac{\cos u\pi}{\pi}\,du = \frac{1}{\pi}$

$\displaystyle\int_1^2 u\sin u\pi\,du = -\left.\frac{u\cos u\pi}{\pi}\right|_1^2 + \int_1^2 \frac{\cos u\pi}{\pi}\,du = -\frac{3}{\pi}$

且 $\displaystyle\int_2^3 u\sin u\pi\,du = -\left.\frac{u\cos u\pi}{\pi}\right|_2^3 + \int_2^3 \frac{\cos u\pi}{\pi}\,du = \frac{5}{\pi}$

$\therefore \displaystyle\int_0^1 \sin\sqrt{x}\pi\,dx - \int_1^4 \sin\sqrt{x}\pi\,dx + \int_4^9 \sin\sqrt{x}\pi\,dx$

$= 2\left(\displaystyle\int_0^1 u\sin u\pi\,du - \int_1^2 u\sin u\pi\,du + \int_2^3 u\sin u\pi\,du \right) = \frac{18}{\pi}$

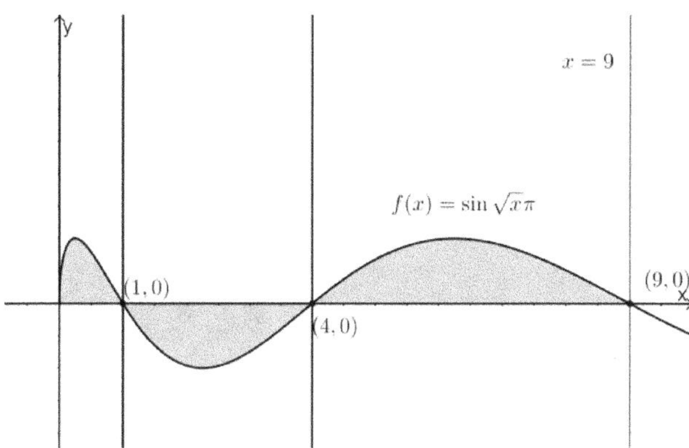

範例 2.

　　設拋物線 $y = ax^2 + bx + 4c$ 並且過 $(2,4)$、$(-2,4)$ 求與 x 軸所圍的最小面積

【解】

∵ 拋物線 $y = ax^2 + bx + 4c$ 過 $(2,4)$, $(-2,4)$

∴ $4 = 4a + 2b + 4c$ 且 $4 = 4a - 2b + 4c \Rightarrow b = 0$ 且 $a + c = 1$

∵ 拋物線與 x 軸交點為 $\left(2\sqrt{-\dfrac{c}{a}}, 0 \right), \left(-2\sqrt{-\dfrac{c}{a}}, 0 \right)$

∴ 拋物線 $y = ax^2 + 4c$ 與 x 軸所圍面積

$$= \int_{-2\sqrt{-\frac{c}{a}}}^{2\sqrt{-\frac{c}{a}}} (ax^2 + 4c)\, dx = \left. \frac{ax^3}{3} \right|_{-2\sqrt{-\frac{c}{a}}}^{2\sqrt{-\frac{c}{a}}} + \left. 4cx \right|_{-2\sqrt{-\frac{c}{a}}}^{2\sqrt{-\frac{c}{a}}} = \frac{32c}{3}\sqrt{-\frac{c}{a}} = \frac{32}{3}\sqrt{-\frac{(1-a)^3}{a}}$$

令 $f(x) = -\dfrac{(1-x)^3}{x}$ 則 $f'(x) = -\dfrac{-3x(1-x)^2 - (1-x)^3}{x^2}$

∵ $f'\left(-\dfrac{1}{2}\right) = 0$ and $f''\left(-\dfrac{1}{2}\right) > 0$

∴ $f\left(-\dfrac{1}{2}\right) = \dfrac{27}{4}$ 為最小值 $\Rightarrow$ 面積最小值 $= \dfrac{32}{3}\sqrt{\dfrac{27}{4}} = 16\sqrt{3}$

範例 3.

　　設拋物線 $x = ay^2 + b$ 過 $(0,-1)$、$(0,1)$ 並且與 y 軸所圍的區域面積為 2, 求 $a \cdot b = ?$

【解】

∵ 拋物線過 $(0,-1), (0,1)$ 　　∴ $0 = a + b \Rightarrow a = -b$

$$\because 面積 = 2 \quad \therefore 2 = \left| \int_{-1}^{1} -b\,y^2 + b\,dy \right| = \left| \frac{4b}{3} \right| \Rightarrow b = \pm\frac{3}{2} \quad \therefore (a,b) = \left(-\frac{3}{2}, \frac{3}{2}\right), \left(\frac{3}{2}, -\frac{3}{2}\right)$$

範例 4.

　　求拋物線 $y = -x^2 + 4x - 3$, 與過 $(0,-3)$、$(4,-3)$ 的兩切線所圍區域的面積

【解】

切線斜率: $\left.\dfrac{dy}{dx}\right|_{x=0} = -2x + 4|_{x=0} = 4$, $\left.\dfrac{dy}{dx}\right|_{x=4} = -2x + 4|_{x=4} = -4$

過 $(0,-3)$、$(4,-3)$ 的兩切線: $y = 4x - 3, y = -4x + 13$

$\because 4x - 3 \geq -x^2 + 4x - 3, \ \forall 0 \leq x \leq 2, -4x + 13 \geq -x^2 + 4x - 3, \ \forall 2 \leq x \leq 4$

$$面積 = \int_{0}^{2} 4x - 3 - (-x^2 + 4x - 3)dx + \int_{2}^{4} -4x + 13 - (-x^2 + 4x - 3)dx = \frac{16}{3}$$

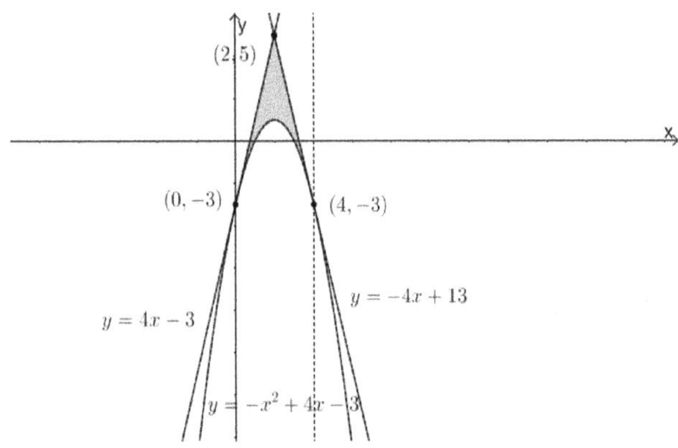

範例 5.

　　求 $y = x^4 + x^3 + 17x - 7$, $y = x^4 + 6x^2 + 9x - 7$ 所圍的區域面積

【解】

令 $x^4 + x^3 + 17x - 7 = x^4 + 6x^2 + 9x - 7$ 則 $x^3 - 6x^2 + 8x = 0 \Rightarrow x = 0,2,4$

$\because x^4 + x^3 + 17x - 7 \geq x^4 + 6x^2 + 9x - 7, \ \forall 0 \leq x \leq 2$

且 $x^4 + x^3 + 17x - 7 \leq x^4 + 6x^2 + 9x - 7, \ \forall 2 \leq x \leq 4$

$$面積 = \int_{0}^{2} x^3 - 6x^2 + 8x\,dx - \int_{2}^{4} x^3 - 6x^2 + 8x\,dx$$

$$= \left(\frac{x^4}{4} - 2x^3 + 4x^2 \right)\bigg|_0^2 - \left(\frac{x^4}{4} - 2x^3 + 4x^2 \right)\bigg|_2^4 = 8$$

範例 6.

$$\text{求} \, y = \sin x, \;\; y = \sin 2x, \;\; \forall 0 \leq x \leq \frac{\pi}{2} \;\text{所圍的區域面積}$$

【解】

$$\because \sin 2x \geq \sin x, \;\; \forall 0 \leq x \leq \frac{\pi}{3} \;\; \text{且} \; \sin 2x \leq \sin x, \;\; \forall \frac{\pi}{3} \leq x \leq \frac{\pi}{2}$$

$$\text{面積} = \int_0^{\frac{\pi}{3}} \sin 2x - \sin x \, dx + \int_{\frac{\pi}{3}}^{\frac{\pi}{2}} \sin x - \sin 2x \, dx$$

$$= \left(-\frac{\cos 2x}{2} + \cos x \right)\bigg|_0^{\frac{\pi}{3}} + \left(-\cos x + \frac{\cos 2x}{2} \right)\bigg|_{\frac{\pi}{3}}^{\frac{\pi}{2}} = \frac{1}{4} + \frac{1}{2} + \frac{1}{2} - 1 - \frac{1}{2} + \frac{1}{2} + \frac{1}{4} = \frac{1}{2}$$

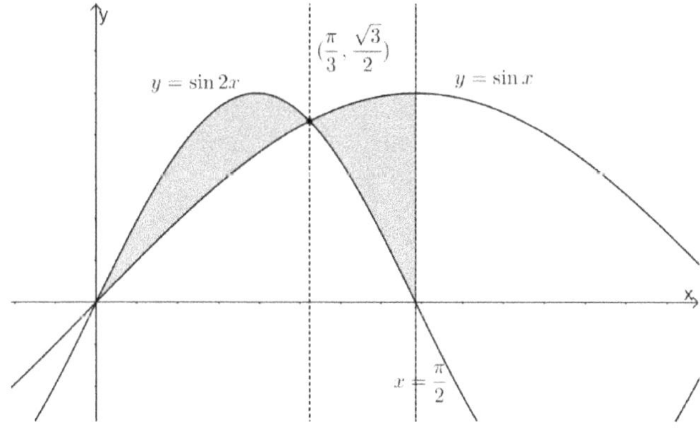

範例 7.

$$\text{假設} \, y = ax^2 + bx + c \,\text{過點}(1,1)\text{、}(-1,1), a < 0 \;\text{求與} x\text{軸所圍區域的最小面積}$$

【解】

$$\because \; y = ax^2 + bx + c \,\text{過點}(1,1), \;\; (-1,1)$$

$$\therefore 1 = a + b + c = a - b + c \Rightarrow b = 0, a + c = 1 \;\; \therefore y = ax^2 + 1 - a$$

$$\Leftrightarrow ax^2 + 1 - a = 0 \text{ 則 } x = \pm\sqrt{\frac{a-1}{a}}$$

$$\text{面積} = \int_{-\sqrt{\frac{a-1}{a}}}^{\sqrt{\frac{a-1}{a}}} ax^2 + 1 - a\,dx = \frac{ax^3}{3} + (1-a)x\bigg|_{-\sqrt{\frac{a-1}{a}}}^{\sqrt{\frac{a-1}{a}}}$$

$$\Leftrightarrow s = \sqrt{\frac{a-1}{a}} \text{ 則 } \frac{ax^3}{3} + (1-a)x\bigg|_{-\sqrt{\frac{a-1}{a}}}^{\sqrt{\frac{a-1}{a}}} = \frac{ax^3}{3} + (1-a)x\bigg|_{-s}^{s}$$

$$= \frac{2as^3}{3} + 2s(1-a) = \frac{2a}{3}\cdot\frac{a-1}{a}\cdot\sqrt{\frac{a-1}{a}} + 2(1-a)\sqrt{\frac{a-1}{a}}$$

$$= \frac{4(1-a)}{3}\sqrt{\frac{a-1}{a}} = \frac{4}{3}\sqrt{\frac{(a-1)^3}{a}}$$

$$\Leftrightarrow f(x) = \frac{(x-1)^3}{x}, \quad \forall x < 0$$

$$\text{則 } f'(x) = \frac{3(x-1)^2 x - (x-1)^3}{x^2} = \frac{(x-1)^2(2x+1)}{x^2} = \frac{2\left((x-1)^{\frac{3}{2}} - (x-1)^{\frac{5}{2}}\right)}{x^{\frac{3}{2}}}$$

$$= \frac{2(x-1)^{\frac{3}{2}}(1-2-x)}{x^{\frac{3}{2}}}$$

$$\Leftrightarrow f'(x) = 0 \text{ 則 } x = 1, -\frac{1}{2} \Rightarrow f\left(-\frac{1}{2}\right) = \frac{27}{4} \text{ 有最小值 } \therefore \text{最小面積} = 2\sqrt{3}$$

範例 8.

  (1)設 R 為拋物線 $x = y^2$ 與 $x = 2$ 所圍區域的面積，若直線 $x = c$ 將此區域
    分割成面積相等的兩部分，求 $c =$?

  (2)設 R 為拋物線 $y = x^2$ 與 $y = 9$ 所圍區域的面積，若直線 $y = c$ 將此區域
    分割成面積相等的兩部分，求 $c =$?

【解】

(1)

$$\text{面積} = \int_{-\sqrt{2}}^{\sqrt{2}} 2 - y^2 \, dy = \frac{8\sqrt{2}}{3}$$

令 $\dfrac{4\sqrt{2}}{3} = \displaystyle\int_{-\sqrt{c}}^{\sqrt{c}} c - y^2 \, dy$ 則 $\dfrac{4\sqrt{2}}{3} = 2c^{\frac{3}{2}} - \dfrac{2c^{\frac{3}{2}}}{3} = \dfrac{4c^{\frac{3}{2}}}{3} \Rightarrow c = 2^{\frac{1}{3}}$

(2)

$$\text{面積} = \int_{-3}^{3} 9 - x^2 \, dx = 54 - \left.\frac{x^3}{3}\right|_{-3}^{3} = 36$$

令 $18 = \displaystyle\int_{-\sqrt{c}}^{\sqrt{c}} c - x^2 \, dx$ 則 $18 = 2c^{\frac{3}{2}} - \dfrac{2c^{\frac{3}{2}}}{3} = \dfrac{4c^{\frac{3}{2}}}{3} \Rightarrow \dfrac{27}{2} = c^{\frac{3}{2}} \Rightarrow c = \dfrac{9}{2^{\frac{2}{3}}}$

範例 9.

　　求兩拋物線 $y^2 = 9x,\ \ y^2 = x + 8$ 所圍的區域面積

【解】

令 $9x = x + 8$ 則 $x = 1$　∴ 兩拋物線交點為 $(1,3),\ (1,-3)$

$$\therefore \text{面積} = \int_{-3}^{3} \frac{y^2}{9} - (y^2 - 8) \, dy = \left.\frac{-8y^3}{27}\right|_{-3}^{3} + 8y|_{-3}^{3} = \frac{-8}{27} \cdot 54 + 8 \cdot 6 = 32$$

範例 10.

　　求 $y = x^2 - 5x + 9,\ y = 3x - 6$ 所圍的區域面積

【解】

令 $x^2 - 5x + 9 = 3x - 6$ 則 $x^2 - 8x + 15 = 0 \Rightarrow x = 3,\ 5$

$$\therefore \text{面積} = \int_{3}^{5} 3x - 6 - (x^2 - 5x + 9) \, dx = \int_{3}^{5} -x^2 + 8x - 15 \, dx = \left.\left(\frac{-x^3}{3} + 4x^2 - 15x\right)\right|_{3}^{5}$$

$$= \frac{4}{3}$$

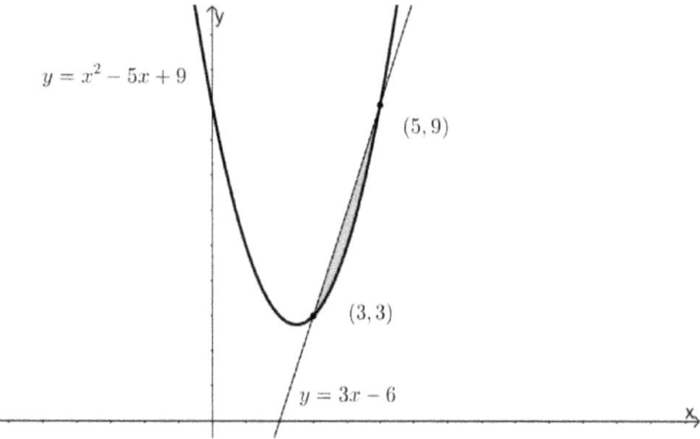

範例 11.

$$求\, y = \sin x, \ y = \cos x \ 所圍的區域面積, \ \forall 0 \le x \le \frac{\pi}{2}$$

【解】

$$\because \cos x \ge \sin x, 0 \le x \le \frac{\pi}{4} \ 且 \ \sin x \ge \cos x, \ \forall \frac{\pi}{4} \le x \le \frac{\pi}{2}$$

$$面積 = \int_{0}^{\frac{\pi}{4}} \cos x - \sin x \, dx + \int_{\frac{\pi}{4}}^{\frac{\pi}{2}} \sin x - \cos x \, dx = (\sin x + \cos x)\Big|_{0}^{\frac{\pi}{4}} + (-\cos x - \sin x)\Big|_{\frac{\pi}{4}}^{\frac{\pi}{2}}$$

$$= 2\sqrt{2} - 2$$

範例 12.

$$求\, y = \tanh x, \ y = 1 \ 於第一象限所圍區域的面積$$

【解】

$$\text{面積} = \int_0^\infty 1 - \tanh x \, dx = \int_0^\infty 1 - \frac{e^x - e^{-x}}{e^x + e^{-x}} \, dx = 2 \int_0^\infty \frac{e^{-x} \, dx}{e^x + e^{-x}} = 2 \int_0^\infty \frac{dx}{e^{2x} + 1}$$

$$\text{令} u = e^x \ \text{則} \ 2 \int_0^\infty \frac{1}{e^{2x} + 1} \, dx = 2 \int_1^\infty \frac{1}{u(u^2 + 1)} \, du = \ln 2$$

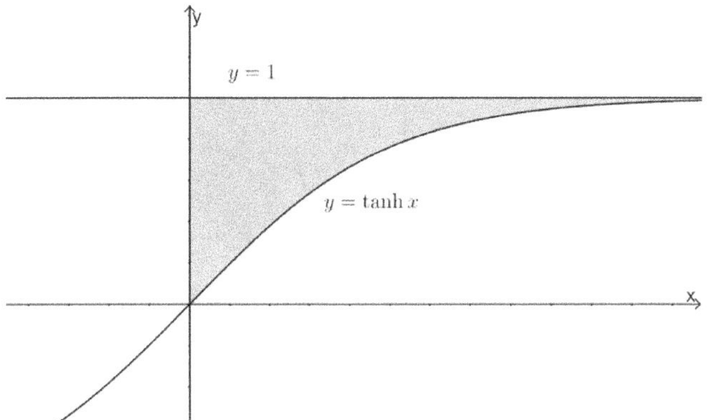

範例 13.

　　求 $y = x^2 + 1, y = x + 3$ 所圍的區域面積

【解】

令 $x^2 + 1 = x + 3$ 則 $x^2 - x - 2 = 0 \Rightarrow x = -1, 2$

$$\text{面積} = \int_{-1}^2 x + 3 - x^2 - 1 \, dx = \int_{-1}^2 x + 2 - x^2 \, dx = \left(\frac{x^2}{2} + 2x - \frac{x^3}{3} \right)\Bigg|_{-1}^2$$

$$= 2 + 4 - \frac{8}{3} - \frac{1}{2} + 2 - \frac{1}{3} = \frac{9}{2}$$

範例 14.

　　(1)假設 $f(x) = x^3 - 3x, \ g(x) = x^2 - x$ 求兩曲線所圍區域的面積

　　(2)求 $x = 3y - y^2 - 1$ 與 $2y = x + 3$ 所圍區域的面積

　　(3)求 $x + 2y = 0$ 與 $y^2 + 2y = x$ 所圍區域的面積

【解】

(1)

令 $x^3 - 3x = x^2 - x$ 則 $x = -1, 0, 2$

$\because f(x) \leq g(x), \ \forall 0 \leq x \leq 2, \ f(x) \geq g(x), \ \forall -1 \leq x \leq 0$

$$\text{面積} = \int_{-1}^{0} x^3 - 3x - (x^2 - x)\,dx + \int_{0}^{2} x^2 - x - (x^3 - 3x)\,dx$$

$$= \int_{-1}^{0} x^3 - 2x - x^2\,dx + \int_{0}^{2} x^2 - x^3 + 2x\,dx$$

$$= \frac{x^4}{4} - x^2 - \frac{x^3}{3}\Big|_{-1}^{0} + \frac{x^3}{3} - \frac{x^4}{4} + x^2\Big|_{0}^{2} = \frac{5}{12} + \frac{8}{3} = \frac{37}{12}$$

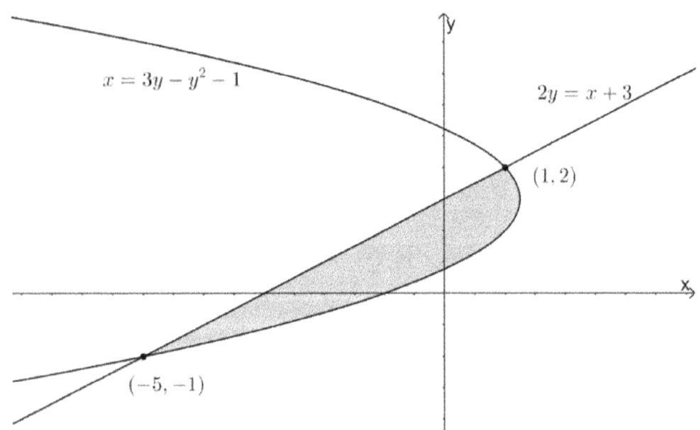

(2)

令 $3y - y^2 - 1 = 2y - 3$ 則 $y = -1,\ 2,\quad \because 3y - y^2 - 1 \geq 2y - 3,\ \forall -1 \leq y \leq 2$

$$\text{面積} = \int_{-1}^{2} 3y - y^2 - 1 - (2y - 3)\,dy = \int_{-1}^{2} -y^2 + y + 2\,dy = \frac{9}{2}$$

(3)

令 $y^2 + 2y = -2y$ 則 $y = -4, 0\quad \because -2y \geq y^2 + 2y,\ \forall -4 \leq y \leq 0$

$$\text{面積} = \int_{-4}^{0} -2y - (y^2 + 2y)\,dx = \int_{-4}^{0} -y^2 - 4y\,dy = \frac{32}{3}$$

範例 15.

$$求 y = \frac{1}{x^4 + 1} \ 與 x 軸 所圍區域的面積$$

【解】

$$\text{面積} = 2\int_{0}^{\infty} \frac{1}{x^4 + 1}\,dx$$

$$\because x^4 + 1 = (x^2 + 1)^2 - 2x^2 = (x^2 + 1)^2 - (\sqrt{2}x)^2 = (x^2 + 1 + \sqrt{2}x)(x^2 + 1 - \sqrt{2}x)$$

$$令 \ \frac{1}{x^4 + 1} = \frac{ax + b}{(x^2 + 1 - \sqrt{2}x)} + \frac{cx + d}{(x^2 + 1 + \sqrt{2}x)}$$

$$則 \ \frac{1}{x^4 + 1} = \frac{(ax + b)(x^2 + 1 + \sqrt{2}x) + (cx + d)(x^2 + 1 - \sqrt{2}x)}{(x^2 + 1 - \sqrt{2}x)(x^2 + 1 + \sqrt{2}x)}$$

$$\therefore 1 = (ax + b)(x^2 + 1 + \sqrt{2}x) + (cx + d)(x^2 + 1 - \sqrt{2}x)$$

$$令 x = 0 \ 則 \ b + d = 1, \quad \because (a + c)x^3 = 0, \ \forall x \in R \quad \therefore a + c = 0$$

$$\because (\sqrt{2}a + b - \sqrt{2}c + d)x^2 = 0, \ \forall x \in R \quad \therefore \sqrt{2}a + b - \sqrt{2}c + d = 0$$

$$\because (a + \sqrt{2}b + c - \sqrt{2}d)x = 0, \ \forall x \in R \quad \therefore a + \sqrt{2}b + c - \sqrt{2}d = 0$$

$$\therefore b - d = 0 \Rightarrow b = d = \frac{1}{2}, a = \frac{-1}{2\sqrt{2}}, c = \frac{1}{2\sqrt{2}}$$

$$\therefore \frac{1}{x^4 + 1} = \frac{-x + \sqrt{2}}{2\sqrt{2}(x^2 + 1 - \sqrt{2}x)} + \frac{x + \sqrt{2}}{2\sqrt{2}(x^2 + 1 + \sqrt{2}x)}$$

$$\therefore \int \frac{1}{x^4+1}\,dx = \frac{1}{2\sqrt{2}}\left(\int -\frac{x-\sqrt{2}}{(x^2+1-\sqrt{2}x)} + \frac{x+\sqrt{2}}{(x^2+1+\sqrt{2}x)}\right)dx$$

$$= \frac{1}{2\sqrt{2}}\left(-\int \frac{\frac{1}{2}(2x-\sqrt{2})-\frac{\sqrt{2}}{2}}{(x^2+1-\sqrt{2}x)} + \frac{\frac{1}{2}(2x+\sqrt{2})+\frac{\sqrt{2}}{2}}{(x^2+1+\sqrt{2}x)}\right)dx$$

$$= \frac{1}{4\sqrt{2}}\left(-\ln|x^2+1-\sqrt{2}x| + \ln|x^2+1+\sqrt{2}x|\right)$$

$$+ \frac{1}{4}\int \frac{dx}{(x^2+1-\sqrt{2}x)} + \frac{1}{4}\int \frac{dx}{(x^2+1+\sqrt{2}x)}$$

$$\because \int \frac{dx}{(x^2+1-\sqrt{2}x)} + \frac{dx}{(x^2+1+\sqrt{2}x)}$$

$$= \int \frac{dx}{\left(x-\frac{1}{\sqrt{2}}\right)^2+\left(\frac{1}{\sqrt{2}}\right)^2} + \int \frac{dx}{\left(x+\frac{1}{\sqrt{2}}\right)^2+\left(\frac{1}{\sqrt{2}}\right)^2} = \sqrt{2}(\tan^{-1}(\sqrt{2}x-1)+\tan^{-1}(\sqrt{2}x+1))$$

$$\therefore \int \frac{1}{x^4+1}\,dx = \frac{1}{4\sqrt{2}}\left(-\ln|x^2+1-\sqrt{2}x| + \ln|x^2+1+\sqrt{2}x|\right)$$

$$+ \frac{\sqrt{2}}{4}\left(\tan^{-1}(\sqrt{2}x+1)+\tan^{-1}(\sqrt{2}x-1)\right) + c$$

$$\therefore \int_0^\infty \frac{1}{x^4+1}\,dx = \frac{1}{4\sqrt{2}}\left(-\ln|x^2+1-\sqrt{2}x| + \ln|x^2+1+\sqrt{2}x|\right)\Big|_0^\infty$$

$$+ \frac{\sqrt{2}}{4}\left(\tan^{-1}(\sqrt{2}x+1)+\tan^{-1}(\sqrt{2}x-1)\right)\Big|_0^\infty = \frac{\sqrt{2}\pi}{4}$$

$$\Rightarrow 所圍區域的面積 = \frac{\pi}{\sqrt{2}}$$

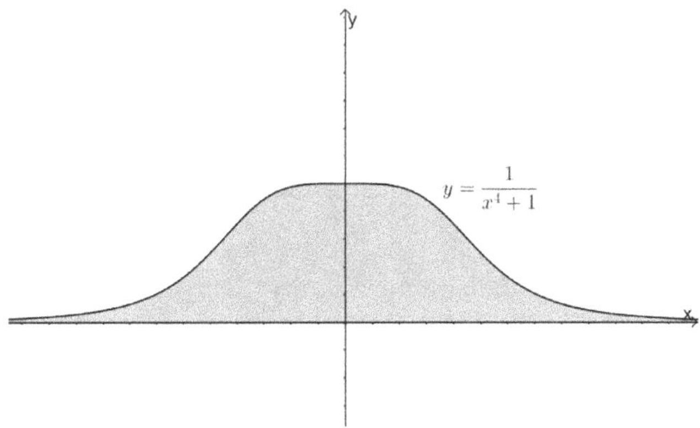

5.5.1.2 給隱函數求面積

考試類型:

題型 1.

給函數 $f(x, y) = 0$ 求曲線所圍區域的面積

解題流程:

Step1.

找 $y = g(x)$ 使得 $f(x, y) = 0$ 或找 $x = g(y)$ 使得 $f(x, y) = 0$

Step2.

若 $y = g(x)$ 則找 (x_0, x_1) 使得 $g(x) \geq 0, \ \forall x \in (x_0, x_1)$

若 $x = g(y)$ 則找 (y_0, y_1) 使得 $g(y) \geq 0, \ \forall y \in (y_0, y_1)$

Step3.

若 $y = g(x)$ 則求 $\displaystyle\int_{x_0}^{x_1} g(x)\,dx$

若 $x = g(y)$ 則求 $\displaystyle\int_{y_0}^{y_1} g(y)\,dy$

範例說明:

(I)求曲線 $2\sqrt{x} + \sqrt{y} = \sqrt{a}$ 與坐標軸所圍的區域面積

$\because 2\sqrt{x} + \sqrt{y} = \sqrt{a} \quad \therefore y = a + 4x - 4\sqrt{ax} \quad \therefore 面積 = \displaystyle\int_{0}^{\frac{a}{4}} a + 4x - 4\sqrt{ax}\,dx$

(II) 求曲線 $x^2 + xy + y^2 = 1$ 所圍的區域面積

$\because x^2 + xy + y^2 = 1 \quad \therefore y = \dfrac{-x \pm \sqrt{4 - 3x^2}}{2}$

$$面積 = \int_{-\frac{2}{\sqrt{3}}}^{\frac{2}{\sqrt{3}}} \frac{-x + \sqrt{4 - 3x^2}}{2} - \frac{-x - \sqrt{4 - 3x^2}}{2} \, dx$$

範例 1.

求橢圓 $\dfrac{x^2}{a^2} + \dfrac{y^2}{b^2} = 1 \ (a > 0, b > 0)$ 與 x 軸所圍的區域面積

【解】

$\because \dfrac{x^2}{a^2} + \dfrac{y^2}{b^2} = 1 \quad \therefore y = b\sqrt{1 - \dfrac{x^2}{a^2}}$

$\because$ 面積 $= 4$ 倍 $\times$ 第一象限與座標軸所圍面積

$$\therefore 面積 = 4b \int_0^a \sqrt{1 - \frac{x^2}{a^2}} \, dx = \frac{4b}{a} \int_0^a \sqrt{a^2 - x^2} \, dx$$

令 $x = a\sin\theta$ 則 $dx = a\cos\theta \, d\theta,$ 藉由變換代換法

$$\therefore 面積 = \frac{4b}{a} \int_0^a \sqrt{a^2 - x^2} \, dx = \frac{4b}{a} \int_0^{\frac{\pi}{2}} \sqrt{a^2 - (a\sin\theta)^2} \cdot a\cos\theta \, d\theta$$

$$= 4ab \int_0^{\frac{\pi}{2}} \cos^2\theta \, d\theta = 4ab \int_0^{\frac{\pi}{2}} \frac{1 + \cos 2\theta \, d\theta}{2} = 4ab \cdot \frac{\pi}{4} = \pi ab$$

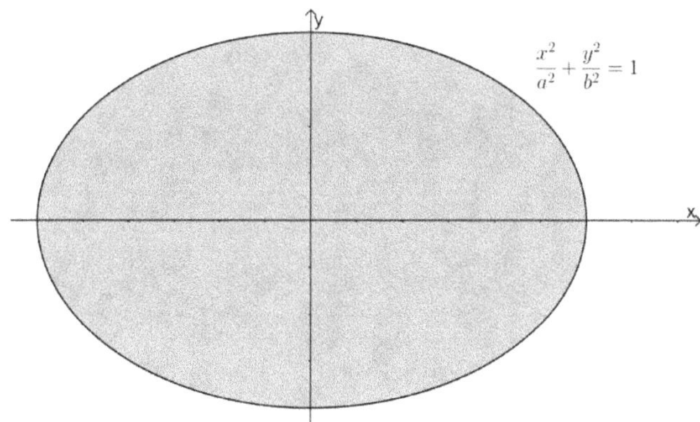

範例 2.

　　求曲線 $y = a^x,\ y = a^{-x}\,(a > 1)$ 與x軸所圍的區域面積

【解】

$$面積 = 2\int_0^\infty a^{-x}\,dx = -\left.\frac{2a^{-x}}{\ln a}\right|_0^\infty = \frac{2}{\ln a}$$

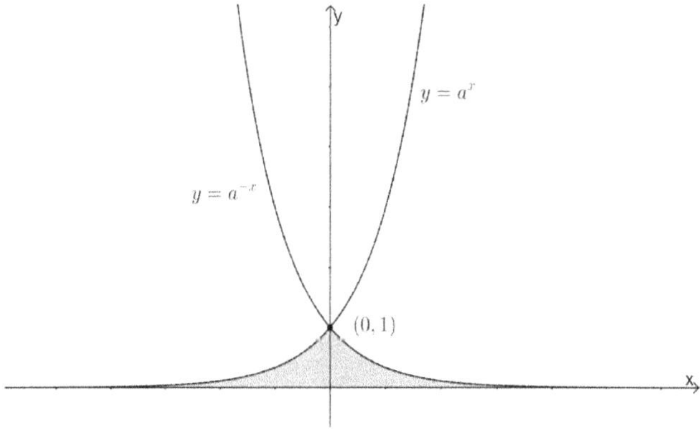

範例 3.

　　求曲線 $2\sqrt{x} + \sqrt{y} = \sqrt{a}$ 與坐標軸所圍的區域面積

【解】

$\because 2\sqrt{x} + \sqrt{y} = \sqrt{a} \quad \therefore y = a + 4x - 4\sqrt{ax}$

$$\therefore 面積 = \int_0^{\frac{a}{4}} a + 4x - 4\sqrt{ax}\,dx = \left. ax + 2x^2 - \frac{8\sqrt{a}\,x^{\frac{3}{2}}}{3}\right|_0^{\frac{a}{4}}$$

$$= \frac{a^2}{4} + \frac{a^2}{8} - \frac{8\sqrt{a}\left(\frac{a}{4}\right)^{\frac{3}{2}}}{3} = \frac{a^2}{4} + \frac{a^2}{8} - \frac{a^2}{3} = a^2\left(\frac{6+3-8}{24}\right) = \frac{a^2}{24}$$

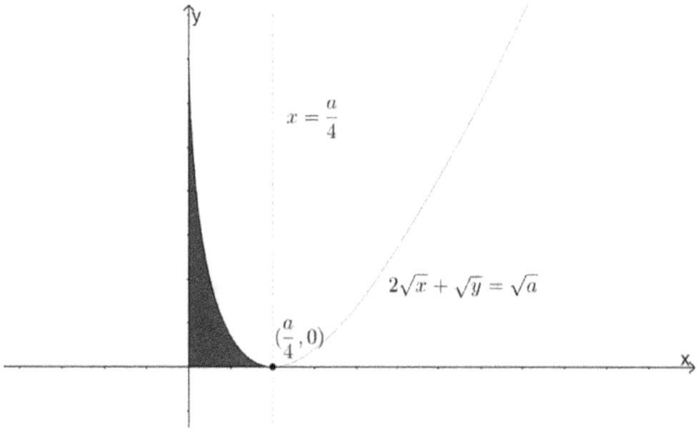

範例 4.

　　求由曲線 $y^2 = x^4(3x+1)$ 所圍的區域面積

【解】

$\because y^2 = x^4(3x+1) \quad \therefore y = \pm x^2\sqrt{3x+1} \quad \therefore 面積 = 2\int_{-\frac{1}{3}}^{0} x^2\sqrt{3x+1}\,dx$

令 $u = 3x+1$ 則 $x = \dfrac{u-1}{3}$, $du = 3dx$, 藉由變換代換法

$$\therefore 2\int_{-\frac{1}{3}}^{0} x^2\sqrt{3x+1}\,dx = \frac{2}{3}\int_{0}^{1}\left(\frac{u-1}{3}\right)^2\sqrt{u}\,du = \frac{2}{27}\int_{0}^{1} u^{\frac{5}{2}} - 2u^{\frac{3}{2}} + u^{\frac{1}{2}}\,du$$

$$= \frac{2}{27}\left(\frac{2u^{\frac{7}{2}}}{7} - \frac{4u^{\frac{5}{2}}}{5} + \frac{2u^{\frac{3}{2}}}{3}\right)\Bigg|_{0}^{1} = \frac{2}{27}\cdot\frac{16}{105} = \frac{32}{2835}$$

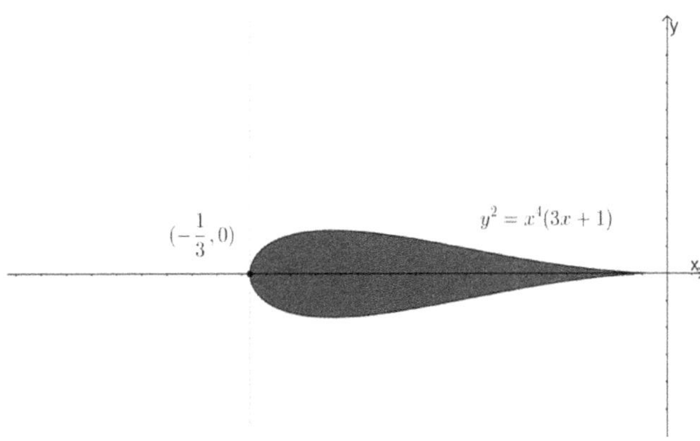

範例 5.

設兩曲線為 $C_1: y = \ln x$，$C_2: y = ax$，a 為實數，並且兩曲線相切，求兩曲線與 x 軸所為面積

【解】

$\because$ 兩曲線於切點的斜率相同　$\therefore \dfrac{dy}{dx} = \dfrac{1}{x} = a \Rightarrow x = \dfrac{1}{a}$

$\because$ 兩曲線相切　$\therefore \ln x = ax = 1 \Rightarrow x = e$　$\therefore$ 切點 $= (e,1) \Rightarrow x = e = \dfrac{1}{a}$

$\because C_2$ 為過 $(0,0)$ 的直線　$\therefore$ 與 x 軸、$x = e$ 所圍面積 $= \dfrac{e}{2}$

$\therefore$ 面積 $= \dfrac{e}{2} - \displaystyle\int_1^e \ln x \; dx = \dfrac{e}{2} - \left(x \ln x \big|_1^e - \int_1^e 1 \; dx \right) = \dfrac{e}{2} - 1$

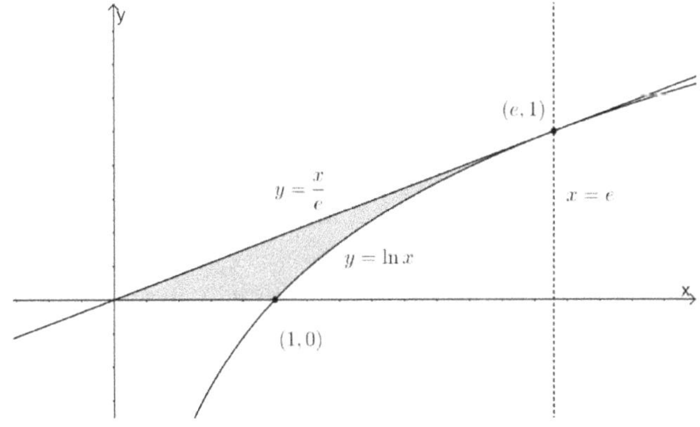

範例 6.

求曲線 $xy = 1$，$xy = 9$，$x = 1$，$x = 9$ 所圍的區域面積

【解】

$$\text{面積} = \int_1^9 \frac{9}{x} - \frac{1}{x}\,dx = \int_1^9 \frac{8}{x}\,dx = 8\ln x\big|_1^9 = 16\ln 3$$

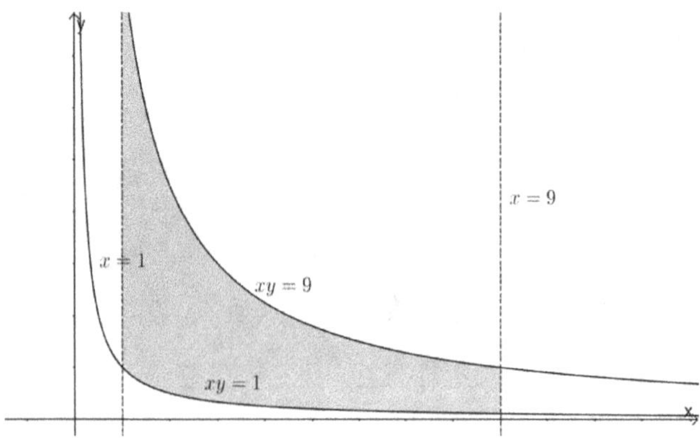

範例 7.

　　假設拋物線 $y = -x^2 + 4x - 4$, 求拋物線與過兩切點 $(0,-4)$、$(4,-4)$
的切線所圍的面積

【解】

$$\because \text{過}(0,-4)\text{的切線斜率} = \frac{dy}{dx} = -2x + 4\big|_{x=0} = 4 \quad \therefore \text{切線}: y = 4x - 4$$

$$\because \text{過}(4,-4)\text{的切線斜率} = \frac{dy}{dx} = -2x + 4\big|_{x=4} = -4 \quad \therefore \text{切線}: y = -4x + 12$$

$$\therefore \text{面積} = 2\int_0^2 4x - 4 - (-x^2 + 4x - 4)\,dx = \frac{2x^3}{3}\bigg|_0^2 = \frac{16}{3}$$

範例 8.

　　求曲線 $x^2 + xy + y^2 = 1$ 所圍的區域面積

【解】

$$\because x^2 + xy + y^2 = 1 \qquad \therefore y^2 + xy + x^2 - 1 = 0$$

$$\therefore y = \frac{-x \pm \sqrt{x^2 - 4(x^2-1)}}{2} = \frac{-x \pm \sqrt{4 - 3x^2}}{2} \Rightarrow 4 - 3x^2 \geq 0 \quad \therefore -\frac{2}{\sqrt{3}} \leq x \leq \frac{2}{\sqrt{3}}$$

$$\text{面積} = \int_{-\frac{2}{\sqrt{3}}}^{\frac{2}{\sqrt{3}}} \frac{-x + \sqrt{4 - 3x^2}}{2} - \frac{-x - \sqrt{4 - 3x^2}}{2} \, dx = \int_{-\frac{2}{\sqrt{3}}}^{\frac{2}{\sqrt{3}}} \sqrt{4 - 3x^2} \, dx$$

令 $x = \dfrac{2}{\sqrt{3}} \sin\theta$ 則 $dx = \dfrac{2}{\sqrt{3}} \cos\theta \, d\theta$, 藉由變換代換法

$$\int_{-\frac{2}{\sqrt{3}}}^{\frac{2}{\sqrt{3}}} \sqrt{4 - 3x^2} \, dx = \frac{4}{\sqrt{3}} \int_{-\frac{\pi}{2}}^{\frac{\pi}{2}} \cos\theta \sqrt{1 - \sin^2\theta} \, d\theta = \frac{4}{\sqrt{3}} \int_{-\frac{\pi}{2}}^{\frac{\pi}{2}} \frac{1 + \cos 2\theta}{2} \, d\theta = \frac{2\pi}{\sqrt{3}}$$

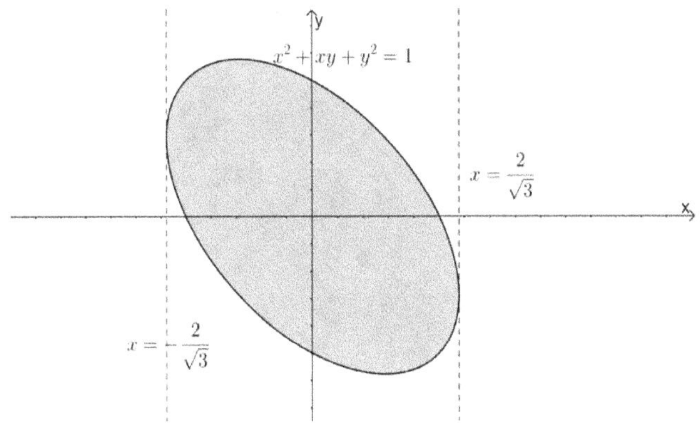

範例 9.

　　求 $x^2 + y^2 = a^2, x^2 + (y - a)^2 = a^2$ 的交集面積

【解】

$$\text{面積} = 4 \int_{\frac{a}{2}}^{a} \sqrt{a^2 - y^2} \, dy, \quad 令 \, y = a \sin\theta \, 則 \, dy = a \cos\theta \, d\theta, \, 藉由變換代換法$$

$$4 \int_{\frac{a}{2}}^{a} \sqrt{a^2 - y^2} \, dy = 4a^2 \int_{\frac{\pi}{6}}^{\frac{\pi}{2}} \cos\theta \sqrt{1 - \sin^2\theta} \, d\theta = 4a^2 \int_{\frac{\pi}{6}}^{\frac{\pi}{2}} \frac{1 + \cos 2\theta}{2} \, d\theta = 4a^2 \left(\frac{\pi}{6} - \frac{\sqrt{3}}{8} \right)$$

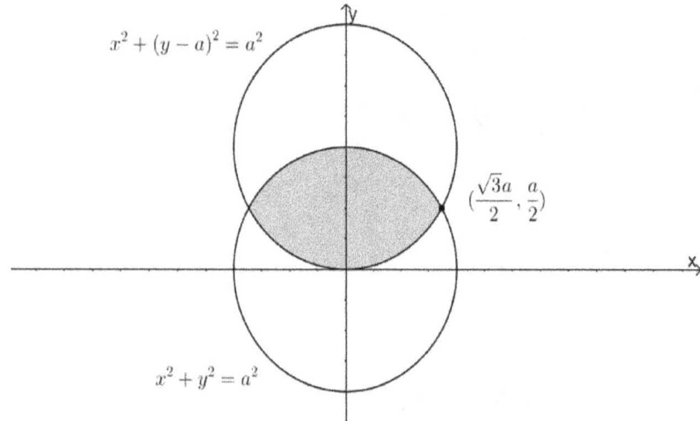

5.5.1.3　給參數式求面積

考試類型:

題型 1.

給函數 $x^2 + y^2 = f(x, y)$ 求曲線所圍區域的面積

解題流程:

Step1.

令 $x = r\cos\theta,\ y = r\sin\theta$ 則 $r^2 = f(r\cos\theta, r\sin\theta)$

Step2.

$$面積 = \frac{1}{2}\int r^2 d\theta = \frac{1}{2}\int f(r\cos\theta, r\sin\theta)d\theta$$

範例說明:

(I) 求雙扭線 $(x^2 + y^2)^2 = a(x^2 - y^2)$ 所圍的封閉區域面積,$a > 0$

$$\because r^2 = a\cos 2\theta \quad \therefore 面積 = \frac{1}{2}\cdot 4\int_0^{\frac{\pi}{4}} a\cos 2\theta\ d\theta$$

(II) 求曲線 $(x^2 + y^2)^2 = 4a^2 xy$ 所圍的區域面積

$$\because r^2 = 2a^2\sin 2\theta \quad \therefore 面積 = \int_0^{\frac{\pi}{2}} a^2\sin 2\theta\ d\theta + \int_\pi^{\frac{3\pi}{2}} a^2\sin 2\theta\ d\theta$$

(III) 求曲線 $x^4 + y^4 = 2(x^2 + y^2)$ 所圍的區域面積

$$\because \cos^4\theta + \sin^4\theta = \frac{2}{r^2} = \frac{3}{4} + \frac{\cos 4\theta}{4} \quad \therefore 面積 = 8\cdot\frac{1}{2}\int_0^{\frac{\pi}{4}} \frac{8}{3 + \cos 4\theta}d\theta$$

範例 1.

　　求雙扭線 $(x^2 + y^2)^2 = a(x^2 - y^2)$ 所圍的封閉區域面積, $a > 0$

【解】

令 $a > 0$,　令 $x = r\cos\theta$,　$y = r\sin\theta$ 則 $r^4 = a(r^2\cos^2\theta - r^2\sin^2\theta)$

$$\Rightarrow r^2 = a\left(\frac{1 + \cos 2\theta}{2} - \frac{1 - \cos 2\theta}{2}\right) = a\cos 2\theta$$

$$\text{面積} = \frac{1}{2}\int r^2 d\theta = \frac{1}{2}\cdot 4\int_0^{\frac{\pi}{4}} a\cos 2\theta\ d\theta = a\left.(\sin 2\theta)\right|_0^{\frac{\pi}{4}} = a$$

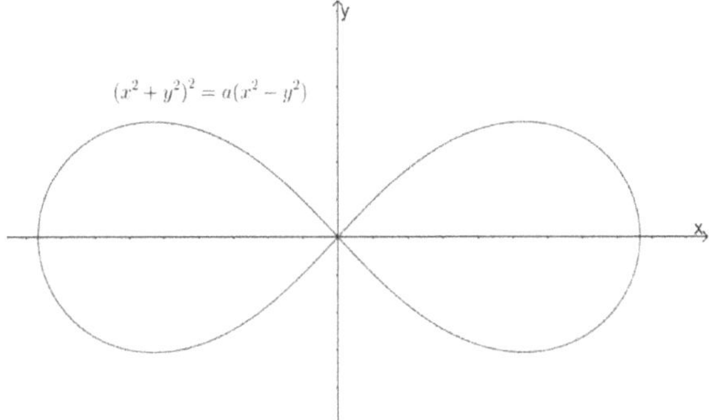

範例 2.

　　求曲線 $(x^2 + y^2)^2 = 4a^2xy$ 所圍的區域面積

【解】

令 $x = r\cos\theta$,　$y = r\sin\theta$,　$\forall\ 0 \le 2\theta \le 4\pi$

則 $(r^2\cos^2\theta + r^2\sin^2\theta)^2 = 4a^2r^2\cos\theta\sin\theta \Rightarrow r^2 = 2a^2\sin 2\theta$

$\because r^2 \ge 0$　$\therefore \sin 2\theta \ge 0 \Rightarrow 2n\pi \le 2\theta \le 2n\pi + \pi, n \in N \cup \{0\}$

$\therefore \theta \in \{\theta: 0 \le 2\theta \le 4\pi\} \cap \{\theta: 2n\pi \le 2\theta \le 2n\pi + \pi, n \in N \cup \{0\}\}$

$$\Rightarrow 0 \le \theta \le \frac{\pi}{2}\ \text{ or }\ \pi \le \theta \le \frac{\pi}{2} + \pi$$

$$\therefore \text{面積} = \int_0^{\frac{\pi}{2}} a^2\sin 2\theta\ d\theta + \int_{\pi}^{\frac{3\pi}{2}} a^2\sin 2\theta\ d\theta = a^2\left(\left.\frac{-\cos 2\theta}{2}\right|_0^{\frac{\pi}{2}} + \left.\frac{-\cos 2\theta}{2}\right|_{\pi}^{\frac{3\pi}{2}}\right) = 2a^2$$

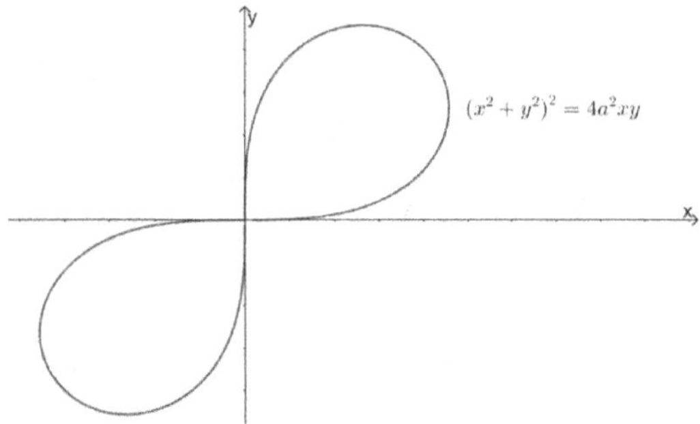

範例 3.

$\quad$ 求 $\begin{cases} x = a\cos^3 t \\ y = a\sin^3 t \end{cases}$, $a > 0$ 所圍的區域面積

【解】

$$面積 = 4\int_0^a y(x)\,dx = 4\int_{\frac{\pi}{2}}^0 y(t)x'(t)\,dt = 4\int_{\frac{\pi}{2}}^0 a\sin^3 t\,(-3a\cos^2 t \sin t)\,dt$$

$$= 12a^2\int_0^{\frac{\pi}{2}} \sin^4 t \cos^2 t\,dt = 12a^2\int_0^{\frac{\pi}{2}} \sin^4 t\,(1 - \sin^2 t)\,dt = \frac{3\pi a^2}{8}$$

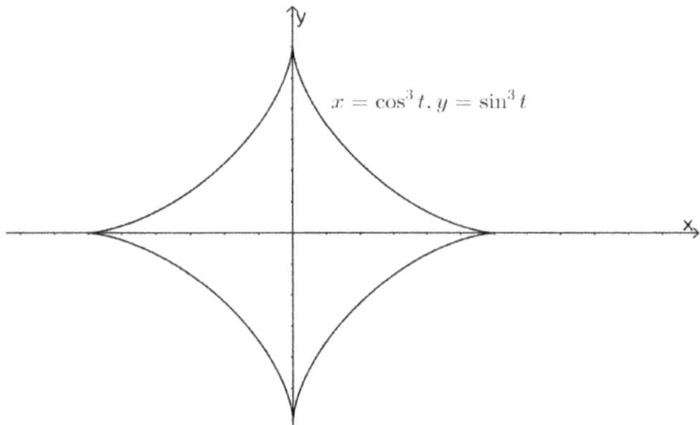

範例 4.

$\quad$ 求 $\begin{cases} x = t^3 + t^2 \\ y = t^2 + t \end{cases}$, $0 \le t \le 1$, $y = x$ 所圍的區域面積

【解】

$$面積 = \int_0^2 y(x) - x\,dx = \int_0^1 y(t)x'(t)\,dt - \int_0^2 x\,dx = \int_0^1 (t^2 + t)(3t^2 + 2t)\,dt - \int_0^2 x\,dx$$

$$= \int_0^1 3t^4 + 5t^3 + 2t^2 dt - \int_0^2 x\,dx = \frac{3t^5}{5} + \frac{5t^4}{4} + \frac{2t^3}{3}\Big|_0^1 - \frac{x^2}{2}\Big|_0^2 = \frac{31}{60}$$

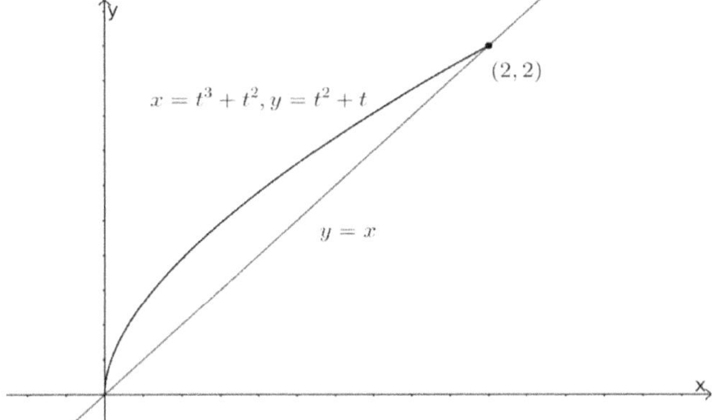

範例 5.

$$\text{求} \begin{cases} x = a(\theta - \sin\theta) \\ y = a(1 - \cos\theta) \end{cases}, \quad a > 0 \text{ 與 } x \text{軸所圍的區域面積}$$

【解】

$$\text{面積} = \int_0^a y(x)\,dx = \int_0^{2\pi} a(1 - \cos\theta)a(1 - \cos\theta)\,d\theta$$

$$= a^2 \int_0^{2\pi} (1 - \cos\theta)^2 d\theta = a^2 \int_0^{2\pi} 1 - 2\cos\theta + \cos^2\theta\, d\theta$$

$$= a^2 \int_0^{2\pi} \frac{3}{2} - 2\cos\theta + \frac{\cos 2\theta}{2}\,d\theta - a^2\left(\frac{3\theta}{2} - 2\sin\theta + \frac{\sin 2\theta}{4}\right)\Big|_0^{2\pi} = 3\pi a^2$$

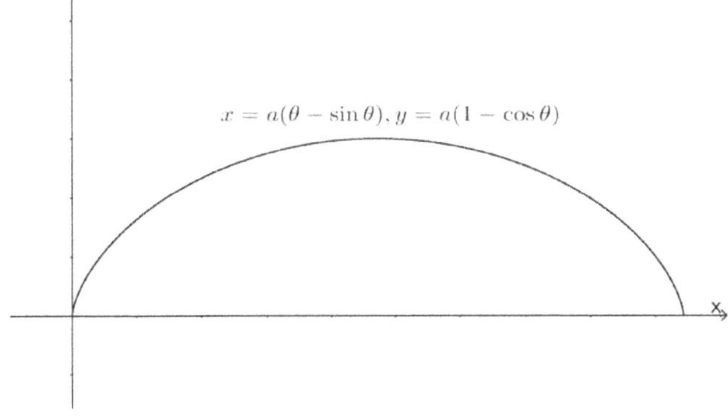

範例 6.

$$\text{求曲線} x^4 + y^4 = 2(x^2 + y^2) \text{ 所圍的區域面積}$$

【解】

令 $x = r\cos\theta,\ y = r\sin\theta,\ \forall\, 0 \le \theta \le 2\pi$

則 $r^4\cos^4\theta + r^4\sin^4\theta = 2r^2\cos^2\theta + 2r^2\sin^2\theta = 2r^2$

$\because \cos^4\theta + \sin^4\theta = (\cos^2\theta + \sin^2\theta)^2 - 2\sin^2\theta\cos^2\theta$

$$= 1 - 2\left(\frac{1-\cos 2\theta}{2}\right)\left(\frac{1+\cos 2\theta}{2}\right) = 1 - \frac{1-\cos^2 2\theta}{2} = \frac{1}{2} + \frac{\dfrac{1+\cos 4\theta}{2}}{2} = \frac{3}{4} + \frac{\cos 4\theta}{4}$$

$$\therefore r^2 = \frac{8}{3+\cos 4\theta} \qquad \therefore \text{面積} = 8\cdot\frac{1}{2}\int_0^{\frac{\pi}{4}} \frac{8}{3+\cos 4\theta}\,d\theta = 8\int_0^{\pi}\frac{1}{3+\cos t}\,dt$$

令 $u = \tan\dfrac{t}{2}$ 則 $du = \dfrac{1}{2}\sec^2\dfrac{t}{2}\,dt$, 藉由變換代換法

$$\Rightarrow dt = \frac{2}{(1+u^2)}\,du \text{ 且 } \cos t = \frac{1-u^2}{1+u^2}$$

$$\therefore \int_0^{\pi}\frac{1}{3+\cos t}\,dt = \int_0^{\infty}\frac{1}{3+\dfrac{1-u^2}{1+u^2}}\cdot\frac{2du}{(1+u^2)} = \int_0^{\infty}\frac{du}{2+u^2} = \left.\frac{\tan^{-1}\left(\dfrac{u}{\sqrt{2}}\right)}{\sqrt{2}}\right|_0^{\infty} = \frac{\pi}{2\sqrt{2}}$$

$$\therefore \text{面積} = 8\int_0^{\pi}\frac{1}{3+\cos t}\,dt = 8\left(\frac{\pi}{2\sqrt{2}}\right) = 2\sqrt{2}\pi$$

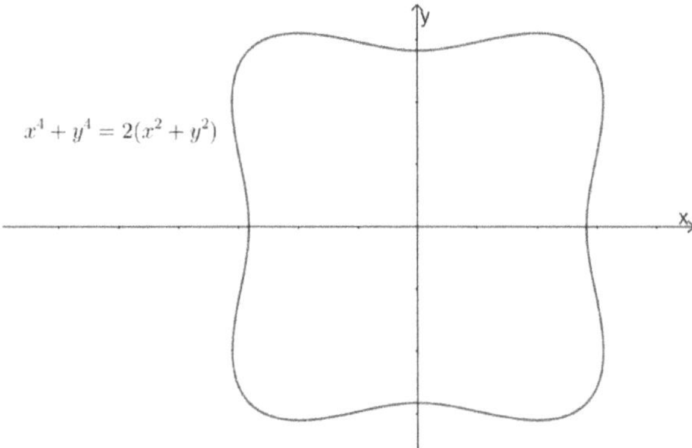

範例 7.

　　求兩橢圓 $\dfrac{x^2}{a^2}+\dfrac{y^2}{b^2}\le 1,\ \dfrac{x^2}{b^2}+\dfrac{y^2}{a^2}\le 1$ 的交集面積 $(a > b > 0)$

【解】

令 $x = r\cos\theta,\ y = r\sin\theta,\quad \because \dfrac{x^2}{b^2} + \dfrac{y^2}{a^2} = 1 \quad \therefore r^2 = \dfrac{a^2 b^2}{a^2\cos^2\theta + b^2\sin^2\theta}$

$\therefore$ 面積 $= 8\displaystyle\int_0^{\frac{\pi}{4}} \dfrac{1}{2}\cdot\dfrac{a^2 b^2}{a^2\cos^2\theta + b^2\sin^2\theta}\,d\theta = 4\int_0^{\frac{\pi}{4}} \dfrac{a^2 b^2}{\cos^2\theta\left(a^2 + \dfrac{b^2\sin^2\theta}{\cos^2\theta}\right)}\,d\theta$

$= 4\displaystyle\int_0^{\frac{\pi}{4}} \dfrac{a^2 b^2 \sec^2\theta}{(a^2 + b^2\tan^2\theta)}\,d\theta = 4\int_0^{\frac{\pi}{4}} \dfrac{b^2\sec^2\theta}{1 + \dfrac{b^2\tan^2\theta}{a^2}}\,d\theta$

令 $u = \tan\theta$ 則 $du = \sec^2\theta\,d\theta$，藉由變換代換法

$\therefore 4\displaystyle\int_0^{\frac{\pi}{4}} \dfrac{b^2\sec^2\theta}{1 + \dfrac{b^2\tan^2\theta}{a^2}}\,d\theta = 4\int_0^1 \dfrac{b^2\,du}{1 + \dfrac{b^2 u^2}{a^2}} = 4b^2\dfrac{a}{b}\cdot\tan^{-1}\left(\dfrac{b}{a}\cdot u\right)\Big|_0^1 = 4ab\tan^{-1}\dfrac{b}{a}$

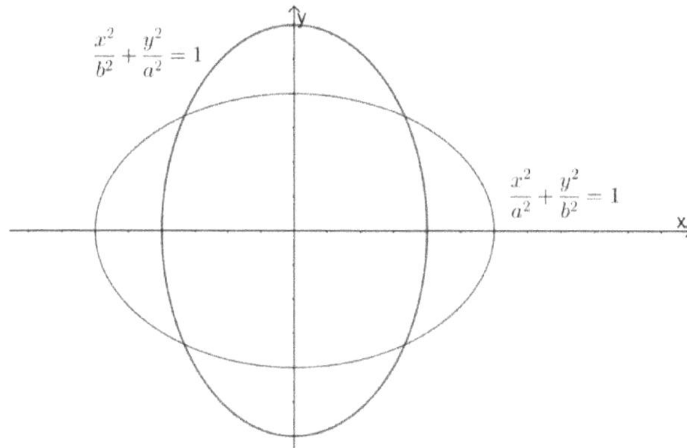

範例 8.

　　求 $x^{\frac{2}{3}} + y^{\frac{2}{3}} = a^{\frac{2}{3}}$ 所圍的區域面積

【解】

令 $x = a\cos^3\theta,\ y = a\sin^3\theta$

面積 $= 4\displaystyle\int_0^a y(x)\,dx = 4\int_{\frac{\pi}{2}}^0 y(\theta)x'(\theta)\,d\theta = 4\int_{\frac{\pi}{2}}^0 a\sin^3\theta\,(-3a\cos^2\theta\sin\theta)\,d\theta$

$= 12a^2\displaystyle\int_0^{\frac{\pi}{2}} \sin^4\theta\cos^2\theta\,d\theta = 12a^2\int_0^{\frac{\pi}{2}} \sin^4\theta\,(1 - \sin^2\theta)\,d\theta = \dfrac{3\pi a^2}{8}$

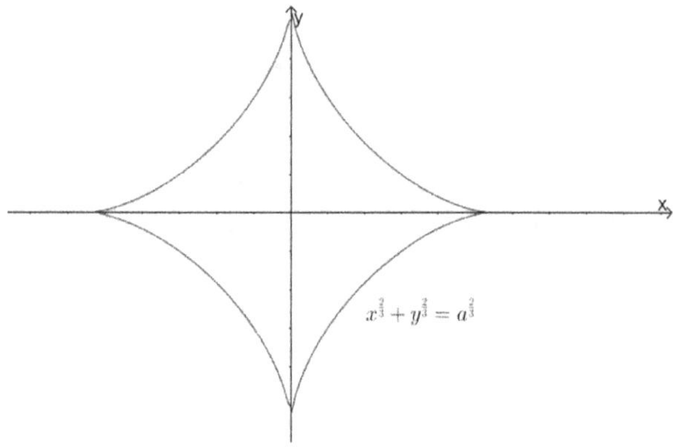

5.5.1.4　給極座標求面積

考試類型:

題型 1.

給定 $r = f(\theta),\ \theta \in [0,2\pi]$ 求曲線所圍區域的面積

解題流程:

Step1.

找 n、$\theta_1 < \theta_2$ 使得所圍面積 $= n\int_{\theta_1}^{\theta_2}\frac{f^2(\theta)}{2}d\theta,\ \ 求\ n\left(\int_{\theta_1}^{\theta_2}\frac{f^2(\theta)}{2}d\theta\right) = ?$

<u>範例說明:</u>

(I) 若 $f(\theta) = a(1 \pm \sin\theta)$ 則 求 $2\left(\int_{\frac{\pi}{2}}^{\frac{3\pi}{2}}\frac{a^2(1 \pm \sin\theta)^2}{2}d\theta\right) = ?$

(II) 若 $f(\theta) = a(1 \pm \cos\theta)$ 則 求 $2\left(\int_{0}^{\pi}\frac{a^2(1 \pm \cos\theta)^2}{2}d\theta\right) = ?$

(III) 若 $f(\theta) = a \pm b\sin\theta$ 則 求 $2\left(\int_{\frac{\pi}{2}}^{\frac{3\pi}{2}}\frac{(a \pm b\sin\theta)^2}{2}d\theta\right) = ?$

(IV) 若 $f(\theta) = a \pm b\cos\theta$ 則 求 $2\left(\int_{0}^{\pi}\frac{(a \pm b\cos\theta)^2}{2}d\theta\right) = ?$

(V) 若 $f(\theta) = a\sin n\theta (n 為偶數)$ 則求 $4n\int_{0}^{\frac{\pi}{2n}}\frac{(a\sin n\theta)^2}{2}d\theta = ?$

(VI) 若 $f(\theta) = a\sin n\theta (n 為奇數)$ 則求 $2n\int_{0}^{\frac{\pi}{2n}}\frac{(a\sin n\theta)^2}{2}d\theta = ?$

(VII)若 $f(\theta) = a\cos n\theta\,(n$ 為偶數$)$ 則求 $4n\displaystyle\int_0^{\frac{\pi}{2n}}\frac{(a\cos n\theta)^2}{2}d\theta =?$

(VIII)若 $f(\theta) = a\cos n\theta\,(n$ 為奇數$)$ 則求 $2n\displaystyle\int_0^{\frac{\pi}{2n}}\frac{(a\cos n\theta)^2}{2}d\theta =?$

題型 2.

求曲線 $r = f(\theta)$ 的外部與曲線 $r = g(\theta)$ 內部的交集面積

解題流程:

Step1.

令 $f(\theta) = g(\theta)$ 找 $\theta_1 < \theta_2$ 使得 $f(\theta_1) = g(\theta_1)$、$f(\theta_2) = g(\theta_2)$

則交集面積 $= \dfrac{1}{2}\displaystyle\int_{\theta_1}^{\theta_2} g^2(\theta) - f^2(\theta)d\theta$

Step2.

求 $\dfrac{1}{2}\displaystyle\int_{\theta_1}^{\theta_2} g^2(\theta) - f^2(\theta)d\theta =?$

範例說明:

(I)求心臟線 $r = \sqrt{3} + \cos\theta$ 的外部與圓 $r = \sqrt{3}\sin\theta$ 內部的交集面積

面積 $= \dfrac{1}{2}\displaystyle\int_{\frac{\pi}{2}}^{\frac{5\pi}{6}} (\sqrt{3}\sin\theta)^2 - (\sqrt{3} + \cos\theta)^2 d\theta$

(II)求心臟線 $r = 1 + \cos\theta$ 的外部與圓 $r = \sqrt{3}\sin\theta$ 內部的交集面積

面積 $= \dfrac{1}{2}\displaystyle\int_{\frac{\pi}{3}}^{\pi} (\sqrt{3}\sin\theta)^2 - (1 + \cos\theta)^2 d\theta$

範例 1.

求兩曲線 $y = \sin x$ 與 $y = \sin 2x,\ \forall\, 0 \le x \le \dfrac{\pi}{2}$ 所圍面積

【解】

令 $y = \sin x = \sin 2x,\quad \because \sin 2x = 2\sin x \cos x$

$\therefore 2\sin x\cos x = \sin x \Rightarrow \sin x = 0 \text{ or } \cos x = \dfrac{1}{2}\quad \therefore$ 兩曲線於 $\left(\dfrac{\pi}{3},\dfrac{\sqrt{3}}{2}\right)$ 相交

$\therefore$ 面積 $= \displaystyle\int_{0}^{\frac{\pi}{3}} (\sin 2x - \sin x)\,dx + \int_{\frac{\pi}{3}}^{\frac{\pi}{2}} (\sin x - \sin 2x)\,dx$

$= -\dfrac{\cos 2x}{2}\Big|_{0}^{\frac{\pi}{3}} + \cos x\Big|_{0}^{\frac{\pi}{3}} - \cos x\Big|_{\frac{\pi}{3}}^{\frac{\pi}{2}} + \dfrac{\cos 2x}{2}\Big|_{\frac{\pi}{3}}^{\frac{\pi}{2}}$

$= \dfrac{-1}{2}\left(\cos\dfrac{2\pi}{3} - 1\right) + \left(\cos\dfrac{\pi}{3} - 1\right) - \left(0 - \cos\dfrac{\pi}{3}\right) + \dfrac{1}{2}\left(-1 - \cos\dfrac{2\pi}{3}\right) = \dfrac{1}{2}$

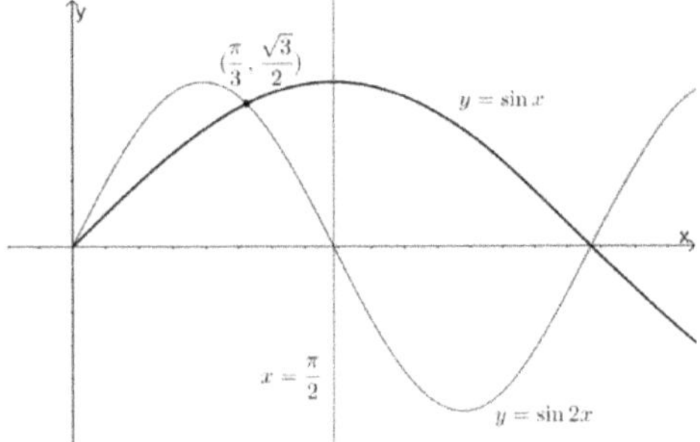

範例 2.

    (1) 求心臟線 $r = \sqrt{3} + \cos\theta$ 的外部與圓 $r = \sqrt{3}\sin\theta$ 內部的交集面積

    (2) 求心臟線 $r = 1 + \cos\theta$ 的外部與圓 $r = \sqrt{3}\sin\theta$ 內部的交集面積

【解】

(1)

令 $\sqrt{3} + \cos\theta = \sqrt{3}\sin\theta$ 則 $\dfrac{\sqrt{3}}{2}\sin\theta - \dfrac{1}{2}\cos\theta = \sin\left(\theta - \dfrac{\pi}{6}\right) = \dfrac{\sqrt{3}}{2}$

$\therefore \theta - \dfrac{\pi}{6} = \dfrac{\pi}{3} \text{ or } \dfrac{2\pi}{3} \Rightarrow \theta = \dfrac{\pi}{2} \text{ or } \dfrac{5\pi}{6}\quad \therefore$ 兩線交點為 $\left(\dfrac{\pi}{2},\sqrt{3}\right), \left(\dfrac{5\pi}{6},\dfrac{\sqrt{3}}{2}\right)$

$\therefore$ 面積 $= \dfrac{1}{2}\displaystyle\int_{\frac{\pi}{2}}^{\frac{5\pi}{6}} (\sqrt{3}\sin\theta)^2 - (\sqrt{3} + \cos\theta)^2\,d\theta = \dfrac{1}{2}\int_{\frac{\pi}{2}}^{\frac{5\pi}{6}} 3\sin^2\theta - (3 + 2\sqrt{3}\cos\theta + \cos^2\theta)\,d\theta$

$$= \frac{1}{2}\int_{\frac{\pi}{2}}^{\frac{5\pi}{6}} \frac{3(1-\cos 2\theta)}{2} - \left(3 + 2\sqrt{3}\cos\theta + \frac{1+\cos 2\theta}{2}\right) d\theta$$

$$= \frac{1}{2}\int_{\frac{\pi}{2}}^{\frac{5\pi}{6}} -2 - \cos 2\theta - 2\sqrt{3}\cos\theta \, d\theta = \frac{1}{2}\left(-2\cdot\theta - \frac{\sin 2\theta}{2} - 2\sqrt{3}\sin\theta\right)\Big|_{\frac{\pi}{2}}^{\frac{5\pi}{6}}$$

$$= \frac{1}{2}\left(-2\cdot\frac{2\pi}{6} - \frac{\sin\frac{5\pi}{3} - \sin\pi}{2} - 2\sqrt{3}\left(\sin\frac{5\pi}{6} - \sin\frac{\pi}{2}\right)\right)$$

$$= \frac{1}{2}\left(-\frac{2\pi}{3} + \frac{\sqrt{3}}{4} - 2\sqrt{3}(\frac{-1}{2})\right) = \frac{1}{2}\left(\frac{\sqrt{3}}{4} + \sqrt{3} - \frac{2\pi}{3}\right)$$

(2)

$$\text{令 } 1 + \cos\theta = \sqrt{3}\sin\theta \text{ 則 } \frac{\sqrt{3}}{2}\sin\theta - \frac{1}{2}\cos\theta = \sin(\theta - \frac{\pi}{6}) = \frac{1}{2}$$

$$\therefore \theta - \frac{\pi}{6} = \frac{\pi}{6} \text{ or } \frac{5\pi}{6} \Rightarrow \theta = \frac{\pi}{3} \text{ or } \pi \quad \therefore \text{兩線交點為} \left(\frac{\pi}{3}, \frac{3}{2}\right), (\pi, 0)$$

$$\therefore \text{面積} = \frac{1}{2}\int_{\frac{\pi}{3}}^{\pi} (\sqrt{3}\sin\theta)^2 - (1+\cos\theta)^2 d\theta$$

$$= \frac{1}{2}\int_{\frac{\pi}{3}}^{\pi} 3\sin^2\theta - (1 + 2\cos\theta + \cos^2\theta) d\theta$$

$$= \frac{1}{2} \int_{\frac{\pi}{3}}^{\pi} \frac{3(1 - \cos 2\theta)}{2} - \left(1 + 2\cos\theta + \frac{1 + \cos 2\theta}{2}\right) d\theta$$

$$= \frac{1}{2} \int_{\frac{\pi}{3}}^{\pi} -2\cos 2\theta - 2\cos\theta \, d\theta = \frac{1}{2}(-\sin 2\theta - 2\sin\theta)\Big|_{\frac{\pi}{3}}^{\pi} = \frac{3\sqrt{3}}{4}$$

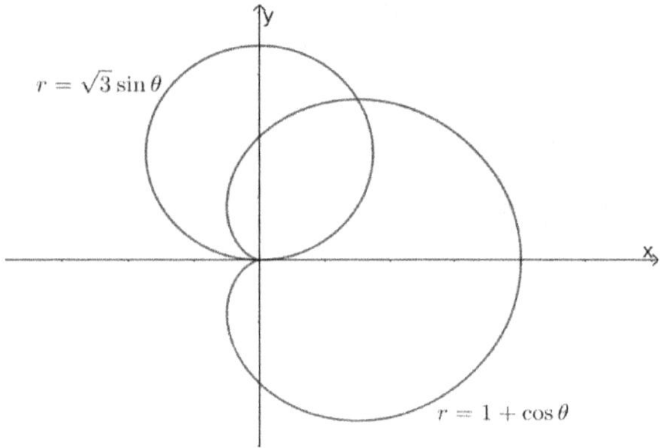

範例 3.

  (1)求心臟線$r = 3 - 3\cos\theta$ 的外部與圓 $r = 3\cos\theta$ 內部的交集面積

  (2)求心臟線$r = 3 + 3\cos\theta$ 的外部與圓 $r = 9\cos\theta$ 內部的交集面積

【解】

(1)

令 $3 - 3\cos\theta = 3\cos\theta$ 則 $\cos\theta = \frac{1}{2} \Rightarrow \theta = \frac{\pi}{3}, -\frac{\pi}{3}$ $\therefore$ 兩線交點為 $\left(\frac{\pi}{3}, \frac{3}{2}\right), \left(-\frac{\pi}{3}, \frac{3}{2}\right)$

$$\therefore 面積 = \frac{1}{2} \int_{-\frac{\pi}{3}}^{\frac{\pi}{3}} (3\cos\theta)^2 - (3 - 3\cos\theta)^2 \, d\theta = \frac{1}{2} \int_{-\frac{\pi}{3}}^{\frac{\pi}{3}} -9 + 18\cos\theta \, d\theta = 9\sqrt{3} - 3\pi$$

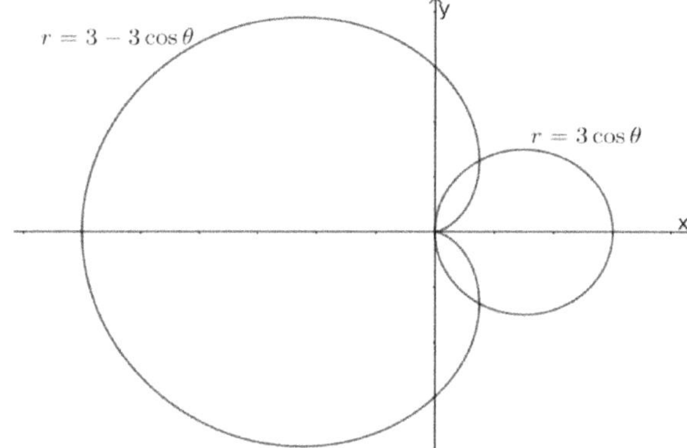

(2)

令 $3 + 3\cos\theta = 9\cos\theta$ 則 $\cos\theta = \dfrac{1}{2} \Rightarrow \theta = \dfrac{\pi}{3}, -\dfrac{\pi}{3}$ ∴ 兩線交點為 $\left(\dfrac{\pi}{3}, \dfrac{9}{2}\right), \left(-\dfrac{\pi}{3}, \dfrac{9}{2}\right)$

$$\therefore 面積 = \frac{1}{2}\int_{-\frac{\pi}{3}}^{\frac{\pi}{3}} (9\cos\theta)^2 - (3 + 3\cos\theta)^2 \, d\theta = \frac{1}{2}\int_{-\frac{\pi}{3}}^{\frac{\pi}{3}} 72\cos^2\theta - 18\cos\theta - 9 \, d\theta$$

$$= \frac{1}{2}\int_{-\frac{\pi}{3}}^{\frac{\pi}{3}} 72\left(\frac{1 + \cos 2\theta}{2}\right) - 18\cos\theta - 9 \, d\theta = 9\pi + 9\sin 2\theta\Big|_{-\frac{\pi}{3}}^{\frac{\pi}{3}} - 9\sin\theta\Big|_{-\frac{\pi}{3}}^{\frac{\pi}{3}} = 9\pi$$

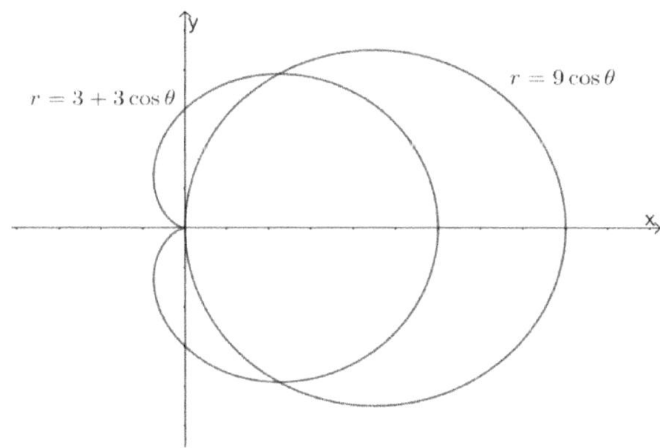

範例 4.

　　求 $r = a$ 的外部與 $r^2 = 2a^2\cos 2\theta$ 內部的交集面積

【解】

令 $2a^2\cos 2\theta = a^2$ 則 $\cos 2\theta = \dfrac{1}{2} \Rightarrow \theta = \dfrac{\pi}{6}$

$$\therefore \text{面積} = 4 \cdot \frac{1}{2} \int_0^{\frac{\pi}{6}} 2a^2 \cos 2\theta - a^2 d\theta = 2a^2 \int_0^{\frac{\pi}{6}} 2\cos 2\theta - 1 d\theta$$

$$= 2a^2(\sin 2\theta - \theta)\Big|_0^{\frac{\pi}{6}} = a^2\left(\sqrt{3} - \frac{\pi}{3}\right)$$

範例 5.

    (1)求心臟線 $r = \sqrt{3} + \sin\theta$ 的外部與圓 $r = 3\sin\theta$ 內部的交集面積

    (2)求心臟線 $r = 1 + \sin\theta$ 的外部與圓 $r = 3\sin\theta$ 內部的交集面積

【解】

(1)

令 $\sqrt{3} + \sin\theta = 3\sin\theta$ 則 $2\sin\theta = \sqrt{3}$ $\therefore \theta = \dfrac{\pi}{3}$ or $\dfrac{2\pi}{3}$

$\therefore$ 兩線交點為 $\left(\dfrac{\pi}{3}, \dfrac{3\sqrt{3}}{2}\right), \left(\dfrac{2\pi}{3}, \dfrac{3\sqrt{3}}{2}\right)$

$$\therefore \text{面積} = \frac{1}{2}\int_{\frac{\pi}{3}}^{\frac{2\pi}{3}} (3\sin\theta)^2 - (\sqrt{3} + \sin\theta)^2 d\theta = \int_{\frac{\pi}{3}}^{\frac{2\pi}{3}} \frac{9\sin^2\theta - (3 + 2\sqrt{3}\sin\theta + \sin^2\theta)}{2} d\theta$$

$$= \int_{\frac{\pi}{3}}^{\frac{2\pi}{3}} \frac{4(1 - \cos 2\theta) - 3 - 2\sqrt{3}\sin\theta}{2} d\theta = \int_{\frac{\pi}{3}}^{\frac{2\pi}{3}} \frac{1 - 4\cos 2\theta - 2\sqrt{3}\sin\theta}{2} d\theta$$

$$= \frac{\theta - 2\sin 2\theta + 2\sqrt{3}\cos\theta}{2}\Bigg|_{\frac{\pi}{3}}^{\frac{2\pi}{3}} = \frac{\frac{\pi}{3} + 2\sqrt{3} - 2\sqrt{3}}{2} = \frac{\pi}{6}$$

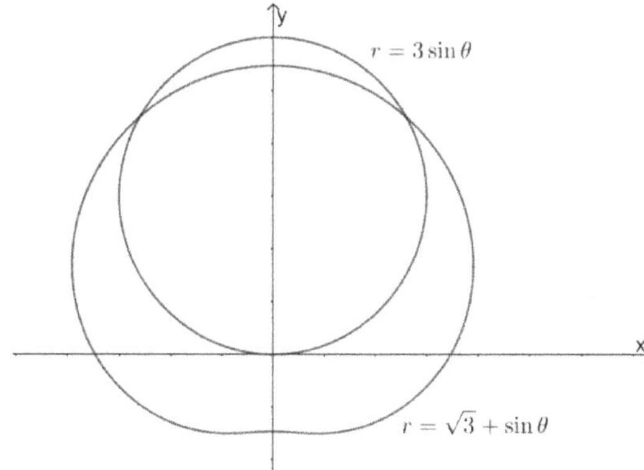

(2)

令 $1 + \sin\theta = 3\sin\theta$ 則 $2\sin\theta = 1$ $\therefore \theta = \dfrac{\pi}{6}$ or $\dfrac{5\pi}{6}$ $\therefore$ 兩線交點為 $\left(\dfrac{\pi}{6}, \dfrac{3}{2}\right), \left(\dfrac{5\pi}{6}, \dfrac{3}{2}\right)$

$$\therefore 面積 = \frac{1}{2}\int_{\frac{\pi}{6}}^{\frac{5\pi}{6}} (3\sin\theta)^2 - (1+\sin\theta)^2 \, d\theta$$

$$= \int_{\frac{\pi}{6}}^{\frac{5\pi}{6}} \frac{9\sin^2\theta - (1 + 2\sin\theta + \sin^2\theta)}{2} \, d\theta = \int_{\frac{\pi}{6}}^{\frac{5\pi}{6}} \frac{4(1-\cos 2\theta) - (1 + 2\sin\theta)}{2} \, d\theta$$

$$= \frac{1}{2}\int_{\frac{\pi}{6}}^{\frac{5\pi}{6}} 3 - 4\cos 2\theta - 2\sin\theta \, d\theta = \frac{1}{2}(3\theta - 2\sin 2\theta + 2\cos\theta)\Big|_{\frac{\pi}{6}}^{\frac{5\pi}{6}} = \pi$$

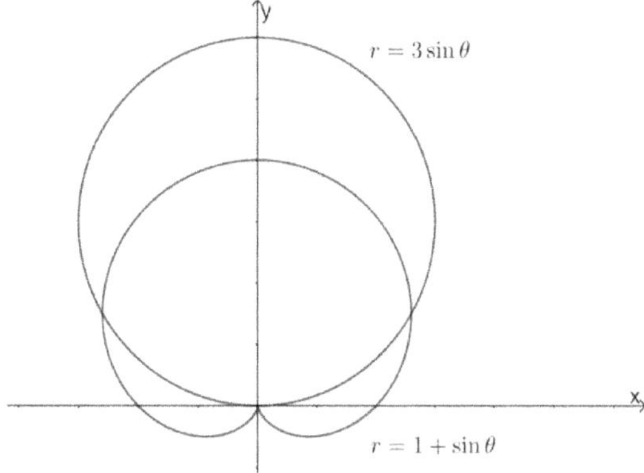

範例 6.

求曲線 $r = 2(1 + \cos\theta)$ 的內部與曲線 $r = \dfrac{2}{1 + \cos\theta}$ 的交集面積

【解】

令 $2(1 + \cos\theta) = \dfrac{2}{1 + \cos\theta}$ 則 $(\cos\theta + 1)^2 = 1 \Rightarrow \theta = \dfrac{\pi}{2}, \dfrac{3\pi}{2}$

$\therefore$ 兩曲線交點為 $\left(\dfrac{\pi}{2}, 2\right), \left(\dfrac{3\pi}{2}, 2\right)$

$\therefore$ 面積 $= 2 \cdot \dfrac{1}{2} \displaystyle\int_0^{\frac{\pi}{2}} \left(4(1 + \cos\theta)^2 - \dfrac{4}{(1 + \cos\theta)^2}\right) d\theta$

$= \displaystyle\int_0^{\frac{\pi}{2}} 4(1 + 2\cos\theta + \cos^2\theta) - \dfrac{4}{\left(2\cos^2\frac{\theta}{2}\right)^2}\, d\theta = \displaystyle\int_0^{\frac{\pi}{2}} 4 + 8\cos\theta + 2 + 2\cos 2\theta - \sec^4\dfrac{\theta}{2}\, d\theta$

令 $u = \tan\dfrac{\theta}{2}$ 則 $du = \dfrac{1}{2}\sec^2\dfrac{\theta}{2}\, d\theta$, 藉由變換代換法

$\therefore \displaystyle\int_0^{\frac{\pi}{2}} \sec^4\dfrac{\theta}{2}\, d\theta = \displaystyle\int_0^{\frac{\pi}{2}} \left(1 + \tan^2\dfrac{\theta}{2}\right) \cdot \sec^2\dfrac{\theta}{2}\, d\theta = 2\displaystyle\int_0^1 1 + u^2\, du = \dfrac{8}{3}$

$\therefore \displaystyle\int_0^{\frac{\pi}{2}} 4 + 8\cos\theta + 2 + 2\cos 2\theta - \sec^4\dfrac{\theta}{2}\, d\theta = (6\theta + 8\sin\theta + \sin 2\theta)\big|_0^{\frac{\pi}{2}} - \dfrac{8}{3} = 3\pi + \dfrac{16}{3}$

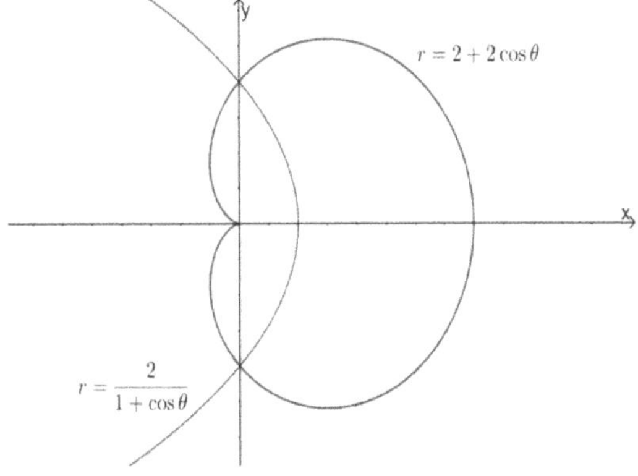

範例 7.

(1)求$r = 2a\cos\theta$ 所圍的區域面積$(a > 0)$

(2)求$r = 2a\sin\theta$ 所圍的區域面積$(a > 0)$

【解】

(1)

$\because r = 2a\cos\theta \quad \therefore r^2 = 2ar\cos\theta \Rightarrow x^2 + y^2 = 2ax$

$\therefore (x - a)^2 + y^2 = a^2 \Rightarrow$ 區域面積 $= \pi a^2$

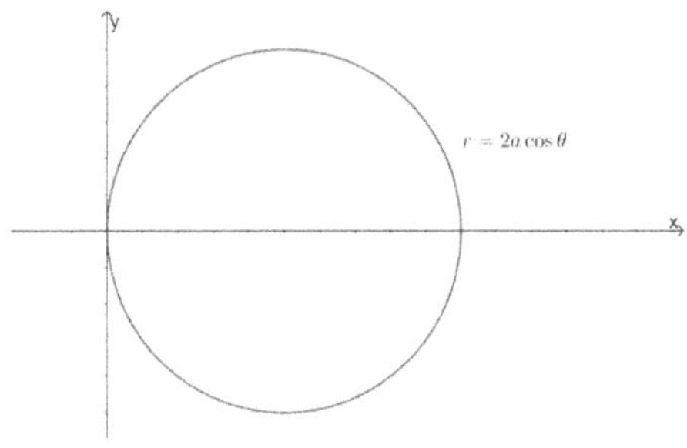

(2)

$\because r = 2a\sin\theta \quad \therefore r^2 = 2ar\sin\theta \Rightarrow x^2 + y^2 = 2ay$

$\therefore x^2 + (y - a)^2 = a^2 \Rightarrow$ 區域面積 $= \pi a^2$

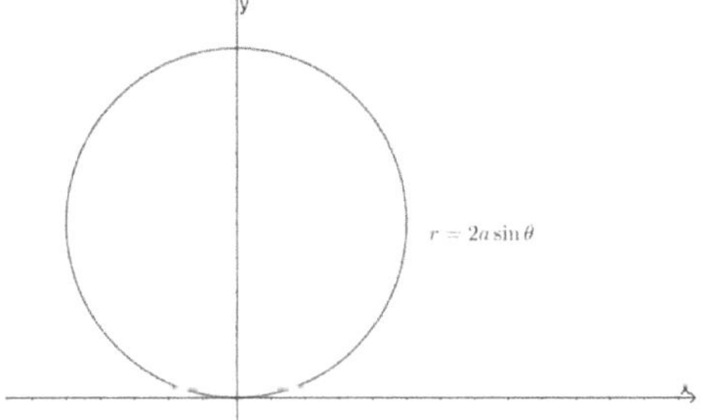

範例 8.

(1)求$r = a\sin 2\theta$ 所圍的區域面積$(a > 0)$

(2)求$r = a\sin 5\theta$ 所圍的區域面積$(a > 0)$

【解】

(1)

$$面積 = 8 \int_0^{\frac{\pi}{4}} \frac{(a\sin 2\theta)^2}{2}\, d\theta = 4a^2 \int_0^{\frac{\pi}{4}} \sin^2 2\theta\, d\theta = 4a^2 \int_0^{\frac{\pi}{4}} \frac{1 - \cos 4\theta}{2}\, d\theta = \frac{\pi a^2}{2}$$

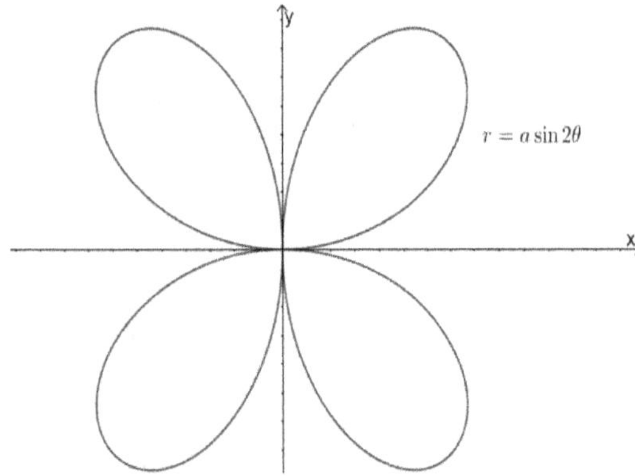

(2)

$$面積 = 10\int_0^{\frac{\pi}{10}} \frac{(a\sin 5\theta)^2}{2}\,d\theta = 5a^2\int_0^{\frac{\pi}{10}}\sin^2 5\theta\,d\theta = 5a^2\int_0^{\frac{\pi}{10}}\frac{1-\cos 10\theta}{2}\,d\theta = \frac{\pi a^2}{4}$$

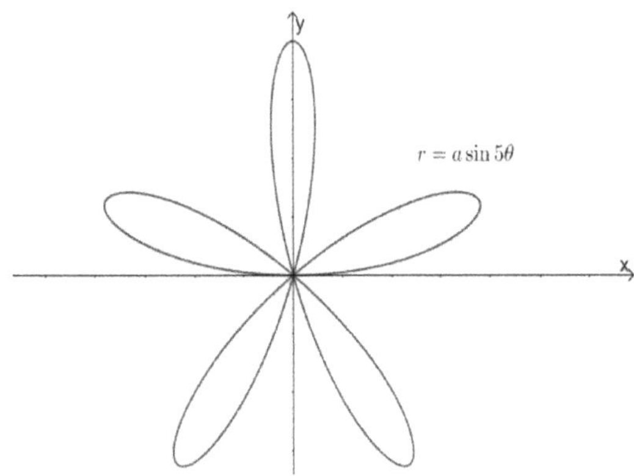

範例 9.

(1) 求 $r = a\cos 3\theta, (a>0)$ 所圍的區域面積

(2) 求 $r = a\cos 4\theta, (a>0)$ 所圍的區域面積

【解】

(1)

$$面積 = 6\int_0^{\frac{\pi}{6}} \frac{(a\cos 3\theta)^2}{2}\,d\theta = 3a^2\int_0^{\frac{\pi}{6}}\cos^2 3\theta\,d\theta = 3a^2\int_0^{\frac{\pi}{6}}\frac{1+\cos 6\theta}{2}\,d\theta = \frac{\pi a^2}{4}$$

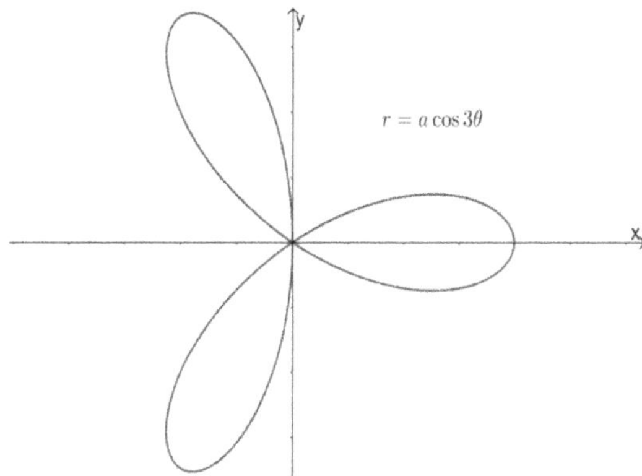

(2)

$$面積 = 16 \int_0^{\frac{\pi}{8}} \frac{(a\cos 4\theta)^2}{2}\, d\theta = 8a^2 \int_0^{\frac{\pi}{8}} \cos^2 4\theta\, d\theta = 8a^2 \int_0^{\frac{\pi}{8}} \frac{1 + \cos 8\theta}{2}\, d\theta = \frac{\pi a^2}{2}$$

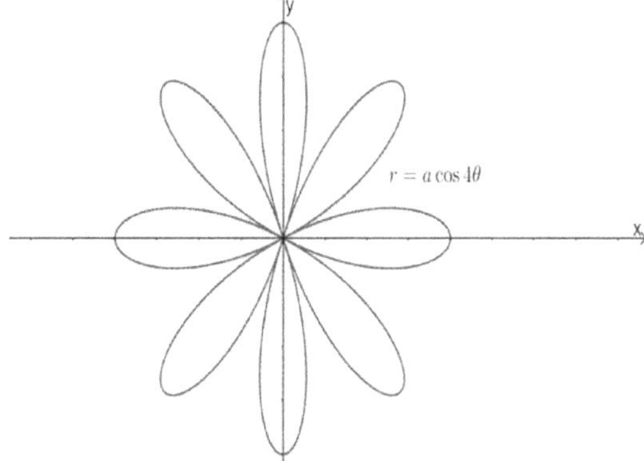

範例 10.

　　求 $r = 1 + 2\sin\theta$ 所圍的內迴圈面積, $\theta \in [0, 2\pi]$

【解】

$$面積 = 2\left(\int_{\frac{7\pi}{6}}^{\frac{3\pi}{2}} \frac{(1 + 2\sin\theta)^2}{2}\, d\theta\right) = \int_{\frac{7\pi}{6}}^{\frac{3\pi}{2}} 1 + 4\sin\theta + 4\sin^2\theta\, d\theta$$

$$= \int_{\frac{7\pi}{6}}^{\frac{3\pi}{2}} 3 + 4\sin\theta - 2\cos 2\theta\, d\theta = \left.(3\theta - 4\cos\theta - \sin 2\theta)\right|_{\frac{7\pi}{6}}^{\frac{3\pi}{2}} = \pi - \frac{3\sqrt{3}}{2}$$

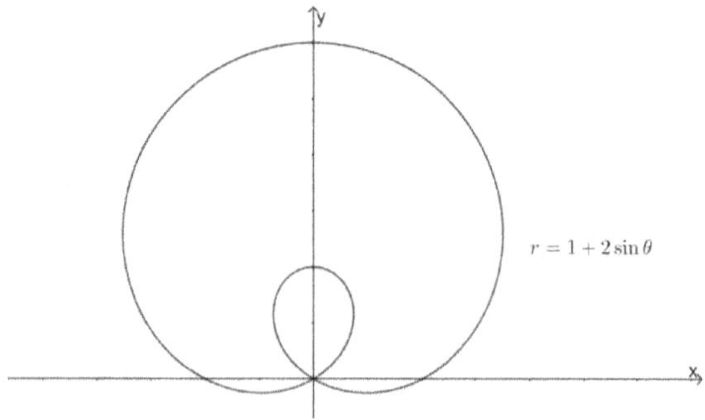

範例 11.

　　求 $r = 2 - 4\cos\theta$ 所圍的內迴圈面積, $\theta \in [0, 2\pi]$

【解】

$$\text{面積} = 2\left(\int_{\frac{5\pi}{3}}^{2\pi} \frac{(2-4\cos\theta)^2}{2}\, d\theta \right) = 4 \int_{\frac{5\pi}{3}}^{2\pi} 1 - 4\cos\theta + 4\cos^2\theta \, d\theta$$

$$= 4 \int_{\frac{5\pi}{3}}^{2\pi} 3 - 4\cos\theta + 2\cos 2\theta \, d\theta = 4(3\theta - 4\sin\theta + \sin 2\theta)\big|_{\frac{5\pi}{3}}^{2\pi} = 4\left(\pi - \frac{3\sqrt{3}}{2} \right)$$

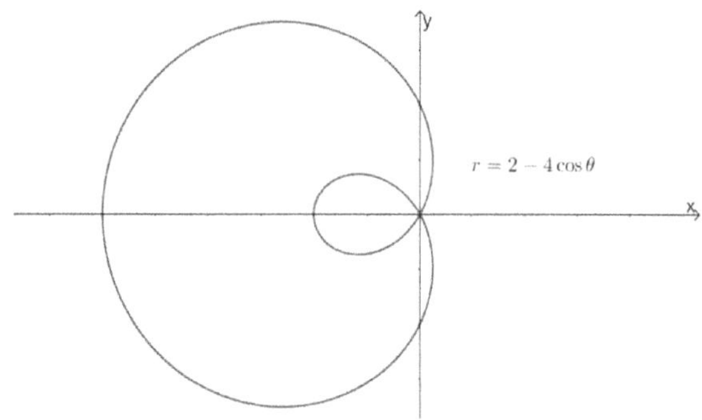

範例 12.

　　求 $r = 2 + 4\cos\theta$ 所圍的內迴圈面積, $\theta \in [0, 2\pi]$

【解】

$$\text{面積} = 2\left(\int_{\frac{2\pi}{3}}^{\pi} \frac{(2+4\cos\theta)^2}{2}\, d\theta \right) = 4 \int_{\frac{2\pi}{3}}^{\pi} 1 + 4\cos\theta + 4\cos^2\theta \, d\theta$$

$$= 4 \int_{\frac{2\pi}{3}}^{\pi} 3 + 4\cos\theta + 2\cos 2\theta \, d\theta = 4(3\theta + 4\sin\theta + \sin 2\theta)\big|_{\frac{2\pi}{3}}^{\pi} = 4\left(\pi - \frac{3\sqrt{3}}{2} \right)$$

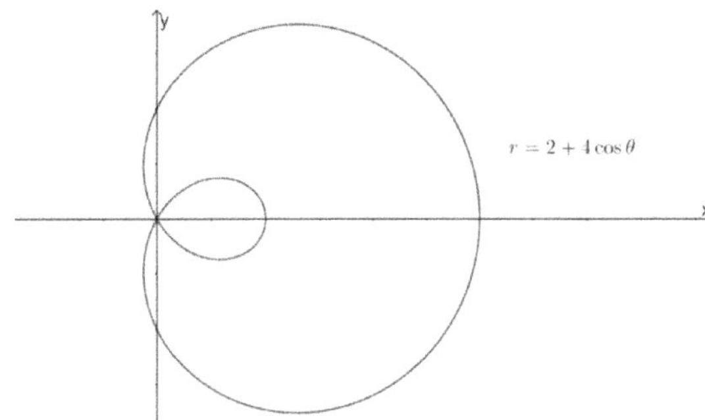

範例 13.

求 $r = 2 - 4\sin\theta$ 所圍的內外迴圈面積, $\theta \in [0, 2\pi]$

【解】

$$內迴圈面積面積 = 2\left(\int_{\frac{\pi}{6}}^{\frac{3\pi}{6}} \frac{(2 - 4\sin\theta)^2}{2} d\theta\right) = \int_{\frac{\pi}{6}}^{\frac{3\pi}{6}} 4 - 16\sin\theta + 16\sin^2\theta \, d\theta$$

$$= \int_{\frac{\pi}{6}}^{\frac{3\pi}{6}} 12 - 16\sin\theta - 8\cos 2\theta \, d\theta = (12\theta + 16\cos\theta - 4\sin 2\theta)\Big|_{\frac{\pi}{6}}^{\frac{3\pi}{6}} = 4\pi - 6\sqrt{3}$$

$$外迴圈面積面積 = 2\left(\int_{\frac{5\pi}{6}}^{\frac{3\pi}{2}} \frac{(2 - 4\sin\theta)^2}{2} d\theta\right) = \int_{\frac{5\pi}{6}}^{\frac{3\pi}{2}} 4 - 16\sin\theta + 16\sin^2\theta \, d\theta$$

$$= \int_{\frac{5\pi}{6}}^{\frac{3\pi}{2}} 12 - 16\sin\theta - 8\cos 2\theta \, d\theta = (12\theta + 16\cos\theta - 4\sin 2\theta)\Big|_{\frac{5\pi}{6}}^{\frac{3\pi}{2}} = 8\pi + 6\sqrt{3}$$

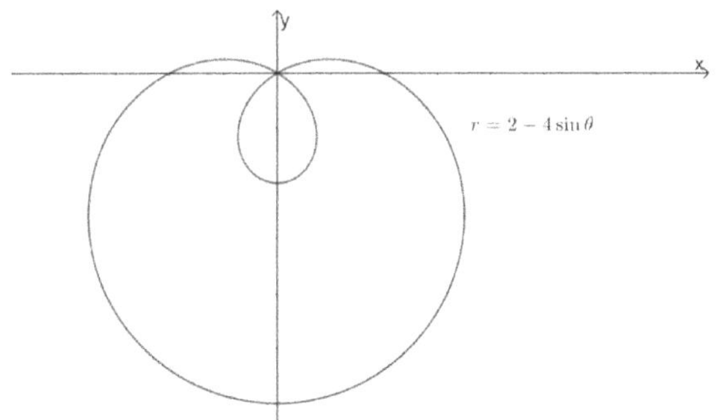

範例 14.

    (1) 求 $r = a(1 + \sin\theta)$ 所圍的區域面積, $\theta \in [0, 2\pi]$

    (2) 求 $r = a(1 - \sin\theta)$ 所圍的區域面積, $\theta \in [0, 2\pi]$

【解】

(1)

$$面積 = 2\left(\int_{\frac{\pi}{2}}^{\frac{3\pi}{2}} \frac{a^2(1+\sin\theta)^2}{2}\, d\theta\right) = \int_{\frac{\pi}{2}}^{\frac{3\pi}{2}} a^2(1+\sin\theta)^2\, d\theta = a^2 \int_{\frac{\pi}{2}}^{\frac{3\pi}{2}} 1 + 2\sin\theta + \sin^2\theta\, d\theta$$

$$= a^2 \int_{\frac{\pi}{2}}^{\frac{3\pi}{2}} \frac{3}{2} + 2\sin\theta - \frac{\cos 2\theta}{2}\, d\theta = a^2 \left(\frac{3\theta}{2} - 2\cos\theta - \frac{\sin 2\theta}{4}\right)\Bigg|_{\frac{\pi}{2}}^{\frac{3\pi}{2}} = \frac{3\pi a^2}{2}$$

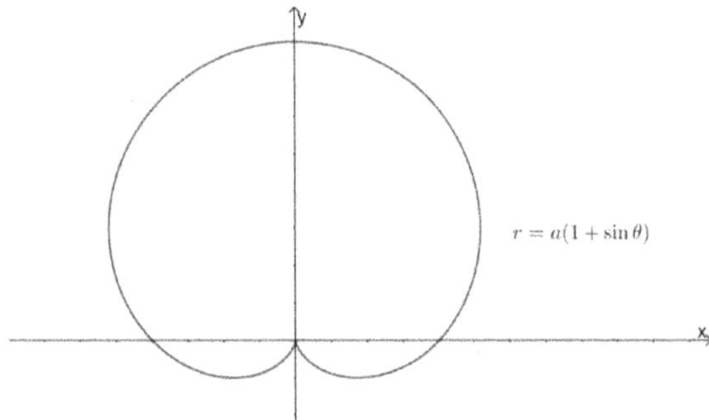

(2)

$$面積 = 2\left(\int_{\frac{\pi}{2}}^{\frac{3\pi}{2}} \frac{a^2(1-\sin\theta)^2}{2}\, d\theta\right) = \int_{\frac{\pi}{2}}^{\frac{3\pi}{2}} a^2(1-\sin\theta)^2\, d\theta = a^2 \int_{\frac{\pi}{2}}^{\frac{3\pi}{2}} 1 - 2\sin\theta + \sin^2\theta\, d\theta$$

$$= a^2 \int_{\frac{\pi}{2}}^{\frac{3\pi}{2}} \frac{3}{2} - 2\sin\theta - \frac{\cos 2\theta}{2}\, d\theta = a^2 \left(\frac{3\theta}{2} + 2\cos\theta - \frac{\sin 2\theta}{4}\right)\Bigg|_{\frac{\pi}{2}}^{\frac{3\pi}{2}} = \frac{3\pi a^2}{2}$$

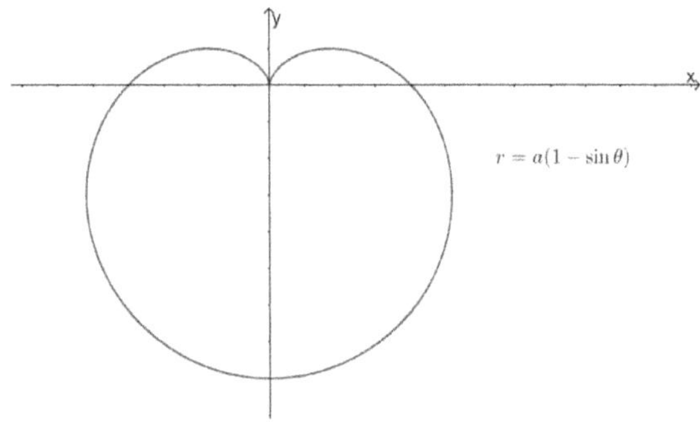

範例 15.

(1)求 $r = a(1 + \cos\theta)$ 所圍的區域面積, $\theta \in [0, 2\pi]$

(2)求 $r = a(1 - \cos\theta)$ 所圍的區域面積, $\theta \in [0, 2\pi]$

【解】

(1)

$$面積 = 2\left(\int_0^\pi \frac{a^2(1+\cos\theta)^2}{2}\, d\theta\right) = a^2 \int_0^\pi (1+\cos\theta)^2\, d\theta = a^2 \int_0^\pi 1 + 2\cos\theta + \cos^2\theta\, d\theta$$

$$= a^2 \int_0^\pi \frac{3}{2} + 2\cos\theta + \frac{\cos 2\theta}{2}\, d\theta = a^2 \left(\frac{3\theta}{2} + 2\sin\theta + \frac{\sin 2\theta}{4}\right)\bigg|_0^\pi = \frac{3\pi a^2}{2}$$

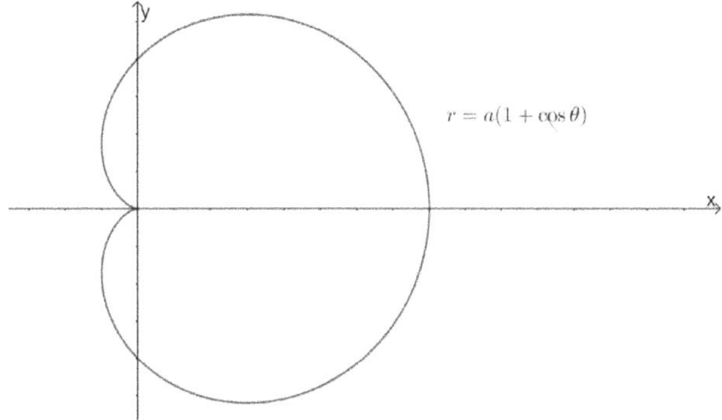

(2)

$$面積 = 2\left(\int_0^\pi \frac{a^2(1-\cos\theta)^2}{2}\, d\theta\right) = a^2 \int_0^\pi (1-\cos\theta)^2\, d\theta = a^2 \int_0^\pi 1 - 2\cos\theta + \cos^2\theta\, d\theta$$

$$= a^2 \int_0^\pi \frac{3}{2} - 2\cos\theta + \frac{\cos 2\theta}{2}\, d\theta = a^2 \left(\frac{3\theta}{2} - 2\sin\theta + \frac{\sin 2\theta}{4}\right)\bigg|_0^\pi = \frac{3\pi a^2}{2}$$

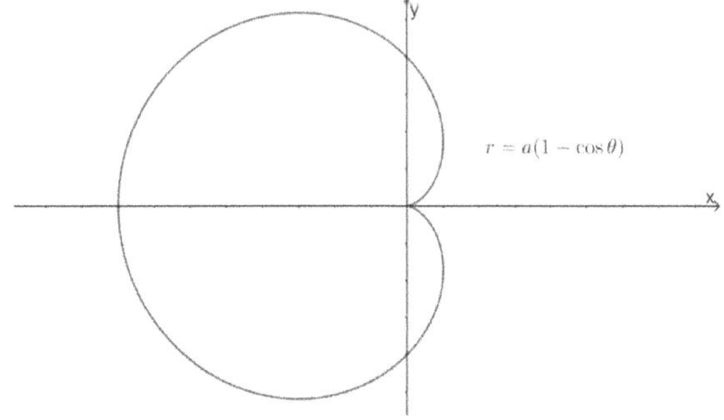

範例 16.

(1)求 $r = a + b\sin\theta$ 所圍的區域面積, $a > b > 0, \theta \in [0, 2\pi]$

(2)求 $r = a - b\sin\theta$ 所圍的區域面積, $a > b > 0, \theta \in [0, 2\pi]$

【解】

(1)

$$\text{面積} = 2\left(\int_{\frac{\pi}{2}}^{\frac{3\pi}{2}} \frac{(a+b\sin\theta)^2}{2}\,d\theta\right) = \int_{\frac{\pi}{2}}^{\frac{3\pi}{2}} (a+b\sin\theta)^2\,d\theta$$

$$= \int_{\frac{\pi}{2}}^{\frac{3\pi}{2}} a^2 + 2ab\sin\theta + b^2\sin^2\theta\,d\theta = \int_{\frac{\pi}{2}}^{\frac{3\pi}{2}} a^2 + \frac{b^2}{2} + 2ab\sin\theta - \frac{b^2\cos 2\theta}{2}\,d\theta$$

$$= \left(a^2 + \frac{b^2}{2}\right)\theta - 2ab\cos\theta - \frac{b^2\sin 2\theta}{4}\Bigg|_{\frac{\pi}{2}}^{\frac{3\pi}{2}} = \left(a^2 + \frac{b^2}{2}\right)\pi$$

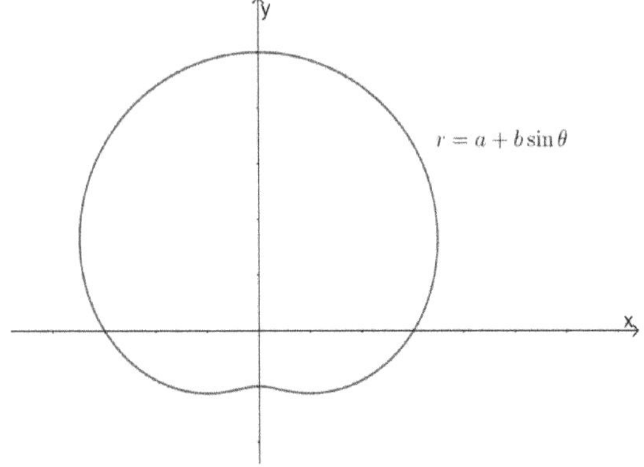

(2)

$$\text{面積} = 2\left(\int_{\frac{\pi}{2}}^{\frac{3\pi}{2}} \frac{(a-b\sin\theta)^2}{2}\,d\theta\right) = \int_{\frac{\pi}{2}}^{\frac{3\pi}{2}} (a-b\sin\theta)^2\,d\theta$$

$$= \int_{\frac{\pi}{2}}^{\frac{3\pi}{2}} a^2 - 2ab\sin\theta + b^2\sin^2\theta\,d\theta = \int_{\frac{\pi}{2}}^{\frac{3\pi}{2}} a^2 + \frac{b^2}{2} - 2ab\sin\theta - \frac{b^2\cos 2\theta}{2}\,d\theta$$

$$= \left(a^2 + \frac{b^2}{2}\right)\theta + 2ab\cos\theta - \frac{b^2\sin 2\theta}{4}\Bigg|_{\frac{\pi}{2}}^{\frac{3\pi}{2}} = \left(a^2 + \frac{b^2}{2}\right)\pi$$

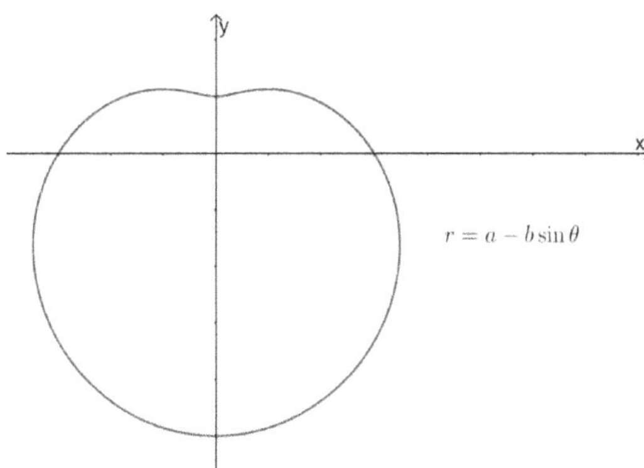

範例 17.

(1)求 $r = a + b\cos\theta$ 所圍的區域面積,$a > b > 0, \theta \in [0, 2\pi]$

(2)求 $r = a - b\cos\theta$ 所圍的區域面積,$a > b > 0, \theta \in [0, 2\pi]$

【解】

(1)

$$面積 = 2\left(\int_0^\pi \frac{(a + b\cos\theta)^2}{2}\,d\theta\right) = \int_0^\pi (a + b\cos\theta)^2\,d\theta$$

$$= \int_0^\pi a^2 + 2ab\cos\theta + b^2\cos^2\theta\,d\theta = \int_0^\pi a^2 + \frac{b^2}{2} + 2ab\cos\theta + \frac{b^2\cos 2\theta}{2}\,d\theta$$

$$= \left(\left(a^2 + \frac{b^2}{2}\right)\theta + 2ab\sin\theta + \frac{b^2\sin 2\theta}{4}\right)\Bigg|_0^\pi = \left(a^2 + \frac{b^2}{2}\right)\pi$$

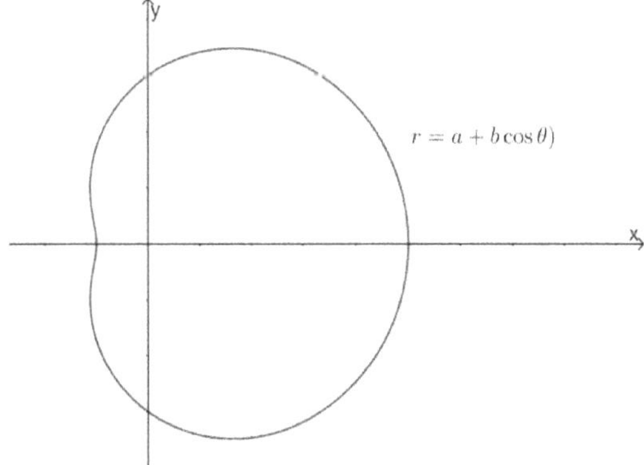

(2)

$$面積 = 2\left(\int_0^\pi \frac{(a - b\cos\theta)^2}{2}\,d\theta\right) = \int_0^\pi (a - b\cos\theta)^2\,d\theta$$

$$= \int_0^\pi a^2 - 2ab\cos\theta + b^2\cos^2\theta\,d\theta = \int_0^\pi a^2 + \frac{b^2}{2} - 2ab\cos\theta + \frac{b^2\cos 2\theta}{2}\,d\theta$$

$$= \left(\left(a^2 + \frac{b^2}{2}\right)\theta - 2ab\sin\theta + \frac{b^2\sin 2\theta}{4}\right)\Bigg|_0^{\pi} = \left(a^2 + \frac{b^2}{2}\right)\pi$$

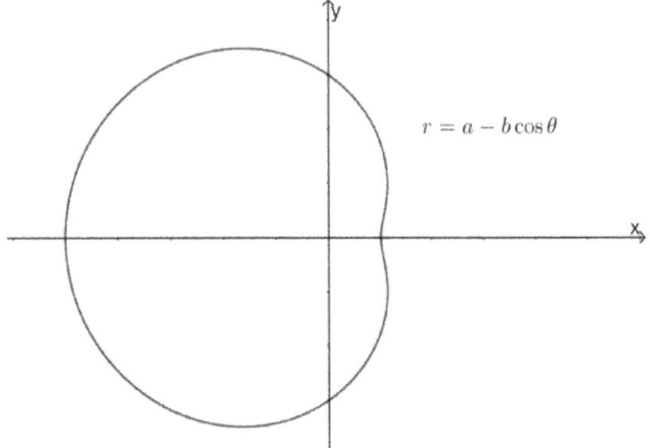

範例 18.

    (1) 求 $r^2 = a^2\cos 2\theta$ 所圍的區域面積

    (2) 求 $r^2 = a^2\sin 2\theta$ 所圍的區域面積

【解】

(1)

$$面積 = 4\left(\int_0^{\frac{\pi}{4}} \frac{a^2\cos 2\theta}{2}\, d\theta\right) = 2a^2 \int_0^{\frac{\pi}{4}} \cos 2\theta\, d\theta = a^2\sin 2\theta\Big|_0^{\frac{\pi}{4}} = a^2$$

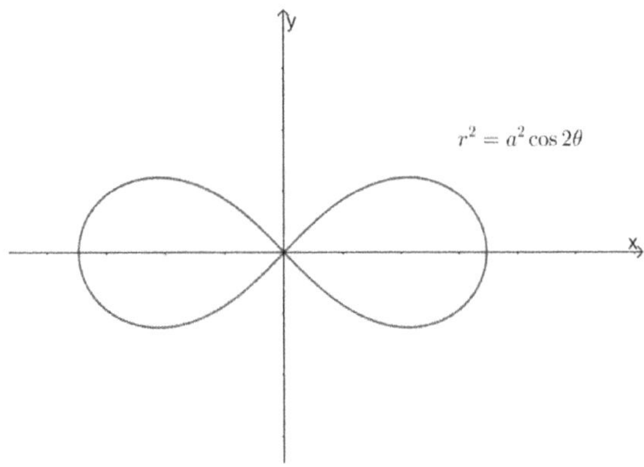

(2)

$$面積 = 4\left(\int_0^{\frac{\pi}{4}} \frac{a^2\sin 2\theta}{2}\, d\theta\right) = 2a^2 \int_0^{\frac{\pi}{4}} \sin 2\theta\, d\theta = -a^2\cos 2\theta\Big|_0^{\frac{\pi}{4}} = a^2$$

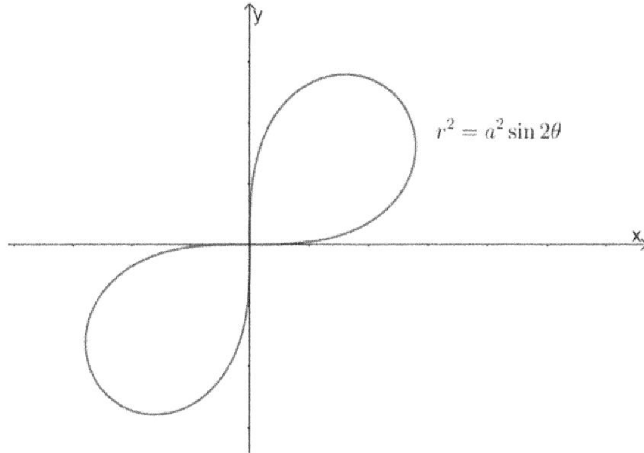

範例 19.

(1) 求 $r^2 = a^2 \cos\theta$ 所圍的區域面積

(2) 求 $r^2 = a^2 \sin\theta$ 所圍的區域面積

【解】

(1)

$$面積 = 4\left(\int_0^{\frac{\pi}{2}} \frac{a^2\cos\theta}{2}\, d\theta\right) = 2a^2 \int_0^{\frac{\pi}{2}} \cos\theta\, d\theta = 2a^2 \sin\theta\Big|_0^{\frac{\pi}{2}} = 2a^2$$

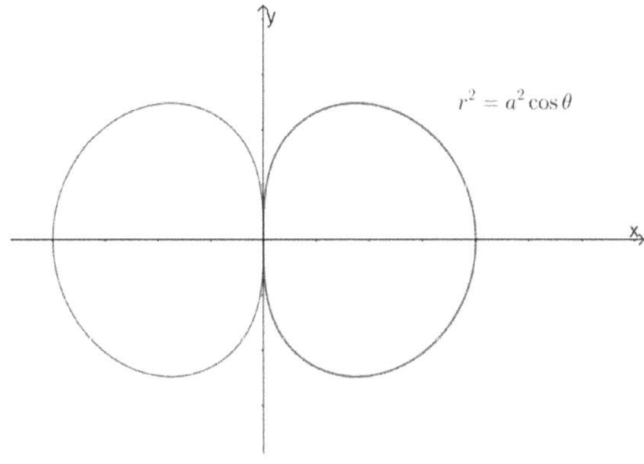

(2)

$$面積 = 4\left(\int_0^{\frac{\pi}{2}} \frac{a^2\sin\theta}{2}\, d\theta\right) = 2a^2 \int_0^{\frac{\pi}{2}} \sin\theta\, d\theta = -2a^2 \cos\theta\Big|_0^{\frac{\pi}{2}} = 2a^2$$

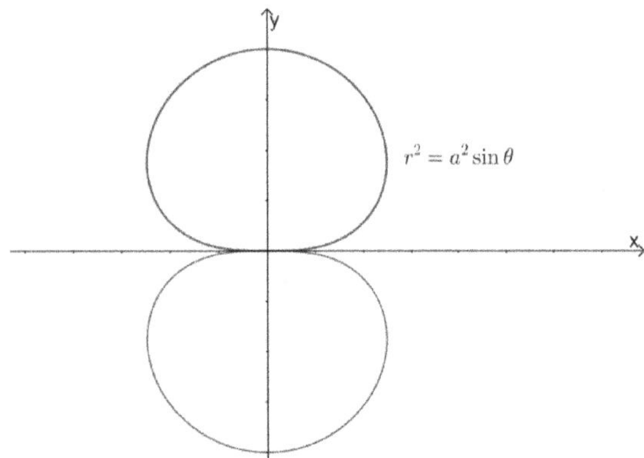

5.5.2　　給函數求體積

假設曲線為$y = f(x)$, 繞x軸$(y = 0)$旋轉後所得的體積V等於將體積切成無窮多個垂直x軸的薄片之後, 再將其薄片截面積積分, 假設$a \leq x \leq b$, 因為截面積$V'(x) = \pi f^2(x)$, 所以

$$體積 = V = \int_a^b V'(x)dx = \int_a^b \pi f^2(x)dx$$

考試類型:

題型 1.

假設曲線為 $y = f(x)$, 繞 $y = c$ 旋轉 且 $a \leq x \leq b$ 則 體積 $= V = \int_a^b \pi(f(x) - c)^2 dx$

範例說明:

$y = mx\ (0 \leq x \leq b)$與 x 軸所圍的區域繞x軸旋轉所形成的體積 $= \pi \int_0^b (mx)^2 dx$

題型 2.

求曲線 $f(x)$、$g(x)$ 所圍的區域, 繞x軸旋轉所形成的體積

假設 $a \leq x \leq b$ 則體積 $= V = \int_a^b \pi(f^2(x) - g^2(x))dx$

範例說明:

$y = 3x^2$ 與 $y = |x| + 2$ 所圍的區域繞 x 軸旋轉所形成的體積

$$= \pi \int_0^1 (x + 2)^2 - (3x^2)^2 dx + \pi \int_{-1}^0 (-x + 2)^2 - (3x^2)^2 dx$$

題型 3.

假設曲線為 $x = f(y)$, 繞 $x = c$ 旋轉且 $a \leq y \leq b$ 則體積 $= V = \displaystyle\int_a^b \pi(f(y) - c)^2 dy$

範例說明:

$y = x$、$y = \sqrt{x}$ 所圍的區域繞 $x = 3$ 旋轉圍成的體積

$= \pi \displaystyle\int_0^1 (3 - y^2)^2 - (3 - y)^2 \, dy$

題型 4.

求曲線 $f(y)$、$g(y)$ 所圍的區域, 繞 y 軸旋轉所形成的體積

假設 $a \leq y \leq b$ 則體積 $= V = \displaystyle\int_a^b \pi(f^2(y) - g^2(y)) dy$

範例說明:

$y = x^3$、y 軸與 $y = 8$ 所圍的區域繞 y 軸旋轉圍成的體積 $= \pi \displaystyle\int_0^8 (y^{\frac{1}{3}})^2 dy$

題型 5.

假設曲線為 $x = f(t)$、$y = g(t)$, 繞 x 軸旋轉且 $a \leq t \leq b$

則體積 $= V = \displaystyle\int \pi y^2 dx = \int_a^b \pi g^2(t) f'(t) dt$

範例說明:

假設 $x = a(t - \sin t)$, $y = a(1 - \cos t)$, $0 \leq t \leq 2\pi$, 求繞 x 軸旋轉的體積

體積 $= \displaystyle\int_0^{2\pi} \pi y^2(t) x'(t) dt = \int_0^{2\pi} \pi a^2 (1 - \cos t)^2 a(t - \sin t)' dt$

範例 1.

　　　求 $y = 2 - x^2$、$y = x^2$、$x = 0$ 所圍的區域繞 y 軸旋轉圍成的體積

【解】

體積 $= 2\pi \displaystyle\int_0^1 x\left((2 - x^2) - x^2\right) dx = 2\pi \int_0^1 2x - 2x^3 \, dx = 2\pi \left(x^2 - \frac{x^4}{2} \right)\Big|_0^1 = \pi$

範例 2.

　　求 $y = mx\ (0 \le x \le b)$ 與 x 軸所圍的區域繞 x 軸旋轉所形成的體積

【解】

$$\text{體積} = \pi \int_0^b (mx)^2\, dx = \left.\frac{\pi m^2 x^3}{3}\right|_0^b = \frac{\pi m^2 b^3}{3}$$

範例 3.

　　求 $y = \sin x\ (0 \le x \le \pi)$、$y$ 軸與 $y = 1$ 所圍的區域繞 $y = 1$ 旋轉圍成的體積

【解】

$$\text{體積} = \pi \int_0^\pi (1 - \sin x)^2\, dx = \pi \int_0^\pi 1 - 2\sin x + \sin^2 x\, dx$$

$$= \pi \int_0^\pi 1 - 2\sin x + \left(\frac{1 - \cos 2x}{2}\right) dx = \pi \int_0^\pi \frac{3}{2} - 2\sin x - \frac{\cos 2x}{2}\, dx$$

$$= \pi \left(\frac{3\pi}{2} + 2\cos x \big|_0^\pi - \left.\frac{\sin 2x}{4}\right|_0^\pi \right) = \pi \left(\frac{3\pi}{2} - 4 \right)$$

範例 4.

　　(1) 求 $y^2 = x^3$、y 軸與 $y = 8$ 所圍的區域繞 $y = 8$ 旋轉圍成的體積

　　(2) 求 $y^2 = x^3$、x 軸與 $x = 4$ 所圍的區域繞 $y = 8$ 旋轉圍成的體積

【解】

(1)

令 $y^2 = x^3$ 且 $y = 8$ 則兩線交點為 $(4,8)$

令 $y^2 = x^3$ 且 $x = 0$ 則兩線交點為 $(0,0)$

$$\therefore 體積 = \pi \int_0^4 \left(x^{\frac{3}{2}} - 8\right)^2 dx = \pi \int_0^4 x^3 - 16x^{\frac{3}{2}} + 64 \, dx = \pi\left(\left.\frac{x^4}{4}\right|_0^4 - \left.\frac{32x^{\frac{5}{2}}}{5}\right|_0^4 + 64x|_0^4\right)$$

$$= \frac{576\pi}{5}$$

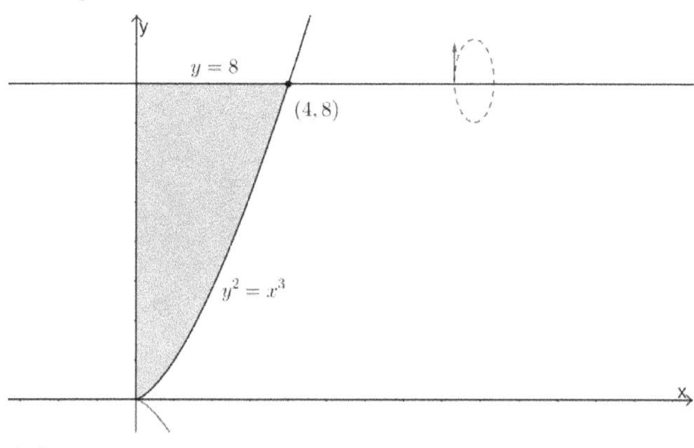

(2)

∵ 兩線交點為(0,0)、(4,8)

$$\therefore 體積 = \pi \int_0^4 8^2 - \left(8 - x^{\frac{3}{2}}\right)^2 dx = \pi \int_0^4 16x^{\frac{3}{2}} - x^3 dx = \pi\left(\frac{32x^{\frac{5}{2}}}{5} - \frac{x^4}{4}\right)\Bigg|_0^4 = \frac{704\pi}{5}$$

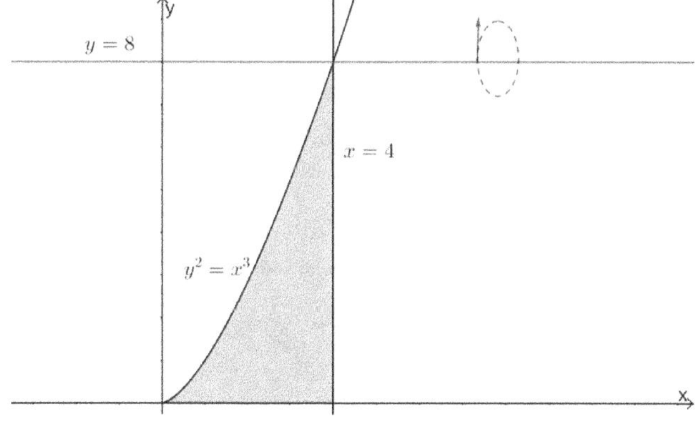

範例 5.

　　求 (1,1)、(4,1)、(3,2)三點所圍的三角形區域繞 x 軸旋轉圍成的體積

【解】

$$體積 = \pi \int_1^3 \left(\frac{x+1}{2}\right)^2 dx + \pi \int_3^4 (5-x)^2 dx - \pi \int_1^4 1 dx = \left.\frac{\pi(x+1)^3}{12}\right|_1^3 - \frac{\pi(5-x)^3}{3} - 3\pi$$

$$= 4\pi$$

範例 6.

　　求 $x = \theta - \sin\theta$、$y = 1 - \cos\theta$、$y = 0$ $(0 \le \theta \le 2\pi)$ 所圍的區域繞 y 軸旋轉圍成的體積

【解】

$$\text{體積} = 2\pi\int xy\,dx = 2\pi\int_0^{2\pi}(\theta - \sin\theta)(1-\cos\theta)(1-\cos\theta)\,d\theta$$

$$= 2\pi\int_0^{2\pi}\left(\frac{3\theta}{2} - 2\theta\cos\theta + \frac{\theta\cos 2\theta}{2} - \sin\theta + \sin 2\theta - \cos^2\theta\sin\theta\right)d\theta = 6\pi^3$$

範例 7.

　　求 $y = 3x^2$ 與 $y = |x| + 2$ 所圍的區域繞 x 軸旋轉所形成的體積

【解】

$\because$ 兩線交點為 $(1,3)$、$(-1,3)$

$\therefore$ 體積 $= \pi\displaystyle\int_0^1 (x+2)^2 - (3x^2)^2\,dx + \pi\int_{-1}^0 (-x+2)^2 - (3x^2)^2\,dx$

$$= 2\pi\int_0^1 (x+2)^2 - (3x^2)^2\,dx = 2\pi\int_0^1 x^2 + 4x + 4 - 9x^4\,dx = 2\pi\left(\frac{x^3}{3} + 2x^2 + 4x - \frac{9x^5}{5}\right)\Big|_0^1$$

$$= \frac{136\pi}{15}$$

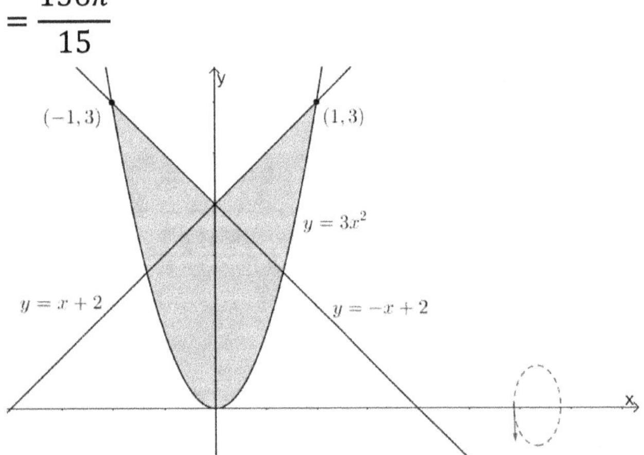

範例 8.

　　求曲線 $x^{\frac{2}{3}} + y^{\frac{2}{3}} = a^{\frac{2}{3}}$ 所圍的區域繞 x 軸旋轉形成的體積

【解】

令 $x = a\cos^3\theta$, $y = a\sin^3\theta$, 則 $dx = -3a\cos^2\theta\sin\theta\,d\theta$

$\therefore$ 體積 $= 2\pi\int_{\frac{\pi}{2}}^{0} a^2\sin^6\theta\,(-3a\cos^2\theta\sin\theta)\,d\theta$

$$= 6\pi a^3\int_0^{\frac{\pi}{2}}\sin^7\theta\cos^2\theta\,d\theta = 6\pi a^3\int_0^{\frac{\pi}{2}}\sin\theta\sin^6\theta\,\cos^2\theta\,d\theta$$

$$= 6\pi a^3\int_0^{\frac{\pi}{2}}\sin\theta\,(\sin^2\theta)^3\cos^2\theta\,d\theta = 6\pi a^3\int_0^{\frac{\pi}{2}}\sin\theta\,(1-\cos^2\theta)^3\,\cos^2\theta\,d\theta$$

$$= 6\pi a^3\int_0^{\frac{\pi}{2}}\sin\theta\,(1-3\cos^2\theta+3\cos^4\theta-\cos^6\theta)\cos^2\theta\,d\theta$$

$$= 6\pi a^3\int_0^{\frac{\pi}{2}}\sin\theta\,(\cos^2\theta-3\cos^4\theta+3\cos^6\theta-\cos^8\theta)\,d\theta$$

令 $t = \cos\theta$ 則 $dt = -\sin\theta\,d\theta$, 藉由變數代換法

$$體積 = -6\pi a^3\int_1^0 t^2-3t^4+3t^6-t^8\,dt = -6\pi a^3\left(\frac{t^3}{3}-\frac{3t^5}{5}+\frac{3t^7}{7}-\frac{t^9}{9}\right)\Bigg|_1^0 = \frac{32\pi a^3}{105}$$

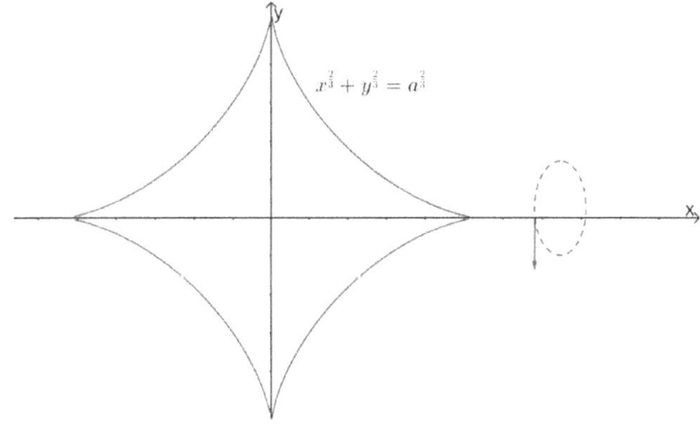

範例 9.

    (1)求半徑為a的球體體積

    (2)從半徑為a的球體, 沿某直徑打一圓孔, 孔的半徑為b, 求球體剩餘體積

【解】

(1)

$\because x^2 + y^2 = a^2$ $\therefore$ 體積 $= 2\pi\int_0^a (a^2-x^2)\,dx = 2\pi\left(a^3-\frac{a^3}{3}\right) = \frac{4\pi a^3}{3}$

(2)

$$\text{體積} = \pi \int_{-\sqrt{a^2-b^2}}^{\sqrt{a^2-b^2}} \left(\sqrt{a^2 - x^2}\right)^2 - b^2 \, dx = \pi \int_{-\sqrt{a^2-b^2}}^{\sqrt{a^2-b^2}} a^2 - x^2 - b^2 \, dx$$

$$= \pi \left(2(a^2 - b^2)\sqrt{a^2 - b^2} - \frac{x^3}{3}\Big|_{-\sqrt{a^2-b^2}}^{\sqrt{a^2-b^2}} \right) = \pi \left(2(a^2 - b^2)^{\frac{3}{2}} - \frac{2(a^2 - b^2)^{\frac{3}{2}}}{3} \right)$$

$$= \frac{4\pi(a^2 - b^2)^{\frac{3}{2}}}{3}$$

範例 10.

求 $y = x - \dfrac{x^2}{2}$、$y = \sqrt{1 - (x - 1)^2}$ 所圍的區域繞 x 軸旋轉圍成的體積

【解】

$$\text{體積} = \pi \int_0^2 \left(\sqrt{1 - (x - 1)^2}\right)^2 - \left(x - \frac{x^2}{2}\right)^2 dx = \pi \int_0^2 2x - 2x^2 + x^3 - \frac{x^4}{4} \, dx$$

$$= \pi \left(x^2 - \frac{2x^3}{3} + \frac{x^4}{4} - \frac{x^5}{20} \right)\Big|_0^2 = \frac{16\pi}{15}$$

範例 11.

假設曲線 $y = f(x)$ 與 x 軸、y 軸、直線 $x = a$ 所圍區域繞 x 軸體積為 $a^2 + a$，求 $f(x) =?$

【解】

$$\because V = \pi \int_0^a f^2(x) \, dx = a^2 + a$$

藉由 Leibniz 微分公式則 $\dfrac{dV}{da} = \pi f^2(a) = 2a + 1$　$\therefore f(x) = \pm \sqrt{\dfrac{2x + 1}{\pi}}$

範例 12.

求 $\sqrt{x} + \sqrt{y} = 1$、$x + y = 1$ 所圍的區域繞 x 軸旋轉圍成的體積

【解】

$$\text{體積} = \pi \int_0^1 (1 - x)^2 - (1 - \sqrt{x})^4 \, dx = \pi \int_0^1 -8x + 4x^{\frac{1}{2}} + 4x^{\frac{3}{2}} \, dx = \frac{4\pi}{15}$$

範例 13.

假設 $y = a^2 - x^2$、$ax + y = a^2$ 所圍的區域為 R, $(a > 0)$

(1)求 R 繞 x 軸旋轉圍成的體積 =?　(2)求 R 繞 y 軸旋轉圍成的體積 =?

(3)假設(1)、(2)的體積相同則 a =?

【解】

(1)

$$體積 = \pi \int_0^a (a^2 - x^2)^2 - (a^2 - ax)^2 dx = \pi \int_0^a 2a^3 x - 3a^2 x^2 + x^4 dx = \frac{\pi a^5}{5}$$

(2)

$$體積 = \pi \int_0^{a^2} (a^2 - y) - \left(a - \frac{y}{a}\right)^2 dy = \pi \int_0^{a^2} y - \frac{y^2}{a^2} dy = \frac{\pi a^4}{6}$$

(3)

$$令 \frac{\pi a^5}{5} = \frac{\pi a^4}{6} \ 則 \ a = \frac{5}{6}$$

範例 14.

求圓 $x^2 + (y - 3)^2 = 1$ 繞 x 軸旋轉所形成的體積

【解】

$$\because x^2 + (y - 3)^2 = 1 \qquad \therefore y = 3 \pm \sqrt{1 - x^2}$$

$$\therefore 體積 = \pi \int_{-1}^1 (3 + \sqrt{1 - x^2})^2 - (3 - \sqrt{1 - x^2})^2 \, dx = \pi \int_{-1}^1 12\sqrt{1 - x^2} \, dx$$

$$令 x = \sin\theta \ 則 \ dx = \cos\theta \, d\theta, \ 藉由變數代換法$$

$$體積 = 12\pi \int_{-1}^1 \sqrt{1 - x^2} \, dx = 12\pi \int_{-\frac{\pi}{2}}^{\frac{\pi}{2}} \cos^2\theta d\theta = 12\pi \int_{-\frac{\pi}{2}}^{\frac{\pi}{2}} \frac{1 + \cos 2\theta}{2} \, d\theta = 6\pi^2$$

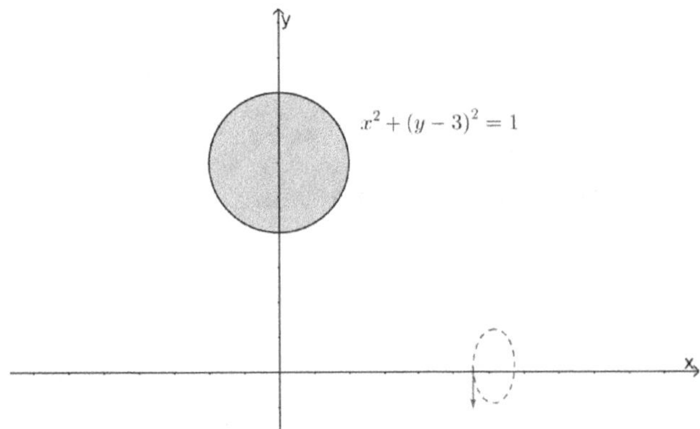

範例 15.

　　求圓 $x^2 + (y-a)^2 = 1, (a > 1)$ 繞 x 軸旋轉所形成的體積

【解】

$\because x^2 + (y-a)^2 = 1 \quad \therefore y = a \pm \sqrt{1-x^2}$

$\therefore 體積 = \pi \int_{-1}^{1} (a + \sqrt{1-x^2})^2 - (a - \sqrt{1-x^2})^2 \, dx = 4a\pi \int_{-1}^{1} \sqrt{1-x^2} \, dx$

令 $x = \sin\theta$ 則 $dx = \cos\theta \, d\theta$，藉由變數代換法

$$體積 = 4a\pi \int_{-1}^{1} \sqrt{1-x^2} \, dx = 4a\pi \int_{-\frac{\pi}{2}}^{\frac{\pi}{2}} \cos^2\theta \, d\theta = 4a\pi \int_{-\frac{\pi}{2}}^{\frac{\pi}{2}} \frac{1 + \cos 2\theta}{2} \, d\theta = 2a\pi^2$$

範例 16.

　　求 $\sqrt{x} + \sqrt{y} = 2$ 對 x 軸旋轉圍成的體積

【解】

$\because \sqrt{x} + \sqrt{y} = 2 \quad \therefore y = (2 - \sqrt{x})^2$

$\therefore 體積 = \pi \int_{0}^{4} (2 - \sqrt{x})^4 \, dx = \pi \int_{0}^{4} (4 + x - 4\sqrt{x})^2 \, dx$

$$= \pi \int_{0}^{4} (4 + x)^2 - 8\sqrt{x}(4 + x) + 16x \, dx = \pi \left(\frac{(4+x)^3}{3} - \frac{64x^{\frac{3}{2}}}{3} - \frac{16x^{\frac{5}{2}}}{5} + 8x^2 \right) \Bigg|_{0}^{4} = \frac{128\pi}{5}$$

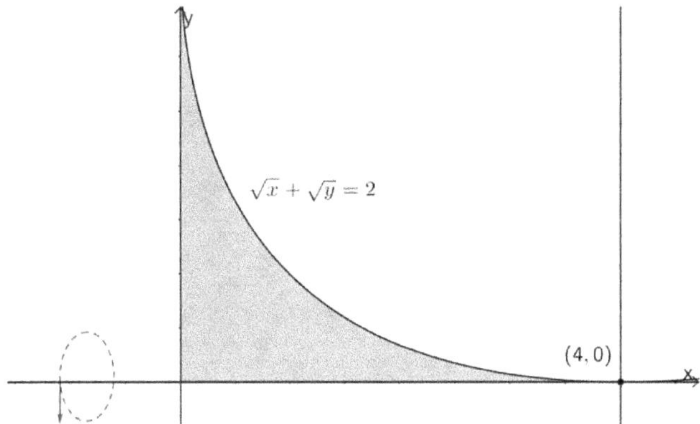

範例 17.

$\quad$ 求 $\sqrt{x} + \sqrt{y} = a, (a > 0)$ 對 x 軸旋轉圍成的體積

【解】

$\because \sqrt{x} + \sqrt{y} = a \quad \therefore y = (a - \sqrt{x})^2$

$\therefore$ 體積 $= \pi \int_0^{a^2} (a - \sqrt{x})^4 \, dx = \pi \int_0^{a^2} (a^2 + x - 2a\sqrt{x})^2 \, dx$

$= \pi \int_0^{a^2} (a^2 + x)^2 - 4a\sqrt{x}(4 + x) + 4a^2 x \, dx$

$= \pi \left(\dfrac{(a^2 + x)^3}{3} - \dfrac{32ax^{\frac{3}{2}}}{3} - \dfrac{8ax^{\frac{5}{2}}}{5} + 2a^2 x^2 \right) \Bigg|_0^{a^2} = \pi \left(\dfrac{46a^6}{15} - \dfrac{32a^4}{3} \right)$

範例 18.

$\quad$ 求橢圓 $\dfrac{x^2}{a^2} + \dfrac{y^2}{b^2} = 1$ 對 x 軸旋轉圍成的體積 $(a > b > 0)$

【解】

$\because \dfrac{x^2}{a^2} + \dfrac{y^2}{b^2} = 1 \quad \therefore y^2 = b^2(1 - \dfrac{x^2}{a^2})$

$\therefore$ 體積 $= \pi \int_{-a}^{a} y^2 \, dx = \pi \int_{-a}^{a} b^2 \left(1 - \dfrac{x^2}{a^2} \right) dx = \pi b^2 \left(2a - \dfrac{2a^3}{3a^2} \right) = \dfrac{4ab^2\pi}{3}$

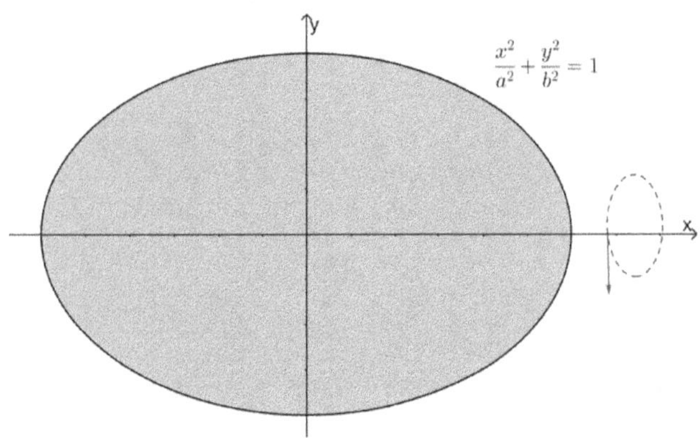

範例 19.

假設 $x = a(t - \sin t),\ y = a(1 - \cos t), 0 \le t \le 2\pi$, 求繞 x 軸旋轉的體積

【解】

$$體積 = \int_0^{2\pi} \pi y^2(t)x'(t)dt = \int_0^{2\pi} \pi a^2(1 - \cos t)^2 a(t - \sin t)'dt$$

$$= \int_0^{2\pi} \pi a^2(1 - \cos t)^2 a(1 - \cos t)dt = \pi a^3 \int_0^{2\pi} 1 - 3\cos t + 3\cos^2 t - \cos^3 t\, dt$$

$$= \pi a^3 \int_0^{2\pi} 1 - 3\cos t + 3 \cdot \frac{1 + \cos 2t}{2} - \cos t\,(1 - \sin^2 t)dt = \pi a^3 \left(2\pi + 3\pi + \left.\frac{\sin^3 t}{3}\right|_0^{2\pi} \right)$$

$$= 5a^3\pi^2$$

範例 20.

求 $y = x^3$、y 軸與 $y = 8$ 所圍的區域繞 y 軸旋轉圍成的體積

【解】

$$體積 = \pi \int_0^8 (y^{\frac{1}{3}})^2 dy = \pi \cdot \left.\frac{3y^{\frac{5}{3}}}{5}\right|_0^8 = \frac{96\pi}{5}$$

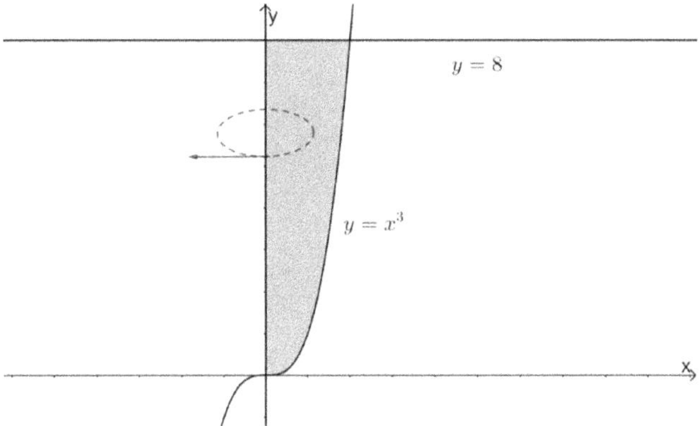

範例 21.

　　求 $y = x^3$、y 軸與 $y = k^3 (k \in N)$ 所圍的區域繞 y 軸旋轉圍成的體積

【解】

$$體積 = \pi \int_0^{k^3} (y^{\frac{1}{3}})^2 dy = \pi \cdot \left. \frac{3y^{\frac{5}{3}}}{5} \right|_0^{k^3} = \frac{3k^5 \pi}{5}$$

範例 22.

　　求 $y^2 = 27x$、$y = x^2$ 所圍的區域繞 x 軸旋轉圍成的體積

【解】

$$體積 = \pi \int_0^3 27x - (x^2)^2 dx = \pi \left(\frac{27}{2} x^2 - \left. \frac{x^5}{5} \right|_0^3 \right) = \pi \left(\frac{243}{2} - \frac{243}{5} \right)$$

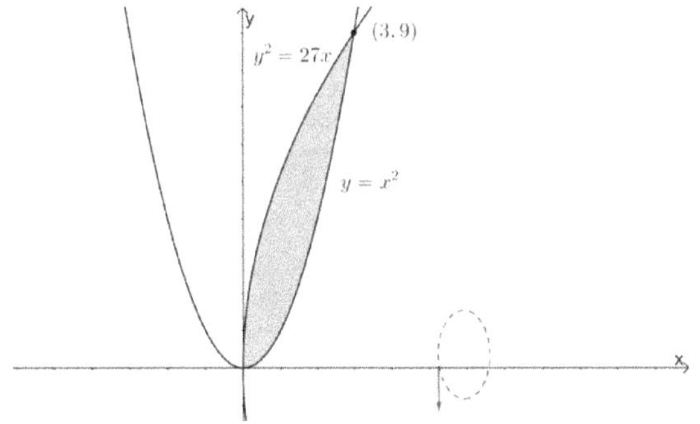

範例 23.

　　求圓 $x^2 + (y-4)^2 = 9$ 繞 x 軸旋轉所形成的體積

【解】

$\because x^2 + (y-4)^2 = 9 \qquad \therefore y = 4 \pm \sqrt{9-x^2}$

$\therefore 體積 = \pi \int_{-3}^{3} (4+\sqrt{9-x^2})^2 - (4-\sqrt{9-x^2})^2 \, dx = \pi \int_{-3}^{3} 16\sqrt{9-x^2} \, dx$

令 $x = 3\sin\theta$ 則 $dx = 3\cos\theta \, d\theta$，藉由變數代換法

$\therefore 體積 = \pi \int_{-3}^{3} 16\sqrt{9-x^2} \, dx = 144\pi \int_{-\frac{\pi}{2}}^{\frac{\pi}{2}} \cos^2\theta \, d\theta = 144\pi \int_{-\frac{\pi}{2}}^{\frac{\pi}{2}} \frac{1+\cos 2\theta}{2} \, d\theta = 72\pi^2$

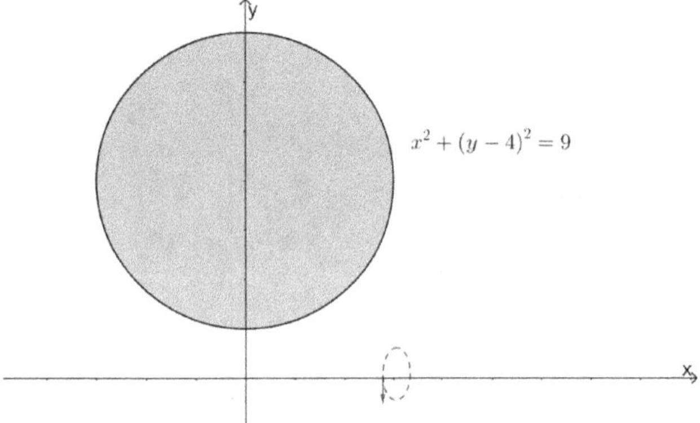

範例 24.

求圓 $x^2 + (y-a)^2 = r^2, (a > 0, r > 0)$ 繞 x 軸旋轉所形成的體積

【解】

$\because x^2 + (y-a)^2 = r^2 \qquad \therefore y = a \pm \sqrt{r^2 - x^2}$

$\therefore 體積 = \pi \int_{-3}^{3} (a+\sqrt{r^2-x^2})^2 - (a-\sqrt{r^2-x^2})^2 \, dx = 4a\pi \int_{-3}^{3} \sqrt{r^2-x^2} \, dx$

令 $x = r\sin\theta$ 則 $dx = r\cos\theta \, d\theta$，藉由變數代換法

$\therefore 體積 = 4a\pi \int_{-3}^{3} \sqrt{r^2-x^2} \, dx = 4ar^2\pi \int_{-\frac{\pi}{2}}^{\frac{\pi}{2}} \cos^2\theta \, d\theta = 4ar^2\pi \int_{-\frac{\pi}{2}}^{\frac{\pi}{2}} \frac{(1+\cos 2\theta)}{2} \, d\theta$

$= 2ar^2\pi^2$

範例 25.

(1) 求 $y = x$、$y = \sqrt{x}$ 所圍的區域繞 $y = 2$ 旋轉圍成的體積

(2) 求 $y = x$、$y = \sqrt{x}$ 所圍的區域繞 $x = 3$ 旋轉圍成的體積

【解】

(1)

$$\text{體積} = \pi \int_0^1 (2-x)^2 - (2-\sqrt{x})^2 \, dx = \pi \int_0^1 -4x + x^2 + 4\sqrt{x} - x \, dx$$

$$= \pi \int_0^1 x^2 - 5x + 4\sqrt{x} \, dx = \pi \left(\frac{x^3}{3} - \frac{5x^2}{2} + \frac{8x^{\frac{3}{2}}}{3} \bigg|_0^1 \right) = \frac{\pi}{2}$$

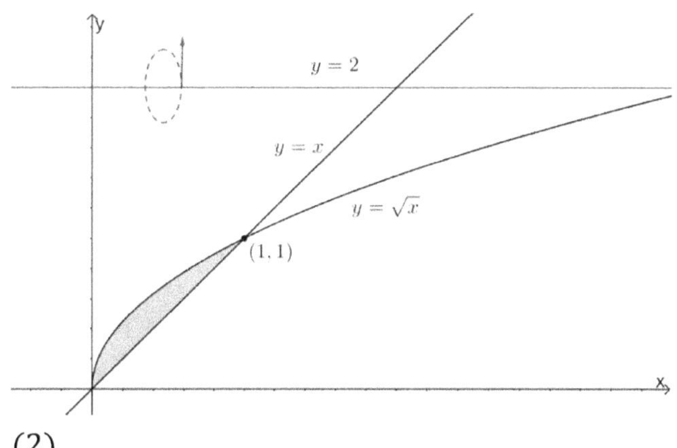

(2)

$$\text{體積} = \pi \int_0^1 (3-y^2)^2 - (3-y)^2 \, dy = \pi \int_0^1 -6y^2 + y^4 + 6y - y^2 \, dy$$

$$= \pi \int_0^1 y^4 - 7y^2 + 6y \, dy = \pi \left(\frac{y^5}{5} - \frac{7y^3}{3} + 3y^2 \bigg|_0^1 \right) = \frac{13\pi}{15}$$

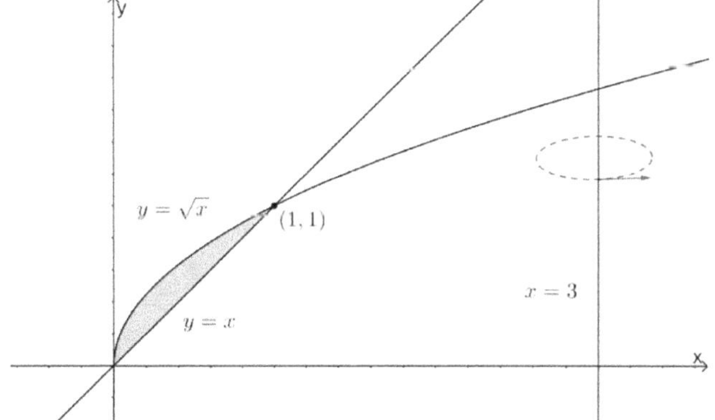

範例 26.
　　(1)求 $y = \sin x$ 在$,0 \le x \le \pi$ 所圍區域繞$y = 2$ 旋轉的體積
　　(2)求 $y = \sin x$ 在$,0 \le x \le \pi$ 所圍區域繞$y = -1$ 旋轉的體積

【解】

(1)

$$\text{體積} = \pi \int_0^\pi (2-0)^2 - (2-\sin x)^2 dx = \pi \int_0^\pi 4\sin x - \sin^2 x \, dx$$

$$= \pi \int_0^\pi 4\sin x - \left(\frac{1-\cos 2x}{2}\right) dx = \pi \left(-4\cos x - \frac{x}{2} + \frac{\sin 2x}{4}\right)\Big|_0^\pi = \pi\left(8 - \frac{\pi}{2}\right)$$

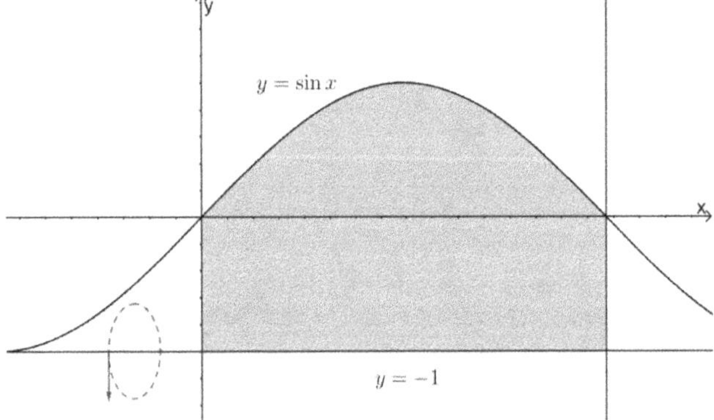

(2)

$$\text{體積} = \pi \int_0^\pi (\sin x - (-1))^2 dx = \pi \int_0^\pi 1 + 2\sin x + \sin^2 x \, dx$$

$$= \pi \int_0^\pi 1 + 2\sin x + \left(\frac{1-\cos 2x}{2}\right) dx = \pi \left(x - 2\cos x + \frac{x}{2} - \frac{\sin 2x}{4}\right)\Big|_0^\pi = \pi\left(4 + \frac{3\pi}{2}\right)$$

範例 27.

$$\text{求} y = x^{\frac{1}{5}} \text{、} y = 0 \text{、} x = 32 \text{ 所圍的區域繞 } x = 48 \text{ 旋轉圍成的體積}$$

【解】

$$\text{體積} = 2\pi \int_0^{32} (48-x)x^{\frac{1}{5}}dx = 2\pi \int_0^{32} 48x^{\frac{1}{5}} - x^{\frac{6}{5}}dx = 2\pi\left(48 \cdot \frac{5x^{\frac{6}{5}}}{6}\Big|_0^{32} - \frac{5x^{\frac{11}{5}}}{11}\Big|_0^{32}\right)$$

$$= 2\pi\left(40 \cdot 2^6 - \frac{5}{11} \cdot 2^{11}\right) = 3258\pi + \frac{2\pi}{11}$$

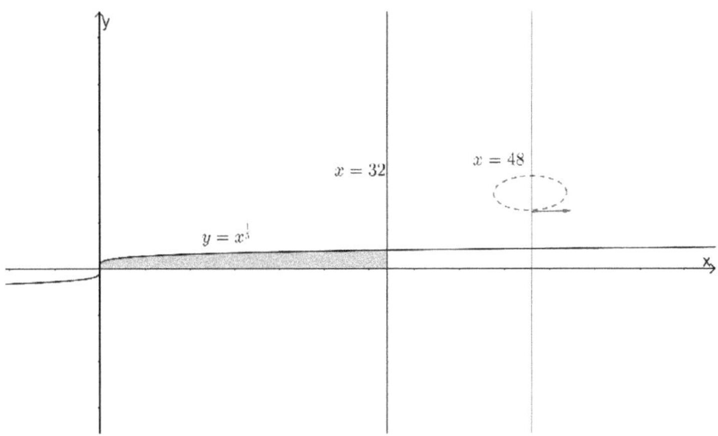

範例 28.

求 $y = x - x^2$、$y = 0$ 所圍的區域繞 $x = 3$ 旋轉圍成的體積

【解】

$$\text{體積} = \pi \int_0^{\frac{1}{4}} \left(-\sqrt{\frac{1}{4} - y} + \frac{1}{2} - 3 \right)^2 - \left(\sqrt{\frac{1}{4} - y} + \frac{1}{2} - 3 \right)^2 dy$$

$$= \pi \int_0^{\frac{1}{4}} \left(-\sqrt{\frac{1}{4} - y} - \frac{5}{2} \right)^2 - \left(\sqrt{\frac{1}{4} - y} - \frac{5}{2} \right)^2 dy$$

$$= \pi \int_0^{\frac{1}{4}} \left(\sqrt{\frac{1}{4} - y} + \frac{5}{2} \right)^2 - \left(\sqrt{\frac{1}{4} - y} - \frac{5}{2} \right)^2 dy = 10\pi \int_0^{\frac{1}{4}} \sqrt{\frac{1}{4} - y} \, dy$$

$$= -\frac{2}{3} \left(\frac{1}{4} - y \right)^{\frac{3}{2}} \Big|_0^{\frac{1}{4}} \cdot 10\pi = \frac{20\pi}{3} \cdot 2^{-3} = \frac{5\pi}{6}$$

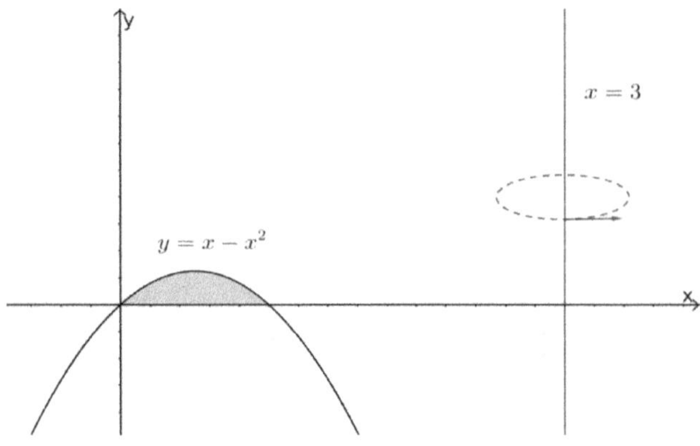

範例 29.

　　(1)求 $y = x^2$、$y = 3x$ 所圍的區域繞 x 軸旋轉圍成的體積

　　(2)求 $y = e^{-x}$、$x = 2$、$y = 1$ 所圍的區域繞 $y = 3$ 旋轉圍成的體積

【解】

(1)

$$體積 = \pi \int_0^3 9x^2 - x^4 \, dx = \frac{162\pi}{5}$$

(2)

$$體積 = \pi \int_0^2 (3 - e^{-x})^2 - (3-1)^2 \, dx = \pi \int_0^2 5 - 6e^{-x} + e^{-2x} \, dx$$

$$= \pi \left(5x + 6e^{-x} - \frac{e^{-2x}}{2} \right)\Big|_0^2 = \frac{9}{2} + 6e^{-2} - \frac{e^{-4}}{2}$$

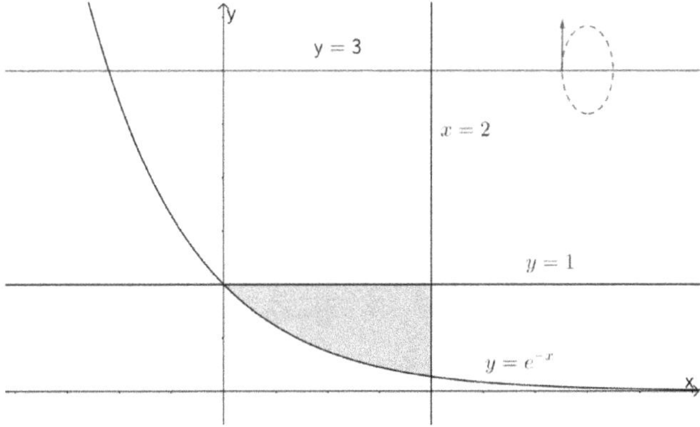

範例 30.

　　求 $0 \leq y \leq \dfrac{1}{x}$、$1 \leq x \leq 3$ 所圍的區域繞 $y = -1$ 旋轉圍成的體積

【解】

$$體積 = \pi \int_1^3 (\frac{1}{x} - (-1))^2 - (1)^2 dx = 2\pi \left(\frac{1}{3} + \ln 3 \right)$$

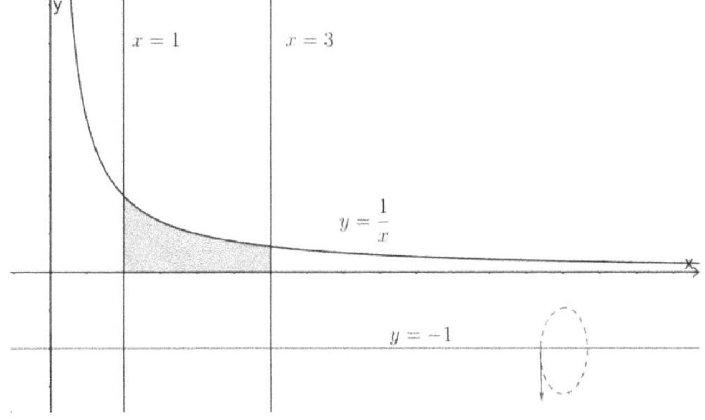

範例 31.

　　求 $y = 0$、$y = x^5$、$x = 1$ 所圍的區域

　　(1) 繞 x 軸旋轉圍成的體積

　　(2) 繞 y 軸旋轉圍成的體積

　　(3) 繞 $x = 1$ 旋轉圍成的體積

　　(4) 繞 $y = 1$ 旋轉圍成的體積

【解】

(1)

$$體積 = \pi \int_0^1 x^{10} dx = \frac{\pi}{11}$$

(2)

$$體積 = \pi \int_0^1 1^2 - y^{\frac{2}{5}} dy = \frac{2\pi}{7}$$

(3)

$$體積 = \pi \int_0^1 \left(1 - y^{\frac{1}{5}}\right)^2 dy = \pi \left(\int_0^1 1 - 2y^{\frac{1}{5}} + y^{\frac{2}{5}} dy \right) = \pi \left(y - \frac{5y^{\frac{6}{5}}}{3} + \frac{5y^{\frac{7}{5}}}{7} \right) \Bigg|_0^1$$

$$= \frac{\pi}{21}$$

(4)

$$體積 = \pi \int_0^1 1^2 - (1 - x^5)^2 dx = \pi \int_0^1 2x^5 - x^{10} dx = \pi \left(\frac{x^6}{3} - \frac{x^{11}}{11} \right) \Bigg|_0^1 = \frac{8\pi}{33}$$

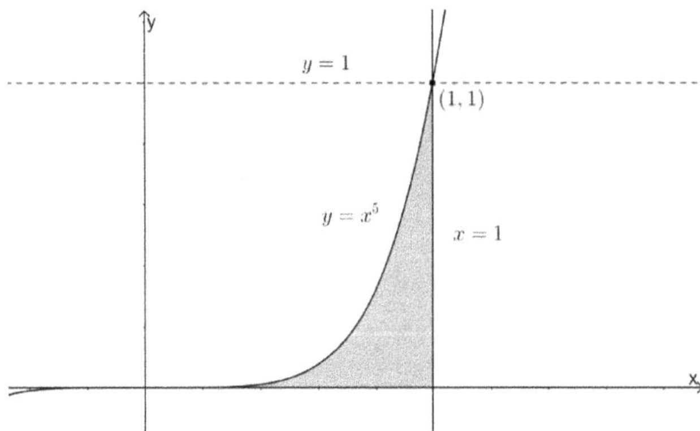

範例 32.

　　求 $y = 1$、$y = \sqrt{x}$、$x = 0$ 所圍的區域

　　(1) 繞 x 軸旋轉圍成的體積

　　(2) 繞 y 軸旋轉圍成的體積

　　(3) 繞 $x = 1$ 旋轉圍成的體積

　　(4) 繞 $y = 1$ 旋轉圍成的體積

【解】

(1)

$$體積 = \pi \int_0^1 1^2 - \left(\sqrt{x}\right)^2 dx = \frac{\pi}{2}$$

　(2)

$$\text{體積} = \pi \int_0^1 y^4 dy = \frac{\pi}{5}$$

(3)

$$\text{體積} = \pi \int_0^1 1^2 - (1 - y^2)^2 dy = \frac{7\pi}{15}$$

(4)

$$\text{體積} = \pi \int_0^1 \left(1 - \sqrt{x}\right)^2 dx = \frac{\pi}{6}$$

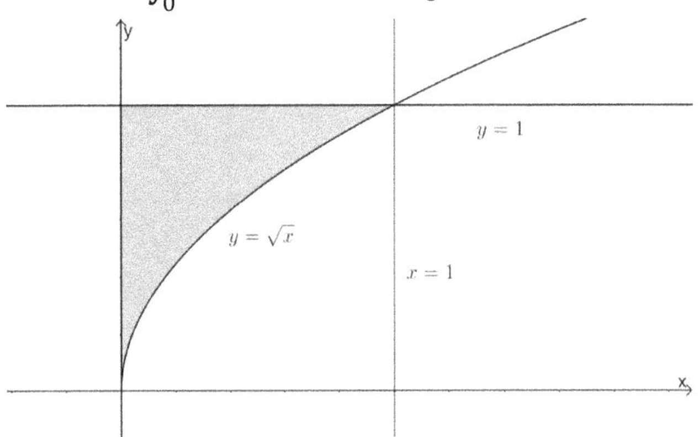

範例 33.

　　求 $y = \sqrt{x}$、$y = x^3$ 所圍的區域

　　(1) 繞 x 軸旋轉圍成的體積

　　(2) 繞 y 軸旋轉圍成的體積

　　(3) 繞 $x = 1$ 旋轉圍成的體積

　　(4) 繞 $y = 1$ 旋轉圍成的體積

【解】

(1)

$$\text{體積} = \pi \int_0^1 \left(\sqrt{x}\right)^2 - (x^3)^2 dx = \frac{5\pi}{14}$$

(2)

$$\text{體積} = \pi \int_0^1 (\sqrt[3]{y})^2 - (y^2)^2 dy = \frac{2\pi}{5}$$

(3)

$$\text{體積} = \pi \int_0^1 (1 - y^2)^2 - \left(1 - \sqrt[3]{y}\right)^2 dy = \frac{13\pi}{30}$$

(4)

$$\text{體積} = \pi \int_0^1 (1 - x^3)^2 - \left(1 - \sqrt{x}\right)^2 dx = \frac{10\pi}{21}$$

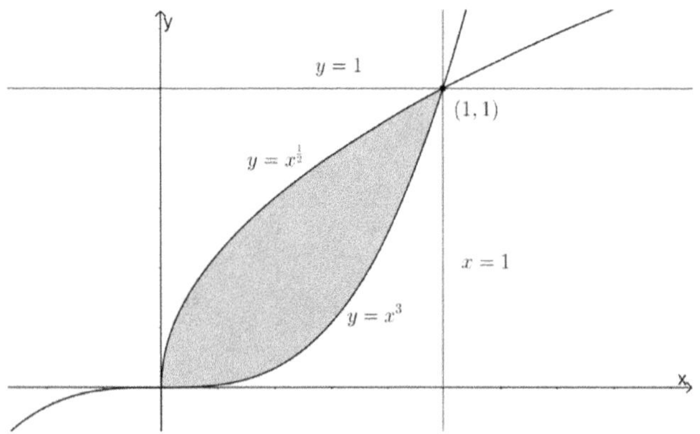

範例 34.

求 $y = x^{\frac{3}{2}}$、$0 \leq x \leq 4$ 所圍的區域繞 x 軸旋轉圍成的體積

【解】

$$\text{體積} = \pi \int_0^4 x^3 dx = 64\pi$$

5.5.3　給函數求弧長

假設曲線為 $y = f(x)$，介於 (x_0, y_0)、(x_1, y_1) 的弧長，等於將弧長切成任意無窮小的片段再積分，假設切成 m 個小段，且這小段的左、右端點座標為 (x, y)、$(x + dx, y + dy)$ 則

$$d_s = \sqrt{(x-(x+dx))^2 + (y-(y+dy))^2} = \sqrt{(dx)^2 + (dy)^2}$$

$$= \sqrt{1 + (\frac{dy}{dx})^2}\,dx = \sqrt{1 + (\frac{df}{dx})^2}\,dx$$

$$\Rightarrow 弧長 = s = \int d_s = \int_{x_0}^{x_1} \sqrt{1 + (\frac{df}{dx})^2}\,dx$$

考試類型:

題型 1.

假設曲線為 $x = f(t),\ y = g(t)$ 則弧長 $= \int d_s = \int \sqrt{(dx)^2 + (dy)^2} = \int \sqrt{(\frac{dx}{dt})^2 + (\frac{dy}{dt})^2}\,dt$

範例說明:

求 $x = a(t - \sin t),\ y = a(1 - \cos t),\ 0 \le t \le \dfrac{\pi}{2}$ 的弧長

$$\therefore 弧長 = \int_0^{\frac{\pi}{2}} \sqrt{\left(\frac{dx}{dt}\right)^2 + \left(\frac{dy}{dt}\right)^2}\,dt = \int_0^{\frac{\pi}{2}} \sqrt{(a(1 - \cos t))^2 + (a\sin t)^2}\,dt$$

題型 2.

假設曲線為 $r = r(\theta)$ 則弧長 $= \int d_s = \int \sqrt{(rd\theta)^2 + (dr)^2} = \int \sqrt{r^2 + (\frac{dr}{d\theta})^2}\,d\theta$

範例說明:

求 $r = a(1 - \cos\theta),\ a > 0$ 之弧長

$$弧長 = 2\int_0^{\pi} \sqrt{r^2 + \left(\frac{dr}{d\theta}\right)^2}\,d\theta = 2\int_0^{\pi} \sqrt{(a - a\cos\theta)^2 + (a\sin\theta)^2}\,d\theta$$

求 $r = a(1 - \sin\theta),\ a > 0$ 之弧長

$$弧長 = 2\int_{-\frac{\pi}{2}}^{\frac{\pi}{2}} \sqrt{r^2 + \left(\frac{dr}{d\theta}\right)^2}\,d\theta = 2\int_0^{\pi} \sqrt{(a - a\sin\theta)^2 + (a\cos\theta)^2}\,d\theta$$

範例 1.

　　求曲線 $y = \ln \cos x$, $0 \leq x \leq \dfrac{\pi}{3}$ 的弧長

【解】

$\because y'(x) = -\dfrac{\sin x}{\cos x} = -\tan x$

$\therefore$ 弧長 $= \displaystyle\int_0^{\frac{\pi}{3}} \sqrt{1 + (y'(x))^2}\, dx = \int_0^{\frac{\pi}{3}} \sqrt{1 + \tan^2 x}\, dx = \int_0^{\frac{\pi}{3}} \sec x\, dx$

$= \ln(\sec x + \tan x)\big|_0^{\frac{\pi}{3}} = \ln(2 + \sqrt{3})$

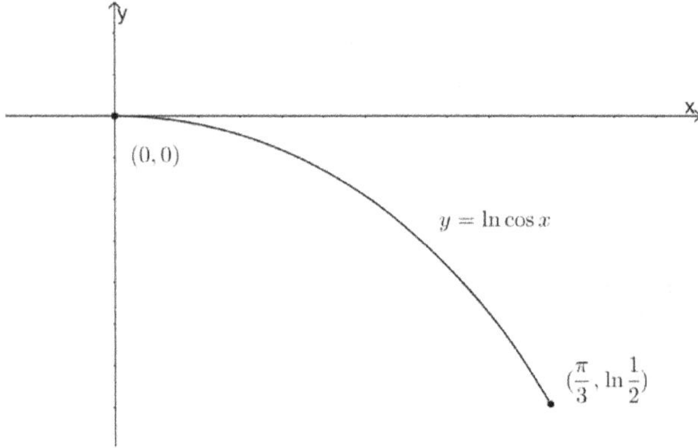

範例 2.

　　假設曲線為 $9y^2 = 4x^3$, 計算曲線從兩端點 $\left(4, -\dfrac{16}{3}\right)$、$\left(4, \dfrac{16}{3}\right)$ 所形成的弧長

【解】

$\because 9y^2 = 4x^3 \qquad \therefore y = \dfrac{2}{3}x^{\frac{3}{2}} \Rightarrow y' = x^{\frac{1}{2}}$

$\therefore$ 弧長 $= 2\displaystyle\int_0^4 \sqrt{1 + (y'(x))^2}\, dx = 2\int_0^4 \sqrt{1 + (x^{\frac{1}{2}})^2}\, dx = \dfrac{4(1+x)^{\frac{3}{2}}}{3}\bigg|_0^4 = \dfrac{4(5\sqrt{5} - 1)}{3}$

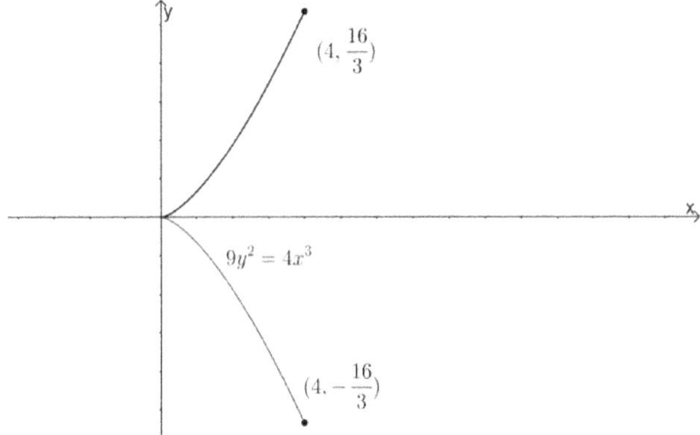

範例 3.

$$求曲線\ y = \int_{\frac{\pi}{6}}^{x} \sqrt{64\sin^2 t \cos^4 t - 1}\, dt,\ \ \frac{\pi}{6} \le x \le \frac{\pi}{3}\ 之弧長$$

【解】

$$弧長 = \int_{\frac{\pi}{6}}^{\frac{\pi}{3}} \sqrt{1 + (y'(x))^2}\, dx = 8 \int_{\frac{\pi}{6}}^{\frac{\pi}{3}} \sin x \cos^2 x\, dx = -\left.\frac{8\cos^3 x}{3}\right|_{\frac{\pi}{6}}^{\frac{\pi}{3}} = \sqrt{3} - \frac{1}{3}$$

範例 4.

$$假設曲線 y = f(x),\ \ x = 0\ 至\ x = a\ 的弧長為\ \frac{2}{3}\left((1+a)^{\frac{3}{2}} - 1\right),\ 求\ f(x) =?$$

【解】

$$\because\ 弧長 = \int_{0}^{a} \sqrt{1 + (f'(x))^2}\, dx = \frac{2}{3}\left((1+a)^{\frac{3}{2}} - 1\right)$$

$$藉由\ \text{Leibniz}\ 微分公式則\ \sqrt{1 + (f'(a))^2} = (1+a)^{\frac{1}{2}}\ \ \therefore\ f'(x) = x^{\frac{1}{2}}\ \therefore\ f(x) = \frac{2x^{\frac{3}{2}}}{3} + c$$

範例 5.

$$求曲線\ 9ay^2 = x(x - 3a)^2\ 所圍之弧長$$

【解】

$$\because\ 9ay^2 = x(x - 3a)^2\ \ \ \therefore\ y'(x) = \frac{a - x}{2\sqrt{ax}}$$

$$弧長 = 2\int_{0}^{3a} \sqrt{1 + (y'(x))^2}\, dx = 2\int_{0}^{3a} \sqrt{1 + \left(\frac{a - x}{2\sqrt{ax}}\right)^2}\, dx$$

$$= 2\int_0^{3a} \sqrt{a}\, x^{-\frac{1}{2}} + a^{-\frac{1}{2}} x^{\frac{1}{2}}\, dx = 4\sqrt{3}\, a$$

範例 6.

　　求曲線 $x^{\frac{2}{3}} + y^{\frac{2}{3}} = a^{\frac{2}{3}}$, 試求從 $x = -a$ 至 $x = -\dfrac{a}{8}$ 的弧長 $=? \,(a > 0)$

【解】

$$\because x^{\frac{2}{3}} + y^{\frac{2}{3}} = a^{\frac{2}{3}} \quad \therefore y'(x) = -x^{-\frac{1}{3}} y^{\frac{1}{3}}$$

$$弧長 = \int_{-a}^{-\frac{a}{8}} \sqrt{1 + (y'(x))^2}\, dx = \int_{-a}^{-\frac{a}{8}} \sqrt{1 + \left(-x^{-\frac{1}{3}} y^{\frac{1}{3}}\right)^2}\, dx = \int_{-a}^{-\frac{a}{8}} \sqrt{\frac{x^{\frac{2}{3}} + y^{\frac{2}{3}}}{x^{\frac{2}{3}}}}\, dx$$

$$= \int_{-a}^{-\frac{a}{8}} \sqrt{\frac{a^{\frac{2}{3}}}{x^{\frac{2}{3}}}}\, dx = \left. \frac{3 a^{\frac{1}{3}} x^{\frac{2}{3}}}{2} \right|_{-a}^{-\frac{a}{8}} = \frac{9a}{8}$$

範例 7.

　　求曲線 $9y^2 = 4x^3$, 試求從 $(3, -2\sqrt{3})$ 至 $(3, 2\sqrt{3})$ 的弧長 $=?$

【解】

$$\because 9y^2 = 4x^3, \ y = \pm\frac{2}{3} x^{\frac{3}{2}} \quad \therefore y'(x) = \frac{2x^2}{3y} = \pm x^{\frac{1}{2}}$$

$$弧長 = 2\int_0^3 \sqrt{1 + (y'(x))^2}\, dx = 2\int_0^3 \sqrt{1 + \left(x^{\frac{1}{2}}\right)^2}\, dx = \left. \frac{4}{3}(1+x)^{\frac{3}{2}} \right|_0^3 = \frac{28}{3}$$

範例 8.

　　求 $y = a\cosh\dfrac{x}{a}$, $a > 0$ 在 $-a \le x \le a$ 之弧長

【解】

$$\because y = a\cosh\frac{x}{a} \quad \therefore y' = \sinh\frac{x}{a}$$

$$\therefore \text{弧長} = 2\int_0^a \sqrt{1+(y'(x))^2}\,dx = 2\int_0^a \sqrt{1+\left(\sinh\frac{x}{a}\right)^2}\,dx = 2\int_0^a \sqrt{\left(\cosh\frac{x}{a}\right)^2}\,dx$$

$$= 2a\sinh\frac{x}{a}\Big|_0^a = 2a\sinh 1$$

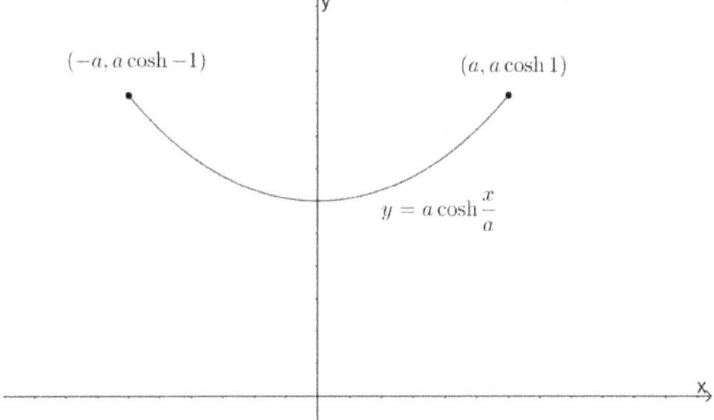

範例 9.

$$\text{求曲線 } f(x) = x^{\frac{3}{2}}, \ 0 \le x \le 4 \text{ 之弧長}$$

【解】

$$\text{弧長} = \int_0^4 \sqrt{1+(y'(x))^2}\,dx = \int_0^4 \sqrt{1+\left(\frac{3x^{\frac{1}{2}}}{2}\right)^2}\,dx = \int_0^4 \sqrt{1+\frac{9x}{4}}\,dx = \frac{8\left(1+\frac{9x}{4}\right)^{\frac{3}{2}}}{27}\Bigg|_0^4$$

$$= \frac{8}{27}\left(10\sqrt{10}-1\right)$$

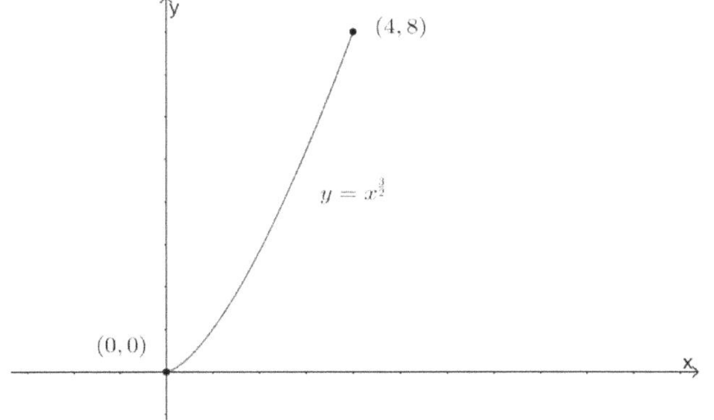

範例 10.

$$求曲線 x = \frac{\sqrt{y}(y-3)}{3}, \ \ 1 \le y \le 9 \ 之弧長$$

【解】

$$弧長 = \int_1^9 \sqrt{1+(x'(y))^2}\,dy, \quad \because x = \frac{\sqrt{y}(y-3)}{3} \quad \therefore \frac{dx}{dy} = \frac{1}{2}\left(y^{\frac{1}{2}} - y^{-\frac{1}{2}}\right)$$

$$\therefore 弧長 = \int_1^9 \sqrt{1+(x'(y))^2}\,dy = \int_1^9 \sqrt{1+\frac{1}{4}\left(y^{\frac{1}{2}} - y^{-\frac{1}{2}}\right)^2}\,dy = \frac{1}{2}\int_1^9 \sqrt{\left(y^{\frac{1}{2}} + y^{-\frac{1}{2}}\right)^2}\,dy$$

$$= \frac{1}{2}\left(\frac{2}{3}y^{\frac{3}{2}} + 2y^{\frac{1}{2}}\right)\Bigg|_1^9 = \frac{32}{3}$$

範例 11.

$$求曲線 y = 4x^{\frac{3}{2}}, \ 從(0,0)至(1,4) \ 之弧長$$

【解】

$$弧長 = \int_0^1 \sqrt{1+(y'(x))^2}\,dx = \int_0^1 \sqrt{1+\left(6x^{\frac{1}{2}}\right)^2}\,dx = \int_0^1 \sqrt{1+36x}\,dx$$

$$= \frac{(1+36x)^{\frac{3}{2}}}{54}\Bigg|_0^1 = \frac{1}{54}\left(37\sqrt{37} - 1\right)$$

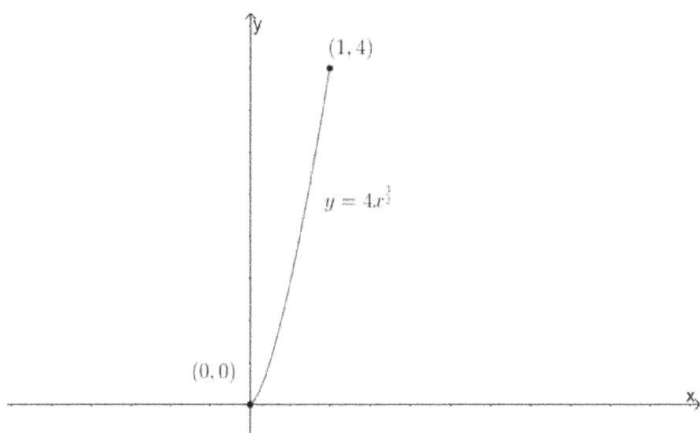

範例 12.

求 $y = \sqrt{x - x^2} + \sin^{-1} \sqrt{x},\ 0 \leq x \leq \dfrac{1}{2}$ 之弧長

【解】

$\because y = \sqrt{x - x^2} + \sin^{-1} \sqrt{x}$

$\therefore y' = \dfrac{1 - 2x}{2\sqrt{x - x^2}} + \dfrac{1}{\sqrt{1 - x}}\left(\dfrac{x^{-\frac{1}{2}}}{2}\right) = \dfrac{1 - x}{\sqrt{x}\sqrt{1 - x}} = \sqrt{\dfrac{1 - x}{x}}$

弧長 $= \displaystyle\int_0^{\frac{1}{2}} \sqrt{1 + (y'(x))^2}\, dx = \int_0^{\frac{1}{2}} \sqrt{1 + \dfrac{1 - x}{x}}\, dx = \int_0^{\frac{1}{2}} \sqrt{\dfrac{1}{x}}\, dx = 2\sqrt{x}\Big|_0^{\frac{1}{2}} = \sqrt{2}$

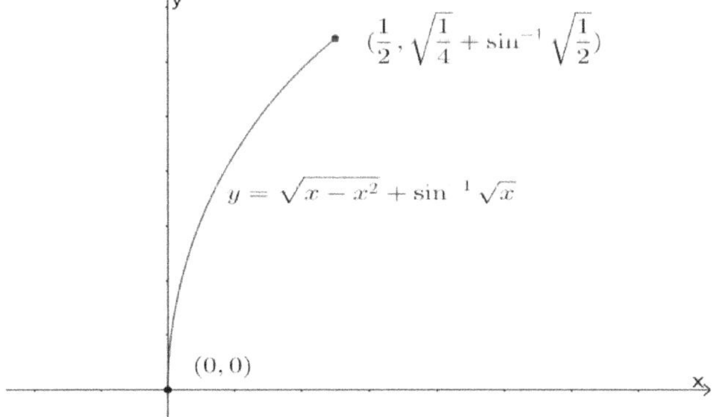

範例 13.

(1) 求 $x^{\frac{2}{3}} + y^{\frac{2}{3}} = a^{\frac{2}{3}}$ 之周長

(2) 求 $\left(\dfrac{x}{a}\right)^{\frac{2}{3}} + \left(\dfrac{y}{b}\right)^{\frac{2}{3}} = 1,\ (a > b > 0)$ 之周長

【解】

(1)

令 $x = a\cos^3\theta,\ y = a\sin^3\theta$ 則 $dx = -3a\cos^2\theta\sin\theta\,d\theta,\ dy = 3a\sin^2\theta\cos\theta\,d\theta$

$$\therefore 弧長 = 4\int_0^{\frac{\pi}{2}}\sqrt{\left(\frac{dx}{d\theta}\right)^2+\left(\frac{dy}{d\theta}\right)^2}\,d\theta = 4\int_0^{\frac{\pi}{2}}\sqrt{(3a\cos^2\theta\sin\theta)^2+(3a\sin^2\theta\cos\theta)^2}\,d\theta$$

$$= 4\int_0^{\frac{\pi}{2}}\sqrt{9a^2\cos^4\theta\sin^2\theta+9a^2\sin^4\theta\cos^2\theta}\,d\theta$$

$$= 12a\int_0^{\frac{\pi}{2}}\sqrt{\cos^2\theta\sin^2\theta(\sin^2\theta+\cos^2\theta)}\,d\theta = 12a\int_0^{\frac{\pi}{2}}\sin\theta\cos\theta\,d\theta$$

$$= 6a\int_0^{\frac{\pi}{2}}\sin 2\theta\,d\theta = -3a\cos 2\theta\Big|_0^{\frac{\pi}{2}} = 6a$$

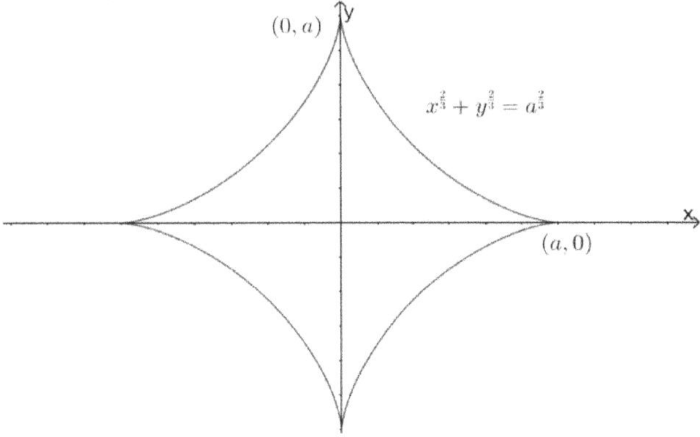

(2)

令 $x = a\cos^3\theta,\ y = b\sin^3\theta$ 則 $dx = -3a\cos^2\theta\sin\theta\,d\theta,\ dy = 3b\sin^2\theta\cos\theta\,d\theta$

$$弧長 = 4\int_0^{\frac{\pi}{2}}\sqrt{\left(\frac{dx}{d\theta}\right)^2+\left(\frac{dy}{d\theta}\right)^2}\,d\theta = 4\int_0^{\frac{\pi}{2}}\sqrt{(3a\cos^2\theta\sin\theta)^2+(3b\sin^2\theta\cos\theta)^2}\,d\theta$$

$$= 12\int_0^{\frac{\pi}{2}}\sqrt{(\sin\theta\cos\theta)^2(a^2\cos^2\theta+b^2\sin^2\theta)}\,d\theta$$

$$= 12\int_0^{\frac{\pi}{2}}\sin\theta\cos\theta\sqrt{\frac{a^2(1+\cos 2\theta)}{2}+\frac{b^2(1-\cos 2\theta)}{2}}\,d\theta$$

$$= 6\sqrt{2}\int_0^{\frac{\pi}{2}}\frac{\sin 2\theta}{2}\sqrt{a^2(1+\cos 2\theta)+b^2(1-\cos 2\theta)}\,d\theta$$

令 $t = \cos 2\theta$ 則 $dt = -2\sin 2\theta\,d\theta \Rightarrow \dfrac{\sin 2\theta\,d\theta}{2} = \dfrac{-dt}{4}$

$$\text{弧長} = 6\sqrt{2} \int_1^{-1} \frac{(-1)\sqrt{a^2(1+t) + b^2(1-t)}}{4} \, dt$$

$$= \frac{3\sqrt{2}}{2} \int_{-1}^1 \sqrt{a^2 + b^2 + (a^2 - b^2)t} \, dt = \frac{3\sqrt{2}}{2} \cdot \left. \frac{2(a^2 + b^2 + (a^2 - b^2)t)^{\frac{3}{2}}}{3(a^2 - b^2)} \right|_{-1}^1$$

$$= \sqrt{2} \left(\frac{(2a^2)^{\frac{3}{2}} - (2b^2)^{\frac{3}{2}}}{a^2 - b^2} \right) = \frac{4(a^2 + ab + b^2)}{a + b}$$

範例 14.

求 $x = a(t - \sin t), \ y = a(1 - \cos t), \ 0 \le t \le \dfrac{\pi}{2}$ 的弧長

【解】

$\because dx = a(1 - \cos t)dt, \ dy = a\sin t\, dt$

$$\therefore \text{弧長} = \int_0^{\frac{\pi}{2}} \sqrt{\left(\frac{dx}{dt}\right)^2 + \left(\frac{dy}{dt}\right)^2} \, dt = \int_0^{\frac{\pi}{2}} \sqrt{(a(1 - \cos t))^2 + (a\sin t)^2} \, dt$$

$$= a \int_0^\pi \sqrt{(\cos t)^2 + (\sin t)^2 + 1 - 2\cos t} \, dt = a \int_0^{\frac{\pi}{2}} \sqrt{2 - 2\cos t} \, dt = 2a \int_0^{\frac{\pi}{2}} \sqrt{\frac{1 - \cos t}{2}} \, dt$$

$$= 2a \int_0^{\frac{\pi}{2}} \sqrt{\sin^2 \frac{t}{2}} \, dt = \left. -4a\cos\frac{t}{2} \right|_0^{\frac{\pi}{2}} = 4a\left(1 - \frac{1}{\sqrt{2}}\right)$$

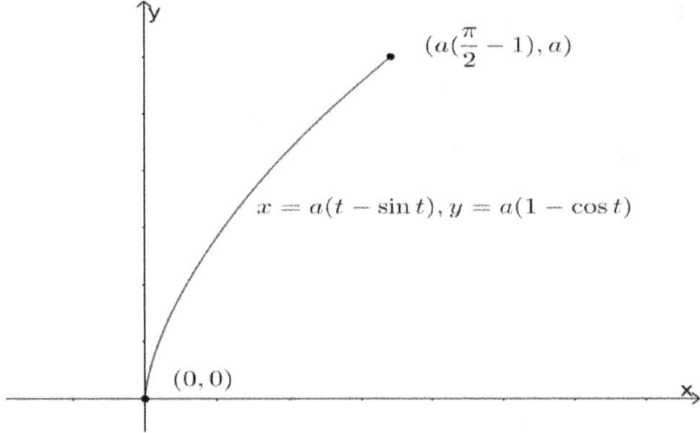

範例 15.

$$求\; x = \tan^{-1} t,\; y = \frac{1}{2}\ln(t^2 + 1),\; 0 \le t \le 2\; 的弧長$$

【解】

$$\because 弧長 = \int_0^2 \sqrt{\left(\frac{dx}{dt}\right)^2 + \left(\frac{dy}{dt}\right)^2}\, dt,\quad \frac{dx}{dt} = \frac{1}{1+t^2}\; 且\; \frac{dy}{dt} = \frac{t}{1+t^2}$$

$$\therefore 弧長 = \int_0^2 \sqrt{\left(\frac{1}{1+t^2}\right)^2 + \left(\frac{t}{1+t^2}\right)^2}\, dt = \int_0^2 \sqrt{\frac{1+t^2}{(1+t^2)^2}}\, dt$$

$$= \int_0^2 \frac{1}{\sqrt{1+t^2}}\, dt = \ln\left|t + \sqrt{1+t^2}\right|\Big|_0^2 = \ln(2 + \sqrt{5})$$

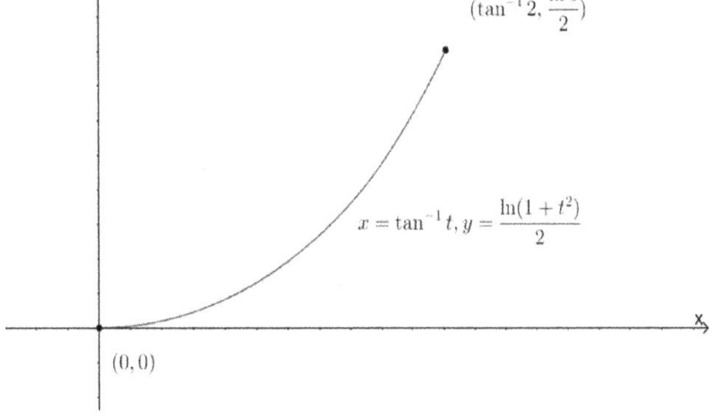

範例 16.

$$求\; x = \sin^{-1} t,\; y = \frac{1}{2}\ln(1 - t^2),\; 0 \le t \le \frac{1}{2}\; 的弧長$$

【解】

$$\because \text{弧長} = \int_0^{\frac{1}{2}} \sqrt{\left(\frac{dx}{dt}\right)^2 + \left(\frac{dy}{dt}\right)^2}\, dt, \quad \frac{dx}{dt} = \frac{1}{\sqrt{1-t^2}} \ \text{且} \ \frac{dy}{dt} = \frac{-t}{1-t^2}$$

$$\therefore \text{弧長} = \int_0^{\frac{1}{2}} \sqrt{\left(\frac{1}{\sqrt{1-t^2}}\right)^2 + \left(\frac{t}{1-t^2}\right)^2}\, dt = \int_0^{\frac{1}{2}} \sqrt{\frac{1}{(1-t^2)^2}}\, dt = \int_0^{\frac{1}{2}} \frac{1}{1-t^2}\, dt$$

$$= \frac{1}{2} \int_0^{\frac{1}{2}} \frac{1}{1-t} + \frac{1}{1+t}\, dt = \frac{-1}{2}\ln(1-t)\Big|_0^{\frac{1}{2}} + \frac{1}{2}\ln(1+t)\Big|_0^{\frac{1}{2}} = \frac{-1}{2}\ln\frac{1}{2} + \frac{1}{2}\ln\frac{3}{2} = \frac{1}{2}\ln 3$$

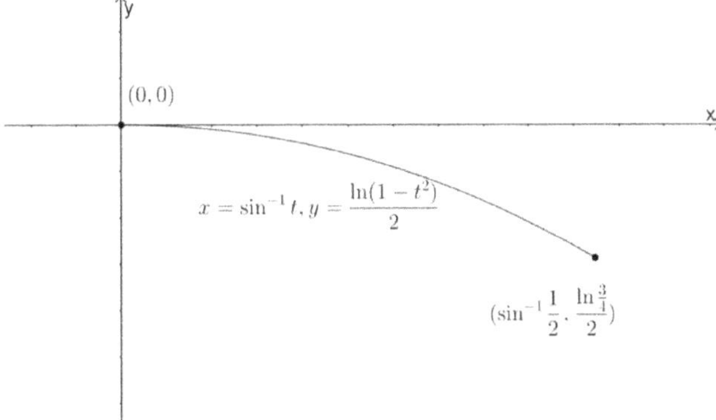

範例 17.

    (1) 求 $r = a(1-\cos\theta), \ a > 0$ 之弧長

    (2) 求 $r = a(1-\sin\theta), \ a > 0$ 之弧長

【解】

(1)

$$\text{弧長} = 2\int_0^{\pi} \sqrt{r^2 + \left(\frac{dr}{d\theta}\right)^2}\, d\theta = 2\int_0^{\pi} \sqrt{(a - a\cos\theta)^2 + (a\sin\theta)^2}\, d\theta$$

$$= 2a\int_0^{\pi} \sqrt{\cos^2\theta + \sin^2\theta + 1 - 2\cos\theta}\, d\theta = 2a\int_0^{\pi} \sqrt{2 - 2\cos\theta}\, dt$$

$$= 4a\int_0^{\pi} \sqrt{\frac{1-\cos\theta}{2}}\, d\theta = 4a\int_0^{\pi} \sqrt{\sin^2\frac{\theta}{2}}\, d\theta = 4a\int_0^{\pi} \sin\frac{\theta}{2}\, d\theta = -8a\cos\frac{\theta}{2}\Big|_0^{\pi} = 8a$$

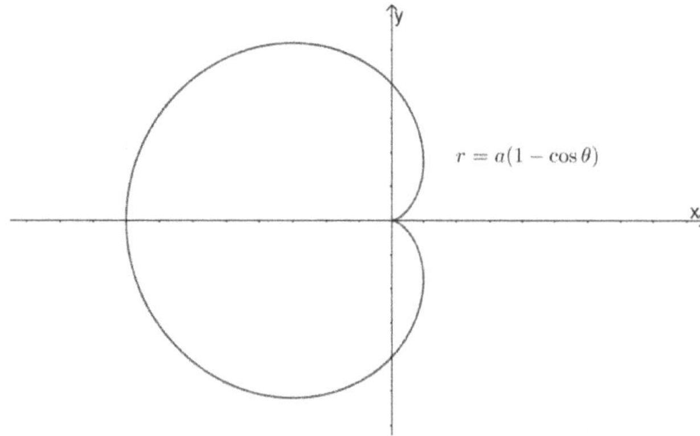

(2)

$$\text{弧長} = 2\int_{-\frac{\pi}{2}}^{\frac{\pi}{2}} \sqrt{r^2 + \left(\frac{dr}{d\theta}\right)^2}\, d\theta = 2\int_{-\frac{\pi}{2}}^{\frac{\pi}{2}} \sqrt{(a - a\sin\theta)^2 + (a\cos\theta)^2}\, d\theta$$

$$= 2a\int_{-\frac{\pi}{2}}^{\frac{\pi}{2}} \sqrt{\cos^2\theta + \sin^2\theta + 1 - 2\sin\theta}\, d\theta = 2a\int_{-\frac{\pi}{2}}^{\frac{\pi}{2}} \sqrt{2 - 2\sin\theta}\, d\theta$$

$$= 2\sqrt{2}a\int_{-\frac{\pi}{2}}^{\frac{\pi}{2}} \sqrt{1 - \sin\theta}\, d\theta = 2\sqrt{2}a\int_{-\frac{\pi}{2}}^{\frac{\pi}{2}} \sqrt{\sin^2\frac{\theta}{2} + \cos^2\frac{\theta}{2} - 2\sin\frac{\theta}{2}\cos\frac{\theta}{2}}\, d\theta$$

$$= 2\sqrt{2}a\int_{-\frac{\pi}{2}}^{\frac{\pi}{2}} \cos\frac{\theta}{2} - \sin\frac{\theta}{2}\, d\theta = 4\sqrt{2}a\left(\sin\frac{\theta}{2} + \cos\frac{\theta}{2}\right)\Big|_{-\frac{\pi}{2}}^{\frac{\pi}{2}} = 4\sqrt{2}a(\sqrt{2}) = 8a$$

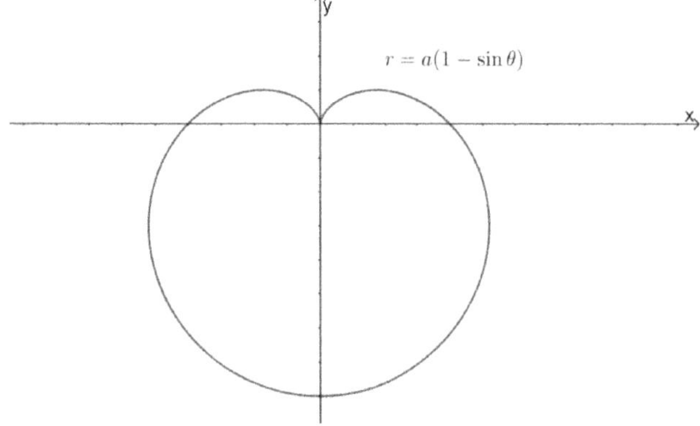

範例 18.

設 $C = \{(x, y): 1 \le x \le e^2, 0 \le y \le \ln x\}$ 求 C 的周長

【解】

$$\because \text{弧長} = \int_1^{e^2} \sqrt{1 + (y')^2} \, dx = \int_1^{e^2} \sqrt{1 + \frac{1}{x^2}} \, dx = \int_1^{e^2} \sqrt{\frac{x^2+1}{x^2}} \, dx$$

$$\text{令} x = \tan\theta \ \text{則} \ dx = \sec^2\theta \, d\theta \ \therefore \int \sqrt{\frac{x^2+1}{x^2}} \, dx = \int \sqrt{\frac{\sec^2\theta}{\tan^2\theta}} \sec^2\theta \, d\theta = \int \csc\theta \sec^2\theta \, d\theta$$

$$\text{令} u = \csc\theta, \ dv = \sec^2\theta \, d\theta \ \text{則} \ du = -\csc\theta\cot\theta \, d\theta, \ v = \tan\theta$$

藉由分部積分法，

$$\text{則} \int \csc\theta \sec^2\theta \, d\theta = \csc\theta\tan\theta + \int \csc\theta \, d\theta$$

$$= \csc\theta\tan\theta + \ln|\csc\theta - \cot\theta| = \sqrt{x^2+1} + \ln\left|\frac{\sqrt{x^2+1}-1}{x}\right|$$

$$\therefore \text{弧長} = \int_1^{e^2} \sqrt{\frac{x^2+1}{x^2}} \, dx = \sqrt{x^2+1} + \ln\left|\frac{\sqrt{x^2+1}-1}{x}\right| \Bigg|_1^{e^2}$$

$$= \sqrt{1+e^4} - \sqrt{2} + \ln\frac{\sqrt{1+e^4}-1}{e^2(\sqrt{2}-1)}$$

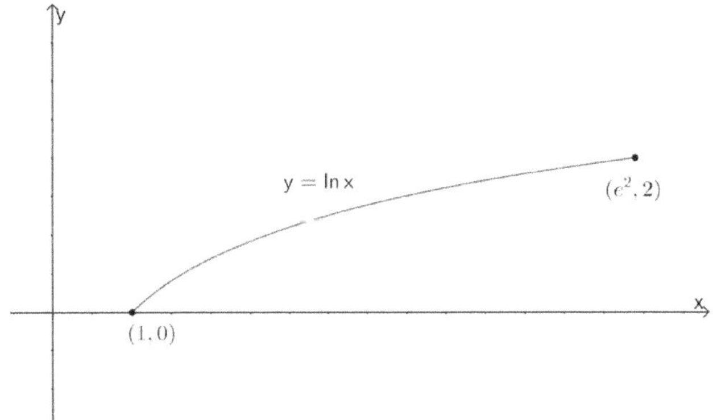

範例 19.

　　求曲線 $\sqrt{x} + \sqrt{y} = \sqrt{a}$ 之弧長

【解】

$$\because \text{弧長} = \int_0^{\frac{\pi}{2}} \sqrt{\left(\frac{dx}{d\theta}\right)^2 + \left(\frac{dy}{d\theta}\right)^2} \, d\theta, \ \text{令} x = a\cos^4\theta, \ y = a\sin^4\theta$$

$$\text{則} \ dx = -4a\cos^3\theta\sin\theta \, d\theta, \ dy = 4a\sin^3\theta\cos\theta \, d\theta$$

$$\because \sqrt{\left(\frac{dx}{d\theta}\right)^2 + \left(\frac{dy}{d\theta}\right)^2} = \sqrt{(-4a\cos^3\theta \sin\theta)^2 + (4a\sin^3\theta \cos\theta)^2}$$

$$= 4a\sin\theta\cos\theta\sqrt{\cos^4\theta + \sin^4\theta} = 2a\sin 2\theta\sqrt{(\cos^2\theta + \sin^2\theta)^2 - 2\cos^2\theta\sin^2\theta}$$

$$= 2a\sin 2\theta\sqrt{1 - 2\left(\frac{\sin 2\theta}{2}\right)^2} = 2a\sin 2\theta\sqrt{\frac{1}{2} + \frac{\cos^2 2\theta}{2}}$$

令 $u = \cos 2\theta$ 則 $du = -2\sin 2\theta\, d\theta$

$$\therefore 弧長 = \int_0^{\frac{\pi}{2}}\sqrt{\left(\frac{dx}{d\theta}\right)^2 + \left(\frac{dy}{d\theta}\right)^2}\, d\theta = \int_0^{\frac{\pi}{2}} 2a\sin 2\theta\sqrt{\frac{1}{2} + \frac{\cos^2 2\theta}{2}}\, d\theta$$

$$= (-1)\int_1^{-1} a\sqrt{\frac{1}{2} + \frac{u^2}{2}}\, du = \int_{-1}^{1} a\sqrt{\frac{1}{2} + \frac{u^2}{2}}\, du$$

令 $u = \tan\theta$ 則 $du = \sec^2\theta\, d\theta$

$$\therefore \int_{-1}^{1}\sqrt{1 + u^2}\, du = \int_{-\frac{\pi}{4}}^{\frac{\pi}{4}}\sec^3\theta\, d\theta = \frac{1}{2}\sec\theta\tan\theta + \frac{1}{2}\ln|\sec\theta + \tan\theta|\Big|_{-\frac{\pi}{4}}^{\frac{\pi}{4}} = \sqrt{2} + \frac{1}{2}\ln\frac{\sqrt{2}+1}{\sqrt{2}-1}$$

$$\therefore 弧長 = \int_{-1}^{1} a\sqrt{\frac{1}{2} + \frac{u^2}{2}}\, du = \frac{a}{\sqrt{2}}\left(\sqrt{2} + \frac{1}{2}\ln\frac{\sqrt{2}+1}{\sqrt{2}-1}\right)$$

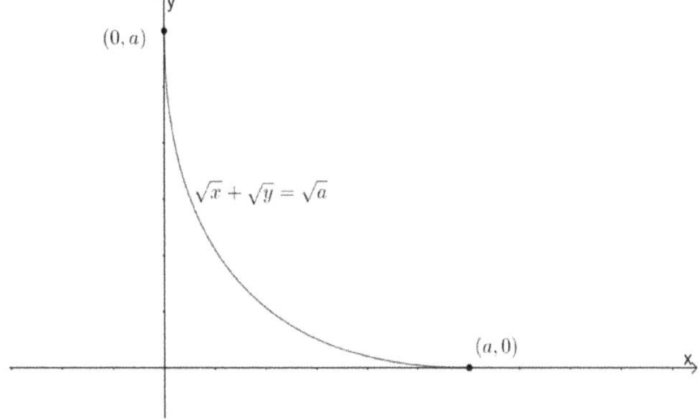

範例 20.

$$求曲線 r = a\sin^3\frac{\theta}{3},\ a > 0\ 之全長$$

【解】

$$\text{弧長} = \int_0^{3\pi} \sqrt{r^2 + \left(\frac{dr}{d\theta}\right)^2}\, d\theta, \qquad \because \frac{dr}{d\theta} = a\sin^2\frac{\theta}{3}\cos\frac{\theta}{3}$$

$$\therefore \sqrt{r^2 + \left(\frac{dr}{d\theta}\right)^2} = \sqrt{\left(a\sin^3\frac{\theta}{3}\right)^2 + \left(a\sin^2\frac{\theta}{3}\cos\frac{\theta}{3}\right)^2} = a\sin^2\frac{\theta}{3}\sqrt{\sin^2\frac{\theta}{3} + \cos^2\frac{\theta}{3}}$$

$$= a\sin^2\frac{\theta}{3}, \quad \forall\, 0 \le \theta \le 3\pi$$

$$\text{弧長} = \int_0^{3\pi} \sqrt{r^2 + \left(\frac{dr}{d\theta}\right)^2}\, d\theta = \int_0^{3\pi} a\sin^2\frac{\theta}{3}\, d\theta = a\int_0^{3\pi} \frac{1 - \cos\frac{2\theta}{3}}{2}\, d\theta = \frac{3\pi a}{2}$$

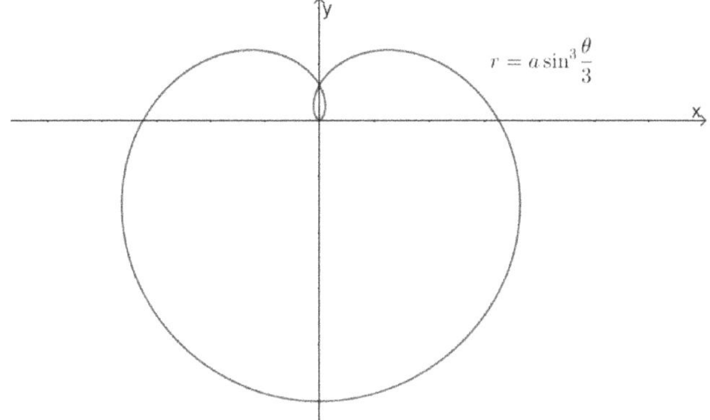

範例 21.

$$\text{求曲線 } r = \frac{a}{1 + \cos\theta}, \quad a > 0, \quad -\frac{\pi}{2} \le \theta \le \frac{\pi}{2} \quad \text{之弧長}$$

【解】

$$\text{弧長} = \int_{-\frac{\pi}{2}}^{\frac{\pi}{2}} \sqrt{r^2 + \left(\frac{dr}{d\theta}\right)^2}\, d\theta, \qquad \because \frac{dr}{d\theta} = \frac{a\sin\theta}{(1 + \cos\theta)^2}$$

$$\therefore \sqrt{r^2 + \left(\frac{dr}{d\theta}\right)^2} = \sqrt{\left(\frac{a}{1 + \cos\theta}\right)^2 + \left(\frac{a\sin\theta}{(1 + \cos\theta)^2}\right)^2}$$

$$= \frac{a}{1 + \cos\theta}\sqrt{1 + \frac{\sin^2\theta}{(1 + \cos\theta)^2}} = \frac{a}{1 + \cos\theta}\sqrt{\frac{2 + 2\cos\theta}{(1 + \cos\theta)^2}} = \frac{\sqrt{2}a}{(1 + \cos\theta)^{\frac{3}{2}}}$$

$$= \frac{\sqrt{2}a}{2\sqrt{2}\left(\frac{1+\cos\theta}{2}\right)^{\frac{3}{2}}} = \frac{\sqrt{2}a}{2\sqrt{2}\left(\cos^2\frac{\theta}{2}\right)^{\frac{3}{2}}} = \frac{a}{2}\csc^3\frac{\theta}{2}, \quad \forall -\frac{\pi}{2} \le \theta \le \frac{\pi}{2}$$

$$\therefore 弧長 = \int_{-\frac{\pi}{2}}^{\frac{\pi}{2}} \sqrt{r^2 + \left(\frac{dr}{d\theta}\right)^2}\, d\theta = \frac{a}{2}\int_{-\frac{\pi}{2}}^{\frac{\pi}{2}} \csc^3\frac{\theta}{2}\, d\theta$$

令 $u = \dfrac{\theta}{2}$ 則 $d\theta = 2du$

$$\therefore 弧長 = \frac{a}{2}\int_{-\frac{\pi}{2}}^{\frac{\pi}{2}} \csc^3\frac{\theta}{2}\, d\theta = a\int_{-\frac{\pi}{4}}^{\frac{\pi}{4}} \csc^3 u\, du$$

$$= a\left(-\frac{1}{2}\csc x\cot x + \frac{1}{2}\ln|\csc x - \cot x|\right)\Big|_{-\frac{\pi}{4}}^{\frac{\pi}{4}} = a(\sqrt{2} + \ln(1+\sqrt{2}))$$

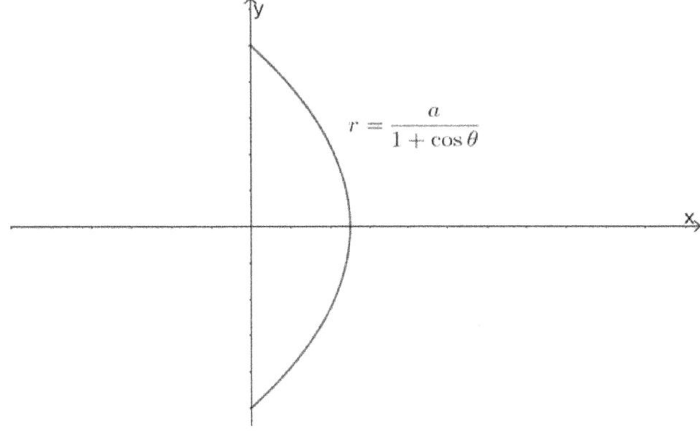

範例 22.

$$求曲線\ y = \int_0^x \tan t\, dt,\ 0 \le x \le 1\ 之弧長$$

【解】

$$弧長 = \int_0^1 \sqrt{1 + (y'(x))^2}\, dx = \int_0^1 \sqrt{1 + \tan^2 x}\, dx = \int_0^1 \sec x\, dx$$

$\because (\sec x)' = \tan x\sec x$ 且 $(\tan x)' = \sec^2 x$ $\therefore (\tan x + \sec x)' = (\tan x + \sec x)\sec x$

令 $u = \tan x + \sec x$ 則 $du = (\tan x + \sec x)\sec x\, dx$, 藉由變數代換法

$$\therefore \int \sec x\, dx = \int \frac{(\tan x + \sec x)\sec x}{\tan x + \sec x}\, dx = \int \frac{du}{u} = \ln|u| = \ln|\tan x + \sec x| + c$$

$$\therefore \int_0^1 \sec x \, dx = \ln \frac{\tan 1 + \sec 1}{\tan 0 + \sec 0} = \ln \tan 1 + \sec 1$$

範例 23.

$$求曲線 \ y = \int_0^x \sin 2t \, dt, \ \ 0 \le x \le 1 \ 之弧長$$

【解】

$$弧長 = \int_0^1 \sqrt{1 + (y'(x))^2} \, dx = \int_0^1 \sqrt{1 + \sin 2x} \, dx = \int_0^1 \sin x + \cos x \, dx$$

$$= -\cos x + \sin x \big|_0^1 = -\cos 1 + \sin 1 - (-1) = 1 - \cos 1 + \sin 1$$

範例 24.

$$求曲線 \ y = \int_1^x \sqrt{t^3 - 1} \, dt, \ \ 1 \le x \le 9 \ 之弧長$$

【解】

$$弧長 = \int_1^9 \sqrt{1 + (y'(x))^2} \, dx = \int_1^9 \sqrt{1 + \left(\sqrt{x^3 - 1}\right)^2} \, dx = \int_1^9 x^{\frac{3}{2}} \, dx = \frac{2x^{\frac{5}{2}}}{5} \Bigg|_1^9$$

$$= \frac{2}{5}(243 - 1) = \frac{484}{5}$$

範例 25.

$$求曲線 \ y = \int_{\frac{\pi}{4}}^x \sqrt{\tan^2 t - 1} \, dt, \ \frac{\pi}{4} \le x \le \frac{\pi}{3} \ 之弧長$$

【解】

$$弧長 = \int_{\frac{\pi}{4}}^{\frac{\pi}{3}} \sqrt{1 + (y'(x))^2} \, dx = \int_{\frac{\pi}{4}}^{\frac{\pi}{3}} \sqrt{1 + \left(\sqrt{\tan^2 x - 1}\right)^2} \, dx = \int_{\frac{\pi}{4}}^{\frac{\pi}{3}} \tan x \, dx$$

$$\because \int \tan x \, dx = \int \frac{\sin x}{\cos x} \, dx = \int \frac{\sin x}{\cos x} \, dx = -\ln|\cos x| + c$$

$$\therefore \int_{\frac{\pi}{4}}^{\frac{\pi}{3}} \tan x \, dx = -\ln \frac{\cos \frac{\pi}{3}}{\cos \frac{\pi}{4}} = -\ln \frac{\frac{1}{2}}{\frac{1}{\sqrt{2}}} = \ln \sqrt{2}$$

範例 26.

$$求曲線 \ y = \int_0^x \sqrt{\cot^2 t - 1}\, dt, \quad \frac{\pi}{6} \le x \le \frac{\pi}{4} \ 之弧長$$

【解】

$$弧長 = \int_{\frac{\pi}{6}}^{\frac{\pi}{4}} \sqrt{1 + (y'(x))^2}\, dx = \int_{\frac{\pi}{6}}^{\frac{\pi}{4}} \sqrt{1 + \left(\sqrt{\cot^2 x - 1}\right)^2}\, dx = \int_{\frac{\pi}{6}}^{\frac{\pi}{4}} \cot x \, dx$$

$$\because \int \cot x \, dx = \int \frac{\cos x}{\sin x}\, dx = \ln|\sin x| + c$$

$$令 \ 0 < a, b < \pi \ 則 \int_a^b \cot x \, dx = \ln \frac{\sin b}{\sin a} \quad \therefore \int_{\frac{\pi}{6}}^{\frac{\pi}{4}} \cot x \, dx = \ln \frac{\sin \frac{\pi}{4}}{\sin \frac{\pi}{6}} = \ln \frac{\frac{1}{\sqrt{2}}}{\frac{1}{2}} = \ln \sqrt{2}$$

範例 27.

$$求曲線 \ y = \int_{\frac{\pi}{4}}^x \sqrt{\tan^6 t - 1}\, dt, \quad \frac{\pi}{4} \le x \le \frac{\pi}{3} \ 之弧長$$

【解】

$$弧長 = \int_{\frac{\pi}{4}}^{\frac{\pi}{3}} \sqrt{1 + (y'(x))^2}\, dx = \int_{\frac{\pi}{4}}^{\frac{\pi}{3}} \sqrt{1 + \left(\sqrt{\tan^6 x - 1}\right)^2}\, dx = \int_{\frac{\pi}{4}}^{\frac{\pi}{3}} \tan^3 x \, dx$$

$$\int \tan^3 x \, dx = \int \frac{\tan^2 x \tan x \sec x}{\sec x}\, dx = \int \frac{(\sec^2 x - 1)\tan x \sec x}{\sec x}\, dx$$

$$令 u = \sec x \ 則 du = \tan x \sec x \, dx, \ 藉由變數代換法$$

$$\int \tan^3 x \, dx = \int \frac{(\sec^2 x - 1)\tan x \sec x}{\sec x}\, dx = \int u - \frac{1}{u}\, du = \frac{u^2}{2} - \ln|u| + c$$

$$= \frac{\sec^2 x}{2} - \ln|\sec x| + c$$

$$\therefore \int_{\frac{\pi}{4}}^{\frac{\pi}{3}} \tan^3 x \, dx = \frac{\sec^2 \frac{\pi}{3}}{2} - \ln \sec \frac{\pi}{3} - \left(\frac{\sec^2 \frac{\pi}{4}}{2} - \ln \sec \frac{\pi}{4} \right) = \frac{4}{2} - \ln 2 - \left(\frac{2}{2} - \ln \sqrt{2} \right)$$

$$= 1 - \frac{\ln 2}{2}$$

範例 28.

$$\text{求曲線 } y = \int_0^x \sqrt{\sec^2 t - 1}\, dt,\ 0 \leq x \leq \frac{\pi}{4} \text{ 之弧長}$$

【解】

$$\text{弧長} = \int_0^{\frac{\pi}{4}} \sqrt{1 + (y'(x))^2}\, dx = \int_0^{\frac{\pi}{4}} \sqrt{1 + \left(\sqrt{\sec^2 x - 1}\right)^2}\, dx = \int_0^{\frac{\pi}{4}} \sec x\, dx$$

令 $u = \tan x + \sec x$ 則 $du = (\tan x + \sec x)\sec x\, dx$, 藉由變數代換法

$$\therefore \int \sec x\, dx = \int \frac{(\tan x + \sec x)\sec x}{\tan x + \sec x}\, dx = \int \frac{du}{u} = \ln|u| = \ln|\tan x + \sec x| + c$$

$$\therefore \int_0^{\frac{\pi}{4}} \sec x\, dx = \ln \frac{\tan \frac{\pi}{4} + \sec \frac{\pi}{4}}{\tan 0 + \sec 0} = \ln(1 + \sqrt{2})$$

範例 29.

$$\text{求曲線 } y = \int_0^x \sqrt{\sec^4 t - 1}\, dt,\ 0 \leq x \leq \frac{\pi}{4} \text{ 之弧長}$$

【解】

$$\text{弧長} = \int_0^{\frac{\pi}{4}} \sqrt{1 + (y'(x))^2}\, dx = \int_0^{\frac{\pi}{4}} \sqrt{1 + \left(\sqrt{\sec^4 x - 1}\right)^2}\, dx = \int_0^{\frac{\pi}{4}} \sec^2 x\, dx = \tan x \Big|_0^{\frac{\pi}{4}} = 1$$

範例 30.

$$\text{求曲線 } y = \int_{\frac{\pi}{4}}^x \sqrt{\sec^2 t \tan^2 t - 1}\, dt,\ \frac{\pi}{4} \leq x \leq \frac{\pi}{3} \text{ 之弧長}$$

【解】

$$\text{弧長} = \int_{\frac{\pi}{4}}^{\frac{\pi}{3}} \sqrt{1 + (y'(x))^2}\, dx = \int_{\frac{\pi}{4}}^{\frac{\pi}{3}} \sqrt{1 + \left(\sqrt{\sec^2 x \tan^2 x - 1}\right)^2}\, dx$$

$$= \int_{\frac{\pi}{4}}^{\frac{\pi}{3}} \sec x \tan x\, dx = \sec x \Big|_{\frac{\pi}{4}}^{\frac{\pi}{3}} = 2 - \sqrt{2}$$

範例 31.

$$求曲線\ y = \int_e^x \sqrt{\ln^4 t - 1}\,dt,\ e \le x \le e^2 \text{之弧長}$$

【解】

$$\text{弧長} = \int_e^{e^2} \sqrt{1 + (y'(x))^2}\,dx = \int_e^{e^2} \sqrt{1 + \left(\sqrt{\ln^4 x - 1}\right)^2}\,dx = \int_e^{e^2} \ln^2 x\,dx$$

$$令\ u = \ln x\ 則\ du = \frac{dx}{x} \Rightarrow dx = e^u du,\ \text{藉由分部積分法}$$

$$則 \int (\ln x)^2 dx = \int u^2 e^u du = u^2 e^u - 2\int u e^u du = u^2 e^u - 2\left(u e^u - \int e^u du\right)$$

$$= u^2 e^u - 2(u e^u - e^u) = (\ln x)^2 x - 2(x \ln x - x) + c$$

$$令 a, b > 0\ 則 \int_a^b (\ln x)^2 dx = (\ln b)^2 b - 2(b \ln b - b) - (\ln a)^2 a + 2(a \ln a - a)$$

$$\therefore \int_e^{e^2} \ln^2 x\,dx = (\ln e^2)^2 e^2 - 2(e^2 \ln e^2 - e^2) - (\ln e)^2 e + 2(e \ln e - e)$$

$$= 4e^2 - 2e^2 - e = 2e^2 - e$$

範例 32.

$$求曲線\ y = \int_1^x \sqrt{\ln^2(t^3 e^t) - 1}\,dt,\ 1 \le x \le e \text{之弧長}$$

【解】

$$\text{弧長} = \int_1^e \sqrt{1 + (y'(x))^2}\,dx = \int_1^e \sqrt{1 + \left(\sqrt{\ln^2(x^3 e^x) - 1}\right)^2}\,dx = \int_1^e \ln x^3 e^x\,dx$$

$$\because \int \ln(x^3 e^x)\,dx = \int x + 3\ln x\,dx = \frac{x^2}{2} + 3\int \ln x\,dx$$

$$令\ u = \ln x,\ dv = dx\ 則\ du = \frac{1}{x} dx,\ v = x,\ \text{藉由分部積分法}$$

$$則 \int \ln x\,dx = x \ln x - \int dx = x \ln x - x$$

$$\therefore \int \ln(x^3 e^x)\,dx = \frac{x^2}{2} + 3(x \ln x - x) + c$$

$$令 a, b > 0\ 則 \int_a^b \ln(x^3 e^x)\,dx = \frac{b^2}{2} + 3(b \ln b - b) - \frac{a^2}{2} - 3(a \ln a - a)$$

$$\therefore \int_{1}^{e} \ln x^3 e^x \, dx = \frac{e^2}{2} + 3(e \ln e - e) - \frac{1}{2} - 3(\ln 1 - 1) = \frac{e^2}{2} + \frac{5}{2}$$

範例 33.

假設曲線為 $y^3 = x^2$ 且其某切線與 x 軸夾角為 $\frac{\pi}{4}$，求切點與 $(0,0)$ 間的弧長

【解】

$$\because y^3 = x^2 \quad \therefore y = x^{\frac{2}{3}} \Rightarrow y'(x) = \frac{2}{3} x^{-\frac{1}{3}}$$

$$\because 切線與 x 軸夾角為 \frac{\pi}{4} \quad \therefore \tan \frac{\pi}{4} = y'(x) = \frac{2}{3} x^{-\frac{1}{3}} \Rightarrow x = \frac{8}{27}, \ y = \frac{4}{9}$$

$$弧長 = \int_{0}^{\frac{4}{9}} \sqrt{1 + (x'(y))^2} \, dy = \int_{0}^{\frac{4}{9}} \sqrt{1 + \left(\frac{3y^{\frac{1}{2}}}{2}\right)^2} \, dy = \int_{0}^{\frac{4}{9}} \sqrt{1 + \frac{9y}{4}} \, dy = \frac{8}{27}\left(2\sqrt{2} - 1\right)$$

5.5.4　給函數求表面積

假設某圓錐體斜面長為 s, 底的半徑為 r, 圓錐體的表面積等於將其剪開成為扇形的面積,

假設剪開後的扇形角度為 θ, 則 表面積 $= \dfrac{s^2 \theta}{2}$

$\because$ 錐體底部的周長 $=$ 剪開後的扇形弧長

$\therefore 2\pi r = s\theta \Rightarrow 表面積 = S = \dfrac{s^2 \theta}{2} = \dfrac{s^2}{2} \cdot \dfrac{2\pi r}{s} = \pi s r$

當圓錐體體積有微幅增加, 假設斜面長增加為 $s + ds$, 底的半徑為 $r + dr$, 則增加的表面積

$= d_{表面積} = \pi(s + ds)(r + dr) - \pi s r = \pi s \, dr + \pi r \, ds$

$\dfrac{s}{r} = \dfrac{s + ds}{r + dr} \quad \therefore s\,dr = r\,ds \Rightarrow d_{表面積} = 2\pi r \, d_s \Rightarrow 表面積 = \displaystyle\int 2\pi r \, d_s$

$\because ds = \sqrt{1 + (y')^2} \, dx$

$\therefore 曲線為 y = f(x) 繞 x 軸旋轉, 介於 x = a 至 x = b 的表面積 = \displaystyle\int_{a}^{b} 2\pi y \sqrt{1 + (y')^2} \, dx$

考試類型:

題型 1.

若曲線為 $y = f(x)$ 繞 $y = d$ 旋轉且 $a \le x \le b$ 則表面積 $= \int_a^b 2\pi |y - d| \sqrt{1 + (y')^2}\, dx$

範例說明:

求曲線 $y = \sqrt{x}$ 介於 y 軸與 $x = 1$ 之間繞 x 軸旋轉所得表面積

$$\text{表面積} = 2\pi \int_0^1 y \sqrt{1 + (\frac{dy}{dx})^2}\, dx = 2\pi \int_0^1 \sqrt{x} \sqrt{1 + (\frac{1}{2\sqrt{x}})^2}\, dx$$

題型 2.

若曲線為 $y = f(x)$ 繞 $x = d$ 旋轉且 $a \le x \le b$ 則表面積 $= \int_a^b 2\pi |x - d| \sqrt{1 + (y')^2}\, dx$

範例說明:

曲線 $y = \ln x$ 介於 $x = 1$ 與 $x = 2$ 之間繞 y 軸旋轉所得表面積

$$\text{表面積} = 2\pi \int_1^2 x \sqrt{1 + \left(\frac{dy}{dx}\right)^2}\, dx = 2\pi \int_1^2 x\sqrt{1 + x^{-2}}\, dx$$

題型 3.

若曲線為 $x = f(t)$、$y = g(t)$ 繞 x 軸旋轉則表面積 $= \int 2\pi g(t)\sqrt{(f'(t))^2 + (g'(t))^2}\, dt$

範例說明:

求 $x = a\cos^3 t$, $y = a\sin^3 t$ 繞 x 軸旋轉所得表面積

$$\text{表面積} = 2 \cdot 2\pi \int_0^{\frac{\pi}{2}} y(t)\sqrt{x'(t)^2 + y'(t)^2}\, dt$$

$$= 4\pi \int_0^{\frac{\pi}{2}} a\sin^3 t \sqrt{(-3a\cos^2 t \sin t)^2 + (3a \sin^2 t \cos t)^2}\, dt$$

題型 4.

若曲線為 $x = f(t)$、$y = g(t)$ 繞 y 軸旋轉則表面積 $= \int 2\pi f(t)\sqrt{(f'(t))^2 + (g'(t))^2}\, dt$

題型 5.

若曲線為 $r = f(\theta)$ 繞 $\theta = 0$ 旋轉則表面積 $= \displaystyle\int 2\pi r \sin\theta \sqrt{r^2 + (\frac{dr}{d\theta})^2}\, d\theta$

範例說明:

求曲線 $r = a(1 - \cos\theta)$ 繞 $\theta = 0$ 旋轉所得表面積

表面積 $= 2\pi \displaystyle\int_0^\pi r \sin\theta \sqrt{r^2 + (r')^2}\, d\theta$

$= 2\pi \displaystyle\int_0^\pi a(1 - \cos\theta)\sin\theta \sqrt{(a - a\cos\theta)^2 + (a\sin\theta)^2}\, d\theta$

題型 6.

若曲線為 $r = f(\theta)$ 繞 $\theta = \dfrac{\pi}{2}$ 旋轉則表面積 $= \displaystyle\int 2\pi r \cos\theta \sqrt{r^2 + (\frac{dr}{d\theta})^2}\, d\theta$

範例說明:

求曲線 $r = a(1 - \sin\theta)$ 繞 $\theta = \dfrac{\pi}{2}$ 旋轉所得表面積

表面積 $= 2\pi \displaystyle\int_{-\frac{\pi}{2}}^{\frac{\pi}{2}} r \cos\theta \sqrt{r^2 + (r')^2}\, d\theta$

$= 2\pi \displaystyle\int_{-\frac{\pi}{2}}^{\frac{\pi}{2}} a(1 - \sin\theta)\cos\theta \sqrt{(a - a\sin\theta)^2 + (a\cos\theta)^2}\, d\theta$

範例 1.

試求曲線 $y = \dfrac{x^3}{3}$, $x \in \left[1, \sqrt{7}\right]$ 繞 x 軸旋轉所得表面積

【解】

表面積 $= 2\pi \displaystyle\int_1^{\sqrt{7}} y \sqrt{1 + (\frac{dy}{dx})^2}\, dx$, $\because \dfrac{dy}{dx} = x^2$

$$\therefore \text{表面積} = 2\pi \int_{1}^{\sqrt{7}} \frac{x^3}{3}\sqrt{1+(x^2)^2}\,dx = 2\pi \cdot \frac{(1+x^4)^{\frac{3}{2}}}{18}\Bigg|_{1}^{\sqrt{7}} = \frac{248\sqrt{2}\pi}{9}$$

範例 2.

　　求曲線 $y=\sqrt{x}$ 介於 y 軸與 $x=1$ 之間繞 x 軸旋轉所得表面積

【解】

$$\text{表面積} = 2\pi \int_{0}^{1} y\sqrt{1+\left(\frac{dy}{dx}\right)^2}\,dx, \qquad \because \frac{dy}{dx} = \frac{1}{2}x^{-\frac{1}{2}}$$

$$\therefore \text{表面積} = 2\pi \int_{0}^{1} \sqrt{x}\sqrt{1+\left(\frac{1}{2}x^{-\frac{1}{2}}\right)^2}\,dx = 2\pi \int_{0}^{1} \sqrt{x}\sqrt{1+\frac{1}{4}x^{-1}}\,dx$$

$$= 2\pi \int_{0}^{1} \sqrt{x+\frac{1}{4}}\,dx = \frac{4\pi}{3}\left(x+\frac{1}{4}\right)^{\frac{3}{2}}\Bigg|_{0}^{1} = \frac{4\pi}{3}\left(\frac{5\sqrt{5}}{8}-\frac{1}{8}\right) = \pi\left(\frac{5\sqrt{5}-1}{6}\right)$$

範例 3.

　　求曲線 $6xy = x^4 + 3$ 介於 $x=1$ 與 $x=2$ 之間繞 x 軸旋轉所得表面積

【解】

$$\text{表面積} = 2\pi \int_{1}^{2} y\sqrt{1+\left(\frac{dy}{dx}\right)^2}\,dx, \qquad \because \frac{dy}{dx} = \frac{1}{2}x^2 - \frac{1}{2}x^{-2}$$

$$\therefore \text{表面積} = 2\pi \int_{1}^{2} \left(\frac{x^3}{6}+\frac{1}{2x}\right)\sqrt{1+\left(\frac{1}{2}x^2-\frac{1}{2}x^{-2}\right)^2}\,dx$$

$$= 2\pi \int_1^2 \left(\frac{x^3}{6} + \frac{1}{2x}\right)\sqrt{\frac{1}{2} + \frac{1}{4}x^4 + \frac{1}{4}x^{-4}}\, dx = 2\pi \int_1^2 \left(\frac{x^3}{6} + \frac{1}{2x}\right)\left(\frac{1}{2}x^2 + \frac{1}{2}x^{-2}\right) dx$$

$$= 2\pi \int_1^2 \frac{x^5}{12} + \frac{x}{12} + \frac{x}{4} + \frac{1}{4x^3}\, dx = \pi \left(\frac{x^6}{36} + \frac{x^2}{3} - \frac{x^{-2}}{4}\right)\Bigg|_1^2 = \frac{47\pi}{16}$$

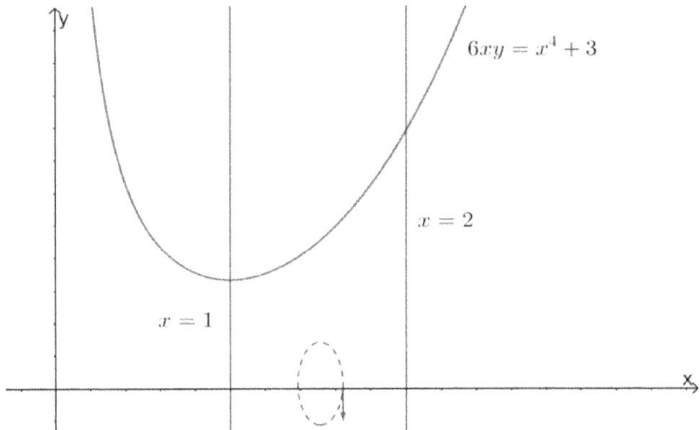

範例 4.

　　求曲線 $y = \dfrac{ax^3}{6} + \dfrac{1}{2ax}\,(a > 0)$ 介於 $x = 1$ 與 $x = 2$ 之間繞 x 軸旋轉所得表面積

【解】

$$表面積 = 2\pi \int_1^2 y\sqrt{1 + \left(\frac{dy}{dx}\right)^2}\, dx, \quad \because \frac{dy}{dx} = \frac{a}{2}x^2 - \frac{1}{2a}x^{-2}$$

$$\therefore 表面積 = 2\pi \int_1^2 \left(\frac{x^3}{6} + \frac{1}{2x}\right)\sqrt{1 + \left(\frac{a}{2}x^2 - \frac{1}{2a}x^{-2}\right)^2}\, dx$$

$$= 2\pi \int_1^2 \left(\frac{x^3}{6} + \frac{1}{2x}\right)\sqrt{\frac{1}{2} + \frac{a^2 x^4}{4} + \frac{1}{4a^2}x^{-4}}\, dx$$

$$= 2\pi \int_1^2 \left(\frac{x^3}{6} + \frac{1}{2x}\right)\sqrt{\left(\frac{ax^2}{2} + \frac{1}{2ax^2}\right)^2}\, dx = 2\pi \int_1^2 \left(\frac{x^3}{6} + \frac{1}{2x}\right)\left(\frac{ax^2}{2} + \frac{1}{2ax^2}\right) dx$$

$$= 2\pi \int_1^2 \frac{ax^5}{12} + \frac{x}{12a} + \frac{ax}{4} + \frac{1}{4ax^3}\, dx = \pi \left(\frac{ax^6}{36} + \frac{(1+3a^2)x^2}{12} - \frac{x^{-2}}{4a} \right)\Big|_1^2$$

$$= \pi \left(\frac{63a}{36} + \frac{3(1+3a^2)}{12} + \frac{3}{16a} \right) = \pi \left(\frac{7a}{4} + \frac{1+3a^2}{4} + \frac{3}{16a} \right)$$

範例 5.

試求曲線 $y = e^x$, $x \in \left[0, \ln\sqrt{3}\right]$ 繞 x 軸旋轉所得表面積

【解】

$$表面積 = 2\pi \int_0^{\ln\sqrt{3}} y \sqrt{1 + \left(\frac{dy}{dx}\right)^2}\, dx = 2\pi \int_0^{\ln\sqrt{3}} e^x \sqrt{1 + e^{2x}}\, dx$$

令 $t = e^x$ 則 $dt = e^x dx$, 藉由變數代換法

$$= 2\pi \int_0^{\ln\sqrt{3}} e^x \sqrt{1 + e^{2x}}\, dx = 2\pi \int_1^{\sqrt{3}} \frac{t\sqrt{1+t^2}}{t}\, dt = 2\pi \int_1^{\sqrt{3}} \sqrt{1+t^2}\, dt$$

令 $t = \tan\theta$ 則 $dt = \sec^2\theta\, d\theta$

$$2\pi \int_1^{\sqrt{3}} \sqrt{1+t^2}\, dt = 2\pi \int_{\frac{\pi}{4}}^{\frac{\pi}{3}} \sqrt{1 + \tan^2\theta}\, \sec^2\theta\, d\theta = 2\pi \int_{\frac{\pi}{4}}^{\frac{\pi}{3}} \sec^3\theta\, d\theta$$

$$= \pi(\sec\theta \tan\theta + \ln(\sec\theta + \tan\theta))\Big|_{\frac{\pi}{4}}^{\frac{\pi}{3}} = \pi \left(2\sqrt{3} - \sqrt{2} + \ln\frac{2+\sqrt{3}}{1+\sqrt{2}} \right)$$

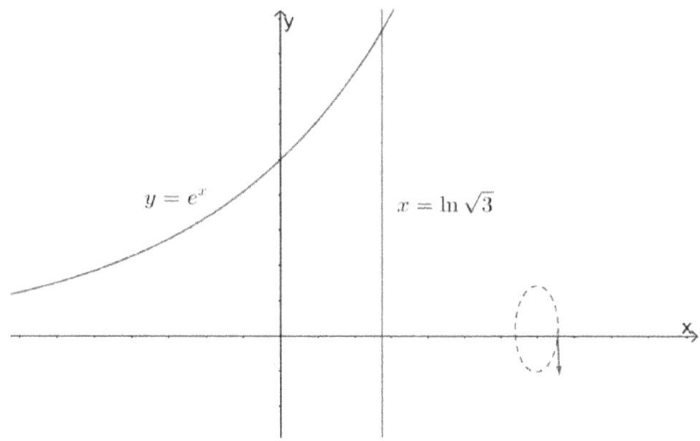

範例 6.

試求曲線 $y = x^2, x \in [1,2]$ 繞 y 軸旋轉所得表面積

【解】

$$\text{表面積} = 2\pi \int_1^2 x \sqrt{1 + \left(\frac{dy}{dx}\right)^2}\, dx = 2\pi \int_1^2 x\sqrt{1 + (2x)^2}\, dx$$

$$= 2\pi \int_1^2 x\sqrt{1 + 4x^2}\, dx = 2\pi \cdot \frac{1}{12} \cdot (1 + 4x^2)^{\frac{3}{2}}\Big|_1^2 = \frac{\pi}{6}\left(17\sqrt{17} - 5\sqrt{5}\right)$$

y

$x = 1$

$y = x^2$

$x = 2$

x

範例 7.

　　求曲線 $y = \ln x$ 介於 $x = 1$ 與 $x = 2$ 之間繞 y 軸旋轉所得表面積

【解】

$$\text{表面積} = 2\pi \int_1^2 x \sqrt{1 + \left(\frac{dy}{dx}\right)^2}\, dx, \quad \because \frac{dy}{dx} = x^{-1}$$

$$\therefore \text{表面積} = 2\pi \int_1^2 x\sqrt{1 + x^{-2}}\, dx = 2\pi \int_1^2 \sqrt{1 + x^2}\, dx$$

令 $x = \tan\theta$ 則 $dx = \sec^2\theta\, d\theta$，藉由變數代換法

$$\therefore \int \sqrt{1 + x^2}\, dx = \int \sqrt{1 + \tan^2\theta}\, \sec^2\theta\, d\theta = \int \sec^3\theta\, d\theta$$

$$= \frac{1}{2}\sec\theta\tan\theta + \frac{1}{2}\ln|\sec\theta + \tan\theta| = \frac{1}{2}x\sqrt{1 + x^2} + \frac{1}{2}\ln\left|\sqrt{1 + x^2} + x\right|$$

$$\therefore \text{表面積} = 2\pi\left(\frac{1}{2}x\sqrt{1 + x^2} + \frac{1}{2}\ln\left|\sqrt{1 + x^2} + x\right|\right)\Big|_1^2 = \pi\left(2\sqrt{5} - \sqrt{2} + \ln\frac{\sqrt{5} + 2}{\sqrt{2} + 1}\right)$$

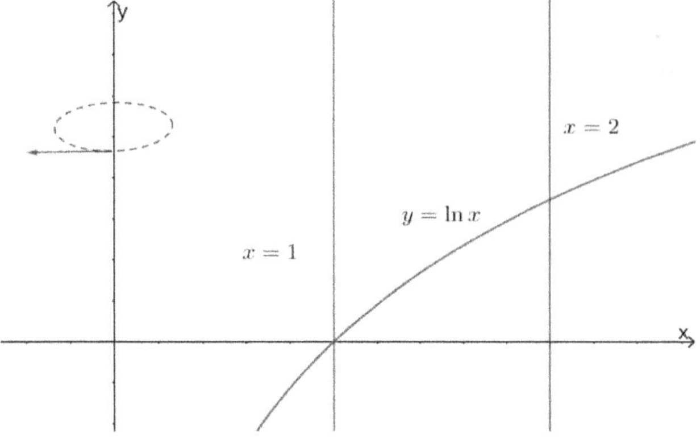

範例 8.

求曲線 $y = \dfrac{1}{4}(x^2 - 2\ln x)$ 介於 $x = 1$ 與 $x = 3$ 之間繞 y 軸旋轉所得表面積

【解】

$$\text{表面積} = 2\pi \int_1^3 x \sqrt{1 + \left(\frac{dy}{dx}\right)^2}\, dx, \quad \because \frac{dy}{dx} = \frac{x}{2} - \frac{1}{2x}$$

$$\therefore \text{表面積} = 2\pi \int_1^3 x \sqrt{1 + \left(\frac{x}{2} - \frac{1}{2x}\right)^2}\, dx = 2\pi \int_1^3 x \sqrt{\frac{1}{2} + \frac{x^2}{4} + \frac{1}{4x^2}}\, dx$$

$$= \pi \int_1^3 x \sqrt{\left(x + \frac{1}{x}\right)^2}\, dx = \pi \int_1^3 x^2 + 1\, dx = \pi \left(\frac{x^3}{3} + x\right)\Big|_1^3 = \frac{32\pi}{3}$$

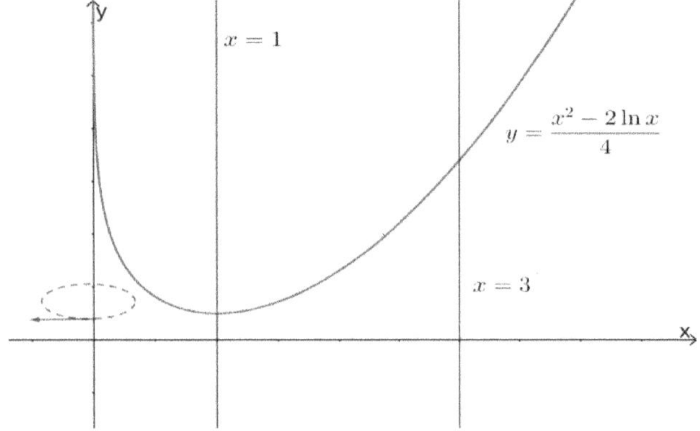

範例 9.

試求曲線 $(x^2 + y^2)^2 = a^2(x^2 - y^2)$, 繞 x 軸旋轉所得表面積

【解】

令 $x = r\cos\theta$, $y = r\sin\theta$ 則 $r^2 = a^2\cos 2\theta$ $\therefore \dfrac{dr}{d\theta} = -\dfrac{a^2\sin 2\theta}{r} = -\dfrac{a^2\sin 2\theta}{\sqrt{a^2\cos 2\theta}}$

$$\therefore \text{表面積} = 2\int_0^{\frac{\pi}{4}} 2\pi r\sin\theta \sqrt{r^2 + \left(\dfrac{dr}{d\theta}\right)^2}\, d\theta$$

$$= 2\int_0^{\frac{\pi}{4}} 2\pi\sqrt{a^2\cos 2\theta}\sin\theta \sqrt{a^2\cos 2\theta + \left(\dfrac{a^2\sin 2\theta}{\sqrt{a^2\cos 2\theta}}\right)^2}\, d\theta$$

$$= 4\pi\int_0^{\frac{\pi}{4}} \sqrt{a^2\cos 2\theta}\sin\theta \dfrac{a^2}{\sqrt{a^2\cos 2\theta}}\, d\theta = 4a^2\pi\int_0^{\frac{\pi}{4}} \sin\theta\, d\theta = 2a^2\pi(2 - \sqrt{2})$$

範例 10.

　　半徑為 a 的球體，若自北極至南極穿一半徑為 b 的小孔，求剩餘部分的表面積

【解】

$$\text{表面積} = 4\pi\int_b^a x\sqrt{1 + \left(\dfrac{dy}{dx}\right)^2}\, dx = 4\pi\int_b^a x\sqrt{1 + \left(\dfrac{-x}{\sqrt{a^2 - x^2}}\right)^2}\, dx$$

$$= 4\pi a\int_b^a \dfrac{x}{\sqrt{a^2 - x^2}}\, dx = -4\pi a(a^2 - x^2)^{\frac{1}{2}}\Big|_b^a = 4\pi a(a^2 - b^2)^{\frac{1}{2}}$$

範例 11.

　　試求曲線 $(x - 2)^2 + y^2 = 1$ 繞 y 軸旋轉所得表面積

【解】

$$\text{表面積} = 2\cdot 2\pi\int_1^3 x\sqrt{1 + \left(\dfrac{dy}{dx}\right)^2}\, dx$$

$\because (x - 2)^2 + y^2 = 1$　$\therefore y = \pm\sqrt{-x^2 + 4x - 3} \Rightarrow \dfrac{dy}{dx} = \pm\dfrac{2 - x}{\sqrt{-x^2 + 4x - 3}}$

$$\therefore \text{表面積} = 4\pi\int_1^3 x\sqrt{1 + \left(\dfrac{2 - x}{\sqrt{-x^2 + 4x - 3}}\right)^2}\, dx = 4\pi\int_1^3 x\sqrt{\dfrac{1}{1 - (x - 2)^2}}\, dx$$

令 $t = x - 2$ 則 $4\pi \int_1^3 x \sqrt{\dfrac{1}{1-(x-2)^2}}\, dx = 4\pi \int_{-1}^1 (t+2)\sqrt{\dfrac{1}{1-t^2}}\, dt$

令 $g(t) = t\sqrt{\dfrac{1}{1-t^2}}$ ， $\because g(t)$ 是奇函數 ， $\therefore \displaystyle\int_{-1}^1 g(t)\, dt = 0$

$\therefore$ 表面積 $= 4\pi \displaystyle\int_{-1}^1 (t+2)\sqrt{\dfrac{1}{1-t^2}}\, dt = 4\pi \int_{-1}^1 2\sqrt{\dfrac{1}{1-t^2}}\, dt = 8\pi\sin^{-1} t\big|_{-1}^1 = 8\pi^2$

範例 12.

　　試求曲線 $x = a\cos t,\ y = a\sin t$ 繞 $x = b\ (0 < a < b)$ 旋轉所得表面積

【解】

$\because x'(t) = -a\sin t,\ y'(t) = a\cos t$

表面積 $= 2\pi \displaystyle\int_0^{2\pi} (b - a\cos t)\sqrt{(-a\sin t)^2 + (a\cos t)^2}\, dt$

$= 2\pi \displaystyle\int_0^{2\pi} (b - a\cos t)a\, dt = 4\pi^2 ab$

範例 13.

　　求曲線 $y = \dfrac{ax^2}{4} - \dfrac{\ln x}{2a}\ (a > 0)$ 介於 $x = 1$ 與 $x = 3$ 之間繞 y 軸旋轉所得表面積

【解】

表面積 $= 2\pi \displaystyle\int_1^3 x\sqrt{1 + \left(\dfrac{dy}{dx}\right)^2}\, dx,\quad \because \dfrac{dy}{dx} = \dfrac{ax}{2} - \dfrac{1}{2ax}$

$\therefore$ 表面積 $= 2\pi \displaystyle\int_1^3 x\sqrt{1 + \left(\dfrac{ax}{2} - \dfrac{1}{2ax}\right)^2}\, dx = 2\pi \int_1^3 x\sqrt{\dfrac{1}{2} + \dfrac{a^2 x^2}{4} + \dfrac{1}{4a^2 x^2}}\, dx$

$= \pi \displaystyle\int_1^3 x\sqrt{\left(ax + \dfrac{1}{ax}\right)^2}\, dx = \pi \int_1^3 ax^2 + \dfrac{1}{a}\, dx = \pi\left(\dfrac{ax^3}{3} + \dfrac{x}{a}\right)\Big|_1^3 = \pi\left(\dfrac{26a}{3} + \dfrac{2}{a}\right)$

範例 14.

求半徑為 a 的球體表面積

【解】

$$表面積 = 2 \cdot 2\pi \int_0^a y \sqrt{1 + \left(\frac{dy}{dx}\right)^2}\, dx$$

$$\because y = \sqrt{a^2 - x^2} \quad \therefore y' = \frac{1}{2}(a^2 - x^2)^{-\frac{1}{2}}(-2x) = -x(a^2 - x^2)^{-\frac{1}{2}}$$

$$\therefore 表面積 = 4\pi \int_0^a y \sqrt{1 + \left(-x(a^2 - x^2)^{-\frac{1}{2}}\right)^2}\, dx = 4\pi \int_0^a \sqrt{a^2 - x^2}\sqrt{1 + \frac{x^2}{a^2 - x^2}}\, dx$$

$$= 4\pi \int_0^a \sqrt{a^2 - x^2 + x^2}\, dx = 4\pi \int_0^a a\, dx = 4\pi a^2$$

範例 15.

求橢圓 $\dfrac{x^2}{a^2} + \dfrac{y^2}{b^2} = 1 \ (a < b)$ 繞 x 軸旋轉所得表面積

【解】

$$\because \frac{x^2}{a^2} + \frac{y^2}{b^2} = 1 \quad \therefore y = b\sqrt{1 - \frac{x^2}{a^2}}$$

$$\Rightarrow y' = -\frac{b}{2}\left(1 - \frac{x^2}{a^2}\right)^{-\frac{1}{2}}\left(-\frac{2x}{a^2}\right) = -\frac{bx}{a\sqrt{a^2 - x^2}}$$

$$\therefore 表面積 = 2 \cdot 2\pi \int_0^a y \sqrt{1 + \left(\frac{dy}{dx}\right)^2}\, dx = 2 \cdot 2\pi \int_0^a b\sqrt{1 - \frac{x^2}{a^2}}\sqrt{1 + \left(-\frac{bx}{a\sqrt{a^2 - x^2}}\right)^2}\, dx$$

$$= 4\pi \int_0^a b\sqrt{1 - \frac{x^2}{a^2}}\sqrt{1 + \frac{b^2 x^2}{a^2(a^2 - x^2)}}\, dx = 4\pi \int_0^a \frac{b}{a}\sqrt{a^2 - x^2}\sqrt{1 + \frac{b^2 x^2}{a^2(a^2 - x^2)}}\, dx$$

$$= \frac{4\pi b}{a} \int_0^a \sqrt{a^2 - x^2 + \frac{b^2 x^2}{a^2}}\, dx = \frac{4\pi b}{a} \int_0^a \sqrt{a^2 + \left(\frac{b^2 - a^2}{a^2}\right)x^2}\, dx$$

$$= 4\pi b \int_0^a \sqrt{1 + \left(\sqrt{\frac{b^2 - a^2}{a^4}}\, x\right)^2}\; dx$$

令 $t = \sqrt{\dfrac{b^2 - a^2}{a^4}}\, x$　則　$\dfrac{1}{\sqrt{\dfrac{b^2 - a^2}{a^4}}}\, dt = dx$　∴ 表面積 $= \dfrac{4\pi b a^2}{\sqrt{b^2 - a^2}} \int_0^{\frac{\sqrt{b^2-a^2}}{a}} \sqrt{1 + t^2}\; dt$

$$\because \int \sqrt{1 + t^2}\; dt = \frac{1}{2} t\sqrt{1 + t^2} + \frac{1}{2} \ln\left|\sqrt{1 + t^2} + t\right|$$

$$\therefore \text{表面積} = \frac{4\pi b a^2}{\sqrt{b^2 - a^2}} \left(\frac{1}{2} t\sqrt{1 + t^2} + \frac{1}{2}\ln\left|\sqrt{1 + t^2} + t\right|\right)\Bigg|_0^{\frac{\sqrt{b^2-a^2}}{a}}$$

$$= 2\pi b\left(b + \frac{a^2}{\sqrt{b^2 - a^2}}\ln\frac{b + \sqrt{b^2 - a^2}}{a}\right)$$

範例 16.

(1) 求 $r = a(1 - \sin\theta)$ 繞 $\theta = \dfrac{\pi}{2}$ 旋轉所得表面積

(2) 求 $r = a(1 - \cos\theta)$ 繞 $\theta = 0$ 旋轉所得表面積

(3) 求 $r^2 = a^2\cos 2\theta$　繞 $\theta = 0$ 旋轉所得表面積

【解】

(1)

$$\text{表面積} = 2\pi \int_{-\frac{\pi}{2}}^{\frac{\pi}{2}} r\cos\theta\, \sqrt{r^2 + (r')^2}\; d\theta$$

$$= 2\pi \int_{-\frac{\pi}{2}}^{\frac{\pi}{2}} a(1 - \sin\theta)\cos\theta\, \sqrt{(a - a\sin\theta)^2 + (a\cos\theta)^2}\; d\theta$$

$$= 2\pi \int_{-\frac{\pi}{2}}^{\frac{\pi}{2}} a^2(1 - \sin\theta)\cos\theta\, \sqrt{(1 - \sin\theta)^2 + (\cos\theta)^2}\; d\theta$$

$$= 2\pi \int_{-\frac{\pi}{2}}^{\frac{\pi}{2}} a^2 (1 - \sin\theta) \cos\theta \sqrt{2 - 2\sin\theta}\, d\theta$$

$$= 2\sqrt{2}\pi a^2 \int_{-\frac{\pi}{2}}^{\frac{\pi}{2}} \cos\theta\, (1 - \sin\theta)^{\frac{3}{2}}\, d\theta = -2\sqrt{2}\pi a^2 \cdot \left.\frac{2(1 - \sin\theta)^{\frac{5}{2}}}{5}\right|_{-\frac{\pi}{2}}^{\frac{\pi}{2}} = \frac{32\pi a^2}{5}$$

(2)

$$表面積 = 2\pi \int_0^{\pi} r \sin\theta \sqrt{r^2 + (r')^2}\, d\theta$$

$$= 2\pi \int_0^{\pi} a(1 - \cos\theta) \sin\theta \sqrt{(a - a\cos\theta)^2 + (a \sin\theta)^2}\, d\theta$$

$$= 2\pi \int_0^{\pi} a^2 (1 - \cos\theta) \sin\theta \sqrt{(1 - \cos\theta)^2 + (\sin\theta)^2}\, d\theta$$

$$= 2\pi \int_0^{\pi} a^2 (1 - \cos\theta) \sin\theta \sqrt{2 - 2\cos\theta}\, d\theta$$

$$= 2\sqrt{2}a^2\pi \int_0^{\pi} (1 - \cos\theta)^{\frac{3}{2}} \sin\theta\, d\theta = 2\sqrt{2}a^2\pi \cdot \left.\frac{2(1 - \cos\theta)^{\frac{5}{2}}}{5}\right|_0^{\pi} = \frac{32a^2\pi}{5}$$

(3)

$$表面積 = 2 \cdot 2\pi \int_0^{\frac{\pi}{4}} r \sin\theta \sqrt{r^2 + (r')^2}\, d\theta$$

$$\because r^2 = a^2 \cos 2\theta \qquad \therefore r = a\sqrt{\cos 2\theta} \Rightarrow r' = \frac{-a\sin 2\theta}{\sqrt{\cos 2\theta}}$$

$$\therefore 表面積 = 2 \cdot 2\pi \int_0^{\frac{\pi}{4}} a\sqrt{\cos 2\theta} \sin\theta \sqrt{a^2 \cos 2\theta + \left(\frac{-a\sin 2\theta}{\sqrt{\cos 2\theta}}\right)^2}\, d\theta$$

$$= 4\pi a^2 \int_0^{\frac{\pi}{4}} \sqrt{\cos 2\theta} \sin\theta \sqrt{\cos 2\theta + \frac{\sin^2 2\theta}{\cos 2\theta}}\, d\theta$$

$$= 4\pi a^2 \int_0^{\frac{\pi}{4}} \sin\theta \sqrt{\cos^2 2\theta + \sin^2 2\theta}\, d\theta = 4\pi a^2 \int_0^{\frac{\pi}{4}} \sin\theta\, d\theta = (4 - 2\sqrt{2})\pi a^2$$

範例 17.

    (1)求 $x = a\cos^3 t, y = a\sin^3 t$　繞 x 軸旋轉所得表面積

    (2)求 $x = a(t - \sin t), y = a(1 - \cos t), 0 \le t \le \pi$ 繞 x 軸旋轉的表面積

【解】

(1)

$$表面積 = 2 \cdot 2\pi \int_0^{\frac{\pi}{2}} y(t)\sqrt{x'(t)^2 + y'(t)^2}\, dt$$

$$\because x'(t) = -3a\cos^2 t \sin t, \quad y'(t) = 3a\sin^2 t \cos t$$

$$\therefore 表面積 = 4\pi \int_0^{\frac{\pi}{2}} a\sin^3 t \sqrt{(-3\,a\cos^2 t \sin t)^2 + (3a\sin^2 t \cos t)^2}\, dt$$

$$= 4\pi \int_0^{\frac{\pi}{2}} 3a^2 \sin^3 t \sqrt{(\cos^2 t \sin t)^2 + (\sin^2 t \cos t)^2}\, dt$$

$$= 12\pi a^2 \int_0^{\frac{\pi}{2}} \sin^4 t \cos t \sqrt{\cos^2 t + \sin^2 t}\, dt$$

$$= 12\pi a^2 \int_0^{\frac{\pi}{2}} \sin^4 t \cos t\, dt = 12\pi a^2 \left(\frac{\sin^5 t}{5}\right)\Bigg|_0^{\frac{\pi}{2}} = \frac{12\pi a^2}{5}$$

(2)

$$表面積 = 2\pi \int_0^{\pi} y(t)\sqrt{x'(t)^2 + y'(t)^2}\, dt$$

$$\because x'(t) = a - a\cos t, \quad y'(t) = a\sin t$$

$$\therefore 表面積 = 2\pi \int_0^{\pi} a(1 - \cos t)\sqrt{(a - a\cos t)^2 + (a\sin t)^2}\, dt$$

$$= 2\pi a^2 \int_0^{\pi} (1 - \cos t)\sqrt{(1 - \cos t)^2 + (\sin t)^2}\, dt$$

$$= 2\pi a^2 \int_0^{\pi} (1 - \cos t)\sqrt{2 - 2\cos t}\, dt = 2\sqrt{2}\pi a^2 \int_0^{\pi} (1 - \cos t)^{\frac{3}{2}}\, dt$$

$$= 2\sqrt{2}\pi a^2 \int_0^{\pi} 2\sqrt{2}\left(\sin^2 \frac{t}{2}\right)^{\frac{3}{2}}\, dt = 8\pi a^2 \int_0^{\pi} \sin^3 \frac{t}{2}\, dt = 8\pi a^2 \int_0^{\pi} \left(1 - \cos^2 \frac{t}{2}\right)\sin\frac{t}{2}\, dt$$

$$令 u = \cos\frac{t}{2} \ 則 \ -2\,du = \sin\frac{t}{2}\, dt$$

$$\therefore \text{表面積} = -16\pi a^2 \int_1^0 (1-u^2)\,du = 16\pi a^2 \int_0^1 (1-u^2)\,du = 16\pi a^2\left(u - \frac{u^3}{3}\right)\Big|_0^1 = \frac{32\pi a^2}{3}$$

範例 18.

　　求圓 $x^2 + y^2 = 9$ 繞 $x = 4$ 旋轉所得表面積

【解】

$$\text{表面積} = 2 \cdot 2\pi \int_{-3}^3 |x-4| \sqrt{1 + \left(\frac{dy}{dx}\right)^2}\,dx$$

$$\because x^2 + y^2 = 9 \qquad \therefore y = \sqrt{9-x^2} \Rightarrow \frac{dy}{dx} = (-x)(9-x^2)^{-\frac{1}{2}}$$

$$\therefore \text{表面積} = 4\pi \int_{-3}^3 (4-x)\sqrt{1 + \left((-x)(9-x^2)^{-\frac{1}{2}}\right)^2}\,dx$$

$$= 4\pi \int_{-3}^3 (4-x)\sqrt{1 + \frac{x^2}{9-x^2}}\,dx = 4\pi \int_{-3}^3 (4-x)\sqrt{\frac{9}{9-x^2}}\,dx = 12\pi \int_{-3}^3 (4-x)\sqrt{\frac{1}{9-x^2}}\,dx$$

$$\text{令 } g(x) = x\sqrt{\frac{1}{9-x^2}} \qquad \because g(x)\text{是奇函數} \qquad \therefore \int_{-3}^3 g(x)\,dx = 0$$

$$\therefore \text{表面積} = 48\pi \int_{-3}^3 \sqrt{\frac{1}{9-x^2}}\,dx = 16\pi \int_{-3}^3 \sqrt{\frac{1}{1-\left(\frac{x}{3}\right)^2}}\,dx = 48\pi \int_{-1}^1 \sqrt{\frac{1}{1-t^2}}\,dt$$

$$= 48\pi \cdot \sin^{-1} t\,\big|_{-1}^1 = 48\pi^2$$

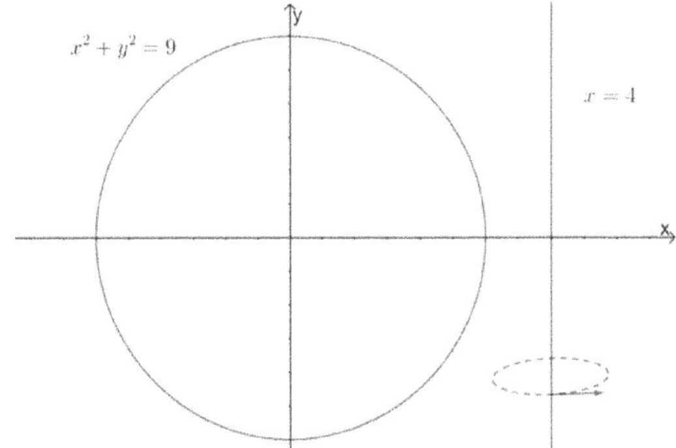

範例 19.

　　求圓 $x^2 + y^2 = r^2$ 繞 $x = r + 1$ 旋轉所得表面積

【解】

$$\text{表面積} = 2 \cdot 2\pi \int_{-r}^{r} |x - (r+1)| \sqrt{1 + \left(\frac{dy}{dx}\right)^2}\, dx$$

$$\because x^2 + y^2 = r^2 \quad \therefore y = \sqrt{r^2 - x^2} \Rightarrow \frac{dy}{dx} = (-x)(r^2 - x^2)^{-\frac{1}{2}}$$

$$\therefore \text{表面積} = 4\pi \int_{-r}^{r} (r+1-x) \sqrt{1 + \left((-x)(r^2-x^2)^{-\frac{1}{2}}\right)^2}\, dx$$

$$= 4\pi \int_{-r}^{r} (r+1-x) \sqrt{1 + \frac{x^2}{r^2 - x^2}}\, dx = 4\pi \int_{-r}^{r} (r+1-x) \sqrt{\frac{r^2}{r^2 - x^2}}\, dx$$

$$= 4r\pi \int_{-r}^{r} (r+1-x) \sqrt{\frac{1}{r^2 - x^2}}\, dx$$

$$\text{令} g(x) = x \sqrt{\frac{1}{r^2 - x^2}} \quad \because g(x) \text{是奇函數} \quad \therefore \int_{-r}^{r} g(x)\, dx = 0$$

$$\therefore \text{表面積} = 4r(r+1)\pi \int_{-r}^{r} \sqrt{\frac{1}{r^2 - x^2}}\, dx = 4(r+1)\pi \int_{-r}^{r} \sqrt{\frac{1}{1 - \left(\frac{x}{r}\right)^2}}\, dx$$

$$= 4r(r+1)\pi \int_{-1}^{1} \sqrt{\frac{1}{1 - t^2}}\, dt = 4r(r+1)\pi \cdot \sin^{-1} t \big|_{-1}^{1} = 4r(r+1)\pi^2$$

範例 20.

　　試求曲線 $y = \dfrac{2x^{\frac{3}{2}}}{3}, x \in [0,3]$ 繞 y 軸旋轉所得表面積

【解】

$$\text{表面積} = 2\pi \int_0^3 x \sqrt{1 + \left(\frac{dy}{dx}\right)^2}\, dx = 2\pi \int_0^3 x \sqrt{1 + \left(x^{\frac{1}{2}}\right)^2}\, dx = 2\pi \int_0^3 x\sqrt{1 + x}\, dx$$

$$\text{令 } 1 + x = t \text{ 則 } 2\pi \int_0^3 x\sqrt{1 + x}\, dx = 2\pi \int_1^4 (t - 1)\sqrt{t}\, dt = 2\pi \left(\frac{2}{5}t^{\frac{5}{2}} - \frac{2}{3}t^{\frac{3}{2}}\right)\Big|_1^4 = \frac{232\pi}{15}$$

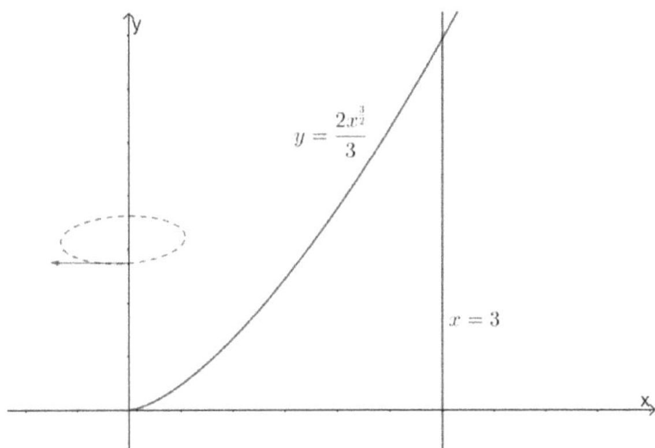

範例 21.

$$\text{試求曲線 } y = \int_e^x \sqrt{\ln^2 t - 1}\, dt, \quad x \in [e, e^2] \text{ 繞 } y \text{ 軸旋轉所得表面積}$$

【解】

$$\text{表面積} = 2\pi \int_e^{e^2} x \sqrt{1 + \left(\frac{dy}{dx}\right)^2}\, dx = 2\pi \int_e^{e^2} x \sqrt{1 + \left(\sqrt{\ln^2 x - 1}\right)^2}\, dx = 2\pi \int_e^{e^2} x \ln x\, dx$$

$$\text{令 } u = \ln x, \; dv = xdx \text{ 則 } du = \frac{dx}{x}, \; v = \frac{x^2}{2}, \; \text{藉由分部積分法}$$

$$\text{則} \int x\ln x\, dx = \frac{x^2}{2}(\ln x) - \int \frac{x}{2}\, dx = \frac{x^2}{2}(\ln x) - \frac{x^2}{4} + c$$

$$\text{令} a, b > 0 \text{ 則 } \int_a^b x\ln x\, dx = \frac{b^2}{2}(\ln b) - \frac{b^2}{4} - \left(\frac{a^2}{2}(\ln a) - \frac{a^2}{4}\right)$$

$$\therefore \text{表面積} = 2\pi \int_e^{e^2} x \ln x\, dx = 2\pi \left(\frac{e^4}{2}(\ln e^2) - \frac{e^4}{4} - \left(\frac{e^2}{2}(\ln e) - \frac{e^2}{4}\right)\right)$$

$$= 2\pi \left(e^4 - \frac{e^4}{4} - \left(\frac{e^2}{2} - \frac{e^2}{4}\right)\right) = 2\pi \left(\frac{3e^4}{4} - \frac{e^2}{4}\right)$$

範例 22.

$$試求曲線 y = \int_0^x \sqrt{e^{2t}-1}\,dt, \quad x \in [0,1] 繞 y 軸旋轉所得表面積$$

【解】

$$表面積 = 2\pi \int_0^1 x\sqrt{1+\left(\frac{dy}{dx}\right)^2}\,dx = 2\pi \int_0^1 x\sqrt{1+\left(\sqrt{e^{2x}-1}\right)^2}\,dx = 2\pi \int_0^1 xe^x\,dx$$

$$令 u = x, \; dv = e^x dx \; 則 \; du = dx, \; v = e^x, \; 藉由分部積分法$$

$$則 \int xe^x dx = xe^x - \int e^x dx = xe^x - e^x + c$$

$$令 a, b \in R 則 \int_a^b xe^x dx = be^b - e^b - (ae^a - e^a)$$

$$\therefore 表面積 = 2\pi \int_0^1 xe^x\,dx = 2\pi(e - e + 1) = 2\pi$$

範例 23.

$$試求曲線 y = \int_0^x \sqrt{2^{2t}-1}\,dt, \quad x \in [0,1] 繞 y 軸旋轉所得表面積$$

【解】

$$表面積 = 2\pi \int_0^1 x\sqrt{1+\left(\frac{dy}{dx}\right)^2}\,dx = 2\pi \int_0^1 x\sqrt{1+\left(\sqrt{2^{2x}-1}\right)^2}\,dx = 2\pi \int_0^1 x2^x\,dx$$

$$令 u = x, \; dv = 2^x dx \; 則 \; du = dx, \; v = 2^x \cdot \frac{1}{\ln 2}$$

$$藉由分部積分法則 \int x2^x dx = \frac{x2^x}{\ln 2} - \int \frac{2^x dx}{\ln 2} = \frac{x2^x}{\ln 2} - \frac{2^x}{(\ln 2)^2} + c$$

$$令 a, b \in R 則 \int_a^b x2^x dx = \frac{b2^b}{\ln 2} - \frac{2^b}{(\ln 2)^2} - \left(\frac{a2^a}{\ln 2} - \frac{2^a}{(\ln 2)^2}\right)$$

$$表面積 = 2\pi \int_0^1 x2^x\,dx = 2\pi\left(\frac{2}{\ln 2} - \frac{2}{(\ln 2)^2} + \frac{1}{(\ln 2)^2}\right) = 2\pi\left(\frac{2}{\ln 2} - \frac{1}{(\ln 2)^2}\right)$$

範例 24.

試求曲線 $y = \int_e^x \sqrt{t^4 \ln^4 t - 1}\, dt$，$x \in [e, e^2]$ 繞 y 軸旋轉所得表面積

【解】

$$\text{表面積} = 2\pi \int_e^{e^2} x \sqrt{1 + \left(\frac{dy}{dx}\right)^2}\, dx = 2\pi \int_e^{e^2} x \sqrt{1 + \left(\sqrt{x^4 \ln^4 x - 1}\right)^2}\, dx$$

$$= 2\pi \int_e^{e^2} x^3 \ln^2 x\, dx$$

令 $u = \ln^2 x$，$dv = x^3 dx$ 則 $du = \dfrac{2}{x} \ln x\, dx$，$v = \dfrac{x^4}{4}$，藉由分部積分法

則 $\displaystyle\int x^3 \ln^2 x\, dx = \dfrac{x^4}{4} \ln^2 x - \dfrac{1}{2} \int x^3 \ln x\, dx$

令 $s = \ln x$，$dt = x^3 dx$ 則 $ds = \dfrac{1}{x} dx$，$t = \dfrac{x^4}{4}$，藉由分部積分法

則 $\displaystyle\int x^3 \ln x\, dx = \dfrac{x^4 \ln x}{4} - \dfrac{1}{4} \int x^3 dx = \dfrac{x^4 \ln x}{4} - \dfrac{x^4}{16}$

$\therefore \displaystyle\int x^3 \ln^2 x\, dx = \dfrac{x^4}{4} \ln^2 x - \dfrac{1}{2} \int x^3 \ln x\, dx = \dfrac{x^4}{4} \ln^2 x - \dfrac{1}{2}\left(\dfrac{x^4 \ln x}{4} - \dfrac{x^4}{16}\right) + c$

令 $a, b > 0$ 則 $\displaystyle\int_a^b x^3 \ln^2 x\, dx$

$$= \dfrac{b^4}{4} \ln^2 b - \dfrac{1}{2}\left(\dfrac{b^4 \ln b}{4} - \dfrac{b^4}{16}\right) - \left(\dfrac{a^4}{4} \ln^2 a - \dfrac{1}{2}\left(\dfrac{a^4 \ln a}{4} - \dfrac{a^4}{16}\right)\right)$$

$$\text{表面積} = 2\pi \int_e^{e^2} x^3 \ln^2 x\, dx$$

$$= 2\pi \left(\dfrac{e^8}{4} \ln^2 e^2 - \dfrac{1}{2}\left(\dfrac{e^8 \ln e^2}{4} - \dfrac{e^8}{16}\right) - \left(\dfrac{e^4}{4} \ln^2 e - \dfrac{1}{2}\left(\dfrac{e^4 \ln e}{4} - \dfrac{e^4}{16}\right)\right)\right)$$

$$= 2\pi \left(e^8 - \dfrac{1}{2}\left(\dfrac{e^8}{2} - \dfrac{e^8}{16}\right) - \left(\dfrac{e^4}{4} - \dfrac{1}{2}\left(\dfrac{e^4}{4} - \dfrac{e^4}{16}\right)\right)\right) = \dfrac{(25e^8 - 5e^4)\pi}{16}$$

範例 25.

試求曲線 $y = \int_e^x \sqrt{\ln^4 t - 1}\, dt$，$x \in [e, e^2]$ 繞 y 軸旋轉所得表面積

【解】

$$表面積 = 2\pi \int_e^{e^2} x\sqrt{1 + \left(\frac{dy}{dx}\right)^2}\, dx = 2\pi \int_e^{e^2} x\sqrt{1 + \left(\sqrt{\ln^4 x - 1}\right)^2}\, dx = 2\pi \int_e^{e^2} x\ln^2 x\, dx$$

令 $u = \ln^2 x$，$dv = x\,dx$ 則 $du = \dfrac{2}{x}\ln x\, dx$，$v = \dfrac{x^2}{2}$，藉由分部積分法

則 $\displaystyle\int x\ln^2 x\, dx = \frac{x^2}{2}\ln^2 x - \int x\ln x\, dx$

令 $s = \ln x$，$dt = x\,dx$ 則 $ds = \dfrac{1}{x}dx$，$t = \dfrac{x^2}{2}$，藉由分部積分法

則 $\displaystyle\int x\ln x\, dx = \frac{x^2}{2}\ln x - \frac{1}{2}\int x\, dx = \frac{x^2}{2}\ln x - \frac{x^2}{4}$

$\therefore \displaystyle\int x\ln^2 x\, dx = \frac{x^2}{2}\ln^2 x - \int x\ln x\, dx = \frac{x^2}{2}\ln^2 x - \left(\frac{x^2}{2}\ln x - \frac{x^2}{4}\right) + c$

令 $a, b > 0$

則 $\displaystyle\int_a^b x\ln^2 x\, dx = \frac{b^2}{2}\ln^2 b - \left(\frac{b^2}{2}\ln b - \frac{b^2}{4}\right) - \left(\frac{a^2}{2}\ln^2 a - \left(\frac{a^2}{2}\ln a - \frac{a^2}{4}\right)\right)$

$$表面積 = 2\pi \int_e^{e^2} x\ln^2 x\, dx$$

$$= 2\pi\left(\frac{e^4}{2}\ln^2 e^2 - \left(\frac{e^4}{2}\ln e^2 - \frac{e^4}{4}\right) - \left(\frac{e^2}{2}\ln^2 e - \left(\frac{e^2}{2}\ln e - \frac{e^2}{4}\right)\right)\right)$$

$$= 2\pi\left(2e^4 - \left(e^4 - \frac{e^4}{4}\right) - \left(\frac{e^2}{2} - \left(\frac{e^2}{2} - \frac{e^2}{4}\right)\right)\right) = 2\pi\left(\frac{5e^4}{4} - \frac{e^2}{4}\right)$$

範例 26.

試求曲線 $y = \int_e^x \sqrt{\ln^6 t - 1}\, dt$，$x \in [e, e^2]$ 繞 y 軸旋轉所得表面積

【解】

$$\text{表面積} = 2\pi \int_e^{e^2} x \sqrt{1 + \left(\frac{dy}{dx}\right)^2}\, dx = 2\pi \int_e^{e^2} x \sqrt{1 + \left(\sqrt{\ln^6 x - 1}\right)^2}\, dx$$

$$= 2\pi \int_e^{e^2} x \ln^3 x\, dx$$

令 $u = \ln x$ 則 $du = \dfrac{dx}{x} \Rightarrow dx = e^u du$　$\therefore \displaystyle\int x(\ln x)^3 dx = \int u^3 e^{2u} du$

藉由分部積分法

$$\text{則} \int u^3 e^{2u} du = \frac{u^3 e^{2u}}{2} - \frac{3}{2} \int u^2 e^{2u} du = \frac{u^3 e^{2u}}{2} - \frac{3}{2}\left(\frac{u^2 e^{2u}}{2} - \int u e^{2u} du\right)$$

$$= \frac{u^3 e^{2u}}{2} - \frac{3u^2 e^{2u}}{4} + \frac{3}{2}\left(\frac{u e^{2u}}{2} - \frac{e^{2u}}{4}\right) + c$$

$$= \frac{x^2(\ln x)^3}{2} - \frac{3x^2(\ln x)^2}{4} + \frac{3}{2}\left(\frac{x^2 \ln x}{2} - \frac{x^2}{4}\right) + c$$

令 $a, b > 0$ 則 $\displaystyle\int_a^b x(\ln x)^3 dx$

$$= \frac{b^2(\ln b)^3}{2} - \frac{3b^2(\ln b)^2}{4} + \frac{3}{2}\left(\frac{b^2 \ln b}{2} - \frac{b^2}{4}\right) - \left(\frac{a^2(\ln a)^3}{2} - \frac{3a^2(\ln a)^2}{4} + \frac{3}{2}\left(\frac{a^2 \ln a}{2} - \frac{a^2}{4}\right)\right)$$

$$\text{表面積} = 2\pi \int_e^{e^2} x \ln^3 x\, dx$$

$$= 2\pi \left(\frac{e^4(\ln e^2)^3}{2} - \frac{3e^4(\ln e^2)^2}{4} + \frac{3}{2}\left(\frac{e^4 \ln e^2}{2} - \frac{e^4}{4}\right)\right.$$

$$\left. - \left(\frac{e^2(\ln e)^3}{2} - \frac{3e^2(\ln e)^2}{4} + \frac{3}{2}\left(\frac{e^2 \ln e}{2} - \frac{e^2}{4}\right)\right)\right)$$

$$= 2\pi \left(4e^4 - 3e^4 + \frac{3}{2}\left(e^4 - \frac{e^4}{4}\right) - \left(\frac{e^2}{2} - \frac{3e^2}{4} + \frac{3}{2}\left(\frac{e^2}{2} - \frac{e^2}{4}\right)\right)\right) = 2\pi \left(\frac{17e^4}{8} - \frac{e^2}{8}\right)$$

範例 27.

試求曲線 $y = \int_{\sqrt{\frac{\pi}{4}}}^{x} \sqrt{\sec^2 t^2 \tan^2 t^2 - 1}\, dt$, $x \in \left[\sqrt{\frac{\pi}{4}}, \sqrt{\frac{\pi}{3}}\right]$ 繞 y 軸旋轉所得表面積

【解】

$$\text{表面積} = 2\pi \int_{\sqrt{\frac{\pi}{4}}}^{\sqrt{\frac{\pi}{3}}} x \sqrt{1 + \left(\frac{dy}{dx}\right)^2}\, dx = 2\pi \int_{\sqrt{\frac{\pi}{4}}}^{\sqrt{\frac{\pi}{3}}} x \sqrt{1 + \left(\sqrt{\sec^2 x^2 \tan^2 x^2 - 1}\right)^2}\, dx$$

$$= 2\pi \int_{\sqrt{\frac{\pi}{4}}}^{\sqrt{\frac{\pi}{3}}} x \tan x^2 \sec x^2\, dx = \pi \sec x^2 \Big|_{\sqrt{\frac{\pi}{4}}}^{\sqrt{\frac{\pi}{3}}} = \pi(2 - \sqrt{2})$$

範例 28.

試求曲線 $y = \int_{0}^{x} \sqrt{\sec^4 t^2 - 1}\, dt$, $x \in \left[0, \sqrt{\frac{\pi}{4}}\right]$ 繞 y 軸旋轉所得表面積

【解】

$$\text{表面積} = 2\pi \int_{0}^{\sqrt{\frac{\pi}{4}}} x \sqrt{1 + \left(\frac{dy}{dx}\right)^2}\, dx = 2\pi \int_{0}^{\sqrt{\frac{\pi}{4}}} x \sqrt{1 + \left(\sqrt{\sec^4 x^2 - 1}\right)^2}\, dx$$

$$= 2\pi \int_{0}^{\sqrt{\frac{\pi}{4}}} x \sec^2 x^2\, dx = \pi \tan x^2 \Big|_{0}^{\sqrt{\frac{\pi}{4}}} = \pi$$

範例 29.

試求曲線 $y = \int_{\frac{\pi}{4}}^{x} \sqrt{\tan^4 t^2 - 1}\, dt$, $x \in \left[\sqrt{\frac{\pi}{4}}, \sqrt{\frac{\pi}{3}}\right]$ 繞 y 軸旋轉所得表面積

【解】

$$\text{表面積} = 2\pi \int_{\sqrt{\frac{\pi}{4}}}^{\sqrt{\frac{\pi}{3}}} x \sqrt{1 + \left(\frac{dy}{dx}\right)^2}\, dx = 2\pi \int_{\sqrt{\frac{\pi}{4}}}^{\sqrt{\frac{\pi}{3}}} x \sqrt{1 + \left(\sqrt{\tan^4 x^2 - 1}\right)^2}\, dx$$

$$= 2\pi \int_{\sqrt{\frac{\pi}{4}}}^{\sqrt{\frac{\pi}{3}}} x \sqrt{1 + \left(\sqrt{\tan^4 x^2 - 1}\right)^2}\, dx = 2\pi \int_{\sqrt{\frac{\pi}{4}}}^{\sqrt{\frac{\pi}{3}}} x \tan^2 x^2\, dx = 2\pi \int_{\sqrt{\frac{\pi}{4}}}^{\sqrt{\frac{\pi}{3}}} x(\sec^2 x^2 - 1)\, dx$$

$$= 2\pi \left(\frac{\tan x^2}{2} - \frac{x^2}{2} \right) \Bigg|_{\sqrt{\frac{\pi}{4}}}^{\sqrt{\frac{\pi}{3}}} = 2\pi \left(\frac{\sqrt{3}}{2} - \frac{\pi}{6} - \frac{1}{2} + \frac{\pi}{8} \right) = \pi \left(\sqrt{3} - 1 - \frac{\pi}{12} \right)$$

範例 30.

試求曲線 $y = \int_0^x \sqrt{\cot^4 t^2 - 1}\, dt$, $x \in \left[\sqrt{\frac{\pi}{6}}, \sqrt{\frac{\pi}{4}} \right]$ 繞 y 軸旋轉所得表面積

【解】

$$\text{表面積} = 2\pi \int_{\sqrt{\frac{\pi}{6}}}^{\sqrt{\frac{\pi}{4}}} x \sqrt{1 + \left(\frac{dy}{dx} \right)^2}\, dx = 2\pi \int_{\sqrt{\frac{\pi}{6}}}^{\sqrt{\frac{\pi}{4}}} x \sqrt{1 + \left(\sqrt{\cot^4 x^2 - 1} \right)^2}\, dx$$

$$= 2\pi \int_{\sqrt{\frac{\pi}{6}}}^{\sqrt{\frac{\pi}{4}}} x \cot^2 x^2\, dx = 2\pi \int_{\sqrt{\frac{\pi}{6}}}^{\sqrt{\frac{\pi}{4}}} x (\csc^2 x^2 - 1)\, dx = -2\pi \left(\frac{\cot x^2}{2} + \frac{x^2}{2} \right) \Bigg|_{\sqrt{\frac{\pi}{6}}}^{\sqrt{\frac{\pi}{4}}}$$

$$= -2\pi \left(\frac{1}{2} + \frac{\pi}{8} - \frac{\sqrt{3}}{2} - \frac{\pi}{12} \right) = \pi \left(\sqrt{3} - 1 - \frac{\pi}{12} \right)$$

範例 31.

試求曲線 $y = 2\sqrt{x}$, $x \in [1,2]$ 繞 x 軸旋轉所得表面積

【解】

$$\text{表面積} = 2\pi \int_1^2 y \sqrt{1 + (\frac{dy}{dx})^2}\, dx, \quad \because \frac{dy}{dx} = x^{-\frac{1}{2}}$$

$$\therefore \text{表面積} = 2\pi \int_1^2 2\sqrt{x} \sqrt{1 + \left(x^{-\frac{1}{2}} \right)^2}\, dx = 4\pi \int_1^2 \sqrt{x} \sqrt{1 + x^{-1}}\, dx$$

$$= 4\pi \int_1^2 \sqrt{x + 1}\, dx = \frac{8\pi}{3} (x+1)^{\frac{3}{2}} \Bigg|_1^2 = \frac{8\pi}{3} \left(3\sqrt{3} - 2\sqrt{3} \right)$$

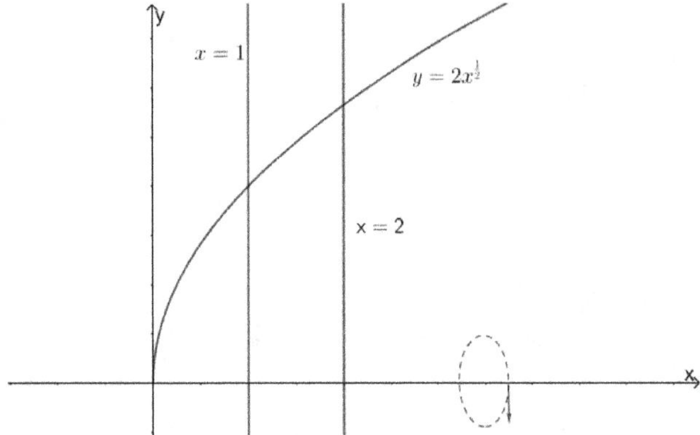

第六章　　數列與級數

　　求數列的極限值與無窮級數和, 兩者皆用到了極限的概念, 判斷正項級數是否收斂或判斷交錯級數是否為絕對收斂, 所使用的積分檢驗法(Integral Test)、比較法(Comparison Test)與極限比較法(Limit Comparison Test)相當於將問題轉為判斷瑕積分是否收斂的問題, 此外, 泰勒級數能用來幫助求函數的極限、求高階導數的值、求無窮級數的和、求瑕積分的值或判斷瑕積分的收斂與發散

　　底下先說明數列收斂的定義與Cauchy數列的定義, 並且證明在歐基里德空間之下, 這兩者的收斂性為等價; 為了證明單調數列的收斂定理, 須先介紹有界數列的定義, 單調數列的收斂定理(Monotone Convergence Theorem)相當重要, 因為之後用來判斷級數收斂或發散的積分檢驗法(Integral Test)、比較法(Comparison Test)、極限比較法(Limit Comparison Test)、比值法(Ratio Test)、根值法(Root Test), 在證明的過程當中皆使用了單調數列的收斂定理(Monotone Convergence Theorem), 如果無法掌握單調收斂定理的證明, 也須明白此定理為判斷級數收斂發散打下最重要的基礎

　　接著討論如何求無窮數列與無窮級數的收斂值, 在求無窮數列收斂值的時候, 最常使用的也是單調數列的收斂定理(Monotone Convergence Theorem), 此外, 計算無窮級數收斂值的時候, 常運用加一項減一項的手法, 加減後只剩下首項與末項, 最後再對末項取極限值的概念; 如之前談到, 積分檢驗法(Integral Test)、比較法(Comparison Test)、極限比較法(Limit Comparison Test)、比值法(Ratio Test)與根值法(Root Test)通常用來判斷正項級數是否收斂以及判斷交錯級數是否為絕對收斂, 更重要的是, 這些檢驗法的使用時機不盡相同, 當正項級數裡的a_n形式較為乾淨並且滿足$f(n) = a_n$的函數$f(x)$能夠較簡易判斷它的瑕積分$\int_1^\infty f(x)\, dx$收斂或發散時, 則嘗試使用積分檢驗法; 當正項級數裡的a_n形式較為複雜且能夠輕易找到b_n使得$a_n \le b_n$或$b_n \le a_n$時, 則嘗試用比較法; 當a_n出現階乘或次方項時, 嘗試使用比值法或根值法; 判斷交錯級數是否絕對收斂等同於判斷正項級數是否收斂的問題, 如果不是絕對收斂時, 則利用 Leibnitz Test 判斷交錯級數是否為條件收斂

　　冪級數是函數數列的總和, 其在某點取值後收斂發散的問題等同於討論無窮級數收斂發散的問題; 除了需明白冪級數與其收斂發散的定義, 以及何謂冪級數的收斂半徑與收斂區間之外, 也需理解當任意給定一個冪級數, 此冪級數何時能用一個連續函數來表示; 泰

勒級數(或泰勒展開式)相當於反了過來，即任意一個連續函數滿足哪些條件時，可以用冪級數來表示，此外，求泰勒級數的方法包含：　使用無窮等比級數求泰勒級數，當函數為分式型態且分母可作因式分解，則先化為分式和再求泰勒級數，當函數為分式型態且分母無法因式分解使用則長除法求泰勒級數，當原函數的微分式較容易求得泰勒級數時，則先求微分後的泰勒級數式，再積分回來其便為原函數的泰勒展開式，當函數有分數的次方項求泰勒展開式時，則嘗試用二項式展開式

　　最後介紹泰勒級數的應用，除了熟悉各種泰勒級數的考試類型之外，也應了解泰勒級數如何能用來幫助求函數的極限、求高階導數的值、求無窮級數的和以及求瑕積分的值或判斷瑕積分的收斂與發散；更重要的是，讀者需很清楚何時是使用泰勒級數幫助求解的時機；使用泰勒級數求函數的極限時，有可能會搭配羅比達法則或 Leibnitz 微分公式一併使用，相較於第二章使用數學歸納法求高階導數值，使用泰勒級數有時較為簡易方便，求無窮級數和時，如果無法拆成加一項減一項時，也可嘗試使用泰勒級數求解；使用泰勒級數求瑕積分時，相當於藉由泰勒級數將瑕積分收斂或發散的問題轉成無窮級數和收斂發散的問題

6.1 數列

此節介紹數列收斂的定義與單調數列的收斂定理，其中單調數列的收斂定理相當重要，如之前談到，此章的積分檢驗法(Integral Test)、Comparison Test、Limit Comparison Test、比值法(Ratio Test)、根植法(Root Test)，在證明的過程當中皆使用了單調數列的收斂定理

【定義】數列收斂的定義

$$\lim_{n \to \infty} a_n = a \iff \forall \varepsilon > 0, \ \exists M \in N \text{ such that } n \geq M \Rightarrow |a_n - a| < \varepsilon$$

【定義】Cauchy 數列的定義

$$\{a_n\}_{n=1}^{\infty} \text{ 為 Cauchy 數列} \iff \forall \varepsilon > 0, \exists M \in N \text{ s.t. } n, m \geq M \Rightarrow |a_n - a_m| < \varepsilon$$

【定理】收斂數列與Cauchy數列的關聯

假設 $a_n \in R, \forall n \in N$ 則 $\{a_n\}_{n=1}^{\infty}$ 為 Cauchy 數列 $\iff \{a_n : n \in N\}$ 收斂
<u>Proof:</u>

(i) Claim: $\{a_n : n \in N\}$ 收斂 $\Rightarrow \{a_n\}_{n=1}^{\infty}$ 為 Cauchy 數列

Let $\{a_n : n \in N\}$ 收斂 and $\lim\limits_{n \to \infty} a_n = a$

Let $\varepsilon > 0,$ choose $\exists\, M \in N$ such that $n \geq M \Rightarrow |a_n - a| < \dfrac{\varepsilon}{2}$

Then $n, m \geq M \Rightarrow |a_n - a_m| \leq |a_n - a| + |a_m - a| < \dfrac{\varepsilon}{2} + \dfrac{\varepsilon}{2} = \varepsilon$

(ii) Claim: $\{a_n\}_{n=1}^{\infty}$ 為 Cauchy 數列 $\Rightarrow \{a_n : n \in N\}$ 收斂

Let $\{a_n\}_{n=1}^{\infty}$ 為 Cauchy 數列 and $\varepsilon = 1$

Choose $\exists\, M \in N$ such that $n \geq M \Rightarrow |a_n - a_M| < 1 \Rightarrow \{a_n\}_{n=1}^{\infty}$ is bounded

$\because \{a_n\}_{n=1}^{\infty}$ is bounded $\Rightarrow \exists$ subsequence $\left\{a_{n_k}\right\}_{k=1}^{\infty}$ of $\{a_n\}_{n=1}^{\infty}$ s.t. $\lim\limits_{k \to \infty} a_{n_k} = a$

Claim: $\lim\limits_{n \to \infty} a_n = a$

Let $\varepsilon > 0,$ choose $\exists\, M_1 \in N$ such that $k, n \geq M_1 \Rightarrow \left|a_n - a_{n_k}\right| < \dfrac{\varepsilon}{2}$

Choose $\exists\, M_2 \in N$ such that $k \geq M_2 \Rightarrow \left|a - a_{n_k}\right| < \dfrac{\varepsilon}{2}$

Choose $M = \max\{M_1, M_2\}$ then $n > M \Rightarrow |a_n - a| < \left|a_n - a_{n_k}\right| + \left|a_{n_k} - a\right| < \dfrac{\varepsilon}{2} + \dfrac{\varepsilon}{2} = \varepsilon$

【定義】數列有上界的定義

數列$\{a_n : n \in N\}$有上界 $\Leftrightarrow \exists M \in R$ such that $a_n \leq M,\ \forall n \in N$

【定義】數列有下界的定義

數列$\{a_n : n \in N\}$有下界 $\Leftrightarrow \exists M \in R$ such that $a_n \geq M,\ \forall n \in N$

【定義】數列有界的定義

數列$\{a_n : n \in N\}$有界 $\Leftrightarrow \exists M \in R$ such that $|a_n| \leq M,\ \forall n \in N$

底下介紹單調數列的收斂定理(Monotone Convergence Theorem)

【定理】遞增數列的收斂定理

$\{a_n : n \in N\}$為遞增數列且有上界 $\Rightarrow \{a_n : n \in N\}$ 收斂

<u>Proof:</u>

Let a be the least upper bound of $\{a_n : n \in N\}$

Let $\varepsilon > 0$, choose $N_1 \in N$ s.t. $a - \varepsilon < a_{N_1}$

$\because \{a_n : n \in N\}$為遞增數列 $\quad \therefore a - \varepsilon < a_n, \forall n \geq N_1$

$\because a$ is the least upper bound of $\{a_n : n \in N\}$ $\quad \therefore a_n < a + \varepsilon, \ \forall n \in N$

$\therefore a - \varepsilon < a_n < a + \varepsilon, \ \forall n \geq N_1 \Rightarrow \{a_n : n \in N\}$ 收斂

【定理】遞減數列的收斂定理

$\{a_n : n \in N\}$為遞減數列且有下界 $\Rightarrow \{a_n : n \in N\}$ 收斂

<u>Proof:</u>

Let a be the greatest lower bound of $\{a_n : n \in N\}$

Let $\varepsilon > 0$, choose $N_1 \in N$ s.t. $a_{N_1} < a + \varepsilon$

$\because \{a_n : n \in N\}$為遞減數列 $\quad \therefore a_n < a + \varepsilon, \forall n \geq N_1$

$\because a$ is the greatest lower bound of $\{a_n : n \in N\}$ $\quad \therefore a - \varepsilon < a_n, \ \forall n \in N$

$\therefore a - \varepsilon < a_n < a + \varepsilon, \ \forall n \geq N_1 \Rightarrow \{a_n : n \in N\}$ 收斂

考試類型:

題型 1.

假設 $a_{n+1} = \sqrt{\alpha + a_n}, \ \forall \alpha > 0, \ n \in N$ 且 $a_1 \leq \dfrac{1 + \sqrt{1 + 4\alpha}}{2}$

證明 $\lim\limits_{n \to \infty} a_n = \dfrac{1 + \sqrt{1 + 4\alpha}}{2}$

解題流程:

Step1.

Claim: $a_n \leq \dfrac{1 + \sqrt{1 + 4\alpha}}{2}, \ \forall n \in N$

令 $n \in N$. As $n = 1$, $a_1 \leq \dfrac{1 + \sqrt{1 + 4\alpha}}{2}$ $\qquad \therefore$ 不等式成立

假設 $a_n \leq \dfrac{1 + \sqrt{1 + 4\alpha}}{2}$ 則 $a_{n+1} = \sqrt{\alpha + a_n} \leq \sqrt{\alpha + \dfrac{1 + \sqrt{1 + 4\alpha}}{2}} = \sqrt{\dfrac{2\alpha + 1 + \sqrt{1 + 4\alpha}}{2}}$

$\therefore a_{n+1}^2 \leq \dfrac{2\alpha + 1 + \sqrt{1 + 4\alpha}}{2} = \left(\dfrac{1 + \sqrt{1 + 4\alpha}}{2}\right)^2 \Rightarrow a_{n+1} \leq \dfrac{1 + \sqrt{1 + 4\alpha}}{2}, \ \forall n \in N$

Step2.

Claim: $a_{n+1}^2 - a_n^2, \geq 0, \ \forall n \in N$

$\because a_{n+1}^2 - a_n^2 = \alpha + a_n - a_n^2 = -\left(a_n - \frac{1}{2}\right)^2 + \left(\alpha + \frac{1}{4}\right)$

$\geq -\left(\frac{1 + \sqrt{1 + 4\alpha}}{2} - \frac{1}{2}\right)^2 + \left(\alpha + \frac{1}{4}\right) = 0 \quad \therefore a_n \leq a_{n+1}$

Step3.

Claim: $\lim\limits_{n \to \infty} a_n = \dfrac{1 + \sqrt{1 + 4\alpha}}{2}$

$\because \{a_n\}_{n=1}^{\infty}$ 有上界且 $a_n \leq a_{n+1}, \ \forall n \in N$

令 $a = \lim\limits_{n \to \infty} a_n, \ a_{n+1} = \sqrt{\alpha + a_n} \quad \therefore \lim\limits_{n \to \infty} a_{n+1} = \lim\limits_{n \to \infty} \sqrt{\alpha + a_n} \Rightarrow a = \sqrt{\alpha + a}$

$\therefore a^2 - a - \alpha = 0 \Rightarrow a = \dfrac{1 + \sqrt{1 + 4\alpha}}{2} \quad \left(\dfrac{1 - \sqrt{1 + 4\alpha}}{2} 不合\right)$

題型 2.

假設 $a_{n+1} = \sqrt{\alpha a_n}, \ \forall n \in N$ 且 $\alpha > a_1,$ 證明 $\lim\limits_{n \to \infty} a_n = \alpha$

解題流程:

Step1.

Claim: $\{a_n\}_{n=1}^{\infty}$ 有上界且 $a_n \leq \alpha, \ \forall n \in N$

As $n = 1, a_1 \leq \alpha \quad \therefore 不等式成立$

假設 $a_n \leq \alpha$ 則 $a_{n+1} = \sqrt{\alpha a_n} \leq \alpha,$ 藉由數學歸納法則 $a_n \leq \alpha, \ \forall n \in N$

Step2.

Claim: $\{a_n\}_{n=1}^{\infty}$ 為遞增數列

$\because a_{n+1}^2 - a_n^2 = \alpha a_n - a_n^2 = a_n(\alpha - a_n) \geq 0, \ \forall n \in N \ \therefore \{a_n\}_{n=1}^{\infty}$ 為遞增數列

Step3.

Claim: $\lim\limits_{n \to \infty} a_n = \alpha$

$\because \{a_n\}_{n=1}^{\infty}$ 有上界且為遞增數列 $\quad \therefore \lim\limits_{n \to \infty} a_n$ 存在

令 $\lim\limits_{n \to \infty} a_n = a \because a_{n+1} = \sqrt{\alpha a_n} \quad \therefore a = \sqrt{\alpha a} \Rightarrow a = \alpha \ (0 不合)$

題型 3.

假設 $a_1 = \alpha^2$, $a_{n+1} = \dfrac{1}{2}\left(a_n + \dfrac{\alpha^2}{a_n}\right)$, $\forall n \in N$ 且 $\alpha > 1$, 證明 $\displaystyle\lim_{n\to\infty} a_n = \alpha$

解題流程:

Step1.

Claim: $\{a_n\}_{n=1}^{\infty}$ 有下界且 $a_n \geq \alpha, \forall n \in N$

$\because$ 算術平均大於幾何平均 $\therefore a_{n+1} = \dfrac{1}{2}\left(a_n + \dfrac{\alpha^2}{a_n}\right) \geq \sqrt{\alpha^2} = \alpha,\ \forall n \in N$

Step2.

Claim: 為遞減數列

$\because a_{n+1} - a_n = \dfrac{1}{2}\left(a_n + \dfrac{\alpha^2}{a_n}\right) - a_n = \dfrac{1}{2}\left(\dfrac{-a_n^2 + \alpha^2}{a_n}\right)$ and $a_n \geq \alpha,\ \forall n \in N$

$\therefore a_{n+1} - a_n = \dfrac{1}{2}\left(\dfrac{-a_n^2 + \alpha^2}{a_n}\right) \leq 0 \Rightarrow a_n \geq a_{n+1},\ \forall n \in N$

Step3.

Claim: $\displaystyle\lim_{n\to\infty} a_n = \alpha$

$\because \{a_n\}_{n=1}^{\infty}$ 有下界且為遞減數列 $\therefore \displaystyle\lim_{n\to\infty} a_n$ 存在

令 $a = \displaystyle\lim_{n\to\infty} a_n$

$\because a_{n+1} = \dfrac{1}{2}\left(a_n + \dfrac{\alpha^2}{a_n}\right)$ $\therefore \displaystyle\lim_{n\to\infty} a_{n+1} = \lim_{n\to\infty} \dfrac{1}{2}\left(a_n + \dfrac{\alpha^2}{a_n}\right) \Rightarrow a = \dfrac{1}{2}\left(a + \dfrac{\alpha^2}{a}\right)$

$\therefore a = \alpha\ (-\alpha 不合) \Rightarrow \displaystyle\lim_{n\to\infty} a_n = \alpha$

題型 4.

證明 $\displaystyle\lim_{n\to\infty} a_n = \dfrac{\alpha + \sqrt{\alpha^2 - 4\beta}}{2}$, 其中 $a_{n+1} = \alpha - \dfrac{\beta}{a_n},\ \forall n \in N,\ \alpha^2 - 4\beta > 0$

且 $\dfrac{\alpha - \sqrt{\alpha^2 - 4\beta}}{2} < a_1 < \dfrac{\alpha + \sqrt{\alpha^2 - 4\beta}}{2}$

解題流程:

Step1.

Claim: $\{a_n\}_{n=1}^{\infty}$ 有上界且 $a_n \leq \dfrac{\alpha + \sqrt{\alpha^2 - 4\beta}}{2}$, $\quad \forall n \in \mathrm{N}$

As $n \geq 1$, $\quad a_1 \leq \dfrac{\alpha + \sqrt{\alpha^2 - 4\beta}}{2}$ 不等式成立

假設 $a_n \leq \dfrac{\alpha + \sqrt{\alpha^2 - 4\beta}}{2}$ 則 $\dfrac{1}{a_n} \geq \dfrac{2}{\alpha + \sqrt{\alpha^2 - 4\beta}} \Rightarrow \dfrac{-1}{a_n} \leq \dfrac{-2}{\alpha + \sqrt{\alpha^2 - 4\beta}}$

$\therefore a_{n+1} = \alpha - \dfrac{\beta}{a_n} \leq \alpha - \dfrac{2\beta}{\alpha + \sqrt{\alpha^2 - 4\beta}} = \dfrac{\alpha + \sqrt{\alpha^2 - 4\beta}}{2}$

藉由數學歸納法則 $a_n \leq \dfrac{\alpha + \sqrt{\alpha^2 - 4\beta}}{2}$, $\quad \forall n \in \mathrm{N}$

Step2.

Claim: $\{a_n\}_{n=1}^{\infty}$ 有下界且 $a_n \geq \dfrac{\alpha - \sqrt{\alpha^2 - 4\beta}}{2}$, $\quad \forall n \in \mathrm{N}$

As $n \geq 1$, $\quad a_1 \geq \dfrac{\alpha - \sqrt{\alpha^2 - 4\beta}}{2}$ 不等式成立

假設 $a_n \geq \dfrac{\alpha - \sqrt{\alpha^2 - 4\beta}}{2}$ 則 $\dfrac{1}{a_n} \leq \dfrac{2}{\alpha - \sqrt{\alpha^2 - 4\beta}} \Rightarrow \dfrac{-1}{a_n} \geq \dfrac{-2}{\alpha - \sqrt{\alpha^2 - 4\beta}}$

$\therefore a_{n+1} = \alpha - \dfrac{\beta}{a_n} \geq \alpha - \dfrac{2\beta}{\alpha - \sqrt{\alpha^2 - 4\beta}} = \dfrac{\alpha - \sqrt{\alpha^2 - 4\beta}}{2}$

數學歸納法則 $a_n \geq \dfrac{\alpha - \sqrt{\alpha^2 - 4\beta}}{2}$, $\quad \forall n \in \mathrm{N}$

Step3.

Claim: $\{a_n\}_{n=1}^{\infty}$ 為遞增數列

$\because a_{n+1} - a_n = -\dfrac{a_n^2 - \alpha a_n + \beta}{a_n} = -\dfrac{\left(a_n - \dfrac{\alpha - \sqrt{\alpha^2 - 4\beta}}{2}\right)\left(a_n - \dfrac{\alpha + \sqrt{\alpha^2 - 4\beta}}{2}\right)}{a_n}$

$\because \dfrac{\alpha - \sqrt{\alpha^2 - 4\beta}}{2} \leq a_n \leq \dfrac{\alpha + \sqrt{\alpha^2 - 4\beta}}{2}$, $\quad \forall n \in \mathrm{N}$ $\quad \therefore a_{n+1} - a_n \geq 0$, $\quad \forall n \in \mathrm{N}$

$\therefore \{a_n\}_{n=1}^{\infty}$ 為遞增數列

Step4.

Claim: $\displaystyle\lim_{n\to\infty} a_n = \dfrac{\alpha + \sqrt{\alpha^2 - 4\beta}}{2}$

$\because \{a_n\}_{n=1}^{\infty}$ 有上界且為遞增數列　$\therefore \{a_n\}_{n=1}^{\infty}$ 收斂 and 令 $\displaystyle\lim_{n\to\infty} a_n = a$

$\because a_{n+1} = \alpha - \dfrac{\beta}{a_n},\ \ \forall n \in \mathrm{N}$　$\therefore \displaystyle\lim_{n\to\infty} a_{n+1} = \lim_{n\to\infty} \alpha - \dfrac{\beta}{a_n} \Rightarrow a = \alpha - \dfrac{\beta}{a}$

$\therefore a^2 - \alpha a + \beta = 0 \Rightarrow a = \dfrac{\alpha + \sqrt{\alpha^2 - 4\beta}}{2} \left(\dfrac{\alpha - \sqrt{\alpha^2 - 4\beta}}{2} \text{不合}\right)$

題型 5.

求 $\sqrt{\alpha + \sqrt{\alpha + \sqrt{\alpha + \sqrt{\cdots}}}} = ?$

解題流程:
Step1.

令 $a = \sqrt{\alpha + \sqrt{\alpha + \sqrt{\alpha + \sqrt{\cdots}}}}$　則 $a = \sqrt{\alpha + a}$

Step2.

$\therefore a^2 - a - \alpha = 0 \Rightarrow a = \dfrac{1 + \sqrt{1 + 4\alpha}}{2}$

題型 6.
給定 $\{a_n\}_{n=1}^{\infty}$
(1) 證明 $\{a_n\}_{n=1}^{\infty}$ 為遞增數列(遞減數列)
(2) 求 $\{a_n\}_{n=1}^{\infty}$ 的最大下界與最小上界
解題流程:
Step1.
證明 $\{a_n\}_{n=1}^{\infty}$ 為遞增數列則 Claim: $a_{n+1} - a_n \geq 0,\ \ \forall n \in N$
證明 $\{a_n\}_{n=1}^{\infty}$ 為遞減數列則 Claim: $a_{n+1} - a_n \leq 0,\ \ \forall n \in N$
Step2.

若 $\{a_n\}_{n=1}^{\infty}$ 為遞增數列

則 a_1 為 $\{a_n\}_{n=1}^{\infty}$ 的最大下界且 $\lim\limits_{n\to\infty} a_n$ 為 $\{a_n\}_{n=1}^{\infty}$ 的最小上界

若 $\{a_n\}_{n=1}^{\infty}$ 為遞減數列

則 a_1 為 $\{a_n\}_{n=1}^{\infty}$ 的最小上界且 $\lim\limits_{n\to\infty} a_n$ 為 $\{a_n\}_{n=1}^{\infty}$ 的最大下界

補充說明:

如果無法直接說明 $a_{n+1} - a_n \geq 0$ 或 $a_{n+1} - a_n \leq 0$

令 $f(n) = a_n$ 且 claim: $f'(x) > 0$ 或 $f'(x) < 0,\ \forall x \in R$

範例說明:

(I)假設 $a_n = \left(1 + \dfrac{1}{n}\right)^n,\ \forall n \in N,$ 證明 $\{a_n\}_{n=1}^{\infty}$ 為遞增數列

令 $f(x) = \left(1 + \dfrac{1}{x}\right)^x,\quad \because f(x) = \left(1 + \dfrac{1}{x}\right)^x = \exp\left(x \ln\left(1 + \dfrac{1}{x}\right)\right)$

令 $g(x) = x \ln\left(1 + \dfrac{1}{x}\right),$ 若 $g(x)$ 為遞增函數則 $\{a_n\}_{n=1}^{\infty}$ 為遞增數列

Claim: $g(x)$ 為遞增函數

$\because g'(x) = \ln\left(1 + \dfrac{1}{x}\right) - \dfrac{1}{x+1} \therefore g''(x) = \dfrac{-1}{x(x+1)} + \dfrac{1}{(x+1)^2} < 0 \therefore g'(x) > \lim\limits_{x\to\infty} g'(x) = 0$

範例 1.

假設 $a_1 = 1,\ a_{n+1} = 5 - \dfrac{1}{a_n},\ \forall n \in N,$ 求 $\lim\limits_{n\to\infty} a_n = ?$

【解】

Claim: $\{a_n\}_{n=1}^{\infty}$ 有上界 且 $a_n \leq \dfrac{5 + \sqrt{21}}{2},\ \forall n \in N$

As $n \geq 1,\ a_1 = 1 \leq \dfrac{5 + \sqrt{21}}{2}$ 不等式成立

假設 $a_n \leq \dfrac{5 + \sqrt{21}}{2}$ 則 $\dfrac{1}{a_n} \geq \dfrac{2}{5 + \sqrt{21}} \Rightarrow \dfrac{-1}{a_n} \leq \dfrac{-2}{5 + \sqrt{21}}$

$\therefore a_{n+1} = 5 - \dfrac{1}{a_n} \leq 5 - \dfrac{2}{5 + \sqrt{21}} = 5 - \dfrac{5 - \sqrt{21}}{2} = \dfrac{5 + \sqrt{21}}{2}$

藉由數學歸納法則 $a_n \leq \dfrac{5+\sqrt{21}}{2}$, $\forall n \in N$

Claim: $\{a_n\}_{n=1}^{\infty}$ 有下界且 $a_n \geq \dfrac{5-\sqrt{21}}{2}$, $\forall n \in N$

As $n \geq 1$, $a_1 = 1 \geq \dfrac{5-\sqrt{21}}{2}$ 不等式成立

假設 $a_n \geq \dfrac{5-\sqrt{21}}{2}$ 則 $\dfrac{1}{a_n} \leq \dfrac{2}{5-\sqrt{21}} \Rightarrow \dfrac{-1}{a_n} \geq \dfrac{-2}{5-\sqrt{21}}$

$\therefore a_{n+1} = 5 - \dfrac{1}{a_n} \geq 5 - \dfrac{2}{5-\sqrt{21}} = 5 - \dfrac{5+\sqrt{21}}{2} = \dfrac{5-\sqrt{21}}{2}$

藉由數學歸納法則 $a_n \geq \dfrac{5-\sqrt{21}}{2}$, $\forall n \in N$

Claim: $\{a_n\}_{n=1}^{\infty}$ 為遞增數列

$\because a_{n+1} - a_n = -\dfrac{a_n^2 - 5a_n + 1}{a_n} = -\dfrac{\left(a_n - \dfrac{5+\sqrt{21}}{2}\right)\left(a_n - \dfrac{5-\sqrt{21}}{2}\right)}{a_n}$

$\because \dfrac{5-\sqrt{21}}{2} \leq a_n \leq \dfrac{5+\sqrt{21}}{2}$, $\forall n \in N$ $\therefore a_{n+1} - a_n \geq 0$, $\forall n \in N$

$\therefore \{a_n\}_{n=1}^{\infty}$ 為遞增數列

$\because \{a_n\}_{n=1}^{\infty}$ 有上界且為遞增數列 $\therefore \{a_n\}_{n=1}^{\infty}$ 收斂

令 $\lim\limits_{n\to\infty} a_n = a$ $\because a_{n+1} = 5 - \dfrac{1}{a_n}$, $\forall n \in N$ $\therefore \lim\limits_{n\to\infty} a_{n+1} = \lim\limits_{n\to\infty} 5 - \dfrac{1}{a_n} \Rightarrow a = 5 - \dfrac{1}{a}$

$\therefore a^2 - 5a + 1 = 0 \Rightarrow a = \dfrac{5+\sqrt{21}}{2}$ $\left(\dfrac{5-\sqrt{21}}{2} < 1 \text{ 不合}\right)$

範例 2.

$$\text{求 } \dfrac{1}{\sqrt{20 + \sqrt{20 + \sqrt{20 + \sqrt{\cdots}}}}} = ?$$

【解】

令 $a = \sqrt{20 + \sqrt{20 + \sqrt{20 + \sqrt{\cdots}}}}$ 則 $\dfrac{1}{a} = \dfrac{1}{\sqrt{20 + a}}$

$\therefore a^2 - a - 20 = 0 \Rightarrow a = \dfrac{1 \pm \sqrt{81}}{2} = 5\,(-4\text{ 不合}) \quad \therefore \dfrac{1}{\sqrt{20 + \sqrt{20 + \sqrt{20 + \sqrt{\cdots}}}}} = \dfrac{1}{5}$

範例 3.

求 $\sqrt{12 + \sqrt{12 + \sqrt{12 + \sqrt{\cdots}}}} = ?$

【解】

令 $a = \sqrt{12 + \sqrt{12 + \sqrt{12 + \sqrt{\cdots}}}}$ 則 $a = \sqrt{12 + a}$

$\therefore a^2 - a - 12 = 0 \Rightarrow a = 4\,(-3\text{ 不合}) \Rightarrow \sqrt{12 + \sqrt{12 + \sqrt{12 + \sqrt{\cdots}}}} = 4$

範例 4.

假設 $a_n = \dfrac{n}{n + 2}, \ \forall n \in N$

(1) 證明 $\{a_n\}_{n=1}^{\infty}$ 為遞增數列　(2) 求 $\{a_n\}_{n=1}^{\infty}$ 的最大下界　(3) 求 $\{a_n\}_{n=1}^{\infty}$ 的最小上界

【解】

(1)

Claim: $a_{n+1} - a_n \geq 0, \ \forall n \in N$

$\because a_{n+1} - a_n = \dfrac{n+1}{n+3} - \dfrac{n}{n+2} = \dfrac{(n+1)(n+2) - n(n+3)}{(n+3)(n+2)} = \dfrac{2}{(n+2)(n+3)} \geq 0, \ \forall n \in N$

$\therefore \{a_n\}_{n=1}^{\infty}$ 為遞增數列

(2)

$\because \{a_n\}_{n=1}^{\infty}$ 為遞增數列　$\therefore a_1 = \dfrac{1}{3}$ 為 $\{a_n\}_{n=1}^{\infty}$ 的最大下界

(3)

$\because |a_n| \le 1, \forall n \in N$　$\therefore \{a_n\}_{n=1}^{\infty}$ 為有界數列

$\because \{a_n\}_{n=1}^{\infty}$ 為遞增數列　$\therefore \lim\limits_{n \to \infty} a_n$ 存在 且 $\lim\limits_{n \to \infty} a_n$ 為 $\{a_n\}_{n=1}^{\infty}$ 的最小上界

$\because \lim\limits_{n \to \infty} a_n = \lim\limits_{n \to \infty} \dfrac{n}{n+2} = 1$　$\therefore 1$ 為 $\{a_n\}_{n=1}^{\infty}$ 的最小上界

範例 5.

　　假設 $a_n = \dfrac{3n+2}{4n+3}, \ \forall n \in N$

　　(1) 證明 $\{a_n\}_{n=1}^{\infty}$ 為遞增數列　(2) 求 $\{a_n\}_{n=1}^{\infty}$ 的最大下界 (3) 求 $\{a_n\}_{n=1}^{\infty}$ 的最小上界

【解】

(1)

Claim: $a_{n+1} - a_n \ge 0, \ \forall n \in N$

$\because a_{n+1} - a_n = \dfrac{3n+5}{4n+7} - \dfrac{3n+2}{4n+3} = \dfrac{(4n+3)(3n+5) - (3n+2)(4n+7)}{(4n+7)(4n+3)}$

$= \dfrac{29n+15 - (29n+14)}{(4n+7)(4n+3)} = \dfrac{1}{(4n+7)(4n+3)} \ge 0, \ \forall n \in N$

$\therefore \{a_n\}_{n=1}^{\infty}$ 為遞增數列

(2)

$\because \{a_n\}_{n=1}^{\infty}$ 為遞增數列　$\therefore a_1 = \dfrac{5}{7}$ 為 $\{a_n\}_{n=1}^{\infty}$ 的最大下界

(3)

$\because |a_n| \le 1, \forall n \in N$　$\therefore \{a_n\}_{n=1}^{\infty}$ 為有界數列

$\because \{a_n\}_{n=1}^{\infty}$ 為遞增數列　$\therefore \lim\limits_{n \to \infty} a_n$ 存在 且 $\lim\limits_{n \to \infty} a_n$ 為 $\{a_n\}_{n=1}^{\infty}$ 的最小上界

$\because \lim\limits_{n \to \infty} a_n = \lim\limits_{n \to \infty} \dfrac{3n+2}{4n+3} = \dfrac{3}{4}$　$\therefore \dfrac{3}{4}$ 為 $\{a_n\}_{n=1}^{\infty}$ 的最小上界

範例 6.

假設 $a_n = \left(1 + \dfrac{1}{n}\right)^n$, $\quad \forall n \in N$

(1) 證明 $\{a_n\}_{n=1}^{\infty}$ 為遞增數列　(2) 證明 $\{a_n\}_{n=1}^{\infty}$ 為有界數列

【解】

(1)

令 $f(x) = \left(1 + \dfrac{1}{x}\right)^x$, $\quad \because f(x) = \left(1 + \dfrac{1}{x}\right)^x = \exp\left(x \ln\left(1 + \dfrac{1}{x}\right)\right)$

令 $g(x) = x \ln\left(1 + \dfrac{1}{x}\right)$, 若 $g(x)$ 為遞增函數則 $\{a_n\}_{n=1}^{\infty}$ 為遞增數列

Claim: $g(x)$ 為遞增函數

$\because g'(x) = \ln\left(1 + \dfrac{1}{x}\right) - \dfrac{1}{x+1}$ $\quad \therefore g''(x) = \dfrac{-1}{x(x+1)} + \dfrac{1}{(x+1)^2} < 0$

$\therefore g'(x) > \lim_{x \to \infty} g'(x) = \lim_{x \to \infty} \ln\left(1 + \dfrac{1}{x}\right) - \dfrac{1}{x+1} = 0 \Rightarrow \{a_n\}_{n=1}^{\infty}$ 為遞增數列

(2)

$\because \{a_n\}_{n=1}^{\infty}$ 為遞增數列 且 $\lim_{n \to \infty} \left(1 + \dfrac{1}{n}\right)^n = e$ $\quad \therefore 2 \leq a_n \leq e$, $\forall n \in N$

範例 7.

判斷數列的收斂性 (1) $a_n = \dfrac{n}{\ln(n+1)}$, $\quad \forall n \in N$ (2) $a_n = \sqrt[n]{n}$, $\quad \forall n \in N$

【解】

(1)

藉由羅比達法則

則 $\lim_{n \to \infty} a_n = \lim_{n \to \infty} \dfrac{n}{\ln(n+1)} = \lim_{x \to \infty} \dfrac{x}{\ln(x+1)} = \lim_{x \to \infty} x + 1 = \infty$ $\quad \therefore \{a_n\}_{n=1}^{\infty}$ 發散

(2)

$\because a_n = \sqrt[n]{n} = \exp\left(\dfrac{\ln n}{n}\right)$ $\quad \therefore \lim_{n \to \infty} a_n = \lim_{n \to \infty} \exp\left(\dfrac{\ln n}{n}\right) = \exp\left(\lim_{n \to \infty} \dfrac{\ln n}{n}\right)$

藉由羅比達法則 $\lim_{n \to \infty} \dfrac{\ln n}{n} = \lim_{x \to \infty} \dfrac{\ln x}{x} = \lim_{x \to \infty} \dfrac{1}{x} = 0$ $\quad \therefore \lim_{n \to \infty} a_n = \exp(0) = 1$

$\therefore \{a_n\}_{n=1}^{\infty}$ 收斂

範例 8.

$$假設\ a_1 = 1,\ a_2 = 2,\ a_n = \frac{a_{n-1} + a_{n-2}}{2},\ n \geq 3,\ 求\ \lim_{n \to \infty} a_n = ?$$

【解】

Claim: $2a_n + a_{n-1} = 2a_2 + a_1,\ \forall n \geq 3$

As $n \geq 3$, $\because a_3 = \dfrac{a_2 + a_1}{2}$ $\quad \therefore 2a_3 + a_2 = 2a_2 + a_1$ 等式成立

假設 $2a_{n-1} + a_{n-2} = 2a_2 + a_1$

則 $2a_n + a_{n-1} = a_{n-1} + a_{n-2} + a_{n-1} = 2a_{n-1} + a_{n-2} = 2a_2 + a_1,$

藉由數學歸納法則 $2a_n + a_{n-1} = 2a_2 + a_1,\ \forall n \geq 3$

Claim: $\{a_n\}_{n=1}^{\infty}$ 為 Cauchy 數列

假設 $n > m$

則 $|a_n - a_m| = |a_n - a_{n-1} + a_{n-1} - a_{n-2} + \cdots + a_{m+1} - a_m|$

$\leq |a_n - a_{n-1}| + |a_{n-1} - a_{n-2}| + \cdots + |a_{m+1} - a_m|$

$\because |a_n - a_{n-1}| = \left| \dfrac{a_{n-1} + a_{n-2}}{2} - a_{n-1} \right| = \dfrac{|a_{n-1} - a_{n-2}|}{2}$

$\therefore |a_n - a_{n-1}| + |a_{n-1} - a_{n-2}| + \cdots + |a_{m+1} - a_m|$

$$= \left(\left(\frac{1}{2}\right)^{n-m-1} + \left(\frac{1}{2}\right)^{n-m-2} + \cdots + 1 \right) |a_{m+1} - a_m| = \sum_{k=m-1}^{n-2} \left(\frac{1}{2}\right)^k$$

$$\because \sum_{k=m-1}^{n-2} \left(\frac{1}{2}\right)^k \leq \sum_{k=m-1}^{\infty} \left(\frac{1}{2}\right)^k = \frac{\left(\frac{1}{2}\right)^{m-1}}{1 - \frac{1}{2}} = \left(\frac{1}{2}\right)^{m-2}$$

$\therefore$ 令 $\varepsilon > 0$, 取 $M \in N$ 使得 $\left(\dfrac{1}{2}\right)^{M-2} < \varepsilon$

則 $n > m > M \Rightarrow |a_n - a_m| \leq \left(\dfrac{1}{2}\right)^{m-2} \leq \left(\dfrac{1}{2}\right)^{M-2} < \varepsilon$

$\therefore \{a_n\}_{n=1}^{\infty}$ 為 Cauchy 數列 $\quad \therefore \{a_n\}_{n=1}^{\infty}$ 為收斂數列

令 $\lim_{n \to \infty} a_n = a$

$\because 2a_n + a_{n-1} = 2a_2 + a_1$ $\therefore \lim_{n \to \infty} 2a_n + a_{n-1} = 3a = 2a_2 + a_1 = 5$ $\therefore a = \dfrac{5}{3}$

範例 9.

假設 $a_1 = 1$, $a_{n+1} = \sqrt{5a_n}$, $\forall n \in N$ (1) 證明 $\lim_{n \to \infty} a_n$ 存在　(2) 求 $\lim_{n \to \infty} a_n =?$

【解】

(1)

Claim: $\{a_n\}_{n=1}^{\infty}$ 有上界且 $a_n \leq 5$, $\forall n \in N$

As $n = 1$, $a_1 = 1 \leq 5$　$\therefore$ 不等式成立

假設 $a_n \leq 5$ 則 $a_{n+1} = \sqrt{5a_n} \leq 5$, 藉由數學歸納法則 $a_n \leq 5$, $\forall n \in N$

Claim: $\{a_n\}_{n=1}^{\infty}$ 為遞增數列

$\because a_{n+1}^2 - a_n^2 = 5a_n - a_n^2 = a_n(5 - a_n) \geq 0$, $\forall n \in N$　$\therefore \{a_n\}_{n=1}^{\infty}$ 為遞增數列

$\because \{a_n\}_{n=1}^{\infty}$ 有上界且為遞增數列　$\therefore \lim_{n \to \infty} a_n$ 存在

(2)

令 $\lim_{n \to \infty} a_n = a$, $\because a_{n+1} = \sqrt{5a_n}$　$\therefore a = \sqrt{5a} \Rightarrow a = 5 \,(0\ 不合)$

範例 10.

假設 $a_1 = 1$, $a_{n+1} = \sqrt{3 + a_n}$, $\forall n \in N$

(1) 證明 $a_n \leq \dfrac{1 + \sqrt{13}}{2}$　(2) $a_n \leq a_{n+1}$　(3) $\lim_{n \to \infty} a_n = \dfrac{1 + \sqrt{13}}{2}$

【解】

(1)

Claim: $\{a_n\}_{n=1}^{\infty}$ 有上界且 $a_n \leq \dfrac{1 + \sqrt{13}}{2}$, $\forall n \in N$

As $n = 1$, $a_1 = 1 \leq \dfrac{1 + \sqrt{13}}{2}$　$\therefore$ 不等式成立

假設 $a_n \leq \dfrac{1 + \sqrt{13}}{2}$ 則 $a_{n+1} = \sqrt{3 + a_n} \leq \sqrt{3 + \dfrac{1 + \sqrt{13}}{2}} = \sqrt{\dfrac{7 + \sqrt{13}}{2}}$

$\therefore a_{n+1}^2 \leq \dfrac{7 + \sqrt{13}}{2} = \left(\dfrac{1 + \sqrt{13}}{2}\right)^2 \Rightarrow a_{n+1} \leq \dfrac{1 + \sqrt{13}}{2}$, $\forall n \in N$

(2)

Claim: $a_{n+1}^2 - a_n^2 \geq 0, \ \forall n \in N$

$\because a_{n+1}^2 - a_n^2 = 3 + a_n - a_n^2 = -\left(a_n - \dfrac{1}{2}\right)^2 + \dfrac{13}{4} \geq -\left(\dfrac{1+\sqrt{13}}{2} - \dfrac{1}{2}\right)^2 + \dfrac{13}{4} = 0$

$\therefore a_n \leq a_{n+1}, \ \forall n \in N$

(3)

$\because \{a_n\}_{n=1}^{\infty}$ 有上界且 $a_n \leq a_{n+1}, \ \forall n \in N$

令 $a = \lim\limits_{n\to\infty} a_n, \ \because a_{n+1} = \sqrt{3 + a_n} \ \therefore \lim\limits_{n\to\infty} a_{n+1} = \lim\limits_{n\to\infty} \sqrt{3 + a_n} \Rightarrow a = \sqrt{3 + a}$

$\therefore a^2 - a - 3 = 0 \Rightarrow a = \dfrac{1+\sqrt{13}}{2} \ \left(\dfrac{1-\sqrt{13}}{2} \ 不合\right)$

範例 11.

假設 $a_1 = 1, \ a_{n+1} = \sqrt{12 + a_n}, \ \forall n \in N$ (1) 證明 $\lim\limits_{n\to\infty} a_n$ 存在 (2) 求 $\lim\limits_{n\to\infty} a_n =?$

【解】

(1)

Claim: $\{a_n\}_{n=1}^{\infty}$ 有上界且 $a_n \leq 4, \ \forall n \in N$

As $n = 1, a_1 = 1 \leq 4$ $\therefore$ 不等式成立

假設 $a_n \leq 4$ 則 $a_{n+1} = \sqrt{12 + a_n} \leq \sqrt{12 + 4} = 4,$

藉由數學歸納法 $\therefore a_n \leq 4, \ \forall n \in N$

Claim: $a_{n+1}^2 - a_n^2, \geq 0, \ \forall n \in N$

$\because a_{n+1}^2 - a_n^2 = 12 + a_n - a_n^2 = -\left(a_n - \dfrac{1}{2}\right)^2 + \dfrac{49}{4} \geq -\left(4 - \dfrac{1}{2}\right)^2 + \dfrac{49}{4} = 0 \ \therefore a_n \leq a_{n+1}$

$\because \{a_n\}_{n=1}^{\infty}$ 有上界且為遞增數列 $\therefore \lim\limits_{n\to\infty} a_n$ 存在

(2)

令 $a = \lim\limits_{n\to\infty} a_n$

$\because a_{n+1} = \sqrt{12 + a_n} \ \therefore \lim\limits_{n\to\infty} a_{n+1} = \lim\limits_{n\to\infty} \sqrt{12 + a_n} \Rightarrow a = \sqrt{12 + a}$

$\therefore a^2 - a - 12 = 0 \Rightarrow a = 4(-3 \ 不合) \Rightarrow \lim\limits_{n\to\infty} a_n = 4$

範例 12.

假設 $a_1 = \sqrt{5}$, $a_{n+1} = \sqrt{20 + a_n}$, $\forall n \in N$

(1)$\{a_n\}_{n=1}^{\infty}$ 有上界 (2) $a_n \le a_{n+1}$ (3) 求 $\lim\limits_{n \to \infty} a_n = ?$

【解】

(1)

Calim: $\{a_n\}_{n=1}^{\infty}$ 有上界且 $a_n \le 5$, $\forall n \in N$

As $n = 1$, $a_1 = \sqrt{5} \le 5$ $\therefore$ 不等式成立

假設 $a_n \le 5$ 則 $a_{n+1} = \sqrt{20 + a_n} \le \sqrt{20 + 5} = 5$

藉由數學歸納法 $\therefore a_n \le 5$, $\forall n \in N$

(2)

Calim: $a_{n+1}^2 - a_n^2 \ge 0$, $\forall n \in N$

$\because a_{n+1}^2 - a_n^2 = 20 + a_n - a_n^2 = -\left(a_n - \frac{1}{2}\right)^2 + \frac{81}{4} \ge -\left(5 - \frac{1}{2}\right)^2 + \frac{81}{4} = 0$

$\therefore a_n \le a_{n+1}$, $\forall n \in N$

(3)

$\because \{a_n\}_{n=1}^{\infty}$ 有上界且 $a_n \le a_{n+1}$, $\forall n \in N$ $\therefore \lim\limits_{n \to \infty} a_n$ 存在

令 $a = \lim\limits_{n \to \infty} a_n$, $\because a_{n+1} = \sqrt{20 + a_n}$ $\therefore \lim\limits_{n \to \infty} a_{n+1} = \lim\limits_{n \to \infty} \sqrt{20 + a_n} \Rightarrow a = \sqrt{20 + a}$

$\therefore a^2 - a - 20 = 0 \Rightarrow a = 5 \, (-4 \text{ 不合}) \Rightarrow \lim\limits_{n \to \infty} a_n = 5$

範例 13.

假設 $a_1 = 9$, $a_{n+1} = \frac{1}{2}\left(a_n + \frac{9}{a_n}\right)$, $\forall n \in N$ (1) 證明 $\lim\limits_{n \to \infty} a_n$ 存在 (2) 求 $\lim\limits_{n \to \infty} a_n = ?$

【解】

(1)

Claim: $\{a_n\}_{n=1}^{\infty}$ 有下界且 $a_n \ge 3$, $\forall n \in N$

$\because$ 算術平均大於幾何平均 $\therefore a_{n+1} = \frac{1}{2}\left(a_n + \frac{9}{a_n}\right) \ge \sqrt{9} = 3$, $\forall n \in N$

Claim: $a_{n+1} - a_n \le 0$, $\forall n \in N$

$$\because a_{n+1} - a_n = \frac{1}{2}\left(a_n + \frac{9}{a_n}\right) - a_n = \frac{1}{2}\left(\frac{-a_n^2 + 9}{a_n}\right), \ \forall n \in N$$

$$\because a_n \geq 3, \ \forall n \in N \ \therefore a_{n+1} - a_n = \frac{1}{2}\left(\frac{-a_n^2 + 9}{a_n}\right) \leq 0 \quad \therefore a_n \geq a_{n+1}, \ \forall n \in N$$

$$\because \{a_n\}_{n=1}^{\infty} \text{ 有下界且為遞減數列} \quad \therefore \lim_{n \to \infty} a_n \text{ 存在}$$

(2)

$$\text{令 } a = \lim_{n \to \infty} a_n$$

$$\because a_{n+1} = \frac{1}{2}\left(a_n + \frac{9}{a_n}\right) \quad \therefore \lim_{n \to \infty} a_{n+1} = \lim_{n \to \infty} \frac{1}{2}\left(a_n + \frac{9}{a_n}\right) \Rightarrow a = \frac{1}{2}\left(a + \frac{9}{a}\right)$$

$$\therefore a = 3 \,(-3 \text{ 不合}) \Rightarrow \lim_{n \to \infty} a_n = 3$$

6.2　無窮級數

說明無窮級數收斂的定義, 接著說明如何求無窮級數的和

【定義】無窮級數收斂的定義

$$\sum_{n=1}^{\infty} a_n \text{ 收斂(發散)} \Leftrightarrow \lim_{M \to \infty} \sum_{n=1}^{M} a_n \text{ 存在(不存在)}$$

給定 $\{a_n : n \in N\}$, 求 $\sum_{n=1}^{\infty} a_n = ?$, 一般的作法, 嘗試找 $\{b_n : n \in N\}$ 使得 $a_n = b_n - b_{n+1}$, 則 $\sum_{n=1}^{M} a_n = b_1 - b_M$, 因此 $\sum_{n=1}^{\infty} a_n = b_1 - \lim_{M \to \infty} b_M$:

$$\text{若 } \lim_{M \to \infty} b_M = L < \infty \text{ 則 } \sum_{n=1}^{\infty} a_n = b_1 - L \text{ 且 } \sum_{n=1}^{\infty} a_n \text{ 收斂}$$

$$\text{若 } \lim_{M \to \infty} b_M \text{ 不存在 則 } \sum_{n=1}^{\infty} a_n \text{ 發散}$$

關鍵步驟是找 $\{b_n : n \in N\}$ 使得 $a_n = b_n - b_{n+1}$，無法直接觀察出時，可令 a_n 為某兩分式的和,接著再透過比較係數求得 $\{b_n : n \in N\}$；此外，加一項減一項的間距可能大於 1，也就是找 $\{b_n : n \in N\}$ 使得 $a_n = b_n - b_{n+p}$, $p > 1$；當分母出現 α^n，則令所求無窮級數

和為 S,接著觀察 $S - \dfrac{S}{\alpha}$ 是否能改寫為無窮等比級數和

考試類型:
題型 1.

給 $\{a_n : n \in N\}$，求 $\displaystyle\sum_{n=1}^{\infty} a_n = ?$ where $\exists \{b_n : n \in N\}$ 使得 $a_n = b_n - b_{n+1}$

解題流程:
Step1.
找 $\{b_n : n \in N\}$ 使得 $a_n = b_n - b_{n+1}$
Step2.

判斷 $\displaystyle\lim_{M \to \infty} b_M = L < \infty$ 或 $\displaystyle\lim_{M \to \infty} b_M$ 不存在

$\because a_n = b_n - b_{n+1}$ $\therefore \displaystyle\sum_{n=1}^{\infty} a_n = b_1 - \lim_{M \to \infty} b_M$

若 $\displaystyle\lim_{M \to \infty} b_M = L < \infty$,則 $\displaystyle\sum_{n=1}^{\infty} a_n = b_1 - L$ 且 $\displaystyle\sum_{n=1}^{\infty} a_n$ 收斂

若 $\displaystyle\lim_{M \to \infty} b_M$ 不存在 則 $\displaystyle\sum_{n=1}^{\infty} a_n$ 發散

範例說明:

(I)求 $\displaystyle\sum_{n=1}^{\infty} \dfrac{\sqrt{n+1} - \sqrt{n}}{\sqrt{n^2 + n}} = ?$

$\because \dfrac{\sqrt{n+1} - \sqrt{n}}{\sqrt{n^2 + n}} = \dfrac{\sqrt{n+1} - \sqrt{n}}{\sqrt{n}\sqrt{n+1}} = \dfrac{1}{\sqrt{n}} - \dfrac{1}{\sqrt{n+1}}$ $\therefore \displaystyle\sum_{n=1}^{M} \dfrac{\sqrt{n+1} - \sqrt{n}}{\sqrt{n^2 + n}} = 1 - \dfrac{1}{\sqrt{M+1}}$

$$\Rightarrow \sum_{n=1}^{\infty} \frac{\sqrt{n+1}-\sqrt{n}}{\sqrt{n^2+n}} = \lim_{M\to\infty} 1 - \frac{1}{\sqrt{M+1}} = 1$$

題型 2.

給 $\{a_n\}_{n=1}^{\infty}$，求 $\displaystyle\sum_{n=1}^{\infty} a_n = ?$ where $\exists\, \{b_n\}_{n=1}^{\infty}$ 且 $p > 1$ 使得 $a_n = b_n - b_{n+p}$

解題流程:

Step1.

找 $\{b_n : n \in N\}$ 且 $p > 1$ 使得 $a_n = b_n - b_{n+p}$, for some $p \in N$

Step2.

判斷 $\displaystyle\lim_{M\to\infty} b_M = L < \infty$ 或 $\displaystyle\lim_{M\to\infty} b_M$ 不存在

$$\because a_n = b_n - b_{n+p} \quad \therefore \sum_{n=1}^{\infty} a_n = \sum_{n=1}^{p} b_n - p \cdot \lim_{M\to\infty} b_M$$

若 $\displaystyle\lim_{M\to\infty} b_M = L < \infty$ 則 $\displaystyle\sum_{n=1}^{\infty} a_n = \sum_{n=1}^{p} b_n - p \cdot L$ 且 $\displaystyle\sum_{n=1}^{\infty} a_n$ 收斂

若 $\displaystyle\lim_{M\to\infty} b_M$ 不存在 則 $\displaystyle\sum_{n=1}^{\infty} a_n$ 發散

<u>範例說明:</u>

(I)求 $\displaystyle\sum_{n=1}^{\infty} \frac{1}{n(n+3)} = ?$

$$\because \frac{1}{n(n+3)} = \frac{1}{3}\left(\frac{1}{n} - \frac{1}{n+3}\right)$$

$$\therefore \sum_{n=1}^{M} \frac{1}{n(n+3)} = \frac{1}{3}\sum_{n=1}^{M} \frac{1}{n} - \frac{1}{n+3} = \frac{1}{3}\left(1 + \frac{1}{2} + \frac{1}{3} - \frac{1}{M+1} - \frac{1}{M+2} - \frac{1}{M+3}\right), \quad \forall M \geq 4$$

題型 3.

給 $\{a_n : n \in N\}$, 求 $\displaystyle\sum_{n=1}^{\infty} a_n = ?$

where $\exists\, \alpha, \beta, \left\{a_n^{(1)} : n \in N\right\}, \left\{a_n^{(2)} : n \in N\right\}$ s.t. $a_n = \alpha a_n^{(1)} + \beta a_n^{(2)}$

and $\exists\, \left\{b_n^{(1)} : n \in N\right\}, \left\{b_n^{(2)} : n \in N\right\}$ s.t. $a_n^{(1)} = b_n^{(1)} - b_{n+1}^{(1)}$ and $a_n^{(2)} = b_n^{(2)} - b_{n+1}^{(2)}$

解題流程:

Step1.

找 $\alpha, \beta, \left\{a_n^{(1)} : n \in N\right\}, \left\{a_n^{(2)} : n \in N\right\}$ 使得 $a_n = \alpha a_n^{(1)} + \beta a_n^{(2)}$

先可觀察出 $\left\{a_n^{(1)} : n \in N\right\} = ?$, $\left\{a_n^{(2)} : n \in N\right\} = ?$

再使用比較係數法求 α, β

Step2.

找 $\left\{b_n^{(1)} : n \in N\right\}$, $\left\{b_n^{(2)} : n \in N\right\}$ 使得 $a_n^{(1)} = b_n^{(1)} - b_{n+1}^{(1)}$ 且 $a_n^{(2)} = b_n^{(2)} - b_{n+1}^{(2)}$

Step3.

判斷 $\displaystyle\lim_{M \to \infty} b_M^{(1)} = L^{(1)} < \infty$ 或 $\displaystyle\lim_{M \to \infty} b_M^{(1)}$ 不存在

判斷 $\displaystyle\lim_{M \to \infty} b_M^{(2)} = L^{(2)} < \infty$ 或 $\displaystyle\lim_{M \to \infty} b_M^{(2)}$ 不存在

$\because a_n = \alpha a_n^{(1)} + \beta a_n^{(2)} = \alpha\left(b_n^{(1)} - b_{n+1}^{(1)}\right) + \beta\left(b_n^{(2)} - b_{n+1}^{(2)}\right)$

$\therefore \displaystyle\sum_{n=1}^{\infty} a_n = \alpha \sum_{n=1}^{\infty} a_n^{(1)} + \beta \sum_{n=1}^{\infty} a_n^{(2)} = \alpha \sum_{n=1}^{\infty} \left(b_n^{(1)} - b_{n+1}^{(1)}\right) + \beta \sum_{n=1}^{\infty} \left(b_n^{(2)} - b_{n+1}^{(2)}\right)$

$= \alpha\left(b_1^{(1)} - \displaystyle\lim_{M \to \infty} b_M^{(1)}\right) + \beta\left(b_1^{(2)} - \displaystyle\lim_{M \to \infty} b_M^{(2)}\right)$

Step4.

若 $\displaystyle\lim_{M \to \infty} b_M^{(1)} = L^{(1)} < \infty$ 且 $\displaystyle\lim_{M \to \infty} b_M^{(2)} = L^{(2)} < \infty$

$$\text{則} \sum_{n=1}^{\infty} a_n = \alpha\left(b_1^{(1)} - L^{(1)}\right) + \beta\left(b_1^{(2)} - L^{(2)}\right) \text{且} \sum_{n=1}^{\infty} a_n \text{ 收斂}$$

$$\text{若 } \lim_{M \to \infty} b_M^{(1)} = L^{(1)} < \infty \quad \text{且 } \lim_{M \to \infty} b_M^{(2)} \text{不存在} \quad \text{則} \sum_{n=1}^{\infty} a_n \text{ 發散}$$

$$\text{若 } \lim_{M \to \infty} b_M^{(1)} \text{不存在} \quad \text{且 } \lim_{M \to \infty} b_M^{(2)} = L^{(2)} < \infty \quad \text{則} \sum_{n=1}^{\infty} a_n \text{ 發散}$$

$$\text{若 } \lim_{M \to \infty} b_M^{(1)} \text{不存在} \quad \text{且 } \lim_{M \to \infty} b_M^{(2)} \text{不存在} \quad \text{則} \sum_{n=1}^{\infty} a_n \text{ 不確定收斂發散}$$

範例說明：

(I) 求 $\displaystyle\sum_{n=1}^{\infty} \frac{n}{(n+2)(n+3)(n+4)} = ?$

$$\sum_{n=1}^{M} \frac{n}{(n+2)(n+3)(n+4)} = -\sum_{n=1}^{M}\left(\frac{1}{n+2} - \frac{1}{n+3}\right) + 2\sum_{n=1}^{M}\left(\frac{1}{n+3} - \frac{1}{n+4}\right)$$

$$= -\left(\frac{1}{3} - \frac{1}{M+3}\right) + 2\left(\frac{1}{4} - \frac{1}{M+4}\right) = \frac{1}{6} + \frac{1}{(M+3)} - \frac{2}{(M+4)}$$

$$\therefore \sum_{n=1}^{\infty} \frac{n}{(n+2)(n+3)(n+4)} = \frac{1}{6} + \lim_{M \to \infty} \frac{1}{(M+3)} - \frac{2}{(M+4)} = \frac{1}{6}$$

題型 4.

Prove $\displaystyle\sum_{n=1}^{\infty} \frac{n}{\gamma^n} = \frac{\gamma}{(\gamma-1)^2}, \quad \forall \gamma > 1$

解題流程：

Step1.

令 $S = \displaystyle\sum_{n=1}^{\infty} \frac{n}{\gamma^n}$ 則 $\dfrac{S}{\gamma} = \displaystyle\sum_{n=1}^{\infty} \frac{n}{\gamma^{n+1}}$

Step2.

$$\because S - \frac{S}{\gamma} = \sum_{n=1}^{\infty} \frac{n}{\gamma^n} - \sum_{n=1}^{\infty} \frac{n}{\gamma^{n+1}} = \frac{1}{\gamma} + \sum_{n=1}^{\infty} \left(\frac{n+1}{\gamma^{n+1}} - \frac{n}{\gamma^{n+1}} \right) = \frac{1}{\gamma} + \sum_{n=1}^{\infty} \frac{1}{\gamma^{n+1}} = \frac{\frac{1}{\gamma}}{1 - \frac{1}{\gamma}} = \frac{1}{\gamma - 1}$$

Step3.

$$\therefore S - \frac{S}{\gamma} = \frac{(\gamma - 1)S}{\gamma} = \frac{1}{\gamma - 1} \quad \therefore S = \frac{\gamma}{(\gamma - 1)^2}$$

題型 5.

Prove $\displaystyle\sum_{n=1}^{\infty} \frac{n^2}{\gamma^n} = \frac{\gamma(\gamma + 1)}{(\gamma - 1)^3}, \quad \forall \gamma > 1$

解題流程:

Step1.

令 $S = \displaystyle\sum_{n=1}^{\infty} \frac{n^2}{\gamma^n}$ 則 $\dfrac{S}{\gamma} = \displaystyle\sum_{n=1}^{\infty} \frac{n^2}{\gamma^{n+1}}$

Step2.

$$\because S - \frac{S}{\gamma} = \sum_{n=1}^{\infty} \frac{n^2}{\gamma^n} - \sum_{n=1}^{\infty} \frac{n^2}{\gamma^{n+1}} = \frac{1}{\gamma} + \sum_{n=1}^{\infty} \left(\frac{(n+1)^2}{\gamma^{n+1}} - \frac{n^2}{\gamma^{n+1}} \right)$$

$$= \frac{1}{\gamma} + \sum_{n=1}^{\infty} \frac{2n+1}{\gamma^{n+1}} = \sum_{n=1}^{\infty} \frac{2n-1}{\gamma^n} \quad \therefore \frac{(\gamma-1)S}{\gamma} = \sum_{n=1}^{\infty} \frac{2n-1}{\gamma^n} \therefore \frac{(\gamma-1)S}{\gamma^2} = \sum_{n=1}^{\infty} \frac{2n-1}{\gamma^{n+1}}$$

Step3.

$$\therefore \frac{(\gamma-1)S}{\gamma} - \frac{(\gamma-1)S}{\gamma^2} = \frac{1}{\gamma} + \sum_{n=1}^{\infty} \frac{2n+1}{\gamma^{n+1}} - \sum_{n=1}^{\infty} \frac{2n-1}{\gamma^{n+1}} = \frac{1}{\gamma} + \sum_{n=1}^{\infty} \frac{2}{\gamma^{n+1}}$$

$$= \frac{1}{\gamma} + 2 \cdot \frac{\frac{1}{\gamma^2}}{1 - \frac{1}{\gamma}} = \frac{\gamma + 1}{\gamma(\gamma - 1)}$$

$$\therefore \frac{(\gamma-1)S}{\gamma} - \frac{(\gamma-1)S}{\gamma^2} = \frac{(\gamma-1)^2 S}{\gamma} = \frac{\gamma + 1}{\gamma(\gamma - 1)} \Rightarrow S = \frac{\gamma(\gamma + 1)}{(\gamma - 1)^3}$$

範例 1.

$$求 \quad \sum_{n=1}^{\infty} \frac{\sqrt{n+2}-\sqrt{n}}{\sqrt{n^2+2n}} = ?$$

【解】

$$\because \frac{\sqrt{n+2}-\sqrt{n}}{\sqrt{n^2+2n}} = \frac{\sqrt{n+2}-\sqrt{n}}{\sqrt{n}\sqrt{n+2}} = \frac{1}{\sqrt{n}} - \frac{1}{\sqrt{n+2}}$$

$$\therefore \sum_{n=1}^{M} \frac{\sqrt{n+2}-\sqrt{n}}{\sqrt{n^2+2n}} = 1 + \frac{1}{\sqrt{2}} - \frac{1}{\sqrt{M+1}} - \frac{1}{\sqrt{M+2}}$$

$$\Rightarrow \sum_{n=1}^{\infty} \frac{\sqrt{n+2}-\sqrt{n}}{\sqrt{n^2+2n}} = \lim_{M \to \infty} 1 + \frac{1}{\sqrt{2}} - \frac{1}{\sqrt{M+1}} - \frac{1}{\sqrt{M+2}} = 1 + \frac{1}{\sqrt{2}}$$

範例 2.

$$求 \quad \sum_{n=1}^{\infty} \frac{n+1}{(n+2)!} = ?$$

【解】

$$\because \frac{n+1}{(n+2)!} = \frac{n+2-1}{(n+2)!} = \frac{1}{(n+1)!} - \frac{1}{(n+2)!}$$

$$\therefore \sum_{n=1}^{M} \frac{n+1}{(n+2)!} = \sum_{n=1}^{M} \frac{1}{(n+1)!} - \frac{1}{(n+2)!} = \frac{1}{2} - \frac{1}{(M+2)!}$$

$$\Rightarrow \sum_{n=1}^{\infty} \frac{n+1}{(n+2)!} = \lim_{M \to \infty} \frac{1}{2} - \frac{1}{(M+2)!} = \frac{1}{2}$$

範例 3.

$$求 \quad \sum_{n=1}^{\infty} \frac{1}{n(n+2)} = ?$$

【解】

$$\because \frac{1}{n(n+2)} = \frac{1}{2}\left(\frac{1}{n} - \frac{1}{n+2}\right)$$

$$\therefore \sum_{n=1}^{M} \frac{1}{n(n+2)} = \frac{1}{2}\sum_{n=1}^{M}\left(\frac{1}{n} - \frac{1}{n+2}\right) = \frac{1}{2}\left(1 + \frac{1}{2} - - \frac{1}{M+1} - \frac{1}{M+2}\right)$$

$$\Rightarrow \sum_{n=1}^{\infty} \frac{1}{n(n+2)} = \lim_{M\to\infty} \frac{1}{2}\left(1 + \frac{1}{2} - - \frac{1}{M+1} - \frac{1}{M+2}\right) = \frac{3}{4}$$

範例 4.

$$求 \quad \sum_{n=1}^{\infty} \frac{1}{\sqrt{n+2} + \sqrt{n}} = ?$$

【解】

$$\because \frac{1}{\sqrt{n+2} + \sqrt{n}} = \frac{\sqrt{n+2} - \sqrt{n}}{(\sqrt{n+2} + \sqrt{n})(\sqrt{n+2} - \sqrt{n})} = \frac{\sqrt{n+2} - \sqrt{n}}{2}$$

$$\therefore \sum_{n=1}^{M} \frac{1}{\sqrt{n+2} + \sqrt{n}} = \frac{\sqrt{M+2} + \sqrt{M+1} - \sqrt{2} - 1}{2}$$

$$\Rightarrow \sum_{n=1}^{\infty} \frac{1}{\sqrt{n+1} + \sqrt{n}} = \lim_{M\to\infty} \frac{\sqrt{M+2} + \sqrt{M+1} - \sqrt{2} - 1}{2} = \infty$$

範例 5.

$$求 \quad \sum_{n=1}^{\infty} \frac{2^n + 3^n}{5^n} = ?$$

【解】

$$\sum_{n=1}^{\infty} \frac{2^n + 3^n}{5^n} = \sum_{n=1}^{\infty} \frac{2^n}{5^n} + \sum_{n=1}^{\infty} \frac{3^n}{5^n} = \frac{\frac{2}{5}}{1 - \frac{2}{5}} + \frac{\frac{3}{5}}{1 - \frac{3}{5}} = \frac{2}{3} + \frac{3}{2} = \frac{13}{6}$$

範例 6.

$$求 \quad \sum_{n=1}^{\infty} \frac{3^n + 4^n}{7^n} = ?$$

【解】

$$\sum_{n=1}^{\infty} \frac{3^n + 4^n}{7^n} = \sum_{n=1}^{\infty} \frac{3^n}{7^n} + \sum_{n=1}^{\infty} \frac{4^n}{7^n} = \frac{\frac{3}{7}}{1 - \frac{3}{7}} + \frac{\frac{4}{7}}{1 - \frac{4}{7}} = \frac{3}{4} + \frac{4}{3} = \frac{25}{12}$$

範例 7.

$$求 \quad \sum_{n=1}^{\infty} \frac{1}{n(n+3)} = ?$$

【解】

$$\because \frac{1}{n(n+3)} = \frac{1}{3}\left(\frac{1}{n} - \frac{1}{n+3}\right)$$

$$\therefore \sum_{n=1}^{M} \frac{1}{n(n+3)} = \frac{1}{3}\sum_{n=1}^{M} \frac{1}{n} - \frac{1}{n+3}$$

$$= \frac{1}{3}\left(1 + \frac{1}{2} + \frac{1}{3} - \frac{1}{M+1} - \frac{1}{M+2} - \frac{1}{M+3}\right), \quad \forall M \geq 4$$

$$\Rightarrow \sum_{n=1}^{\infty} \frac{3}{n(n+1)} = \frac{1}{3}\lim_{M\to\infty}\left(1 + \frac{1}{2} + \frac{1}{3} - \frac{1}{M+1} - \frac{1}{M+2} - \frac{1}{M+3}\right) = \frac{11}{18}$$

範例 8.

$$求 \quad \sum_{n=1}^{\infty} \frac{1}{(n+1)(n+2)(n+3)} = ?$$

【解】

$$\because \frac{1}{(n+1)(n+2)(n+3)} = \frac{1}{2}\left(\frac{1}{(n+1)(n+2)} - \frac{1}{(n+2)(n+3)}\right)$$

$$\therefore \sum_{n=1}^{M} \frac{1}{(n+1)(n+2)(n+3)} = \frac{1}{2}\left(\frac{1}{6} - \frac{1}{(M+2)(M+3)}\right)$$

$$\Rightarrow \sum_{n=1}^{\infty} \frac{1}{(n+1)(n+2)(n+3)} = \lim_{M\to\infty} \frac{1}{2}\left(\frac{1}{6} - \frac{1}{(M+2)(M+3)}\right) = \frac{1}{12}$$

範例 9.

$$求 \quad \sum_{n=1}^{\infty} \frac{1}{n(n+1)(n+2)(n+3)} = ?$$

【解】

令 $\dfrac{1}{n(n+1)(n+2)(n+3)} = \dfrac{a}{n(n+1)(n+2)} + \dfrac{b}{(n+1)(n+2)(n+3)}$

則 $\dfrac{a}{n(n+1)(n+2)} + \dfrac{b}{(n+1)(n+2)(n+3)} = \dfrac{a(n+3)+bn}{n(n+1)(n+2)(n+3)}$

$\therefore a+b=0, \ 3a=1 \Rightarrow a = \dfrac{1}{3}, \ b = -\dfrac{1}{3}$

$$\therefore \sum_{n=1}^{M} \frac{1}{n(n+1)(n+2)(n+3)}$$

$$= \frac{1}{3}\left(\sum_{n=1}^{M} \frac{1}{n(n+1)(n+2)} - \sum_{n=1}^{M} \frac{1}{(n+1)(n+2)(n+3)}\right)$$

$$= \frac{1}{3}\cdot\left(\frac{1}{6} - \frac{1}{(M+1)(M+2)(M+3)}\right)$$

$$\therefore \sum_{n=1}^{\infty} \frac{1}{n(n+1)(n+2)(n+3)} = \frac{1}{18} - \lim_{M\to\infty} \frac{1}{3(n+1)(n+2)(n+3)} = \frac{1}{18}$$

範例 10.

$$求 \quad \sum_{n=1}^{\infty} \ln\left(1 + \frac{2}{n}\right) = ?$$

【解】

$$\because \ln\left(1+\frac{2}{n}\right) = \ln\left(\frac{n+2}{n}\right) = \ln(n+2) - \ln n$$

$$\therefore \sum_{n=1}^{M} \ln(n+2) - \ln n = \ln(M+2) + \ln(M+1) - \ln 2 - \ln 1$$

$$\Rightarrow \sum_{n=1}^{\infty} \ln(n+2) - \ln n = \lim_{M\to\infty}\left(\ln(M+2) + \ln(M+1) - \ln 2 - \ln 1\right) = \infty$$

範例 11.

$$求 \quad \sum_{n=3}^{\infty} \ln\left(1-\frac{4}{n^2}\right) = ?$$

【解】

$$\because \ln\left(1-\frac{4}{n^2}\right) = \ln\left(\frac{n^2-4}{n^2}\right) = \ln\frac{(n+2)(n-2)}{n^2} = \ln\frac{n+2}{n} - \ln\frac{n}{n-2}$$

$$\therefore \sum_{n=3}^{M} \ln\left(1-\frac{4}{n^2}\right) = \ln\frac{M+2}{M} + \ln\frac{M+1}{M-1} - \ln 2 - \ln 3 \Rightarrow \sum_{n=2}^{\infty} \ln\left(1-\frac{4}{n^2}\right) = -\ln 6$$

範例 12.

$$求 \quad \sum_{n=1}^{\infty} \frac{5}{n(n+5)} = ?$$

【解】

$$\because \frac{5}{n(n+5)} = \frac{1}{n} - \frac{1}{n+5}$$

$$\therefore \sum_{n=1}^{M} \frac{5}{n(n+5)} = \sum_{n=1}^{M} \frac{1}{n} - \frac{1}{n+5}$$

$$= 1 + \frac{1}{2} + \frac{1}{3} + \frac{1}{4} + \frac{1}{5} + - \frac{1}{M+1} - \frac{1}{M+2} - \frac{1}{M+3} - \frac{1}{M+4} - \frac{1}{M+5}, \quad \forall M \geq 6$$

$$\Rightarrow \sum_{n=1}^{\infty} \frac{5}{n(n+5)} = \lim_{M \to \infty} \left(1 + \frac{1}{2} + \frac{1}{3} + \frac{1}{4} + \frac{1}{5} + - \frac{1}{M+1} - \frac{1}{M+2} - \frac{1}{M+3} - \frac{1}{M+4} - \frac{1}{M+5} \right)$$

$$= \frac{137}{60}$$

範例 13.

$$求 \quad \sum_{n=1}^{\infty} \frac{n}{(n+2)(n+3)(n+4)} = ?$$

【解】

$$令 \frac{n}{(n+2)(n+3)(n+4)} = \frac{a}{(n+2)(n+3)} + \frac{b}{(n+3)(n+4)}$$

$$\because \frac{a}{(n+2)(n+3)} + \frac{b}{(n+3)(n+4)} = \frac{a(n+4) + b(n+2)}{(n+2)(n+3)(n+4)}$$

$$\therefore n = a(n+4) + b(n+2) \Rightarrow a + b = 1, 4a + 2b = 0 \Rightarrow a = -1, b = 2$$

$$\sum_{n=1}^{M} \frac{n}{(n+2)(n+3)(n+4)} = -\sum_{n=1}^{M} \left(\frac{1}{n+2} - \frac{1}{n+3} \right) + 2 \sum_{n=1}^{M} \left(\frac{1}{n+3} - \frac{1}{n+4} \right)$$

$$= -\left(\frac{1}{3} - \frac{1}{M+3} \right) + 2 \left(\frac{1}{4} - \frac{1}{M+4} \right) = \frac{1}{6} + \frac{1}{(M+3)} - \frac{2}{(M+4)}$$

$$\therefore \sum_{n=1}^{\infty} \frac{n}{(n+2)(n+3)(n+4)} = \frac{1}{6} + \lim_{M \to \infty} \frac{1}{(M+3)} - \frac{2}{(M+4)} = \frac{1}{6}$$

範例 14.

$$求 \quad \sum_{n=1}^{\infty} \frac{n}{(2n-1)(2n+1)(2n+3)} = ?$$

【解】

$$令 \frac{n}{(2n-1)(2n+1)(2n+3)} = \frac{a}{(2n-1)(2n+1)} + \frac{b}{(2n+1)(2n+3)}$$

$$\because \frac{a}{(2n-1)(2n+1)} + \frac{b}{(2n+1)(2n+3)} = \frac{a(2n+3) + b(2n-1)}{(2n-1)(2n+1)(2n+3)}$$

$$\therefore 2a + 2b = 1, \quad 3a - b = 0 \Rightarrow a = \frac{1}{8}, \quad b = \frac{3}{8}$$

$$\therefore \sum_{n=1}^{\infty} \frac{n}{(2n-1)(2n+1)(2n+3)} = \sum_{n=1}^{\infty} \frac{\frac{1}{8}}{(2n-1)(2n+1)} + \frac{\frac{3}{8}}{(2n+1)(2n+3)}$$

$$= \frac{1}{16} \sum_{n=1}^{\infty} \frac{1}{2n-1} - \frac{1}{2n+1} + \frac{3}{16} \sum_{n=1}^{\infty} \frac{1}{2n+1} - \frac{1}{2n+3} = \frac{1}{16} + \frac{3}{16} \cdot \frac{1}{3} = \frac{1}{8}$$

範例 15.

$$求 \quad \sum_{n=1}^{\infty} \frac{n}{3^n} = ?$$

【解】

$$令 S = \sum_{n=1}^{\infty} \frac{n}{3^n} \quad 則 \quad \frac{S}{3} = \sum_{n=1}^{\infty} \frac{n}{3^{n+1}}$$

$$\therefore S - \frac{S}{3} = \sum_{n=1}^{\infty} \frac{n}{3^n} - \sum_{n=1}^{\infty} \frac{n}{3^{n+1}} = \frac{1}{3} + \sum_{n=1}^{\infty} \frac{n+1}{3^{n+1}} - \frac{n}{3^{n+1}} = \sum_{n=1}^{\infty} \frac{1}{3^n} = \frac{\frac{1}{3}}{1 - \frac{1}{3}} = \frac{1}{2}$$

$$\therefore \frac{2S}{3} = \frac{1}{2} \Rightarrow S = \frac{3}{4}$$

範例 16.

$$求 \quad \sum_{n=1}^{\infty} \frac{n^2}{2^n} = ?$$

【解】

$$令 S = \sum_{n=1}^{\infty} \frac{n^2}{2^n} \quad 則 \quad \frac{S}{2} = \sum_{n=1}^{\infty} \frac{n^2}{2^{n+1}}$$

$$\therefore S - \frac{S}{2} = \sum_{n=1}^{\infty} \frac{n^2}{2^n} - \sum_{n=1}^{\infty} \frac{n^2}{2^{n+1}} = \frac{1}{2} + \sum_{n=1}^{\infty} \frac{(n+1)^2}{2^{n+1}} - \frac{n^2}{2^{n+1}} = \sum_{n=0}^{\infty} \frac{2n+1}{2^{n+1}} = \sum_{n=1}^{\infty} \frac{2n-1}{2^n}$$

$$\Rightarrow \frac{S}{2} - \frac{S}{4} = \sum_{n=1}^{\infty} \frac{2n-1}{2^n} - \sum_{n=1}^{\infty} \frac{2n-1}{2^{n+1}} = \frac{1}{2} + \sum_{n=1}^{\infty} \frac{2n+1}{2^{n+1}} - \sum_{n=1}^{\infty} \frac{2n-1}{2^{n+1}} = \frac{3}{2}$$

$$\therefore \frac{S}{4} = \frac{3}{2} \Rightarrow S = 6$$

範例 17.

$$求 \quad \sum_{n=1}^{\infty} \frac{n^2+n-1}{n+1!} = ?$$

【解】

$$\because \frac{n^2+n-1}{n+1!} = \frac{n(n+1)}{n+1!} - \frac{1}{n+1!} = \frac{1}{(n-1)!} - \frac{1}{n+1!}$$

$$\therefore \sum_{n=1}^{M} \frac{n^2+n-1}{n+1!} = \frac{1}{0!} + \frac{1}{1!} - \frac{1}{(M+2)!} - \frac{1}{(M+1)!}$$

$$\therefore \sum_{n=1}^{\infty} \frac{n^2+n-1}{n+1!} = \frac{1}{0!} + \frac{1}{1!} - \lim_{M \to \infty} \frac{1}{(M+2)!} - \frac{1}{(M+1)!} = 2$$

範例 18.

$$求 \quad \sum_{n=1}^{\infty} \frac{1}{n!\,(n+1)(n+3)} = ?$$

【解】

$$\because \frac{1}{n!\,(n+1)(n+3)} = \frac{n+2}{n!\,(n+1)(n+2)(n+3)} = \frac{n+2}{(n+3)!} = \frac{n+3-1}{(n+3)!}$$

$$= \frac{1}{(n+2)!} - \frac{1}{(n+3)!}$$

$$\therefore \sum_{n=1}^{\infty} \frac{1}{n!\,(n+1)(n+3)} = \sum_{n=1}^{\infty} \frac{1}{(n+2)!} - \frac{1}{(n+3)!} = \frac{1}{3!}$$

範例 19.

$$\sum_{n=1}^{\infty} \frac{1}{(3n+2)(3n-1)} = ?$$

【解】

$$\because \frac{1}{(3n+2)(3n-1)} = \frac{1}{3}\left(\frac{1}{(3n-1)} - \frac{1}{(3n+2)}\right)$$

$$\therefore \sum_{n=1}^{\infty} \frac{1}{(3n+2)(3n-1)} = \frac{1}{3}\sum_{n=1}^{\infty} \frac{1}{(3n-1)} - \frac{1}{(3n+1)} = \frac{1}{6}$$

範例 20.

$$\sum_{n=2}^{\infty} \frac{\ln\left(\left(1+\frac{1}{n}\right)^n (1+n)\right)}{(\ln n^n)(\ln(n+1)^{n+1})} = ?$$

【解】

$$\because \frac{\ln\left(\left(1+\frac{1}{n}\right)^n (1+n)\right)}{(\ln n^n)(\ln(n+1)^{n+1})} = \frac{n\ln\left(\frac{n+1}{n}\right) + \ln(1+n)}{(n\ln n)(n+1)\ln(n+1)}$$

$$= \frac{n\ln(n+1) - n\ln n}{(n\ln n)(n+1)\ln(n+1)} + \frac{\ln(1+n)}{(n\ln n)(n+1)\ln(n+1)}$$

$$= \frac{1}{(n+1)\ln n} - \frac{1}{(n+1)\ln(n+1)} + \frac{1}{n\ln n(n+1)}$$

$$= \frac{n+1}{n(n+1)\ln n} - \frac{1}{(n+1)\ln(n+1)} = \frac{1}{n\ln n} - \frac{1}{(n+1)\ln(n+1)}$$

$$\therefore \sum_{n=2}^{\infty} \frac{\ln\left(\left(1+\frac{1}{n}\right)^n (1+n)\right)}{(\ln n^n)(\ln(n+1)^{n+1})} = \frac{1}{2\ln 2} - \lim_{M\to\infty} \frac{1}{(M+1)\ln(M+1)} = \frac{1}{2\ln 2}$$

6.3 判斷正項級數的收斂性

介紹四個用來判斷正項級數是否收斂的檢驗法, 如之前談到這四個檢驗法的證明皆用到單調數列收斂定理, 此外, 這四者的使用時機不盡相同, 讀者除了理解這些檢驗法也需了解彼此之間使用時機的差異; 使用積分檢驗法的時機為當正項級數裡的 a_n 形式較為乾淨且滿足 $f(n) = a_n$ 的函數 $f(x)$ 通常能夠較容易知道它的瑕積分 $\int_1^\infty f(x)\,dx$ 收斂或發散; 當正項級數裡的 a_n 形式較為複雜並且能夠輕易找到 b_n 使得 $a_n \leq b_n$ 或 $b_n \leq a_n$ 時,則嘗試用比較法, 使用比較法的時候, 通常會搭配積分檢驗法; 當正項級數裡的 a_n 出現階乘或次方項時, 嘗試使用比值法, 當 a_n 出現次方項而比值法失效時, 嘗試使用根值法; 底下整理判斷正項級數是否收斂的主要方法

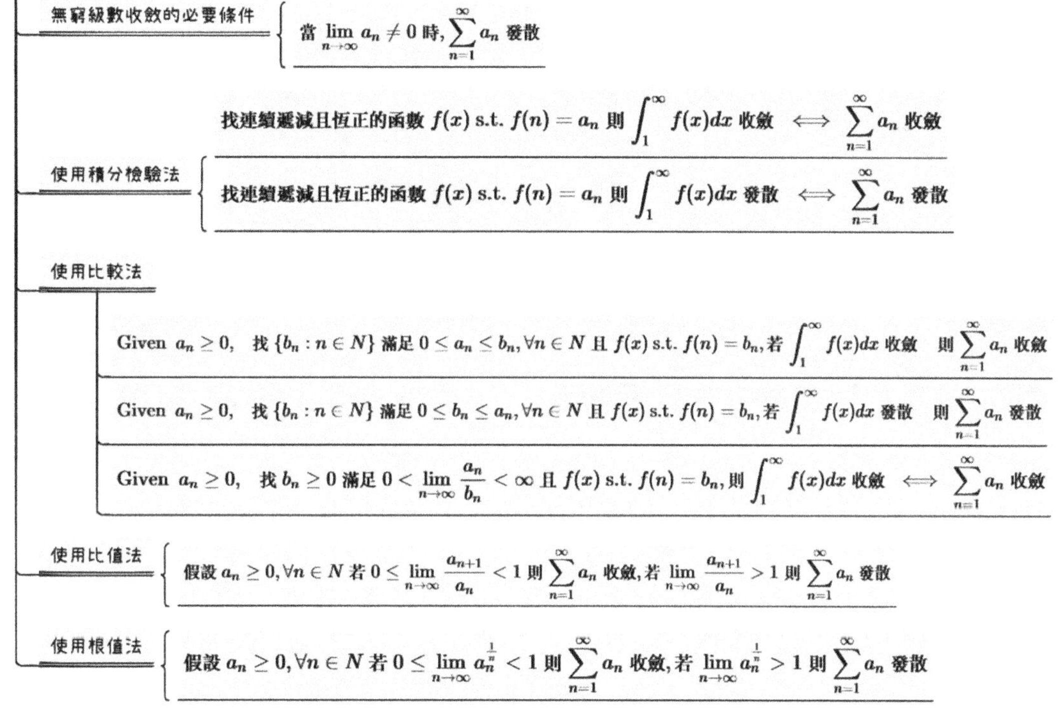

6.3.1　無窮級數收斂的必要條件

【定理】無窮級數收斂的必要條件

$$\sum_{n=1}^\infty a_n \text{ 收斂} \Rightarrow \lim_{n\to\infty} a_n = 0$$

Proof:

$$\text{令 } S_n = \sum_{k=1}^{n} a_k \quad \text{則 } a_n = S_n - S_{-1}$$

$$\because \sum_{n=1}^{\infty} a_n \text{ 收斂，} \quad \text{令 } \sum_{n=1}^{\infty} a_n = L \text{ 則 } \lim_{n\to\infty} S_n = \lim_{n\to\infty} S_{n-1} = L$$

$$\therefore \lim_{n\to\infty} a_n = \lim_{n\to\infty} S_n - S_{-1} = \lim_{n\to\infty} S_n - \lim_{n\to\infty} S_{n-1} = 0$$

範例 1.

$$\text{判斷} \sum_{n=1}^{\infty} \frac{7^n}{7^{n+1}+1} \text{ 收斂或發散}$$

【解】

Claim: $\displaystyle\lim_{n\to\infty} \frac{7^n}{7^{n+1}+1} \neq 0$

$$\lim_{n\to\infty} \frac{7^n}{7^{n+1}+1} = \lim_{n\to\infty} \frac{\frac{7^n}{7^n}}{\frac{7^{n+1}+1}{7^n}+\frac{1}{7^n}} = \lim_{n\to\infty} \frac{1}{7+\frac{1}{7^n}} = \frac{1}{7} \quad \therefore \sum_{n=1}^{\infty} \frac{7^n}{7^{n+1}+1} \text{ 發散}$$

範例 2.

$$\text{判斷} \sum_{n=1}^{\infty} \frac{1}{\sqrt[3n]{n}} \text{ 收斂或發散}$$

【解】

Claim: $\displaystyle\lim_{n\to\infty} \frac{1}{\sqrt[3n]{n}} \neq 0$

$$\because \frac{1}{\sqrt[3n]{n}} = n^{-\frac{1}{3n}} = e^{-\frac{1}{3n}\ln n}$$

$$\therefore \lim_{n\to\infty} \frac{\ln n}{3n} = \lim_{n\to\infty} \frac{\frac{1}{n}}{3} = 0 \Rightarrow \lim_{n\to\infty} \frac{1}{\sqrt[3n]{n}} = \exp\left(\lim_{n\to\infty} -\frac{1}{3n}\ln n\right) = 1 \quad \therefore \sum_{n=1}^{\infty} \frac{1}{\sqrt[3n]{n}} \text{ 發散}$$

範例 3.

$$判斷 \sum_{n=1}^{\infty} \left(1 + \frac{k}{n}\right)^n, \ \text{for } k > 0 \ \ 收斂或發散$$

【解】

$$\because \lim_{n \to \infty} \left(1 + \frac{k}{n}\right)^n = e^k \neq 0, \ \text{for } k > 0 \quad \therefore \sum_{n=1}^{\infty} \left(1 + \frac{k}{n}\right)^n \ 發散$$

範例 4.

$$判斷 \sum_{n=1}^{\infty} \cos n \ \ 收斂或發散$$

【解】

$$\because \lim_{n \to \infty} \cos n \neq 0 \quad \therefore \sum_{n=1}^{\infty} \cos n \ 發散$$

範例 5.

$$判斷 \sum_{n=1}^{\infty} \frac{e^n}{\ln n^2} \ \ 收斂或發散$$

【解】

$$\because \frac{e^n}{\ln n^2} > \frac{e^n}{2n} \quad \therefore \lim_{n \to \infty} \frac{e^n}{2n} = \lim_{n \to \infty} \frac{e^n}{2} = \infty \Rightarrow \lim_{n \to \infty} \frac{e^n}{\ln n^2} = \infty \quad \therefore \sum_{n=1}^{\infty} \frac{e^n}{\ln n^2} \ 發散$$

範例 6.

$$判斷 \sum_{n=1}^{\infty} n \ln\left(1 + \frac{k}{n}\right), \ \ \forall k \in N \ \ 收斂或發散$$

【解】

$$\text{Claim: } \lim_{n \to \infty} n \ln\left(1 + \frac{k}{n}\right) \neq 0, \ \ \forall k \in N$$

令 $k \in N$ 且 $\dfrac{k}{n} = x$ 則

$$\lim_{n\to\infty} n\ln\left(1+\frac{k}{n}\right) = k\lim_{n\to\infty}\frac{\ln\left(1+\frac{k}{n}\right)}{\frac{k}{n}} = k\lim_{x\to 0}\frac{\ln(1+x)}{x} = k\lim_{x\to 0}\frac{1}{1+x} = k \neq 0$$

$$\therefore \sum_{n=1}^{\infty} n\ln\left(1+\frac{k}{n}\right),\ \forall k \in N 發散$$

範例 7.

$$判斷 \sum_{n=1}^{\infty} n\sin\frac{\pi}{n}\ 收斂或發散$$

【解】

Claim: $\displaystyle\lim_{n\to\infty} n\sin\frac{\pi}{n} \neq 0$

$$令\ \frac{\pi}{n} = x\ 則\ \lim_{n\to\infty} n\sin\frac{\pi}{n} = \pi\left(\lim_{n\to\infty}\frac{\sin\frac{\pi}{n}}{\frac{\pi}{n}}\right) = \pi\lim_{x\to 0}\frac{\sin x}{x} = \pi\lim_{x\to 0}\frac{\cos x}{1} = \pi$$

$$\therefore \sum_{n=1}^{\infty} n\sin\frac{\pi}{n}\ 發散$$

6.3.2　　使用積分檢驗法（**Integral Test**)

【**定理**】積分檢驗法(Integral Test)

If $\exists$ continuous, decreasing and positive $f(x)$ on $[1,\infty)$ such that $f(n) = a_n$, then

(i) $\displaystyle\int_1^{\infty} f(x)dx\ 收斂 \Leftrightarrow \sum_{n=1}^{\infty} a_n\ 收斂$

(ii) $\displaystyle\int_1^{\infty} f(x)dx\ 發散 \Leftrightarrow \sum_{n=1}^{\infty} a_n\ 發散$

Proof:

Assume $\exists$ continuous and decreasing $f(x)$ such that $f(n) = a_n$

(i) Claim: $\displaystyle\int_1^\infty f(x)dx$ 收斂 $\Rightarrow \displaystyle\sum_{n=1}^\infty a_n$ 收斂

Let $S_n = a_1 + a_2 + \cdots + a_n$, $\because a_1 + a_2 + \cdots + a_n < a_1 + \displaystyle\int_1^n f(x)dx$

If $\displaystyle\int_1^\infty f(x)dx$ 收斂 then $\{S_n\}_{n=1}^\infty$ is increasing and bounded sequence.

By Monotone convergence Theorem, $\{S_n\}_{n=1}^\infty$ convergences $\therefore \displaystyle\sum_{n=1}^\infty a_n$ 收斂

(ii) Claim: $\displaystyle\sum_{n=1}^\infty a_n$ 收斂 $\Rightarrow \displaystyle\int_1^\infty f(x)dx$ 收斂

Assume $\displaystyle\sum_{n=1}^\infty a_n$ 收斂 and let $S_n = \displaystyle\int_1^{n+1} f(x)dx$

$\because a_1 + a_2 + \ldots + a_n > \displaystyle\int_1^{n+1} f(x)dx$

If $\displaystyle\sum_{n=1}^\infty a_n$ 收斂 then $\{S_n\}_{n=1}^\infty$ is increasing and bounded sequence.

By Monotone convergence Theorem, $\{S_n\}_{n=1}^\infty$ convergences $\therefore \displaystyle\int_1^\infty f(x)dx$ 收斂

考試類型:
題型 1.

判斷 $\displaystyle\sum_{n=1}^\infty a_n$ 收斂或發散

解題流程:
Step1.
找 $f(x)$ such that $f(n) = a_n$ 且說明 $f(x)$ 於 $[1, \infty)$ 為連續, 遞減且恆正的函數
Step2.

判斷 $\displaystyle\int_1^\infty f(x)dx$ 收斂或發散

如果能直接求瑕積分得值或判斷其收斂發散時, 則藉由積分檢驗法(Integral Test),

如果 $\displaystyle\int_1^\infty f(x)dx$ 收斂(發散) 則 $\displaystyle\sum_{n=1}^\infty a_n$ 收斂(發散)

<u>範例說明:</u>

Assume $p > 0$

(I) 判斷 $\displaystyle\sum_{n=1}^\infty \frac{1}{n^p}$ 是否收斂則令 $f(x) = x^{-p}$ 且 判斷 $\displaystyle\int_1^\infty x^{-p}dx$ 是否收斂

(II) 判斷 $\displaystyle\sum_{n=1}^\infty \frac{\ln n}{n^p}$ 是否收斂則令 $f(x) = x^{-p}\ln x$ 且 判斷 $\displaystyle\int_1^\infty x^{-p}\ln x\, dx$ 是否收斂

(III) 判斷 $\displaystyle\sum_{n=2}^\infty \frac{1}{n(\ln n)^p}$ 是否收斂則令 $f(x) = \frac{1}{x(\ln x)^p}$ 且 判斷 $\displaystyle\int_2^\infty \frac{dx}{x(\ln x)^p}$ 是否收斂

(IV) 判斷 $\displaystyle\sum_{n=2}^\infty \frac{1}{(\ln n)^P}$ 是否收斂則令 $f(x) = \frac{1}{(\ln n)^P}$ 且 判斷 $\displaystyle\int_2^\infty \frac{dx}{(\ln x)^P}$ 是否收斂

如果無法直接求瑕積分的值或判斷其收斂發散時, 可嘗試將積分做轉換, 方法包含: 變數代換法、分部積分法...等; 接著再求轉換後瑕積分的值或使用積分檢驗法(Integral Test)判斷其收斂發散

範例 1.

試判斷 $\displaystyle\sum_{n=1}^\infty \frac{1}{n^p}$ 收斂或發散, for $p > 0$

【解】

(1)

As $p = 1$, $\displaystyle\int_1^\infty x^{-1}dx = (\ln x)\big|_1^\infty = \infty$ $\quad \therefore \displaystyle\int_1^\infty x^{-1}dx$ 發散

令 $f(x) = x^{-1}$, $\forall x > 1$ $\quad \because f(x)$ 於 $[1, \infty)$ 為連續, 遞減且恆正的函數

藉由 Integral Test 則 $\displaystyle\sum_{n=1}^\infty \frac{1}{n}$ 發散

(2)

As $p \neq 1$, $\because \displaystyle\int_1^\infty x^{-p}dx = \frac{x^{-p+1}\big|_1^\infty}{1-p} = \begin{cases} \dfrac{1}{p-1}, & p > 1 \\ \infty, & 0 < p < 1 \end{cases}$

令 $f(x) = x^{-p}$, $\forall x > 1$, $\quad \because f(x)$ 於 $[1, \infty)$ 為連續, 遞減且恆正的函數

藉由 Integral Test 則 $\displaystyle\sum_{n=1}^\infty \frac{1}{n^p} = \begin{cases} \text{收斂}, & p > 1 \\ \text{發散}, & 0 < p \leq 1 \end{cases}$

範例 2.

試判斷 $\displaystyle\sum_{n=1}^\infty \frac{\ln n}{n^p}$ 收斂或發散, for $p > 0$

【解】

(1)

As $p = 1$, $\because \displaystyle\int_1^\infty x^{-1} \ln x \, dx = \frac{(\ln x)^2}{2}\bigg|_1^\infty$ $\quad \therefore \displaystyle\int_1^\infty x^{-p} \ln x \, dx$ 發散, for $p = 1$

令 $f(x) = x^{-1} \ln x$, $\forall x > 1$, $\quad \because f(x)$ 於 $[1, \infty)$ 為連續, 遞減且恆正的函數

藉由 Integral Test 則 $\displaystyle\sum_{n=1}^\infty \frac{\ln n}{n^p}$ 發散, for $p = 1$

(2)

As $p \neq 1$, 令 $u = \ln x$, $dv = x^{-p}dx$ 則 $du = \dfrac{dx}{x}$, $v = \dfrac{x^{1-p}}{1-p}$

藉由 Integration by parts,

$$\therefore \int_1^\infty x^{-p} \ln x \, dx = \frac{x^{1-p} \ln x}{1-p}\Big|_1^\infty - \int_1^\infty \frac{x^{-p} dx}{1-p} = \frac{x^{1-p} \ln x}{1-p}\Big|_1^\infty - \frac{x^{-p+1}|_1^\infty}{(p-1)^2}$$

As $p > 1$, $\quad \because \frac{x^{1-p} \ln x}{1-p}\Big|_1^\infty = 0$ 且 $\frac{x^{-p+1}|_1^\infty}{(p-1)^2} = \frac{1}{(p-1)^2}$ $\quad \therefore \int_1^\infty x^{-p} \ln x \, dx = \frac{1}{(p-1)^2}$

As $0 < p < 1$,

$$\because \frac{x^{1-p}(\ln x)}{1-p}\Big|_1^\infty = \infty \quad 且 \quad \frac{x^{-p+1}|_1^\infty}{(p-1)^2} = \infty \quad \therefore \int_1^\infty x^{-p} \ln x \, dx \text{ 發散, } \forall\, 0 < p < 1$$

令 $f(x) = x^{-p} \ln x$, $\forall x > e^{\frac{1}{p}}$, $\quad \because f(x)$ 於 $[e^{\frac{1}{p}}, \infty)$ 為連續, 遞減且恆正的函數

藉由 Integral Test 則 $\quad \displaystyle\sum_{n=1}^\infty \frac{\ln n}{n^p} = \begin{cases} 收斂, & p > 1 \\ 發散, & 0 < p \le 1 \end{cases}$

範例 3.

$$試判斷 \sum_{n=2}^\infty \frac{1}{n(\ln n)^p} \text{ 收斂或發散, for } p > 0$$

【解】

(1)

As $p = 1$, $\quad \because \int_2^\infty \frac{1}{x(\ln x)^p} dx = \ln(\ln x)\Big|_2^\infty$ $\quad \therefore \int_2^\infty \frac{1}{x(\ln x)^p} dx$ 發散, for $p = 1$

令 $f(x) = \frac{1}{x \ln x}$, $\forall x > 2$, $\quad \because f(x)$ 於 $[2, \infty)$ 為連續, 遞減且恆正的函數

藉由 Integral Test 則 $\quad \displaystyle\sum_{n=2}^\infty \frac{1}{n \ln n}$ 發散

(2)

As $p \ne 1$, $\quad \because \int_2^\infty \frac{1}{x(\ln x)^p} dx = \frac{(\ln x)^{1-p}}{1-p}\Big|_2^\infty = \begin{cases} \dfrac{(\ln 2)^{1-p}}{p-1}, & p > 1 \\ \infty, & 0 < p < 1 \end{cases}$

令 $f(x) = \dfrac{1}{x(\ln x)^p}$, $\forall x > 2$, $\because f(x)$ 於 $[2, \infty)$ 為連續, 遞減且恆正的函數

藉由 Integral Test 則 $\displaystyle\sum_{n=2}^{\infty} \dfrac{1}{n(\ln n)^p} = \begin{cases} 收斂, & p > 1 \\ 發散, & 0 < p \leq 1 \end{cases}$

範例 4.

$$試判斷 \sum_{n=1}^{\infty} \dfrac{1}{n^2 + 2n + 5} \ 收斂或發散$$

【解】

Claim: $\displaystyle\int_1^{\infty} \dfrac{1}{x^2 + 2x + 5} dx$ 收斂

$\because \displaystyle\int \dfrac{1}{x^2 + 2x + 5} dx = \int \dfrac{1}{(x+1)^2 + 4} dx = \dfrac{1}{4} \int \dfrac{1}{\left(\dfrac{x+1}{2}\right)^2 + 1} dx$

令 $t = \dfrac{x+1}{2}$ 則 $dt = \dfrac{dx}{2}$, 藉由變數代換法

則 $\dfrac{1}{4} \displaystyle\int \dfrac{1}{\left(\dfrac{x+1}{2}\right)^2 + 1} dx = \dfrac{1}{2} \int \dfrac{1}{t^2 + 1} dt = \dfrac{1}{2} \tan^{-1} t + c = \dfrac{1}{2} \tan^{-1} \dfrac{x+1}{2} + c$

$\therefore \displaystyle\int_1^{\infty} \dfrac{1}{x^2 + 2x + 5} dx = \dfrac{1}{2} \left(\lim_{b \to \infty} \tan^{-1} \dfrac{b+1}{2} - \tan^{-1} \dfrac{1+1}{2} \right) = \dfrac{1}{2} \left(\dfrac{\pi}{2} - \dfrac{\pi}{4} \right) = \dfrac{\pi}{8}$

令 $f(x) = \dfrac{1}{x^2 + 2x + 5}$, $\forall x > 1$, $\because f(x)$ 於 $[1, \infty)$ 為連續, 遞減且恆正的函數

藉由 Integral Test 則 $\displaystyle\int_1^{\infty} \dfrac{1}{x^2 + 2x + 5} dx$ 收斂 $\Rightarrow \displaystyle\sum_{n=1}^{\infty} \dfrac{1}{n^2 + 2n + 5}$ 收斂

範例 5.

$$試判斷 \sum_{n=2}^{\infty} \dfrac{n}{(\ln n)^k} \ 收斂或發散, \ k \geq 2$$

【解】

Claim: $\displaystyle\int_2^\infty \frac{xdx}{(\ln x)^k}$ 收斂

令 $\ln x = u$ 則 $\dfrac{dx}{x} = du \Rightarrow dx = e^u du$ $\quad \therefore \displaystyle\int_{\ln 2}^\infty \frac{xdx}{(\ln x)^k} = \int_2^\infty u^{-k} e^{2u} du$

藉由羅比達法則 $\displaystyle\lim_{u\to\infty} u^{-k} e^{2u} = \infty$, for $k \geq 2$ $\Rightarrow \displaystyle\int_2^\infty \frac{xdx}{(\ln x)^k}$ 發散

令 $f(x) = \dfrac{x}{(\ln x)^k}$, $\forall x > 2$, $\quad \because f(x)$ 於 $[2, \infty)$ 為連續, 遞減且恆正的函數

藉由 Integral Test 則 $\displaystyle\int_2^\infty \frac{xdx}{(\ln x)^k}$ 發散 $\Rightarrow \displaystyle\sum_{n=2}^\infty \frac{n}{(\ln n)^k}$ 發散, $\forall k \geq 2$

範例 6.

$$試判斷 \sum_{n=1}^\infty \frac{n^3}{n^8 + 1} \ 收斂或發散$$

【解】

Claim: $\displaystyle\int_1^\infty \frac{x^3}{x^8 + 1} dx$ 收斂

令 $u = x^4$ 則 $du = 4x^3 dx$, 藉由變數代換法

$\therefore \displaystyle\int \frac{x^3}{1 + x^8} dx = \frac{1}{4}\int \frac{du}{1 + u^2} = \frac{1}{4}\tan^{-1}u + c = \frac{1}{4}\tan^{-1}x^4 + c$

$\therefore \displaystyle\int_a^b \frac{x^3}{1 + x^8} dx = \frac{1}{4}(\tan^{-1}b^4 - \tan^{-1}a^4)$ $\quad \therefore \displaystyle\int_0^\infty \frac{x^3}{1 + x^8} dx = \frac{1}{4}\left(\frac{\pi}{2} - 0\right) = \frac{\pi}{8}$

令 $f(x) = \dfrac{x^3}{1 + x^8}$, $\forall x > 1$, $\quad \because f(x)$ 於 $[1, \infty)$ 為連續, 遞減且恆正的函數

藉由 Integral Test 則 $\displaystyle\int_1^\infty \frac{x^3}{1 + x^8} dx$ 收斂 $\Rightarrow \displaystyle\sum_{n=1}^\infty \frac{n^3}{(n^8 + 1)}$ 收斂

範例 7.

試判斷 $\displaystyle\sum_{n=1}^{\infty}\frac{\tan^{-1}\sqrt{n}}{\sqrt{n}(1+n)}$ 收斂或發散

【解】

Claim: $\displaystyle\int_{1}^{\infty}\frac{\tan^{-1}\sqrt{x}}{\sqrt{x}(1+x)}dx$ 收斂

令 $u=\sqrt{x}$ 則 $du=\dfrac{1}{2}x^{-\frac{1}{2}}dx \Rightarrow dx=2udu$, 藉由變數代換法

則 $\displaystyle\int\frac{\tan^{-1}\sqrt{x}}{\sqrt{x}(1+x)}dx = \int\frac{(\tan^{-1}u)2u}{u(1+u^2)}du = 2\int\frac{\tan^{-1}u}{1+u^2}du$

令 $t=\tan^{-1}u$ 則 $dt=\dfrac{du}{1+u^2}$, 藉由變數代換法

則 $\displaystyle 2\int\frac{\tan^{-1}u}{1+u^2}du = 2\int tdt = t^2+c = (\tan^{-1}u)^2+c = \left(\tan^{-1}\sqrt{x}\right)^2+c$

$\therefore \displaystyle\int_{1}^{\infty}\frac{\tan^{-1}\sqrt{x}}{\sqrt{x}(1+x)}dx = \lim_{b\to\infty}\left(\tan^{-1}\sqrt{b}\right)^2 - \left(\tan^{-1}\sqrt{1}\right)^2 = \left(\frac{\pi}{2}\right)^2 - \left(\frac{\pi}{4}\right)^2 = \frac{3\pi^2}{16}$

令 $f(x)=\dfrac{\tan^{-1}\sqrt{x}}{\sqrt{x}(1+x)}$, $\forall x>1$, $\because f(x)$ 於 $[1,\infty)$ 為連續, 遞減且恆正的函數

藉由 Integral Test 則 $\displaystyle\int_{1}^{\infty}\frac{\tan^{-1}\sqrt{x}}{\sqrt{x}(1+x)}dx$ 收斂 $\Rightarrow \displaystyle\sum_{n=1}^{\infty}\frac{\tan^{-1}\sqrt{n}}{\sqrt{n}(1+n)}$ 收斂

範例 8.

試判斷 $\displaystyle\sum_{n=1}^{\infty}\frac{\tan^{-1}n}{n^2+1}$ 收斂或發散

【解】

Claim: $\displaystyle\int_{1}^{\infty}\frac{\tan^{-1}x\,dx}{x^2+1}$ 收斂

令 $\tan^{-1}x=u$ 則 $\dfrac{dx}{x^2+1}=du \Rightarrow \displaystyle\int_{1}^{\infty}\frac{\tan^{-1}x\,dx}{x^2+1} = \int_{\frac{\pi}{4}}^{\frac{\pi}{2}}udu = \left.\frac{u^2}{2}\right|_{\frac{\pi}{4}}^{\frac{\pi}{2}} < \infty$

Claim: $f(x)=\dfrac{\tan^{-1}x}{x^2+1}$ 為遞減函數於 $[1,\infty)$

$$\because f'(x) = \frac{1 - 2x\tan^{-1}x}{(x^2+1)^2} \quad \text{且} \quad \tan^{-1}x > \frac{\pi}{4}, \ \forall x > 1$$

$$\therefore 1 - 2x\tan^{-1}x < 1 - \frac{x\pi}{2} < 0, \ \forall x > 1 \Rightarrow f'(x) < 0, \ \forall x > 1$$

$$\text{令} f(x) = \frac{\tan^{-1}x}{x^2+1}, \ \forall x > 1, \ \because f(x)於[1,\infty)為連續, 遞減且恆正的函數$$

$$\text{藉由 Integral Test 則} \quad \int_1^\infty \frac{\tan^{-1}x \, dx}{x^2+1} \ \text{收斂} \Rightarrow \sum_{n=1}^\infty \frac{\tan^{-1}n}{n^2+1} \ \text{收斂}$$

範例 9.

$$\text{試判斷} \sum_{n=1}^\infty \frac{1}{n(1+n^3)} \ \text{收斂或發散}$$

【解】

$$\text{Claim:} \int_1^\infty \frac{1}{x(1+x^3)} dx \ \text{收斂}$$

$$\text{令} \, t = x^3 \text{ 則 } dt = 3x^2 dx, \ \text{藉由變數代換法}$$

$$\text{則} \int \frac{1}{x(1+x^3)} dx = \int \frac{x^2}{x^3(1+x^3)} dx = \frac{1}{3}\int \frac{1}{t(1+t)} dt$$

$$= \frac{1}{3}\int \frac{1}{t} - \frac{1}{t+1} dt = \frac{1}{3}\ln\frac{t}{t+1} + c = \frac{1}{3}\ln\frac{x^3}{x^3+1} + c$$

$$\therefore \int_1^\infty \frac{1}{x(1+x^3)} dx = \frac{1}{3}\left(\lim_{b\to\infty}\ln\frac{b^3}{b^3+1} - \ln\frac{1}{2}\right) = \frac{\ln 2}{3}$$

$$\text{令} f(x) = \frac{1}{x(1+x^3)}, \ \forall x > 1, \ \because f(x)於[1,\infty)為連續, 遞減且恆正的函數$$

$$\text{藉由 Integral Test 則} \quad \int_1^\infty \frac{1}{x(1+x^3)} dx \ \text{收斂} \Rightarrow \sum_{n=1}^\infty \frac{1}{n(1+n^3)} \ \text{收斂}$$

範例 10.

$$\text{試判斷} \sum_{n=2}^\infty \frac{1}{n\sqrt{n^6-1}} \ \text{收斂或發散}$$

【解】

Claim: $\displaystyle\int_2^\infty \frac{1}{x\sqrt{x^6-1}}\,dx$ 收斂

令 $u=\sqrt{x^6-1}$ 則 $du=3x^5(x^6-1)^{-\frac{1}{2}}\,dx$ 且 $u^2=x^6-1$, 藉由變數代換法

則 $\displaystyle\int \frac{1}{x\sqrt{x^6-1}}\,dx = \int \frac{x^5}{x^6\sqrt{x^6-1}}\,dx = \frac{1}{3}\int \frac{1}{u^2+1}\,du$

$= \dfrac{1}{3}\tan^{-1}u + c = \dfrac{1}{3}\tan^{-1}\left(\sqrt{x^6-1}\right)+c$

$\therefore \displaystyle\int_2^\infty \frac{1}{x\sqrt{x^6-1}}\,dx = \frac{1}{3}\left(\lim_{b\to\infty}\tan^{-1}\left(\sqrt{b^6-1}\right)-\tan^{-1}(\sqrt{63})\right) = \frac{\pi}{6} - \frac{\tan^{-1}(\sqrt{63})}{3}$

令 $f(x)=\dfrac{1}{x\sqrt{x^6-1}}$, $\ \forall x>2,\ \ \because f(x)$ 於 $[1,\infty)$ 為連續, 遞減且恆正的函數

藉由 Integral Test 則 $\displaystyle\int_2^\infty \frac{1}{x\sqrt{x^6-1}}\,dx$ 收斂 $\Rightarrow \displaystyle\sum_{n=2}^\infty \frac{1}{n\sqrt{n^6-1}}$ 收斂

範例 11.

$\qquad$ 試判斷 $\displaystyle\sum_{n=1}^\infty \frac{n}{n^4+1}$ 收斂或發散

【解】

Claim: $\displaystyle\int_1^\infty \frac{x}{x^4+1}\,dx$ 收斂

$\because \displaystyle\int_1^\infty \frac{x}{x^4+1}\,dx = \frac{1}{2}\int_1^\infty \frac{2x}{(x^2)^2+1}\,dx$

令 $t=x^2$ 則 $dt=2x\,dx$, 藉由變數代換法

則 $\displaystyle\int_1^\infty \frac{x}{x^4+1}\,dx = \frac{1}{2}\int_1^\infty \frac{2x}{(x^2)^2+1}\,dx = \frac{1}{2}\int_1^\infty \frac{dt}{t^2+1} = \frac{1}{2}\tan^{-1}t\,\Big|_1^\infty = \frac{\pi}{8}$

令 $f(x)=\dfrac{x}{x^4+1}$, $\ \forall x>1,\ \ \because f(x)$ 於 $[1,\infty)$ 為連續, 遞減且恆正的函數

藉由 Integral Test 則 $\displaystyle\int_1^\infty \frac{x}{x^4+1}dx$ 收斂 $\Rightarrow \displaystyle\sum_{n=1}^\infty \frac{n}{n^4+1}$ 收斂

範例 12.

$$試判斷 \sum_{n=2}^\infty \frac{1}{n^4-1} \quad 收斂或發散$$

【解】

Claim: $\displaystyle\int_2^\infty \frac{1}{x^4-1}dx$ 收斂

$$\because \frac{1}{x^4-1} = \frac{1}{(x^2+1)(x^2-1)} = \frac{1}{2}\left(\frac{1}{x^2-1} - \frac{1}{x^2+1}\right)$$

$$= \frac{1}{2}\left(\frac{1}{2}\left(\frac{1}{x-1} - \frac{1}{x+1}\right) - \frac{1}{x^2+1}\right) = \frac{1}{4}\left(\frac{1}{x-1} - \frac{1}{x+1}\right) - \frac{1}{2}\cdot\frac{1}{(x^2+1)}$$

$$\therefore \int_2^\infty \frac{1}{x^4-1}dx = \int_2^\infty \frac{1}{4}\left(\frac{1}{x-1} - \frac{1}{x+1}\right) - \frac{1}{2}\cdot\frac{1}{(x^2+1)}dx$$

$$= \frac{1}{4}\left(\ln|x-1| - \ln|x+1|\right) - \frac{1}{2}\tan^{-1}x\Big|_2^\infty = \frac{-1}{4}\left(\ln\frac{1}{3}\right) - \frac{1}{2}\left(\frac{\pi}{2} - \tan^{-1}2\right)$$

令 $f(x) = \dfrac{1}{x^4-1}$, $\forall x > 2$, $\because f(x)$ 於 $[2,\infty)$ 為連續, 遞減且恆正的函數

藉由 Integral Test 則 $\displaystyle\int_2^\infty \frac{1}{x^4-1}dx$ 收斂 $\Rightarrow \displaystyle\sum_{n=2}^\infty \frac{1}{n^4-1}$ 收斂

6.3.3　使用比較法(Comparison Test)

如果介紹無法直接求瑕積分的值或判斷其收斂發散時, 可嘗試變數代換法、分部積分法... 等, 接著再求轉換後瑕積分的值或使用積分檢驗法(Integral Test)判斷其收斂發散, 接下來介紹的比較法與極限比較法, 提供一種較為輕鬆的解法

【**定理**】Comparison Test

假設∃M ∈ N s.t. $0 \leq a_n \leq b_n$, $\forall n \geq M$ 則

$$\sum_{n=1}^{\infty} b_n \text{ 收斂} \Rightarrow \sum_{n=1}^{\infty} a_n \text{ 收斂 且 } \sum_{n=1}^{\infty} a_n \text{ 發散} \Rightarrow \sum_{n=1}^{\infty} b_n \text{ 發散}$$

Proof:

Claim: $\sum_{n=1}^{\infty} b_n \text{ 收斂} \Rightarrow \sum_{n=1}^{\infty} a_n \text{ 收斂}$

Let $S_k = a_1 + a_2 + \cdots + a_k$ and $\sum_{n=1}^{\infty} b_n$ 收斂

$$\because \sum_{n=M}^{k} a_n \leq \sum_{n=M}^{k} b_n \leq \sum_{n=1}^{\infty} b_n \quad \therefore S_k = \sum_{n=1}^{M-1} a_n + \sum_{n=M}^{k} a_n \leq \sum_{n=1}^{M-1} a_n + \sum_{n=1}^{\infty} b_n$$

If $\sum_{n=1}^{\infty} b_n$ 收斂 then $\{S_k\}_{k=1}^{\infty}$ is increasing and bounded sequence.

By Monotone Convergence Theorem, $\{S_k\}_{k=1}^{\infty}$ convergences $\therefore \sum_{n=1}^{\infty} a_n$ 收斂

$$\therefore \sum_{n=1}^{\infty} b_n \text{ 收斂} \Rightarrow \sum_{n=1}^{\infty} a_n \text{ 收斂 且 } \sum_{n=1}^{\infty} a_n \text{ 發散} \Rightarrow \sum_{n=1}^{\infty} b_n \text{ 發散}$$

【**定理**】Limit Comparison Test

假設 $\lim_{n \to \infty} \dfrac{a_n}{b_n} = M$ 且 a_n, $b_n \geq 0$, $\forall n \in N$ 則

(i)若 $0 < M < \infty$ 則 $\sum_{n=1}^{\infty} b_n$ 與 $\sum_{n=1}^{\infty} a_n$ 同時收斂或發散

(ii)若 $M = 0$ 則 $\sum_{n=1}^{\infty} b_n \text{ 收斂} \Rightarrow \sum_{n=1}^{\infty} a_n \text{ 收斂}$

(iii)若 $M = \infty$　則 $\displaystyle\sum_{n=1}^{\infty} b_n$ 發散 $\Rightarrow \displaystyle\sum_{n=1}^{\infty} a_n$ 發散

<u>Proof:</u>

(i) Assume $0 < \displaystyle\lim_{n\to\infty} \frac{a_n}{b_n} < \infty$ and claim $\displaystyle\sum_{n=1}^{\infty} b_n$ 與 $\displaystyle\sum_{n=1}^{\infty} a_n$ 同時收斂或發散

Let $\varepsilon = \dfrac{M}{2}$,　choose $N_1 \in N$ s.t. $n \geq N_1 \Rightarrow \dfrac{Mb_n}{2} \leq a_n \leq \dfrac{3Mb_n}{2}$

By Comparison Test, $\displaystyle\sum_{n=1}^{\infty} b_n$ 與 $\displaystyle\sum_{n=1}^{\infty} a_n$ 同時收斂或發散

(ii) Assume $\displaystyle\lim_{n\to\infty} \frac{a_n}{b_n} = 0$ and claim $\displaystyle\sum_{n=1}^{\infty} b_n$ 收斂 $\Rightarrow \displaystyle\sum_{n=1}^{\infty} a_n$ 收斂

$\because \displaystyle\lim_{n\to\infty} \frac{a_n}{b_n} = 0$　$\therefore$ let $\varepsilon = 1$,　choose $N_1 \in N$ s.t. $n \geq N_1 \Rightarrow a_n \leq b_n$

By Comparison Test, $\displaystyle\sum_{n=1}^{\infty} b_n$ 收斂 $\Rightarrow \displaystyle\sum_{n=1}^{\infty} a_n$ 收斂

(iii) Assume $\displaystyle\lim_{n\to\infty} \frac{a_n}{b_n} = \infty$ and claim: $\displaystyle\sum_{n=1}^{\infty} b_n$ 發散 $\Rightarrow \displaystyle\sum_{n=1}^{\infty} a_n$ 發散

$\because \displaystyle\lim_{n\to\infty} \frac{a_n}{b_n} = \infty$　$\therefore$ let $M \in N$,　choose $N_1 \in N$ s.t. $n \geq N_1 \Rightarrow \dfrac{a_n}{b_n} \geq M$

By Comparison Test, $\displaystyle\sum_{n=1}^{\infty} b_n$ 發散 $\Rightarrow \displaystyle\sum_{n=1}^{\infty} a_n$ 發散

記: 關鍵是找出較容易判斷收斂性$\{b_n\}$ 使得 $0 \leq a_n \leq b_n$

<u>考試類型:</u>

當無法找出較容易判斷收斂性$\{b_n\}$使得 $0 \leq a_n \leq b_n$的時候, 可利用上述方法先求 $\displaystyle\lim_{n\to\infty} \frac{a_n}{b_n}$

的極限值, 再判斷 $\sum_{n=1}^{\infty} b_n$ 的收斂性, 再者, 此方法最後一步往往也得搭配積分檢驗法; 此外, 求 $\lim_{n \to \infty} \frac{a_n}{b_n}$ 極限值的時候也常用到羅比達法則, 也就是會使用到羅比達法則與積分檢驗法的搭配

考試類型:

題型 1.

使用 Comparison Test 結合積分檢驗法判斷 $\sum_{n=1}^{\infty} a_n$ 收斂或發散

解題流程:

Step1.

說明 $\sum_{n=1}^{\infty} a_n$ 收斂時, 找 $\{b_n : n \in N\}$ 滿足 $0 \le a_n \le b_n,\ \forall n \in N$

說明 $\sum_{n=1}^{\infty} a_n$ 發散時, 找 $\{b_n : n \in N\}$ 滿足 $0 \le b_n \le a_n,\ \forall n \in N$

Step2.

找 $f(x)$ 於 $[1, \infty)$ 為連續, 遞減且恆正的函數且 $f(x)$ such that $f(n) = b_n$

Step3.

判斷 $\displaystyle\int_1^{\infty} f(x)dx$ 收斂

如果能直接求瑕積分得值或判斷其收斂發散時: 藉由積分檢驗法(Integral Test)

如果 $\displaystyle\int_1^{\infty} f(x)dx$ 收斂則 $\displaystyle\sum_{n=1}^{\infty} b_n$ 收斂 $\xrightarrow{\text{Comparison Test}} \displaystyle\sum_{n=1}^{\infty} a_n$ 收斂

如果 $\displaystyle\int_1^{\infty} f(x)dx$ 發散則 $\displaystyle\sum_{n=1}^{\infty} b_n$ 發散 $\xrightarrow{\text{Comparison Test}} \displaystyle\sum_{n=1}^{\infty} a_n$ 發散

<u>範例說明:</u>

Assume $p > 0$

(I)如果 $\displaystyle\sum_{n=1}^{\infty} b_n = \sum_{n=1}^{\infty} \frac{1}{n^p}$ 則令 $f(x) = x^{-p}$ 且 判斷 $\displaystyle\int_{1}^{\infty} x^{-p}\,dx$ 是否收斂

(II)如果 $\displaystyle\sum_{n=1}^{\infty} b_n = \sum_{n=1}^{\infty} \frac{\ln n}{n^p}$ 則令 $f(x) = \frac{\ln x}{x^p}$ 且 判斷 $\displaystyle\int_{1}^{\infty} \frac{\ln x}{x^p}\,dx$ 是否收斂

(III)如果 $\displaystyle\sum_{n=2}^{\infty} b_n = \sum_{n=2}^{\infty} \frac{1}{n(\ln n)^p}$ 則令 $f(x) = \frac{1}{x(\ln x)^p}$ 且判斷 $\displaystyle\int_{2}^{\infty} \frac{dx}{x(\ln x)^p}$ 是否收斂

(IV)如果 $\displaystyle\sum_{n=2}^{\infty} b_n = \sum_{n=2}^{\infty} \frac{1}{(\ln n)^p}$ 則令 $f(x) = \frac{1}{(\ln n)^P}$ 且 判斷 $\displaystyle\int_{2}^{\infty} \frac{1}{(\ln x)^P}\,dx$ 是否收斂

如果無法直接求瑕積分的值或判斷其收斂發散時, 則嘗試將積分做轉換, 方法包含: 變數代換法、分部積分法... 等; 接著再求轉換後瑕積分的值或使用積分檢驗法(Integral Test)判斷其收斂發散

題型 2.
使用 Limit Comparison Test 與積分檢驗法判斷 $\sum_{n=1}^{\infty} a_n$ 收斂或發散
解題流程:
Step1.

找 $\{b_n : n \in N\}$ 滿足 $\displaystyle\lim_{n\to\infty} \frac{a_n}{b_n} = M,\ 0 < M < \infty$

Step2.
找 $f(x)$ 於 $[1, \infty)$ 為連續, 遞減且恆正的函數且 $f(x)$ such that $f(n) = b_n$
Step3.

判斷 $\displaystyle\int_{1}^{\infty} f(x)\,dx$ 收斂或發散

如果能直接求瑕積分得值或判斷其收斂發散時: 藉由積分檢驗法(Integral Test):

若 $\displaystyle\int_{1}^{\infty} f(x)\,dx$ 收斂 則 $\displaystyle\sum_{n=1}^{\infty} b_n$ 收斂 $\xrightarrow{\text{Limit Comparison Test}}$ $\displaystyle\sum_{n=1}^{\infty} a_n$ 收斂

$$\text{若} \int_1^\infty f(x)dx \text{ 發散 則} \sum_{n=1}^\infty b_n \text{ 發散} \xrightarrow{\text{Limit Comparison Test}} \sum_{n=1}^\infty a_n \text{ 發散}$$

<u>範例說明:</u>

Assume $p > 0$

(I)如果 $\displaystyle\sum_{n=1}^\infty b_n = \sum_{n=1}^\infty \frac{1}{n^p}$ 則令 $f(x) = x^{-p}$ 且判斷 $\displaystyle\int_1^\infty x^{-p}dx$ 是否收斂

(II)如果 $\displaystyle\sum_{n=1}^\infty b_n = \sum_{n=1}^\infty \frac{\ln n}{n^p}$ 則令 $f(x) = x^{-p}\ln x$ 且判斷 $\displaystyle\int_1^\infty x^{-p}\ln x\, dx$ 是否收斂

(III)如果 $\displaystyle\sum_{n=2}^\infty b_n = \sum_{n=2}^\infty \frac{1}{n(\ln n)^p}$ 則令 $f(x) = \frac{1}{x(\ln x)^p}$ 且判斷 $\displaystyle\int_2^\infty \frac{dx}{x(\ln x)^p}$ 是否收斂

(IV)如果 $\displaystyle\sum_{n=2}^\infty b_n = \sum_{n=2}^\infty \frac{1}{(\ln n)^P}$ 則令 $f(x) = \frac{1}{(\ln n)^P}$ 且判斷 $\displaystyle\int_2^\infty \frac{1}{(\ln n)^P}dx$ 是否收斂

與 Comparison Test 相同, 如果無法直接求瑕積分的值或判斷其收斂發散時, 則嘗試將積分做轉換, 方法包含: 變數代換法、分部積分法... 等; 接著再求轉換後瑕積分的值或使用積分檢驗法(Integral Test)判斷其收斂發散

範例 1.

試判斷 $\displaystyle\sum_{n=1}^\infty \frac{1}{n^3+1}$ 收斂或發散

【解】

$\because \dfrac{1}{n^3+1} \leq \dfrac{1}{n^3}$ $\quad\quad \therefore$ 若 $\displaystyle\sum_{n=1}^\infty \frac{1}{n^3}$ 收斂 則 $\displaystyle\sum_{n=1}^\infty \frac{1}{n^3+1}$ 收斂

Claim: $\displaystyle\sum_{n=1}^{\infty} \frac{1}{n^3}$ 收斂

令 $f(x) = \dfrac{1}{x^3}$, $\forall x > 1$, $\because f(x)$ 於 $[1, \infty)$ 為連續, 遞減且恆正的函數 且 $\displaystyle\int_1^{\infty} \frac{dx}{x^3}$ 收斂

$\therefore$ 藉由 Integral Test 則 $\displaystyle\sum_{n=1}^{\infty} \frac{1}{n^3}$ 收斂 $\quad \therefore \displaystyle\sum_{n=1}^{\infty} \frac{1}{n^3+1}$ 收斂

範例 2.

$\qquad$ 試判斷 $\displaystyle\sum_{n=2}^{\infty} \frac{1}{n(\ln n)^2 + 3}$ 收斂或發散

【解】

$\because \dfrac{1}{n(\ln n)^2 + 3} \le \dfrac{1}{n(\ln n)^2}$ $\quad \therefore$ 若 $\displaystyle\sum_{n=2}^{\infty} \frac{1}{n(\ln n)^2}$ 收斂 則 $\displaystyle\sum_{n=2}^{\infty} \frac{1}{n(\ln n)^2 + 3}$ 收斂

Claim: $\displaystyle\sum_{n=2}^{\infty} \frac{1}{n(\ln n)^2}$ 收斂

$\because \displaystyle\int_2^{\infty} \frac{dx}{x \ln x^2} = (-1)(\ln x)^{-1} \big|_2^{\infty} < \infty$

令 $f(x) = \dfrac{1}{x \ln x^2} > 0$, $\forall x > 2$, $\because f(x)$ 於 $[2, \infty)$ 為連續, 遞減且恆正的函數

$\therefore$ 藉由 Integral Test 則 $\displaystyle\sum_{n=2}^{\infty} \frac{1}{n(\ln n)^2}$ 收斂 $\quad \therefore \displaystyle\sum_{n=2}^{\infty} \frac{1}{n(\ln n)^2 + 3}$ 收斂

範例 3.

$\qquad$ 試判斷 $\displaystyle\sum_{n=1}^{\infty} \frac{1}{n^2 - 3}$ 收斂或發散

【解】

$$\because \lim_{n\to\infty} \frac{\frac{1}{n^2-3}}{\frac{1}{n^2}} = 1$$

By Limit Comparison Test, 若 $\displaystyle\sum_{n=1}^{\infty} \frac{1}{n^2}$ 收斂 則 $\displaystyle\sum_{n=1}^{\infty} \frac{1}{n^2-3}$ 收斂

Claim: $\displaystyle\sum_{n=1}^{\infty} \frac{1}{n^2}$ 收斂

令 $f(x) = \dfrac{1}{x^2}$, $\forall x > 1$, $\because f(x)$ 於 $[1,\infty)$ 為連續, 遞減且恆正的函數 且 $\displaystyle\int_1^{\infty} \frac{dx}{x^2}$ 收斂

$\therefore$ 藉由 Integral Test 則 $\displaystyle\sum_{n=1}^{\infty} \frac{1}{n^2}$ 收斂 $\quad \therefore \displaystyle\sum_{n=1}^{\infty} \frac{1}{n^2-3}$ 收斂

範例 4.

試判斷 $\displaystyle\sum_{n=1}^{\infty} n\ln\left(1 + \frac{1}{n^{1+p}}\right)$ 收斂或發散, $\forall p > 1$

【解】

Claim: $\displaystyle\lim_{n\to\infty} \frac{n\ln\left(1 + \dfrac{1}{n^{1+p}}\right)}{\dfrac{1}{n^p}} = 1$

令 $p > 1$ 且 $\dfrac{1}{n^{1+p}} = x$ 則 $\displaystyle\lim_{n\to\infty} \frac{n\ln\left(1 + \dfrac{1}{n^{1+p}}\right)}{\dfrac{1}{n^p}} = \lim_{n\to\infty} \frac{\ln\left(1 + \dfrac{1}{n^{1+p}}\right)}{\dfrac{1}{n^{1+p}}}$

$$= \lim_{x\to 0} \frac{\ln(1+x)}{x} = \lim_{x\to 0} \frac{\frac{1}{1+x}}{1} = 1$$

By Limit Comparison Test, 若 $\displaystyle\sum_{n=1}^{\infty} \frac{1}{n^p}$ 收斂 則 $\displaystyle\sum_{n=1}^{\infty} n\ln\left(1 + \frac{1}{n^{1+p}}\right)$ 收斂

令 $f(x) = \dfrac{1}{x^p}$, $\forall x > 1$, $\because f(x)$ 於 $[1,\infty)$ 為連續, 遞減且恆正的函數 且 $\displaystyle\int_1^{\infty} \frac{dx}{x^p}$ 收斂

$$\therefore 藉由 \text{ Integral Test 則 } \sum_{n=1}^{\infty} \frac{1}{n^p} \text{ 收斂} \quad \therefore \sum_{n=1}^{\infty} n\ln\left(1 + \frac{1}{n^{1+p}}\right) \text{ 收斂}, \ \forall p > 1$$

範例 5.

$$試判斷 \ \sum_{n=1}^{\infty} \ln\left(1 + \frac{1}{\sqrt{n}}\right) \ 收斂或發散$$

【解】

$$\text{Claim: } \lim_{n \to \infty} \frac{\ln\left(1 + \frac{1}{\sqrt{n}}\right)}{\frac{1}{\sqrt{n}}} = 1$$

$$令 \ \frac{1}{\sqrt{n}} = x \ 則 \ \lim_{n \to \infty} \frac{\ln\left(1 + \frac{1}{\sqrt{n}}\right)}{\frac{1}{\sqrt{n}}} = \lim_{x \to 0} \frac{\ln(1+x)}{x} = \lim_{x \to 0} \frac{\frac{1}{1+x}}{1} = 1$$

$$\text{By Limit Comparison Test, } \ 若 \ \sum_{n=1}^{\infty} \frac{1}{\sqrt{n}} \ 發散則 \ \sum_{n=1}^{\infty} \ln\left(1 + \frac{1}{\sqrt{n}}\right) \ 發散$$

$$令 f(x) = \frac{1}{\sqrt{x}}, \ \forall x > 1, \ \because f(x) 於 [1, \infty) 為連續, 遞減且恆正的函數且 \int_1^{\infty} \frac{dx}{\sqrt{x}} = \infty$$

$$\therefore 藉由 \text{ Integral Test 則 } \sum_{n=1}^{\infty} \frac{1}{\sqrt{n}} \ 發散 \quad \therefore \sum_{n=1}^{\infty} \ln\left(1 + \frac{1}{\sqrt{n}}\right) \ 發散$$

範例 6.

$$試判斷 \ \sum_{n=1}^{\infty} \tan \frac{1}{n} \ 收斂或發散$$

【解】

$$\text{Claim: } \lim_{n \to \infty} \frac{\tan \frac{1}{n}}{\frac{1}{n}} = 1$$

令 $\dfrac{1}{n} = x$ 則 $\displaystyle\lim_{n\to\infty} \dfrac{\tan\frac{1}{n}}{\frac{1}{n}} = \lim_{x\to 0}\dfrac{\tan x}{x} = \lim_{x\to 0}\dfrac{\sec^2 x}{1} = 1$

By Limit Comparison Test, 若 $\displaystyle\sum_{n=1}^{\infty}\dfrac{1}{n}$ 發散 則 $\displaystyle\sum_{n=1}^{\infty}\tan\dfrac{1}{n}$ 發散

令 $f(x) = \dfrac{1}{x}$, $\forall x > 1$, $\because f(x)$ 於 $[1,\infty)$ 為連續, 遞減且恆正的函數 且 $\displaystyle\int_1^{\infty}\dfrac{dx}{x} = \infty$

$\therefore$ 藉由 Integral Test 則 $\displaystyle\sum_{n=1}^{\infty}\dfrac{1}{n}$ 發散 $\quad \therefore \displaystyle\sum_{n=1}^{\infty}\tan\dfrac{1}{n}$ 發散

範例 7.

$\quad$ 試判斷 $\displaystyle\sum_{n=1}^{\infty}\sin\dfrac{1}{n^p}$ 收斂或發散, $\forall p > 1$

【解】

令 $p > 1$

Claim: $\displaystyle\lim_{n\to\infty}\dfrac{\sin\frac{1}{n^p}}{\frac{1}{n^p}} = 1$

令 $\dfrac{1}{n^p} = x$ 則 $\displaystyle\lim_{n\to\infty}\dfrac{\sin\frac{1}{n^p}}{\frac{1}{n^p}} = \lim_{x\to 0}\dfrac{\sin x}{x} = \lim_{x\to 0}\dfrac{\cos x}{1} = 1$

By Limit Comparison Test, 若 $\displaystyle\sum_{n=1}^{\infty}\dfrac{1}{n^p}$ 收斂 則 $\displaystyle\sum_{n=1}^{\infty}\sin\dfrac{1}{n^p}$ 收斂

Claim: $\displaystyle\sum_{n=1}^{\infty}\dfrac{1}{n^p}$ 收斂

令 $f(x) = \dfrac{1}{x^p}$, $\forall x > 1$, $\because f(x)$ 於 $[1,\infty)$ 為連續, 遞減且恆正的函數 且 $\displaystyle\int_1^{\infty}\dfrac{dx}{x^p}$ 收斂

$\therefore$ 藉由 Integral Test 則 $\displaystyle\sum_{n=1}^{\infty}\frac{1}{n^p}$ 收斂　　$\therefore$ $\displaystyle\sum_{n=1}^{\infty}\sin\frac{1}{n^p}$ 收斂

範例 8.

試判斷 $\displaystyle\sum_{n=2}^{\infty}\frac{1}{\ln n^2}$ 收斂或發散

【解】

$\because \dfrac{1}{\ln n^2} > \dfrac{1}{2n}$　　$\therefore$ 若 $\displaystyle\sum_{n=2}^{\infty}\frac{1}{2n}$ 發散則 $\displaystyle\sum_{n=2}^{\infty}\frac{1}{\ln n^2}$ 發散

令 $f(x) = \dfrac{1}{2x}$, $\forall x > 2$,　$\because f(x)$ 於 $[2,\infty)$ 為連續,遞減且恆正的函數 且 $\displaystyle\int_{2}^{\infty}\frac{dx}{2x} = \infty$

$\therefore$ 藉由 Integral Test 則 $\displaystyle\sum_{n=2}^{\infty}\frac{1}{2n}$ 發散　　$\therefore$ $\displaystyle\sum_{n=2}^{\infty}\frac{1}{\ln n^2}$ 發散

範例 9.

試判斷 $\displaystyle\sum_{n=2}^{\infty}\frac{1}{n(\ln n)^2 - 3}$ 收斂或發散

【解】

$\because \displaystyle\lim_{n\to\infty}\dfrac{\dfrac{1}{n(\ln n)^2 - 3}}{\dfrac{1}{n(\ln n)^2}} = 1$

By Limit Comparison Test, 若 $\displaystyle\sum_{n=2}^{\infty}\frac{1}{n(\ln n)^2}$ 收斂則 $\displaystyle\sum_{n=2}^{\infty}\frac{1}{n(\ln n)^2 - 3}$ 收斂

Claim: $\displaystyle\sum_{n=2}^{\infty}\frac{1}{n(\ln n)^2}$ 收斂

令 $f(x) = \dfrac{1}{x \ln x^2}$, $\forall x > 2$　$\because f(x)$ 於 $[2, \infty)$ 為連續, 遞減且恆正的函數 且 $\displaystyle\int_2^\infty \dfrac{dx}{x \ln x^2}$ 收斂

$\therefore$ 藉由 Integral Test 則 $\displaystyle\sum_{n=2}^\infty \dfrac{1}{n(\ln n)^2}$ 收斂　　$\therefore \displaystyle\sum_{n=2}^\infty \dfrac{1}{n(\ln n)^2 - 3}$ 收斂

範例 10.

$$\text{試判斷 } \sum_{n=1}^\infty \tan^{-1} \dfrac{1}{n^p} \text{ 收斂或發散}, \ \forall p > 1$$

【解】

令 $p > 1$

Claim: $\displaystyle\lim_{n \to \infty} \dfrac{\tan^{-1} \dfrac{1}{n^p}}{\dfrac{1}{n^p}} = 1$

令 $\dfrac{1}{n^p} = x$ 則 $\displaystyle\lim_{n \to \infty} \dfrac{\tan^{-1} \dfrac{1}{n^p}}{\dfrac{1}{n^p}} = \lim_{x \to 0} \dfrac{\tan^{-1} x}{x} = \lim_{x \to 0} \dfrac{\dfrac{1}{1 + x^2}}{1} = 1$

By Limit Comparison Test, 若 $\displaystyle\sum_{n=1}^\infty \dfrac{1}{n^p}$ 收斂 則 $\displaystyle\sum_{n=1}^\infty \tan^{-1} \dfrac{1}{n^p}$ 收斂

Claim: $\displaystyle\sum_{n=1}^\infty \dfrac{1}{n^p}$ 收斂

令 $f(x) = \dfrac{1}{x^p}$, $\forall x > 1$,　$\because f(x)$ 於 $[1, \infty)$ 為連續, 遞減且恆正的函數且 $\displaystyle\int_1^\infty \dfrac{dx}{x^p}$ 收斂

$\therefore$ 藉由 Integral Test 則 $\displaystyle\sum_{n=1}^\infty \dfrac{1}{n^p}$ 收斂　$\therefore \displaystyle\sum_{n=1}^\infty \tan^{-1} \dfrac{1}{n^p}$ 收斂, $\forall p > 1$

範例 11.

$$\text{試判斷 } \sum_{n=1}^\infty \tan^{-1} \dfrac{1}{n} \text{ 收斂或發散}$$

【解】

Claim: $\displaystyle \lim_{n \to \infty} \frac{\tan^{-1} \dfrac{1}{n}}{\dfrac{1}{n}} = 1$

令 $\dfrac{1}{n} = x$ 則 $\displaystyle \lim_{n \to \infty} \frac{\tan^{-1} \dfrac{1}{n}}{\dfrac{1}{n}} = \lim_{x \to 0} \frac{\tan^{-1} x}{x} = \lim_{x \to 0} \frac{\dfrac{1}{1+x^2}}{1} = 1$

By Limit Comparison Test, 若 $\displaystyle \sum_{n=1}^{\infty} \frac{1}{n}$ 發散 則 $\displaystyle \sum_{n=1}^{\infty} \tan^{-1} \frac{1}{n}$ 發散

令 $f(x) = \dfrac{1}{x}$, $\forall x > 1$, $\because f(x)$ 於 $[1, \infty)$ 為連續, 遞減且恆正的函數且 $\displaystyle \int_1^{\infty} \frac{dx}{x} = \infty$

$\therefore$ 藉由 Integral Test 則 $\displaystyle \sum_{n=1}^{\infty} \frac{1}{n}$ 發散　$\therefore \displaystyle \sum_{n=1}^{\infty} \tan^{-1} \frac{1}{n}$ 發散

範例 12.

試判斷 $\displaystyle \sum_{n=1}^{\infty} \tan^{-1} \frac{1}{n^p}$ 收斂或發散, $\forall p > 1$

【解】

Claim: $\displaystyle \lim_{n \to \infty} \frac{\tan^{-1} \dfrac{1}{n^p}}{\dfrac{1}{n^p}} = 1$

令 $p > 1$ 且 $\dfrac{1}{n^p} = x$ 則 $\displaystyle \lim_{n \to \infty} \frac{\tan^{-1} \dfrac{1}{n^p}}{\dfrac{1}{n^p}} = \lim_{x \to 0} \frac{\tan^{-1} x}{x} = \lim_{x \to 0} \frac{\dfrac{1}{1+x^2}}{1} = 1$

By Limit Comparison Test, 若 $\displaystyle \sum_{n=1}^{\infty} \frac{1}{n^p}$ 收斂 則 $\displaystyle \sum_{n=1}^{\infty} \tan^{-1} \frac{1}{n^p}$ 收斂

令 $f(x) = \dfrac{1}{x^p}$, $\forall x > 1$, $\because f(x)$ 於 $[1, \infty)$ 為連續, 遞減且恆正的函數且 $\displaystyle \int_1^{\infty} \frac{dx}{x^p}$ 收斂

$\therefore$ 藉由 Integral Test 則 $\displaystyle\sum_{n=1}^{\infty}\frac{1}{n^p}$ 收斂 $\quad\therefore\displaystyle\sum_{n=1}^{\infty}\tan^{-1}\frac{1}{n^p}$ 收斂, $\forall p>1$

範例 13.

$\quad$ 試判斷 $\displaystyle\sum_{n=1}^{\infty}\ln\left(1+\frac{1}{n^3}\right)$ 收斂或發散

【解】

Claim: $\displaystyle\lim_{n\to\infty}\frac{\ln\left(1+\frac{1}{n^3}\right)}{\frac{1}{n^3}}=1$

令 $\dfrac{1}{n^3}=x$ 則 $\displaystyle\lim_{n\to\infty}\frac{\ln\left(1+\frac{1}{n^3}\right)}{\frac{1}{n^3}}=\lim_{x\to 0}\frac{\ln(1+x)}{x}=\lim_{x\to 0}\frac{\frac{1}{1+x}}{1}=1$

By Limit Comparison Test, 若 $\displaystyle\sum_{n=1}^{\infty}\frac{1}{n^3}$ 收斂 則 $\displaystyle\sum_{n=1}^{\infty}\ln\left(1+\frac{1}{n^3}\right)$ 收斂

Claim: $\displaystyle\sum_{n=1}^{\infty}\frac{1}{n^3}$ 收斂

令 $f(x)=\dfrac{1}{x^3}$, $\forall x>1$, $\because f(x)$ 於 $[1,\infty)$ 為連續, 遞減且恆正的函數 且 $\displaystyle\int_{1}^{\infty}\frac{dx}{x^3}$ 收斂

$\therefore$ 藉由 Integral Test 則 $\displaystyle\sum_{n=1}^{\infty}\frac{1}{n^3}$ 收斂 $\quad\therefore\displaystyle\sum_{n=1}^{\infty}\ln\left(1+\frac{1}{n^3}\right)$ 收斂

範例 14.

$\quad$ 試判斷 $\displaystyle\sum_{n=1}^{\infty}\ln\left(1+\frac{1}{n^p}\right)$ 收斂或發散, $\forall p>1$

【解】

Claim: $\displaystyle\lim_{n\to\infty}\frac{\ln\left(1+\dfrac{1}{n^p}\right)}{\dfrac{1}{n^p}}=1$

令 $p>1$ 且 $\dfrac{1}{n^p}=x$ 則 $\displaystyle\lim_{n\to\infty}\frac{\ln\left(1+\dfrac{1}{n^p}\right)}{\dfrac{1}{n^p}}=\lim_{x\to0}\frac{\ln(1+x)}{x}=\lim_{x\to0}\frac{\dfrac{1}{1+x}}{1}=1$

By Limit Comparison Test, 若 $\displaystyle\sum_{n=1}^{\infty}\frac{1}{n^p}$ 收斂則 $\displaystyle\sum_{n=1}^{\infty}\ln\left(1+\frac{1}{n^p}\right)$ 收斂

Claim: $\displaystyle\sum_{n=1}^{\infty}\frac{1}{n^p}$ 收斂

令 $f(x)=\dfrac{1}{x^p}$, $\forall x>1$, $\because f(x)$ 於 $[1,\infty)$ 為連續, 遞減且恆正的函數且 $\displaystyle\int_1^{\infty}\frac{dx}{x^p}$ 收斂

$\therefore$ 藉由 Integral Test 則 $\displaystyle\sum_{n=1}^{\infty}\frac{1}{n^p}$ 收斂 $\quad\therefore\displaystyle\sum_{n=1}^{\infty}\ln\left(1+\frac{1}{n^p}\right)$ 收斂, $\forall p>1$

範例 15.

試判斷 $\displaystyle\sum_{n=1}^{\infty}\ln\left(1+\frac{1}{n}\right)$ 收斂或發散

【解】

Claim: $\displaystyle\lim_{n\to\infty}\frac{\ln\left(1+\dfrac{1}{n}\right)}{\dfrac{1}{n}}=1$

令 $\dfrac{1}{n}=x$ 則 $\displaystyle\lim_{n\to\infty}\frac{\ln\left(1+\dfrac{1}{n}\right)}{\dfrac{1}{n}}=\lim_{x\to0}\frac{\ln(1+x)}{x}=\lim_{x\to0}\frac{\dfrac{1}{1+x}}{1}=1$

By Limit Comparison Test, 若 $\displaystyle\sum_{n=1}^{\infty}\frac{1}{n}$ 發散則 $\displaystyle\sum_{n=1}^{\infty}\ln\left(1+\frac{1}{n}\right)$ 發散

令 $f(x)=\dfrac{1}{x}$, $\forall x>1$, $\because f(x)$ 於 $[1,\infty)$ 為連續, 遞減且恆正的函數且 $\displaystyle\int_1^{\infty}\frac{dx}{x}=\infty$

$$\therefore \text{藉由 Integral Test 則 } \sum_{n=1}^{\infty} \frac{1}{n} \text{ 發散} \quad \therefore \sum_{n=1}^{\infty} \ln\left(1+\frac{1}{n}\right) \text{ 發散}$$

範例 16.

$$\text{試判斷 } \sum_{n=1}^{\infty} \frac{1}{n}\ln\left(1+\frac{1}{n^2}\right) \text{ 收斂或發散}$$

【解】

$$\text{Claim: } \lim_{n\to\infty} \frac{\frac{1}{n}\ln\left(1+\frac{1}{n^2}\right)}{\frac{1}{n^3}} = 1$$

$$\text{令 } \frac{1}{n^2} = x \text{ 則 } \lim_{n\to\infty} \frac{\frac{1}{n}\ln\left(1+\frac{1}{n^2}\right)}{\frac{1}{n^3}} = \lim_{n\to\infty} \frac{\ln\left(1+\frac{1}{n^2}\right)}{\frac{1}{n^2}} = \lim_{x\to0} \frac{\ln(1+x)}{x} = 1$$

$$\text{By Limit Comparison Test, } \text{若 } \sum_{n=1}^{\infty} \frac{1}{n^3} \text{ 收斂則 } \sum_{n=1}^{\infty} \frac{1}{n}\ln\left(1+\frac{1}{n^2}\right) \text{ 收斂}$$

$$\text{Claim: } \sum_{n=1}^{\infty} \frac{1}{n^3} \text{ 收斂}$$

$$\text{令} f(x) = \frac{1}{x^3}, \ \ \forall x > 1, \ \ \because f(x)\text{於}[1,\infty)\text{為連續, 遞減且恆正的函數 且} \int_1^{\infty} \frac{dx}{x^3} \text{ 收斂}$$

$$\therefore \text{藉由 Integral Test 則 } \sum_{n=1}^{\infty} \frac{1}{n^3} \text{ 收斂} \quad \therefore \sum_{n=1}^{\infty} \frac{1}{n}\ln\left(1+\frac{1}{n^2}\right) \text{ 收斂}$$

範例 17.

$$\text{試判斷 } \sum_{n=1}^{\infty} n\ln\left(1+\frac{1}{n^2}\right) \text{ 收斂或發散}$$

【解】

Claim: $\displaystyle\lim_{n\to\infty}\dfrac{n\ln\left(1+\dfrac{1}{n^2}\right)}{\dfrac{1}{n}}=1$

令 $\dfrac{1}{n^2}=x$ 則 $\displaystyle\lim_{n\to\infty}\dfrac{n\ln\left(1+\dfrac{1}{n^2}\right)}{\dfrac{1}{n}}=\lim_{n\to\infty}\dfrac{\ln\left(1+\dfrac{1}{n^2}\right)}{\dfrac{1}{n^2}}=\lim_{x\to 0}\dfrac{\ln(1+x)}{x}=1$

By Limit Comparison Test, 若 $\displaystyle\sum_{n=1}^{\infty}\dfrac{1}{n}$ 發散 則 $\displaystyle\sum_{n=1}^{\infty}n\ln\left(1+\dfrac{1}{n^2}\right)$ 發散

令 $f(x)=\dfrac{1}{x}$, $\forall x>1$, $\because f(x)$ 於 $[1,\infty)$ 為連續, 遞減且恆正的函數且 $\displaystyle\int_{1}^{\infty}\dfrac{dx}{x}=\infty$

$\therefore$ 藉由 Integral Test 則 $\displaystyle\sum_{n=1}^{\infty}\dfrac{1}{n}$ 發散 $\qquad \therefore \displaystyle\sum_{n=1}^{\infty}n\ln\left(1+\dfrac{1}{n^2}\right)$ 發散

範例 18.

試判斷 $\displaystyle\sum_{n=2}^{\infty}\dfrac{1}{(2\ln n)-3}$ 收斂或發散

【解】

$\because \dfrac{1}{(2\ln n)-3}>\dfrac{1}{2\ln n}>\dfrac{1}{2n}$ $\quad \therefore$ 若 $\displaystyle\sum_{n=2}^{\infty}\dfrac{1}{2n}$ 發散 則 $\displaystyle\sum_{n=2}^{\infty}\dfrac{1}{(2\ln n)-3}$ 發散

令 $f(x)=\dfrac{1}{2x}$, $\forall x>1$, $\because f(x)$ 於 $[1,\infty)$ 為連續, 遞減且恆正的函數 且 $\displaystyle\int_{1}^{\infty}\dfrac{dx}{2x}=\infty$

$\therefore$ 藉由 Integral Test 則 $\displaystyle\sum_{n=1}^{\infty}\dfrac{1}{2n}$ 發散 $\qquad \therefore \displaystyle\sum_{n=2}^{\infty}\dfrac{1}{(2\ln n)-3}$ 發散

範例 19.

試判斷 $\displaystyle\sum_{n=2}^{\infty}\tan^{-1}\dfrac{n}{n^3+n^2+1}$ 收斂或發散

【解】

$\because \tan^{-1} x$ 於 $[0, \infty]$ 為遞增函數　$\therefore \tan^{-1} \dfrac{n}{n^3 + n^2 + 1} < \tan^{-1} \dfrac{1}{n^2}$

Claim: $\displaystyle\lim_{n \to \infty} \dfrac{\tan^{-1} \frac{1}{n^2}}{\frac{1}{n^2}} = 1$

令 $\dfrac{1}{n^2} = x$ 則 $\displaystyle\lim_{n \to \infty} \dfrac{\tan^{-1} \frac{1}{n^2}}{\frac{1}{n^2}} = \lim_{x \to 0} \dfrac{\tan^{-1} x}{x} = \lim_{x \to 0} \dfrac{\frac{1}{1 + x^2}}{1} = 1$

By Limit Comparison Test, 若 $\displaystyle\sum_{n=1}^{\infty} \dfrac{1}{n^2}$ 收斂 則 $\displaystyle\sum_{n=1}^{\infty} \tan^{-1} \dfrac{1}{n^2}$ 收斂

Claim: $\displaystyle\sum_{n=1}^{\infty} \dfrac{1}{n^2}$ 收斂

令 $f(x) = \dfrac{1}{x^2}, \ \forall x > 1, \ \because f(x)$ 於 $[1, \infty)$ 為連續, 遞減且恆正的函數 且 $\displaystyle\int_1^{\infty} \dfrac{dx}{x^2}$ 收斂

$\therefore$ 藉由 Integral Test 則 $\displaystyle\sum_{n=1}^{\infty} \dfrac{1}{n^2}$ 收斂

$\therefore \displaystyle\sum_{n=1}^{\infty} \tan^{-1} \dfrac{1}{n^2}$ 收斂 $\Rightarrow \tan^{-1} \dfrac{n}{n^3 + n^2 + 1}$ 收斂

範例 20.

　　試判斷 $\displaystyle\sum_{n=1}^{\infty} \sin \dfrac{\pi}{n}$ 收斂或發散

【解】

Claim: $\displaystyle\lim_{n \to \infty} \dfrac{\sin \frac{\pi}{n}}{\frac{\pi}{n}} = 1$

令 $\dfrac{\pi}{n} = x$ 則 $\lim\limits_{n\to\infty} \dfrac{\sin\frac{\pi}{n}}{\frac{\pi}{n}} = \lim\limits_{x\to 0} \dfrac{\sin x}{x} = \lim\limits_{x\to 0} \dfrac{\cos x}{1} = 1$

By Limit Comparison Test, 若 $\displaystyle\sum_{n=1}^{\infty} \dfrac{\pi}{n}$ 發散 則 $\displaystyle\sum_{n=1}^{\infty} \sin\dfrac{\pi}{n}$ 發散

令 $f(x) = \dfrac{\pi}{x}$, $\forall x > 1$, $\because f(x)$ 於 $[1, \infty)$ 為連續, 遞減且恆正的函數 且 $\displaystyle\int_{1}^{\infty} \dfrac{dx}{x} = \infty$

$\therefore$ 藉由 Integral Test 則 $\displaystyle\sum_{n=1}^{\infty} \dfrac{\pi}{n}$ 發散 $\quad \therefore \displaystyle\sum_{n=1}^{\infty} \sin\dfrac{\pi}{n}$ 發散

範例 21.

$\qquad$ 試判斷 $\displaystyle\sum_{n=1}^{\infty} \sin\dfrac{\pi}{n^p}$ 收斂或發散, $\forall p > 1$

【解】

令 $p > 1$, Claim: $\lim\limits_{n\to\infty} \dfrac{\sin\frac{\pi}{n^p}}{\frac{\pi}{n^p}} = 1$

令 $\dfrac{\pi}{n^p} = x$ 則 $\lim\limits_{n\to\infty} \dfrac{\sin\frac{\pi}{n^p}}{\frac{\pi}{n^p}} = \lim\limits_{x\to 0} \dfrac{\sin x}{x} = \lim\limits_{x\to 0} \dfrac{\cos x}{1} = 1$

By Limit Comparison Test, 若 $\displaystyle\sum_{n=1}^{\infty} \dfrac{\pi}{n^p}$ 收斂 則 $\displaystyle\sum_{n=1}^{\infty} \sin\dfrac{\pi}{n^p}$ 收斂

Claim: $\displaystyle\sum_{n=1}^{\infty} \dfrac{\pi}{n^p}$ 收斂

令 $f(x) = \dfrac{\pi}{x^p}$, $\forall x > 1$, $\because f(x)$ 於 $[1, \infty)$ 為連續, 遞減且恆正的函數 且 $\displaystyle\int_{1}^{\infty} \dfrac{1}{x^p} dx$ 收斂

$\therefore$ 藉由 Integral Test 則 $\displaystyle\sum_{n=1}^{\infty} \dfrac{\pi}{n^p}$ 收斂 $\quad \therefore \displaystyle\sum_{n=1}^{\infty} \sin\dfrac{\pi}{n^p}$ 收斂

範例 22.

$$試判斷 \quad \sum_{n=1}^{\infty} \frac{1}{2^{\ln n}} \ 收斂或發散$$

【解】

$$\because 2 < e \quad \therefore 2^{\ln n} < e^{\ln n} = n \Rightarrow \frac{1}{2^{\ln n}} > \frac{1}{n} \quad \therefore 若 \sum_{n=1}^{\infty} \frac{1}{n} \ 發散則 \ \sum_{n=1}^{\infty} \frac{1}{2^{\ln n}} \ 發散$$

$$令 f(x) = \frac{1}{x}, \ \forall x > 1, \ \because f(x)於[1, \infty)為連續, 遞減且恆正的函數且 \int_1^{\infty} \frac{dx}{x} = \infty$$

$$\therefore 藉由 \ Integral \ Test \ 則 \ \sum_{n=1}^{\infty} \frac{1}{n} \ 發散 \qquad \therefore \sum_{n=1}^{\infty} \frac{1}{2^{\ln n}} \ 發散$$

範例 23.

$$試判斷 \quad \sum_{n=1}^{\infty} \frac{\ln n}{n^2} \ 收斂或發散$$

【解】

$$Claim: \lim_{n \to \infty} \frac{\dfrac{\ln n}{n^2}}{n^{-\frac{3}{2}}} = 0$$

$$\lim_{n \to \infty} \frac{\dfrac{\ln n}{n^2}}{n^{-\frac{3}{2}}} = \lim_{n \to \infty} \frac{\ln n}{n^{\frac{1}{2}}} = \lim_{n \to \infty} \frac{\dfrac{1}{n}}{\dfrac{1}{2} n^{-\frac{1}{2}}} = 0$$

$$Claim: \sum_{n=1}^{\infty} n^{-\frac{3}{2}} \ 收斂$$

$$令 f(x) = \frac{1}{x^{\frac{3}{2}}}, \ \forall x > 1, \ \because f(x)於[1, \infty)為連續, 遞減且恆正的函數 \ 且 \int_1^{\infty} \frac{1}{x^{\frac{3}{2}}} dx 收斂$$

$$\therefore 藉由 \ Integral \ Test \ 則 \ \sum_{n=1}^{\infty} n^{-\frac{3}{2}} \ 收斂$$

By Limit Comparison Test 則 $\displaystyle\sum_{n=1}^{\infty} n^{-\frac{3}{2}}$ 收斂 $\Rightarrow$ $\displaystyle\sum_{n=1}^{\infty} \frac{\ln n}{n^2}$ 收斂

範例 24.

$$\text{試判斷 } \sum_{n=2}^{\infty} \frac{1}{(\ln n)^k}, \ k > 0 \text{ 收斂或發散}$$

【解】

Claim: $\displaystyle\lim_{n\to\infty} \frac{\frac{1}{(\ln n)^k}}{n^{-1}} = \infty$

$\because \displaystyle\lim_{n\to\infty} \frac{\frac{1}{(\ln n)^k}}{n^{-1}} = \lim_{n\to\infty} \frac{n}{(\ln n)^k} = \lim_{n\to\infty} \frac{n}{k(\ln n)^{k-1}} = \lim_{n\to\infty} \frac{n}{k!\,(\ln n)^{k-[k]-1}} = \infty$

By Limit Comparison Test, 若 $\displaystyle\sum_{n=2}^{\infty} \frac{1}{n}$ 發散 則 $\displaystyle\sum_{n=2}^{\infty} \frac{1}{(\ln n)^k}$ 發散

令 $f(x) = \dfrac{1}{x}, \ \forall x > 2, \ \because f(x)$ 於 $[2,\infty)$ 為連續, 遞減且恆正的函數 且 $\displaystyle\int_2^{\infty} \frac{dx}{x} = \infty$

$\therefore$ 藉由 Integral Test 則 $\displaystyle\sum_{n=2}^{\infty} \frac{1}{n}$ 發散 $\quad \therefore \displaystyle\sum_{n=2}^{\infty} \frac{1}{(\ln n)^k}$ 發散

範例 25.

$$\text{試判斷 } \sum_{n=1}^{\infty} \frac{1}{n^{1+\frac{2}{n}}} \text{ 收斂或發散}$$

【解】

$\because \dfrac{\frac{1}{n^{1+\frac{2}{n}}}}{\frac{1}{n}} = \dfrac{1}{n^{\frac{2}{n}}} = \dfrac{1}{e^{\frac{2}{n}\ln n}}$, 藉由羅比達法則 $\displaystyle\lim_{n\to\infty} \frac{\frac{1}{n^{1+\frac{2}{n}}}}{\frac{1}{n}} = \lim_{n\to\infty} \frac{1}{e^{\frac{2}{n}\ln n}} = \lim_{n\to\infty} \frac{1}{e^{\frac{2}{n}}} = 1$

By Limit Comparison Test, 若 $\displaystyle\sum_{n=1}^{\infty}\frac{1}{n}$ 發散 則 $\displaystyle\sum_{n=1}^{\infty}\frac{1}{n^{1+\frac{2}{n}}}$ 發散

令 $f(x)=\dfrac{1}{x}$, $\forall x>1$, $\because f(x)$ 於 $[1,\infty)$ 為連續, 遞減且恆正的函數 且 $\displaystyle\int_{1}^{\infty}\frac{dx}{x}=\infty$

$\therefore$ 藉由 Integral Test 則 $\displaystyle\sum_{n=1}^{\infty}\frac{1}{n}$ 發散　　$\therefore\displaystyle\sum_{n=1}^{\infty}\frac{1}{n^{1+\frac{2}{n}}}$ 發散

範例 26.

試判斷 $\displaystyle\sum_{n=1}^{\infty}\frac{n}{n^3+2}$ 收斂或發散

【解】

$\because\dfrac{n}{n^3+2}<\dfrac{n}{n^3}<\dfrac{1}{n^2}$　　$\therefore$ 若 $\displaystyle\sum_{n=1}^{\infty}\frac{1}{n^2}$ 收斂 則 $\displaystyle\sum_{n=1}^{\infty}\frac{n}{n^3+2}$ 收斂

Claim: $\displaystyle\sum_{n=1}^{\infty}\frac{1}{n^2}$ 收斂

令 $f(x)=\dfrac{1}{x^2}$, $\forall x>1$, $\because f(x)$ 於 $[1,\infty)$ 為連續, 遞減且恆正的函數 且 $\displaystyle\int_{1}^{\infty}\frac{1}{x^2}\,dx$ 收斂

$\therefore$ 藉由 Integral Test 則 $\displaystyle\sum_{n=1}^{\infty}\frac{1}{n^2}$ 收斂　　$\therefore\displaystyle\sum_{n=1}^{\infty}\frac{n}{n^3+2}$ 收斂

範例 27.

試判斷 $\displaystyle\sum_{n=1}^{\infty}\frac{n^2+1}{\sqrt[3]{n^{10}+n^3}}$ 收斂或發散

【解】

$\because\dfrac{n^2+1}{\sqrt[3]{n^{10}+n^3}}<\dfrac{n^2+1}{\sqrt[3]{n^{10}}}<\dfrac{2n^2}{\sqrt[3]{n^{10}}}=2n^{-\frac{4}{3}}$ $\therefore$ 若 $\displaystyle\sum_{n=1}^{\infty}2n^{-\frac{4}{3}}$ 收斂則 $\displaystyle\sum_{n=1}^{\infty}\frac{n^2+1}{\sqrt[3]{n^{10}+n^3}}$ 收斂

Claim: $\displaystyle\sum_{n=1}^{\infty} 2n^{-\frac{4}{3}}$ 收斂

令 $f(x) = \dfrac{1}{x^{\frac{4}{3}}}$, $\forall x > 1$, $\because f(x)$ 於 $[1,\infty)$ 為連續, 遞減且恆正的函數 且 $\displaystyle\int_{1}^{\infty} \dfrac{1}{x^{\frac{4}{3}}} dx$ 收斂

$\therefore$ 藉由 Integral Test 則 $\displaystyle\sum_{n=1}^{\infty} 2n^{-\frac{4}{3}}$ 收斂 $\therefore \displaystyle\sum_{n=1}^{\infty} \dfrac{n^2 + 1}{\sqrt[3]{n^{10} + n^3}}$ 收斂

範例 28.

試判斷 $\displaystyle\sum_{n=1}^{\infty} \dfrac{1}{\sqrt{n(n+2)(n+3)}}$ 收斂或發散

【解】

$\because \dfrac{1}{\sqrt{n(n+2)(n+3)}} < \dfrac{1}{\sqrt{n^3}} < n^{-\frac{3}{2}}$

$\therefore$ 若 $\displaystyle\sum_{n=1}^{\infty} n^{-\frac{3}{2}}$ 收斂 則 $\displaystyle\sum_{n=1}^{\infty} \dfrac{1}{\sqrt{n(n+2)(n+3)}}$ 收斂

Claim: $\displaystyle\sum_{n=1}^{\infty} n^{-\frac{3}{2}}$ 收斂

令 $f(x) = \dfrac{1}{x^{\frac{3}{2}}}$, $\forall x > 1$, $\because f(x)$ 於 $[1,\infty)$ 為連續, 遞減且恆正的函數 且 $\displaystyle\int_{1}^{\infty} \dfrac{1}{x^{\frac{3}{2}}} dx$ 收斂

$\therefore$ 藉由 Integral Test 則 $\displaystyle\sum_{n=1}^{\infty} n^{-\frac{3}{2}}$ 收斂 $\therefore \displaystyle\sum_{n=1}^{\infty} \dfrac{1}{\sqrt{n(n+2)(n+3)}}$ 收斂

範例 29.

試判斷 $\displaystyle\sum_{n=1}^{\infty} \dfrac{\sqrt{n+1} - \sqrt{n}}{n}$ 收斂或發散

【解】

$$\because \frac{\sqrt{n+1}-\sqrt{n}}{n} = \frac{(\sqrt{n+1}+\sqrt{n})(\sqrt{n+1}-\sqrt{n})}{n(\sqrt{n+1}+\sqrt{n})} = \frac{1}{n(\sqrt{n+1}+\sqrt{n})} < \frac{1}{n^{\frac{3}{2}}}$$

$$\therefore 若 \sum_{n=1}^{\infty} n^{-\frac{3}{2}} \ 收斂 則 \ \sum_{n=1}^{\infty} \frac{\sqrt{n+1}-\sqrt{n}}{n} \ 收斂$$

Claim: $\displaystyle\sum_{n=1}^{\infty} n^{-\frac{3}{2}}$ 收斂

$$令 f(x) = \frac{1}{x^{\frac{3}{2}}}, \quad \forall x > 1, \quad \because f(x) 於 [1,\infty) 為連續, 遞減且恆正的函數且 \int_1^{\infty} \frac{1}{x^{\frac{3}{2}}} dx \ 收斂$$

$$\therefore 藉由 \ \text{Integral Test} \ 則 \ \sum_{n=1}^{\infty} n^{-\frac{3}{2}} \ 收斂 \qquad \therefore \sum_{n=1}^{\infty} \frac{\sqrt{n+1}-\sqrt{n}}{n} \ 收斂$$

6.3.4 　使用比值法(Ratio Test)

【定理】Ratio Test

假設 $\displaystyle\lim_{n\to\infty} \frac{a_{n+1}}{a_n} = r$ and $a_n \geq 0, \ \forall n \in N$ 則

$$當 \ 0 \leq r < 1 \Rightarrow \sum_{n=1}^{\infty} a_n \ \text{converges} \ 且 \ 當 \ r > 1 \Rightarrow \sum_{n=1}^{\infty} a_n \ \text{diverges}$$

Proof:

Assume $\displaystyle\lim_{n\to\infty} \frac{a_{n+1}}{a_n} = r$

(i) Claim $0 \leq r < 1 \Rightarrow \displaystyle\sum_{n=1}^{\infty} a_n$ converges

Assume $0 \leq r < 1$ and choose r' s.t. $0 \leq r < r' < 1$

$\because \displaystyle\lim_{n\to\infty} \frac{a_{n+1}}{a_n} = r, \ $ choose $M \in N$ s.t. $n \geq M \Rightarrow \left| \frac{a_{n+1}}{a_n} - r \right| < r' - r$

$$\therefore \frac{a_{n+1}}{a_n} < r', \ \forall n \geq M \Rightarrow \sum_{n=M}^{\infty} a_n < a_M + a_M \sum_{n=1}^{\infty} (r')^n = a_M + \frac{a_M r'}{1 - r'}$$

Let $S_k = \sum_{n=1}^{k} a_n$ then S_k is bounded and monotone sequence

By Monotone Convergence Theorem, then $\{S_k\}_{k=1}^{\infty}$ converges $\Rightarrow \sum_{n=1}^{\infty} a_n$ converges

(ii)Claim: $r > 1 \Rightarrow \sum_{n=1}^{\infty} a_n$ diverges

Assume $r > 1$ and choose r' s.t. $r > r' > 1$

$$\because \lim_{n \to \infty} \frac{a_{n+1}}{a_n} = r, \ \text{choose } M \in N \text{ s.t. } n \geq M \Rightarrow r' - r < \frac{a_{n+1}}{a_n} - r < r - r'$$

$$\therefore \frac{a_{n+1}}{a_n} > r' > 1, \ \forall n \geq M \Rightarrow \sum_{n=M}^{\infty} a_n > a_M + a_M \sum_{n=1}^{\infty} (r')^n$$

$$\because r' > 1 \quad \therefore a_M + a_M \sum_{n=1}^{\infty} (r')^n \text{ diverges} \Rightarrow \sum_{n=1}^{\infty} a_n \text{ diverges}$$

記:有階乘或者有次方項時, 嘗試用比值法
考試類型:
題型 1.

使用比值法判斷 $\sum_{n=1}^{\infty} a_n$ 收斂或發散

解題流程:

令 $\lim_{n \to \infty} \frac{a_{n+1}}{a_n} = r$

當 $0 \leq r < 1$ 則 $\sum_{n=1}^{\infty} a_n$ 收斂 且當 $r > 1$ 則 $\sum_{n=1}^{\infty} a_n$ 發散

範例說明:

(I)判斷 $\displaystyle\sum_{n=1}^{\infty} \frac{1}{\sqrt{2n!}}$ 收斂發散 $\because \dfrac{a_{n+1}}{a_n} = \sqrt{\dfrac{1}{(2n+2)(2n+1)}}$ $\therefore \lim_{n\to\infty} \dfrac{a_{n+1}}{a_n} = 0 < 1$

(II)判斷 $\displaystyle\sum_{n=1}^{\infty} \frac{2n!}{n!\,n!}$ 收斂發散 $\because \dfrac{a_{n+1}}{a_n} = \dfrac{(2n+2)(2n+1)}{(n+1)(n+1)}$ $\therefore \lim_{n\to\infty} \dfrac{a_{n+1}}{a_n} = 4 > 1$

(III)判斷 $\displaystyle\sum_{n=1}^{\infty} \frac{n!}{n^n}$ 收斂發散 $\because \dfrac{a_{n+1}}{a_n} = \left(\dfrac{n}{n+1}\right)^n$ $\therefore \lim_{n\to\infty} \dfrac{a_{n+1}}{a_n} = e^{-1} < 1$

範例 1.

試判斷 $\displaystyle\sum_{n=1}^{\infty} \frac{1}{\sqrt{2n!}}$ 收斂或發散

【解】

$\because \dfrac{a_{n+1}}{a_n} = \dfrac{\sqrt{2n!}}{\sqrt{2n+2!}} = \sqrt{\dfrac{2n!}{2n+2!}} = \sqrt{\dfrac{1}{(2n+2)(2n+1)}}$ $\therefore \lim_{n\to\infty} \dfrac{a_{n+1}}{a_n} = 0 < 1$

藉由 Ratio Test 則 $\displaystyle\sum_{n=1}^{\infty} \frac{1}{\sqrt{2n!}}$ 收斂

範例 2.

試判斷 $\displaystyle\sum_{n=1}^{\infty} \frac{n}{3^n}$ 收斂或發散

【解】

$\because \dfrac{a_{n+1}}{a_n} = \dfrac{\frac{n+1}{3^{n+1}}}{\frac{n}{3^n}} = \dfrac{n+1}{3n}$ $\therefore \lim_{n\to\infty} \dfrac{a_{n+1}}{a_n} = \dfrac{1}{3} < 1$, 藉由 Ratio Test 則 $\displaystyle\sum_{n=1}^{\infty} \frac{n}{3^n}$ 收斂

範例 3.

$$\text{試判斷} \sum_{n=1}^{\infty} \frac{3^n}{n(n+1)} \text{ 收斂或發散}$$

【解】

$$\because \frac{a_{n+1}}{a_n} = \frac{\dfrac{3^{n+1}}{(n+1)(n+2)}}{\dfrac{3^n}{n(n+1)}} = \frac{3n(n+1)}{(n+1)(n+2)} \qquad \therefore \lim_{n\to\infty} \frac{a_{n+1}}{a_n} = 3 > 1$$

藉由 Ratio Test 則 $\displaystyle\sum_{n=1}^{\infty} \frac{3^n}{n(n+1)}$ 發散

範例 4.

$$\text{試判斷} \sum_{n=1}^{\infty} \frac{n!}{n^n} \text{ 收斂或發散}$$

【解】

$$\because \frac{a_{n+1}}{a_n} = \frac{\dfrac{(n+1)!}{(n+1)^{n+1}}}{\dfrac{n!}{n^n}} = \frac{n^n(n+1)}{(n+1)^{n+1}} = \left(\frac{n}{n+1}\right)^n \qquad \therefore \lim_{n\to\infty} \frac{a_{n+1}}{a_n} = e^{-1} < 1$$

藉由 Ratio Test 則 $\displaystyle\sum_{n=1}^{\infty} \frac{n!}{n^n}$ 收斂

範例 5.

$$\text{試判斷} \sum_{n=1}^{\infty} \frac{n!}{1 \cdot 3 \cdot 5 \cdots (2n-1)} \text{ 收斂或發散}$$

【解】

$$\because \frac{a_{n+1}}{a_n} = \frac{\dfrac{(n+1)!}{1 \cdot 3 \cdot 5 \cdots (2n-1)(2n+1)}}{\dfrac{n!}{1 \cdot 3 \cdot 5 \cdots (2n-1)}} = \frac{n+1}{2n+1} \qquad \therefore \lim_{n\to\infty} \frac{a_{n+1}}{a_n} = \frac{1}{2} < 1$$

藉由 Ratio Test 則 $\displaystyle\sum_{n=1}^{\infty}\frac{n!}{1\cdot 3\cdot 5\cdots(2n-1)}$ 收斂

範例 6.

試判斷 $\displaystyle\sum_{n=1}^{\infty}\frac{n^n}{3^n n!}$ 收斂或發散

【解】

$\because \dfrac{a_{n+1}}{a_n}=\dfrac{\dfrac{3^n n!}{n^n}}{\dfrac{3^{n+1}(n+1)!}{(n+1)^{(n+1)}}}=\dfrac{(n+1)^{(n+1)}}{3(n+1)n^n}=\dfrac{(n+1)^n}{3n^n}$

$\therefore \displaystyle\lim_{n\to\infty}\frac{a_{n+1}}{a_n}=\frac{e}{3}<1,\quad$ 藉由 Ratio Test 則 $\displaystyle\sum_{n=1}^{\infty}\frac{n^n}{3^n n!}$ 收斂

範例 7.

試判斷 $\displaystyle\sum_{n=1}^{\infty}\frac{n!^3}{3n!}$ 收斂或發散

【解】

$\because \dfrac{a_{n+1}}{a_n}=\dfrac{\dfrac{(n+1)!^3}{3n+3!}}{\dfrac{n!^3}{3n!}}=\dfrac{(n+1)^3}{(3n+3)(3n+2)(3n+1)}\quad \therefore \displaystyle\lim_{n\to\infty}\frac{a_{n+1}}{a_n}=\frac{1}{27}<1$

藉由 Ratio Test 則 $\displaystyle\sum_{n=1}^{\infty}\frac{n!^3}{3n!}$ 收斂

範例 8.

試判斷 $\displaystyle\sum_{n=1}^{\infty}\frac{2n!}{n!\,n!}$ 收斂或發散

【解】

$$\because \frac{a_{n+1}}{a_n} = \frac{\dfrac{(2n+2)!}{n+1!\,n+1!}}{\dfrac{2n!}{n!\,n!}} = \frac{(2n+2)(2n+1)}{(n+1)(n+1)} \qquad \therefore \lim_{n\to\infty} \frac{a_{n+1}}{a_n} = 4 > 1$$

藉由 Ratio Test 則 $\displaystyle\sum_{n=1}^{\infty} \frac{2n!}{n!\,n!}$ 發散

範例 9.

試判斷 $\displaystyle\sum_{n=1}^{\infty} \frac{(3n)!}{n!\,n!\,n!}$ 收斂或發散

【解】

$$\because \frac{a_{n+1}}{a_n} = \frac{\dfrac{(3n+3)!}{n+1!\,n+1!\,n+1!}}{\dfrac{3n!}{n!\,n!\,n!}} = \frac{(3n+3)(3n+2)(3n+1)}{(n+1)(n+1)(n+1)}$$

$$\therefore \lim_{n\to\infty} \frac{a_{n+1}}{a_n} = 27 > 1, \quad \text{藉由 Ratio Test 則} \sum_{n=1}^{\infty} \frac{(3n)!}{n!\,n!\,n!} \text{發散}$$

範例 10.

試判斷 $\displaystyle\sum_{n=1}^{\infty} \frac{(4n)!}{n!\,n!\,n!\,n!}$ 收斂或發散

【解】

$$\because \frac{a_{n+1}}{a_n} = \frac{\dfrac{(4n+4)!}{(n+1)!\,(n+1)!\,(n+1)!\,(n+1)!}}{\dfrac{4n!}{n!\,n!\,n!\,n!}} = \frac{(4n+4)(4n+3)(4n+2)(4n+1)}{(n+1)(n+1)(n+1)(n+!)}$$

$$\therefore \lim_{n\to\infty} \frac{a_{n+1}}{a_n} = 64 > 1, \quad \text{藉由 Ratio Test 則} \sum_{n=1}^{\infty} \frac{(4n)!}{n!\,n!\,n!\,n!} \text{發散}$$

6.3.5　使用根值法(Root Test)

【定理】Root Test

假設 $\lim\limits_{n\to\infty} \sqrt[n]{a_n} = r$ and $a_n \geq 0,\ \forall n \in N$ 則

當 $0 \leq r < 1 \Rightarrow \sum\limits_{n=1}^{\infty} a_n$ 收斂且 當 $r > 1 \Rightarrow \sum\limits_{n=1}^{\infty} a_n$ 發散

Proof:

Assume $\lim\limits_{n\to\infty} \sqrt[n]{a_n} = r$

(i) Claim: $0 \leq r < 1 \Rightarrow \sum\limits_{n=1}^{\infty} a_n$ 收斂

Assume $0 \leq r < 1,\ $ choose $M \in N$ s.t. $n \geq M \Rightarrow \left| \sqrt[n]{a_n} - r \right| < \dfrac{1-r}{2}$

$\therefore \sqrt[n]{a_n} - r < \dfrac{1-r}{2},\ \ \forall n \geq M \Rightarrow a_n < \left(\dfrac{1+r}{2} \right)^n,\ \ \forall n \geq M$

$\Rightarrow \sum\limits_{n=M}^{\infty} a_n < \sum\limits_{n=M}^{\infty} \left(\dfrac{1+r}{2} \right)^n,\ \ \because 0 \leq r < 1\ \ \therefore \sum\limits_{n=M}^{\infty} \left(\dfrac{1+r}{2} \right)^n$ 收斂

Let $S_k = \sum\limits_{n=1}^{k} a_n\ $ then $\ S_k$ is bounded and monotone sequence

By Monotone Convergence Theorem, then $\{S_k\}_{k=1}^{\infty}$ converges $\Rightarrow \sum\limits_{n=1}^{\infty} a_n$ converges

(ii) Claim: $r > 1 \Rightarrow \sum\limits_{n=1}^{\infty} a_n$ 發散

Assume $r > 1,\ $ choose $M \in N$ s.t. $n \geq M \Rightarrow \left| \sqrt[n]{a_n} - r \right| < \dfrac{r-1}{2}$

$\therefore \dfrac{1-r}{2} < \sqrt[n]{a_n} - r < \dfrac{r-1}{2},\ \ \forall n \geq M \Rightarrow a_n > \left(\dfrac{1+r}{2} \right)^n,\ \ \forall n \geq M$

$$\Rightarrow \sum_{n=M}^{\infty} a_n > \sum_{n=M}^{\infty} \left(\frac{1+r}{2}\right)^n$$

$$\because r > 1 \quad \therefore \sum_{n=M}^{\infty} \left(\frac{1+r}{2}\right)^n 發散 \Rightarrow \sum_{n=1}^{\infty} a_n 發散$$

記:有次方項時, 嘗試用根值法

考試類型:

題型 1.

使用根值法判斷 $\displaystyle\sum_{n=1}^{\infty} a_n$ 收斂或發散

解題流程:

求 $\displaystyle\lim_{n\to\infty} \sqrt[n]{a_n} =?$, 令 $\displaystyle\lim_{n\to\infty} \sqrt[n]{a_n} = r$

當 $0 \le r < 1 \Rightarrow \displaystyle\sum_{n=1}^{\infty} a_n 收斂,$ 當 $r > 1 \Rightarrow \displaystyle\sum_{n=1}^{\infty} a_n 發散$

<u>範例說明:</u>

(I)判斷 $\displaystyle\sum_{n=1}^{\infty} \frac{n}{(\ln n^2)^n}$ 收斂發散 $\because \displaystyle\lim_{n\to\infty} \left(\frac{n}{(\ln n^2)^n}\right)^{\frac{1}{n}} = 0 \quad \therefore \displaystyle\sum_{n=1}^{\infty} \frac{n}{(\ln n^2)^n}$ 收斂

(II)判斷 $\displaystyle\sum_{n=1}^{\infty} \left(\frac{n+3}{5n+1}\right)^n$ 收斂發散 $\because \displaystyle\lim_{n\to\infty} \frac{n+3}{5n+1} = \frac{1}{5} < 1 \quad \therefore \displaystyle\sum_{n=1}^{\infty} \left(\frac{n+3}{5n+1}\right)^n$ 收斂

範例 1.

試判斷 $\displaystyle\sum_{n=1}^{\infty} n\left(\frac{2}{3}\right)^n$ 收斂或發散

【解】

$$\because \left(n\left(\frac{2}{3}\right)^n\right)^{\frac{1}{n}} = n^{\frac{1}{n}} \cdot \frac{2}{3} = \frac{2}{3} e^{\frac{1}{n}\ln n} \quad \text{且} \quad \lim_{n\to\infty} \frac{1}{n}\ln n = \lim_{n\to\infty} \frac{\frac{1}{n}}{1} = 0$$

$$\therefore \lim_{n\to\infty} \frac{2}{3} e^{\frac{1}{n}\ln n} = \frac{2}{3} < 1, \quad \text{藉由 Root Test 則} \quad \sum_{n=1}^{\infty} n\left(\frac{2}{3}\right)^n \text{ 收斂}$$

範例 2.

$$\text{試判斷} \sum_{n=1}^{\infty} \left(\frac{n}{n+2}\right)^{n^2} \text{收斂或發散}$$

【解】

$$\because \left(\left(\frac{n}{n+2}\right)^{n^2}\right)^{\frac{1}{n}} = \left(\frac{n+2}{n}\right)^{-n} \quad \text{且} \quad \lim_{n\to\infty} \left(\frac{n}{n+2}\right)^n = \lim_{n\to\infty} \left(\frac{n+2}{n}\right)^{-n} = e^{-2} < 1$$

$$\text{藉由 Root Test 則} \quad \sum_{n=1}^{\infty} \left(\frac{n}{n+2}\right)^{n^2} \text{ 收斂}$$

範例 3.

$$\text{試判斷} \sum_{n=1}^{\infty} \left(\frac{n+3}{5n+1}\right)^n \text{收斂或發散}$$

【解】

$$\because \left(\left(\frac{n+3}{5n+1}\right)^n\right)^{\frac{1}{n}} = \frac{n+3}{5n+1} \quad \text{且} \quad \lim_{n\to\infty} \frac{n+3}{5n+1} = \frac{1}{5} < 1 \quad \text{藉由 Root Test 則} \quad \sum_{n=1}^{\infty} \left(\frac{n+3}{5n+1}\right)^n \text{ 收斂}$$

範例 4.

$$\text{試判斷} \sum_{n=1}^{\infty} \frac{n}{(\ln n^2)^n} \text{收斂或發散}$$

【解】

$$\because \left(\frac{n}{(\ln n^2)^n}\right)^{\frac{1}{n}} = \frac{n^{\frac{1}{n}}}{2\ln n} = \frac{e^{\frac{1}{n}\ln n}}{2\ln n} \quad \text{且} \quad \lim_{n\to\infty}\frac{1}{n}\ln n = \lim_{n\to\infty}\frac{\frac{1}{n}}{1} = 0$$

$$\therefore \lim_{n\to\infty}\left(\frac{n}{(\ln n^2)^n}\right)^{\frac{1}{n}} = \lim_{n\to\infty}\frac{e^{\frac{1}{n}\ln n}}{2\ln n} = 0, \quad \text{藉由 Root Test 則} \quad \sum_{n=1}^{\infty}\frac{n}{(\ln n^2)^n} \text{ 收斂}$$

範例 5.

$$\text{試判斷} \sum_{n=1}^{\infty}\frac{n^k}{(\ln n)^n} \text{ 收斂或發散, } \forall k > 0$$

【解】

$$\text{令 } k > 0, \quad \because \left(\frac{n^k}{(\ln n)^n}\right)^{\frac{1}{n}} = \frac{n^{\frac{k}{n}}}{\ln n} = \frac{e^{\frac{k}{n}\ln n}}{\ln n} \quad \text{且} \quad \lim_{n\to\infty}\frac{k}{n}\ln n = \lim_{n\to\infty}\frac{\frac{k}{n}}{1} = 0$$

$$\therefore \lim_{n\to\infty}\left(\frac{n^k}{(\ln n)^n}\right)^{\frac{1}{n}} = \lim_{n\to\infty}\frac{e^{\frac{k}{n}\ln n}}{\ln n} = 0 \quad \text{藉由 Root Test 則} \quad \sum_{n=1}^{\infty}\frac{n^k}{(\ln n)^n} \text{ 收斂, } \forall k > 0$$

6.4 判斷交錯級數的收斂性

【定義】交錯級數的定義

$$\text{假設無窮級數} = \sum_{n=1}^{\infty}(-1)^n a_n \text{ 且 } \forall a_n \geq 0 \text{ 則稱為交錯級數}$$

【定義】條件收斂的定義

$$\sum_{n=1}^{\infty}a_n \text{ 收斂 且 } \sum_{n=1}^{\infty}|a_n| \text{ 發散} \Leftrightarrow \sum_{n=1}^{\infty}a_n \text{ 為條件收斂}$$

【定義】絕對收斂的定義

$$\sum_{n=1}^{\infty} |a_n| \text{ 收斂} \iff \sum_{n=1}^{\infty} a_n \text{ 絕對收斂}$$

【定理】

$$\text{如果} \sum_{n=1}^{\infty} a_n \text{ 絕對收斂 則 } \sum_{n=1}^{\infty} a_n \text{ 收斂}$$

proof:

$$\because \sum_{n=1}^{\infty} a_n \text{ 絕對收斂, let } \varepsilon > 0, \text{ choose M} \in \text{N s.t. } n \geq \text{M} \Rightarrow \sum_{j=1}^{\infty} |a_{n+j}| < \varepsilon$$

$$\because \left| \sum_{j=1}^{\infty} a_{n+j} \right| \leq \sum_{j=1}^{\infty} |a_{n+j}| \ \therefore n \geq \text{M} \Rightarrow \left| \sum_{j=1}^{\infty} a_{n+j} \right| < \varepsilon \ \therefore \sum_{n=1}^{\infty} a_n \text{ 收斂}$$

【定理】Leibnitz Test

$$\text{假設 } a_{n+1} < a_n, \ \forall n \in N \text{ and } \lim_{n \to \infty} a_n = 0 \text{ 則 } \sum_{n=0}^{\infty} (-1)^n a_n \text{ 收斂}$$

Proof:

$$\text{Let } S_{2n} = \sum_{k=0}^{2n} (-1)^k a_k \text{ and } S_{2n+1} = \sum_{k=0}^{2n+1} (-1)^k a_k$$

then $\{S_{2n}\}_{n=1}^{\infty}$ is increasing and bounded above by a_1

and $\{S_{2n+1}\}_{n=1}^{\infty}$ is decreasing and bounded below by $a_0 + a_1$

$\therefore \{S_{2n}\}_{n=1}^{\infty}$ and $\{S_{2n+1}\}_{n=1}^{\infty}$ converges

$\because S_{2n+1} - S_{2n} = a_{2n+1}$ and $\lim_{n \to \infty} a_n = 0$

$$\therefore \lim_{n \to \infty} S_{2n} = \lim_{n \to \infty} S_{2n+1} \Rightarrow \sum_{n=0}^{\infty} (-1)^n a_n \text{ converges}$$

使用 Leibnitz Test 說明 $\sum_{n=1}^{\infty}(-1)^n a_n$ 收斂時, 若無法直接看出或說明 $a_{n+1} < a_n \ \forall n \in N$, 嘗試找 $f(x)$ 使得 $f(n) = a_n, \ \forall n \in N$, 接著證明 $f'(x) < 0, \ \forall x \in R$ 則 $a_{n+1} < a_n, \ \forall n \in N$;

說明 $\lim_{n \to \infty} a_n = 0$ 時, 也時常使用羅比達法則; 判斷是否為絕對收斂時, 因為取了絕對值, 相當於在問正項無窮級數是否收斂, 因此方法包含: 計算無窮級數的和、當 $\lim_{n \to \infty} a_n \neq 0$ 時, $\sum_{n=1}^{\infty} a_n$ 發散、積分檢驗法(Integral Test)、比較法(Comparison Test)、比值法(Ratio Test)、根值法(Root Test); 底下為判斷交錯級數的檢驗法與使用時機

判斷交錯級數的收斂性

判斷是否為絕對收斂

- 當 $\exists \{b_n\}_{n=1}^{\infty}$ 且 $p \geq 1$ 使得 $a_n = b_n - b_{n+p}$ 則計算無窮級數和判斷是否為絕對收斂
- 若 $\lim_{n \to \infty} a_n \neq 0$ 則 $\sum_{n=1}^{\infty} (-1)^n a_n$ 不是絕對收斂
- 當 $\sum_{n=1}^{\infty} a_n$ 式子較為乾淨則找 $f(x)$ s.t. $f(n) = a_n$ 藉由 Integral Test 判斷是否為絕對收斂
- 當 $\sum_{n=1}^{\infty} a_n$ 式子較為複雜則藉由 Comparison Test 或 Limit Comparison Test 判斷是否為絕對收斂
- 當 $\sum_{n=1}^{\infty} a_n$ 式子有階乘或者有次方項時，嘗試用比值法 (Ratio Test)
- 當 $\sum_{n=1}^{\infty} a_n$ 式子有次方項時，嘗試用比值法 (Root Test)

當交錯級數不是絕對收斂時判斷是否為條件收斂

- 找 $\{a_n : \forall n \in N\}$ 滿足 $a_{n+1} < a_n, \forall n \in N$ 且 $\lim_{n \to \infty} a_n = 0$, 藉由 Leibnitz Test 則 $\sum_{n=1}^{\infty} a_n$ 為條件收斂
- 使用 Leibnitz Test 時,若無法直接看出 $a_{n+1} < a_n, \forall n \in N$ 則找 $f(x)$ s.t. $f(n) = a_n, \forall n \in N$ and claim: $f'(x) < 0$ then $a_{n+1} < a_n, \forall n \in N$

考試類型:

題型 1.

假設 $a_n \geq 0, \ \forall n \in N$, 判斷 $\sum_{n=1}^{\infty} (-1)^n a_n$ 是否為絕對收斂

解題流程:

判斷是否為絕對收斂時, 因為取了絕對值, 相當於在問正項無窮級數是否收斂, 如上述談

到方法包含: 計算無窮級數的和、....、根值法(Root Test)

補充說明:

判斷 $\sum_{n=1}^{\infty}(-1)^n a_n$ 為條件收斂或絕對收斂時, 可先判斷是否為絕對收斂

(I)當 $\exists\,\{b_n: n \in N\}$ 且 $p \geq 1$ 使得 $a_n = b_n - b_{n+p}$ 則計算無窮級數的和, 判斷是否為絕對收斂

(II)若 $\lim_{n \to \infty} a_n \neq 0$ 則 $\sum_{n=1}^{\infty}(-1)^n a_n$ 不是絕對收斂

(III)當 $\sum_{n=1}^{\infty} a_n$ 較為乾淨則找 $f(x)$ s.t. $f(n) = a_n$ 使用積分檢驗法(Integral Test)

判斷是否為絕對收斂

(IV)當 $\sum_{n=1}^{\infty} a_n$ 較為複雜則找 $\{b_n: n \in N\}$ 滿足 $0 \leq a_n \leq b_n$, $\forall n \in N$, 使用比較法

判斷是否為絕對收斂; 或者, 找 $\{b_n: n \in N\}$ 滿足 $\lim_{n \to \infty} \dfrac{a_n}{b_n} = M$, $0 < M < \infty$

使用極限比較法判斷是否為絕對收斂

(V)當 $\sum_{n=1}^{\infty} a_n$ 有階乘或者有次方項時, 嘗試用比值法(Ratio Test)

　判斷是否為絕對收斂

(VI)當 $\sum_{n=1}^{\infty} a_n$ 有次方項時, 嘗試用根值法(Root Test)判斷是否為絕對收斂

題型 2.

假設 $a_n \geq 0, \forall n \in N$, 當 $\sum_{n=1}^{\infty}(-1)^n a_n$ 非絕對收斂, 判斷其是否為條件收斂

解題流程:

Step1.

證明 $a_{n+1} < a_n$, $\forall n \in N$, 若無法直接看出或說明 $a_{n+1} < a_n$ $\forall n \in N$, 嘗試找 $f(x)$

使得 $f(n) = a_n$, $\forall n \in N$, 接著證明 $f'(x) < 0$, 則 $a_{n+1} < a_n$, $\forall n \in N$

Step2.

證明 $\lim\limits_{n \to \infty} a_n = 0$, 無法直接證明 $\lim\limits_{n \to \infty} a_n = 0$ 時, 嘗試使用羅比達法則

Step3.

$\because a_{n+1} < a_n$ 且 $\lim\limits_{n \to \infty} a_n = 0$, 藉由 Leibnitz Test 則 $\sum\limits_{n=1}^{\infty} (-1)^n a_n$ 收斂

範例說明:

Assume $p > 0$

(I)判斷 $\sum\limits_{n=1}^{\infty} \dfrac{(-1)^n}{n^p}$ 是否條件收斂時

則令 $f(x) = x^{-p}$, 檢查是否 $(x^{-p})' < 0$, $\forall x > 0$ 以及是否 $\lim\limits_{n \to \infty} \dfrac{1}{n^p} = 0$

(II)判斷 $\sum\limits_{n=1}^{\infty} \dfrac{(-1)^n \ln n}{n^p}$ 是否條件收斂時

則令 $f(x) = x^{-p} \ln x$, 檢查是否 $(x^{-p} \ln x)' < 0$, $\forall x > 0$ 以及是否 $\lim\limits_{n \to \infty} \dfrac{\ln n}{n^p} = 0$

(III)判斷 $\sum\limits_{n=2}^{\infty} \dfrac{(-1)^n}{n(\ln n)^p}$ 是否條件收斂時

則令 $f(x) = \dfrac{1}{x(\ln x)^p}$, 檢查是否 $\left(\dfrac{1}{x(\ln x)^p}\right)' < 0$, $\forall x > 0$ 以及 $\lim\limits_{n \to \infty} \dfrac{1}{n(\ln n)^p} = 0$

(IV)判斷 $\sum\limits_{n=2}^{\infty} \dfrac{(-1)^n}{(\ln n)^P}$ 是否條件收斂時

則令 $f(x) = \dfrac{1}{(\ln n)^P}$, 檢查是否 $\left(\dfrac{1}{(\ln n)^P}\right)' < 0, \forall x > 0$ 以及是否 $\lim\limits_{n \to \infty} \dfrac{1}{(\ln n)^P} = 0$

範例 1.

$$\text{判斷} \sum_{n=1}^{\infty} \frac{(-1)^{n+1}}{\ln(n+1)} \text{ 為絕對收斂或條件收斂}$$

【解】

$$\because \frac{1}{\ln(n+1)} < \frac{1}{\ln n}, \quad \forall n \in N \text{ 且 } \lim_{n \to \infty} \frac{1}{\ln(n+1)} = 0$$

藉由 Leibnitz Test 則 $\displaystyle\sum_{n=1}^{\infty} \frac{(-1)^{n+1}}{\ln(n+1)}$ 收斂

Claim: $\displaystyle\sum_{n=1}^{\infty} \left| \frac{(-1)^{n+1}}{\ln(n+1)} \right|$ 發散

$$\because \left| \frac{(-1)^{n+1}}{\ln(n+1)} \right| = \frac{1}{\ln(n+1)} > \frac{1}{n+1}, \quad \forall n \in N \quad \text{且} \sum_{n=1}^{\infty} \frac{1}{n+1} \text{ 發散}$$

$$\therefore \sum_{n=1}^{\infty} \left| \frac{(-1)^{n+1}}{\ln(n+1)} \right| \text{ 發散} \qquad \therefore \sum_{n=1}^{\infty} \frac{(-1)^{n+1}}{\ln(n+1)} \text{ 條件收斂}$$

範例 2.

$$\text{判斷} \sum_{n=2}^{\infty} \frac{(-1)^{n+1}}{n\ln(\ln n)} \text{ 為絕對收斂或條件收斂}$$

【解】

$$\because \frac{1}{(n+1)\ln(\ln(n+1))} < \frac{1}{n\ln(\ln n)}, \quad \forall n \in N \text{ 且 } \lim_{n \to \infty} \frac{1}{n\ln(\ln n)} = 0$$

藉由 Leibnitz Test 則 $\displaystyle\sum_{n=2}^{\infty} \frac{(-1)^{n+1}}{n\ln(\ln n)}$ 收斂

Claim: $\displaystyle\sum_{n=1}^{\infty} \left| \frac{(-1)^{n+1}}{n\ln(\ln n)} \right|$ 發散

$$\because \frac{1}{n\ln n} < \frac{1}{n\ln(\ln n)} = \left|\frac{(-1)^{n+1}}{n\ln(\ln n)}\right|$$

Claim: $\displaystyle\sum_{n=2}^{\infty} \frac{1}{n\ln n}$ 發散

$$\because \int_2^{\infty} \frac{dx}{x\ln x} = \ln\ln x\Big|_2^{\infty} = \infty,\ \ 藉由\ \text{Integral Test}\ 則\ \sum_{n=2}^{\infty} \frac{1}{n\ln n}\ 發散$$

$$\therefore \sum_{n=1}^{\infty} \left|\frac{(-1)^{n+1}}{n\ln(\ln n)}\right|\ 發散, \qquad \therefore \sum_{n=2}^{\infty} \frac{(-1)^{n+1}}{n\ln(\ln n)}\ 為條件收斂$$

範例 3.

$$判斷 \sum_{n=1}^{\infty} \frac{(-1)^n \ln n}{n - \ln n}\ 為絕對收斂或條件收斂$$

【解】

Claim: $\dfrac{\ln(n+1)}{(n+1) - \ln(n+1)} < \dfrac{\ln n}{n - \ln n},\ \ \forall n \geq 3$

$$令\ f(x) = \frac{\ln x}{x - \ln x}\ 則\ f'(x) = \frac{\frac{x - \ln x}{x} - (1 - \frac{1}{x})\ln x}{(x - \ln x)^2} = \frac{1 - \ln x}{(x - \ln x)^2} < 0,\ \ \forall x > e$$

$$\therefore f(x)\ 為遞減函數,\ \ \forall x > e \Rightarrow \frac{\ln(n+1)}{(n+1) - \ln(n+1)} < \frac{\ln n}{n - \ln n},\ \ \forall n \geq 3$$

Claim: $\displaystyle\lim_{n\to\infty} \frac{\ln n}{n - \ln n} = 0$

$$藉由羅比達法則\ \lim_{n\to\infty} \frac{\ln n}{n - \ln n} = \lim_{n\to\infty} \frac{\frac{1}{n}}{1 - \frac{1}{n}} = 0$$

$$藉由\ \text{Leibnitz Test}\ 則\ \sum_{n=1}^{\infty} \frac{(-1)^n \ln n}{n - \ln n}\ 收斂$$

Claim: $\sum_{n=1}^{\infty} \left| \dfrac{(-1)^n \ln n}{n - \ln n} \right|$ 發散

$\because \dfrac{\ln n}{n - \ln n} > \dfrac{\ln n}{n}$ 且 $\displaystyle\int_1^{\infty} \dfrac{\ln x}{x} dx = \dfrac{(\ln x)^2}{2}\Big|_1^{\infty} = \infty$

藉由 Integral Test 則 $\sum_{n=2}^{\infty} \dfrac{\ln n}{n}$ 發散 $\Rightarrow \sum_{n=1}^{\infty} \left| \dfrac{(-1)^n \ln n}{n - \ln n} \right|$ 發散 $\therefore \sum_{n=1}^{\infty} \dfrac{(-1)^n \ln n}{n - \ln n}$ 為條件收斂

範例 4.

判斷 $\displaystyle\sum_{n=1}^{\infty} \dfrac{(-1)^n \sqrt{n} + 3}{n}$ 為絕對收斂或條件收斂

【解】

Claim: $\dfrac{\sqrt{n+1} + 3}{n+1} < \dfrac{\sqrt{n} + 3}{n}, \ \forall n \in N$

令 $f(x) = \dfrac{\sqrt{x} + 3}{x}$ 則 $f'(x) = \dfrac{\frac{1}{2} x^{\frac{1}{2}} - (x^{\frac{1}{2}} + 3)}{x^2} = \dfrac{-\frac{1}{2} x^{\frac{1}{2}} - 3}{x^2} < 0, \ \forall x > 0$

$\therefore f(x)$ 為遞減函數, $\forall x > 0 \Rightarrow \dfrac{\sqrt{n+1} + 3}{n+1} < \dfrac{\sqrt{n} + 3}{n}, \ \forall n \in N$

$\because \lim_{n \to \infty} \dfrac{\sqrt{n} + 3}{n} = \lim_{n \to \infty} \dfrac{1 + \frac{3}{\sqrt{n}}}{\sqrt{n}} = 0$

藉由 Leibnitz Test 則 $\displaystyle\sum_{n=1}^{\infty} \dfrac{(-1)^n \sqrt{n} + 3}{n}$ 收斂

Claim: $\sum_{n=1}^{\infty} \left| \dfrac{(-1)^n \sqrt{n} + 3}{n} \right|$ 發散

$\because \dfrac{\sqrt{n} + 3}{n} > \dfrac{1}{n}$ 且 $\displaystyle\int_1^{\infty} \dfrac{1}{x} dx = \ln x\big|_1^{\infty} = \infty$, 藉由 Integral Test 則 $\sum_{n=1}^{\infty} \dfrac{1}{n}$ 發散

$$\therefore \sum_{n=1}^{\infty} \left| \frac{(-1)^n \sqrt{n} + 3}{n} \right| \text{ 發散} \qquad \therefore \sum_{n=1}^{\infty} \frac{(-1)^n \sqrt{n} + 3}{n} \text{ 為條件收斂}$$

範例 5.

$$\text{判斷 } \sum_{n=1}^{\infty} (-1)^{n+1} n^3 e^{-n^2} \text{ 為絕對收斂或條件收斂}$$

【解】

$$\text{Claim: } \sum_{n=1}^{\infty} \left| (-1)^{n+1} n^3 e^{-n^2} \right| \text{ 收斂}$$

$$\because \left| \frac{(n+1)^3 e^{-(n+1)^2}}{n^3 e^{-n^2}} \right| = \left(\frac{n+1}{n} \right)^3 e^{-2n-1}$$

$$\therefore \lim_{n \to \infty} \left| \frac{(n+1)^3 e^{-(n+1)^2}}{n^3 e^{-n^2}} \right| = \lim_{n \to \infty} \left(\frac{n+1}{n} \right)^3 e^{-2n-1} = 0 < 1$$

$$\text{藉由 Ratio test 則 } \sum_{n=1}^{\infty} \left| (-1)^{n+1} n^3 e^{-n^2} \right| \text{ 收斂} \qquad \therefore \sum_{n=1}^{\infty} (-1)^{n+1} n^3 e^{-n^2} \text{ 絕對收斂}$$

範例 6.

$$\text{判斷 } \sum_{n=1}^{\infty} (-1)^{n+1} n^3 e^{-n^4} \text{ 為絕對收斂或條件收斂}$$

【解】

$$\text{Claim: } (n+1)^3 e^{-(n+1)^4} < n^3 e^{-n^4}, \ \forall n \in N$$

$$\text{令 } f(x) = x^3 e^{-x^4} \text{ 則 } f'(x) = 3x^2 e^{-x^4} + x^3 e^{-x^4}(-4x^3) = e^{-x^4} x^2 (3 - 4x^4) < 0, \ \forall x > \sqrt[4]{\frac{3}{4}}$$

$$\therefore f(x) \text{ 為遞減函數}, \ \forall x > \sqrt[4]{\frac{3}{4}} \Rightarrow (n+1)^3 e^{-(n+1)^4} < n^3 e^{-n^4}, \ \forall n \in N$$

$$\text{Claim: } \lim_{n \to \infty} n^3 e^{-n^4} = 0$$

藉由羅比達法則 $\displaystyle\lim_{n\to\infty} n^3 e^{-n^4} = \lim_{n\to\infty} \frac{n^3}{e^{n^4}} = \lim_{n\to\infty} \frac{3n^2}{4n^3 e^{n^4}} = 0$

藉由 Leibnitz Test 則 $\displaystyle\sum_{n=1}^{\infty} (-1)^{n+1} n^3 e^{-n^4}$ 收斂

Claim: $\displaystyle\sum_{n=1}^{\infty} \left| (-1)^{n+1} n^3 e^{-n^4} \right|$ 收斂

$\because \displaystyle\int_1^{\infty} x^3 e^{-x^4} dx = -\frac{e^{-x^4}}{4}\bigg|_1^{\infty} < \infty,$ 藉由 Integral Test 則 $\displaystyle\sum_{n=1}^{\infty} \left| (-1)^{n+1} n^3 e^{-n^4} \right|$ 收斂

$\therefore \displaystyle\sum_{n=1}^{\infty} (-1)^{n+1} n^3 e^{-n^4}$ 為絕對收斂

範例 7.

判斷 $\displaystyle\sum_{n=1}^{\infty} \frac{(-1)^{n+1} n^3}{3^n - 1}$ 為絕對收斂或條件收斂

【解】

Claim: $\displaystyle\sum_{n=1}^{\infty} \left| \frac{(-1)^{n+1} n^3}{3^n - 1} \right|$ 收斂

$\because \left| \dfrac{\frac{(n+1)^3}{3^{n+1} - 1}}{\frac{n^3}{3^n - 1}} \right| = \left(\frac{n+1}{n}\right)^3 \frac{3^n - 1}{3^{n+1} - 1} = \left(\frac{n+1}{n}\right)^3 \frac{1 - \frac{1}{3^n}}{3 - \frac{1}{3^n}}$

$\therefore \displaystyle\lim_{n\to\infty} \left| \dfrac{\frac{(n+1)^3}{3^{n+1} - 1}}{\frac{n^3}{3^n - 1}} \right| = \lim_{n\to\infty} \left(\frac{n+1}{n}\right)^3 \frac{1 - \frac{1}{3^n}}{3 - \frac{1}{3^n}} = \frac{1}{3} < 1$

藉由 Ratio test 則 $\displaystyle\sum_{n=1}^{\infty} \left| \frac{(-1)^{n+1} n^3}{3^n - 1} \right|$ 收斂 $\qquad \therefore \displaystyle\sum_{n=1}^{\infty} \frac{(-1)^{n+1} n^3}{3^n - 1}$ 絕對收斂

範例 8.

$$\text{判斷}\quad \sum_{n=1}^{\infty}\frac{(-1)^{n+1}n!\,2^n}{n^n}\ \text{為絕對收斂或條件收斂}$$

【解】

$$\text{Claim: }\sum_{n=1}^{\infty}\left|\frac{(-1)^{n+1}n!\,2^n}{n^n}\right|\ \text{收斂}$$

$$\because\ \left|\frac{\dfrac{(n+1)!\,2^{n+1}}{(n+1)^{n+1}}}{\dfrac{n!\,2^n}{n^n}}\right|=\frac{2(n+1)n^n}{(n+1)^{n+1}}=\frac{2n^n}{(n+1)^n}=\frac{2}{\dfrac{(n+1)^n}{n^n}}$$

$$\therefore\ \lim_{n\to\infty}\left|\frac{\dfrac{(n+1)!\,2^{n+1}}{(n+1)^{n+1}}}{\dfrac{n!\,2^n}{n^n}}\right|=\lim_{n\to\infty}\frac{2}{\dfrac{(n+1)^n}{n^n}}=\frac{2}{e}<1$$

$$\text{藉由 Ratio test 則}\sum_{n=1}^{\infty}\left|\frac{(-1)^{n+1}n!\,2^n}{n^n}\right|\ \text{收斂}\quad\therefore\sum_{n=1}^{\infty}\frac{(-1)^{n+1}n!\,2^n}{n^n}\text{絕對收斂}$$

範例 9.

$$\text{判斷}\quad \sum_{n=1}^{\infty}\frac{(-1)^{n+1}n!}{n^n}\ \text{為絕對收斂或條件收斂}$$

【解】

$$\text{Claim: }\sum_{n=1}^{\infty}\left|\frac{(-1)^{n+1}n!}{n^n}\right|\ \text{收斂}$$

$$\because\ \left|\frac{\dfrac{(n+1)!}{(n+1)^{n+1}}}{\dfrac{n!}{n^n}}\right|=\frac{(n+1)n^n}{(n+1)^{n+1}}=\frac{n^n}{(n+1)^n}=\frac{1}{\dfrac{(n+1)^n}{n^n}}$$

$$\therefore \lim_{n\to\infty} \left| \frac{\dfrac{(n+1)!}{(n+1)^{n+1}}}{\dfrac{n!}{n^n}} \right| = \lim_{n\to\infty} \frac{1}{\dfrac{(n+1)^n}{n^n}} = \frac{1}{e} < 1$$

藉由 Ratio test 則 $\displaystyle\sum_{n=1}^{\infty} \left| \frac{(-1)^{n+1} n!}{n^n} \right|$ 收斂 $\quad \therefore \displaystyle\sum_{n=1}^{\infty} \frac{(-1)^{n+1} n!}{n^n}$ 絕對收斂

範例 10.

$\qquad$ 判斷 $\displaystyle\sum_{n=2}^{\infty} \frac{(-1)^n}{n\ln^n n}$ 為絕對收斂或條件收斂

【解】

$$\because \left(\frac{1}{n(\ln n)^n} \right)^{\frac{1}{n}} = \frac{1^{\frac{1}{n}}}{\frac{1}{n}} = \frac{e^{\frac{1}{n}\ln\frac{1}{n}}}{\ln n} \quad 且 \quad \lim_{n\to\infty} \frac{1}{n}\ln\frac{1}{n} = -\lim_{n\to\infty} \frac{\frac{1}{n}}{1} = 0$$

$$\therefore \lim_{n\to\infty} \left(\frac{1}{n(\ln n)^n} \right)^{\frac{1}{n}} = \lim_{n\to\infty} \frac{e^{\frac{1}{n}\ln\frac{1}{n}}}{\ln n} = 0$$

藉由 Root Test 則 $\displaystyle\sum_{n=2}^{\infty} \left| \frac{(-1)^n}{n\ln^n n} \right|$ 收斂 $\quad \therefore \displaystyle\sum_{n=2}^{\infty} \frac{(-1)^n}{n\ln^n n}$ 絕對收斂

範例 11.

$\qquad$ 判斷 $\displaystyle\sum_{n=1}^{\infty} \frac{(-1)^n}{2n!}$ 為絕對收斂或條件收斂

【解】

$$\because \frac{1}{(2n+2)!} < \frac{1}{2n!}, \quad \forall n \in N \quad 且 \quad \lim_{n\to\infty} \frac{1}{2n!} = 0$$

藉由 Leibnitz Test 則 $\displaystyle\sum_{n=1}^{\infty} \frac{(-1)^n}{2n!}$ 收斂

Claim $\displaystyle\sum_{n=1}^{\infty}\left|\frac{(-1)^n}{2n!}\right|$ 收斂

$\displaystyle \because \lim_{n\to\infty}\frac{\dfrac{1}{(2n+2)!}}{\dfrac{1}{(2n)!}}=\lim_{n\to\infty}\frac{1}{(2n+2)(2n+1)}=0<1$

藉由 Ratio Test 則 $\displaystyle\sum_{n=1}^{\infty}\left|\frac{(-1)^n}{(2n)!}\right|$ 收斂　　$\displaystyle\therefore\sum_{n=1}^{\infty}\frac{(-1)^n}{(2n)!}$ 為絕對收斂

範例 12.

$$判斷\ \sum_{n=1}^{\infty}\frac{(-1)^{n+1}n^2}{n^3+3}\ 為絕對收斂或條件收斂$$

【解】

Claim: $\dfrac{(n+1)^2}{(n+1)^3+3}<\dfrac{n^2}{n^3+3},\quad \forall n\geq 2$

令 $f(x)=\dfrac{x^2}{x^3+3}$ 則 $f'(x)=\dfrac{2x(x^3+3)-x^2\cdot 3x^2}{(x^3+3)^2}=\dfrac{-x(x^3-6)}{(x^3+3)^2}<0,\quad \forall x>\sqrt[3]{6}$

$\therefore f(x)$ 為遞減函數, $\forall x>\sqrt[3]{6}\Rightarrow \dfrac{(n+1)^2}{(n+1)^3+3}<\dfrac{n^2}{n^3+3},\quad \forall n\geq 2$

$\displaystyle\because \lim_{n\to\infty}\frac{n^2}{n^3+3}=0,$ 藉由 Leibnitz Test 則 $\displaystyle\sum_{n=1}^{\infty}\frac{(-1)^{n+1}n^2}{n^3+3}$ 收斂

Claim $\displaystyle\sum_{n=1}^{\infty}\left|\frac{(-1)^{n+1}n^2}{n^3+3}\right|$ 發散

$\displaystyle\because \lim_{n\to\infty}\frac{\dfrac{n^2}{n^3+3}}{\dfrac{1}{n}}=1$ 且 $\displaystyle\sum_{n=1}^{\infty}\frac{1}{n}$ 發散

藉由 Limit Comparison Test 則 $\displaystyle\sum_{n=1}^{\infty}\left|\frac{(-1)^{n+1}n^2}{n^3+3}\right|$ 發散 $\therefore \displaystyle\sum_{n=1}^{\infty}\frac{(-1)^{n+1}n^2}{n^3+3}$ 為條件收斂

範例 13.

$$\text{判斷} \sum_{n=1}^{\infty} (-1)^{n+1} \left(\frac{1}{2n}\right)^{\frac{1}{2n}} \text{ 為絕對收斂或條件收斂}$$

【解】

藉由羅比達法則

$$\lim_{n\to\infty} \left(\frac{1}{2n}\right)^{\frac{1}{2n}} = \lim_{n\to\infty} e^{\frac{\ln\frac{1}{2n}}{2n}} = \lim_{t\to 0} e^{t\ln t} = \lim_{t\to 0} e^{\frac{\ln t}{\frac{1}{t}}} = \lim_{t\to 0} e^{\frac{\frac{1}{t}}{\frac{-1}{t^2}}} = 1 \neq 0$$

$$\therefore \sum_{n=1}^{\infty} (-1)^{n+1} \left(\frac{1}{2n}\right)^{\frac{1}{2n}} \text{ 為發散級數}$$

範例 14.

$$\text{判斷} \sum_{n=1}^{\infty} \frac{(-1)^{n+1}(n!)^3}{(3n!)} \text{ 為絕對收斂或條件收斂}$$

【解】

$$\text{Claim:} \sum_{n=1}^{\infty} \left| \frac{(-1)^{n+1}(n!)^3}{(3n!)} \right| \text{ 收斂}$$

$$\because \left| \frac{\frac{(n+1!)^3}{(3n+3!)}}{\frac{(n!)^3}{3n!}} \right| = \frac{(n+1)^3}{(3n+3)(3n+2)(3n+1)}$$

$$\therefore \lim_{n\to\infty} \left| \frac{\frac{(n+1!)^3}{(3n+3!)}}{\frac{(n!)^3}{3n!}} \right| = \lim_{n\to\infty} \frac{(n+1)^3}{(3n+3)(3n+2)(3n+1)} = \frac{1}{27} < 1$$

$$\text{藉由 Ratio test 則} \sum_{n=1}^{\infty} \left| \frac{(-1)^{n+1}(n!)^3}{(3n!)} \right| \text{ 收斂} \qquad \therefore \sum_{n=1}^{\infty} \frac{(-1)^{n+1}(n!)^3}{(3n!)} \text{ 絕對收斂}$$

範例 15.

$$\text{判斷} \sum_{n=1}^{\infty} \frac{(-1)^{n+1} \sin \frac{1}{\sqrt{n}}}{3n} \text{ 為絕對收斂或條件收斂}$$

【解】

$$\text{Claim: } \sum_{n=1}^{\infty} \left| \frac{(-1)^{n+1} \sin \frac{1}{\sqrt{n}}}{3n} \right| \text{ 收斂}$$

$$\because \lim_{n \to \infty} \left| \frac{\frac{\sin \frac{1}{\sqrt{n}}}{3n}}{\frac{1}{n^{\frac{3}{2}}}} \right| = \frac{1}{3} \lim_{n \to \infty} \left| \frac{\sin \frac{1}{\sqrt{n}}}{\frac{1}{\sqrt{n}}} \right| = \frac{1}{3}$$

$$\text{Claim: } \sum_{n=1}^{\infty} \frac{1}{n^{\frac{3}{2}}} \text{ 收斂}$$

$$\because \int_1^{\infty} \frac{dx}{x^{\frac{3}{2}}} = x^{-\frac{1}{2}} \Big|_1^{\infty} < \infty, \text{ 藉由 Integral Test 則 } \sum_{n=1}^{\infty} \frac{1}{n^{\frac{3}{2}}} \text{ 收斂}$$

$$\text{By Limit Comparison Test 則 } \sum_{n=1}^{\infty} \frac{1}{n^{\frac{3}{2}}} \text{ 收斂} \Rightarrow \sum_{n=1}^{\infty} \left| \frac{(-1)^{n+1} \sin \frac{1}{\sqrt{n}}}{3n} \right| \text{ 收斂}$$

$$\therefore \sum_{n=1}^{\infty} \frac{(-1)^{n+1} \sin \frac{1}{\sqrt{n}}}{3n} \text{ 絕對收斂}$$

範例 16.

$$\text{判斷} \sum_{n=1}^{\infty} (-1)^n \frac{4n}{5n-1} \text{ 為絕對收斂或條件收斂}$$

【解】

$$\because \lim_{n\to\infty} \frac{4n}{5n-1} = \frac{4}{5} \neq 0 \qquad \therefore \sum_{n=1}^{\infty} (-1)^n \frac{4n}{5n-1} \text{ 為發散級數}$$

範例 17.

$$a_n = \begin{cases} \dfrac{1}{n}, & n = 1,3,5 \\[2mm] -\dfrac{1}{n^3}, & n = 2,4,6 \end{cases} \quad \text{判斷} \sum_{n=1}^{\infty} a_n \text{ 收斂或發散}$$

【解】

$$\because \sum_{n=1}^{\infty} a_n = \sum_{n=1}^{\infty} \frac{1}{2n-1} - \sum_{n=1}^{\infty} \frac{1}{(2n)^3}$$

$$\because \sum_{n=1}^{\infty} \frac{1}{2n-1} \text{ 為發散級數 且 } \sum_{n=1}^{\infty} \frac{1}{(2n)^3} \text{ 為收斂級數} \quad \therefore \sum_{n=1}^{\infty} a_n \text{ 為發散級數}$$

範例 18.

$$\text{判斷} \sum_{n=2}^{\infty} \frac{(-1)^n}{n\ln^p n} \text{ 為絕對收斂或條件收斂}, \ \forall p > 1$$

【解】

令 $p > 1$

$$\text{Claim:} \sum_{n=2}^{\infty} \frac{1}{n\ln^p n} \text{ 收斂}$$

$$\because \int_2^{\infty} \frac{dx}{x\ln^p x} = \left. \frac{\ln^{-p+1} x}{1-p} \right|_2^{\infty} < \infty, \ \text{藉由 Integral Test 則 } \sum_{n=2}^{\infty} \frac{1}{n\ln^p n} \text{ 收斂}$$

$$\text{因此} \sum_{n=2}^{\infty} \frac{1}{n\ln^p n} \text{ 為絕對收斂}$$

範例 19.

$$判斷 \sum_{n=1}^{\infty} \frac{(-1)^{n+1}\sin\sqrt{n}}{n^p} 為絕對收斂或條件收斂, \forall p > 1$$

【解】

令 $p > 1$

$$Claim: \sum_{n=1}^{\infty} \left|\frac{\sin\sqrt{n}}{n^p}\right| 收斂$$

$$\because \left|\frac{\sin\sqrt{n}}{n^p}\right| < \left|\frac{1}{n^p}\right|, \quad \forall n \in N \quad 且 \quad \int_1^{\infty} \frac{dx}{x^p} = \left.\frac{x^{-p+1}}{1-p}\right|_1^{\infty} < \infty,$$

$$藉由 \text{ Integral Test } 則 \sum_{n=1}^{\infty} \frac{1}{n^p} 收斂 \Rightarrow \sum_{n=1}^{\infty} \left|\frac{\sin\sqrt{n}}{n^p}\right| 收斂$$

$$\therefore \sum_{n=1}^{\infty} \frac{(-1)^{n+1}\sin\sqrt{n}}{n^p} 絕對收斂$$

6.5 冪級數與泰勒級數的定義與考試類型

之前討論的級數是數列的總和，底下介紹的冪級數是函數數列的總和，而函數數列在某點取值之後的總和，即等同於某數列的總和，因此冪級數在某點取值後收斂發散的問題等同於討論無窮級數收斂發散的問題；底下會先介紹冪級數與其收斂發散的定義，以及何謂冪級數的收斂半徑與收斂區間，接著討論冪級數在其收斂區間之內為何會絕對收斂，此外，對於任意包含在收斂區間內的封閉區間而言，說明為何冪級數在此封閉區間之內會均勻收斂至某連續函數；若從宏觀的角度來看冪級數，可思考成當任意給定一個冪級數，在滿足哪些情形之下，此冪級數會收斂至某個連續函數或此冪級數何時能用一個連續函數來表示；泰勒級數（或泰勒展開式）相當於反了過來，也就是任意一個連續函數滿足那些條件下，可以用冪級數來表示，底下整理冪級數與泰勒級數的考試類型，求泰勒級數有數種方法，使用時機也有所不同，讀者應理解使用時機的差異

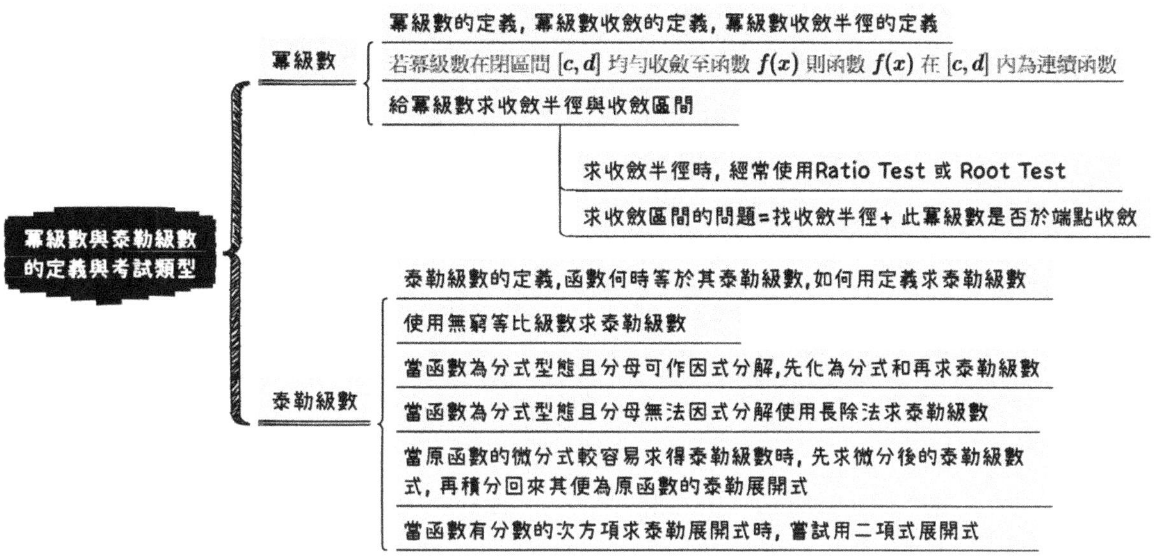

【定義】冪級數(Power Series)

若級數的形式如 $\displaystyle\sum_{k=0}^{\infty} a_k(x-a)^k$ 則此級數稱為中心點為a的冪級數

【定義】冪級數的收斂

(i)A power series $\displaystyle\sum_{k=0}^{\infty} a_k(x-a)^k$ is said to converge at c $\Longleftrightarrow$ $\displaystyle\sum_{k=0}^{\infty} a_k(c-a)^k$ converges

(ii)A power series $\displaystyle\sum_{k=0}^{\infty} a_k(x-a)^k$ is said to converge on the set S

$\Longleftrightarrow \displaystyle\sum_{k=0}^{\infty} a_k(x-a)^k$ converges, $\forall x \in S$

【定義】冪級數的收斂半徑與收斂區間

若冪級數 $\displaystyle\sum_{k=0}^{\infty} a_k(x-a)^k$ 在 $|x-a| < R$ 收斂則收斂半徑為R且收斂區間為$(x-a, x+a)$

補充說明：

By Ratio Test, 若 $\displaystyle\lim_{k\to\infty}\left|\dfrac{a_{k+1}(x-a)^{k+1}}{a_k(x-a)^k}\right| < 1$ 則 $\displaystyle\sum_{k=0}^{\infty} a_k(x-a)^k$ 收斂

$\because \displaystyle\lim_{k\to\infty}\left|\dfrac{a_{k+1}(x-a)^{k+1}}{a_k(x-a)^k}\right| < 1 \Leftrightarrow |x-a| < \lim_{k\to\infty}\left|\dfrac{a_k}{a_{k+1}}\right|$ $\therefore$ 收斂半徑為 $R = \displaystyle\lim_{k\to\infty}\left|\dfrac{a_k}{a_{k+1}}\right|$

By Root Test, 若 $\displaystyle\lim_{k\to\infty}|a_k|^{\frac{1}{k}}|x-a| < 1$ 則 $\displaystyle\sum_{k=0}^{\infty} a_k(x-a)^k$ 收斂

$\because \displaystyle\lim_{k\to\infty}|a_k|^{\frac{1}{k}}|x-a| < 1 \Leftrightarrow |x-a| < \lim_{k\to\infty}\dfrac{1}{|a_k|^{\frac{1}{k}}}$ $\therefore$ 收斂半徑為 $R = \displaystyle\lim_{k\to\infty}\dfrac{1}{|a_k|^{\frac{1}{k}}}$

也就是可使用 $\displaystyle\lim_{k\to\infty}\left|\dfrac{a_k}{a_{k+1}}\right|$ 或 $\displaystyle\lim_{k\to\infty}\dfrac{1}{|a_k|^{\frac{1}{k}}}$ 求 $\displaystyle\sum_{k=0}^{\infty} a_k(x-a)^k$ 的收斂半徑

底下兩個定理屬於高等微積分的範圍，用來幫助讀者理解冪級數與連續函數的對應關係，當給定一冪級數且收斂半徑為 R，則此冪級數在收斂區間內的任意閉區間皆為均勻收斂且收斂至一連續函數

【定理】

假設冪級數 $\displaystyle\sum_{k=0}^{\infty} a_k(x-a)^k$ 的收斂半徑為 R 則

(i) $\displaystyle\sum_{k=0}^{\infty} a_k(x-a)^k$ converges absolutely, $\forall x \in (a-R, a+R)$

(ii) $\displaystyle\sum_{k=0}^{\infty} a_k(x-a)^k$ converges uniformly on $[c,d]$, $\forall [c,d] \subset (a-R, a+R)$

Proof:

(i)

Let $c \in (a - R, a + R)$. Claim $\displaystyle\sum_{k=0}^{\infty} a_k(c - a)^k$ converges absolutely

$\because \displaystyle\sum_{k=0}^{\infty} a_k(c - a)^k$ converges $, \forall c \in (a - R, a + R)$

Let $\varepsilon = 1$, choose $M \in N$ s.t. $k \geq M \Rightarrow |a_k(c - a)^k| < 1$ $\therefore \displaystyle\lim_{k \to \infty} |a_k|^{\frac{1}{k}} |c - a| < 1$

By Root Test, we have $\displaystyle\sum_{k=0}^{\infty} a_k(c - a)^k$ converges absolutely

(ii)
Let $[c, d] \subset (a - R, a + R)$. Choose $b \in (a - R, a + R)$ s.t. $|x - a| \leq |b - a|, \forall x \in [c, d]$

Let $M_k = |a_k||b - a|^k$, $\because \displaystyle\sum_{k=0}^{\infty} |a_k||b - a|^k$ converges and $|a_k(x - a)^k| \leq M_k, \forall x \in [c, d]$

By Weierstrass M– Test, $\displaystyle\sum_{k=0}^{\infty} a_k(x - a)^k$ converges uniformly on $[c, d]$

【定理】
若冪級數在閉區間$[c, d]$均勻收斂至函數$f(x)$則函數 $f(x)$在$[c, d]$內為連續函數
Proof:
$\because$ 冪級數在閉區間$[c, d]$均勻收斂至函數$f(x)$

Let $\varepsilon > 0$, choose $M \in N$ s.t. $n \geq M \Rightarrow \left| f(x) - \displaystyle\sum_{k=0}^{n} a_k(x - a)^k \right| < \dfrac{\varepsilon}{3}, \forall x \in [c, d]$

Let $b \in [c, d]$, $\because \displaystyle\sum_{k=0}^{M} a_k(x - a)^k$ is continuous at b

Choose $\delta > 0$ s.t. $|x - b| < \delta \Rightarrow \left| \displaystyle\sum_{k=0}^{M} a_k(x - a)^k - \displaystyle\sum_{k=0}^{M} a_k(b - a)^k \right| < \dfrac{\varepsilon}{3}$

Then $|x - b| < \delta \Rightarrow$

$$|f(x) - f(b)| < \left| f(x) - \sum_{k=0}^{M} a_k(x-a)^k \right| + \left| \sum_{k=0}^{M} a_k(x-a)^k - \sum_{k=0}^{M} a_k(b-a)^k \right|$$

$$+ \left| \sum_{k=0}^{M} a_k(b-a)^k - f(b) \right| < \frac{\varepsilon}{3} + \frac{\varepsilon}{3} + \frac{\varepsilon}{3} = \varepsilon$$

$\therefore f(x)$ 在 $[c,d]$ 內為連續函數

6.5.1 給冪級數求收斂半徑與收斂區間

為了幫助讀者理解如何求冪級數的收斂半徑與收斂區間, 我們在此使用較為精簡的符號代替冪級數

$$\sum_{n=1}^{\infty} f_n(x) = \sum_{n=0}^{\infty} a_n(x-a)^n$$

接著介紹如何求冪級數 $\displaystyle\sum_{n=1}^{\infty} f_n(x)$ 的收斂半徑或收斂區間

求收斂區間的問題 = 找收斂半徑 + 此冪級數是否於端點收斂, 後者相當於是處理無窮級數收斂的問題, 包含之前討論的: 求無窮級數的和、若 $\displaystyle\lim_{n\to\infty} a_n \neq 0$ 則 $\sum_{n=1}^{\infty} a_n$ 發散、積分檢驗法、比較法(Comparison Test)、比值法(Ratio Test)、根值法(Root Test)、Leibnitz Test

考試類型:
題型 1.
求收斂半徑時, 經常使用 Ratio Test 或 Root Test
解題流程:
Step1.
令 $f(x) = \displaystyle\lim_{n\to\infty} \left| \frac{f_{n+1}(x)}{f_n(x)} \right|$ 或 令 $f(x) = \displaystyle\lim_{n\to\infty} \left| \sqrt[n]{f_{n+1}(x)} \right|$

Assume $f(x) = \dfrac{(x-b)^c}{a}, a, c > 0$ 且 $b \in R$

Step2.

令 $|f(x)| < 1$, 則 $\left| \dfrac{(x-b)^c}{a} \right| < 1$ $\quad \therefore b - a^{\frac{1}{c}} < x < b + a^{\frac{1}{c}}$ $\quad \therefore$ 收斂半徑 $= a^{\frac{1}{c}}$

<u>範例說明:</u>

(I)如果 $f_n(x) = \dfrac{(nx)^n}{n!}$ 則 $f(x) = \lim\limits_{n \to \infty} \left| \dfrac{f_{n+1}(x)}{f_n(x)} \right| = \lim\limits_{n \to \infty} \left| \dfrac{\dfrac{((n+1)x)^{n+1}}{n+1!}}{\dfrac{(nx)^n}{n!}} \right| = e|x|$

(II)如果 $f_n(x) = (-1)^{n-1} \dfrac{x^{n-1}}{2n+1}$ 則 $f(x) = \lim\limits_{n \to \infty} \left| \dfrac{f_{n+1}(x)}{f_n(x)} \right| = \lim\limits_{n \to \infty} \left| \dfrac{\dfrac{x^n}{2n+3}}{\dfrac{x^{n-1}}{2n+1}} \right| = |x|$

題型 2.

求 $\displaystyle\sum_{n=1}^{\infty} f_n(x)$ 的收斂區間

解題流程:

Step1.

令 $f(x) = \lim\limits_{n \to \infty} \left| \dfrac{f_{n+1}(x)}{f_n(x)} \right|$ 或 令 $f(x) = \lim\limits_{n \to \infty} \left| \sqrt[n]{f_{n+1}(x)} \right|$

Step2.

令 $|f(x)| < 1$, 找 (x_0, x_1) 使得 則 $|f(x)| < 1$, $\forall x \in (x_0, x_1)$ $\therefore$ 收斂區間包含(x_0, x_1)

Step3.

判斷 $\displaystyle\sum_{n=1}^{\infty} f_n(x)$ 於 $x = x_0$, x_1 是否收斂, 也就是判斷 $\displaystyle\sum_{n=1}^{\infty} f_n(x_0)$ 、 $\displaystyle\sum_{n=1}^{\infty} f_n(x_1)$ 是否收斂

若為交錯級數時, 則使用 Leibnitz Test 判斷是否收斂

若為正項級數時, 則使用積分檢驗法、比較法(Comparison Test)、比值法(Ratio Test)、根值法(Root Test)

Step4.

(i)若 $\displaystyle\sum_{n=1}^{\infty} f_n(x_1)$ 收斂且 $\displaystyle\sum_{n=1}^{\infty} f_n(x_0)$ 收斂則收斂區間 $= [x_0, x_1]$

(ii)若 $\displaystyle\sum_{n=1}^{\infty} f_n(x_0)$ 收斂 且 $\displaystyle\sum_{n=1}^{\infty} f_n(x_1)$ 發散則收斂區間 $= [x_0, x_1)$

(iii)若 $\displaystyle\sum_{n=1}^{\infty} f_n(x_0)$ 發散 且 $\displaystyle\sum_{n=1}^{\infty} f_n(x_1)$ 收斂則收斂區間 $= (x_0, x_1]$

(iv)若 $\displaystyle\sum_{n=1}^{\infty} f_n(x_0)$ 發散 且 $\displaystyle\sum_{n=1}^{\infty} f_n(x_1)$ 發散則收斂區間 $= (x_0, x_1)$

範例說明:

若 $f(x) = \dfrac{(x-b)^c}{a}$, 其中 $a, c > 0$ 且 $b \in R$ 則 $x_0 = b - a^{\frac{1}{c}}$, $x_1 = b + a^{\frac{1}{c}}$

Step1.

令 $\left| \dfrac{(x-b)^c}{a} \right| < 1$ 則 $b - a^{\frac{1}{c}} < x < b + a^{\frac{1}{c}}$ $\therefore$ 收斂區間包含 $\left(b - a^{\frac{1}{c}}, b + a^{\frac{1}{c}} \right)$

Step2.

判斷 $\displaystyle\sum_{n=1}^{\infty} f_n(x)$ 於 $x = b - a^{\frac{1}{c}}$, $b + a^{\frac{1}{c}}$ 是否收斂

也就是判斷 $\displaystyle\sum_{n=1}^{\infty} f_n\left(b - a^{\frac{1}{c}} \right)$、$\displaystyle\sum_{n=1}^{\infty} f_n\left(b + a^{\frac{1}{c}} \right)$ 是否收斂

Step3.

若為交錯級數時, 則使用 Leibnitz Test 判斷是否收斂

若為正項級數時, 則使用積分檢驗法、比較法(Comparison Test)、比值法(Ratio Test)、根值法(Root Test)

Step4.

(i)若 $\displaystyle\sum_{n=1}^{\infty} f_n\left(b - a^{\frac{1}{c}} \right)$ 收斂且 $\displaystyle\sum_{n=1}^{\infty} f_n\left(b + a^{\frac{1}{c}} \right)$ 收斂 則收斂區間 $= [b - a^{\frac{1}{c}}, b + a^{\frac{1}{c}}]$

(ii)若 $\displaystyle\sum_{n=1}^{\infty} f_n\left(b - a^{\frac{1}{c}}\right)$ 發散且 $\displaystyle\sum_{n=1}^{\infty} f_n\left(b + a^{\frac{1}{c}}\right)$ 收斂則收斂區間 $= \left(b - a^{\frac{1}{c}}, b + a^{\frac{1}{c}}\right]$

(iii)若 $\displaystyle\sum_{n=1}^{\infty} f_n\left(b - a^{\frac{1}{c}}\right)$ 收斂且 $\displaystyle\sum_{n=1}^{\infty} f_n\left(b + a^{\frac{1}{c}}\right)$ 發散則收斂區間 $= \left[b - a^{\frac{1}{c}}, b + a^{\frac{1}{c}}\right)$

(iv)若 $\displaystyle\sum_{n=1}^{\infty} f_n\left(b - a^{\frac{1}{c}}\right)$ 發散且 $\displaystyle\sum_{n=1}^{\infty} f_n\left(b + a^{\frac{1}{c}}\right)$ 發散則收斂區間 $= \left(b - a^{\frac{1}{c}}, b + a^{\frac{1}{c}}\right)$

範例 1.

$$求 \sum_{n=1}^{\infty} \frac{(nx)^n}{n!} \ 的收斂半徑$$

【解】

$$\because \left|\frac{f_{n+1}(x)}{f_n(x)}\right| = \left|\frac{\dfrac{((n+1)x)^{n+1}}{n+1!}}{\dfrac{(nx)^n}{n!}}\right| = \left|\frac{(n+1)\left(1+\dfrac{1}{n}\right)^n x}{n+1}\right| = \left|\left(1+\frac{1}{n}\right)^n x\right|$$

$$\therefore \lim_{n\to\infty} \left|\frac{f_{n+1}(x)}{f_n(x)}\right| = \lim_{n\to\infty} \left|\left(1+\frac{1}{n}\right)^n x\right| = e|x|, \ \ 令\ e|x| < 1\ 則\ 收斂半徑為\ \frac{1}{e}$$

範例 2.

$$求 \sum_{n=1}^{\infty} (-1)^{n-1} \frac{x^{n-1}}{2n+1} \ 的收斂半徑$$

【解】

$$\because \left|\frac{f_{n+1}(x)}{f_n(x)}\right| = \left|\frac{\dfrac{x^n}{2n+3}}{\dfrac{x^{n-1}}{2n+1}}\right| = \left|\frac{(2n+1)x}{2n+3}\right|$$

$$\therefore \lim_{n\to\infty} \left|\frac{f_{n+1}(x)}{f_n(x)}\right| = \lim_{n\to\infty} \left|\frac{(2n+1)x}{2n+3}\right| = |x|, \ \ \ \therefore 收斂半徑為\ 1$$

範例 3.

求 $\displaystyle\sum_{n=1}^{\infty}(-1)^{n-1}\frac{x^{n-1}}{kn+1}$ 的收斂半徑, $\forall k \in N$

【解】

令 $k \in N$, $\because \left|\dfrac{f_{n+1}(x)}{f_n(x)}\right| = \left|\dfrac{\dfrac{x^n}{kn+k+1}}{\dfrac{x^{n-1}}{kn+1}}\right| = \left|\dfrac{(kn+1)x}{kn+k+1}\right|$

$\therefore \lim_{n\to\infty}\left|\dfrac{f_{n+1}(x)}{f_n(x)}\right| = \lim_{n\to\infty}\left|\dfrac{(kn+1)x}{kn+k+1}\right| = |x|$ $\qquad \therefore$ 收斂半徑為 1

範例 4.

求 $\displaystyle\sum_{n=1}^{\infty}(-1)^{n}\frac{(x-2)^{n}}{3^{n}\sqrt{n}}$ 的收斂區間

【解】

$\because \left|\dfrac{f_{n+1}(x)}{f_n(x)}\right| = \left|\dfrac{\dfrac{(x-2)^{n+1}}{3^{n+1}\sqrt{n+1}}}{\dfrac{(x-2)^{n}}{3^{n}\sqrt{n}}}\right| = \left|\dfrac{(x-2)\sqrt{n}}{3\sqrt{n+1}}\right|$ $\quad \therefore \lim_{n\to\infty}\left|\dfrac{f_{n+1}(x)}{f_n(x)}\right| = \lim_{n\to\infty}\left|\dfrac{(x-2)\sqrt{n}}{3\sqrt{n+1}}\right| = \left|\dfrac{x-2}{3}\right|$

令 $\left|\dfrac{x-2}{3}\right| < 1$ 則 收斂區間包含 $(-1,5)$

(1)

As $x = -1$, $\displaystyle\sum_{n=1}^{\infty}(-1)^{n}\frac{(x-2)^{n}}{3^{n}\sqrt{n}} = \sum_{n=1}^{\infty}(-1)^{n}\frac{(-3)^{n}}{3^{n}\sqrt{n}} = \sum_{n=1}^{\infty}\frac{3^{n}}{3^{n}\sqrt{n}} = \sum_{n=1}^{\infty}\frac{1}{\sqrt{n}}$

藉由 Integral Test, 則 $\displaystyle\sum_{n=1}^{\infty}(-1)^{n}\frac{(x-2)^{n}}{3^{n}\sqrt{n}}$ 發散

(2)

As $x = 5$, $\displaystyle\sum_{n=1}^{\infty}(-1)^{n}\frac{(x-2)^{n}}{3^{n}\sqrt{n}} = \sum_{n=1}^{\infty}(-1)^{n}\frac{3^{n}}{3^{n}\sqrt{n}} = \sum_{n=1}^{\infty}(-1)^{n}\frac{1}{\sqrt{n}}$

$\because \dfrac{1}{\sqrt{n+1}} < \dfrac{1}{\sqrt{n}}, \forall n \in N$ 且 $\displaystyle\lim_{n\to\infty}\frac{1}{\sqrt{n}} = 0$

藉由 Leibnitz Test 則 $\displaystyle\sum_{n=1}^{\infty}(-1)^n\frac{(x-2)^n}{3^n\sqrt{n}}$ 收斂　$\therefore$ 收斂區間 $=(-1,5]$

範例 5.

$\qquad$ 求 $\displaystyle\sum_{n=1}^{\infty}(-1)^n\frac{(x-2)^n}{k^n\sqrt{n}}$ 的收斂區間, $\forall k \geq 3$

【解】

令 $k \geq 3,\quad \because \left|\dfrac{f_{n+1}(x)}{f_n(x)}\right| = \left|\dfrac{\dfrac{(x-2)^{n+1}}{k^{n+1}\sqrt{n+1}}}{\dfrac{(x-2)^n}{k^n\sqrt{n}}}\right| = \left|\dfrac{(x-2)\sqrt{n}}{k\sqrt{n+1}}\right|$

$\therefore \displaystyle\lim_{n\to\infty}\left|\dfrac{f_{n+1}(x)}{f_n(x)}\right| = \lim_{n\to\infty}\left|\dfrac{(x-2)\sqrt{n}}{k\sqrt{n+1}}\right| = \left|\dfrac{x-2}{k}\right|$

令 $\left|\dfrac{x-2}{k}\right| < 1$ 則 收斂區間包含 $(2-k, 2+k)$

(1)

As $x = 2-k$, $\displaystyle\sum_{n=1}^{\infty}(-1)^n\frac{(x-2)^n}{k^n\sqrt{n}} = \sum_{n=1}^{\infty}(-1)^n\frac{(-k)^n}{k^n\sqrt{n}} = \sum_{n=1}^{\infty}\frac{k^n}{k^n\sqrt{n}} = \sum_{n=1}^{\infty}\frac{1}{\sqrt{n}}$

藉由 Integral Test 則 $\displaystyle\sum_{n=1}^{\infty}(-1)^n\frac{(x-2)^n}{k^n\sqrt{n}}$ 發散

(2)

As $x = 2+k$, $\displaystyle\sum_{n=1}^{\infty}(-1)^n\frac{(x-2)^n}{k^n\sqrt{n}} = \sum_{n=1}^{\infty}(-1)^n\frac{k^n}{k^n\sqrt{n}} = \sum_{n=1}^{\infty}(-1)^n\frac{1}{\sqrt{n}}$

$\because \dfrac{1}{\sqrt{n+1}} < \dfrac{1}{\sqrt{n}},\ \ \forall\, n \in N\ \ $ 且 $\ \displaystyle\lim_{n\to\infty}\frac{1}{\sqrt{n}} = 0$

藉由 Leibnitz Test 則 $\displaystyle\sum_{n=1}^{\infty}(-1)^n\frac{(x-2)^n}{k^n\sqrt{n}}$ 收斂　$\therefore$ 收斂區間 $=(2-k, 2+k]$

範例 6.

$$\text{求} \sum_{n=1}^{\infty} \frac{(-1)^n}{3n-1}\left(\frac{1-x}{1+x}\right)^n \text{的收斂區間}$$

【解】

$$\because \left|\frac{f_{n+1}(x)}{f_n(x)}\right| = \left|\frac{\frac{(-1)^n}{3n+2}\left(\frac{1-x}{1+x}\right)^{n+1}}{\frac{(-1)^n}{3n-1}\left(\frac{1-x}{1+x}\right)^n}\right| = \left|\frac{(3n-1)\frac{1-x}{1+x}}{3n+2}\right| \quad \therefore \lim_{n\to\infty}\left|\frac{f_{n+1}(x)}{f_n(x)}\right| = \lim_{n\to\infty}\left|\frac{1-x}{1+x}\right|$$

$$\text{令} \left|\frac{1-x}{1+x}\right| < 1 \text{ 則 } x > 0 \qquad \therefore \text{收斂區間包含}(0,\infty)$$

$$\text{As } x = 0, \quad \sum_{n=1}^{\infty}\frac{(-1)^n}{3n-1}\left(\frac{1-x}{1+x}\right)^n = \sum_{n=1}^{\infty}\frac{(-1)^n}{3n-1} \text{ 且 } \sum_{n=1}^{\infty}\frac{(-1)^n}{3n-1} \text{ 收斂 } \therefore \text{收斂區間} = [0,\infty)$$

範例 7.

$$\text{求} \sum_{n=1}^{\infty} \frac{20^n}{n} x^n \text{的收斂區間}$$

【解】

$$\because \left|\frac{f_{n+1}(x)}{f_n(x)}\right| = \left|\frac{\frac{20^{n+1}}{n+1}x^{n+1}}{\frac{20^n}{n}x^n}\right| = \left|\frac{20nx}{n+1}\right| \quad \therefore \lim_{n\to\infty}\left|\frac{f_{n+1}(x)}{f_n(x)}\right| = \lim_{n\to\infty}\left|\frac{20nx}{n+1}\right| = 20|x|$$

$$\text{令} 20|x| < 1 \text{ 則 } -\frac{1}{20} < x < \frac{1}{20} \qquad \therefore \text{收斂區間包含}(-\frac{1}{20},\frac{1}{20})$$

(1)

$$\text{As } x = \frac{1}{20}, \quad \sum_{n=1}^{\infty}\frac{20^n}{n}x^n = \sum_{n=1}^{\infty}\frac{1}{n} \text{ 且 } \sum_{n=1}^{\infty}\frac{1}{n} \text{ 發散}$$

(2)

$$\text{As } x = -\frac{1}{20}, \quad \sum_{n=1}^{\infty}\frac{20}{n}x^n = \sum_{n=1}^{\infty}\frac{(-1)^n}{n}$$

$$\because \frac{1}{n+1} < \frac{1}{n}, \quad \forall\, n \in N \ \text{且} \ \lim_{n \to \infty} \frac{1}{n} = 0, \ \text{藉由 Leibnitz Test 則} \ \sum_{n=1}^{\infty} \frac{(-1)^n}{n} \ \text{收斂}$$

$$\therefore \text{收斂區間} = [-\frac{1}{20}, \frac{1}{20})$$

範例 8.

$$\text{求} \ \sum_{n=1}^{\infty} (-1)^n \frac{(x-3)^n}{(n+1)3^n} \ \text{的收斂區間}$$

【解】

$$\because \left| \frac{f_{n+1}(x)}{f_n(x)} \right| = \left| \frac{\dfrac{(x-3)^{n+1}}{(n+2)3^{n+1}}}{\dfrac{(x-3)^n}{(n+1)3^n}} \right| = \left| \frac{(n+1)(x-3)}{3(n+2)} \right|$$

$$\therefore \lim_{n \to \infty} \left| \frac{f_{n+1}(x)}{f_n(x)} \right| = \lim_{n \to \infty} \left| \frac{(n+1)(x-3)}{3(n+2)} \right| = \left| \frac{x-3}{3} \right|$$

$$\text{令} \left| \frac{x-3}{3} \right| < 1 \ \text{則收斂區間包含} (0, 6)$$

(1)

$$\text{As } x = 0, \quad \sum_{n=1}^{\infty} (-1)^n \frac{(x-3)^n}{(n+1)3^n} = \sum_{n=1}^{\infty} (-1)^n \frac{(-3)^n}{(n+1)3^n} = \sum_{n=1}^{\infty} \frac{1}{(n+1)}$$

$$\text{藉由 Integral Test 則} \ \sum_{n=1}^{\infty} (-1)^n \frac{(x-3)^n}{(n+1)3^n} \ \text{發散}$$

(2)

$$\text{As } x = 6, \quad \sum_{n=1}^{\infty} (-1)^n \frac{(x-3)^n}{(n+1)3^n} = \sum_{n=1}^{\infty} (-1)^n \frac{3^n}{(n+1)3^n} = \sum_{n=1}^{\infty} \frac{(-1)^n}{(n+1)}$$

$$\because \frac{1}{n+2} < \frac{1}{n+1}, \quad \forall\, n \in N \ \text{且} \ \lim_{n \to \infty} \frac{1}{n+1} = 0$$

藉由 Leibnitz Test 則 $\displaystyle\sum_{n=1}^{\infty}(-1)^n\frac{(x-3)^n}{(n+1)3^n}$ 收斂　　$\therefore$ 收斂區間 $=(0,6]$

範例 9.

$$求 \sum_{n=1}^{\infty}(-1)^{n+1}\frac{(x+1)^{2n}}{(n+1)^2 3^n} \text{ 的收斂區間}$$

【解】

$$\because \left|\frac{f_{n+1}(x)}{f_n(x)}\right| = \left|\frac{\dfrac{(x+1)^{2n+2}}{(n+2)^2 3^{n+1}}}{\dfrac{(x+1)^{2n}}{(n+1)^2 3^n}}\right| = \left|\frac{(n+1)^2(x+1)^2}{(n+2)^2 3}\right|$$

$$\therefore \lim_{n\to\infty}\left|\frac{f_{n+1}(x)}{f_n(x)}\right| = \lim_{n\to\infty}\left|\frac{(n+1)^2(x+1)^2}{(n+2)^2 3}\right| = \frac{(x+1)^2}{3}$$

令 $\dfrac{(x+1)^2}{3}<1$ 則 $-\sqrt3 < x+1 < \sqrt3 \Rightarrow -\sqrt3-1 < x < \sqrt3-1$

$\therefore$ 收斂區間包含 $(-\sqrt3-1,\sqrt3-1)$

As $x=-\sqrt3-1$ or $x=\sqrt3-1$

$$\sum_{n=1}^{\infty}(-1)^{n+1}\frac{(x+1)^{2n}}{(n+1)^2 3^n} = \sum_{n=1}^{\infty}(-1)^{n+1}\frac{(\sqrt3)^{2n}}{(n+1)^2 3^n} = \sum_{n=1}^{\infty}(-1)^{n+1}\frac{1}{(n+1)^2}$$

$$\because \frac{1}{(n+2)^2} < \frac{1}{(n+1)^2},\ \ \forall n \in N \text{ 且 } \lim_{n\to\infty}\frac{1}{(n+1)^2}=0$$

藉由 Leibnitz Test 則 $\displaystyle\sum_{n=1}^{\infty}\frac{(-1)^{n+1}}{(n+1)^2}$ 收斂　$\therefore$ 收斂區間 $=[-\sqrt3-1,\sqrt3-1]$

範例 10.

$$求 \sum_{n=1}^{\infty}(-1)^{n+1}\frac{(x+1)^{2n}}{(n+1)^2 k^n} \text{ 的收斂區間},\ \forall k \in N$$

【解】

令 $k \in N$, $\because \left| \dfrac{f_{n+1}(x)}{f_n(x)} \right| = \left| \dfrac{\dfrac{(x+1)^{2n+2}}{(n+2)^2 k^{n+1}}}{\dfrac{(x+1)^{2n}}{(n+1)^2 k^n}} \right| = \left| \dfrac{(n+1)^2 (x+1)^2}{(n+2)^2 k} \right|$

$\therefore \lim_{n\to\infty} \left| \dfrac{f_{n+1}(x)}{f_n(x)} \right| = \lim_{n\to\infty} \left| \dfrac{(n+1)^2 (x+1)^2}{(n+2)^2 k} \right| = \dfrac{(x+1)^2}{k}$

令 $\dfrac{(x+1)^2}{k} < 1$ 則 $-\sqrt{k} < x+1 < \sqrt{k} \Rightarrow -\sqrt{k}-1 < x < \sqrt{k}-1$

$\therefore$ 收斂區間包含 $(-\sqrt{k}-1, \sqrt{k}-1)$

As $x = -\sqrt{k}-1$ or $x = \sqrt{k}-1$

$$\sum_{n=1}^{\infty} (-1)^{n+1} \dfrac{(x+1)^{2n}}{(n+1)^2 k^n} = \sum_{n=1}^{\infty} (-1)^{n+1} \dfrac{(\sqrt{k})^{2n}}{(n+1)^2 k^n} = \sum_{n=1}^{\infty} (-1)^{n+1} \dfrac{1}{(n+1)^2}$$

$\because \dfrac{1}{(n+2)^2} < \dfrac{1}{(n+1)^2}, \quad \forall n \in N$ 且 $\lim_{n\to\infty} \dfrac{1}{(n+1)^2} = 0$

藉由 Leibnitz Test 則 $\displaystyle\sum_{n=1}^{\infty} \dfrac{(-1)^{n+1}}{(n+1)^2}$ 收斂 $\qquad \therefore$ 收斂區間 $= [-\sqrt{k}-1, \sqrt{k}-1]$

範例 11.

$\qquad$ 求 $\displaystyle\sum_{n=2}^{\infty} \dfrac{1}{n\ln n}\left(\dfrac{x}{2}-1\right)^n$ 的收斂區間

【解】

$\because \left| \dfrac{f_{n+1}(x)}{f_n(x)} \right| = \left| \dfrac{\dfrac{1}{(n+1)\ln(n+1)}\left(\dfrac{x}{2}-1\right)^{n+1}}{\dfrac{1}{n\ln n}\left(\dfrac{x}{2}-1\right)^n} \right| = \left| \dfrac{n\ln n\left(\dfrac{x}{2}-1\right)}{(n+1)\ln(n+1)} \right|$

$\therefore \lim_{n\to\infty} \left| \dfrac{f_{n+1}(x)}{f_n(x)} \right| = \lim_{n\to\infty} \left| \dfrac{x}{2}-1 \right|$

令 $\left| \dfrac{x}{2}-1 \right| < 1$ 則 $0 < x < 4$ $\quad \therefore$ 收斂區間包含 $(0,4)$

(1)

As $x = 4$, $\displaystyle\sum_{n=2}^{\infty} \frac{1}{n \ln n}\left(\frac{x}{2} - 1\right)^n = \sum_{n=2}^{\infty} \frac{1}{n \ln n}$

$\because \displaystyle\int_2^{\infty} \frac{dx}{x \ln x} = \ln(\ln x)\big|_2^{\infty} = \infty$　且 $f(x) = \dfrac{1}{x \ln x}$ 於 $[2, \infty)$ 為連續遞減函數

藉由 Integral Test 則 $\displaystyle\sum_{n=2}^{\infty} \frac{1}{n \ln n}$ 發散

(2)

As $x = 0$, $\displaystyle\sum_{n=2}^{\infty} \frac{1}{n \ln n}\left(\frac{x}{2} - 1\right)^n = \sum_{n=2}^{\infty} \frac{(-1)^n}{n \ln n}$

$\because \dfrac{1}{(n+1)\ln(n+1)} < \dfrac{1}{n \ln n}$, $\quad \forall n \in N$　且 $\displaystyle\lim_{n \to \infty} \frac{1}{n \ln n} = 0$

藉由 Leibnitz Test 則 $\displaystyle\sum_{n=2}^{\infty} \frac{(-1)^n}{n \ln n}$ 收斂　$\therefore$ 收斂區間 $= [0,4)$

範例 12.

求 $\displaystyle\sum_{n=1}^{\infty} \frac{n}{x^n}$ 的收斂區間

【解】

$\because \left|\dfrac{f_{n+1}(x)}{f_n(x)}\right| = \left|\dfrac{\frac{n+1}{x^{n+1}}}{\frac{n}{x^n}}\right| = \left|\dfrac{n+1}{nx}\right|$　　$\therefore \displaystyle\lim_{n \to \infty}\left|\frac{f_{n+1}(x)}{f_n(x)}\right| = \lim_{n \to \infty}\left|\frac{1}{x}\right|$

令 $\left|\dfrac{1}{x}\right| < 1$ 則 $x < -1$ 或 $x > 1$　　　$\therefore$ 收斂區間包含 $(-\infty, -1) \cup (1, \infty)$

(1)

As $x = 1$, $\displaystyle\sum_{n=1}^{\infty} \frac{n}{x^n} = \sum_{n=1}^{\infty} n \Rightarrow \sum_{n=1}^{\infty} \frac{n}{x^n}$ 發散

(2)

As $x = -1$, $\displaystyle\sum_{n=1}^{\infty} \frac{n}{x^n} = \sum_{n=1}^{\infty} n(-1)^n \Rightarrow \sum_{n=1}^{\infty} \frac{n}{x^n}$ 發散

$\therefore$ 收斂區間 $= (-\infty, -1) \cup (1, \infty)$

範例 13.

$$\text{求} \sum_{n=1}^{\infty} (-1)^n \frac{(x-5)^n}{8^n} \text{ 的收斂區間}$$

【解】

$\because \left| \dfrac{f_{n+1}(x)}{f_n(x)} \right| = \left| \dfrac{\frac{(x-5)^{n+1}}{8^{n+1}}}{\frac{(x-5)^n}{8^n}} \right| = \left| \dfrac{x-5}{8} \right| \qquad \therefore \lim_{n\to\infty} \left| \dfrac{f_{n+1}(x)}{f_n(x)} \right| = \lim_{n\to\infty} \left| \dfrac{x-5}{8} \right|$

令 $\left| \dfrac{x-5}{8} \right| < 1$ 則 $|x-5| < 8 \Rightarrow -3 < x < 13 \qquad \therefore$ 收斂區間包含$(-3, 13)$

(1)

As $x = 13$, $\displaystyle\sum_{n=1}^{\infty} (-1)^n \frac{(x-5)^n}{8^n} = \sum_{n=1}^{\infty} (-1)^n$ 且 $\sum_{n=1}^{\infty} (-1)^n$ 發散

(2)

As $x = -3$, $\displaystyle\sum_{n=1}^{\infty} (-1)^n \frac{(x-5)^n}{8^n} = \sum_{n=1}^{\infty} 1^n$ 且 $\sum_{n=1}^{\infty} 1^n$ 發散

$\therefore$ 收斂區間 $= (-3, 13)$

範例 14.

$$\text{求} \sum_{n=1}^{\infty} x^{n^2} \text{ 的收斂區間}$$

【解】

$\because \left| \dfrac{f_{n+1}(x)}{f_n(x)} \right| = \left| \dfrac{x^{(n+1)^2}}{x^{n^2}} \right| = |x^{2n+1}|$

令 $|x^{2n+1}| < 1$ 則 $|x^{2n+1}| < 1 \Rightarrow -1 < x < 1 \qquad \therefore$ 收斂區間包含$(-1, 1)$

(1)

As $x = 1$, $\displaystyle\sum_{n=1}^{\infty} x^{n^2} = \sum_{n=1}^{\infty} 1$, $\because \lim_{n\to\infty} 1 \neq 0$ $\therefore \displaystyle\sum_{n=1}^{\infty} x^{n^2}$ 發散

(2)

As $x = -1$, $\displaystyle\sum_{n=1}^{\infty} x^{n^2} = \sum_{n=1}^{\infty} (-1)^{n^2}$, $\because \lim_{n\to\infty} (-1)^{n^2} \neq 0$ $\therefore \displaystyle\sum_{n=1}^{\infty} x^{n^2}$ 發散

$\therefore$ 收斂區間 $= (-1, 1)$

範例 15.

$$\text{求} \sum_{n=1}^{\infty} \left(\frac{3n}{n+1}\right)^n x^n \text{ 的收斂區間}$$

【解】

$\because \left|\sqrt[n]{f_{n+1}(x)}\right| = \left|\frac{3nx}{n+1}\right|$ $\therefore \lim_{n\to\infty} \left|\sqrt[n]{f_{n+1}(x)}\right| = \lim_{n\to\infty} \left|\frac{3nx}{n+1}\right| = |3x|$

令 $|3x| < 1$ 則 $|x| < \frac{1}{3} \Rightarrow \frac{-1}{3} < x < \frac{1}{3}$ $\therefore$ 收斂區間包含 $\left(\frac{-1}{3}, \frac{1}{3}\right)$

(1)

As $x = \frac{1}{3}$, $\displaystyle\sum_{n=1}^{\infty} \left(\frac{3n}{n+1}\right)^n x^n = \sum_{n=1}^{\infty} \left(\frac{3n}{n+1}\right)^n \left(\frac{1}{3}\right)^n = \sum_{n=1}^{\infty} \left(\frac{n}{n+1}\right)^n$

$\because \lim_{n\to\infty} \left(\frac{n}{n+1}\right)^n = e^{-1} \neq 0$ $\therefore \displaystyle\sum_{n=1}^{\infty} \left(\frac{3n}{n+1}\right)^n \left(\frac{1}{3}\right)^n$ 發散

(2)

As $x = -\frac{1}{3}$, $\displaystyle\sum_{n=1}^{\infty} \left(\frac{3n}{n+1}\right)^n x^n = \sum_{n=1}^{\infty} \left(\frac{3n}{n+1}\right)^n \left(\frac{-1}{3}\right)^n = \sum_{n=1}^{\infty} (-1)^n \left(\frac{n}{n+1}\right)^n$

$\because \lim_{n\to\infty} (-1)^n \left(\frac{n}{n+1}\right)^n = \pm e^{-1}$ $\therefore \displaystyle\sum_{n=1}^{\infty} \left(\frac{3n}{n+1}\right)^n \left(\frac{-1}{3}\right)^n$ 發散

$\therefore$ 收斂區間 $= \left(-\frac{1}{3}, \frac{1}{3}\right)$

範例 16.

$$求 \sum_{n=1}^{\infty} \left(\frac{n^2}{n^2+1}\right)^n (x-1)^n \text{ 的收斂區間}$$

【解】

$$\because \left|\sqrt[n]{f_{n+1}(x)}\right| = \left|\frac{n^2(x-1)}{n^2+1}\right| \quad \therefore \lim_{n \to \infty} \left|\sqrt[n]{f_{n+1}(x)}\right| = \lim_{n \to \infty} \left|\frac{n^2(x-1)}{n^2+1}\right| = |x-1|$$

令 $|x-1| < 1$ 則 $0 < x < 2$ $\qquad \therefore$ 收斂區間包含 $(0,2)$

(1)

$$\text{As } x = 2, \quad \sum_{n=1}^{\infty} \left(\frac{n^2}{n^2+1}\right)^n (x-1)^n = \sum_{n=1}^{\infty} \left(\frac{n^2}{n^2+1}\right)^n$$

$$\because \sum_{n=1}^{\infty} \left(\frac{n^2}{n^2+1}\right)^n > \sum_{n=1}^{\infty} \left(\frac{n^2}{n^2+1}\right)^{n^2} \quad \text{且} \quad \lim_{n \to \infty} \left(\frac{n^2}{n^2+1}\right)^{n^2} = e^{-1}$$

$$\therefore \sum_{n=1}^{\infty} \left(\frac{n^2}{n^2+1}\right)^{n^2} \text{ 發散} \Rightarrow \sum_{n=1}^{\infty} \left(\frac{n^2}{n^2+1}\right)^n \text{ 發散}$$

(2)

$$\text{As } x = 0, \quad \sum_{n=1}^{\infty} \left(\frac{n^2}{n^2+1}\right)^n (x-1)^n = \sum_{n=1}^{\infty} (-1)^n \left(\frac{n^2}{n^2+1}\right)^n$$

$$\because \lim_{n \to \infty} \left(\frac{n^2}{n^2+1}\right)^n \neq 0 \quad \therefore \sum_{n=1}^{\infty} (-1)^n \left(\frac{n^2}{n^2+1}\right)^n \text{ 發散}$$

$$\therefore 收斂區間 = (0,2)$$

範例 17.

$$求 \sum_{n=1}^{\infty} \frac{1}{n \cdot 4^n} (x-1)^n \text{ 的收斂區間}$$

【解】

$$\because \left|\frac{f_{n+1}(x)}{f_n(x)}\right| = \left|\frac{\dfrac{1}{(n+1)\cdot 4^{n+1}}(x-1)^{n+1}}{\dfrac{1}{n\cdot 4^n}(x-1)^n}\right| = \left|\frac{n(x-1)}{4(n+1)}\right| \quad \therefore \lim_{n\to\infty}\left|\frac{f_{n+1}(x)}{f_n(x)}\right| = \left|\frac{x-1}{4}\right|$$

令 $\left|\dfrac{x-1}{4}\right| < 1$ 則 $|x-1| < 4 \Rightarrow -3 < x < 5$ $\quad \therefore$ 收斂區間包含 $(-3,5)$

(1)

As $x = 5$, $\displaystyle\sum_{n=1}^{\infty}\frac{(x-1)^n}{n\cdot 4^n} = \sum_{n=1}^{\infty}\frac{4^n}{n\cdot 4^n} = \sum_{n=1}^{\infty}\frac{1}{n}$ 且 $\displaystyle\sum_{n=1}^{\infty}\frac{1}{n}$ 發散

(2)

As $x = -3$, $\displaystyle\sum_{n=1}^{\infty}\frac{(x-1)^n}{n\cdot 4^n} = \sum_{n=1}^{\infty}\frac{(-1)^n 4^n}{n\cdot 4^n} = \sum_{n=1}^{\infty}\frac{(-1)^n}{n}$ 且 $\displaystyle\sum_{n=1}^{\infty}\frac{(-1)^n}{n}$ 收斂

$\therefore$ 收斂區間 $= [-3,5)$

範例 18.

$$求 \sum_{n=1}^{\infty}\frac{1}{n}(2x-7)^n \ 的收斂區間$$

【解】

$$\because \left|\frac{f_{n+1}(x)}{f_n(x)}\right| = \left|\frac{\dfrac{1}{n+1}(2x-7)^{n+1}}{\dfrac{1}{n}(2x-7)^n}\right| = \left|\frac{n(2x-7)}{n+1}\right| \quad \therefore \lim_{n\to\infty}\left|\frac{f_{n+1}(x)}{f_n(x)}\right| = \lim_{n\to\infty}|2x-7|$$

令 $|2x-7| < 1$ 則 $3 < x < 4$ $\quad \therefore$ 收斂區間包含 $(3,4)$

(1)

As $x = 4$, $\displaystyle\sum_{n=1}^{\infty}\frac{1}{n}(2x-7)^n = \sum_{n=1}^{\infty}\frac{1}{n}$ 且 $\displaystyle\sum_{n=1}^{\infty}\frac{1}{n}$ 發散

(2)

As $x = 3$, $\displaystyle\sum_{n=1}^{\infty}\frac{1}{n}(2x-7)^n = \sum_{n=1}^{\infty}\frac{(-1)^n}{n}$ 且 $\displaystyle\sum_{n=1}^{\infty}\frac{(-1)^n}{n}$ 收斂

$\therefore$ 收斂區間 $= [3,4)$

6.5.2　使用泰勒級數的定義求泰勒級數

從宏觀的角度來看冪級數，可以思考成冪級數在滿足哪些情形之下，會收斂至某個連續函數或滿足什麼條件時，冪級數能用一個連續函數來表示，底下介紹的 Taylor's Formula 相當於反了過來，可以思考成任意一個連續函數 $f(x)$ 滿足哪些條件，可以用冪級數來表示或者連續函數 $f(x)$ 滿足哪些條件之下，函數 $f(x)$ 能有底下的表示式

$$f(x) = \sum_{k=0}^{\infty} \frac{f^{(k)}(c)}{k!}(x-c)^k$$

【定義】

Assume $f(x)$ is a real-valued function defined on an interval I in R. If f has derivatives of every order at each point of I, we denote $f(x) \in C^\infty$ on I.

【定義】泰勒級數(泰勒展開式)

若 $f(x) \in C^\infty$ on a neighborhood $B_\delta(c)$, $\delta > 0$ 則稱冪級數 $\sum_{k=0}^{\infty} \frac{f^{(k)}(c)}{k!}(x-c)^k$

為在 c 點由 $f(x)$ 生成的泰勒級數或泰勒展開式.

若 $c = 0$ 時,則稱冪級數 $\sum_{k=0}^{\infty} \frac{f^{(k)}(0)}{k!} x^k$ 為由 $f(x)$ 生成的馬克勞林級數

此外，藉由 $f(x) \sim \sum_{k=0}^{\infty} \frac{f^{(k)}(c)}{k!}(x-c)^k$ 表示 $f(x)$ 生成此泰勒級數

假設函數 $f(x) = \begin{cases} e^{-\frac{1}{x^2}}, & x \neq 0 \\ 0, & x = 0 \end{cases}$, 則 $f(x) \in C^\infty(-\infty, \infty)$ 且 $f^{(k)}(0) = 0$, $\forall k \in N$. 因此 $f(x)$

以 $c = 0$ 為中心點的泰勒展開式恆等於零, 然而, 函數 $f(x)$ 只有在 $x = 0$ 等於零; 因此

$$f(x) \neq \sum_{k=0}^{\infty} \frac{f^{(k)}(0)}{k!} x^k \,, \forall x \neq 0,$$ 從這例子可觀察到任意函數未必等於其泰勒級數;

接下來的問題是 "~" 何時能變成等號,也就是函數 $f(x)$ 滿足那些條件時,函數 $f(x)$ 等於其

泰勒級數, 即 $f(x) = \sum_{k=0}^{\infty} \frac{f^{(k)}(c)}{k!} (x-c)^k$,我們使用 Taylor's Formula 與其延伸定理來回答

這問題,首先需先介紹 Extension of Generalized Mean Value Theorem

【定理】Extension of Generalized Mean-Value Theorem

Assume $f(x)$ and $g(x)$ have finite nth derivatives $f^{(n)}$ and $g^{(n)}$ in (a, b) and continuous $(n-1)$th derivatives on $[a, b]$. Let $c \in [a, b]$. Then

$\forall x \in [a, b], \ x \neq c, \ \exists x_0 \in (x, c)$ s.t.

$$\left(f(x) - \sum_{k=0}^{n-1} \frac{f^{(k)}(c)}{k!} (x-c)^k \right) g^{(n)}(x_0) = \left(g(x) - \sum_{k=0}^{n-1} \frac{g^{(k)}(c)}{k!} (x-c)^k \right) f^{(n)}(x_0)$$

Proof:

Assume $c < b, \ c < x$ and x is fixed.

Let $F(t) = \sum_{k=0}^{n-1} \frac{f^{(k)}(t)}{k!} (x-t)^k$ and $G(t) = \sum_{k=0}^{n-1} \frac{g^{(k)}(t)}{k!} (x-t)^k, \ \ \forall t \in [c, x]$.

Then $F, \ G$ have finite derivative in (c, x) and are continuous on $[c, x]$.

By Generalized Mean-Value Theorem,

$\exists x_0 \in (c, x)$ s.t. $F'(x_0)\big(G(x) - G(c)\big) = G'(x_0)\big(F(x) - F(c)\big)$

$\therefore \exists x_0 \in (c, x)$ s.t. $F'(x_0)\big(g(x) - G(c)\big) = G'(x_0)\big(f(x) - F(c)\big)$

Claim: $F'(t) = \dfrac{f^{(n)}(t)(x-t)^{n-1}}{(n-1)!}$ and $G'(t) = \dfrac{g^{(n)}(t)(x-t)^{n-1}}{(n-1)!}$

$$F'(t) = f^{(1)}(t) + \sum_{k=1}^{n-1} \frac{f^{(k+1)}(t)}{k!} (x-t)^k - \frac{f^{(k)}(t)}{k-1!} (x-t)^{k-1} = \frac{f^{(n)}(t)(x-t)^{n-1}}{(n-1)!}$$

$$G'(t) = g^{(1)}(t) + \sum_{k=1}^{n-1} \frac{g^{(k+1)}(t)}{k!} (x-t)^k - \frac{g^{(k)}(t)}{k-1!} (x-t)^{k-1} = \frac{g^{(n)}(t)(x-t)^{n-1}}{(n-1)!}$$

$$\therefore \exists x_0 \in (c,x) \text{ s.t. } \frac{f^{(n)}(x_0)(x-x_0)^{n-1}}{(n-1)!}\left(g(x) - \sum_{k=0}^{n-1} \frac{g^{(k)}(c)}{k!}(x-c)^k \right)$$

$$= \frac{g^{(n)}(x_0)(x-x_0)^{n-1}}{(n-1)!}\left(f(x) - \sum_{k=0}^{n-1} \frac{f^{(k)}(c)}{k!}(x-c)^k \right)$$

$$\therefore \left(f(x) - \sum_{k=0}^{n-1} \frac{f^{(k)}(c)}{k!}(x-c)^k \right) g^{(n)}(x_0) = \left(g(x) - \sum_{k=0}^{n-1} \frac{g^{(k)}(c)}{k!}(x-c)^k \right) f^{(n)}(x_0)$$

【定理】Taylor's Formula

Assume $f(x)$ has finite nth derivative $f^{(n)}$ in (a,b) and that $f^{(n-1)}$ is continuous on $[a,b]$. Let $c \in [a,b]$. Then $\forall x \in [a,b]$, $x \neq c$, $\exists\, x_0$ in interval joining x and c s.t.

$$f(x) = f(c) + \sum_{k=1}^{n-1} \frac{f^{(k)}(c)}{k!}(x-c)^k + \frac{f^{(n)}(x_0)}{n!}(x-c)^n$$

Proof:

Let $g(x) = (x-c)^n$, then $g^{(k)}(c) = 0$, $\forall 0 \leq k \leq n-1$ and $g^{(n)}(x) = n!$

By Extension of Generalized Mean-Value Theorem, we have

$$\left(f(x) - \sum_{k=0}^{n-1} \frac{f^{(k)}(c)}{k!}(x-c)^k \right) g^{(n)}(x_0) = \left(g(x) - \sum_{k=0}^{n-1} \frac{g^{(k)}(c)}{k!}(x-c)^k \right) f^{(n)}(x_0)$$

$$\Rightarrow \left(f(x) - \sum_{k=0}^{n-1} \frac{f^{(k)}(c)}{k!}(x-c)^k \right) n! = (x-c)^n f^{(n)}(x_0)$$

$$\therefore f(x) = f(c) + \sum_{k=1}^{n-1} \frac{f^{(k)}(c)}{k!}(x-c)^k + \frac{f^{(n)}(x_0)}{n!}(x-c)^n$$

從 Taylor's Formula 可以觀察出 $\displaystyle\sum_{k=0}^{\infty} \frac{f^{(k)}(c)}{k!}(x-c)^k$ 收斂至 $f(x)$ 的充分且必要條件為

$$\lim_{n \to \infty} \frac{f^{(n)}(x_0)}{n!}(x-c)^n = 0, \text{ 其中 } x_0 \text{ 與 } x, c, n \text{ 三者有關; } \text{ 因為 } \lim_{n \to \infty} \frac{M^n}{n!} = 0, \forall M > 0, \text{ 所以若}$$

$$\exists M > 0 \text{ s.t. } \left|f^{(n)}(x)\right| \le M^n, \forall x \in [a, b] \text{ 則 } \lim_{n \to \infty} \frac{f^{(n)}(x_0)}{n!}(x-c)^n = 0; \text{ 底下的定理, 可視為}$$

Taylor's Formula 的延伸, 說明函數 $f(x)$ 滿足哪些條件的時候會等於泰勒展開式

【定理】

Let $f(x) \in C^\infty$ on $[a, b]$ and $c \in [a, b]$. Assume $\exists$ a neighborhood $B_\delta(c)$, $\delta > 0$ and $M > 0$ s.t. $\left|f^{(n)}(x)\right| \le M^n$, $\forall x \in B_\delta(c) \cap [a, b]$ and $n \in N$. Then

$$\forall x \in B_\delta(c) \cap [a, b], \text{ we have } f(x) = \sum_{k=0}^{\infty} \frac{f^{(k)}(c)}{k!}(x-c)^k$$

Proof:

By Taylor's Formula, $\forall x \in [a, b]$, $x \ne c$, $\exists x_0$ in interval joining x and c s.t.

$$f(x) = f(c) + \sum_{k=0}^{n-1} \frac{f^{(k)}(c)}{k!}(x-c)^k + \frac{f^{(n)}(x_0)}{n!}(x-c)^n$$

$$\because \left|f(x) - \sum_{k=0}^{n-1} \frac{f^{(k)}(c)}{k!}(x-c)^k\right| = \left|\frac{f^{(n)}(x_0)}{n!}(x-c)^n\right| \le \left|\frac{M^n}{n!}(x-c)^n\right|$$

$$\text{and } \lim_{n \to \infty} \left|\frac{M^n}{n!}(x-c)^n\right| = 0, \ \forall x \in B_\delta(c) \cap [a, b]$$

$$\therefore f(x) = \sum_{k=0}^{\infty} \frac{f^{(k)}(c)}{k!}(x-c)^k, \ \forall x \in B_\delta(c) \cap [a, b]$$

範例說明:

$$\text{(I) 若 } f(x) = \sin x \text{ 則 } \left|f^{(n)}(x)\right| \le 1, \forall x \in R \quad \therefore f(x) = \sum_{k=0}^{\infty} \frac{f^{(k)}(0)}{k!}x^k, \ \forall x \in R$$

$$\text{(II) 若 } f(x) = \cos x \text{ 則 } \left|f^{(n)}(x)\right| \le 1, \forall x \in R \quad \therefore f(x) = \sum_{k=0}^{\infty} \frac{f^{(k)}(0)}{k!}x^k, \ \forall x \in R$$

(III)若 $f(x) = e^{-x}$ 則 $\left|f^{(n)}(x)\right| \leq e,\ \forall x \in (-1, \infty)$ $\therefore f(x) = \sum_{k=0}^{\infty} \frac{f^{(k)}(0)}{k!} x^k, \forall x \in (-1, \infty)$

考試類型:

題型 1.

給函數 $f(x)$, 求 $f^{(n)}(x_0)$ 的一般式, 使得 $f(x) = \sum_{n=0}^{\infty} \frac{f^{(n)}(x_0)}{n!}(x - x_0)^n$

此方法關鍵在於求此無窮級數係數的一般式, 因為係數的一般式源自於原函數的高階導數, 因此, 需求出原函數高階導數的一般式

解題流程:

Step1.

試求 $f^{(1)}(x) \cdot f^{(2)}(x) \cdot f^{(3)}(x) \dots$

Step2.

觀察 $f^{(1)}(x) \cdot f^{(2)}(x) \cdot f^{(3)}(x) \dots$ 寫出 $\left(猜想\right) f^{(n)}(x)$ 的一般式

Step3.

使用數學歸納法證明猜想的 $f^{(n)}(x)$ 確實是微分 n 次之後的一般式

Step4.

找出收斂區間

範例說明:

(I)如果 $f(x) = \sin x$ 則 $f^{(n)}(0) = \begin{cases} 0, & n = 偶數 \\ (-1)^{\frac{n-1}{2}}, & n = 奇數 \end{cases}, \ \forall n \in N$

(II)如果 $f(x) = \cos x$ 則 $f^{(n)}(0) = \begin{cases} (-1)^{\frac{n}{2}}, & n = 偶數 \\ 0, & n = 奇數 \end{cases}, \ \forall n \in N$

(III)如果 $f(x) = e^x$ 則 $f^{(n)}(0) = 1, \forall n \in N$

(IV)如果 $f(x) = \dfrac{1}{(1-x)^p}$ 則 $f^{(n)}(0) = \dfrac{(n + (p-1))!}{(p-1)!}, \ \forall n, p \in N$

題型 2.

給函數 $f(x)$，假設 $e^{f(x)} = 1 + ax + bx^2 + \cdots$，求 $a = ?, b = ?$

解題流程:

Step1.

找出 $f(x)$ 的泰勒展開式，假設 $f(x) = \sum_{n=0}^{\infty} \frac{f^{(n)}(x_0)}{n!}(x - x_0)^n$

Step2.

則 $e^{f(x)} = 1 + \left(\sum_{n=0}^{\infty} \frac{f^{(n)}(x_0)}{n!}(x - x_0)^n \right)$

$+ \frac{1}{2!}\left(\sum_{n=0}^{\infty} \frac{f^{(n)}(x_0)}{n!}(x - x_0)^n \right)^2 + \frac{1}{3!}\left(\sum_{n=0}^{\infty} \frac{f^{(n)}(x_0)}{n!}(x - x_0)^n \right)^3 + \cdots$

Step3.

$$a = \frac{f^{(1)}(x_0)}{1!}, \quad b = \frac{f^{(2)}(x_0)}{2!} + \frac{1}{2!}\left(\frac{f^{(1)}(x_0)}{1!} \right)^2$$

題型 3.

Assume $f(x) = \dfrac{1}{(1-x)^k}$，求 $f(x)$ 的馬克勞林級數並求收斂區間，$\forall k \in N$

解題流程:

令 $k \in N$ 且 $f(x) = \dfrac{1}{(1-x)^k}$ 則 $f'(x) = k(1-x)^{-(k+1)} \Rightarrow f^{(n)}(0) = \dfrac{(n+k-1)!}{(k-1)!}$

$\therefore f(x) = \sum_{n=0}^{\infty} \frac{f^{(n)}(0)}{n!}(x - 0)^n$

$= f(0) + \frac{f^{(1)}(0)(x-0)}{1!} + \frac{f^{(2)}(0)(x-0)^2}{2!} + \frac{f^{(3)}(0)(x-0)^3}{3!} + \cdots$

$= \sum_{n=0}^{\infty} \frac{(n+k-1)! \, x^n}{(k-1)! \, n!} = \sum_{n=0}^{\infty} \frac{(n+k-1)(n+k-2)\cdots(n+1) x^n}{(k-1)!}$

$$\because \left| \frac{f_{n+1}(x)}{f_n(x)} \right| = \left| \frac{\dfrac{(n+k)(n+k-1)(n+k-2)\cdots(n+2)x^{n+1}}{3!}}{\dfrac{(n+k-1)(n+k-2)\cdots(n+1)x^n}{3!}} \right| = \left| \frac{(n+k)x}{n+1} \right|$$

$$\therefore \lim_{n \to \infty} \left| \frac{f_{n+1}(x)}{f_n(x)} \right| = \lim_{n \to \infty} \left| \frac{(n+k)x}{n+1} \right| = |x| < 1, \ \forall x \in (-1,1) \ \therefore \text{收斂區間} = (-1,1)$$

範例 1.

　　求 $f(x) = e^x$ 於 $x = 0$ 的泰勒級數並求其收斂區間

【解】

$$\because f(x) = \sum_{n=0}^{\infty} \frac{f^{(n)}(0)}{n!}(x-0)^n$$

$$= f(0) + \frac{f^{(1)}(0)(x-0)}{1!} + \frac{f^{(2)}(0)(x-0)^2}{2!} + \frac{f^{(3)}(0)(x-0)^3}{3!} + \cdots$$

$$= 1 + \frac{e^x|_{x=0}\,x}{1!} + \frac{e^x|_{x=0}\,x^2}{2!} + \frac{e^x|_{x=0}\,x^3}{3!} + \cdots = 1 + \frac{x}{1!} + \frac{x^2}{2!} + \frac{x^3}{3!} + \cdots = \sum_{n=0}^{\infty} \frac{x^n}{n!}$$

$$\because \left| \frac{f_{n+1}(x)}{f_n(x)} \right| = \left| \frac{\dfrac{x^{n+1}}{n+1!}}{\dfrac{x^n}{n!}} \right| = \left| \frac{x}{n+1} \right|$$

$$\therefore \lim_{n \to \infty} \left| \frac{f_{n+1}(x)}{f_n(x)} \right| = \lim_{n \to \infty} \left| \frac{x}{n+1} \right| = 0 < 1, \ \forall x \in (-\infty, \infty) \quad \therefore \text{收斂區間} = (-\infty, \infty)$$

範例 2.

　　求 $f(x) = \sin x$ 於 $x = \dfrac{\pi}{4}$ 的三階泰勒級數

【解】

$$\because f(x) = \sum_{n=0}^{\infty} \frac{f^{(n)}\left(\dfrac{\pi}{4}\right)}{n!}\left(x - \dfrac{\pi}{4}\right)^n$$

$$= f\left(\frac{\pi}{4}\right) + \frac{f^{(1)}\left(\dfrac{\pi}{4}\right)\left(x - \dfrac{\pi}{4}\right)}{1!} + \frac{f^{(2)}\left(\dfrac{\pi}{4}\right)\left(x - \dfrac{\pi}{4}\right)^2}{2!} + \frac{f^{(3)}\left(\dfrac{\pi}{4}\right)\left(x - \dfrac{\pi}{4}\right)^3}{3!} + \cdots$$

$$= \sin\frac{\pi}{4} + \frac{\cos\left(\frac{\pi}{4}\right)}{1!}\left(x - \frac{\pi}{4}\right) + \frac{-\sin\left(\frac{\pi}{4}\right)}{2!}\left(x - \frac{\pi}{4}\right)^2 + \frac{-\cos\left(\frac{\pi}{4}\right)}{3!}\left(x - \frac{\pi}{4}\right)^3$$

$$+ \frac{\sin\left(\frac{\pi}{4}\right)}{4!}\left(x - \frac{\pi}{4}\right)^4 + \cdots$$

$$= \frac{1}{\sqrt{2}} + \frac{1}{\sqrt{2}}\left(x - \frac{\pi}{4}\right) - \frac{1}{2! \cdot \sqrt{2}}\left(x - \frac{\pi}{4}\right)^2 - \frac{1}{3! \cdot \sqrt{2}}\left(x - \frac{\pi}{4}\right)^3 + \frac{1}{4! \cdot \sqrt{2}}\left(x - \frac{\pi}{4}\right)^4 + \cdots$$

範例 3.

　　求 $f(x) = \cos x$ 於 $x = 0$ 的泰勒級數並求收斂區間

【解】

$$\because f(x) = \sum_{n=0}^{\infty} \frac{f^{(n)}(0)}{n!}(x - 0)^n$$

$$= f(0) + \frac{f^{(1)}(0)(x - 0)}{1!} + \frac{f^{(2)}(0)(x - 0)^2}{2!} + \frac{f^{(3)}(0)(x - 0)^3}{3!} + \cdots$$

$$= 1 + \frac{-\sin 0}{1!}x + \frac{-\cos 0}{2!}x^2 + \frac{\sin 0}{3!}x^3 + \frac{\cos 0}{4!}x^4 + \cdots = 1 - \frac{x^2}{2!} + \frac{x^4}{4!} + \cdots = \sum_{n=0}^{\infty} \frac{(-1)^n x^{2n}}{2n!}$$

$$\because \left|\frac{f_{n+1}(x)}{f_n(x)}\right| = \left|\frac{\dfrac{x^{2n+2}}{2n+2!}}{\dfrac{x^{2n}}{2n!}}\right| = \left|\frac{x^2}{(2n+1)(2n+2)}\right|$$

$$\therefore \lim_{n\to\infty}\left|\frac{f_{n+1}(x)}{f_n(x)}\right| = \lim_{n\to\infty}\left|\frac{x^2}{(2n+1)(2n+2)}\right| = 0 < 1, \ \forall x \in (-\infty, \infty)$$

$$\therefore 收斂區間 = (-\infty, \infty)$$

範例 4.

　　求 $f(x) = \sin x$ 於 $x = 0$ 的泰勒級數並求收斂區間

【解】

$$\because f(x) = \sum_{n=0}^{\infty} \frac{f^{(n)}(0)}{n!}(x - 0)^n$$

$$= f(0) + \frac{f^{(1)}(0)(x - 0)}{1!} + \frac{f^{(2)}(0)(x - 0)^2}{2!} + \frac{f^{(3)}(0)(x - 0)^3}{3!} + \cdots$$

$$= \sin 0 + \frac{\cos 0}{1!}x + \frac{-\sin 0}{2!}x^2 + \frac{-\cos 0}{3!}x^3 + \frac{\sin 0}{4!}x^4 + \cdots = \frac{x}{1!} - \frac{x^3}{3!} + \cdots = \sum_{n=0}^{\infty} \frac{(-1)^n x^{2n+1}}{(2n+1)!}$$

$$\because \left| \frac{f_{n+1}(x)}{f_n(x)} \right| = \left| \frac{\dfrac{x^{2n+3}}{2n+3!}}{\dfrac{x^{2n+1}}{(2n+1)!}} \right| = \left| \frac{x^2}{(2n+2)(2n+3)} \right|$$

$$\therefore \lim_{n \to \infty} \left| \frac{f_{n+1}(x)}{f_n(x)} \right| = \lim_{n \to \infty} \left| \frac{x^2}{(2n+2)(2n+3)} \right| = 0 < 1, \ \forall x \in (-\infty, \infty)$$

$$\therefore 收斂區間 = (-\infty, \infty)$$

範例 5.

　　求 $f(x) = e^{-x}$ 於 $x = 0$ 的泰勒級數並求收斂區間

【解】

$$\because f(x) = \sum_{n=0}^{\infty} \frac{f^{(n)}(0)}{n!}(x-0)^n$$

$$= f(0) + \frac{f^{(1)}(0)(x-0)}{1!} + \frac{f^{(2)}(0)(x-0)^2}{2!} + \frac{f^{(3)}(0)(x-0)^3}{3!} + \cdots$$

$$= 1 - \frac{e^{-x}|_{x=0}x}{1!} + \frac{e^{-x}|_{x=0}x^2}{2!} + \cdots = 1 - \frac{x}{1!} + \frac{x^2}{2!} - \frac{x^3}{3!} + \cdots = \sum_{n=0}^{\infty} \frac{(-1)^n x^n}{n!}$$

$$\because \left| \frac{f_{n+1}(x)}{f_n(x)} \right| = \left| \frac{\dfrac{x^{n+1}}{n+1!}}{\dfrac{x^n}{n!}} \right| = \left| \frac{x}{n+1} \right|$$

$$\therefore \lim_{n \to \infty} \left| \frac{f_{n+1}(x)}{f_n(x)} \right| = \lim_{n \to \infty} \left| \frac{x}{n+1} \right| = 0 < 1, \ \forall x \in (-\infty, \infty) \ \therefore 收斂區間 = (-\infty, \infty)$$

範例 6.

　　試證 $e^{ix} = \cos x + i \sin x, \ \forall x \in R$

【解】

$$f(x) = \sum_{n=0}^{\infty} \frac{f^{(n)}(0)}{n!}(x-0)^n$$

$$= 1 + \frac{f^{(1)}(0)(x-0)}{1!} + \frac{f^{(2)}(0)(x-0)^2}{2!} + \frac{f^{(3)}(0)(x-0)^3}{3!} + \cdots$$

$$= 1 + \frac{ix}{1!} + \frac{(ix)^2}{2!} + \frac{(ix)^3}{3!} + \cdots = \left(1 - \frac{x^2}{2!} + \frac{x^4}{4!} + \cdots\right) + i\left(\frac{x}{1!} - \frac{x^3}{3!} + \frac{x^5}{5!} + \cdots\right)$$

$$= \sum_{n=0}^{\infty} \frac{(-1)^n x^{2n}}{2n!} + i\sum_{n=0}^{\infty} \frac{(-1)^n x^{2n+1}}{(2n+1)!} = \cos x + i\sin x, \ \forall x \in R$$

範例 7.

　　求 $\cos x^2$ 的馬克勞林級數並求收斂區間

【解】

$$\because \cos x = 1 - \frac{x^2}{2!} + \frac{x^4}{4!} + \cdots = \sum_{n=0}^{\infty} \frac{(-1)^n x^{2n}}{2n!}, \forall x \in (-\infty, \infty)$$

$$\therefore \cos x^2 = 1 - \frac{x^4}{2!} + \frac{x^8}{4!} + \cdots = \sum_{n=0}^{\infty} \frac{(-1)^n x^{4n}}{2n!}, \forall x \in (-\infty, \infty)$$

範例 8.

　　求 $\sin x \cos x$ 的馬克勞林級數並求收斂區間

【解】

$$\because \sin x \cos x = \frac{\sin 2x}{2} \ \text{且} \ \sin x = \frac{x}{1!} - \frac{x^3}{3!} + \cdots = \sum_{n=0}^{\infty} \frac{(-1)^n x^{2n+1}}{(2n+1)!}, \ \forall x \in (-\infty, \infty)$$

$$\therefore \sin 2x = \sum_{n=0}^{\infty} \frac{(-1)^n (2x)^{2n+1}}{(2n+1)!}, \ \forall x \in (-\infty, \infty)$$

$$\therefore \sin x \cos x = \frac{\sin 2x}{2} = \sum_{n=0}^{\infty} \frac{(-1)^n 2^{2n} x^{2n+1}}{(2n+1)!}, \ \forall x \in (-\infty, \infty)$$

範例 9.

　　求 $\sin(x + 2)$ 的馬克勞林級數並求收斂區間

【解】

$\because \sin(x + 2) = \sin x \cos 2 + \cos x \sin 2$

$$\cos x = 1 - \frac{x^2}{2!} + \frac{x^4}{4!} + \cdots = \sum_{n=0}^{\infty} \frac{(-1)^n x^{2n}}{2n!}, \quad \forall x \in (-\infty, \infty)$$

$$\sin x = \frac{x}{1!} - \frac{x^3}{3!} + \cdots = \sum_{n=0}^{\infty} \frac{(-1)^n x^{2n+1}}{(2n+1)!}, \quad \forall x \in (-\infty, \infty)$$

$$\therefore \sin(x + 2) = \cos 2 \sum_{n=0}^{\infty} \frac{(-1)^n x^{2n+1}}{(2n+1)!} + \sin 2 \sum_{n=0}^{\infty} \frac{(-1)^n x^{2n}}{2n!}$$

範例 10.

$$\text{試證 } \cosh x = 1 + \frac{1}{2!} x^2 + \frac{1}{4!} x^4 + \cdots, \quad \forall x \in R$$

【解】

$$\because \cosh x = \frac{e^x + e^{-x}}{2}, \quad e^x = \sum_{n=0}^{\infty} \frac{x^n}{n!} \quad \text{且 } e^{-x} = \sum_{n=0}^{\infty} \frac{(-1)^n x^n}{n!}, \quad \forall x \in R$$

$$\therefore \cosh x = 1 + \frac{1}{2!} x^2 + \frac{1}{4!} x^4 + \cdots, \quad \forall x \in R$$

範例 11.

$$\text{試證 } \sinh x = x + \frac{1}{3!} x^3 + \frac{1}{5!} x^5 + \cdots, \quad \forall x \in R$$

【解】

$$\because \sinh x = \frac{e^x - e^{-x}}{2}, \quad e^x = \sum_{n=0}^{\infty} \frac{x^n}{n!} \quad \text{且 } e^{-x} = \sum_{n=0}^{\infty} \frac{(-1)^n x^n}{n!}, \quad \forall x \in R$$

$$\therefore \sinh x = x + \frac{1}{3!} x^3 + \frac{1}{5!} x^5 + \cdots, \quad \forall x \in R$$

範例 12.

求 $f(x) = e^{-x}$ 於 $x = 1$ 的泰勒級數並求收斂區間

【解】

$$\because f(x) = \sum_{n=0}^{\infty} \frac{f^{(n)}(1)}{n!}(x-1)^n$$

$$= f(1) + \frac{f^{(1)}(1)(x-1)}{1!} + \frac{f^{(2)}(1)(x-1)^2}{2!} + \frac{f^{(3)}(1)(x-1)^3}{3!} + \cdots$$

$$= e^{-1} - \frac{e^{-x}|_{x=1}(x-1)}{1!} + \frac{e^{-x}|_{x=1}(x-1)^2}{2!} - \frac{e^{-x}|_{x=1}(x-1)^3}{3!} + \cdots$$

$$= e^{-1} - \frac{e^{-1}(x-1)}{1!} + \frac{e^{-1}(x-1)^2}{2!} - \frac{e^{-1}(x-1)^3}{3!} + \cdots = e^{-1}\sum_{n=0}^{\infty}\frac{(-1)^n(x-1)^n}{n!}$$

$$\because \left|\frac{f_{n+1}(x)}{f_n(x)}\right| = \left|\frac{\frac{(x-1)^{n+1}}{n+1!}}{\frac{(x-1)^n}{n!}}\right| = \left|\frac{x-1}{n+1}\right|$$

$$\therefore \lim_{n\to\infty}\left|\frac{f_{n+1}(x)}{f_n(x)}\right| = \lim_{n\to\infty}\left|\frac{x-1}{n+1}\right| = 0 < 1, \ \forall x \in (-\infty, \infty) \ \therefore 收斂區間 = (-\infty, \infty)$$

範例 13.

求 $f(x) = e^{-x}$ 於 $x = k$ 的泰勒級數, $\forall k \in N$

【解】

$$令 \ k \in N, \ f(x) = \sum_{n=0}^{\infty}\frac{f^{(n)}(k)}{n!}(x-k)^n$$

$$= f(k) + \frac{f^{(1)}(k)(x-k)}{1!} + \frac{f^{(2)}(k)(x-k)^2}{2!} + \frac{f^{(3)}(k)(x-k)^3}{3!} + \cdots$$

$$= e^{-k} - \frac{e^{-x}|_{x=k}(x-k)}{1!} + \frac{e^{-x}|_{x=k}(x-k)^2}{2!} - \frac{e^{-x}|_{x=k}(x-k)^3}{3!} + \cdots$$

$$= e^{-k} - \frac{e^{-k}(x-k)}{1!} + \frac{e^{-k}(x-k)^2}{2!} - \frac{e^{-k}(x-k)^3}{3!} + \cdots = e^{-k}\sum_{n=0}^{\infty}\frac{(-1)^n(x-k)^n}{n!}$$

$$\because \left| \frac{f_{n+1}(x)}{f_n(x)} \right| = \left| \frac{\dfrac{(x-k)^{n+1}}{n+1!}}{\dfrac{(x-k)^n}{n!}} \right| = \left| \frac{x-k}{n+1} \right|$$

$$\therefore \lim_{n \to \infty} \left| \frac{f_{n+1}(x)}{f_n(x)} \right| = \lim_{n \to \infty} \left| \frac{x-k}{n+1} \right| = 0 < 1, \ \forall x \in (-\infty, \infty) \ \therefore \text{收斂區間} = (-\infty, \infty)$$

範例 14.

　　求 $f(x) = \cos(x-2)$ 於 $x = 0$ 的泰勒級數

【解】

$\because \ f(x) = \cos(x-2) = \cos x \cos 2 + \sin x \sin 2$

$$\text{且 } \cos x = 1 - \frac{x^2}{2!} + \frac{x^4}{4!} + \cdots = \sum_{n=0}^{\infty} \frac{(-1)^n x^{2n}}{2n!}, \ \ \forall x \in (-\infty, \infty)$$

$$\sin x = \frac{x}{1!} - \frac{x^3}{3!} + \cdots = \sum_{n=0}^{\infty} \frac{(-1)^n x^{2n+1}}{(2n+1)!}, \ \ \forall x \in (-\infty, \infty)$$

$$\therefore \ f(x) = \cos 2 \sum_{n=0}^{\infty} \frac{(-1)^n x^{2n}}{2n!} + \sin 2 \sum_{n=0}^{\infty} \frac{(-1)^n x^{2n+1}}{(2n+1)!}, \ \ \forall x \in (-\infty, \infty)$$

範例 15.

　　求 $e^{\sin x} = 1 + ax + bx^2 + cx^3 + \cdots$，求 a, b, c 的值

【解】

$$\because \ e^{\sin x} = 1 + \frac{\sin x}{1!} + \frac{\sin^2 x}{2!} + \frac{\sin^3 x}{3!} + \cdots$$

$$= 1 + \left(\frac{x}{1!} - \frac{x^3}{3!} + \frac{x^5}{5!} + \cdots \right) + \frac{1}{2!} \left(\frac{x}{1!} - \frac{x^3}{3!} + \frac{x^5}{5!} + \cdots \right)^2 + \frac{1}{3!} \left(\frac{x}{1!} - \frac{x^3}{3!} + \frac{x^5}{5!} + \cdots \right)^3 + \cdots$$

$$\therefore a = 1, \ b = \frac{1}{2}, \ c = 0$$

範例 16.

　　求 $e^{\sinh x} = 1 + ax + bx^2 + cx^3 + \cdots$，求 a, b, c 的值

【解】

$$\because e^{\sinh x} = 1 + \frac{\sinh x}{1!} + \frac{\sinh^2 x}{2!} + \frac{\sinh^3 x}{3!} + \cdots$$

$$= 1 + \left(\frac{x}{1!} + \frac{x^3}{3!} + \frac{x^5}{5!} + \cdots\right) + \frac{1}{2!}\left(\frac{x}{1!} + \frac{x^3}{3!} + \frac{x^5}{5!} + \cdots\right)^2 + \frac{1}{3!}\left(\frac{x}{1!} + \frac{x^3}{3!} + \frac{x^5}{5!} + \cdots\right)^3 + \cdots$$

$$\therefore a = 1, \quad b = \frac{1}{2}, \quad c = \frac{1}{3}$$

範例 17.

　　求 $e^{1-\cos x} = 1 + ax + bx^2 + cx^3 + \cdots$，求 a, b, c 的值

【解】

$$\because e^{1-\cos x} = 1 + \frac{1-\cos x}{1!} + \frac{(1-\cos x)^2}{2!} + \frac{(1-\cos x)^3}{3!} + \cdots$$

$$= 1 + \left(\frac{x^2}{2!} - \frac{x^4}{4!} + \cdots\right) + \frac{1}{2!}\left(\frac{x^2}{2!} - \frac{x^4}{4!} + \cdots\right)^2 + \frac{1}{3!}\left(\frac{x^2}{2!} - \frac{x^4}{4!} + \cdots\right)^3 + \cdots$$

$$\therefore a = 0, \quad b = \frac{1}{2!}, \quad c = 0$$

範例 18.

　　求 $e^{1-\cosh x} = 1 + ax + bx^2 + cx^3 + \cdots$，求 a, b, c 的值

【解】

$$\because e^{1-\cosh x} = 1 + \frac{1-\cosh x}{1!} + \frac{(1-\cosh x)^2}{2!} + \frac{(1-\cosh x)^3}{3!} + \cdots$$

$$= 1 + \left(-\frac{x^2}{2!} - \frac{x^4}{4!} + \cdots\right) + \frac{1}{2!}\left(-\frac{x^2}{2!} - \frac{x^4}{4!} + \cdots\right)^2 + \frac{1}{3!}\left(-\frac{x^2}{2!} - \frac{x^4}{4!} + \cdots\right)^3 + \cdots$$

$$\therefore a = 0, \quad b = -\frac{1}{2!}, \quad c = 0$$

範例 19.

　　求 $\dfrac{1}{1+x}$ 與 $\dfrac{1}{1-x}$ 的馬克勞林級數

【解】

$$\frac{1}{1+x} = \frac{1}{1-(-x)} = 1 + (-x) + (-x)^2 + (-x)^3 + \cdots, \quad \forall |x| < 1$$

$$\frac{1}{1-x} = 1 + x + x^2 + x^3 + \cdots, \quad \forall |x| < 1$$

範例 20.

求 $\dfrac{1}{(1-x)^4}$ 的馬克勞林級數並求收斂區間

【解】

令 $f(x) = \dfrac{1}{(1-x)^4}$ 則 $f'(x) = 4(1-x)^{-5} \Rightarrow f^{(n)}(0) = \dfrac{(n+3)!}{3!}$

$$\therefore f(x) = \sum_{n=0}^{\infty} \frac{f^{(n)}(0)}{n!}(x-0)^n$$

$$= f(0) + \frac{f^{(1)}(0)(x-0)}{1!} + \frac{f^{(2)}(0)(x-0)^2}{2!} + \frac{f^{(3)}(0)(x-0)^3}{3!} + \cdots$$

$$= \sum_{n=0}^{\infty} \frac{(n+3)!\, x^n}{3!\, n!} = \sum_{n=0}^{\infty} \frac{(n+3)(n+2)(n+1)x^n}{3!}$$

$$\therefore \left| \frac{f_{n+1}(x)}{f_n(x)} \right| = \left| \frac{\dfrac{(n+4)(n+3)(n+2)x^{n+1}}{3!}}{\dfrac{(n+3)(n+2)(n+1)x^n}{3!}} \right| = \left| \frac{(n+4)x}{n+1} \right|$$

$$\therefore \lim_{n\to\infty} \left| \frac{f_{n+1}(x)}{f_n(x)} \right| = \lim_{n\to\infty} \left| \frac{(n+4)x}{n+1} \right| = |x| < 1, \ \forall x \in (-1,1) \ \therefore 收斂區間 = (-1,1)$$

範例 21.

求 $\dfrac{1}{(1-x)^k}$ 的馬克勞林級數並求收斂區間, $\forall k \in N$

【解】

令 $k \in N$

令 $f(x) = \dfrac{1}{(1-x)^k}$ 則 $f'(x) = k(1-x)^{-(k+1)} \Rightarrow f^{(n)}(0) = \dfrac{(n+k-1)!}{(k-1)!}$

$$\therefore f(x) = \sum_{n=0}^{\infty} \frac{f^{(n)}(0)}{n!}(x-0)^n$$

$$= f(0) + \frac{f^{(1)}(0)(x-0)}{1!} + \frac{f^{(2)}(0)(x-0)^2}{2!} + \frac{f^{(3)}(0)(x-0)^3}{3!} + \cdots$$

$$= \sum_{n=0}^{\infty} \frac{(n+k-1)!\, x^n}{(k-1)!\, n!} = \sum_{n=0}^{\infty} \frac{(n+k-1)(n+k-2)\cdots(n+1)x^n}{(k-1)!}$$

$$\because \left| \frac{f_{n+1}(x)}{f_n(x)} \right| = \left| \frac{\dfrac{(n+k)(n+k-1)(n+k-2)\cdots(n+2)x^{n+1}}{(k-1)!}}{\dfrac{(n+k-1)(n+k-2)\cdots(n+1)x^n}{(k-1)!}} \right| = \left| \frac{(n+k)x}{n+1} \right|$$

$$\therefore \lim_{n\to\infty} \left| \frac{f_{n+1}(x)}{f_n(x)} \right| = \lim_{n\to\infty} \left| \frac{(n+k)x}{n+1} \right| = |x| < 1, \ \forall x \in (-1,1) \ \therefore 收斂區間 = (-1,1)$$

6.5.3　使用無窮等比級數求泰勒級數

使用無窮等比公式, 將函數轉成泰勒級數

考試類型:

題型 1.

求 $\dfrac{1}{a-bx}$ 在 $x = x_0$ 的泰勒級數, 其中 $a \in R$, $b \neq 0$ and $a - bx_0 \neq 0$

解題流程:

Let $a \in R$, $b \neq 0$ and $a - bx_0 \neq 0$

Then $\dfrac{1}{a-bx} = \dfrac{1}{(a-bx_0)-b(x-x_0)} = \dfrac{1}{(a-bx_0)\left(1 - \dfrac{b(x-x_0)}{a-bx_0}\right)}$

$$= \frac{1}{(a-bx_0)} \sum_{n=0}^{\infty} \left(\frac{b(x-x_0)}{a-bx_0} \right)^n = \frac{1}{(a-bx_0)} \sum_{n=0}^{\infty} \left(\frac{b}{a-bx_0} \right)^n (x-x_0)^n, \ \forall \left| \frac{b(x-x_0)}{a-bx_0} \right| < 1$$

範例 1.

求 $\dfrac{1}{3+5x}$ 的馬克勞林級數

【解】

$$\frac{1}{3+5x} = \frac{1}{3} \cdot \frac{1}{1+\frac{5}{3}x} = \frac{1}{3} \cdot \frac{1}{1-\left(-\frac{5}{3}x\right)} = \frac{1}{3}\sum_{n=0}^{\infty}\left(-\frac{5}{3}\right)^n x^n, \ \forall |x| < \frac{3}{5}$$

範例 2.

$$求 \frac{1}{13-2x} \ 在 \ x = 5 \ 的泰勒級數$$

【解】

$$\frac{1}{13-2x} = \frac{1}{3-2(x-5)} = \frac{1}{3\left(1-\frac{2}{3}(x-5)\right)} = \frac{1}{3}\sum_{n=0}^{\infty}\left(\frac{2}{3}\right)^n (x-5)^n, \ \forall |x-5| < \frac{3}{2}$$

範例 3.

$$求 \frac{1}{2-3x} \ 在 \ x = 2 \ 的泰勒級數$$

【解】

$$\frac{1}{2-3x} = \frac{1}{-4-3(x-2)} = \frac{1}{-4\left(1+\frac{3}{4}(x-2)\right)} = \frac{-1}{4}\sum_{n=0}^{\infty}\left(\frac{-3}{4}\right)^n (x-2)^n, \ \forall |x-2| < \frac{4}{3}$$

6.5.4　先化為分式和再求泰勒級數

使用的時機為當函數為分式型態且分母可作因式分解, 拆解完的兩分式求泰勒級數較為容易時

考試類型:

題型 1.

$$求 \ \frac{cx+d}{(x-a)(x-b)} \ 在 \ x = x_0 的泰勒展開式, \ 其中 \ (x_0 - a)(x_0 - b) \neq 0$$

解題流程:

Step1.

$$令 \ \frac{cx+d}{(x-a)(x-b)} = \frac{d_1}{x-a} + \frac{d_2}{x-b}, \ 比較係數求 \ d_1, d_2 = ?$$

Step2.

使用無窮等比級數求泰勒級數

$$\frac{d_1}{x-a} = \frac{d_1}{(x_0-a)+(x-x_0)} = \frac{d_1}{(x_0-a)\left(1 - \dfrac{(-1)(x-x_0)}{x_0-a}\right)}$$

$$= \frac{d_1}{x_0-a}\sum_{n=0}^{\infty}(-1)^n\left(\frac{x-x_0}{x_0-a}\right)^n = \frac{d_1}{x_0-a}\sum_{n=0}^{\infty}\left(\frac{-1}{x_0-a}\right)^n(x-x_0)^n$$

By the same way, $\quad \dfrac{d_2}{x-b} = \dfrac{d_2}{x_0-b}\sum_{n=0}^{\infty}\left(\dfrac{-1}{x_0-b}\right)^n(x-x_0)^n$

Step3.

把兩式相加

則 $\dfrac{cx+d}{(x-a)(x-b)} = \sum_{n=0}^{\infty}\left(\dfrac{(-1)^n d_1}{(x_0-a)^n(x_0-a)} + \dfrac{(-1)^n d_2}{(x_0-b)^n(x_0-b)}\right)(x-x_0)^n$

範例 1.

求 $\dfrac{5x}{x^2-3x-4}$ 的馬克勞林級數

【解】

令 $\dfrac{5x}{x^2-3x-4} = \dfrac{a}{x-4} + \dfrac{b}{x+1}$ 則 $\dfrac{5x}{x^2-3x-4} = \dfrac{a(x+1)+b(x-4)}{x^2-3x-4}$

$\therefore a+b=5, \ a-4b=0 \Rightarrow a=4, \ b=1$

$\therefore \dfrac{5x}{x^2-3x-4} = \dfrac{4}{x-4} + \dfrac{1}{x+1} = \dfrac{-4}{4\left(1-\dfrac{x}{4}\right)} + \dfrac{1}{1-(-x)}$

$$= -\sum_{n=0}^{\infty}\left(\frac{x}{4}\right)^n + \sum_{n=0}^{\infty}(-x)^n = \sum_{n=0}^{\infty}\left((-1)^n - \left(\frac{1}{4}\right)^n\right)x^n, \ \forall |x|<1$$

範例 2.

求 $\dfrac{1}{x(x+3)}$ 在 $x=1$ 的泰勒展開式

【解】

$$\because \frac{1}{x(x+3)} = \frac{1}{3}\left(\frac{1}{x} - \frac{1}{x+3}\right) = \frac{1}{3}\left(\frac{1}{1+(x-1)} - \frac{1}{4+(x-1)}\right)$$

$$= \frac{1}{3}\sum_{n=0}^{\infty}(-1)^n(x-1)^n - \frac{1}{12}\sum_{n=0}^{\infty}(-1)^n\left(\frac{x-1}{4}\right)^n = \sum_{n=0}^{\infty}(-1)^n\left(\frac{1}{3} - \frac{1}{12\cdot 4^n}\right)(x-1)^n$$

$$\diamondsuit \left|\frac{(x-1)^{n+1}}{(x-1)^n}\right| = |x-1| < 1 \ \text{且} \ \left|\frac{\left(\frac{x-1}{4}\right)^{n+1}}{\left(\frac{x-1}{4}\right)^n}\right| = \left|\frac{x-1}{4}\right| < 1$$

則 $x \in (0,2) \cap (-3,5) \Rightarrow x \in (0,2)$

$$\therefore \frac{1}{x(x+3)} = \sum_{n=0}^{\infty}(-1)^n\left(\frac{1}{3} - \frac{1}{12\cdot 4^n}\right)(x-1)^n, \quad \forall x \in (0,2)$$

範例 3.

求 $\dfrac{3}{2+x-x^2}$ 在 $x=1$ 的泰勒級數與其收斂半徑

【解】

$$\because \frac{3}{2+x-x^2} = \frac{3}{(x+1)(-x+2)} = \frac{1}{x+1} + \frac{1}{-x+2} = \frac{1}{2+x-1} + \frac{1}{1-(x-1)}$$

$$= \frac{1}{2}\sum_{n=0}^{\infty}(-1)^n\left(\frac{x-1}{2}\right)^n + \sum_{n=0}^{\infty}(x-1)^n = \sum_{n=0}^{\infty}\left(\frac{1}{2}\left(\frac{-1}{2}\right)^n + 1\right)(x-1)^n$$

$$\diamondsuit \left|\frac{\left(\frac{x-1}{2}\right)^{n+1}}{\left(\frac{x-1}{2}\right)^n}\right| = \left|\frac{x-1}{2}\right| < 1 \ \text{且} \ \left|\frac{(x-1)^{n+1}}{(x-1)^n}\right| = |x-1| < 1$$

則 $x \in (-1,3) \cap (0,2) \Rightarrow x \in (0,2)$

$$\therefore \frac{3}{2+x-x^2} = \sum_{n=0}^{\infty}\left(\frac{1}{2}\left(\frac{-1}{2}\right)^n + 1\right)(x-1)^n, \quad \forall x \in (0,2)$$

範例 4.

求 $\dfrac{2x}{(x-1)(x-2)}$ 的馬克勞林級數

【解】

令 $\dfrac{2x}{(x-1)(x-2)} = \dfrac{a}{x-1} + \dfrac{b}{x-2}$ 則 $\dfrac{2x}{(x-1)(x-2)} = \dfrac{a(x-2) + b(x-1)}{(x-1)(x-2)}$

$\therefore a + b = 2, \quad -2a - b = 0 \Rightarrow a = -2, \quad b = 4$

$\therefore \dfrac{2x}{(x-1)(x-2)} = \dfrac{-2}{x-1} + \dfrac{4}{x-2} = 2\left(\dfrac{1}{1-x} + \dfrac{-1}{1-\dfrac{x}{2}} \right)$

$= 2\left(\displaystyle\sum_{n=0}^{\infty} x^n - \sum_{n=0}^{\infty} (\dfrac{x}{2})^n \right) = \sum_{n=1}^{\infty} \left(2 - \left(\dfrac{1}{2}\right)^{n-1} \right) x^n, \quad \forall |x| < 1$

6.5.5　使用長除法求泰勒級數

使用的時機為當函數為分式型態且分母無法因式分解或者只需求出泰勒級數前幾項的時候

範例 1.

假設 $\dfrac{x}{x^2 - 5x + 4} = ax + bx^2 + cx^3 + \cdots$, 求 $a = ?$, $b = ?$, $c = ?$

【解】

藉由長除法 $\dfrac{x}{x^2 - 5x + 4} = \dfrac{1}{3}\left(\dfrac{3}{4}x + \dfrac{15}{16}x^2 + \dfrac{63}{64}x^3 + \cdots \right)$ $\therefore a = \dfrac{1}{4}$, $b = \dfrac{5}{16}$, $c = \dfrac{21}{64}$

範例 2.

假設 $\dfrac{x}{x^2 - 4x + 3} = ax + bx^2 + cx^3 + \cdots$, 求 $a = ?, b = ?, c = ?$

【解】

藉由長除法 $\dfrac{x}{x^2 - 4x + 3} = \dfrac{1}{2}\left(\dfrac{2}{3}x + \dfrac{8}{9}x^2 + \dfrac{26}{27}x^3 + \cdots \right)$ $\therefore a = \dfrac{1}{3}$, $b = \dfrac{4}{9}$, $c = \dfrac{13}{27}$

範例 3.

假設 $\dfrac{x}{x^2 - 6x + 5} = ax + bx^2 + cx^3 + \cdots$，求 $a = ?, b = ?, c = ?$

【解】

藉由長除法 $\dfrac{x}{x^2 - 6x + 5} = \dfrac{1}{4}\left(\dfrac{4}{5}x + \dfrac{24}{25}x^2 + \dfrac{124}{125}x^3 + \cdots\right)$ $\quad \therefore a = \dfrac{1}{5}, \quad b = \dfrac{6}{25}, \quad c = \dfrac{31}{125}$

範例 4.

假設 $\dfrac{x}{x^2 - 7x + 6} = ax + bx^2 + cx^3 + \cdots$，求 $a = ?, b = ?, c = ?$

【解】

藉由長除法 $\dfrac{x}{x^2 - 7x + 6} = \dfrac{1}{5}\left(\dfrac{5}{6}x + \dfrac{35}{36}x^2 + \dfrac{215}{216}x^3 + \cdots\right)$ $\quad \therefore a = \dfrac{1}{6}, \quad b = \dfrac{7}{36}, \quad c = \dfrac{43}{216}$

範例 5.

假設 $\dfrac{x}{x^2 - 9x + 8} = ax + bx^2 + cx^3 + \cdots$，求 $a = ?, b = ?, c = ?$

【解】

藉由長除法 $\dfrac{x}{x^2 - 9x + 8} = \dfrac{1}{7}\left(\dfrac{7}{8}x + \dfrac{63}{64}x^2 + \dfrac{511}{512}x^3 + \cdots\right)$ $\quad \therefore a = \dfrac{1}{8}, \quad b = \dfrac{9}{64}, \quad c = \dfrac{73}{512}$

範例 6.

假設 $\dfrac{x}{x^2 - x - 6} = ax + bx^2 + cx^3 + \cdots$，求 $a = ?, b = ?, c = ?$

【解】

藉由長除法 $\dfrac{x}{x^2 - x - 6} = -\dfrac{1}{6}x + \dfrac{1}{36}x^2 - \dfrac{7}{216}x^3 + \cdots, \quad \forall |x| < 2$

$\therefore a = -\dfrac{1}{6}, \quad b = \dfrac{1}{36}, \quad c = -\dfrac{7}{216}$

範例 7.

假設 $\dfrac{2x}{x^2 - 4x - 5} = ax + bx^2 + cx^3 + \cdots$，求 $a = ?, b = ?, c = ?$

【解】

藉由長除法 $\dfrac{2x}{x^2-4x-5} = -\dfrac{2}{5}x + \dfrac{8}{25}x^2 - \dfrac{42}{125}x^3 + \cdots,\quad \forall |x| < 1$

$\therefore a = -\dfrac{2}{5},\ \ b = \dfrac{8}{25},\ \ c = -\dfrac{42}{125}$

範例 8.

假設 $\dfrac{3}{1+x-x^2} = a + bx + cx^2 + dx^3 + \cdots$，求 $a =?, b =?, c =?, d =?$

【解】

藉由長除法 $\dfrac{3}{1+x-x^2} = 3 - 3x + 6x^2 - 9x^3 + 15x^4 \cdots,\quad \forall |x| < \dfrac{\sqrt{5}-1}{2}$

$\therefore a = 3,\ \ b = -3,\ \ c = 6,\ \ d = -9$

範例 9.

假設 $\tan x = ax + bx^3 + cx^5 + dx^7 \ldots$，求 $a =?, b =?, c =?, d =?$

【解】

$\because \tan x = \dfrac{\sin x}{\cos x} = \dfrac{x - \dfrac{x^3}{3!} + \dfrac{x^5}{5!} - \dfrac{x^7}{7!} + \cdots}{1 - \dfrac{x^2}{2!} + \dfrac{x^4}{4!} - \dfrac{x^6}{6!} + \cdots}$

藉由長除法 $\tan x = x + \dfrac{x^3}{3} + \dfrac{2x^5}{15} + \dfrac{17x^7}{315} + \cdots,\quad \forall |x| < \dfrac{\pi}{2}$

$\therefore a = 1,\ \ b = \dfrac{1}{3},\ \ c = \dfrac{2}{15},\ \ d = \dfrac{17}{315}$

範例 10.

假設 $\sec x = a + bx^2 + cx^4 + \cdots$，求 $a =?, b =?, c =?$

【解】

$\because \sec x = \dfrac{1}{\cos x} = \dfrac{1}{1 - \dfrac{x^2}{2!} + \dfrac{x^4}{4!} - \dfrac{x^6}{6!} + \cdots}$

藉由長除法 $\sec x = 1 + \dfrac{x^2}{2} + \dfrac{5x^4}{24} + \cdots,\quad \forall |x| < \dfrac{\pi}{2} \qquad \therefore a = 1,\ \ b = \dfrac{1}{2},\ \ c = \dfrac{5}{24}$

範例 11.

假設 $\cot x = ax^{-1} + bx + cx^3 \dots$，求 $a = ?, b = ?, c = ?$

【解】

$$\because \cot x = \frac{\cos x}{\sin x} = \frac{1 - \frac{x^2}{2!} + \frac{x^4}{4!} - \frac{x^6}{6!} + \cdots}{x - \frac{x^3}{3!} + \frac{x^5}{5!} - \frac{x^7}{7!} + \cdots}$$

藉由長除法 $\cot x = \dfrac{1}{x} - \dfrac{x}{3} - \dfrac{x^3}{45} + \cdots, \ \forall |x| < \pi \qquad \therefore a = 1, \ b = -\dfrac{1}{3}, \ c = -\dfrac{1}{45}$

範例 12.

假設 $\csc x = ax^{-1} + bx + cx^3 \dots$，求 $a = ?, b = ?, c = ?$

【解】

$$\because \csc x = \frac{1}{\sin x} = \frac{1}{x - \frac{x^3}{3!} + \frac{x^5}{5!} - \frac{x^7}{7!} + \cdots}$$

藉由長除法 $\csc x = \dfrac{1}{x} + \dfrac{x}{6} + \dfrac{7x^3}{360} + \cdots, \ \forall |x| < \pi \ \therefore a = 1, \ b = \dfrac{1}{6}, \ c = \dfrac{7}{360}$

6.5.6　先微分再求泰勒級數

當原函數的微分式較容易求得泰勒級數時，先求微分後的泰勒級數式，再積分回來其便為原函數的泰勒展開式

考試類型：

題型 1.

求 $f(x) = \ln(a - bx)$ 於 $x = x_0$ 的泰勒展開式，其中 $a \in R, \ b \neq 0 \text{ and } a - bx_0 \neq 0$

解題流程：

Step1.

先求微分式 $f'(x) = \dfrac{-b}{a - bx}$

Step2.

$$\frac{-b}{a - bx} = \frac{-b}{(a - bx_0) - b(x - x_0)} = \frac{-b}{(a - bx_0)\left(1 - \dfrac{b(x - x_0)}{a - bx_0}\right)}$$

$$= \frac{-b}{a - bx_0} \sum_{n=0}^{\infty} \left(\frac{b(x - x_0)}{a - bx_0} \right)^n = \frac{-b}{a - bx_0} \sum_{n=0}^{\infty} \left(\frac{b}{a - bx_0} \right)^n (x - x_0)^n$$

$$= -\sum_{n=0}^{\infty} \left(\frac{b}{a - bx_0} \right)^{n+1} (x - x_0)^n, \quad \forall \left| \frac{b(x - x_0)}{a - bx_0} \right| < 1$$

Step3.

對此級數積分

$$f(x) = -\int \sum_{n=0}^{\infty} \left(\frac{b}{a - bx_0} \right)^{n+1} (x - x_0)^n \, dx = -\sum_{n=0}^{\infty} \left(\frac{b}{a - bx_0} \right)^{n+1} \int (x - x_0)^n \, dx$$

$$= -\sum_{n=0}^{\infty} \left(\frac{b}{a - bx_0} \right)^{n+1} \frac{(x - x_0)^{n+1}}{n + 1}$$

範例 1.

    (1)求 $\ln(1 + x)$ 的馬克勞林級數

    (2)求 $\ln(1 - x)$ 的馬克勞林級數

    (3)求 $\ln \left(\dfrac{1 + x}{1 - x} \right)$ 的馬克勞林級數

【解】

(1)

$$\because \frac{d}{dx} \ln(1 + x) = \frac{1}{1 + x}$$

$$且 \ \frac{1}{1 + x} = \frac{1}{1 - (-x)} = 1 + (-x) + (-x)^2 + \cdots = \sum_{n=0}^{\infty} (-1)^n x^n, \quad \forall |x| < 1$$

$$\therefore \ln(1 + x) = \int \sum_{n=0}^{\infty} (-1)^n x^n \, dx = \sum_{n=0}^{\infty} \int (-1)^n x^n dx = \sum_{n=0}^{\infty} \frac{(-1)^n x^{n+1}}{n + 1}, \ \forall |x| < 1$$

(2)

$$\because \frac{d}{dx}\ln(1-x) = \frac{-1}{1-x} \ \text{且} \ \frac{-1}{1-x} = -(1 + x + x^2 + \cdots) = -\sum_{n=0}^{\infty} x^n, \ \forall |x| < 1$$

$$\therefore \ln(1-x) = -\int \sum_{n=0}^{\infty} x^n \, dx = -\sum_{n=0}^{\infty} \int x^n dx = -\sum_{n=0}^{\infty} \frac{x^{n+1}}{n+1}, \ \forall -1 \le x < 1$$

(3)

$$\because \ln\left(\frac{1+x}{1-x}\right) = \ln(1+x) - \ln(1-x)$$

Claim: $\ln(1+x) = \displaystyle\sum_{n=0}^{\infty} \frac{(-1)^n x^{n+1}}{n+1}$

$$\because \frac{d}{dx}\ln(1+x) = \frac{1}{1+x} \ \text{且} \ \frac{1}{1+x} = \frac{1}{1-(-x)} = 1 + (-x) + (-x)^2 + \cdots = \sum_{n=0}^{\infty} (-1)^n x^n$$

$$\therefore \ln(1+x) = \int \sum_{n=0}^{\infty} (-1)^n x^n \, dx = \sum_{n=0}^{\infty} \int (-1)^n x^n dx = \sum_{n=0}^{\infty} \frac{(-1)^n x^{n+1}}{n+1}, \ \forall |x| < 1$$

Claim: $\ln(1-x) = -\displaystyle\sum_{n=0}^{\infty} \frac{x^{n+1}}{n+1}$

$$\because \frac{d}{dx}\ln(1-x) = \frac{-1}{1-x} \ \text{且} \ \frac{-1}{1-x} = -(1 + x + x^2 + \cdots) = -\sum_{n=0}^{\infty} x^n$$

$$\therefore \ln(1-x) = -\int \sum_{n=0}^{\infty} x^n \, dx = -\sum_{n=0}^{\infty} \int x^n dx = -\sum_{n=0}^{\infty} \frac{x^{n+1}}{n+1}, \ \forall |x| < 1$$

$$\therefore \ln\left(\frac{1+x}{1-x}\right) = \ln(1+x) - \ln(1-x) = \sum_{n=0}^{\infty} \frac{(-1)^n x^{n+1}}{n+1} + \sum_{n=0}^{\infty} \frac{x^{n+1}}{n+1}$$

$$= 2\sum_{n=0}^{\infty} \frac{x^{2n+1}}{2n+1}, \ \forall -1 < x < 1$$

範例 2.

　　求 $\ln(4+3x)$ 在 $x=1$ 的泰勒級數並求其收斂區間

【解】

$$\because 4+3x = 7 + 3(x-1) = 7\left(1 + \frac{3}{7}(x-1)\right)$$

$$\because \frac{d}{dx}\ln(4+3x) = \frac{3}{4+3x} = \frac{3}{7\left(1+\frac{3}{7}(x-1)\right)}$$

$$\because \frac{1}{1+\frac{3}{7}(x-1)} = 1 - \frac{3(x-1)}{7} + \left(-\frac{3}{7}(x-1)\right)^2 + \cdots = \sum_{n=0}^{\infty}(-1)^n\left(\frac{3}{7}\right)^n (x-1)^n$$

$$\therefore \frac{d}{dx}\ln(4+3x) = \sum_{n=0}^{\infty}(-1)^n\left(\frac{3}{7}\right)^{n+1}(x-1)^n$$

$$\text{令}\ \left|\frac{3}{7}(x-1)\right| < 1\ \text{則}\ \frac{-4}{3} < x < \frac{10}{3}$$

$$\therefore \ln(4+3x) = \int \sum_{n=0}^{\infty}(-1)^n\left(\frac{3}{7}\right)^{n+1}(x-1)^n\, dx + \ln 7$$

$$= \sum_{n=0}^{\infty}\int (-1)^n\left(\frac{3}{7}\right)^{n+1}(x-1)^n dx + \ln 7$$

$$= \sum_{n=0}^{\infty}(-1)^n \frac{\left(\frac{3}{7}\right)^{n+1}}{n+1}(x-1)^{n+1} + \ln 7, \quad \forall\, \frac{-4}{3} < x \le \frac{10}{3}$$

範例 3.

　　求 $\ln x$ 在 $x=2$ 的泰勒級數並求其收斂區間

【解】

$$\because \frac{d}{dx}\ln x = \frac{1}{x} = \frac{1}{2+(x-2)} = \frac{1}{2\left(1+\frac{(x-2)}{2}\right)}$$

$$= \frac{1}{2}\left(1 - \frac{(x-2)}{2} + \left(\frac{x-2}{2}\right)^2 - \left(\frac{x-2}{2}\right)^3 + \cdots\right) = \frac{1}{2}\sum_{n=0}^{\infty}(-1)^n\left(\frac{x-2}{2}\right)^n$$

令 $\left|\dfrac{x-2}{2}\right| < 1$ 則 $0 < x < 4$

$$\therefore \ln x = \frac{1}{2}\int \sum_{n=0}^{\infty}(-1)^n\left(\frac{x-2}{2}\right)^n dx = \frac{1}{2}\sum_{n=0}^{\infty}\int (-1)^n\left(\frac{x-2}{2}\right)^n dx$$

$$= \frac{1}{2}\sum_{n=0}^{\infty}\frac{(-1)^n(x-2)^{n+1}}{2^n(n+1)}, \ \forall 0 < x \le 4$$

範例 4.

　　求 $\ln x^2$ 在 $x = 1$ 的泰勒級數並求其收斂區間

【解】

$$\because \frac{d}{dx}\ln x^2 = \frac{2}{x} = \frac{2}{1+(x-1)}$$

$$且 \frac{1}{1+(x-1)} = 1 - (x-1) + (x-1)^2 + \cdots = \sum_{n=0}^{\infty}(-1)^n(x-1)^n$$

$$\therefore \frac{d}{dx}\ln(x^2) = \frac{2}{x} = \frac{2}{1+(x-1)} = 2\sum_{n=0}^{\infty}(-1)^n(x-1)^n$$

$$\ln(x^2) = \int 2\sum_{n=0}^{\infty}(-1)^n(x-1)^n dx = 2\sum_{n=0}^{\infty}\int (-1)^n(x-1)^n dx = 2\sum_{n=0}^{\infty}\frac{(-1)^n(x-1)^{n+1}}{n+1}$$

範例 5.

　　設 $f(x) = (x^2+1)\ln x$ 且 $f(x) = \sum_{n=0}^{\infty}a_n(x-1)^n$ 則 $a_4 =?$

【解】

$$\because x^2 + 1 = (x-1)^2 + 2x = (x-1)^2 + 2(x-1) + 2$$

Claim: $\ln x = \sum\limits_{n=0}^{\infty} \dfrac{(-1)^n (x-1)^{n+1}}{n+1}$

$\because \dfrac{d}{dx}\ln x = \dfrac{1}{x} = \dfrac{1}{1-(1-x)} = 1 + (1-x) + (1-x)^2 + \cdots$

$= 1 - (x-1) + (x-1)^2 + \cdots = \sum\limits_{n=0}^{\infty} (-1)^n (x-1)^n$

$\therefore \ln x = \displaystyle\int \sum\limits_{n=0}^{\infty} (-1)^n (x-1)^n \, dx = \sum\limits_{n=0}^{\infty} \int (-1)^n (x-1)^n dx = \sum\limits_{n=0}^{\infty} \dfrac{(-1)^n (x-1)^{n+1}}{n+1}$

$f(x) = (x^2+1)\ln x = ((x-1)^2 + 2(x-1) + 2) \sum\limits_{n=0}^{\infty} \dfrac{(-1)^n (x-1)^{n+1}}{n+1}$

$= \sum\limits_{n=0}^{\infty} \dfrac{(-1)^n (x-1)^{n+3}}{n+1} + 2\sum\limits_{n=0}^{\infty} \dfrac{(-1)^n (x-1)^{n+2}}{n+1} + 2\sum\limits_{n=0}^{\infty} \dfrac{(-1)^n (x-1)^{n+1}}{n+1}$

$\therefore a_4 = -\dfrac{1}{2} + \dfrac{2}{3} - \dfrac{2}{4} = -\dfrac{1}{3}$

範例 6.

　　求 $(x-1)\ln(1+3x)$ 在 $x=1$ 的泰勒級數

【解】

$\because 1 + 3x = 4 + 3(x-1) = 4\left(1 + \dfrac{3}{4}(x-1)\right)$

$\therefore \dfrac{d}{dx}\ln(1+3x) = \dfrac{3}{1+3x} = \dfrac{3}{4+3(x-1)} = \dfrac{3}{4\left(1 + \dfrac{3}{4}(x-1)\right)}$

$\because \dfrac{1}{1 + \dfrac{3}{4}(x-1)} = 1 + \left(-\dfrac{3}{4}(x-1)\right) + \left(-\dfrac{3}{4}(x-1)\right)^2 + \cdots = \sum\limits_{n=0}^{\infty} (-1)^n \left(\dfrac{3}{4}\right)^n (x-1)^n$

$\therefore \dfrac{d}{dx}\ln(1+3x) = \sum\limits_{n=0}^{\infty} (-1)^n \left(\dfrac{3}{4}\right)^{n+1} (x-1)^n, \quad 令 \left|\dfrac{3}{4}(x-1)\right| < 1 \text{ 則 } \dfrac{-1}{3} < x < \dfrac{7}{3}$

$$\therefore \ln(1 + 3x) = \int \sum_{n=0}^{\infty} (-1)^n \left(\frac{3}{4}\right)^{n+1} (x - 1)^n \, dx + \ln 4$$

$$= \sum_{n=0}^{\infty} \int (-1)^n \left(\frac{3}{4}\right)^{n+1} (x - 1)^n dx + \ln 4 = \sum_{n=0}^{\infty} \frac{(-1)^n \left(\frac{3}{4}\right)^{n+1} (x - 1)^{n+1}}{n + 1} + \ln 4$$

$$\therefore f(x) = (x - 1)\ln(1 + 3x) = (x - 1)\left(\sum_{n=0}^{\infty} \frac{(-1)^n \left(\frac{3}{4}\right)^{n+1} (x - 1)^{n+1}}{n + 1} + \ln 4 \right)$$

$$= (x - 1)\ln 4 + \sum_{n=0}^{\infty} \frac{(-1)^n \left(\frac{3}{4}\right)^{n+1} (x - 1)^{n+2}}{n + 1}, \ \forall \frac{-1}{3} < x \leq \frac{7}{3}$$

範例 7.

　　求 $\ln(1 + 3x)$ 在 $x = 2$ 的泰勒級數並求其收斂區間

【解】

$$\because 1 + 3x = 7 + 3(x - 2) = 7\left(1 + \frac{3}{7}(x - 2)\right)$$

$$\therefore \frac{d}{dx}\ln(1 + 3x) = \frac{3}{1 + 3x} = \frac{3}{7\left(1 + \frac{3}{7}(x - 2)\right)}$$

$$\because \frac{1}{1 + \frac{3}{7}(x - 2)} = 1 - \frac{3}{7}(x - 2) + \left(-\frac{3}{7}(x - 2)\right)^2 + \cdots = \sum_{n=0}^{\infty} (-1)^n \left(\frac{3}{7}\right)^n (x - 2)^n$$

$$\therefore \frac{d}{dx}\ln(1 + 3x) = \sum_{n=0}^{\infty} (-1)^n \left(\frac{3}{7}\right)^{n+1} (x - 2)^n$$

$$令 \left|\frac{3}{7}(x - 2)\right| < 1 \ 則 \ \frac{-1}{3} < x < \frac{13}{3}$$

$$\therefore \ln(1 + 3x) = \int \sum_{n=0}^{\infty} (-1)^n \left(\frac{3}{7}\right)^{n+1} (x - 2)^n \, dx + \ln 7$$

$$= \sum_{n=0}^{\infty} \int (-1)^n \left(\frac{3}{7}\right)^{n+1} (x-2)^n dx + \ln 7 = \sum_{n=0}^{\infty} \frac{(-1)^n \left(\frac{3}{7}\right)^{n+1} (x-2)^{n+1}}{n+1} + \ln 7$$

(1) As $x = \dfrac{13}{3}$,

$$\sum_{n=0}^{\infty} \frac{(-1)^n \left(\frac{3}{7}\right)^{n+1} (x-2)^{n+1}}{n+1} = \sum_{n=0}^{\infty} \frac{(-1)^n \left(\frac{3}{7}\right)^{n+1} \left(\frac{13}{3}-2\right)^{n+1}}{n+1} = \sum_{n=0}^{\infty} \frac{(-1)^n}{n+1}$$

且 $\displaystyle\sum_{n=0}^{\infty} \frac{(-1)^n}{n+1}$ 收斂

(2) As $x = \dfrac{-1}{3}$

$$\sum_{n=0}^{\infty} \frac{(-1)^n \left(\frac{3}{7}\right)^{n+1} (x-2)^{n+1}}{n+1} = \sum_{n=0}^{\infty} \frac{(-1)^n \left(\frac{3}{7}\right)^{n+1} \left(\frac{-7}{3}\right)^{n+1}}{n+1} = \sum_{n=0}^{\infty} \frac{1}{n+1}$$

且 $\displaystyle\sum_{n=0}^{\infty} \frac{1}{n+1}$ 發散

$$\therefore \ln(1+3x) = \sum_{n=0}^{\infty} \frac{(-1)^n \left(\frac{3}{7}\right)^{n+1} (x-2)^{n+1}}{n+1} + \ln 7, \quad \forall \frac{-1}{3} < x \le \frac{13}{3}$$

範例 8.

　　求 $\ln(2+3x)$ 在 $x=1$ 的泰勒級數並求其收斂區間

【解】

$$\because 2 + 3x = 5 + 3(x-1) = 5\left(1 + \frac{3}{5}(x-1)\right)$$

$$\therefore \frac{d}{dx}\ln(2+3x) = \frac{3}{2+3x} = \frac{3}{5\left(1 + \frac{3}{5}(x-1)\right)}$$

$$\because \frac{1}{1 + \frac{3}{5}(x-1)} = 1 - \frac{3}{5}(x-1) + \left(-\frac{3}{5}(x-1)\right)^2 + \cdots = \sum_{n=0}^{\infty} (-1)^n \left(\frac{3}{5}\right)^n (x-1)^n$$

$$\therefore \frac{d}{dx}\ln(2+3x) = \sum_{n=0}^{\infty}(-1)^n\left(\frac{3}{5}\right)^{n+1}(x-1)^n$$

令 $\left|\frac{3}{5}(x-1)\right| < 1$ 則 $\frac{-2}{3} < x < \frac{8}{3}$

$$\therefore \ln(2+3x) = \int \sum_{n=0}^{\infty}(-1)^n\left(\frac{3}{5}\right)^{n+1}(x-1)^n\,dx + \ln 5$$

$$= \sum_{n=0}^{\infty}\int(-1)^n\left(\frac{3}{5}\right)^{n+1}(x-1)^n dx + \ln 5$$

$$= \sum_{n=0}^{\infty}(-1)^n\frac{\left(\frac{3}{5}\right)^{n+1}}{n+1}(x-1)^{n+1} + \ln 5, \ \forall \frac{-2}{3} < x \leq \frac{8}{3}$$

範例 9.

　　求 $\tan^{-1}x$ 的馬克勞林級數

【解】

$$\because \frac{d}{dx}\tan^{-1}x = \frac{1}{1+x^2} = 1+(-x^2)+(-x^2)^2+\cdots = \sum_{n=0}^{\infty}(-1)^n x^{2n}, \ \forall |x| < 1$$

$$\therefore \tan^{-1}x = \int\sum_{n=0}^{\infty}(-1)^n x^{2n}\,dx = \sum_{n=0}^{\infty}\int(-1)^n x^{2n}dx = \sum_{n=0}^{\infty}\frac{(-1)^n x^{2n+1}}{2n+1}, \ \forall |x| < 1$$

範例 10.

　　求 $\tanh^{-1}x$ 的馬克勞林級數

【解】

$$\because \frac{d}{dx}\tanh^{-1}x = \frac{1}{1-x^2} = 1+x^2+x^4+\cdots = \sum_{n=0}^{\infty}x^{2n}, \ \forall |x| < 1$$

$$\therefore \tanh^{-1}x = \int\sum_{n=0}^{\infty}x^{2n}\,dx = \sum_{n=0}^{\infty}\int x^{2n}dx = \sum_{n=0}^{\infty}\frac{x^{2n+1}}{2n+1}, \ \forall -1 < x < 1$$

6.5.7　使用二項式展開求泰勒級數

上述討論的方法皆適用於函數為整數次方項, 當函數有分數的次方項求泰勒展開式時, 嘗試用二項式展開式

考試類型:

題型 1.

使用二項式展開式求 $(ax+b)^r$ 在 $x = x_0$ 的泰勒級數, 其中 $a \neq 0$, $b \in R, r = R\backslash\{Z\}$ and $b + ax_0 \neq 0$

解題流程:

Step1.

$$\because ax + b = b + ax_0 + a(x - x_0) = (b + ax_0)\left(1 + \frac{a(x - x_0)}{b + ax_0}\right)$$

$$\therefore (ax + b)^r = (b + ax_0)^r \left(1 + \frac{a(x - x_0)}{b + ax_0}\right)^r$$

Step2.

$$使用二項式展開\left(1 + \frac{a(x - x_0)}{b + ax_0}\right)^r = \sum_{n=0}^{\infty} C_n^r \left(\frac{a(x - x_0)}{b + ax_0}\right)^n = \sum_{n=0}^{\infty} \frac{C_n^r a^n (x - x_0)^n}{(b + ax_0)^n}$$

Step3.

找出明確 C_n^r 的值, $\forall n \in N$

$$當\ r = \frac{1}{2}\ 則 C_0^{\frac{1}{2}} = 1, \quad C_1^{\frac{1}{2}} = \frac{1}{2}, \quad C_2^{\frac{1}{2}} = \frac{1}{2} \cdot \left(\frac{-1}{2}\right), \quad C_3^{\frac{1}{2}} = \frac{1}{2} \cdot \left(\frac{-1}{2}\right) \cdot \left(\frac{-3}{2}\right)$$

$$\therefore C_0^{\frac{1}{2}} = 1, \quad C_1^{\frac{1}{2}} = \frac{1}{2}, \quad C_n^{\frac{1}{2}} = 2^{-n}(-1)^{n+1}\prod_{k=0}^{n-2} 2k + 1, \quad \forall n \geq 2$$

$$\therefore (ax + b)^r = (b + ax_0)^r \sum_{n=0}^{\infty} \frac{C_n^r a^n (x - x_0)^n}{(b + ax_0)^n}$$

$$= (b + ax_0)^r \times \left(1 + \frac{a(x - x_0)}{2(b + ax_0)} + \sum_{n=2}^{\infty} \frac{(2^{-n}(-1)^{n+1}\prod_{k=0}^{n-2} 2k + 1)a^n (x - x_0)^n}{(b + ax_0)^n}\right)$$

當 $r = \dfrac{-1}{2}$ 則 $C_0^{\frac{-1}{2}} = 1,\ C_1^{\frac{-1}{2}} = \dfrac{-1}{2},\ C_2^{\frac{-1}{2}} = \dfrac{-1}{2} \cdot \left(\dfrac{-3}{2}\right), C_3^{\frac{-1}{2}} = \dfrac{-1}{2} \cdot \left(\dfrac{-3}{2}\right) \cdot \left(\dfrac{-5}{2}\right)$

$\therefore C_0^{\frac{-1}{2}} = 1,\ C_1^{\frac{-1}{2}} = \dfrac{-1}{2},\ C_n^{\frac{-1}{2}} = 2^{-n}(-1)^n \prod_{k=0}^{n-1}(2k+1),\ \ \forall n \geq 2$

$\therefore (ax+b)^r = (b+ax_0)^r \sum_{n=0}^{\infty} \dfrac{C_n^r a^n (x-x_0)^n}{(b+ax_0)^n}$

$= (b+ax_0)^r \times \left(1 - \dfrac{a(x-x_0)}{2(b+ax_0)} + \sum_{n=2}^{\infty} \dfrac{(2^{-n}(-1)^n \prod_{k=0}^{n-1}(2k+1))a^n(x-x_0)^n}{(b+ax_0)^n}\right)$

題型 2.

針對三角函數反函數求馬克勞林級數的時候, 通常會先對函數微分再使用二項式展開式求馬克勞林級數, 底下為方便起見使用 $\sin^{-1} x$ 來說明

解題流程:

Step1.

$\dfrac{d}{dx} \sin^{-1} x = (1-x^2)^{-\frac{1}{2}}$

藉由二項式展開則 $(1-x^2)^{-\frac{1}{2}} = \sum_{n=0}^{\infty} C_n^{\frac{1}{2}} (-x^2)^n = \sum_{n=0}^{\infty} (-1)^n C_n^{-\frac{1}{2}} x^{2n}$

Step2.

對此泰勒級數積分

$\sin^{-1} x = \int \sum_{n=0}^{\infty} (-1)^n C_n^{-\frac{1}{2}} x^{2n}\, dx = \sum_{n=0}^{\infty} (-1)^n C_n^{-\frac{1}{2}} \int x^{2n}\, dx = \sum_{n=0}^{\infty} \dfrac{(-1)^n C_n^{-\frac{1}{2}} x^{2n+1}}{2n+1}$

Step3.

$\because C_0^{\frac{-1}{2}} = 1,\ C_1^{\frac{-1}{2}} = \dfrac{-1}{2},\ C_n^{\frac{-1}{2}} = 2^{-n}(-1)^n \prod_{k=0}^{n-1} 2k+1,\ \ \forall n \geq 2$

$$\therefore \sin^{-1} x = x + \frac{x^3}{6} + \sum_{n=2}^{\infty} \frac{2^{-n} \prod_{k=0}^{n-1} 2k+1 \; x^{2n+1}}{2n+1}$$

相關例題延伸：

(I)如果 $f(x) = \cos^{-1} x$ 則 $\dfrac{d}{dx}\cos^{-1} x = -(1-x^2)^{-\frac{1}{2}}$

(II)如果 $f(x) = \sinh^{-1} x$ 則 $\dfrac{d}{dx}\sinh^{-1} x = \dfrac{1}{(x^2+1)^{\frac{1}{2}}}$

(III)如果 $f(x) = \operatorname{sech}^{-1} x$ 則 $\dfrac{d}{dx}\operatorname{sech}^{-1} x = \dfrac{-1}{x}(1-x^2)^{-\frac{1}{2}}$

範例 1.

    (1)求 $(1+x)^{-\frac{1}{2}}$ 的馬克勞林級數　(2)求 $(1-x)^{-\frac{1}{2}}$ 的馬克勞林級數

    (3)求 $(1+x)^{\frac{1}{2}}$ 的馬克勞林級數　(4)求 $(1-x)^{\frac{1}{2}}$ 的馬克勞林級數

【解】

(1)

藉由二項式展開

$$(1+x)^{-\frac{1}{2}} = \sum_{n=0}^{\infty} C_n^{-\frac{1}{2}} x^n = 1 + \frac{-\frac{1}{2}}{1!}x + \frac{(-\frac{1}{2})(-\frac{3}{2})}{2!}x^2 + \frac{(-\frac{1}{2})(-\frac{3}{2})(-\frac{5}{2})}{3!}x^3 + \cdots$$

$$= 1 + \sum_{n=1}^{\infty} \frac{2^{-n}(-1)^n \prod_{k=0}^{n-1} 2k+1}{n!} x^n, \; \forall -1 < x < 1$$

(2)

藉由二項式展開

$$(1-x)^{-\frac{1}{2}} = \sum_{n=0}^{\infty} C_n^{-\frac{1}{2}} (-x)^n$$

$$= 1 + \frac{-\frac{1}{2}}{1!}(-x) + \frac{(-\frac{1}{2})(-\frac{3}{2})}{2!}(-x)^2 + \frac{(-\frac{1}{2})(-\frac{3}{2})(-\frac{5}{2})}{3!}(-x)^3 + \cdots$$

$$= 1 + \sum_{n=1}^{\infty} \frac{2^{-n}\prod_{k=0}^{n-1} 2k+1}{n!} x^n, \ \forall -1 < x < 1$$

(3)

藉由二項式展開

$$(1+x)^{\frac{1}{2}} = \sum_{n=0}^{\infty} C_n^{\frac{1}{2}} x^n = 1 + \frac{\frac{1}{2}}{1!} x + \frac{(\frac{1}{2})(-\frac{1}{2})}{2!} x^2 + \frac{(\frac{1}{2})(-\frac{1}{2})(-\frac{3}{2})}{3!} x^3 + \cdots$$

$$= 1 + \frac{x}{2} + \sum_{n=2}^{\infty} \frac{2^{-n}(-1)^{n+1}\prod_{k=0}^{n-2} 2k+1}{n!} x^n, \ \forall -1 < x < 1$$

(4)

藉由二項式展開

$$(1-x)^{\frac{1}{2}} = \sum_{n=0}^{\infty} C_n^{\frac{1}{2}} (-x)^n = 1 + \frac{\frac{1}{2}}{1!} (-x) + \frac{(\frac{1}{2})(-\frac{1}{2})}{2!} (-x)^2 + \frac{(\frac{1}{2})(-\frac{1}{2})(-\frac{3}{2})}{3!} (-x)^3 + \cdots$$

$$= 1 - \frac{x}{2} - \sum_{n=2}^{\infty} \frac{2^{-n}\prod_{k=0}^{n-2} 2k+1}{n!} x^n, \ \forall -1 < x < 1$$

範例 2.

求 $(9-x)^{\frac{1}{2}}$ 的馬克勞林級數

【解】

$\because (9-x)^{\frac{1}{2}} = 3(1-\frac{x}{9})^{\frac{1}{2}}$, 藉由二項式展開

$$(1-\frac{x}{9})^{\frac{1}{2}} = \sum_{n=0}^{\infty} C_n^{\frac{1}{2}} (-\frac{x}{9})^n = 1 + \frac{\frac{1}{2}}{1!} (-\frac{x}{9}) + \frac{(\frac{1}{2})(-\frac{1}{2})}{2!} (-\frac{x}{9})^2 + \frac{(\frac{1}{2})(-\frac{1}{2})(-\frac{3}{2})}{3!} (-\frac{x}{9})^3 + \cdots$$

$$= 1 - \frac{\frac{x}{9}}{2} - \sum_{n=2}^{\infty} \frac{2^{-n} \prod_{k=0}^{n-2} 2k+1}{n!} \left(\frac{x}{9}\right)^n , \ \forall -1 < \frac{x}{9} < 1$$

$$= 1 - \frac{\frac{x}{9}}{2} - \sum_{n=2}^{\infty} \frac{2^{-n} \prod_{k=0}^{n-2} 2k+1}{n! \, 3^{2n}} x^n, \ \forall -1 < \frac{x}{9} < 1$$

$$\therefore (9-x)^{\frac{1}{2}} = 3\left(1 + \frac{\frac{1}{2}}{1!}\left(-\frac{x}{9}\right) + \frac{(\frac{1}{2})(-\frac{1}{2})}{2!}\left(-\frac{x}{9}\right)^2 + \frac{(\frac{1}{2})(-\frac{1}{2})(-\frac{3}{2})}{3!}\left(-\frac{x}{9}\right)^3 + \cdots \right)$$

$$= 3\left(1 - \frac{\frac{x}{9}}{2} - \sum_{n=2}^{\infty} \frac{2^{-n} \prod_{k=0}^{n-2} 2k+1}{n! \, 3^{2n}} x^n \right), \ \ \forall -1 < \frac{x}{9} < 1$$

$$\because \left| \frac{\dfrac{2^{-n-1} \prod_{k=0}^{n-1} 2k+1}{n+1! \, 3^{2n+2}} x^{n+1}}{\dfrac{2^{-n} \prod_{k=0}^{n-2} 2k+1}{n! \, 3^{2n}} x^n} \right| = \left| \frac{2^{-1}(2n-1)x}{3^2(n+1)} \right|$$

$$\text{令} \lim_{n \to \infty} \left| \frac{2^{-1}(2n-1)x}{3^2(n+1)} \right| < 1 \text{ 則 } -9 < x < 9$$

$$\therefore (9-x)^{\frac{1}{2}} = 3\left(1 - \frac{\frac{x}{9}}{2} - \sum_{n=2}^{\infty} \frac{2^{-n} \prod_{k=0}^{n-2} 2k+1}{n! \, 3^{2n}} x^n \right), \ \ \forall -9 < x < 9$$

範例 3.

$$求(r^2 - x)^{\frac{1}{2}} \text{ 的馬克勞林級數}, \ r > 0$$

【解】

$$\because (r^2 - x)^{\frac{1}{2}} = r\left(1 - \frac{x}{r^2}\right)^{\frac{1}{2}}, \ \text{ 藉由二項式展開}$$

$$\left(1 - \frac{x}{r^2}\right)^{\frac{1}{2}} = \sum_{n=0}^{\infty} C_n^{\frac{1}{2}} \left(-\frac{x}{r^2}\right)^n$$

$$= 1 + \frac{\frac{1}{2}}{1!}\left(-\frac{x}{r^2}\right) + \frac{(\frac{1}{2})(-\frac{1}{2})}{2!}\left(-\frac{x}{r^2}\right)^2 + \frac{(\frac{1}{2})(-\frac{1}{2})(-\frac{3}{2})}{3!}\left(-\frac{x}{r^2}\right)^3 + \cdots$$

$$= 1 - \frac{\frac{x}{r^2}}{2} - \sum_{n=2}^{\infty} \frac{2^{-n} \prod_{k=0}^{n-2} 2k+1}{n!} \left(\frac{x}{r^2}\right)^n, \ \forall -1 < \frac{x}{r^2} < 1$$

$$= 1 - \frac{\frac{x}{r^2}}{2} - \sum_{n=2}^{\infty} \frac{2^{-n} \prod_{k=0}^{n-2} 2k+1}{n!\, r^{2n}} x^n, \ \forall -1 < \frac{x}{r^2} < 1$$

$$\therefore (r^2 - x)^{\frac{1}{2}} = r\left(1 + \frac{\frac{1}{2}}{1!}\left(-\frac{x}{r^2}\right) + \frac{\left(\frac{1}{2}\right)\left(-\frac{1}{2}\right)}{2!}\left(-\frac{x}{r^2}\right)^2 + \frac{\left(\frac{1}{2}\right)\left(-\frac{1}{2}\right)\left(-\frac{3}{2}\right)}{3!}\left(-\frac{x}{r^2}\right)^3 + \cdots\right)$$

$$= r\left(1 - \frac{\frac{x}{r^2}}{2} - \sum_{n=2}^{\infty} \frac{2^{-n} \prod_{k=0}^{n-2} 2k+1}{n!\, r^{2n}} x^n\right), \ \forall -1 < \frac{x}{r^2} < 1$$

$$\because \left|\frac{\dfrac{2^{-n-1} \prod_{k=0}^{n-1} 2k+1}{n+1!\, r^{2n+2}} x^{n+1}}{\dfrac{2^{-n} \prod_{k=0}^{n-2} 2k+1}{n!\, r^{2n}} x^n}\right| = \left|\frac{2^{-1}(2n-1)x}{r^2(n+1)}\right|$$

$$令 \lim_{n\to\infty} \left|\frac{2^{-1}(2n-1)x}{r^2(n+1)}\right| < 1 \ 則\ -r^2 < x < r^2$$

$$\therefore (r^2 - x)^{\frac{1}{2}} = r\left(1 - \frac{\frac{x}{r^2}}{2} - \sum_{n=2}^{\infty} \frac{2^{-n} \prod_{k=0}^{n-2} 2k+1}{n!\, r^{2n}} x^n\right), \ \forall -r^2 < x < r^2$$

範例 4.

　　求 $(9-x)^{-\frac{1}{2}}$ 的馬克勞林級數

【解】

$$\because (9-x)^{-\frac{1}{2}} = 3^{-1}\left(1 - \frac{x}{9}\right)^{-\frac{1}{2}}, \ 藉由二項式展開$$

$$\left(1 - \frac{x}{9}\right)^{-\frac{1}{2}} = \sum_{n=0}^{\infty} C_n^{-\frac{1}{2}} \left(-\frac{x}{9}\right)^n$$

$$= 1 + \frac{-\frac{1}{2}}{1!}\left(-\frac{x}{9}\right) + \frac{\left(-\frac{1}{2}\right)\left(-\frac{3}{2}\right)}{2!}\left(-\frac{x}{9}\right)^2 + \frac{\left(-\frac{1}{2}\right)\left(-\frac{3}{2}\right)\left(-\frac{5}{2}\right)}{3!}\left(-\frac{x}{9}\right)^3 + \cdots$$

$$\therefore (9-x)^{-\frac{1}{2}} = 3^{-1}\left(1 + \frac{-\frac{1}{2}}{1!}(-\frac{x}{9}) + \frac{(-\frac{1}{2})(-\frac{3}{2})}{2!}(-\frac{x}{9})^2 + \frac{(-\frac{1}{2})(-\frac{3}{2})(-\frac{5}{2})}{3!}(-\frac{x}{9})^3 + \cdots\right)$$

$$= \frac{1}{3} + \sum_{n=1}^{\infty} \frac{2^{-n}\prod_{k=0}^{n-1} 2k+1}{3^{2n+1}n!} x^n$$

$$\because \left|\frac{\frac{2^{-n-1}\prod_{k=0}^{n} 2k+1}{3^{2n+3}(n+1)!} x^{n+1}}{\frac{2^{-n}\prod_{k=0}^{n-1} 2k+1}{3^{2n+1}n!} x^n}\right| = \left|\frac{2^{-1}(2n+1)x}{3^2(n+1)}\right|$$

$$令 \lim_{n\to\infty}\left|\frac{2^{-1}(2n+1)x}{3^2(n+1)}\right| < 1 \ 則 \ -9 < x < 9$$

$$\therefore (9-x)^{-\frac{1}{2}} = \frac{1}{3} + \sum_{n=1}^{\infty} \frac{2^{-n}\prod_{k=0}^{n-1} 2k+1}{3^{2n+1}n!} x^n, \ \forall -9 < x < 9$$

範例 5.

$$求 (r^2-x)^{\frac{-1}{2}} 的馬克勞林級數, \ r > 0$$

【解】

$$\because (r^2-x)^{-\frac{1}{2}} = r^{-1}(1-r^2)^{-\frac{1}{2}}, \ 藉由二項式展開$$

$$(1-\frac{x}{r^2})^{-\frac{1}{2}} = \sum_{n=0}^{\infty} C_n^{-\frac{1}{2}}(-\frac{x}{r^2})^n$$

$$= 1 + \frac{-\frac{1}{2}}{1!}(-\frac{x}{r^2}) + \frac{(-\frac{1}{2})(-\frac{3}{2})}{2!}(-\frac{x}{r^2})^2 + \frac{(-\frac{1}{2})(-\frac{3}{2})(-\frac{5}{2})}{3!}(-\frac{x}{r^2})^3 + \cdots$$

$$\therefore (r^2-x)^{-\frac{1}{2}} = r^{-1}\left(1 + \frac{-\frac{1}{2}}{1!}(-\frac{x}{r^2}) + \frac{(-\frac{1}{2})(-\frac{3}{2})}{2!}(-\frac{x}{r^2})^2 + \frac{(-\frac{1}{2})(-\frac{3}{2})(-\frac{5}{2})}{3!}(-\frac{x}{r^2})^3 + \cdots\right)$$

$$= \frac{1}{r} + \sum_{n=1}^{\infty} \frac{2^{-n}\prod_{k=0}^{n-1} 2k+1}{r^{2n+1}n!} x^n$$

$$\because \left| \frac{\dfrac{2^{-n-1}\prod_{k=0}^{n}2k+1}{r^{2n+3}(n+1)!}x^{n+1}}{\dfrac{2^{-n}\prod_{k=0}^{n-1}2k+1}{r^{2n+1}n!}x^{n}} \right| = \left| \frac{2^{-1}(2n+1)x}{r^{2}(n+1)} \right|$$

$$\text{令} \lim_{n\to\infty}\left| \frac{2^{-1}(2n+1)x}{r^{2}(n+1)} \right| < 1 \text{ 則 } -r^{2} < x < r^{2}$$

$$\therefore (r^{2}-x)^{-\frac{1}{2}} = \frac{1}{r} + \sum_{n=1}^{\infty}\frac{2^{-n}\prod_{k=0}^{n-1}2k+1}{r^{2n+1}n!}x^{n}, \ \forall -r^{2} < x < r^{2}$$

範例 6.

$$\text{求}(2x-3)^{\frac{3}{2}} \text{ 在} x = 2 \text{ 的馬克勞林級數}$$

【解】

$$\because 2x-3 = 1 + 2(x-2) \qquad \therefore (2x-3)^{\frac{3}{2}} = (1+2(x-2))^{\frac{3}{2}}$$

$$\Rightarrow (2x-3)^{\frac{3}{2}} = \sum_{n=0}^{\infty} C_{n}^{\frac{3}{2}}(2x-4)^{n}$$

$$= 1 + \frac{\frac{3}{2}}{1!}(2x-4) + \frac{\frac{3}{2}\cdot\frac{1}{2}}{2!}(2x-4)^{2} + \frac{\frac{3}{2}\cdot\frac{1}{2}\left(-\frac{1}{2}\right)}{3!}(2x-4)^{3}$$

$$+ \frac{\frac{3}{2}\cdot\frac{1}{2}\left(-\frac{1}{2}\right)\left(-\frac{3}{2}\right)}{4!}(2x-4)^{4} + \cdots$$

$$= 1 + \frac{3}{1!}(x-2) + \frac{3}{2!}(x-2)^{2} + \frac{3(-1)}{3!}(x-2)^{3} + \frac{3(-1)(-3)}{4!}(x-2)^{4}\cdots$$

$$= 1 + \frac{3}{1!}(x-2) + \frac{3}{2!}(x-2)^{2} + 3\sum_{n=3}^{\infty}\frac{(-1)^{n}\prod_{k=0}^{n-3}2k+1}{n!}(x-2)^{n}$$

$$\because \left| \frac{\dfrac{\prod_{k=0}^{n-2}2k+1}{n+1!}(x-2)^{n+1}}{\dfrac{\prod_{k=0}^{n-3}2k+1}{n!}(x-2)^{n}} \right| = \left| \frac{(2n-3)(x-2)}{(n+1)} \right|$$

$$\text{令} \lim_{n \to \infty} \left| \frac{(2n-3)(x-2)}{(n+1)} \right| < 1 \text{ 則 } \frac{3}{2} < x < \frac{5}{2}$$

$$\therefore (2x-3)^{\frac{3}{2}} = \sum_{n=0}^{\infty} C_n^{\frac{3}{2}} (2x-4)^n$$

$$= 1 + \frac{3}{1!}(x-2) + \frac{3}{2!}(x-2)^2 + 3\sum_{n=3}^{\infty} \frac{(-1)^n \prod_{k=0}^{n-3} 2k+1}{n!}(x-2)^n, \ \forall \frac{3}{2} < x < \frac{5}{2}$$

範例 7.

　　求 $\sin^{-1} x$ 的馬克勞林級數

【解】

$$\because \frac{d}{dx}\sin^{-1} x = (1-x^2)^{-\frac{1}{2}}, \ \text{藉由二項式展開}$$

$$(1-x^2)^{-\frac{1}{2}} = \sum_{n=0}^{\infty} C_n^{-\frac{1}{2}} (-x^2)^n$$

$$= 1 + \frac{-\frac{1}{2}}{1!}(-x^2) + \frac{\left(-\frac{1}{2}\right)\left(-\frac{3}{2}\right)}{2!}(-x^2)^2 + \frac{\left(-\frac{1}{2}\right)\left(-\frac{3}{2}\right)\left(-\frac{5}{2}\right)}{3!}(-x^2)^3 + \cdots$$

$$= 1 + \frac{\frac{1}{2}}{1!}(x^2) + \frac{\frac{1}{2}\cdot\frac{3}{2}}{2!}(x^2)^2 + \frac{\frac{1}{2}\cdot\frac{3}{2}\cdot\frac{5}{2}}{3!}(x^2)^3 + \cdots$$

$$= 1 + \sum_{n=1}^{\infty} \frac{2^{-n} \prod_{k=0}^{n-1} 2k+1}{n!} x^{2n}, \ \forall -1 < x < 1$$

$$\Rightarrow \sin^{-1} x = x + \sum_{n=1}^{\infty} \frac{2^{-n} \prod_{k=0}^{n-1} 2k+1}{n!\,(2n+1)} x^{2n+1}, \ \forall -1 < x < 1$$

範例 8.

　　求 $\cos^{-1} x$ 的馬克勞林級數

【解】

$$\because \frac{d}{dx}\cos^{-1} x = -(1 - x^2)^{-\frac{1}{2}}, \quad \text{藉由二項式展開}$$

$$(1 - x^2)^{-\frac{1}{2}} = \sum_{n=0}^{\infty} C_n^{-\frac{1}{2}} (-x^2)^n$$

$$= 1 + \frac{-\frac{1}{2}}{1!}(-x^2) + \frac{\left(-\frac{1}{2}\right)\left(-\frac{3}{2}\right)}{2!}(-x^2)^2 + \frac{\left(-\frac{1}{2}\right)\left(-\frac{3}{2}\right)\left(-\frac{5}{2}\right)}{3!}(-x^2)^3 + \cdots$$

$$= 1 + \frac{\frac{1}{2}}{1!}(x^2) + \frac{\left(\frac{1}{2}\right)\left(\frac{3}{2}\right)}{2!}(x^2)^2 + \frac{\left(\frac{1}{2}\right)\left(\frac{3}{2}\right)\left(\frac{5}{2}\right)}{3!}(x^2)^3 + \cdots$$

$$= 1 + \sum_{n=1}^{\infty} \frac{2^{-n} \prod_{k=0}^{n-1} 2k + 1}{n!} x^{2n}, \quad \forall -1 < x < 1$$

$$\Rightarrow \cos^{-1} x = -x - \sum_{n=1}^{\infty} \frac{2^{-n} \prod_{k=0}^{n-1} 2k + 1}{n!\,(2n + 1)} x^{2n+1}, \quad \forall -1 < x < 1$$

範例 9.

　　求 $\sinh^{-1} x$ 的馬克勞林級數

【解】

$$\because \frac{d}{dx}\sinh^{-1} x = \frac{d}{dx}\ln|x + \sqrt{x^2 + 1}| = \frac{\frac{2(x^2 + 1)^{\frac{1}{2}} + 2x}{2(x^2 + 1)^{\frac{1}{2}}}}{|x + \sqrt{x^2 + 1}|} = \frac{1}{(x^2 + 1)^{\frac{1}{2}}}$$

藉由二項式展開

$$(1 + x^2)^{-\frac{1}{2}} = \sum_{n=0}^{\infty} C_n^{-\frac{1}{2}} x^{2n} = 1 + \frac{-\frac{1}{2}}{1!}x^2 + \frac{\left(-\frac{1}{2}\right)\left(-\frac{3}{2}\right)}{2!}x^4 + \frac{\left(-\frac{1}{2}\right)\left(-\frac{3}{2}\right)\left(-\frac{5}{2}\right)}{3!}x^6 + \cdots$$

$$= 1 + \sum_{n=1}^{\infty} \frac{2^{-n}(-1)^n \prod_{k=0}^{n-1} 2k + 1}{n!} x^{2n}, \quad \forall -1 < x < 1$$

$$\Rightarrow \sinh^{-1} x = x + \sum_{n=1}^{\infty} \frac{2^{-n}(-1)^n \prod_{k=0}^{n-1} 2k+1}{n!\,(2n+1)} x^{2n+1}, \ \forall -1 < x < 1$$

範例 10.

求 $\mathrm{sech}^{-1} x$ 的馬克勞林級數

【解】

$$\because \frac{d}{dx} \mathrm{sech}^{-1} x = \frac{-1}{x}(1-x^2)^{-\frac{1}{2}}, \ 藉由二項式展開$$

$$\frac{-1}{x}(1-x^2)^{-\frac{1}{2}} = \frac{-1}{x}\left(1 + \sum_{n=1}^{\infty} \frac{2^{-n} \prod_{k=0}^{n-1} 2k+1}{n!} x^{2n}\right) = \frac{-1}{x} - \sum_{n=1}^{\infty} \frac{2^{-n} \prod_{k=0}^{n-1} 2k+1}{n!} x^{2n-1}$$

$$\Rightarrow \mathrm{sech}^{-1} x = -\ln x - \sum_{n=1}^{\infty} \frac{2^{-n} \prod_{k=0}^{n-1} 2k+1}{n!\,2n} x^{2n}, \ \forall\, 0 < x < \infty$$

6.6 泰勒級數相關應用的考試類型

6.6.1　使用泰勒級數求函數極限

泰勒級數應用在求函數極限的時機為，當無法使用羅比達法則求極限時或當分子分母的函數能簡易求得泰勒級數，或當使用羅比達法則分子分母微分之後出現較能簡易求得泰勒展開式的函數，底下盤點較能簡易求得泰勒級數的函數，包括：

$\ln x$、$\cos x$、$\sin x$、$\sinh x$、e^x、e^{-x}、$\sin^{-1} x$、$\cos^{-1} x$、$\sinh^{-1} x$、$\tan^{-1} x$、

$\tanh^{-1} x$、$(a+bx)^{\frac{1}{2}}$ 其中 $a \in R,\ b \neq 0$、$(a+bx)^{-\frac{1}{2}}$ 其中 $a \in R,\ b \neq 0$.... 等

整體而言，求函數極限的方法，包含三大類：第一類為第一章所介紹的將函數做些轉換再結合直接代入法，第二類為使用羅比達法則，最後一類則是使用泰勒級數，底下整理關於求函數極限的考試類型

求函數極限

最終用到直接帶入法 — 消掉共同項再取極限、把式子有理化再取極限、x趨近於無窮大時求函數極限、計算左右極限得極限值或極限不存在

使用羅比達法則 — 分子分母皆趨近於零、分子分母皆趨近於±∞、(趨近於0)×(趨近於±∞) ⇒ 把相乘轉成相除、(趨近於∞)-(趨近於∞) ⇒ 先轉成相乘再轉成相除、(趨近於∞)^趨近於0、(趨近於1)^趨近於∞、(趨近於0)^趨近於0

當無法使用羅比達法則 —

$$求 \lim_{x \to 0} \frac{g(x)}{f(x)} =?, 其中 \lim_{x \to 0} f(x) = \lim_{x \to 0} g(x) = 0$$

$$求 \lim_{x \to 0} \frac{\int_0^x g(t)dt}{\int_0^x f(t)dt} =?$$

$$求 \lim_{x \to 0} \frac{1}{f(x)} - \frac{1}{g(x)} =?, 其中 \lim_{x \to 0} f(x) = \lim_{x \to 0} g(x) = 0$$

$$求 \lim_{x \to \infty} \frac{g(x)}{f(x)} =?, 其中 \lim_{x \to \infty} f(x) = \lim_{x \to \infty} g(x) = \infty$$

$$求 \lim_{x \to \infty} \frac{1}{f(x)} - \frac{1}{g(x)} =?, 其中 \lim_{x \to \infty} f(x) = \lim_{x \to \infty} g(x) = 0$$

$$求 \lim_{x \to \infty} \left(1 + \frac{1}{f(x)}\right)^{g(x)} =?, 其中 \lim_{x \to \infty} f(x) = \lim_{x \to \infty} g(x) = \infty$$

$$求 \lim_{\beta \to 0} \int_\beta^{\alpha\beta} \frac{f(t)}{t^k} dt =?, \forall \alpha > 0$$

考試類型:

題型 1.

$$求 \lim_{x \to 0} \frac{g(x)}{f(x)} =? \quad 其中 \lim_{x \to 0} f(x) = \lim_{x \to 0} g(x) = 0$$

解題流程:

Step1.

找 $a, b \in R$ 使得 $\dfrac{g(x)}{f(x)} = \dfrac{b + \sum_{n=1}^{\infty} b_n x^n}{a + \sum_{n=1}^{\infty} a_n x^n}$

Step2.

$$\lim_{x \to 0} \frac{g(x)}{f(x)} = \lim_{x \to 0} \frac{b + \sum_{n=1}^{\infty} b_n x^n}{a + \sum_{n=1}^{\infty} a_n x^n} = \frac{b}{a}$$

範例說明:

(I) 求 $\lim\limits_{x\to 0}\dfrac{\sinh x}{\sin x}=?$

$\because \sin x = x - \dfrac{x^3}{3!} + \dfrac{x^5}{5!} + \cdots$ 　且　 $\sinh x = x + \dfrac{1}{3!}x^3 + \dfrac{1}{5!}x^5 + \cdots$

$\therefore \dfrac{\sinh x}{\sin x} = \dfrac{x + \dfrac{1}{3!}x^3 + \dfrac{1}{5!}x^5 + \cdots}{x - \dfrac{x^3}{3!} + \dfrac{x^5}{5!} + \cdots} = \dfrac{1 + \dfrac{1}{3!}x^2 + \dfrac{1}{5!}x^4 + \cdots}{1 - \dfrac{x^2}{3!} + \dfrac{x^4}{5!} + \cdots}$

$\therefore \lim\limits_{x\to 0}\dfrac{\sinh x}{\sin x} = \lim\limits_{x\to 0}\dfrac{1 + \dfrac{1}{3!}x^2 + \dfrac{1}{5!}x^4 + \cdots}{1 - \dfrac{x^2}{3!} + \dfrac{x^4}{5!} + \cdots} = 1$

題型 2.

求 $\lim\limits_{x\to 0}\dfrac{\int_0^x g(t)dt}{\int_0^x f(t)dt} = ?$

解題流程:

Step1.

藉由 Leibniz 微分公式則 $\lim\limits_{x\to 0}\dfrac{\int_0^x g(t)dt}{\int_0^x f(t)dt} = \lim\limits_{x\to 0}\dfrac{g(x)}{f(x)}$

Step2.

找 $a, b \in R$ 使得 $\dfrac{g(x)}{f(x)} = \dfrac{b + \sum_{n=1}^{\infty} b_n x^n}{a + \sum_{n=1}^{\infty} a_n x^n}$

Step3.

$\lim\limits_{x\to 0}\dfrac{g(x)}{f(x)} = \lim\limits_{x\to 0}\dfrac{b + \sum_{n=1}^{\infty} b_n x^n}{a + \sum_{n=1}^{\infty} a_n x^n} = \dfrac{b}{a}$

範例說明:

(I) 求 $\lim\limits_{x\to 0^+}\dfrac{\int_0^{x^3} (\sin \sqrt[3]{t}) - \sqrt[3]{t}\, dt}{\int_0^{x^3} (\tan \sqrt[3]{t}) - \sqrt[3]{t}\, dt} = ?$

藉由 Leibniz 微分公式 則

$$\lim_{x\to 0^+} \frac{\int_0^{x^3} (\sin \sqrt[3]{t}) - \sqrt[3]{t}\, dt}{\int_0^{x^3} (\tan \sqrt[3]{t}) - \sqrt[3]{t}\, dt} = \lim_{x\to 0^+} \frac{(\sin x - x)3x^2}{(\tan x - x)3x^2} = \lim_{x\to 0^+} \frac{\sin x - x}{\tan x - x}$$

$$\because \sin x = \sum_{n=0}^{\infty} \frac{(-1)^n x^{2n+1}}{(2n+1)!} \quad \text{且} \quad \tan x = x + \frac{1}{3}x^3 + \frac{2}{15}x^5 + \cdots$$

$$\therefore \lim_{x\to 0^+} \frac{\int_0^{x^3} (\sin \sqrt[3]{t}) - \sqrt[3]{t}\, dt}{\int_0^{x^3} (\tan \sqrt[3]{t}) - \sqrt[3]{t}\, dt} = \lim_{x\to 0^+} \frac{\dfrac{-1}{3!}x^3 + \sum_{n=2}^{\infty} \dfrac{(-1)^n x^{2n+1}}{(2n+1)!}}{\dfrac{1}{3}x^3 + \dfrac{2}{15}x^5 + \cdots}$$

題型 3.

求 $\displaystyle \lim_{x\to 0} \frac{1}{f(x)} - \frac{1}{g(x)} = ?$ 其中 $\displaystyle \lim_{x\to 0} f(x) = \lim_{x\to 0} g(x) = 0$

解題流程

Step1.

找 $a, b \in R$ 使得 $\dfrac{1}{f(x)} - \dfrac{1}{g(x)} = \dfrac{b + \sum_{n=1}^{\infty} b_n x^n}{a + \sum_{n=1}^{\infty} a_n x^n}$

Step2.

$$\lim_{x\to 0} \frac{1}{f(x)} - \frac{1}{g(x)} = \lim_{x\to 0} \frac{b + \sum_{n=1}^{\infty} b_n x^n}{a + \sum_{n=1}^{\infty} a_n x^n} = \frac{b}{a}$$

範例說明:

(1)求 $\displaystyle \lim_{x\to 0} \frac{1}{\ln(1-x)} + \frac{1}{x} = ?$

$$\because \ln(1-x) = -\sum_{n=0}^{\infty} \frac{x^{n+1}}{n+1}$$

$$\therefore \frac{1}{\ln(1-x)} + \frac{1}{x} = \frac{x + \ln(1-x)}{x \ln(1-x)} = -\frac{x - \sum_{n=0}^{\infty} \dfrac{x^{n+1}}{n+1}}{\sum_{n=0}^{\infty} \dfrac{x^{n+2}}{n+1}} = \frac{\dfrac{1}{2} + \sum_{n=2}^{\infty} \dfrac{x^{n-1}}{n+1}}{1 + \left(\sum_{n=1}^{\infty} \dfrac{x^n}{n+1}\right)}$$

題型 4.

求 $\lim\limits_{x \to \infty} \dfrac{g(x)}{f(x)} =?$　其中 $\lim\limits_{x \to \infty} f(x) = \lim\limits_{x \to \infty} g(x) = \infty$

解題流程:

Step1.

找 $a, b \in R$ 使得 $\dfrac{g(x)}{f(x)} = \dfrac{b + \sum_{n=1}^{\infty} b_n x^{-n}}{a + \sum_{n=1}^{\infty} a_n x^{-n}}$

Step2.

$\lim\limits_{x \to \infty} \dfrac{g(x)}{f(x)} = \lim\limits_{x \to \infty} \dfrac{b + \sum_{n=1}^{\infty} b_n x^{-n}}{a + \sum_{n=1}^{\infty} a_n x^{-n}} = \dfrac{b}{a}$

題型 5.

求 $\lim\limits_{x \to \infty} \dfrac{1}{f(x)} - \dfrac{1}{g(x)} =?$　其中 $\lim\limits_{x \to \infty} f(x) = \lim\limits_{x \to \infty} g(x) = 0$

解題流程:

Step1.

找 $a, b \in R$ 使得 $\dfrac{1}{f(x)} - \dfrac{1}{g(x)} = \dfrac{b + \sum_{n=1}^{\infty} b_n x^{-n}}{a + \sum_{n=1}^{\infty} a_n x^{-n}}$

Step2.

$\lim\limits_{x \to \infty} \dfrac{1}{f(x)} - \dfrac{1}{g(x)} = \lim\limits_{x \to \infty} \dfrac{b + \sum_{n=1}^{\infty} b_n x^{-n}}{a + \sum_{n=1}^{\infty} a_n x^{-n}} = \dfrac{b}{a}$

題型 6.

求 $\lim\limits_{x \to \infty} \left(1 + \dfrac{1}{f(x)}\right)^{g(x)} =?$　其中 $\lim\limits_{x \to \infty} f(x) = \lim\limits_{x \to \infty} g(x) = \infty$

解題流程:

Step1.

$\because \left(1 + \dfrac{1}{f(x)}\right)^{g(x)} = \exp\left(g(x) \ln\left(1 + \dfrac{1}{f(x)}\right)\right)$

Step2.

$\because \ln\left(1 + \dfrac{1}{f(x)}\right) = \sum_{k=0}^{\infty} \dfrac{(-1)^k f^{-k-1}(x)}{k+1}$　$\therefore \left(1 + \dfrac{1}{f(x)}\right)^{g(x)} = \exp\left(g(x) \sum_{k=0}^{\infty} \dfrac{(-1)^k f^{-k-1}(x)}{k+1}\right)$

$\therefore \lim\limits_{x \to \infty} \left(1 + \dfrac{1}{f(x)}\right)^{g(x)} = \exp\left(\lim\limits_{x \to \infty} g(x) \ln\left(1 + \dfrac{1}{f(x)}\right)\right)$

$$= \exp\left(\lim_{x\to\infty} g(x) \sum_{k=0}^{\infty} \frac{(-1)^k f^{-k-1}(x)}{k+1}\right)$$

Step3.

$$若 \ \lim_{x\to\infty} g(x) \sum_{k=0}^{\infty} \frac{(-1)^k f^{-k-1}(x)}{k+1} = \alpha \ 則 \lim_{x\to\infty} \left(1 + \frac{1}{f(x)}\right)^{g(x)} = \exp(\alpha)$$

範例說明:

(I) 求 $\displaystyle\lim_{x\to\infty} \left(1 + \frac{3}{x+2}\right)^{\ln x} = ?$

$$\because \left(1 + \frac{3}{x+2}\right)^{\ln x} = e^{\ln x \ln\left(1+\frac{3}{x+2}\right)} \ 且 \ \ln\left(1 + \frac{3}{x+2}\right) = \sum_{n=0}^{\infty} \frac{(-1)^n 3^{n+1}(x+2)^{-n-1}}{n+1}$$

$$\therefore \ln x \ln\left(1 + \frac{3}{x+2}\right) = \ln x \sum_{n=0}^{\infty} \frac{(-1)^n 3^{n+1}(x+2)^{-n-1}}{n+1}$$

藉由羅比達法則 $\displaystyle\lim_{x\to\infty} \ln x (x+2)^{-n-1} = 0, \ \forall n \geq 0$

$$\Rightarrow \lim_{x\to\infty} \left(1 + \frac{3}{x+2}\right)^{\ln x} = \lim_{x\to\infty} e^{\ln x \ln\left(1+\frac{3}{x+2}\right)} = 1$$

題型 7.

求 $\displaystyle\lim_{\beta\to 0} \int_{\beta}^{\alpha\beta} \frac{f(t)}{t^k}\, dt = ?, \ \forall \alpha > 0$

解題流程:

Step1.

找 $f(x)$ 的馬克勞林級數 s.t. $\displaystyle f(x) = \sum_{n=0}^{\infty} a_n x^n$

Step2.

$$\int_{\beta}^{\alpha\beta} \frac{f(t)}{t^k}\, dt = \int_{\beta}^{\alpha\beta} \sum_{n=0}^{\infty} a_n t^{n-k}\, dt = \sum_{n=0}^{\infty} a_n \int_{\beta}^{\alpha\beta} t^{n-k}\, dt$$

Step3.

$$求 \sum_{n=0}^{\infty} a_n \int_{\beta}^{\alpha\beta} t^{n-k} dt = ?$$

範例說明：

(I) 求 $\displaystyle \lim_{\beta \to 0} \int_{\beta}^{3\beta} \frac{e^{-x}}{x} dx = ?$

$$\because e^{-x} = \sum_{n=0}^{\infty} \frac{(-1)^n}{n!} x^n \quad \therefore \frac{e^{-x}}{x} = \sum_{n=0}^{\infty} \frac{(-1)^n}{n!} x^{n-1}$$

$$\because \int_{\beta}^{3\beta} \frac{e^{-x}}{x} dx = \ln 3 + \sum_{n=1}^{\infty} \frac{(-1)^n ((3\beta)^n - \beta^n)}{n!\, n}$$

$$\therefore \lim_{\beta \to 0} \int_{\beta}^{3\beta} \frac{e^{-x}}{x} dx = \ln 3 + \lim_{\beta \to 0} \sum_{n=1}^{\infty} \frac{(-1)^n ((3\beta)^n - \beta^n)}{n!\, n} = \ln 3$$

範例 1.

$$求 \lim_{x \to 0} \frac{2 - \cos x - \sqrt{1 + x^2}}{x^4} = ?$$

【解】

$$\because \cos x = \sum_{n=0}^{\infty} \frac{(-1)^n x^{2n}}{2n!} = 1 - \frac{x^2}{2!} + \frac{x^4}{4!} + \sum_{n=3}^{\infty} \frac{(-1)^n x^{2n}}{2n!}$$

$$且 \sqrt{1 + x^2} = 1 + \frac{x^2}{2} + \sum_{n=2}^{\infty} \frac{2^{-n}(-1)^{n+1} \prod_{k=0}^{n-2} 2k + 1}{n!} x^{2n}$$

$$= 1 + \frac{x^2}{2} - \frac{2^{-2} x^4}{2!} + \sum_{n=3}^{\infty} \frac{2^{-n}(-1)^{n+1} \prod_{k=0}^{n-2} 2k + 1}{n!} x^{2n}$$

$$\therefore \frac{2 - \cos x - \sqrt{1 + x^2}}{x^4} = \frac{x^4\left(-\frac{1}{4!} + \frac{2^{-2}}{2!}\right) - \sum_{n=3}^{\infty}\left(\frac{(-1)^n}{2n!} + \frac{2^{-n}(-1)^{n+1}\prod_{k=0}^{n-2} 2k + 1}{n!}\right)x^{2n}}{x^4}$$

$$= \left(-\frac{1}{4!} + \frac{2^{-2}}{2!}\right) - \sum_{n=3}^{\infty}\left(\frac{(-1)^n}{2n!} + \frac{2^{-n}(-1)^{n+1}\prod_{k=0}^{n-2} 2k + 1}{n!}\right)x^{2n-4}$$

$$\Rightarrow \lim_{x \to 0} \frac{2 - \cos x - \sqrt{1 + x^2}}{x^4} = -\frac{1}{4!} + \frac{2^{-2}}{2!} = \frac{1}{12}$$

範例 2.

$$求 \lim_{x \to 0} \frac{2 - \cos x - \sqrt{1 + x^2}}{(e^x - 1)^4} = ?$$

【解】

$$\because \cos x = \sum_{n=0}^{\infty} \frac{(-1)^n x^{2n}}{2n!} = 1 - \frac{x^2}{2!} + \frac{x^4}{4!} + \sum_{n=3}^{\infty} \frac{(-1)^n x^{2n}}{2n!}$$

$$且 \sqrt{1 + x^2} = 1 + \frac{x^2}{2} + \sum_{n=2}^{\infty} \frac{2^{-n}(-1)^{n+1}\prod_{k=0}^{n-2} 2k + 1}{n!} x^{2n}$$

$$= 1 + \frac{x^2}{2} - \frac{2^{-2}}{2!} x^4 + \sum_{n=3}^{\infty} \frac{2^{-n}(-1)^{n+1}\prod_{k=0}^{n-2} 2k + 1}{n!} x^{2n}$$

$$\therefore (e^x - 1)^4 = \left(x + \frac{x^2}{2!} + \cdots\right)^4 = \left(x + \frac{x^2}{2!} + \cdots\right)^2 \left(x + \frac{x^2}{2!} + \cdots\right)^2$$

$$= (x^2 + x^3 + \cdots)(x^2 + x^3 + \cdots) = x^4 + 2x^5 + \cdots$$

$$\therefore \frac{2 - \cos x - \sqrt{1 + x^2}}{(e^x - 1)^4} = \frac{x^4\left(-\frac{1}{4!} + \frac{2^{-2}}{2!}\right) - \sum_{n=3}^{\infty}\left(\frac{(-1)^n}{2n!} + \frac{2^{-n}(-1)^{n+1}\prod_{k=0}^{n-2} 2k + 1}{n!}\right)x^{2n}}{x^4 + 2x^5 + \cdots}$$

$$= \frac{\left(-\frac{1}{4!} + \frac{2^{-2}}{2!}\right) - \sum_{n=3}^{\infty}\left(\frac{(-1)^n}{2n!} + \frac{2^{-n}(-1)^{n+1}\prod_{k=0}^{n-2} 2k + 1}{n!}\right)x^{2n-4}}{1 + 2x}$$

$$\Rightarrow \lim_{x \to 0} \frac{2 - \cos x - \sqrt{1 + x^2}}{x^4} = -\frac{1}{4!} + \frac{2^{-2}}{2!} = \frac{1}{12}$$

範例 3.

$$求 \lim_{x \to 0} \frac{\sinh x}{\sin x} = ?$$

【解】

$\because \sin x = x - \frac{x^3}{3!} + \frac{x^5}{5!} + \cdots$　且　$\sinh x = x + \frac{1}{3!}x^3 + \frac{1}{5!}x^5 + \cdots$

$$\therefore \frac{\sinh x}{\sin x} = \frac{x + \frac{1}{3!}x^3 + \frac{1}{5!}x^5 + \cdots}{x - \frac{x^3}{3!} + \frac{x^5}{5!} + \cdots} = \frac{1 + \frac{1}{3!}x^2 + \frac{1}{5!}x^4 + \cdots}{1 - \frac{x^2}{3!} + \frac{x^4}{5!} + \cdots}$$

$$\therefore \lim_{x \to 0} \frac{\sinh x}{\sin x} = \lim_{x \to 0} \frac{1 + \frac{1}{3!}x^2 + \frac{1}{5!}x^4 + \cdots}{1 - \frac{x^2}{3!} + \frac{x^4}{5!} + \cdots} = 1$$

範例 4.

$$求 \lim_{x \to 0} \frac{\sin^{-1} x}{\sin x} = ?$$

【解】

$\because \sin^{-1} x = x + \sum_{n=1}^{\infty} \frac{2^{-n} \prod_{k=0}^{n-1} 2k + 1}{n!\,(2n + 1)} x^{2n+1}$　且　$\sin x = x - \frac{x^3}{3!} + \frac{x^5}{5!} + \cdots$

$$\therefore \frac{\sin^{-1} x}{\sin x} = \frac{x + \sum_{n=1}^{\infty} \frac{2^{-n} \prod_{k=0}^{n-1} 2k + 1}{n!\,(2n + 1)} x^{2n+1}}{x - \frac{x^3}{3!} + \frac{x^5}{5!} + \cdots} = \frac{1 + \sum_{n=1}^{\infty} \frac{2^{-n} \prod_{k=0}^{n-1} 2k + 1}{n!\,(2n + 1)} x^{2n}}{1 - \frac{x^2}{3!} + \frac{x^4}{5!} + \cdots}$$

$$\therefore \lim_{x \to 0} \frac{\sin^{-1} x}{\sin x} = \lim_{x \to 0} \frac{1 + \sum_{n=1}^{\infty} \frac{2^{-n} \prod_{k=0}^{n-1} 2k + 1}{n!\,(2n + 1)} x^{2n}}{1 - \frac{x^2}{3!} + \frac{x^4}{5!} + \cdots} = 1$$

範例 5.

$$求 \lim_{x \to 0} \frac{x - \sin x + (1 + x^3)^{\frac{1}{2}} - 1}{x^3} = ?$$

【解】

$$\because \sin x = \sum_{n=0}^{\infty} \frac{(-1)^n x^{2n+1}}{(2n+1)!} = x - \frac{x^3}{3!} + \sum_{n=2}^{\infty} \frac{(-1)^n x^{2n+1}}{(2n+1)!}$$

$$(1+x^3)^{\frac{1}{2}} = 1 + \frac{x^3}{2} + \sum_{n=2}^{\infty} \frac{2^{-n}(-1)^{n+1} \prod_{k=0}^{n-2} 2k+1}{n!} x^{3n}$$

$$\therefore \frac{x - \sin x + (1+x^3)^{\frac{1}{2}} - 1}{x^3}$$

$$= \frac{x - \left(x - \frac{x^3}{3!} + \sum_{n=2}^{\infty} \frac{(-1)^n x^{2n+1}}{(2n+1)!}\right) + \left(1 + \frac{x^3}{2} + \sum_{n=2}^{\infty} \frac{2^{-n}(-1)^{n+1} \prod_{k=0}^{n-2} 2k+1}{n!} x^{3n}\right) - 1}{x^3}$$

$$= \frac{\frac{x^3}{3!} - \sum_{n=2}^{\infty} \frac{(-1)^n x^{2n+1}}{(2n+1)!} + \left(\frac{x^3}{2} + \sum_{n=2}^{\infty} \frac{2^{-n}(-1)^{n+1} \prod_{k=0}^{n-2} 2k+1}{n!} x^{3n}\right)}{x^3}$$

$$= \frac{1}{3!} - \sum_{n=2}^{\infty} \frac{(-1)^n x^{2n-2}}{(2n+1)!} + \left(\frac{1}{2} + \sum_{n=2}^{\infty} \frac{2^{-n}(-1)^{n+1} \prod_{k=0}^{n-2} 2k+1}{n!} x^{3n-3}\right)$$

$$\therefore \lim_{x \to 0} \frac{x - \sin x + (1+x^3)^{\frac{1}{2}} - 1}{x^3}$$

$$= \lim_{x \to 0} \frac{1}{3!} - \sum_{n=2}^{\infty} \frac{(-1)^n x^{2n-2}}{(2n+1)!} + \left(\frac{1}{2} + \sum_{n=2}^{\infty} \frac{2^{-n}(-1)^{n+1} \prod_{k=0}^{n-2} 2k+1}{n!} x^{3n-3}\right) = \frac{1}{3!} + \frac{1}{2} = \frac{2}{3}$$

範例 6.

$$求 \lim_{x \to 0} \frac{\cos x^2 - \cos^2 x}{(e^x - 1)^2} = ?$$

【解】

$$\because \cos x = \sum_{n=0}^{\infty} \frac{(-1)^n x^{2n}}{2n!} = 1 - \frac{x^2}{2!} + \frac{x^4}{4!} + \sum_{n=3}^{\infty} \frac{(-1)^n x^{2n}}{2n!}$$

$$\therefore \cos x^2 = 1 - \frac{x^4}{2!} + \frac{x^8}{4!} + \sum_{n=3}^{\infty} \frac{(-1)^n x^{4n}}{2n!} \text{ and } \cos^2 x = \left(1 - \frac{x^2}{2!} + \frac{x^4}{4!} + \cdots\right)^2 = 1 - x^2 + \cdots$$

$$\because e^x = \sum_{n=0}^{\infty} \frac{x^n}{n!} = 1 + x + \frac{x^2}{2!} + \cdots \qquad \therefore (e^x - 1)^2 = \left(x + \frac{x^2}{2!} + \cdots \right)^2 = x^2 + x^3 + \cdots$$

$$\therefore \frac{\cos x^2 - \cos^2 x}{(e^x - 1)^2} = \frac{1 - \frac{x^4}{2!} + \frac{x^8}{4!} + \sum_{n=3}^{\infty} \frac{(-1)^n x^{4n}}{2n!} + \cdots - (1 - x^2 + \cdots)}{x^2 + x^3 + \cdots}$$

$$\Rightarrow \lim_{x \to 0} \frac{\cos x^2 - \cos^2 x}{(e^x - 1)^2} = 1$$

範例 7.

$$求 \lim_{x \to 0} \frac{\cos x - \sin x + e^{-x} + 2x - 2}{(e^x - 1)^4} = ?$$

【解】

$$\because \sin x = \sum_{n=0}^{\infty} \frac{(-1)^n x^{2n+1}}{(2n+1)!} = x - \frac{x^3}{3!} + \frac{x^5}{5!} + \cdots$$

$$\cos x = \sum_{n=0}^{\infty} \frac{(-1)^n x^{2n}}{2n!} = 1 - \frac{x^2}{2!} + \frac{x^4}{4!} + \sum_{n=3}^{\infty} \frac{(-1)^n x^{2n}}{2n!}$$

$$e^{-x} = \sum_{n=0}^{\infty} \frac{(-1)^n x^n}{n!} = 1 - x + \frac{x^2}{2!} - \frac{x^3}{3!} + \frac{x^4}{4!} + \cdots$$

$$\therefore \cos x - \sin x + e^{-x} + 2x - 2$$

$$= \left(1 - \frac{x^2}{2!} + \frac{x^4}{4!} + \sum_{n=3}^{\infty} \frac{(-1)^n x^{2n}}{2n!} \right) - \left(x - \frac{x^3}{3!} + \frac{x^5}{5!} + \cdots \right)$$

$$+ \left(1 - x + \frac{x^2}{2!} - \frac{x^3}{3!} + \frac{x^4}{4!} - \frac{x^5}{5!} + \cdots \right) + 2x - 2 = 2 \cdot \frac{x^4}{4!} - 2 \cdot \frac{x^5}{5!} + \cdots$$

$$\because e^x = \sum_{n=0}^{\infty} \frac{x^n}{n!} = 1 + x + \frac{x^2}{2!} + \cdots$$

$$\therefore (e^x - 1)^4 = \left(x + \frac{x^2}{2!} + \cdots \right)^4 = \left(x + \frac{x^2}{2!} + \cdots \right)^2 \left(x + \frac{x^2}{2!} + \cdots \right)^2$$

$$= (x^2 + x^3 + \cdots)(x^2 + x^3 + \cdots) = x^4 + 2x^5 + \cdots$$

$$\therefore \frac{\cos x - \sin x + e^{-x} + 2x - 2}{(e^x - 1)^4} = \frac{2 \cdot \dfrac{x^4}{4!} - 2 \cdot \dfrac{x^5}{5!} + \cdots}{x^4 + 2x^5 + \cdots} = \frac{\dfrac{1}{12} - 2 \cdot \dfrac{x}{5!} + \cdots}{1 + 2x + \cdots}$$

$$\therefore \lim_{x \to 0} \frac{\cos x - \sin x + e^{-x} + 2x - 2}{(e^x - 1)^4} = \lim_{x \to 0} \frac{\dfrac{1}{12} - 2 \cdot \dfrac{x}{5!} + \cdots}{1 + 2x + \cdots} = \frac{1}{12}$$

範例 8.

$$求 \lim_{x \to 0} \frac{\cos x^3 - e^{-\frac{x^6}{2}}}{x^{12}} = \ ?$$

【解】

$$\because \cos x = \sum_{n=0}^{\infty} \frac{(-1)^n x^{2n}}{2n!} \quad \therefore \cos x^3 = \sum_{n=0}^{\infty} \frac{(-1)^n x^{6n}}{2n!} = 1 - \frac{x^6}{2} + \frac{x^{12}}{24} - \frac{x^{18}}{6!} + \cdots$$

$$\because e^{-x} = \sum_{n=0}^{\infty} \frac{(-1)^n x^n}{n!} \quad \therefore e^{-\frac{x^6}{2}} = \sum_{n=0}^{\infty} \frac{(-1)^n \left(\dfrac{x^6}{2}\right)^n}{n!} = 1 - \frac{x^6}{2} + \frac{x^{12}}{8} - \frac{x^{18}}{3! \cdot 8}$$

$$\therefore \frac{\cos x^3 - e^{-\frac{x^6}{2}}}{x^{12}} = \frac{1 - \dfrac{x^6}{2} + \dfrac{x^{12}}{24} - \dfrac{x^{18}}{6!} - \left(1 - \dfrac{x^6}{2} + \dfrac{x^{12}}{8} - \dfrac{x^{18}}{3! \cdot 8}\right)}{x^{12}}$$

$$= \frac{x^{12}\left(\dfrac{-1}{12} + x^6\left(-\dfrac{1}{6!} + \dfrac{1}{3! \cdot 8}\right) + \cdots\right)}{x^{12}} = \frac{-1}{12} + x^6\left(-\frac{1}{6!} + \frac{1}{3! \cdot 8}\right) + \cdots$$

$$\therefore \lim_{x \to 0} \frac{\cos x^3 - e^{-\frac{x^6}{2}}}{x^{12}} = \frac{-1}{12} + \lim_{x \to 0} x^6\left(-\frac{1}{6!} + \frac{1}{3! \cdot 8}\right) + \cdots = \frac{-1}{12}$$

範例 9.

$$求 \lim_{x \to 0} \frac{\sin x^3 - x^3 e^{-\frac{x^6}{2}}}{x^9} = \ ?$$

【解】

$$\because \sin x = \sum_{n=0}^{\infty} \frac{(-1)^n x^{2n+1}}{(2n+1)!} = x - \frac{x^3}{3!} + \frac{x^5}{5!} + \cdots \qquad \therefore \sin x^3 = x^3 - \frac{x^9}{3!} + \frac{x^{15}}{5!} + \cdots$$

$$\because e^{-x} = \sum_{n=0}^{\infty} \frac{(-1)^n x^n}{n!} \qquad \therefore e^{-\frac{x^6}{2}} = \sum_{n=0}^{\infty} \frac{(-1)^n \left(\frac{x^6}{2}\right)^n}{n!} = 1 - \frac{x^6}{2} + \frac{x^{12}}{8} - \frac{x^{18}}{3! \cdot 8}$$

$$\therefore \frac{\sin x^3 - e^{-\frac{x^6}{2}}}{x^9} = \frac{x^3 - \frac{x^9}{3!} + \frac{x^{15}}{5!} + \cdots - x^3\left(1 - \frac{x^6}{2} + \frac{x^{12}}{8} - \frac{x^{18}}{3! \cdot 8}\right)}{x^9}$$

$$= \frac{x^9\left(-\frac{1}{3!} + \frac{1}{2} + x^6(\frac{1}{5!} - \frac{1}{8}) + \cdots\right)}{x^9} = \frac{1}{3} + x^6\left(\frac{1}{5!} - \frac{1}{8}\right) + \cdots$$

$$\therefore \lim_{x \to 0} \frac{\sin x^3 - x^3 e^{-\frac{x^6}{2}}}{x^9} = \frac{1}{3} + \lim_{x \to 0} x^6\left(\frac{1}{5!} - \frac{1}{8}\right) + \cdots = \frac{1}{3}$$

範例 10.

$$(1) 求 \lim_{x \to 0} \frac{\int_0^x t - \sin t \, dt}{\int_0^x t^2 \ln t \, dt} = ? \qquad (2) 求 \lim_{x \to 0} \frac{x - \int_0^x \cos t \, dt}{\int_0^x t \ln(1 - t) \, dt} = ?$$

【解】

(1)

藉由 Leibniz 微分公式 則 $\displaystyle \lim_{x \to 0} \frac{\int_0^x t - \sin t \, dt}{\int_0^x t^2 \ln t \, dt} = \lim_{x \to 0} \frac{x - \sin x}{x^2 \ln x}$

$$\because x - \sin x = x - \left(x - \frac{x^3}{3!} + \sum_{n=2}^{\infty} \frac{(-1)^n x^{2n+1}}{(2n+1)!}\right)$$

且 $x^2 \ln x = x^2 \left(x - \frac{1}{2}x^2 + \frac{1}{3}x^3 + \cdots\right)$

$$\therefore \frac{x - \sin x}{x^2 \ln x} = \frac{\frac{x^3}{3!} - \sum_{n=2}^{\infty} \frac{(-1)^n x^{2n+1}}{(2n+1)!}}{x^3 - \frac{1}{2}x^4 + \frac{1}{3}x^5 + \cdots} = \frac{\frac{1}{3!} - \sum_{n=2}^{\infty} \frac{(-1)^n x^{2n-2}}{(2n+1)!}}{1 - \frac{1}{2}x + \frac{1}{3}x^2 + \cdots} \Rightarrow \lim_{x \to 0} \frac{x - \sin x}{x^2 \ln x} = \frac{1}{3!}$$

(2)

藉由 Leibniz 微分公式 則 $\displaystyle \lim_{x \to 0} \frac{x - \int_0^x \cos t \, dt}{\int_0^x t \ln(1-t) \, dt} = \lim_{x \to 0} \frac{1 - \cos x}{x \ln(1-x)}$

$$\because 1 - \cos x = \frac{x^2}{2!} - \frac{x^4}{4!} - \sum_{n=3}^{\infty} \frac{(-1)^n x^{2n}}{2n!} \text{ 且 } x \ln(1-x) = -x^2 - \frac{1}{2}x^3 - \frac{1}{3}x^4 + \cdots$$

$$\therefore \frac{1 - \cos x}{x \ln(1-x)} = -\frac{\frac{x^2}{2!} - \frac{x^4}{4!} - \sum_{n=3}^{\infty} \frac{(-1)^n x^{2n}}{2n!}}{x^2 + \frac{1}{2}x^3 + \frac{1}{3}x^4 + \cdots} = -\frac{\frac{1}{2!} - \frac{x^2}{4!} - \sum_{n=3}^{\infty} \frac{(-1)^n x^{2n-2}}{2n!}}{1 + \frac{1}{2}x + \frac{1}{3}x^2 + \cdots}$$

$$\Rightarrow \lim_{x \to 0} \frac{1 - \cos x}{x \ln(1-x)} = -\frac{1}{2}$$

範例 11.

$$(1) 求 \lim_{x \to 0} \frac{1}{\ln(1-x)} + \frac{1}{x} = ? \qquad (2) 求 \lim_{x \to 1} \frac{x}{x-1} - \frac{1}{\ln x} = ?$$

【解】

(1)

$$\because \ln(1-x) = -\sum_{n=0}^{\infty} \frac{x^{n+1}}{n+1}$$

$$\therefore \frac{1}{\ln(1-x)} + \frac{1}{x} = \frac{x + \ln(1-x)}{x \ln(1-x)} = -\frac{x - \sum_{n=0}^{\infty} \frac{x^{n+1}}{n+1}}{\sum_{n=0}^{\infty} \frac{x^{n+2}}{n+1}} = \frac{\sum_{n=1}^{\infty} \frac{x^{n+1}}{n+1}}{\sum_{n=0}^{\infty} \frac{x^{n+2}}{n+1}} = \frac{\frac{1}{2} + \sum_{n=2}^{\infty} \frac{x^{n-1}}{n+1}}{1 + \left(\sum_{n=1}^{\infty} \frac{x^n}{n+1} \right)}$$

$$\Rightarrow \lim_{x \to 0} \frac{1}{\ln(1-x)} + \frac{1}{x} = \frac{1}{2}$$

(2)

$$令 u = x - 1 \text{ 則 } \frac{x}{x-1} - \frac{1}{\ln x} = \frac{u+1}{u} - \frac{1}{\ln(u+1)} = \frac{(u+1)\ln(u+1) - u}{u \ln(u+1)}$$

$$且 \ln(1+u) = \sum_{n=0}^{\infty} \frac{(-1)^n u^{n+1}}{n+1}$$

$$\frac{x}{x-1} - \frac{1}{\ln x} = \frac{(u+1)\sum_{n=0}^{\infty} \frac{(-1)^n u^{n+1}}{n+1} - u}{u \sum_{n=0}^{\infty} \frac{(-1)^n u^{n+1}}{n+1}} = \frac{(u+1)u - u + \sum_{n=1}^{\infty} \frac{(-1)^n u^{n+1}}{n+1}}{\sum_{n=0}^{\infty} \frac{(-1)^n u^{n+2}}{n+1}}$$

$$= \frac{\dfrac{u^2}{2} + \sum_{n=2}^{\infty} \dfrac{(-1)^n u^{n+1}}{n+1}}{\sum_{n=0}^{\infty} \dfrac{(-1)^n u^{n+2}}{n+1}} = \frac{\dfrac{1}{2} + \sum_{n=2}^{\infty} \dfrac{(-1)^n u^{n-1}}{n+1}}{\sum_{n=0}^{\infty} \dfrac{(-1)^n u^n}{n+1}}$$

$$\Rightarrow \lim_{x \to 1} \frac{x}{x-1} - \frac{1}{\ln x} = \lim_{u \to 0} \frac{\dfrac{1}{2} + \sum_{n=2}^{\infty} \dfrac{(-1)^n u^{n-1}}{n+1}}{\sum_{n=0}^{\infty} \dfrac{(-1)^n u^n}{n+1}} = \frac{1}{2}$$

範例 12.

$$求 \quad \lim_{x \to \infty} x - x^{k+1} \ln\left(1 + \frac{1}{x^k}\right) = ?, \quad \forall k \geq 2$$

【解】

令 $k \geq 2$, $\because \ln\left(1 + \dfrac{1}{x^k}\right) = \sum_{n=0}^{\infty} \dfrac{(-1)^n x^{-kn-k}}{n+1}$

$$\therefore x - x^{k+1} \ln\left(1 + \frac{1}{x^k}\right) = x - x^{k+1}\left(\sum_{n=0}^{\infty} \frac{(-1)^n x^{-kn-k}}{n+1}\right) = x - \sum_{n=0}^{\infty} \frac{(-1)^n x^{-kn+1}}{n+1}$$

$$= x - x - \sum_{n=1}^{\infty} \frac{(-1)^n x^{-kn+1}}{n+1} = -\sum_{n=1}^{\infty} \frac{(-1)^n x^{-kn+1}}{n+1}$$

$$\Rightarrow \lim_{x \to \infty} x - x^{k+1} \ln\left(1 + \frac{1}{x^k}\right) = 0$$

範例 13.

$$(1) 求 \lim_{x \to \infty} \left(1 + \frac{3}{x+2}\right)^{\ln x} = ? \quad (2) 求 \lim_{n \to \infty} \left(1 + \frac{1}{n^2+1}\right)^{3n^2+1} = ?$$

$$(3) 求 \lim_{n \to \infty} \left(1 + \frac{3}{n} + \frac{5}{n^2}\right)^n = ? \quad (4) 求 \lim_{n \to \infty} \left(\frac{n+5}{n+2}\right)^n = ?$$

【解】

(1)

$$\because \left(1 + \frac{3}{x+2}\right)^{\ln x} = e^{\ln x \ln\left(1 + \frac{3}{x+2}\right)} \quad 且 \quad \ln\left(1 + \frac{3}{x+2}\right) = \sum_{n=0}^{\infty} \frac{(-1)^n 3^{n+1}(x+2)^{-n-1}}{n+1}$$

$$\therefore \ln x \ln\left(1 + \frac{3}{x+2}\right) = \ln x \sum_{n=0}^{\infty} \frac{(-1)^n 3^{n+1}(x+2)^{-n-1}}{n+1}$$

藉由羅比達法則 $\displaystyle\lim_{x\to\infty} \ln x(x+2)^{-n-1} = 0, \ \forall n \geq 0$

$$\Rightarrow \lim_{x\to\infty}\left(1 + \frac{3}{x+2}\right)^{\ln x} = \lim_{x\to\infty} e^{\ln x \ln\left(1+\frac{3}{x+2}\right)} = 1$$

(2)

$$\because \left(1 + \frac{1}{n^2+1}\right)^{3n^2+1} = e^{(3n^2+1)\ln\left(1+\frac{1}{n^2+1}\right)} \ \text{且} \ \ln\left(1 + \frac{1}{n^2+1}\right) = \sum_{k=0}^{\infty} \frac{(-1)^k(n^2+1)^{-k-1}}{k+1}$$

$$\therefore \lim_{n\to\infty}(3n^2+1)\ln\left(1 + \frac{1}{n^2+1}\right) = \lim_{n\to\infty}(3n^2+1)\sum_{k=0}^{\infty} \frac{(-1)^k(n^2+1)^{-k-1}}{k+1}$$

$$= \lim_{n\to\infty}\sum_{k=0}^{\infty} \frac{(-1)^k(n^2+1)^{-k-1}(3n^2+1)}{k+1}$$

$$= \lim_{n\to\infty}\left(\frac{3n^2+1}{n^2+1} + \sum_{k=1}^{\infty} \frac{(-1)^k(n^2+1)^{-k-1}(3n^2+1)}{k+1}\right) = 3$$

$$\Rightarrow \lim_{n\to\infty}\left(1 + \frac{1}{n^2+1}\right)^{3n^2+1} = \lim_{n\to\infty} e^{(3n^2+1)\ln\left(1+\frac{1}{n^2+1}\right)} = e^3$$

(3)

$$\because \left(1 + \frac{3}{n} + \frac{5}{n^2}\right)^{n} = e^{n\ln\left(1+\frac{3}{n}+\frac{5}{n^2}\right)} \ \text{且} \ \ln\left(1 + \frac{3}{n} + \frac{5}{n^2}\right) = \sum_{k=0}^{\infty} \frac{(-1)^k \left(\frac{3}{n}+\frac{5}{n^2}\right)^{k+1}}{k+1}$$

$$\therefore n\ln\left(1 + \frac{3}{n} + \frac{5}{n^2}\right) = n\sum_{k=0}^{\infty} \frac{(-1)^k \left(\frac{3}{n}+\frac{5}{n^2}\right)^{k+1}}{k+1} = n\left(\frac{3}{n} + \frac{5}{n^2} + \sum_{k=1}^{\infty} \frac{(-1)^k \left(\frac{3}{n}+\frac{5}{n^2}\right)^{k+1}}{k+1}\right)$$

$$\therefore \lim_{n\to\infty} n\ln\left(1 + \frac{3}{n} + \frac{5}{n^2}\right) = \lim_{n\to\infty} n\left(\frac{3}{n} + \frac{5}{n^2} + \sum_{k=1}^{\infty} \frac{(-1)^k \left(\frac{3}{n}+\frac{5}{n^2}\right)^{k+1}}{k+1}\right) = 3$$

$$\Rightarrow \lim_{n\to\infty}\left(1+\frac{3}{n}+\frac{5}{n^2}\right)^n = \lim_{n\to\infty} e^{n\ln\left(1+\frac{3}{n}+\frac{5}{n^2}\right)} = e^3$$

(4)

$$\because \left(\frac{n+5}{n+2}\right)^n = e^{n\ln\frac{n+5}{n+2}} \ \text{且}\ \ \ln\frac{n+5}{n+2} = \ln\left(1+\frac{3}{n+2}\right) = \sum_{k=0}^{\infty}\frac{(-1)^k\left(\frac{3}{n+2}\right)^{k+1}}{k+1}$$

$$\therefore n\ln\frac{n+5}{n+2} = n\sum_{k=0}^{\infty}\frac{(-1)^k\left(\frac{3}{n+2}\right)^{k+1}}{k+1}$$

$$\Rightarrow \lim_{n\to\infty} n\ln\frac{n+5}{n+2} = \lim_{n\to\infty} n\sum_{k=0}^{\infty}\frac{(-1)^k\left(\frac{3}{n+2}\right)^{k+1}}{k+1} = \lim_{n\to\infty} n\left(\frac{3}{n+2}+\sum_{k=1}^{\infty}\frac{(-1)^k\left(\frac{3}{n+2}\right)^{k+1}}{k+1}\right)$$

$$= 3$$

$$\therefore \lim_{n\to\infty}\left(\frac{n+5}{n+2}\right)^n = e^3$$

範例 14.

$$(1)\,\text{求}\,\lim_{x\to 0}\frac{e-(1+x)^{\frac{1}{x}}}{x} = ? \qquad (2)\,\text{求}\,\lim_{x\to\infty} x\left(\left(1+\frac{1}{x}\right)^x - e\right) = ?$$

【解】

(1)

$$\because (1+x)^{\frac{1}{x}} = e^{\frac{1}{x}\ln(1+x)},\ \text{藉由羅比達法則}$$

$$\lim_{x\to 0}\frac{e-(1+x)^{\frac{1}{x}}}{x} = \lim_{x\to 0}\frac{e-e^{\frac{1}{x}\ln(1+x)}}{x} = \lim_{x\to 0}\frac{-e^{\frac{1}{x}\ln(1+x)}\left(\dfrac{\frac{x}{1+x}-\ln(1+x)}{x^2}\right)}{1}$$

$$= -\lim_{x\to 0} e^{\frac{1}{x}\ln(1+x)} \lim_{x\to 0}\frac{x-(1+x)\ln(1+x)}{x^2(1+x)} = -e\cdot\lim_{x\to 0}\frac{x-(1+x)\ln(1+x)}{x^2(1+x)}$$

$$\because \ln(1+x) = \sum_{k=0}^{\infty}\frac{(-1)^k x^{k+1}}{k+1}$$

$$\therefore \lim_{x \to 0} \frac{x - (1+x)\ln(1+x)}{x^2(1+x)} = \lim_{x \to 0} \frac{x - (1+x)\sum_{k=0}^{\infty} \frac{(-1)^k x^{k+1}}{k+1}}{x^2(1+x)}$$

$$= \lim_{x \to 0} \frac{x - (1+x)\left(x - \frac{x^2}{2} + \sum_{k=2}^{\infty} \frac{(-1)^k x^{k+1}}{k+1}\right)}{x^2(1+x)} = \frac{-1}{2}$$

$$\therefore \lim_{x \to 0} \frac{e - (1+x)^{\frac{1}{x}}}{x} = \frac{e}{2}$$

(2)

令 $x = \dfrac{1}{t}$ 則 $x\left(\left(1+\dfrac{1}{x}\right)^x - e\right) = \dfrac{(1+t)^{\frac{1}{t}} - e}{t} = \dfrac{e^{\frac{1}{t}\ln 1+t} - e}{t}$, 藉由羅比達法則

$$\lim_{x \to \infty} x\left(\left(1+\frac{1}{x}\right)^x - e\right) = \lim_{t \to 0^+} \frac{e^{\frac{1}{t}\ln 1+t} - e}{t} = \lim_{t \to 0^+} e^{\frac{1}{t}\ln(1+t)}\left(\frac{\frac{t}{1+t} - \ln(1+t)}{t^2}\right)$$

$$= \lim_{t \to 0^+} (1+t)^{\frac{1}{t}} \lim_{t \to 0^+} \frac{t - (1+t)\ln(1+t)}{t^2(1+t)} = e \cdot \lim_{t \to 0^+} \frac{t - (1+t)\ln(1+t)}{t^2(1+t)}$$

$$\because \ln(1+t) = \sum_{k=0}^{\infty} \frac{(-1)^k t^{k+1}}{k+1}$$

$$\therefore \lim_{t \to 0^+} \frac{t - (1+t)\ln(1+t)}{t^2(1+t)} = \lim_{t \to 0^+} \frac{t - (1+t)\sum_{k=0}^{\infty} \frac{(-1)^k t^{k+1}}{k+1}}{t^2(1+t)}$$

$$= \lim_{t \to 0^+} \frac{t - (1+t)\left(t - \frac{t^2}{2} + \sum_{k=2}^{\infty} \frac{(-1)^k t^{k+1}}{k+1}\right)}{t^2(1+t)} = -\frac{1}{2}$$

$$\Rightarrow \lim_{x \to \infty} x\left(\left(1+\frac{1}{x}\right)^x - e\right) = -\frac{e}{2}$$

範例 15.

$$求 \lim_{\beta \to 0} \int_{\beta}^{3\beta} \frac{e^{-x}}{x}\,dx = ?$$

【解】

$$\because e^{-x} = \sum_{n=0}^{\infty} \frac{(-1)^n}{n!} x^n \qquad \therefore \frac{e^{-x}}{x} = \sum_{n=0}^{\infty} \frac{(-1)^n}{n!} x^{n-1}$$

$$\therefore \int_{\beta}^{3\beta} \frac{e^{-x}}{x} dx = \int_{\beta}^{3\beta} \sum_{n=0}^{\infty} \frac{(-1)^n}{n!} x^{n-1} dx = \sum_{n=0}^{\infty} \frac{(-1)^n}{n!} \int_{\beta}^{3\beta} x^{n-1} dx$$

$$= \ln x \Big|_{\beta}^{3\beta} + \sum_{n=1}^{\infty} \frac{(-1)^n}{n!\, n} x^n \Big|_{\beta}^{3\beta} = \ln 3 + \sum_{n=1}^{\infty} \frac{(-1)^n((3\beta)^n - \beta^n)}{n!\, n}$$

$$\therefore \lim_{\beta \to 0} \int_{\beta}^{3\beta} \frac{e^{-x}}{x} dx = \ln 3 + \lim_{\beta \to 0} \sum_{n=1}^{\infty} \frac{(-1)^n((3\beta)^n - \beta^n)}{n!\, n} = \ln 3$$

範例 16.

$$求 \lim_{\beta \to 0} \int_{\beta}^{3\beta} \frac{\tan^{-1} x}{x^2} dx = ?$$

【解】

$$\because \frac{d}{dx} \tan^{-1} x = \frac{1}{1+x^2} = 1 + (-x^2) + (-x^2)^2 + \cdots = \sum_{n=0}^{\infty} (-1)^n x^{2n}$$

$$令 |x^2| < 1 \text{ 則} -1 < x < 1 \qquad \therefore \tan^{-1} x = \sum_{n=0}^{\infty} \frac{(-1)^n x^{2n+1}}{2n+1}, \, \forall -1 < x < 1$$

$$\therefore \frac{\tan^{-1} x}{x^2} = \sum_{n=0}^{\infty} \frac{(-1)^n x^{2n-1}}{2n+1}, \, \forall -1 < x < 1$$

$$\therefore \int_{\beta}^{3\beta} \frac{\tan^{-1} x}{x^2} dx = \int_{\beta}^{3\beta} \sum_{n=0}^{\infty} \frac{(-1)^n x^{2n-1}}{2n+1} dx = \sum_{n=0}^{\infty} \frac{(-1)^n}{2n+1} \int_{\beta}^{3\beta} x^{2n-1} dx$$

$$= \ln x \Big|_{\beta}^{3\beta} + \sum_{n=1}^{\infty} \frac{(-1)^n}{(2n+1)2n} x^{2n} \Big|_{\beta}^{3\beta} = \ln 3 + \sum_{n=1}^{\infty} \frac{(-1)^n((3\beta)^{2n} - \beta^{2n})}{(2n+1)2n}$$

$$\therefore \lim_{\beta \to 0} \int_{\beta}^{3\beta} \frac{\tan^{-1} x}{x^2}\, dx = \lim_{\beta \to 0} \left(\ln 3 + \sum_{n=1}^{\infty} \frac{(-1)^n((3\beta)^{2n} - \beta^{2n})}{(2n+1)2n} \right) = \ln 3$$

範例 17.

$$\text{求} \lim_{\beta \to 0} \int_{\beta}^{3\beta} \frac{\tanh^{-1} x}{x}\, dx = ?$$

【解】

$$\because \frac{d}{dx}\tanh^{-1} x = \frac{1}{1 - x^2} = 1 + x^2 + x^4 + \cdots = \sum_{n=0}^{\infty} x^{2n}$$

令 $|x^2| < 1$ 則 $-1 < x < 1$

$$\therefore \tanh^{-1} x = \int \sum_{n=0}^{\infty} x^{2n}\, dx = \sum_{n=0}^{\infty} \int x^{2n}\, dx = \sum_{n=0}^{\infty} \frac{x^{2n+1}}{2n+1}, \ \forall -1 < x < 1$$

$$\because \int_{\beta}^{3\beta} \frac{\tanh^{-1} x}{x^2}\, dx = \int_{\beta}^{3\beta} \sum_{n=0}^{\infty} \frac{x^{2n-1}}{2n+1}\, dx = \sum_{n=0}^{\infty} \frac{1}{2n+1} \int_{\beta}^{3\beta} x^{2n-1}\, dx$$

$$= \ln x \Big|_{\beta}^{3\beta} + \sum_{n=1}^{\infty} \frac{1}{(2n+1)2n} x^{2n} \Big|_{\beta}^{3\beta} = \ln 3 + \sum_{n=1}^{\infty} \frac{(3\beta)^{2n} - \beta^{2n}}{(2n+1)2n}$$

$$\therefore \lim_{\beta \to 0} \int_{\beta}^{3\beta} \frac{\tanh^{-1} x}{x^2}\, dx = \lim_{\beta \to 0} \left(\ln 3 + \sum_{n=1}^{\infty} \frac{(3\beta)^{2n} - \beta^{2n}}{(2n+1)2n} \right) = \ln 3$$

範例 18.

$$\text{求} \lim_{\beta \to 0} \int_{\beta}^{3\beta} \frac{\sin x}{x^2}\, dx = ?$$

【解】

$$\because \sin x = \sum_{n=0}^{\infty} \frac{(-1)^n x^{2n+1}}{(2n+1)!} \qquad \therefore \frac{\sin x}{x^2} = \sum_{n=0}^{\infty} \frac{(-1)^n x^{2n-1}}{(2n+1)!}, \ \forall -1 < x < 1$$

$$\because \int_{\beta}^{3\beta} \frac{\sin x}{x^2}\, dx = \int_{\beta}^{3\beta} \sum_{n=0}^{\infty} \frac{(-1)^n x^{2n-1}}{(2n+1)!}\, dx = \sum_{n=0}^{\infty} \frac{(-1)^n}{(2n+1)!} \int_{\beta}^{3\beta} x^{2n-1}\, dx$$

$$= \ln x\big|_{\beta}^{3\beta} + \sum_{n=1}^{\infty} \frac{(-1)^n}{(2n+1)!\, 2n} x^{2n}\big|_{\beta}^{3\beta} = \ln 3 + \sum_{n=1}^{\infty} \frac{(-1)^n((3\beta)^{2n} - \beta^{2n})}{(2n+1)!\, 2n}$$

$$\therefore \lim_{\beta \to 0} \int_{\beta}^{3\beta} \frac{\sin x}{x^2}\, dx = \lim_{\beta \to 0} \left(\ln 3 + \sum_{n=1}^{\infty} \frac{(-1)^n((3\beta)^{2n} - \beta^{2n})}{(2n+1)!\, 2n} \right) = \ln 3$$

範例 19.

$$求 \lim_{\beta \to 0} \int_{\beta}^{3\beta} \frac{\sinh x}{x^2}\, dx = ?$$

【解】

$$\because \sinh x = \sum_{n=0}^{\infty} \frac{x^{2n+1}}{(2n+1)!} \qquad \therefore \frac{\sinh x}{x^2} = \sum_{n=0}^{\infty} \frac{x^{2n-1}}{(2n+1)!}, \quad \forall -1 < x < 1$$

$$\because \int_{\beta}^{3\beta} \frac{\sinh x}{x^2}\, dx = \int_{\beta}^{3\beta} \sum_{n=0}^{\infty} \frac{x^{2n-1}}{(2n+1)!}\, dx = \sum_{n=0}^{\infty} \frac{1}{(2n+1)!} \int_{\beta}^{3\beta} x^{2n-1}\, dx$$

$$= \ln x\big|_{\beta}^{3\beta} + \sum_{n=1}^{\infty} \frac{1}{(2n+1)!\, 2n} x^{2n}\big|_{\beta}^{3\beta} = \ln 3 + \sum_{n=1}^{\infty} \frac{(3\beta)^{2n} - \beta^{2n}}{(2n+1)!\, 2n}$$

$$\therefore \lim_{\beta \to 0} \int_{\beta}^{3\beta} \frac{\sinh x}{x^2}\, dx = \lim_{\beta \to 0} \left(\ln 3 + \sum_{n=1}^{\infty} \frac{(3\beta)^{2n} - \beta^{2n}}{(2n+1)!\, 2n} \right) = \ln 3$$

範例 20.

$$求 \lim_{\beta \to 0} \int_{\beta}^{3\beta} \frac{\sin^{-1} x}{x^2}\, dx = ?$$

【解】

$$\because \frac{d}{dx} \sin^{-1} x = (1 - x^2)^{-\frac{1}{2}}, \quad 藉由二項式展開$$

$$(1 - x^2)^{-\frac{1}{2}} = \sum_{n=0}^{\infty} C_n^{-\frac{1}{2}} (-x^2)^n$$

$$= 1 + \frac{-\frac{1}{2}}{1!}(-x^2) + \frac{\left(-\frac{1}{2}\right)\left(-\frac{3}{2}\right)}{2!}(-x^2)^2 + \frac{\left(-\frac{1}{2}\right)\left(-\frac{3}{2}\right)\left(-\frac{5}{2}\right)}{3!}(-x^2)^3 + \cdots$$

$$= 1 + \frac{\frac{1}{2}}{1!}(x^2) + \frac{\frac{1}{2}\cdot\frac{3}{2}}{2!}(x^2)^2 + \frac{\frac{1}{2}\cdot\frac{3}{2}\cdot\frac{5}{2}}{3!}(x^2)^3 + \cdots$$

$$= 1 + \sum_{n=1}^{\infty} \frac{2^{-n}\prod_{k=0}^{n-1}2k+1}{n!}x^{2n}, \ \forall -1 < x < 1$$

$$\Rightarrow \sin^{-1}x = x + \sum_{n=1}^{\infty} \frac{2^{-n}\prod_{k=0}^{n-1}2k+1}{n!\,(2n+1)}x^{2n+1}, \ \forall -1 < x < 1$$

$$\because \int_{\beta}^{3\beta} \frac{\sin^{-1}x}{x^2}\,dx = \int_{\beta}^{3\beta}\frac{1}{x}\,dx + \int_{\beta}^{3\beta}\sum_{n=1}^{\infty}\frac{2^{-n}\prod_{k=0}^{n-1}2k+1}{n!\,(2n+1)}x^{2n-1}\,dx$$

$$= \ln x\big|_{\beta}^{3\beta} + \sum_{n=1}^{\infty}\frac{2^{-n}\prod_{k=0}^{n-1}2k+1}{n!\,(2n+1)2n}x^{2n}\Big|_{\beta}^{3\beta} = \ln 3 + \sum_{n=1}^{\infty}\frac{2^{-n}\prod_{k=0}^{n-1}2k+1}{n!\,(2n+1)2n}((3\beta)^{2n} - \beta^{2n})$$

$$\therefore \lim_{\beta\to 0}\int_{\beta}^{3\beta}\frac{\sin^{-1}x}{x^2}\,dx = \lim_{\beta\to 0}\left(\ln 3 + \sum_{n=1}^{\infty}\frac{2^{-n}\prod_{k=0}^{n-1}2k+1}{n!\,(2n+1)2n}((3\beta)^{2n} - \beta^{2n})\right) = \ln 3$$

範例 21.

$$求 \lim_{\beta\to 0}\int_{\beta}^{3\beta}\frac{\sinh^{-1}x}{x^2}\,dx = ?$$

【解】

$$\because \frac{d}{dx}\sinh^{-1}x = \frac{d}{dx}\ln|x + \sqrt{x^2+1}| = \frac{\dfrac{2(x^2+1)^{\frac{1}{2}} + 2x}{2(x^2+1)^{\frac{1}{2}}}}{|x + \sqrt{x^2+1}|} = \frac{1}{(x^2+1)^{\frac{1}{2}}}$$

藉由二項式展開

$$(1+x^2)^{-\frac{1}{2}} = \sum_{n=0}^{\infty} C_n^{-\frac{1}{2}} x^{2n} = 1 + \frac{-\frac{1}{2}}{1!}x^2 + \frac{(-\frac{1}{2})(-\frac{3}{2})}{2!}x^4 + \frac{(-\frac{1}{2})(-\frac{3}{2})(-\frac{5}{2})}{3!}x^6 + \cdots$$

$$= 1 + \sum_{n=1}^{\infty} \frac{2^{-n}(-1)^n \prod_{k=0}^{n-1} 2k+1}{n!} x^{2n}, \ \forall -1 < x < 1$$

$$\Rightarrow \ \sinh^{-1} x = x + \sum_{n=1}^{\infty} \frac{2^{-n}(-1)^n \prod_{k=0}^{n-1} 2k+1}{n!\,(2n+1)} x^{2n+1}, \ \forall -1 < x < 1$$

$$\because \int_{\beta}^{3\beta} \frac{\sinh^{-1} x}{x^2}\,dx = \int_{\beta}^{3\beta} \frac{1}{x}\,dx + \int_{\beta}^{3\beta} \sum_{n=1}^{\infty} \frac{2^{-n}(-1)^n \prod_{k=0}^{n-1} 2k+1}{n!\,(2n+1)} x^{2n-1}\,dx$$

$$= \ln x\Big|_{\beta}^{3\beta} + \sum_{n=1}^{\infty} \frac{2^{-n}(-1)^n \prod_{k=0}^{n-1} 2k+1}{n!\,(2n+1)2n} x^{2n}\Big|_{\beta}^{3\beta}$$

$$= \ln 3 + \sum_{n=1}^{\infty} \frac{2^{-n}(-1)^n \prod_{k=0}^{n-1} 2k+1}{n!\,(2n+1)2n} \left((3\beta)^{2n} - \beta^{2n}\right)$$

$$\therefore \lim_{\beta \to 0} \int_{\beta}^{3\beta} \frac{\sinh^{-1} x}{x^2}\,dx = \lim_{\beta \to 0} \left(\ln 3 + \sum_{n=1}^{\infty} \frac{2^{-n}(-1)^n \prod_{k=0}^{n-1} 2k+1}{n!\,(2n+1)2n} \left((3\beta)^{2n} - \beta^{2n}\right) \right) = \ln 3$$

範例 22.

$$求 \lim_{x \to 0^+} \frac{\int_0^{x^3} (\sin \sqrt[3]{t}) - \sqrt[3]{t}\,dt}{\int_0^{x^3} (\tan \sqrt[3]{t}) - \sqrt[3]{t}\,dt} = ?$$

【解】

藉由 Leibniz 微分公式 則

$$\lim_{x \to 0^+} \frac{\int_0^{x^3} (\sin \sqrt[3]{t}) - \sqrt[3]{t}\,dt}{\int_0^{x^3} (\tan \sqrt[3]{t}) - \sqrt[3]{t}\,dt} = \lim_{x \to 0^+} \frac{(\sin x - x)3x^2}{(\tan x - x)3x^2} = \lim_{x \to 0^+} \frac{\sin x - x}{\tan x - x}$$

$$\because \sin x = \sum_{n=0}^{\infty} \frac{(-1)^n x^{2n+1}}{(2n+1)!} \quad \text{且} \quad \tan x = x + \frac{1}{3}x^3 + \frac{2}{15}x^5 + \cdots$$

$$\therefore \frac{\sin x - x}{\tan x - x} = \frac{\sum_{n=0}^{\infty} \frac{(-1)^n x^{2n+1}}{(2n+1)!} - x}{x + \frac{1}{3}x^3 + \frac{2}{15}x^5 + \cdots - x} = \frac{\frac{-1}{3!}x^3 + \sum_{n=2}^{\infty} \frac{(-1)^n x^{2n+1}}{(2n+1)!}}{\frac{1}{3}x^3 + \frac{2}{15}x^5 + \cdots}$$

$$\lim_{x \to 0^+} \frac{\int_0^{x^3} (\sin \sqrt[3]{t}) - \sqrt[3]{t}\, dt}{\int_0^{x^3} (\tan \sqrt[3]{t}) - \sqrt[3]{t}\, dt} = \lim_{x \to 0^+} \frac{\frac{-1}{3!}x^3 + \sum_{n=2}^{\infty} \frac{(-1)^n x^{2n+1}}{(2n+1)!}}{\frac{1}{3}x^3 + \frac{2}{15}x^5 + \cdots} = -\frac{1}{2}$$

範例 23.

$$\text{求} \lim_{x \to 0} \frac{\sin x^2 - \sin^2 x}{\sin^4 x} = ?$$

【解】

$$\because \sin x = \sum_{n=0}^{\infty} \frac{(-1)^n x^{2n+1}}{(2n+1)!} = x - \frac{x^3}{3!} + \frac{x^5}{5!} + \cdots \quad \therefore \sin x^2 = x^2 - \frac{x^6}{3!} + \frac{x^{10}}{5!} + \cdots$$

$$\sin^2 x = \left(x - \frac{x^3}{3!} + \frac{x^5}{5!} + \cdots \right)^2 = x^2 - \frac{2x^4}{3!} + \frac{2x^6}{45} + \cdots$$

$$\sin^4 x = \left(x - \frac{x^3}{3!} + \frac{x^5}{5!} + \cdots \right)^4 = x^4 - \frac{4x^6}{3!} + \cdots$$

$$\therefore \frac{\sin x^2 - \sin^2 x}{\sin^4 x} = \frac{x^2 - \frac{x^6}{3!} + \frac{x^{10}}{5!} + \cdots - \left(x^2 - \frac{2x^4}{3!} + \frac{2x^6}{45} + \cdots \right)}{x^4 - \frac{4x^6}{3!} + \cdots}$$

$$= \frac{x^4 \left(\frac{2}{3!} - \frac{19x^6}{90} + \cdots \right)}{x^4 \left(1 - \frac{4x^2}{3!} + \cdots \right)} = \frac{\frac{1}{3} - \frac{19x^6}{90} + \cdots}{1 - \frac{4x^2}{3!} + \cdots}$$

$$\Rightarrow \lim_{x \to 0} \frac{\sin x^2 - \sin^2 x}{\sin^4 x} = \frac{1}{3}$$

範例 24.

$$\text{求} \lim_{x \to 0} \frac{6\sin^2 x - 6x^2 + 5x^4}{x^4} = ?$$

【解】

$$\because \sin x = \sum_{n=0}^{\infty} \frac{(-1)^n x^{2n+1}}{(2n+1)!} = x - \frac{x^3}{3!} + \frac{x^5}{5!} + \cdots$$

$$\sin^2 x = \left(x - \frac{x^3}{3!} + \frac{x^5}{5!} + \cdots \right)^2 = x^2 - \frac{2x^4}{3!} + \frac{2x^6}{45} + \cdots$$

$$\therefore \frac{6\sin^2 x - 6x^2 + 5x^4}{x^4} = \frac{6\left(x^2 - \frac{2x^4}{3!} + \frac{2x^6}{45} + \cdots \right) - 6x^2 + 5x^4}{x^4} = 3 + \frac{4x^2}{15} + \cdots$$

$$\therefore \lim_{x \to 0} \frac{6\sin^2 x - 6x^2 + 5x^4}{x^4} = 3$$

範例 25.

$$求 \lim_{x \to 0} \frac{2(\cos^3 x - 1) + x^6}{x^8(e^x - 1)^4} = ?$$

【解】

$$\because \cos x = \sum_{n=0}^{\infty} \frac{(-1)^n x^{2n}}{2n!} \quad \therefore \cos x^3 = \sum_{n=0}^{\infty} \frac{(-1)^n x^{6n}}{2n!} = 1 - \frac{x^6}{2} + \frac{x^{12}}{24} - \frac{x^{18}}{6!} + \cdots$$

$$\because e^x = \sum_{n=0}^{\infty} \frac{x^n}{n!} = 1 + x + \frac{x^2}{2!} + \cdots \quad \therefore (e^x - 1)^4 = \left(x + \frac{x^2}{2!} + \cdots \right)^4 = x^4 + 2x^5 + \cdots$$

$$\therefore \frac{2(\cos^3 x - 1) + x^6}{x^8(e^x - 1)^4} = \frac{2\left(-\frac{x^6}{2} + \frac{x^{12}}{24} - \frac{x^{18}}{6!} + \cdots \right) + x^6}{x^8(x^4 + 2x^5 + \cdots)} = \frac{\frac{x^{12}}{12} - \frac{2x^{18}}{6!} + \cdots}{x^8(x^4 + 2x^5 + \cdots)}$$

$$\therefore \lim_{x \to 0} \frac{2(\cos^3 x - 1) + x^6}{x^8(e^x - 1)^4} = \frac{1}{12}$$

範例 26.

$$假設 g(x) 為四次多項式且 \lim_{x \to 0} \frac{\cos x - g(x)}{x^4} = 0，求 g(x) = ?$$

【解】

令 $g(x) = a_0 + a_1 x + a_2 x^2 + a_3 x^3 + a_4 x^4$

$$\because \frac{\cos x - g(x)}{x^4} = \frac{\left(1 - \frac{x^2}{2!} + \frac{x^4}{4!} - \frac{x^6}{6!} + \cdots\right) - g(x)}{x^4}$$

$$= \frac{\left(1 - \frac{x^2}{2!} + \frac{x^4}{4!} - \frac{x^6}{6!} + \cdots\right) - (a_0 + a_1 x + a_2 x^2 + a_3 x^3 + a_4 x^4)}{x^5}$$

$$= \frac{\left(-\frac{x^6}{6!} + \frac{x^8}{8!} + \cdots\right) + \left(1 - a_0 - a_1 x - \left(\frac{1}{2!} + a_2\right) x^2 - a_3 x^3 + \left(\frac{1}{4!} - a_4\right) x^4\right)}{x^4}$$

$$\because \lim_{x \to 0} \frac{\cos x - g(x)}{x^4} = 0 \ \text{且} \ \lim_{x \to 0} \frac{\left(-\frac{x^6}{6!} + \frac{x^8}{8!} + \cdots\right)}{x^4} = 0$$

$$\therefore \lim_{x \to 0} \frac{1 - a_0 - a_1 x - \left(\frac{1}{2!} + a_2\right) x^2 - a_3 x^3 + \left(\frac{1}{4!} - a_4\right) x^4}{x^4} = 0$$

$$\therefore a_0 = 1, \ a_1 = 0, \ a_2 = -\frac{1}{2!}, \ a_3 = 0, \ a_4 = \frac{1}{4!} \ \therefore g(x) = 1 - \frac{1}{2!} x^2 + \frac{1}{4!} x^4$$

6.6.2　使用泰勒級數求高階導數值

透過數學歸納法求高階導數的方法, 過程通常較為冗長, 使用泰勒級數求高階導數值的時機為當此函數能簡易求得泰勒級數, 或其等於某個多項式乘以較易求得泰勒級數的函數, 或其等於兩個較易求得泰勒級數的函數乘積時, 在這些情形之下可嘗試使用泰勒級數求高階導數值, 如之前所整理, 較易求得泰勒級數的函數, 包括:

$\ln x$、$\cos x$、$\sin x$、$\sinh x$、e^x、e^{-x}、$\sin^{-1} x$、$\cos^{-1} x$、$\sinh^{-1} x$、$\tan^{-1} x$、

$\tanh^{-1} x$、$(a + bx)^{\frac{1}{2}}$ 其中 $a \in R, \ b \neq 0$、$(a + bx)^{-\frac{1}{2}}$ 其中 $a \in R, \ b \neq 0$ …. 等

底下為使用數學歸納法與泰勒級數求高階導數的解題流程

考試類型:

題型 1.

給函數 $f(x)$, 求 $f^{(n)}(0) =?$

解題流程:

Step1.

求函數 $f(x)$ 的無窮級數和, 假設 $f(x) = \sum_{m=0}^{\infty} a_m x^{c+d\times m}$, $c \in N \cup \{0\}$, $d \in N$

Step2.

藉由泰勒展開式則 $f(x) = \sum_{n=0}^{\infty} \frac{f^{(n)}(0)}{n!} x^n$

令 $n = c + d \times m$ 則 $m = \frac{n-c}{d}$ $\quad \therefore \frac{f^{(n)}(0)}{n!} = a_{\frac{n-c}{d}} \Rightarrow f^{(n)}(0) = n! \cdot a_{\frac{n-c}{d}}$

範例 1.

設 $f(x) = (x+2)^2 \sin x$，求高階導數 $f^{(10)}(0)$, $f^{(13)}(0) =?$

【解】

$\because \sin x = \sum_{n=0}^{\infty} \frac{(-1)^n x^{2n+1}}{(2n+1)!}$ 且 $(x+2)^2 = x^2 + 4x + 4$

$\therefore (x+2)^2 \sin x = (x^2 + 4x + 4) \sum_{n=0}^{\infty} \frac{(-1)^n x^{2n+1}}{(2n+1)!}$

$= \sum_{n=0}^{\infty} \frac{(-1)^n x^{2n+3}}{(2n+1)!} + 4 \sum_{n=0}^{\infty} \frac{(-1)^n x^{2n+2}}{(2n+1)!} + 4 \sum_{n=0}^{\infty} \frac{(-1)^n x^{2n+1}}{(2n+1)!}$

藉由泰勒展開式 $f(x) = \sum_{k=0}^{\infty} \frac{f^{(k)}(0)}{k!} x^k$ 則 $\frac{f^{(10)}(0)}{10!} = 4 \cdot \frac{(-1)^4}{9!} \Rightarrow f^{(10)}(0) = 40,$

$\frac{f^{(13)}(0)}{13!} = \frac{(-1)^5}{11!} + \frac{4(-1)^6}{13!} \Rightarrow f^{(13)}(0) = -152$

範例 2.

設 $f(x) = x^2 \ln(1+3x)$, 求高階導數 $f^{(9)}(0) =?$

【解】

$\because f(x) = x^2 \ln(1+3x) = x^2 \ln(1+3x) = x^2 \sum_{n=1}^{\infty} \frac{(-1)^{n+1}(3x)^n}{n}$

藉由泰勒展開式 $f(x) = \sum_{k=0}^{\infty} \frac{f^{(k)}(0)}{k!} x^k$ $\quad \therefore \frac{f^{(9)}(0)}{9!} = \frac{3^7}{7} \Rightarrow f^{(9)}(0) = \frac{3^7}{7} \cdot 9!$

範例 3.

設 $f(x) = \cos x^3$, 求高階導數 $f^{(18)}(0) =?$

【解】

$\because \cos x = \sum_{n=0}^{\infty} \frac{(-1)^n x^{2n}}{2n!} \qquad \therefore \cos x^3 = \sum_{n=0}^{\infty} \frac{(-1)^n x^{6n}}{2n!}$

$$\text{藉由泰勒展開式 } f(x) = \sum_{k=0}^{\infty} \frac{f^{(k)}(0)}{k!} x^k \quad \therefore \frac{f^{(18)}(0)}{18!} = \frac{(-1)^3}{6!} \Rightarrow f^{(18)}(0) = -\frac{18!}{6!}$$

範例 4.

設 $f(x) = \cos x^9$, 求高階導數 $f^{(18)}(0) =$?

【解】

$$\because \cos x = \sum_{n=0}^{\infty} \frac{(-1)^n x^{2n}}{2n!} \quad \therefore \cos x^9 = \sum_{n=0}^{\infty} \frac{(-1)^n x^{18n}}{2n!}$$

$$\text{藉由泰勒展開式 } f(x) = \sum_{k=0}^{\infty} \frac{f^{(k)}(0)}{k!} x^k \quad \therefore \frac{f^{(18)}(0)}{18!} = \frac{(-1)}{2!} \Rightarrow f^{(18)}(0) = -\frac{18!}{2!}$$

範例 5.

設 $f(x) = \ln\sqrt{\dfrac{1+x^2}{1-x^2}}$, 求高階導數 $f^{(14)}(0) =$?

【解】

$$\because f(x) = \ln\sqrt{\frac{1+x^2}{1-x^2}} = \frac{1}{2}\left(\ln(1+x^2) - \ln(1-x^2)\right)$$

$$\ln(1+x^2) = \sum_{n=1}^{\infty} \frac{(-1)^{n+1} x^{2n}}{n} \quad \text{且 } \ln(1-x^2) = -\sum_{n=1}^{\infty} \frac{x^{2n}}{n}$$

$$\text{藉由泰勒展開式 } f(x) = \sum_{k=0}^{\infty} \frac{f^{(k)}(0)}{k!} x^k \quad \therefore \frac{f^{(14)}(0)}{14!} = \frac{1}{2}\left(\frac{1}{7} + \frac{1}{7}\right) \Rightarrow f^{(14)}(0) = \frac{14!}{7}$$

範例 6.

設 $f(x) = \cos\left(x + \dfrac{\pi}{4}\right)$, 求高階導數 $f^{(100)}(0) =$?

【解】

$$\because \cos\left(x + \frac{\pi}{4}\right) = \frac{1}{\sqrt{2}}(\cos x - \sin x)$$

$$\because \cos x = \sum_{n=0}^{\infty} \frac{(-1)^n x^{2n}}{2n!} \quad \text{且} \quad \sin x = \sum_{n=0}^{\infty} \frac{(-1)^n x^{2n+1}}{(2n+1)!}$$

藉由泰勒展開式 $f(x) = \sum_{k=0}^{\infty} \frac{f^{(k)}(0)}{k!} x^k$ $\therefore \frac{f^{(100)}(0)}{100!} = \frac{-1}{\sqrt{2} \cdot 100!} \Rightarrow f^{(100)}(0) = \frac{-1}{\sqrt{2}}$

範例 7.

　　　設 $f(x) = x^8 \ln(1 + x^3)$, 求高階導數 $f^{(41)}(0) =?$

【解】

$$\because \ln(1 + x^3) = \sum_{n=1}^{\infty} \frac{(-1)^{n+1} x^{3n}}{n} \qquad \therefore x^8 \ln(1 + x^3) = \sum_{n=1}^{\infty} \frac{(-1)^{n+1} x^{3n+8}}{n}$$

藉由泰勒展開式 $f(x) = \sum_{k=0}^{\infty} \frac{f^{(k)}(0)}{k!} x^k$ $\therefore \frac{f^{(41)}(0)}{41!} = \frac{1}{11} \Rightarrow f^{(40)}(0) = \frac{41!}{11}$

範例 8.

　　　設 $f(x) = \frac{1}{x^2 - 1}$, 求高階導數 $f^{(999)}(0) =?$

【解】

$$\because \frac{1}{x^2 - 1} = -\sum_{n=0}^{\infty} x^{2n}$$

藉由泰勒展開式 $f(x) = \sum_{k=0}^{\infty} \frac{f^{(k)}(0)}{k!} x^k$ $\therefore \frac{f^{(990)}(0)}{990!} = -1 \Rightarrow f^{(999)}(0) = -990!$

範例 9.

　　　設 $f(x) = \frac{1}{1 - x^2}$, 求高階導數 $f^{(55)}(0) =?$, $f^{(88)}(0) =?$

【解】

$$\because \frac{1}{1-x^2} = \sum_{n=0}^{\infty} x^{2n}, \quad \text{藉由泰勒展開式} \ f(x) = \sum_{k=0}^{\infty} \frac{f^{(k)}(0)}{k!} x^k$$

$$\therefore \frac{f^{(55)}(0)}{55!} = 0 \ \text{且} \ \frac{f^{(88)}(0)}{88!} = 1 \Rightarrow f^{(55)}(0) = 0, \ f^{(88)}(0) = 88!$$

範例 10.

$$\text{設} f(x) = \frac{1}{(1-x)^4}, \quad \text{求高階導數} \ f^{(100)}(0) =?$$

【解】

$$\text{令} f(x) = \frac{1}{(1-x)^4} \ \text{則} \ f'(x) = 4(1-x)^{-5} \Rightarrow f^{(n)}(0) = \frac{(n+3)!}{3!}$$

$$\therefore f(x) = \frac{1}{(1-x)^4}$$

$$= f(x_0) + \frac{f^{(1)}(x_0)(x-x_0)}{1!} + \frac{f^{(2)}(x_0)(x-x_0)^2}{2!} + \frac{f^{(3)}(x_0)(x-x_0)^3}{3!} + \cdots$$

$$= \sum_{n=0}^{\infty} \frac{(n+3)! \, x^n}{3! \, n!} = \sum_{n=0}^{\infty} \frac{(n+3)(n+2)(n+1)x^n}{3!}$$

$$\text{藉由泰勒展開式} \ f(x) = \sum_{k=0}^{\infty} \frac{f^{(k)}(0)}{k!} x^k \ \therefore \frac{f^{(100)}(0)}{100!} = \frac{103 \cdot 102 \cdot 101}{3!}$$

$$\Rightarrow f^{(100)}(0) = \frac{103!}{3!}$$

範例 11.

$$\text{設} f(x) = \frac{1}{\sqrt{x^2+1}}, \quad \text{求高階導數} \ f^{(4)}(0) =?$$

【解】

$$\because (1+x^2)^{-\frac{1}{2}} = 1 + \sum_{n=1}^{\infty} \frac{2^{-n}(-1)^n \prod_{k=0}^{n-1} 2k+1}{n!} x^{2n}$$

藉由泰勒展開式 $f(x) = \sum_{k=0}^{\infty} \dfrac{f^{(k)}(0)}{k!} x^k$ $\therefore \dfrac{f^{(4)}(0)}{4!} = \dfrac{2^{-2} \cdot 3}{2!} \Rightarrow f^{(4)}(0) = \dfrac{4! \cdot 2^{-2} \cdot 3}{2!} = 9$

範例 12.

　　設 $f(x) = \sqrt{1+x} + \sqrt{1-x}$, 求高階導數 $f^{(20)}(0) =?$

【解】

$\because (1+x)^{\frac{1}{2}} = 1 + \dfrac{x}{2} + \sum_{n=2}^{\infty} \dfrac{2^{-n}(-1)^{n+1} \prod_{k=0}^{n-2} 2k+1}{n!} x^n$

$(1-x)^{\frac{1}{2}} = 1 - \dfrac{x}{2} - \sum_{n=2}^{\infty} \dfrac{2^{-n} \prod_{k=0}^{n-2} 2k+1}{n!} x^n$

$\therefore (1+x)^{\frac{1}{2}} + (1-x)^{\frac{1}{2}} = 2 + 2 \sum_{n=1}^{\infty} \dfrac{2^{-2n}(-1)^{2n+1} \prod_{k=0}^{2n-2} 2k+1}{2n!} x^{2n}$

藉由泰勒展開式 $f(x) = \sum_{k=0}^{\infty} \dfrac{f^{(k)}(0)}{k!} x^k$

$\therefore \dfrac{f^{(20)}(0)}{20!} = 2\left(\dfrac{2^{-20}(-1)^{21} \prod_{k=0}^{18} 2k+1}{20!} \right) = - \dfrac{2^{-19} \prod_{k=0}^{18} 2k+1}{20!}$

$\therefore f^{(20)}(0) = -2^{-19} \prod_{k=0}^{18} 2k+1$

範例 13.

　　設 $f(x) = \tan^{-1} x$, 求高階導數 $f^{(399)}(0) =?$

【解】

$\because \tan^{-1} x = \int \sum_{n=0}^{\infty} (-1)^n x^{2n}\, dx = \sum_{n=0}^{\infty} \int (-1)^n x^{2n} dx = \sum_{n=0}^{\infty} \dfrac{(-1)^n x^{2n+1}}{2n+1}$

藉由泰勒展開式 $f(x) = \sum_{k=0}^{\infty} \dfrac{f^{(k)}(0)}{k!} x^k$ $\therefore \dfrac{f^{(399)}(0)}{399!} = \dfrac{-1}{399} \Rightarrow f^{(399)}(0) = -398!$

範例 14.

設 $f(x) = \tanh^{-1} x$, 求高階導數 $f^{(399)}(0) =$?

【解】

$$\because \tanh^{-1} x = \int \sum_{n=0}^{\infty} x^{2n}\, dx = \sum_{n=0}^{\infty} \int x^{2n}\, dx = \sum_{n=0}^{\infty} \frac{x^{2n+1}}{2n+1}, \ \forall\, -1 < x < 1$$

$$\text{藉由泰勒展開式 } f(x) = \sum_{k=0}^{\infty} \frac{f^{(k)}(0)}{k!} x^k \quad \therefore \frac{f^{(399)}(0)}{399!} = \frac{1}{399} \Rightarrow f^{(399)}(0) = 398!$$

範例 15.

設 $f(x) = \sin x^3$, 求高階導數 $f^{(93)}(0) =$?

【解】

$$\because \sin x = \sum_{n=0}^{\infty} \frac{(-1)^n x^{2n+1}}{(2n+1)!} \quad \therefore \sin x^3 = \sum_{n=0}^{\infty} \frac{(-1)^n x^{6n+3}}{(2n+1)!}$$

$$\text{藉由泰勒展開式 } f(x) = \sum_{k=0}^{\infty} \frac{f^{(k)}(0)}{k!} x^k \quad \therefore \frac{f^{(93)}(0)}{93!} = \frac{-1}{31!} \Rightarrow f^{(93)}(0) = \frac{-93!}{31!}$$

範例 16.

設 $f(x) = \sin\left(x^2 + \dfrac{\pi}{4}\right)$, 求高階導數 $f^{(20)}(0) =$?

【解】

$$\because \sin\left(x^2 + \frac{\pi}{4}\right) = \sin x^2 \cos\frac{\pi}{4} + \cos x^2 \sin\frac{\pi}{4}$$

$$\cos x^2 = \sum_{n=0}^{\infty} \frac{(-1)^n x^{4n}}{2n!} \quad \text{且} \quad \sin x^2 = \sum_{n=0}^{\infty} \frac{(-1)^n x^{4n+2}}{(2n+1)!}$$

$$\therefore \sin\left(x^2 + \frac{\pi}{4}\right) = \cos\frac{\pi}{4} \sum_{n=0}^{\infty} \frac{(-1)^n x^{4n+2}}{(2n+1)!} + \sin\frac{\pi}{4} \sum_{n=0}^{\infty} \frac{(-1)^n x^{4n}}{2n!}$$

藉由泰勒展開式 $f(x) = \sum\limits_{k=0}^{\infty} \dfrac{f^{(k)}(0)}{k!} x^k$　$\therefore \dfrac{f^{(20)}(0)}{20!} = \dfrac{1}{\sqrt{2}} \cdot \dfrac{-1}{10!} \Rightarrow f^{(20)}(0) = \dfrac{-20!}{10!\,\sqrt{2}}$

範例 17.

設 $f(x) = \sin x \cos x$, 求高階導數 $f^{(101)}(0) = ?$

【解】

$\because \sin x \cos x = \dfrac{\sin 2x}{2}$

$\because \sin x = \dfrac{x}{1!} - \dfrac{x^3}{3!} + \cdots = \sum\limits_{n=0}^{\infty} \dfrac{(-1)^n x^{2n+1}}{(2n+1)!}$　$\therefore \sin 2x = \sum\limits_{n=0}^{\infty} \dfrac{(-1)^n (2x)^{2n+1}}{(2n+1)!}$

$\therefore \sin x \cos x = \dfrac{\sin 2x}{2} = \sum\limits_{n=0}^{\infty} \dfrac{(-1)^n 2^{2n} x^{2n+1}}{(2n+1)!}$

藉由泰勒展開式 $f(x) = \sum\limits_{k=0}^{\infty} \dfrac{f^{(k)}(0)}{k!} x^k$　$\therefore \dfrac{f^{(101)}(0)}{101!} = \dfrac{2^{100}}{101!} \Rightarrow f^{(101)}(0) = 2^{100}$

6.6.3　使用泰勒級數求無窮級數的和

原本求無窮級數和是嘗試找 $\{b_n : n \in N\}$ 使得 $a_n = b_n - b_{n+1}$, 則 $\sum\limits_{n=1}^{M} a_n = b_1 - b_M$

因此 $\sum\limits_{n=1}^{\infty} a_n = b_1 - \lim\limits_{M \to \infty} b_M$；當分母出現 α^n, 則令所求的無窮級數和為S, 接著觀察

$S - \dfrac{S}{\alpha}$ 是否能改寫為無窮等比級數和；當分母出現 $n!$ 則通常會用到 $e^x = \sum\limits_{n=0}^{\infty} \dfrac{x^n}{n!}$ 解題,

也可嘗試先將 Summation 裡的函數微分或積分, 再觀察這樣是否較易求得收斂的函數；如果上述方法仍無法求解, 則嘗試將此無窮級數改寫為無窮函數級數在某點取值, 再觀察此無窮函數級數的微分或積分式是否較容易求得收斂的函數

求無窮級數的和

使用加一項減一項求無窮級數和

當分母出現 α^n 則令所求無窮級數和為 S, 接著觀察 $S - \dfrac{S}{\alpha}$ 是否能改寫為無窮等比級數和

當分母出現 $n!$ 則使用 $e^x = \displaystyle\sum_{n=0}^{\infty} \dfrac{x^n}{n!}$ 求無窮級數和

使用泰勒級數求
無窮級數的和

求 $\displaystyle\sum_{n=1}^{\infty} f_n(x)$ 的函數表示式, 找 $g(x)$ 使得 $\displaystyle\sum_{n=1}^{\infty} f_n'(x) = g(x)$ 則 $\displaystyle\int g(x)dx$ 為 $\displaystyle\sum_{n=1}^{\infty} f_n(x)$ 的函數表示式

求 $\displaystyle\sum_{n=1}^{\infty} f_n'(x)$ 的函數表示式, 找 $f(x)$ 使得 $\displaystyle\sum_{n=1}^{\infty} f_n(x) = f(x)$ 則 $f'(x)$ 為 $\displaystyle\sum_{n=1}^{\infty} f_n'(x)$ 的函數表示式

求 $\displaystyle\sum_{n=1}^{\infty} f_n(x)$ 的函數表示式, 找 $f(x), f_0(x)$ 使得 $\displaystyle\int f(x)dx = f_0(x) + \sum_{n=1}^{\infty} f_n(x)$

考試類型:

題型 1.

Prove $\displaystyle\sum_{n=1}^{\infty} \dfrac{\beta n - \gamma}{\alpha^n} = \dfrac{(\alpha - 1)(\beta - \gamma) + \beta}{(\alpha - 1)^2}, \quad \forall \alpha\beta\gamma \neq 0$

解題流程:

Step1.

使用積分檢驗法、比較法(Comparison Test)、比值法(Ratio Test)、根值法(Root Test)

判斷 $\displaystyle\sum_{n=1}^{\infty} \dfrac{\beta n - \gamma}{\alpha^n}$ 是否收斂

Step2.

如果 $\displaystyle\sum_{n=1}^{\infty} \dfrac{\beta n - \gamma}{\alpha^n}$ 收斂, 令 $S = \displaystyle\sum_{n=1}^{\infty} \dfrac{\beta n - \gamma}{\alpha^n}$ 則 $\dfrac{S}{\alpha} = \displaystyle\sum_{n=1}^{\infty} \dfrac{\beta n - \gamma}{\alpha^{n+1}} = \sum_{n=2}^{\infty} \dfrac{\beta(n-1) - \gamma}{\alpha^n}$

Step3.

$\because S - \dfrac{S}{\alpha} = \dfrac{(\alpha - 1)S}{\alpha} = \dfrac{\beta - \gamma}{\alpha} + \displaystyle\sum_{n=2}^{\infty} \dfrac{\beta}{\alpha^n} = \dfrac{\beta - \gamma}{\alpha} + \dfrac{\dfrac{\beta}{\alpha^2}}{1 - \dfrac{1}{\alpha}} = \dfrac{(\alpha - 1)(\beta - \gamma) + \beta}{\alpha(\alpha - 1)}$

$$\therefore s = \frac{(\alpha - 1)(\beta - \gamma) + \beta}{(\alpha - 1)^2}$$

題型 2.

Prove $\displaystyle\sum_{n=2}^{\infty} \frac{n(n-1)}{\alpha^n} = \frac{2}{(\alpha-1)^2}\left(1 + \frac{1}{\alpha} + \frac{1}{\alpha(\alpha-1)}\right),\ \ \forall \alpha > 1$

解題流程:

Step1.

使用積分檢驗法、比較法(Comparison Test)、比值法、(Ratio Test)、根值法(Root Test)

判斷 $\displaystyle\sum_{n=2}^{\infty} \frac{n(n-1)}{\alpha^n}$ 是否收斂

Step2.

如果 $\displaystyle\sum_{n=2}^{\infty} \frac{n(n-1)}{\alpha^n}$ 收斂, 令 $s = \displaystyle\sum_{n=2}^{\infty} \frac{n(n-1)}{\alpha^n}$ 則 $\dfrac{s}{\alpha} = \displaystyle\sum_{n=2}^{\infty} \frac{n(n-1)}{\alpha^{n+1}} = \sum_{n=3}^{\infty} \frac{(n-1)(n-2)}{\alpha^n}$

Step3.

$$\because s - \frac{s}{\alpha} = \frac{(\alpha-1)s}{\alpha} = \frac{2}{\alpha^2} + \sum_{n=3}^{\infty} \frac{2n-2}{\alpha^n} = \frac{2}{\alpha^2} + \sum_{n=2}^{\infty} \frac{2n}{\alpha^{n+1}}$$

$$\therefore \left(s - \frac{s}{\alpha}\right)\frac{1}{\alpha} = \frac{(\alpha-1)s}{\alpha^2} = \frac{2}{\alpha^3} + \sum_{n=2}^{\infty} \frac{2n}{\alpha^{n+2}} = \frac{2}{\alpha^3} + \sum_{n=3}^{\infty} \frac{2n-2}{\alpha^{n+1}}$$

Step4.

$$\therefore \frac{(\alpha-1)s}{\alpha} - \frac{(\alpha-1)s}{\alpha^2} = \frac{2}{\alpha^2} - \frac{2}{\alpha^3} + \frac{4}{\alpha^3} + \sum_{n=3}^{\infty} \frac{2}{\alpha^{n+1}}$$

$$\therefore \frac{(\alpha-1)s}{\alpha} - \frac{(\alpha-1)s}{\alpha^2} = \frac{s(\alpha-1)^2}{\alpha^2}$$

and $\displaystyle \frac{2}{\alpha^2} - \frac{2}{\alpha^3} + \frac{4}{\alpha^3} + \sum_{n=3}^{\infty} \frac{2}{\alpha^{n+1}} = \frac{2}{\alpha^2} + \frac{2}{\alpha^3} + \frac{2}{\alpha^3(\alpha-1)}$

Step5.

$$\therefore s = \frac{2}{(\alpha-1)^2}\left(1 + \frac{1}{\alpha} + \frac{1}{\alpha(\alpha-1)}\right)$$

題型 3.

Prove $\displaystyle\sum_{n=0}^{\infty} \frac{(n+1)\alpha^n}{n!} = (1+\alpha)e^\alpha, \ \forall \alpha \in R$

解題流程:

Step1.

$$\because e^x = \sum_{n=0}^{\infty} \frac{x^n}{n!} \quad \therefore (xe^x)' = e^x + xe^x = \frac{d}{dx}\sum_{n=0}^{\infty} \frac{x^{n+1}}{n!} = \sum_{n=0}^{\infty} \frac{(n+1)x^n}{n!}$$

Step2.

$$\therefore (1+\alpha)e^\alpha = \sum_{n=0}^{\infty} \frac{(n+1)\alpha^n}{n!}$$

題型 4.

$$求 \ \sum_{n=0}^{\infty} \frac{(n+1)^2 \alpha^n}{n!} =?, \ \forall \alpha \in R$$

解題流程:

Step1.

$$\because e^x = \sum_{n=0}^{\infty} \frac{x^n}{n!} \quad \therefore (xe^x)' = e^x + xe^x = \frac{d}{dx}\sum_{n=0}^{\infty} \frac{x^{n+1}}{n!} = \sum_{n=0}^{\infty} \frac{(n+1)x^n}{n!}$$

Step2.

$$xe^x + x^2 e^x = \sum_{n=0}^{\infty} \frac{(n+1)x^{n+1}}{n!}$$

$$\Rightarrow (xe^x + x^2 e^x)' = e^x + xe^x + 2xe^x + x^2 e^x = \sum_{n=0}^{\infty} \frac{(n+1)^2 x^n}{n!}$$

Step3.

$$\therefore e^{\alpha} + 3\alpha e^{\alpha} + \alpha^2 e^{\alpha} = \sum_{n=0}^{\infty} \frac{(n+1)^2 \alpha^n}{n!}$$

題型 5.

$$求 \ \sum_{n=1}^{\infty} \frac{x^{kn}}{kn} =?, \quad \forall k \in N \ (|x| < 1)$$

解題流程:

Step1.

$$令 \ k \in N \ 且 \ |x| < 1 \ 使用比值法則 \ \sum_{n=1}^{\infty} \frac{x^{kn}}{kn} \ 收斂$$

Step2.

$$令 f(x) = \sum_{n=1}^{\infty} \frac{x^{kn}}{kn} \ 則 \ f'(x) = \sum_{n=1}^{\infty} x^{kn-1} = \frac{x^{k-1}}{1 - x^k}$$

Step3.

$$f(x) = \int \frac{x^{k-1}}{1 - x^k} dx = -\frac{\ln(1 - x^k)}{k} + c$$

Step4.

$$\because f(0) = 0 \quad \therefore c = 0 \Rightarrow f(x) = \int \frac{x^{k-1}}{1 - x^k} dx = -\frac{\ln(1 - x^k)}{k}$$

題型 6.

$$求 \ \sum_{n=1}^{\infty} f_n(x) \ 的函數表示式, \ where \ \exists \ g(x) 使得 \ \sum_{n=1}^{\infty} f_n'(x) = g(x)$$

解題流程:

Step1.

$$令 f(x) = \sum_{n=1}^{\infty} f_n(x) \ and \ 找 g(x) 使得 \ \sum_{n=1}^{\infty} f_n'(x) = g(x)$$

Step2.

因此 $f(x) = \displaystyle\int g(x)\,dx$

範例說明:

(I) 求 $\displaystyle\sum_{n=1}^{\infty} \frac{x^{kn}}{kn} = ?$, 令 $f(x) = \displaystyle\sum_{n=1}^{\infty} \frac{x^{kn}}{kn}$ 則 $f'(x) = \displaystyle\sum_{n=1}^{\infty} x^{kn-1} = \frac{x^{k-1}}{1 - x^k}$

$\Rightarrow f(x) = \displaystyle\int \frac{x^{k-1}}{1 - x^k}\,dx$

(II) 求 $\displaystyle\sum_{n=1}^{\infty} \frac{x^{n+1}}{n(n+1)} = ?$, 令 $f(x) = \displaystyle\sum_{n=1}^{\infty} \frac{x^{n+1}}{n(n+1)}$ 則 $f'(x) = \displaystyle\sum_{n=1}^{\infty} \frac{x^n}{n}$

$\Rightarrow f''(x) = \displaystyle\sum_{n=1}^{\infty} x^{n-1} = \frac{1}{1 - x} \quad \therefore f'(x) = -\ln(1 - x)$

$\Rightarrow f(x) = -\displaystyle\int \ln(1 - x)\,dx$

題型 7.

求 $\displaystyle\sum_{n=1}^{\infty} f_n'(x)$ 的函數表示式, where $\exists f(x)\ \text{s.t.}\ f(x) = \displaystyle\sum_{n=1}^{\infty} f_n(x)$

解題流程:

找 $f(x)$ 使得 $f(x) = \displaystyle\sum_{n=1}^{\infty} f_n(x)$, $\because f'(x) = \displaystyle\sum_{n=1}^{\infty} f_n'(x) \quad \therefore$ 求 $f'(x) = ?$

範例說明:

(I) 求 $\displaystyle\sum_{n=1}^{\infty} \frac{n^2 x^{n-1}}{n!} = ?$

$\because \displaystyle\int \sum_{n=1}^{\infty} \frac{n^2 x^{n-1}}{n!}\,dx = \int \sum_{n=1}^{\infty} \frac{n x^{n-1}}{(n-1)!}\,dx = \int \sum_{n=0}^{\infty} \frac{(n+1)x^n}{n!}\,dx = \sum_{n=0}^{\infty} \frac{x^{n+1}}{n!} = xe^x$

$$\therefore \sum_{n=1}^{\infty} \frac{n^2 x^{n-1}}{n!} = (xe^x)' = e^x + xe^x$$

(II) 求 $\displaystyle\sum_{n=1}^{\infty} \frac{n^2 x^{n-1}}{n-1!} = ?$

$$\because \int \sum_{n=1}^{\infty} \frac{n^2 x^{n-1}}{n-1!} dx = \int \sum_{n=0}^{\infty} \frac{(n+1)^2 x^n}{n!} dx = \sum_{n=0}^{\infty} \frac{(n+1)x^{n+1}}{n!} = xe^x + x^2 e^x$$

$$\therefore \sum_{n=1}^{\infty} \frac{n^2 x^{n-1}}{n-1!} = (xe^x + x^2 e^x)'$$

題型 8.

求 $\displaystyle\sum_{n=1}^{\infty} f_n(x)$ 的函數表示式, where $\exists f(x),\ f_0(x)$ s.t. $\displaystyle\int f(x)dx = f_0(x) + \sum_{n=1}^{\infty} f_n(x)$

解題流程:

找 $f(x)$ 以及 $f_0(x)$ 使得 $\displaystyle\int f(x)dx = f_0(x) + \sum_{n=1}^{\infty} f_n(x)$ $\quad \therefore$ 求 $\displaystyle\int f(x)dx = ?$

範例說明:

求 $\displaystyle\sum_{n=1}^{\infty} \frac{x^{n+2}}{n!\,(n+2)} = ?$

$$\because \frac{x^2}{2} + \sum_{n=1}^{\infty} \frac{x^{n+2}}{n!\,(n+2)} = \sum_{n=0}^{\infty} \frac{x^{n+2}}{n!\,(n+2)} = \int \sum_{n=0}^{\infty} \frac{x^{n+1}}{n!} dx = \int xe^x dx$$

$$\therefore \sum_{n=1}^{\infty} \frac{x^{n+2}}{n!\,(n+2)} = \int xe^x dx - \frac{x^2}{2}$$

範例 1.

$$求\ (1 - \frac{4}{2!} + \frac{16}{4!} - \frac{64}{6!} + \cdots)^2 + (1 - \frac{8}{3!} + \frac{32}{5!} - \frac{128}{7!} + \cdots)^2 = ?$$

【解】

$$\because \cos x = \sum_{n=0}^{\infty} \frac{(-1)^n x^{2n}}{2n!} \quad 且\ \sin x = \sum_{n=0}^{\infty} \frac{(-1)^n x^{2n+1}}{(2n+1)!}$$

$$\therefore\ 1 - \frac{4}{2!} + \frac{16}{4!} - \frac{64}{6!} + \cdots = \cos 2 \quad 且\ 1 - \frac{8}{3!} + \frac{32}{5!} - \frac{128}{7!} + \cdots = \sin 2$$

$$\Rightarrow (1 - \frac{4}{2!} + \frac{16}{4!} - \frac{64}{6!} + \cdots)^2 + (1 - \frac{8}{3!} + \frac{32}{5!} - \frac{128}{7!} + \cdots)^2 = \cos^2 2 + \sin^2 2 = 1$$

範例 2.

$$求\ 1 - \frac{1}{3} + \frac{1}{9 \cdot 2!} - \frac{1}{27 \cdot 3!} + \frac{1}{81 \cdot 4!} \cdots = ?$$

【解】

$$\because e^{-x} = \sum_{k=0}^{\infty} \frac{(-1)^k}{k!} x^k \quad \therefore e^{-\frac{1}{3}} = \sum_{k=0}^{\infty} \frac{(-1)^k}{k!} \left(\frac{1}{3}\right)^k = 1 - \frac{1}{3} + \frac{1}{9 \cdot 2!} - \frac{1}{27 \cdot 3!} + \frac{1}{81 \cdot 4!} \cdots$$

範例 3.

$$求\ \sum_{n=2}^{\infty} \frac{n(n-1)}{4^n} = ?$$

【解】

$$令\ s = \sum_{n=2}^{\infty} \frac{n(n-1)}{4^n} \quad 則\ \frac{s}{4} = \sum_{n=2}^{\infty} \frac{n(n-1)}{4^{n+1}} = \sum_{n=3}^{\infty} \frac{(n-1)(n-2)}{4^n}$$

$$\therefore \frac{3s}{4} = \frac{2}{4^2} + \sum_{n=3}^{\infty} \frac{n(n-1) - (n-1)(n-2)}{4^n} = \frac{2}{4^2} + \sum_{n=3}^{\infty} \frac{2n-2}{4^n}$$

$$\Rightarrow s = \frac{1}{6} + \frac{2}{3} \sum_{n=3}^{\infty} \frac{n-1}{4^{n-1}} = \frac{1}{6} + \frac{2}{3} \sum_{n=2}^{\infty} \frac{n}{4^n}$$

$$\therefore \frac{s}{4} = \frac{1}{24} + \frac{2}{3}\sum_{n=2}^{\infty}\frac{n}{4^{n+1}} = \frac{1}{24} + \frac{2}{3}\sum_{n=3}^{\infty}\frac{n-1}{4^{n}}$$

$$\therefore s - \frac{s}{4} = \frac{3s}{4} = \frac{3}{24} + \frac{1}{12} + \frac{2}{3}\sum_{n=3}^{\infty}\frac{1}{4^{n}} = \frac{2}{3}\left(\frac{1}{4} + \frac{1}{16} + \sum_{n=3}^{\infty}\frac{1}{4^{n}}\right) = \frac{2}{3}\cdot\frac{\frac{1}{4}}{1-\frac{1}{4}} = \frac{2}{9} \Rightarrow s = \frac{8}{27}$$

範例 4.

$$求 \sum_{n=2}^{\infty}\frac{n(n-1)}{5^{n}} = ?$$

【解】

$$令\ s = \sum_{n=2}^{\infty}\frac{n(n-1)}{5^{n}}\ 則\ \frac{s}{5} = \sum_{n=2}^{\infty}\frac{n(n-1)}{5^{n+1}} = \sum_{n=3}^{\infty}\frac{(n-1)(n-2)}{5^{n}}$$

$$\therefore \frac{4s}{5} = \frac{2}{5^{2}} + \sum_{n=3}^{\infty}\frac{n(n-1)-(n-1)(n-2)}{5^{n}} = \frac{2}{5^{2}} + \sum_{n=3}^{\infty}\frac{2n-2}{5^{n}}$$

$$\Rightarrow 2s = \frac{1}{5} + \sum_{n=3}^{\infty}\frac{n-1}{5^{n-1}} = \frac{1}{5} + \sum_{n=2}^{\infty}\frac{n}{5^{n}} \quad \therefore \frac{2s}{5} = \frac{1}{5^{2}} + \sum_{n=2}^{\infty}\frac{n}{5^{n+1}} = \frac{1}{5^{2}} + \sum_{n=3}^{\infty}\frac{n-1}{5^{n}}$$

$$\therefore 2s - \frac{2s}{5} = \frac{8s}{5} = \frac{1}{5} + \frac{2}{5^{2}} - \frac{1}{5^{2}} + \sum_{n=3}^{\infty}\frac{1}{5^{n}} = \sum_{n=1}^{\infty}\frac{1}{5^{n}} = \frac{\frac{1}{5}}{1-\frac{1}{5}} = \frac{1}{4} \Rightarrow s = \frac{5}{32}$$

範例 5.

$$求 \sum_{n=1}^{\infty}\frac{3n-1}{3^{n}} = ?$$

【解】

$$令\ s = \sum_{n=1}^{\infty}\frac{3n-1}{3^{n}}\ 則\ \frac{s}{3} = \sum_{n=1}^{\infty}\frac{3n-1}{3^{n+1}} = \sum_{n=2}^{\infty}\frac{3(n-1)-1}{3^{n}}$$

$$\therefore \frac{2s}{3} = \frac{2}{3} + \sum_{n=2}^{\infty} \frac{3}{3^n} = \frac{2}{3} + \sum_{n=2}^{\infty} \frac{1}{3^{n-1}} = \frac{2}{3} + \frac{\frac{1}{3}}{1 - \frac{1}{3}} = \frac{7}{6} \Rightarrow s = \frac{7}{4}$$

範例 6.

$$求 \sum_{n=1}^{\infty} \frac{x^{n+1}}{n(n+1)} \text{ 的函數表示式}(|x| < 1)$$

【解】

$$令 f(x) = \sum_{n=1}^{\infty} \frac{x^{n+1}}{n(n+1)} \text{ 則 } f'(x) = \sum_{n=1}^{\infty} \frac{x^n}{n} \Rightarrow f''(x) = \sum_{n=1}^{\infty} x^{n-1} = \frac{1}{1-x}$$

$$\therefore f'(x) = -\ln(1-x), \text{ 藉由 Integration by parts}$$

$$f(x) = -\int \ln(1-x)dx = -\left(x\ln(1-x) + \int \frac{xdx}{1-x} \right)$$

$$= -(x\ln(1-x) - \ln(1-x) + 1 - x) = (1-x)\ln(1-x) - 1 + x + c$$

$$\because f(0) = 0 \quad \therefore c = 1 \Rightarrow f(x) = (1-x)\ln(1-x) + x$$

範例 7.

$$求 \sum_{n=0}^{\infty} \frac{(-1)^n x^{3n+1}}{3n+1} \text{ 的函數表示式}$$

【解】

$$令 f(x) = \sum_{n=0}^{\infty} \frac{(-1)^n x^{3n+1}}{3n+1} \text{ 則 } f'(x) = \sum_{n=0}^{\infty} (-1)^n x^{3n} = \frac{1}{1-(-x^3)} = \frac{1}{1+x^3}$$

$$\because 1 + x^3 = (x+1)(x^2 - x + 1)$$

$$令 \frac{1}{1+x^3} = \frac{a}{1+x} + \frac{bx+c}{x^2 - x + 1}, \text{ 藉由比較係數}$$

$$則 \frac{1}{1+x^3} = \frac{1}{3(1+x)} + \frac{-x+2}{3(x^2 - x + 1)} = \frac{1}{3(1+x)} + \frac{-\frac{1}{2}(2x-1) + \frac{3}{2}}{3(x^2 - x + 1)}$$

$$\because \frac{\frac{3}{2}}{3(x^2 - x + 1)} = \frac{1}{2\left(\left(x - \frac{1}{2}\right)^2 + \frac{3}{4}\right)} = \frac{1}{\frac{3}{2}\left(\left(\frac{2x-1}{\sqrt{3}}\right)^2 + 1\right)}$$

$$\therefore f(x) = \int \frac{1}{1 + x^3}\, dx = \int \frac{1}{3(1+x)} + \frac{-\frac{1}{2}(2x-1)}{3(x^2 - x + 1)} + \frac{1}{\frac{3}{2}\left(\left(\frac{2x-1}{\sqrt{3}}\right)^2 + 1\right)}\, dx$$

$$\Rightarrow f(x) = 3\ln|1 + x| - \frac{1}{6}\ln|x^2 - x + 1| + \frac{1}{\sqrt{3}}\tan^{-1}\frac{2x - 1}{\sqrt{3}} + c$$

$$\because f(0) = 0 \quad \therefore \frac{1}{\sqrt{3}}\tan^{-1}\frac{-1}{\sqrt{3}} + c = 0 \Rightarrow \frac{1}{\sqrt{3}}\left(-\frac{\pi}{6}\right) + c = 0 \quad \therefore c = \frac{\pi}{6\sqrt{3}}$$

範例 8.

$$\text{求} \sum_{n=0}^{\infty} \frac{(-1)^n (x - 5)^n}{n + 1} \ \text{的函數表示式}$$

【解】

$$\because \ln(1 + x) = \sum_{n=1}^{\infty} \frac{(-1)^{n+1} x^n}{n} \quad \therefore \frac{\ln(1 + x)}{x} = \sum_{n=1}^{\infty} \frac{(-1)^{n+1} x^{n-1}}{n} = \sum_{n=0}^{\infty} \frac{(-1)^n x^n}{n + 1}$$

$$\Rightarrow \frac{\ln(x - 4)}{x - 5} = \sum_{n=0}^{\infty} \frac{(-1)^n (x - 5)^n}{n + 1}$$

範例 9.

$$\text{求} \sum_{n=1}^{\infty} \frac{n}{n - 1!} = ?$$

【解】

$$\because \sum_{n=1}^{\infty} \frac{n x^{n-1}}{n - 1!} = \sum_{n=0}^{\infty} \frac{(n+1) x^n}{n!} = \frac{d}{dx} \sum_{n=0}^{\infty} \frac{x^{n+1}}{n!} = (x e^x)' = e^x + x e^x$$

令 $x = 1$ 則 $\displaystyle\sum_{n=1}^{\infty} \frac{n}{n-1!} = 2e$

範例 10.

求 $\displaystyle\sum_{n=1}^{\infty} \frac{n^2 \left(\frac{1}{2}\right)^{n-1}}{n-1!} =?$

【解】

$\because \displaystyle\int \sum_{n=1}^{\infty} \frac{n^2 x^{n-1}}{n-1!} dx = \int \sum_{n=0}^{\infty} \frac{(n+1)^2 x^n}{n!} dx = \sum_{n=0}^{\infty} \frac{(n+1)x^{n+1}}{n!} = xe^x + x^2 e^x$

$\therefore \displaystyle\sum_{n=1}^{\infty} \frac{n^2 x^{n-1}}{n-1!} = (xe^x + x^2 e^x)' = e^x + xe^x + 2xe^x + x^2 e^x$

令 $x = \dfrac{1}{2}$ 則 $\displaystyle\sum_{n=1}^{\infty} \frac{n^2 \left(\frac{1}{2}\right)^{n-1}}{n-1!} = e^{\frac{1}{2}}\left(1 + \frac{1}{2} + 1 + \frac{1}{4}\right) = e^{\frac{1}{2}}\left(\frac{11}{4}\right)$

範例 11.

求 $\displaystyle\sum_{n=1}^{\infty} \frac{n^2 2^{n-1}}{n!} =?$

【解】

$\because \displaystyle\int \sum_{n=1}^{\infty} \frac{n^2 x^{n-1}}{n!} dx = \int \sum_{n=1}^{\infty} \frac{n x^{n-1}}{(n-1)!} dx = \int \sum_{n=0}^{\infty} \frac{(n+1)x^n}{n!} dx = \sum_{n=0}^{\infty} \frac{x^{n+1}}{n!} = xe^x$

$\therefore \displaystyle\sum_{n=1}^{\infty} \frac{n^2 x^{n-1}}{n!} = (xe^x)' = e^x + xe^x$

令 $x = 2$ 則 $\displaystyle\sum_{n=1}^{\infty} \frac{n^2 2^{n-1}}{n!} = 3e^2$

範例 12.

$$求 \sum_{n=1}^{\infty} \frac{n^2 a^{n-1}}{n!} =?, \quad \forall a > 0$$

【解】

$$\because \int \sum_{n=1}^{\infty} \frac{n^2 x^{n-1}}{n!} dx = \int \sum_{n=1}^{\infty} \frac{n x^{n-1}}{(n-1)!} dx = \int \sum_{n=0}^{\infty} \frac{(n+1)x^n}{n!} dx = \sum_{n=0}^{\infty} \frac{x^{n+1}}{n!} = xe^x$$

$$\therefore \sum_{n=1}^{\infty} \frac{n^2 x^{n-1}}{n!} = (xe^x)' = e^x + xe^x$$

$$令 x = a \ 則 \ \sum_{n=1}^{\infty} \frac{n^2 a^{n-1}}{n!} = (a+1)e^a$$

範例 13.

$$求 \sum_{n=0}^{\infty} \frac{3^n(n+1)}{n!} =?$$

【解】

$$\because \int \sum_{n=0}^{\infty} \frac{(n+1)x^n}{n!} dx = \sum_{n=0}^{\infty} \frac{x^{n+1}}{n!} = xe^x \quad \therefore \sum_{n=0}^{\infty} \frac{(n+1)x^n}{n!} = (xe^x)' = e^x + xe^x$$

$$令 x = 3 \ 則 \ \sum_{n=0}^{\infty} \frac{3^n(n+1)}{n!} = 4e^3$$

範例 14.

$$求 \sum_{n=0}^{\infty} \frac{a^n(n+1)}{n!} =?, \quad \forall a > 0$$

【解】

$$\because \int \sum_{n=0}^{\infty} \frac{(n+1)x^n}{n!} \, dx = \sum_{n=0}^{\infty} \frac{x^{n+1}}{n!} = xe^x \quad \therefore \sum_{n=0}^{\infty} \frac{(n+1)x^n}{n!} = (xe^x)' = e^x + xe^x$$

$$令 \; x = a \; 則 \; \sum_{n=0}^{\infty} \frac{a^n(n+1)}{n!} = (a+1)e^a$$

範例 15.

$$求 \sum_{n=0}^{\infty} \frac{3^n(n^2+1)}{n!} = ?$$

【解】

$$\because \sum_{n=0}^{\infty} \frac{3^n(n^2+1)}{n!} = \sum_{n=1}^{\infty} \frac{3^n n}{n-1!} + \sum_{n=0}^{\infty} \frac{3^n}{n!}$$

$$\because \int \sum_{n=0}^{\infty} \frac{(n+1)x^n}{n!} \, dx = \sum_{n=0}^{\infty} \frac{x^{n+1}}{n!} = xe^x \quad \therefore \sum_{n=0}^{\infty} \frac{(n+1)x^n}{n!} = (xe^x)' = e^x + xe^x$$

$$\therefore \sum_{n=1}^{\infty} \frac{x^n n}{n-1!} = \sum_{n=0}^{\infty} \frac{(n+1)x^{n+1}}{n!} = x(e^x + xe^x)$$

$$令 \; x = 3 \; 則 \; 12e^3 = \sum_{n=0}^{\infty} \frac{(n+1)3^{n+1}}{n!} \quad \because \sum_{n=0}^{\infty} \frac{3^n}{n!} = e^3 \quad \therefore \sum_{n=0}^{\infty} \frac{3^n(n^2+1)}{n!} = 13e^3$$

範例 16.

$$求 \sum_{n=0}^{\infty} \frac{a^n(n^2+1)}{n!} = ?, \quad \forall a > 0$$

【解】

$$\because \sum_{n=0}^{\infty} \frac{a^n(n^2+1)}{n!} = \sum_{n=1}^{\infty} \frac{a^n n}{n-1!} + \sum_{n=0}^{\infty} \frac{a^n}{n!}$$

$$\because \int \sum_{n=0}^{\infty} \frac{(n+1)x^n}{n!} dx = \sum_{n=0}^{\infty} \frac{x^{n+1}}{n!} = xe^x \quad \therefore \sum_{n=0}^{\infty} \frac{(n+1)x^n}{n!} = (xe^x)' = e^x + xe^x$$

$$\therefore \sum_{n=1}^{\infty} \frac{x^n n}{n-1!} = \sum_{n=0}^{\infty} \frac{(n+1)x^{n+1}}{n!} = x(e^x + xe^x)$$

$$令\ x = a\ 則\ a(a+1)e^a = \sum_{n=0}^{\infty} \frac{(n+1)a^{n+1}}{n!}$$

$$\because \sum_{n=0}^{\infty} \frac{a^n}{n!} = e^a \quad \therefore \sum_{n=0}^{\infty} \frac{a^n(n^2+1)}{n!} = (a^2 + a + 1)e^a$$

範例 17.

$$求 \sum_{n=1}^{\infty} \frac{2^{n+2}}{n!\,(n+2)} = ?$$

【解】

$$\because \frac{x^2}{2} + \sum_{n=1}^{\infty} \frac{x^{n+2}}{n!\,(n+2)} = \sum_{n=0}^{\infty} \frac{x^{n+2}}{n!\,(n+2)} = \int \sum_{n=0}^{\infty} \frac{x^{n+1}}{n!} dx = \int xe^x dx$$

藉由 Integration by parts 則 $\displaystyle \int xe^x dx = xe^x - e^x + c$

$$令 x = 0\ 則 c = 1 \Rightarrow \int xe^x dx = xe^x - e^x + 1$$

$$令 x = 2\ 則 2 + \sum_{n=1}^{\infty} \frac{2^{n+2}}{n!\,(n+2)} = e^2 + 1 \Rightarrow \sum_{n=1}^{\infty} \frac{2^{n+2}}{n!\,(n+2)} = e^2 - 1$$

範例 18.

$$求 \sum_{n=1}^{\infty} \frac{a^{n+2}}{n!\,(n+2)} = ?, \quad \forall a > 0$$

【解】

$$\because \frac{x^2}{2} + \sum_{n=1}^{\infty} \frac{x^{n+2}}{n!\,(n+2)} = \sum_{n=0}^{\infty} \frac{x^{n+2}}{n!\,(n+2)} = \int \sum_{n=0}^{\infty} \frac{x^{n+1}}{n!}\,dx = \int xe^x\,dx$$

藉由 Integration by parts 則 $\int xe^x\,dx = xe^x - e^x + c$

令 $x = 0$ 則 $c = 1 \Rightarrow \int xe^x\,dx = xe^x - e^x + 1$

令 $a > 0$, 令 $x = a$ 則 $\dfrac{a^2}{2} + \displaystyle\sum_{n=1}^{\infty} \frac{a^{n+2}}{n!\,(n+2)} = (a-1)e^a + 1$

$$\Rightarrow \sum_{n=1}^{\infty} \frac{a^{n+2}}{n!\,(n+2)} = (a-1)e^a + 1 - \frac{a^2}{2}$$

範例 19.

$$求 \sum_{n=1}^{\infty} \frac{\left(\frac{1}{2}\right)^{n+1}}{n(n+1)} = ?$$

【解】

$$令 f(x) = \sum_{n=1}^{\infty} \frac{x^{n+1}}{n(n+1)} \text{ 則 } f'(x) = \sum_{n=1}^{\infty} \frac{x^n}{n}$$

$$\Rightarrow f''(x) = \sum_{n=1}^{\infty} x^{n-1} = \frac{1}{1-x} \quad \therefore f'(x) = -\ln(1-x), \text{ 藉由 Integration by parts}$$

$$f(x) = -\int \ln(1-x)\,dx = -\left(x\ln(1-x) + \int \frac{x\,dx}{1-x}\right)$$

$$= -(x\ln(1-x) - \ln(1-x) + 1 - x) = (1-x)\ln(1-x) - 1 + x + c$$

$$\because f(0) = 0 \quad \therefore c = 1 \Rightarrow f(x) = (1-x)\ln(1-x) + x$$

$$令 x = \frac{1}{2} \text{ 則 } \sum_{n=1}^{\infty} \frac{\left(\frac{1}{2}\right)^{n+1}}{n(n+1)} = f\left(\frac{1}{2}\right) = \frac{1}{2}\ln\frac{1}{2} + \frac{1}{2}$$

範例 20.

$$求 \sum_{n=1}^{\infty} \left(\frac{1}{2}\right)^n n^2 = ?$$

【解】

$$令 f(x) = \sum_{n=1}^{\infty} n^2 x^n \text{ 則 } xf(x) = \sum_{n=1}^{\infty} n^2 x^{n+1} = \sum_{n=2}^{\infty} (n-1)^2 x^n$$

$$\therefore (1-x)f(x) = x + \sum_{n=2}^{\infty} (2n-1)x^n$$

$$\Rightarrow (1-x)xf(x) = x^2 + \sum_{n=2}^{\infty} (2n-1)x^{n+1} = x^2 + \sum_{n=3}^{\infty} (2(n-1)-1)x^n$$

$$\therefore (1-x)^2 f(x) = x - x^2 + 3x^2 + 2\sum_{n=3}^{\infty} x^n = x + \frac{2x^2}{1-x} \Rightarrow f(x) = \frac{x}{(1-x)^2} + \frac{2x^2}{(1-x)^3}$$

$$令 x = \frac{1}{2} \text{ 則 } \sum_{n=1}^{\infty} \left(\frac{1}{2}\right)^n n^2 = f\left(\frac{1}{2}\right) = \frac{\frac{1}{2}}{\left(1-\frac{1}{2}\right)^2} + \frac{2 \cdot \frac{1}{4}}{(1-\frac{1}{2})^3} = 6$$

範例 21.

$$求 \sum_{n=0}^{\infty} (n+1)(n+2)\left(\frac{1}{3}\right)^n = ?$$

【解】

$$\because \sum_{n=0}^{\infty} (n+1)(n+2)x^n = \left(\sum_{n=0}^{\infty} x^{n+2}\right)'' = \left(\frac{x^2}{1-x}\right)'' = \frac{2}{(1-x)^3}$$

$$令 x = \frac{1}{3} \text{ 則 } \sum_{n=0}^{\infty} (n+1)(n+2)\left(\frac{1}{3}\right)^n = \frac{2}{\left(1-\frac{1}{3}\right)^3} = \frac{27}{4}$$

範例 22.

$$\text{求} \sum_{n=1}^{\infty} \frac{(-1)^{n+1}}{n} \left(\frac{4}{5}\right)^n = ?$$

【解】

$$\because \ln(1+x) = \sum_{n=1}^{\infty} \frac{(-1)^{n+1} x^n}{n}, \quad \text{令} x = \frac{4}{5} \text{ 則 } \sum_{n=1}^{\infty} \frac{(-1)^{n+1}}{n} \left(\frac{4}{5}\right)^n = \ln \frac{9}{5}$$

範例 23.

$$\text{求} \sum_{n=1}^{\infty} n^2 x^n \text{ 的函數表示式}(|x| < 1)$$

【解】

$$\text{令} f(x) = \sum_{n=1}^{\infty} n^2 x^n \text{ 則 } xf(x) = \sum_{n=1}^{\infty} n^2 x^{n+1} = \sum_{n=2}^{\infty} (n-1)^2 x^n$$

$$\therefore (1-x)f(x) = x + \sum_{n=2}^{\infty} (2n-1)x^n$$

$$\Rightarrow (1-x)xf(x) = x^2 + \sum_{n=2}^{\infty} (2n-1)x^{n+1} = x^2 + \sum_{n=3}^{\infty} (2(n-1)-1)x^n$$

$$\therefore (1-x)f(x) - (1-x)xf(x) = (1-x)^2 f(x)$$

$$= x - x^2 + 3x^2 + 2\sum_{n=3}^{\infty} x^n = x + \frac{2x^2}{1-x} \Rightarrow f(x) = \frac{x}{(1-x)^2} + \frac{2x^2}{(1-x)^3}$$

範例 24.

$$\text{求} \sum_{n=1}^{\infty} n^3 x^n \text{ 的函數表示式}(|x| < 1)$$

【解】

$$\text{令} f(x) = \sum_{n=1}^{\infty} n^3 x^n \text{ 則 } xf(x) = \sum_{n=1}^{\infty} n^3 x^{n+1} = \sum_{n=2}^{\infty} (n-1)^3 x^n$$

$$\therefore (1-x)f(x) = x + \sum_{n=2}^{\infty} (3n^2 - 3n + 1)x^n$$

$$\Rightarrow (1-x)xf(x) = x^2 + \sum_{n=2}^{\infty} (3n^2 - 3n + 1)x^{n+1} = x^2 + \sum_{n=3}^{\infty} (3(n-1)^2 - 3(n-1) + 1)x^n$$

$$\Rightarrow (1-x)f(x) - (1-x)xf(x) = (1-x)^2 f(x)$$

$$= x - x^2 + 7x^2 + 6\sum_{n=3}^{\infty} (n-1)x^n = x + 6x^2 + 6\sum_{n=3}^{\infty} (n-1)x^n$$

$$\therefore (1-x)^2 xf(x) = x^2 + 6x^3 + 6\sum_{n=3}^{\infty} (n-1)x^{n+1} = x^2 + 6x^3 + 6\sum_{n=4}^{\infty} (n-2)x^n$$

$$\Rightarrow (1-x)^2 f(x) - (1-x)^2 xf(x) = (1-x)^3 f(x)$$

$$= x + 5x^2 - 6x^3 + 12x^3 + 6\sum_{n=4}^{\infty} x^n = x + 5x^2 + 6x^3 + 6\sum_{n=4}^{\infty} x^n = x + 5x^2 + \frac{6x^3}{1-x}$$

$$\Rightarrow f(x) = \frac{x + 5x^2}{(1-x)^3} + \frac{6x^3}{(1-x)^4}$$

範例 25.

$$\text{求} \sum_{n=1}^{\infty} \frac{x^{3n}}{3n} \text{ 的函數表示式}(|x| < 1)$$

【解】

$$\text{令} f(x) = \sum_{n=1}^{\infty} \frac{x^{3n}}{3n} \text{ 則 } f'(x) = \sum_{n=1}^{\infty} x^{3n-1} = \frac{x^2}{1-x^3}$$

$$\text{因此 } f(x) = \int \frac{x^2}{1-x^3} dx = \left(\frac{-1}{3}\right)\ln(1-x^3) + c$$

$$\because f(0) = 0 \qquad \therefore c = 0 \Rightarrow f(x) = \int \frac{x^2}{1-x^3}\,dx = \left(\frac{-1}{3}\right)\ln(1-x^3)$$

範例 26.

$$求 \sum_{n=1}^{\infty} \frac{x^{kn}}{kn} \text{ 的函數表示式}(|x| < 1),\ \forall k \in N$$

【解】

$$令 k \in N \text{ 且 } f(x) = \sum_{n=1}^{\infty} \frac{x^{kn}}{kn} \text{ 則 } f'(x) = \sum_{n=1}^{\infty} x^{kn-1} = \frac{x^{k-1}}{1-x^k}$$

$$因此\ f(x) = \int \frac{x^{k-1}}{1-x^k}\,dx = \left(\frac{-1}{k}\right)\ln(1-x^k) + c$$

$$\because f(0) = 0 \quad \therefore c = 0 \Rightarrow f(x) = \int \frac{x^{k-1}}{1-x^k}\,dx = \left(\frac{-1}{k}\right)\ln(1-x^k)$$

6.6.4　使用泰勒級數求瑕積分的值或判斷收斂發散

如之前談到, 瑕積分的考試類型, 區分為求瑕積分的值與判斷瑕積分收斂或發散, 底下整理之前所介紹的考試類型與求解方法:

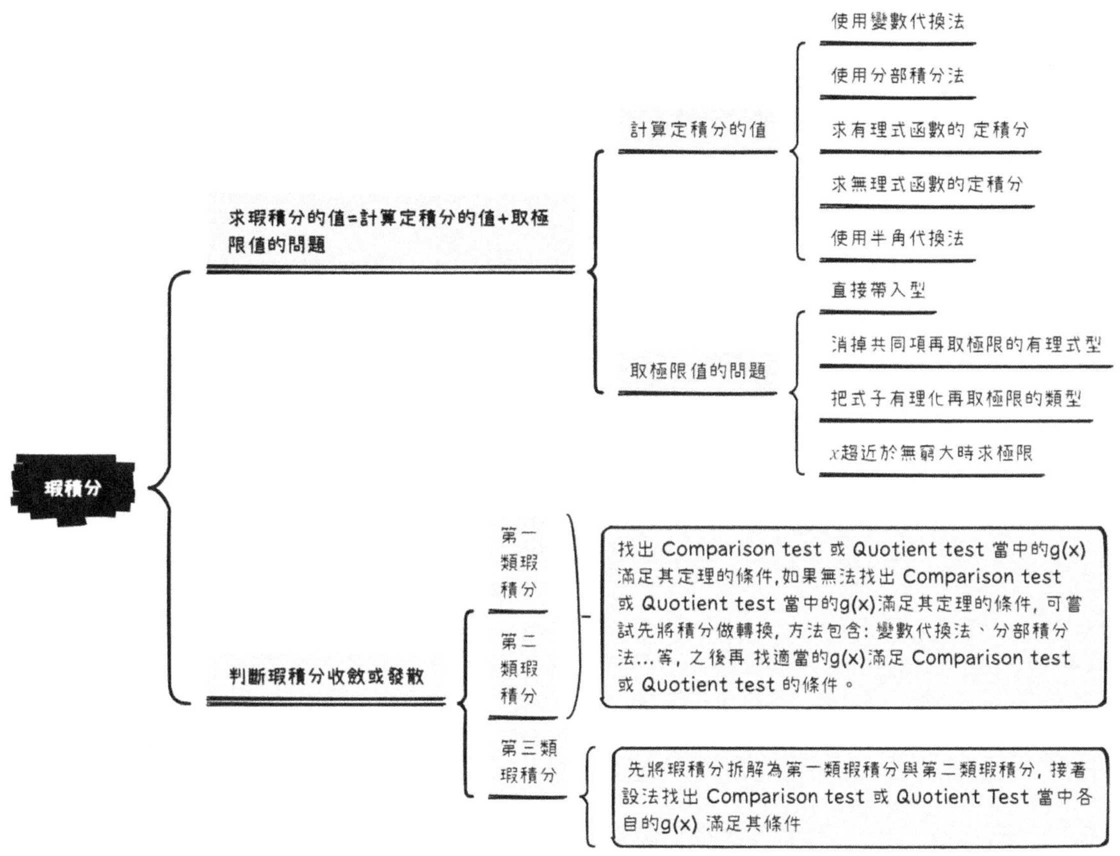

如果無法用上述方法求瑕積分的值或判斷瑕積分的收斂發散時, 則觀察此時的被積分函數是否為較易求得泰勒級數的函數, 嘗試用泰勒級數解題, 先找出對應的泰勒級數, 求得每項積分後的一般式, 最後再求每項一般式無窮和的值或判斷此無窮級數是否收斂, 如之前所整理, 較易求得泰勒級數的函數包含：

$\ln x$、$\cos x$、$\sin x$、$\sinh x$、e^x、e^{-x}、$\sin^{-1} x$、$\cos^{-1} x$、$\sinh^{-1} x$、$\tan^{-1} x$、

$\tanh^{-1} x$、$(a + bx)^{\frac{1}{2}}$ 其中 $a \in R,\ b \neq 0$、$(a + bx)^{-\frac{1}{2}}$ 其中 $a \in R,\ b \neq 0$ .... 等

泰勒級數幫助將瑕積分的問題轉換成無窮級數和, 接著利用無窮級數和的收斂性判斷是否收斂; 之前探討無窮級數和是否收斂時, 使用的 Integral Test、Comparison Test 與 Limit Comparison Test 相當於將問題轉換成對應的瑕積分是否收斂的問題, 泰勒級數的應用相當於反了過來, 幫助把無法或不好判斷瑕積分是否收斂的問題轉成無窮級數是否收斂的問題

考試類型：

題型 1.

求 $\displaystyle\int_0^1 \frac{g(x)}{f(x)}\,dx = ?$ 或 判斷 $\displaystyle\int_0^1 \frac{g(x)}{f(x)}\,dx$ 是否收斂，其中 $\displaystyle\lim_{x\to 0} f(x) = \lim_{x\to 0} g(x) = 0$

解題流程：

Step1.

求 $\dfrac{g(x)}{f(x)}$ 的泰勒展開式，假設 $\dfrac{g(x)}{f(x)} = \displaystyle\sum_{n=0}^{\infty} a_n x^{kn+m}$，其中 $k \in N,\ m \in N \cup \{0, -1\}$

Step2.

則 $\displaystyle\int_0^1 \frac{g(x)}{f(x)}\,dx = \int_0^1 \sum_{n=0}^{\infty} a_n x^{kn+m}\,dx = \sum_{n=0}^{\infty} a_n \int_0^1 x^{kn+m}\,dx = \sum_{n=0}^{\infty} \frac{a_n x^{kn+m+1}}{kn+m+1}\bigg|_{x=0}^{x=1}$

$$= \sum_{n=0}^{\infty} \frac{a_n}{kn+m+1}$$

Step3.

如果需判斷 $\displaystyle\sum_{n=0}^{\infty} \frac{a_n}{kn+m+1}$ 是否收斂則使用積分檢驗法、比較法(Comparison Test)、

比值法 (Ratio Test)、根值法(Root Test) 判斷其是否收斂

若求 $\displaystyle\int_0^1 \frac{g(x)}{f(x)}\,dx = ?$ 則 計算 $\displaystyle\sum_{n=0}^{\infty} \frac{a_n}{kn+m+1} = ?$

<u>範例說明</u>：

(I)判斷 $\displaystyle\int_0^1 \frac{\sin x}{x}\,dx$ 收斂發散

$\because \sin x = \displaystyle\sum_{n=0}^{\infty} \frac{(-1)^n x^{2n+1}}{(2n+1)!}$ $\therefore \dfrac{\sin x}{x} = \displaystyle\sum_{n=0}^{\infty} \frac{(-1)^n x^{2n}}{(2n+1)!}$ $\therefore \displaystyle\int_0^1 \frac{\sin x}{x}\,dx = \sum_{n=0}^{\infty} \frac{(-1)^n}{(2n+1)!\,(2n+1)}$

(II)判斷 $\displaystyle\int_0^1 \frac{\tanh^{-1} x}{x}\,dx$ 收斂發散

$$\because \frac{\tanh^{-1} x}{x} = \sum_{n=0}^{\infty} \frac{x^{2n}}{2n+1}, \ \forall -1 < x < 1 \quad \therefore \int_0^1 \frac{\tanh^{-1} x}{x} dx = \sum_{n=0}^{\infty} \frac{1}{(2n+1)^2}$$

範例 1.

$$求 \int_0^1 \frac{1 - e^{-x^2}}{x^2} dx = ?$$

【解】

$$\because e^{-x^2} = \sum_{n=0}^{\infty} \frac{(-1)^n x^{2n}}{n!} \quad \therefore \frac{1 - e^{-x^2}}{x^2} = \sum_{n=1}^{\infty} \frac{(-1)^{n+1} x^{2n-2}}{n!}$$

$$\therefore \int_0^1 \frac{1 - e^{-x^2}}{x^2} dx = \int_0^1 \sum_{n=1}^{\infty} \frac{(-1)^{n+1} x^{2n-2}}{n!} dx = \sum_{n=1}^{\infty} \int_0^1 \frac{(-1)^{n+1} x^{2n-2}}{n!} dx$$

$$= \sum_{n=1}^{\infty} \frac{(-1)^{n+1} x^{2n-1}}{n!\,(2n-1)} \bigg|_{x=0}^{x=1} = \sum_{n=1}^{\infty} \frac{(-1)^{n+1}}{n!\,(2n-1)}$$

範例 2.

$$求 \int_0^1 \frac{1}{x} \ln\left(\frac{1+x}{1-x}\right) dx = ?$$

【解】

$$\because \ln(1+x) = \sum_{n=1}^{\infty} \frac{(-1)^{n+1} x^n}{n} \ \text{且} \ \ln(1-x) = -\sum_{n=1}^{\infty} \frac{x^n}{n}$$

$$\therefore \frac{1}{x} \ln\left(\frac{1+x}{1-x}\right) = \frac{1}{x}\left(\sum_{n=1}^{\infty} \frac{(-1)^{n+1} x^n}{n} + \sum_{n=1}^{\infty} \frac{x^n}{n}\right) = \frac{1}{x}\left(\sum_{n=0}^{\infty} \frac{2x^{2n+1}}{2n+1}\right) = \sum_{n=0}^{\infty} \frac{2x^{2n}}{2n+1}$$

$$\Rightarrow \int_0^1 \frac{1}{x} \ln\left(\frac{1+x}{1-x}\right) dx = \int_0^1 \sum_{n=0}^{\infty} \frac{2x^{2n}}{(2n+1)} dx = \sum_{n=0}^{\infty} \int_0^1 \frac{2x^{2n}}{(2n+1)} dx = 2 \sum_{n=0}^{\infty} \frac{1}{(2n+1)^2}$$

範例 3.

$$\text{試判斷} \int_0^1 \tanh^{-1} x^2 \, dx \text{ 收斂或發散}$$

【解】

$$\because \tanh^{-1} x^2 = \sum_{n=0}^{\infty} \frac{x^{4n+2}}{2n+1}, \quad \forall -1 < x < 1$$

$$\therefore \int_0^1 \tanh^{-1} x^2 \, dx = \int_0^1 \sum_{n=0}^{\infty} \frac{x^{4n+2}}{2n+1} \, dx = \sum_{n=0}^{\infty} \frac{1}{2n+1} \int_0^1 x^{4n+2} \, dx$$

$$= \sum_{n=0}^{\infty} \frac{x^{4n+3}}{(2n+1)(4n+3)} \bigg|_0^1 = \sum_{n=0}^{\infty} \frac{1}{(2n+1)(4n+3)}$$

$$\because \sum_{n=0}^{\infty} \frac{1}{(2n+1)(4n+3)} \text{ 收斂} \quad \therefore \int_0^1 \tanh^{-1} x^2 \, dx \text{ 收斂}$$

範例 4.

$$\text{試判斷} \int_0^1 \frac{\ln(1+x^2)}{x} \, dx \text{ 收斂或發散}$$

【解】

$$\because \ln(1+x^2) = \sum_{n=1}^{\infty} \frac{(-1)^{n+1} x^{2n}}{n} \quad \therefore \frac{\ln(1+x^2)}{x} = \sum_{n=1}^{\infty} \frac{(-1)^{n+1} x^{2n-1}}{n}$$

$$\therefore \int_0^1 \frac{\ln(1+x^2)}{x} \, dx = \int_0^1 \sum_{n=1}^{\infty} \frac{(-1)^{n+1} x^{2n-1}}{n} \, dx = \sum_{n=1}^{\infty} \frac{(-1)^{n+1}}{n} \int_0^1 x^{2n-1} \, dx$$

$$= \sum_{n=1}^{\infty} \frac{(-1)^{n+1} x^{2n}}{n \cdot 2n} \bigg|_0^1 = \sum_{n=1}^{\infty} \frac{(-1)^{n+1}}{2n^2}$$

$$\because \sum_{n=0}^{\infty} \frac{(-1)^{n+1}}{2n^2} \text{ 收斂} \quad \therefore \int_0^1 \frac{\ln(1+x^2)}{x} \, dx \text{ 收斂}$$

範例 5.

$$\text{試判斷 } \int_0^1 \frac{\ln(1-x^2)}{x}\,dx \text{ 收斂或發散}$$

【解】

$$\because \ln(1-x^2) = -\sum_{n=1}^{\infty}\frac{x^{2n}}{n} \qquad \therefore \frac{\ln(1-x^2)}{x} = -\sum_{n=1}^{\infty}\frac{x^{2n-1}}{n}$$

$$\therefore \int_0^1 \frac{\ln(1-x^2)}{x}\,dx = -\int_0^1 \sum_{n=1}^{\infty}\frac{x^{2n-1}}{n}\,dx = -\sum_{n=1}^{\infty}\frac{1}{n}\int_0^1 x^{2n-1}\,dx = -\sum_{n=1}^{\infty}\frac{x^{2n}}{n\cdot 2n}\bigg|_0^1 = -\sum_{n=1}^{\infty}\frac{1}{2n^2}$$

$$\because \sum_{n=1}^{\infty}\frac{1}{2n^2} \text{ 收斂} \qquad \therefore \int_0^1 \frac{\ln(1-x^2)}{x}\,dx \text{ 收斂}$$

範例 6.

$$\text{試判斷 } \int_0^1 \frac{\tan^{-1}x}{x}\,dx \text{ 收斂或發散}$$

【解】

$$\because \tan^{-1}x = \sum_{n=0}^{\infty}\frac{(-1)^n x^{2n+1}}{2n+1},\ \forall -1 < x < 1 \quad \therefore \frac{\tan^{-1}x}{x} = \sum_{n=0}^{\infty}\frac{(-1)^n x^{2n}}{2n+1},\ \forall -1 < x < 1$$

$$\therefore \int_0^1 \frac{\tan^{-1}x}{x}\,x\,dx = \int_0^1 \sum_{n=0}^{\infty}\frac{(-1)^n x^{2n}}{2n+1}\,dx = \sum_{n=0}^{\infty}\frac{(-1)^n}{2n+1}\int_0^1 x^{2n}\,dx$$

$$= \sum_{n=0}^{\infty}\frac{(-1)^n x^{2n+1}}{(2n+1)^2}\bigg|_0^1 = \sum_{n=0}^{\infty}\frac{(-1)^n}{(2n+1)^2}$$

$$\because \sum_{n=0}^{\infty}\frac{(-1)^n}{(2n+1)^2} \text{ 收斂} \qquad \therefore \int_0^1 \frac{\tan^{-1}x}{x}\,dx \text{ 收斂}$$

範例 7.

試判斷 $\displaystyle\int_0^1 \frac{\tanh^{-1} x}{x}\,dx$ 收斂或發散

【解】

$\because \dfrac{\tanh^{-1} x}{x} = \displaystyle\sum_{n=0}^{\infty} \frac{x^{2n}}{2n+1},\ \forall\, -1 < x < 1$

$\therefore \displaystyle\int_0^1 \frac{\tanh^{-1} x}{x}\,dx = \int_0^1 \sum_{n=0}^{\infty} \frac{x^{2n}}{2n+1}\,dx = \sum_{n=0}^{\infty} \frac{1}{2n+1}\int_0^1 x^{2n}\,dx = \sum_{n=0}^{\infty} \frac{1}{(2n+1)^2}$

$\because \displaystyle\sum_{n=0}^{\infty} \frac{1}{(2n+1)^2}$ 收斂　$\therefore \displaystyle\int_0^1 \frac{\tanh^{-1} x}{x}\,dx$ 收斂

範例 8.

試判斷 $\displaystyle\int_0^1 \frac{\sin x}{x}\,dx$ 收斂或發散

【解】

$\because \sin x = \displaystyle\sum_{n=0}^{\infty} \frac{(-1)^n x^{2n+1}}{(2n+1)!}$ 　　$\therefore \dfrac{\sin x}{x} = \displaystyle\sum_{n=0}^{\infty} \frac{(-1)^n x^{2n}}{(2n+1)!}$

$\therefore \displaystyle\int_0^1 \frac{\sin x}{x}\,dx = \int_0^1 \sum_{n=0}^{\infty} \frac{(-1)^n x^{2n}}{(2n+1)!}\,dx = \sum_{n=0}^{\infty} \int_0^1 \frac{(-1)^n x^{2n}}{(2n+1)!}\,dx$

$= \displaystyle\sum_{n=0}^{\infty} \frac{(-1)^n x^{2n+1}}{(2n+1)!\,(2n+1)}\bigg|_{x=0}^{x=1} = \sum_{n=0}^{\infty} \frac{(-1)^n}{(2n+1)!\,(2n+1)}$

$\because \displaystyle\sum_{n=0}^{\infty} \frac{(-1)^n}{(2n+1)!\,(2n+1)}$ 收斂　$\therefore \displaystyle\int_0^1 \frac{\sin x}{x}\,dx$ 收斂

範例 9.

試判斷 $\displaystyle\int_0^1 \frac{\sin^{-1}\frac{x}{3}}{x}\,dx$ 收斂或發散

【解】

$$\because \sin^{-1}\frac{x}{3} = \frac{x}{3} + \sum_{n=1}^{\infty} \frac{2^{-n}\prod_{k=0}^{n-1} 2k+1}{3^{2n+1}n!\,(2n+1)}x^{2n+1},\ \forall\, -1 < x < 1$$

$$\therefore \frac{\sin^{-1}\frac{x}{3}}{x} = \frac{1}{3} + \sum_{n=1}^{\infty} \frac{2^{-n}\prod_{k=0}^{n-1} 2k+1}{3^{2n+1}n!\,(2n+1)}x^{2n},\ \forall\, -1 < x < 1$$

$$\therefore \int_0^1 \frac{\sin^{-1}\frac{x}{3}}{x}\,dx = \int_0^1 \frac{1}{3} + \sum_{n=1}^{\infty} \frac{2^{-n}\prod_{k=0}^{n-1} 2k+1}{3^{2n+1}n!\,(2n+1)}x^{2n}\,dx$$

$$= \frac{1}{3} + \sum_{n=1}^{\infty} \int_0^1 \frac{2^{-n}\prod_{k=0}^{n-1} 2k+1}{3^{2n+1}n!\,(2n+1)}x^{2n}\,dx = \frac{1}{3} + \sum_{n=1}^{\infty} \frac{2^{-n}\prod_{k=0}^{n-1} 2k+1}{3^{2n+1}n!\,(2n+1)^2}x^{2n+1}\Big|_{x=0}^{x=1}$$

$$= \frac{1}{3} + \sum_{n=1}^{\infty} \frac{2^{-n}\prod_{k=0}^{n-1} 2k+1}{3^{2n+1}n!\,(2n+1)^2}$$

$$\because \left|\frac{\dfrac{2^{-n-1}\prod_{k=0}^{n} 2k+1}{3^{2n+3}(n+1)!\,(2n+3)^2}}{\dfrac{2^{-n}\prod_{k=0}^{n-1} 2k+1}{3^{2n+1}n!\,(2n+1)^2}}\right| = \left|\frac{1}{9}\cdot\frac{(2n+1)^2(2n+1)}{2(2n+3)^2(n+1)}\right| \ \text{且}\ \lim_{n\to\infty}\left|\frac{1}{9}\cdot\frac{(2n+1)^2(2n+1)}{2(2n+3)^2(n+1)}\right| = \frac{1}{9},$$

藉由 Ratio Test 則 $\displaystyle\sum_{n=1}^{\infty} \frac{2^{-n}\prod_{k=0}^{n-1} 2k+1}{3^{2n+1}n!\,(2n+1)^2}$ 收斂 $\Rightarrow \displaystyle\int_0^1 \frac{\sin^{-1}\frac{x}{3}}{x}\,dx$ 收斂

範例 10.

$$\text{試判斷}\ \int_0^1 \frac{\sinh^{-1}\frac{x}{3}}{x}\,dx\ \text{收斂或發散}$$

【解】

$$\because \sinh^{-1} x = x + \sum_{n=1}^{\infty} \frac{2^{-n}(-1)^n \prod_{k=0}^{n-1} 2k+1}{n!\,(2n+1)}x^{2n+1},\ \forall\, -1 < x < 1$$

$$\because \sin^{-1}\frac{x}{3} = \frac{x}{3} + \sum_{n=1}^{\infty} \frac{2^{-n}(-1)^n \prod_{k=0}^{n-1} 2k+1}{3^{2n+1}n!\,(2n+1)} x^{2n+1}, \; \forall -1 < x < 1$$

$$\therefore \frac{\sin^{-1}\frac{x}{3}}{x} = \frac{1}{3} + \sum_{n=1}^{\infty} \frac{2^{-n}(-1)^n \prod_{k=0}^{n-1} 2k+1}{3^{2n+1}n!\,(2n+1)} x^{2n}, \; \forall -1 < x < 1$$

$$\therefore \int_0^1 \frac{\sin^{-1}\frac{x}{3}}{x}\,dx = \int_0^1 \frac{1}{3} + \sum_{n=1}^{\infty} \frac{2^{-n}(-1)^n \prod_{k=0}^{n-1} 2k+1}{3^{2n+1}n!\,(2n+1)} x^{2n}\,dx$$

$$= \frac{1}{3} + \sum_{n=1}^{\infty} \int_0^1 \frac{2^{-n}(-1)^n \prod_{k=0}^{n-1} 2k+1}{3^{2n+1}n!\,(2n+1)} x^{2n}\,dx = \frac{1}{3} + \sum_{n=1}^{\infty} \frac{2^{-n}(-1)^n \prod_{k=0}^{n-1} 2k+1}{3^{2n+1}n!\,(2n+1)^2} x^{2n+1} \Bigg|_{x=0}^{x=1}$$

$$= \frac{1}{3} + \sum_{n=1}^{\infty} \frac{2^{-n}(-1)^n \prod_{k=0}^{n-1} 2k+1}{3^{2n+1}n!\,(2n+1)^2}$$

$$\because \left| \frac{\dfrac{2^{-n-1}\prod_{k=0}^{n} 2k+1}{3^{2n+3}(n+1)!\,(2n+3)^2}}{\dfrac{2^{-n}\prod_{k=0}^{n-1} 2k+1}{3^{2n+1}n!\,(2n+1)^2}} \right| = \left| \frac{1}{9} \cdot \frac{(2n+1)^2(2n+1)}{2(2n+3)^2(n+1)} \right| \text{ 且 } \lim_{n\to\infty} \left| \frac{1}{9} \cdot \frac{(2n+1)^2(2n+1)}{2(2n+3)^2(n+1)} \right| = \frac{1}{9}$$

藉由 Ratio Test 則 $\displaystyle\sum_{n=1}^{\infty} \frac{2^{-n}(-1)^n \prod_{k=0}^{n-1} 2k+1}{3^{2n+1}n!\,(2n+1)^2}$ 收斂 $\Rightarrow \displaystyle\int_0^1 \frac{\sinh^{-1}\frac{x}{3}}{x}\,dx$ 收斂